U0297001

虞和泳 著　邱成 编

安全集思

西南交通大学出版社
·成 都·

图书在版编目（CIP）数据

安全集思 / 虞和泳著；邱成编. —成都：西南交通大学出版社，2022.6
ISBN 978-7-5643-8696-2

Ⅰ. ①安… Ⅱ. ①虞… ②邱… Ⅲ. ①安全管理 - 文集 Ⅳ. ①X92-53

中国版本图书馆 CIP 数据核字（2022）第 085402 号

Anquan Jisi
安全集思

虞和泳　著
邱　成　编

责任编辑	居碧娟
封面设计	原谋书装
出版发行	西南交通大学出版社 （四川省成都市金牛区二环路北一段 111 号 西南交通大学创新大厦 21 楼）
发行部电话	028-87600564　028-87600533
邮政编码	610031
网　址	http://www.xnjdcbs.com
印　刷	四川煤田地质制图印刷厂
成品尺寸	185 mm × 260 mm
印　张	26.75　插页：4
字　数	620 千
版　次	2022 年 6 月第 1 版
印　次	2022 年 6 月第 1 次
书　号	ISBN 978-7-5643-8696-2
定　价	88.00 元

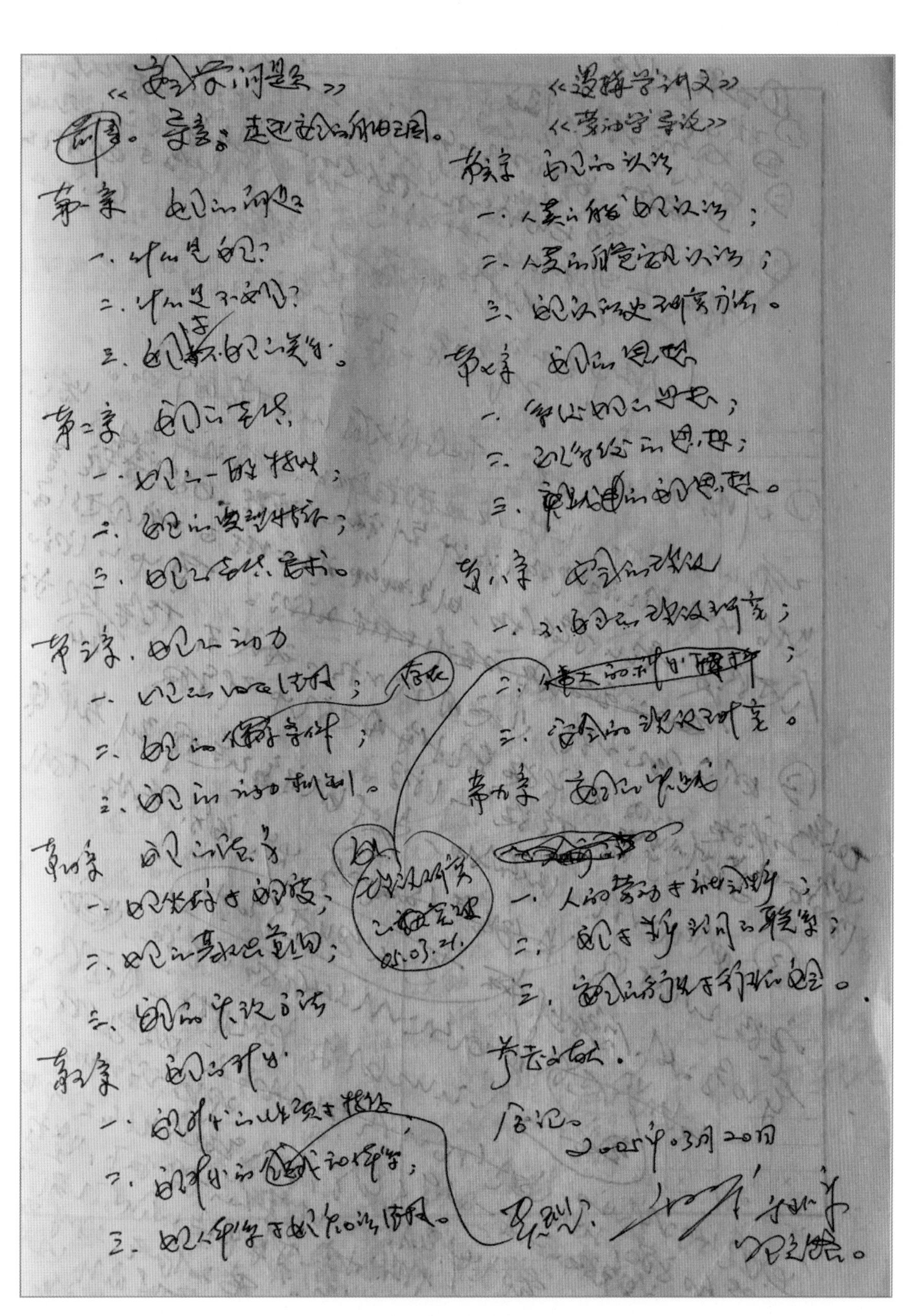

◎ 虞和泳著述手稿影印件

◎ 在家写作的虞和泳

◎ 2001 年 12 月 4 日，刘潜（右）与虞和泳父亲、中国政法大学教授虞謇（左）亲切交谈时的情景

◎ 2004 年 1 月 16 日，在首都安全工作者新春报告会上，虞和泳（后立者）与罗云、刘潜、徐德蜀、周华中、邱成在一起（前排自右至左）

◎ 2004 年 2 月，虞和泳（右）、邱成在北京和平里刘潜（左）家中

◎ 2004 年 8 月 4 日，虞和泳（左二）在密云墙子岭长城脚下农友王志杰家，经刘潜（左三）推荐收学术弟子时的留影

◎ 2005 年 5 月 8 日，虞和泳（左一）及其夫人齐淑琴女士（左三）与学友周华中（左二）、廖可兵（左四）相聚于北京安华西里邱成寓所

◎ 2006 年 5 月 24 日，虞和泳的学友、西安科技大学教授田水承（右）在西安参加中国职业安全健康协会学术年会时与本书编者邱成在一起

◎ 2016 年 9 月 24—25 日，虞和泳在西安参加第四届行为安全暨第二届安全管理国际会议时与上海海事大学教授陈伟炯（左）在一起

◎2016 年 9 月 24—25 日，虞和泳在西安参加第四届行为安全暨第二届安全管理国际会议时与中南大学教授吴超（左）在一起

◎ 1998 年春，虞和泳全家在中国政法大学学院路校区图书馆前合影

◎ 20 世纪 90 年代，虞和泳在杭州西湖休养时留影

◎ 虞和泳夫人齐淑琴女士

编者序

大家都知道安全很重要，但安全到底是个什么东西，却未必明了，更不敢轻言通晓。

这本文集就是专门谈安全的，分别从宇观、宏观、微观不同层次擘析安全，准确地说，这是一本以特殊的视角、广阔的视野、深远的视距，着眼于人与客观世界的关系，试图从本质上解读仅属于人，且仅存于人世间体现为事的安全之文集。

安全是事，而非物；但事中有物，因人感物而发生，因物致人而形成。所以，安全也是事物。没有人，便没有事；没有事，物依然在。人们给物取名、定性、分类，物就由天然单纯的自在之物向人生成，成为事物；而事物，就是人化的自然。人化之前，自然世界本无所谓安全，亦无所谓不安全；只是因为有了人，有了人与物的关系，安全才作为基于物的规律运动对人产生积极影响的事物呈现了出来。

这个世界，始终以物的形式并先于人的存在而存在着。鸿蒙洞辟，盘古开天，人便以智慧生命（中国人将其称为“性命”）的形式，成为物质世界的新物种。每一个人，都是独立的智慧生命体；每个智慧生命体，都随同物质世界相互关联地作规律运动。不同的物质有不同的运动形式，不同的运动形式给运动着（活着）的人带来的心理感觉和身心影响是千差万别的，由此便形成人对自身及置身其中的客观世界的各种各样的由感到知的认识，于是就产生了具有强烈主观色彩的事。诸事之中，如果是人们生存活动必需的，进而想要的，包括自觉之为所创的，利人宜人的，能使人康乐舒适的时空条件——事及其对象化的物，就是今之所谓安全。

由此可见，安全是对人的身心存在的肯定。换言之，安全是对人的本质力量的肯定。但一直以来，世人对安全的认知，特别是对安全的言表，普遍地存在着或偏离、或远离，甚至背离其本身的现象。问其缘由，或自觉、或不自觉，或人云亦云、或随意而为、或得过且过，总觉得无所谓，有那么个意思就行……于是，人们给安全下定义，都是片面地拿事故说事儿；人们给安全下的定义，也多以事故为看问题的角度，并着眼于安全的否定方面，很少有肯定性质的安全定义。例如“安全，是指不受威胁，没有危险、危害、损失”或“无危无损：无危则安，无损则全”，等等。这些以否定安全的否定方面来给安全下定义的习惯，不仅不符合形式逻辑的定义规则，也不是在给安全本身下定义，而是在说与安全有关的那些个不安全的事情，根本就没有回答安全是什么的问题。

正是因为这样，人们心中的安全只是没有伤害或伤害不大，以至于对不安全的认识、对不安全致因的认识、对如何避免不安全的发生、减轻不安全的后果虽然研究成果颇丰，应用范围也很广泛，但安全是什么，安全存在的基本要素和安全实现的决定因素是什么，理想安全与现实安全的区别与联系是什么，如何以理想安全为导向引领人们有效维护现实安全，保持与危险同在，并使寓于危险之中的安全现状长存，则都没有答案。因此，虽然以安全为名的社会实践由来已久，持续不断，安全要求也不可谓不严，但基本都是围着事故转的传统做法的翻版，或将同一做法换个说法来照搬，或将被遗弃的旧制刷新以示新创来宣贯；可问题依然，收效难如人愿，形势仍不乐观，便不得不以加强事故应急来为安全兜底。这些都是安全基础理论研究不赶趟，缺乏成熟理论指导的名实不符的有关社会实践所致，增大了经济社会发展的代价。

安全，对于智慧生命个体的存在，其重要程度无与伦比。凡人，皆离不开安全，有了安全，会倍增成事机缘；得到安全，会由衷愉悦乐享圆满；安全之所，会心向往而行趋之；安全之时，会择其时而奋力为之。上述表明，从人的主观需要来说，安全是绝对的；从人的客观环境而言，安全又是相对的。同时还印证了“居安思危”这一古已有之的格言所深藏的哲理：安全与风险同处于危险的客观物质世界之中，二者都是危险的常态表现，且是对这一常态的准确概括，即危险既可以控制也可能失控。可以控制的危险，直接指向安全的肯定方面；可能失控（尚未失控）的危险，虽然是不安全的预示，但仍基于安全的肯定方面，因为它尚处安全状态。所以，人们又把“安全管理”称为“风险管理”，它们都是对安全的肯定方面的管理，即对安全现状的维护和保持。

综上所述，危险是主观与客观的统一。危险作为一种现实而存在——既是社会存在，也是自然存在。从自然存在看，主要指“物”；从社会存在看，主要指“事”。物，是分布于空间的所有物质，它们会随时间向前而位移体变。事，因物移体变而发生，并被主观所反映；但事中有物，即因人事之需，或干预物移体变而人为所造之物。例如确保物变与人的生理心理需要相宜并对身心健康有利，以及适应物变所采取的物化措施。由此可见，危险的载体是运动着的包括自然存在和社会存在的客观事物。

危险的常态表现是“安全”，具有相对性；非常态表现是“危害（伤害）”，也即“事故”，具有偶然性。在常态中，始终存在着使之失稳的各类消极因素。在某个具体的危险源当中，这些消极因素一般被称为“隐患”，它是危险源失控的现实表现，它会破坏危险源的受控条件，或向着危害持续量变，最终突破临界值而发生质变。

一旦质变，常态的危险会瞬间失常，转化为非常态，形成危害，也就是事故态。所以，安全与事故都寓在危险之中。危险是绝对的，由事物存在的客观规律所决定。安全是相对的，虽为危险之常态，但非恒定不变。事故是偶然的，因为它并非常态，其发生的空间影响可以预知，但何时发生却无法预知。

以上这些，都是安全学要研究的内容，也是虞和泳先生长期思考和探索的东西。这本文集就是关于上述问题的让人耳目一新的解说，也是虞氏安全理论的全面阐述。

这本文集按内容分为探源寻本、科学之问、安学发凡、闲暇随思四个部分，收录的文稿长短相济，有科研论文、课题报告、时评书评、闲时偶得、点滴思考，以及学界重要学术观点的商榷与点评等，凡 56 篇。从文章的写作时间看，最早者距今逾二十年，且二十余年间从未停歇，并不断出新；由此可见虞和泳先生对安全的认识沿革及其独特的思想长征。倘若孤立地，或从中抽取部分来看，这些文章似乎有零散之感，或不成体系，但从整体看，虞和泳先生的每篇文章，皆不离安全这个主题，皆有边界清晰的论域和内在的逻辑关联。总而言之，虞和泳先生是用朴实的文笔、浅白的母语，从不同角度，以独特的表达方式，循循善诱、深入浅出地阐释着安全是什么，安全为什么，安全有什么，安全要什么，并对当下怎样才安全、未来安全会怎样做了脚踏实地的既尊重现实又极富科学价值和启示意义的设想与展望。

虞和泳先生是独立学者，研究安全，并非工作，亦非使命，不是谋生手段，更与名利无关。这是他的人生，他的理想，他的心愿。二十多年来，他勤苦耕耘，孜孜不倦，任劳任怨，求索不断，且多有发现。他的发现大多无偿贡献，有的独立于理论前沿，成为学术亮点；有的激起学人评说，吸引同行围观。面对这些，他常常只是由衷欣慰，静静旁观，仿佛置身事外。正如他自己所说，“我也要学那初升的太阳，燃烧自己，照亮人类在茫茫宇宙之中争取生存和永续发展的路”。从这本文集可见他为人的高洁和毫不动摇的事业初心。说实在的，从个人功利目的的角度仰望虞和泳先生，与其说他把自己献给了并不属于他的安全科研事业，倒不如说是把自己扔进了安全科研的深渊之中而不能自拔。他之所以如此执着，因为他曾经说过，而且一直把自己所说守为千金承诺，“我爱我师，我更爱我师为之奋斗的事业”。

虞和泳先生曾经在生产一线企业班组干了十年兼职安全员，自师从我国安全科学学科理论创立者刘潜先生以来，从事安全理论研究已有二十多年，有着丰富的来自实践的对安全的独特之见。他牢记着恩格斯说过的话：懂得理论最好的道路，就是向自己的亲身经历学习。他从自己的亲历中体会到，安全就像阳光、空气和水一样，是人之所以能够成为人而在自然界得以生存和发展的必要条件。他认为，具有智能的人类无疑是宇宙精灵，而安全就是其守护神。他发现安全与劳动同源，说“劳动反映和揭示的是人的生命存在方式，安全反映和揭示的是人的生命存在状态”，由此提出“安全与劳动同源共构原理”，并以此为认识基础，凭借深厚的哲学专业功底，以及对思维规律的准确掌握和恰当地运用，思考包括安全的度在内的安全质量学，以及安全动力学、安全逻辑学等问题，进而发现安全也有其独特的基因密码，提出相应的科学假说，形成全面安全质量管理思想。

最值得一提的是，虞和泳先生发现了作为人事存在的安全，其形式同大自然的自在物质一样，也呈三态，即正安全态、负安全态、零安全态。这是虞氏安全理论的独特之处和精华所在。该理论将安全的时空状貌揭示出来，向世人展现了安全全域的样子，为人们深刻认识安全找到了全新的角度和前所未有的宽广维度；同时也为解读世间存在的诸多安全事物，或解决因这些事物的存在所派生的各种问题提供了一把钥匙。也正是因为安全三态所具有的客观性，才有了全面安全质量管理的现实必要。这就要求人们对安全三态所关联的全面安全质量管理的社会实践有着科学的认识和准确的把握，并框定作为范畴的全面安全质量管理的内涵，使概念的本末倒置或归属难觅的现象得以避免，使类似“大安全”“小安全”这些边界模糊、内容含混的概念不再出现。例如，在正态安全域，针对没有出事和可能出事该怎么做，该叫什么；在负态安全域，针对已经出事该怎么做，该叫什么；在正安全态和负安全态，即临界区域又该怎么做，又该叫什么。而在这三大区域里面，从社会实践看，已经形成了与之相应的工作概念，即安全管理、风险管理、危机管理、应急管理（事故管理）等等，无论叫什么，它们都是全面安全质量管理的内容。只有这样，安全的肯定方面，才能从认识上得到重视和强化；安全现状的维护与保持，才能从实践中得到落实，成为人类安全事业的主流。

再就是点破实现安全目标的动力学机制，即双重的双螺旋结构，从而超乎人们想象地提出安全基因密码科学假说。虞和泳先生认为，现代遗传学揭示的人类双螺旋基因结构，与人群目标活动系统、由内因与外因相互作用形成的动力学机制有着相似之处。不难料想，甚至可以断定，安全基因密码科学假说为人们编写安全管理专用软件、建立基于基因图谱和安全密码的数字化管理模式奠定了思想基础，并指明前行和创新方向；对它的接力研究，其成果可将大数据、云计算有效应用于全面安全质量管理。

总而言之，虞和泳先生的安全基础理论研究，其科学意义和学术价值不宜低估，其探索的开创性、其成果的独创性应该得到安全界的足够的重视。他在多个方面都有新的尝试和发现，虽然很多内容只是方向性的，既没做全面论证，也没给出结论，但却是未来研究广阔的拓展空间，为后学指明了方向，很有启发性和引领性。例如，把智慧生命的诞生这一宇宙事件所体现的安全价值与地位放在九维时空域来观察，提出“宇观安全论”；以全面安全质量管理思想的内涵为依据，提出“宏观安全论”；将人的安全意识与安全行为的关系之说，界定为“微观安全论”。这都是独具前瞻性的安全理论研究的未来之路和全新领域。

与虞和泳先生相识于 2004 年首都安全工作者新春报告会，地点在北京西郊宾馆。这次偶遇，是刘潜先生牵线，从此结下不解之缘。十多年过去了，回首往事，无论是在北京安华西里笔者宿舍、和平里刘潜老师家里、政法大学虞先生家里、密云墙子岭下休闲山庄、西山丛林，还是衡阳工学院、西安科技大学，只要聚在一起，虞和泳先生都是三句话不离本行，每一次的相会、交流，都会让人倍受启示，或茅塞顿开，或恍然大悟，而他，似乎就是随便一说，闲聊罢了。

虞和泳先生的写作条件异常艰苦，为了照顾年迈的母亲，长期住在其父亲留给他母亲及弟妹们的中国政法大学的教工宿舍里，几十平方米的房子三代人及至四代人居住，饭桌就是书桌，床上的被子就是写字台，有时干脆盘腿一坐就动手写作。好在一家老小都理解和支持他，他的妻子把照料婆母的活全揽了下来，为他腾出阅读和写作的时间，婆母身体好的时候，干脆让他去密云墙子岭下老乡家长住；他的很多文稿都是在老乡家旅居时完成的。尽管条件很差，虞和泳先生从不叫苦，而是以一般人不具有的坚强意志和毅力乐观面对，把他旅居的山乡小屋戏称为“休闲山庄”，还常邀学界朋友去做客，笔者就是其中之一。每每前往，都会感慨万千，情不自禁地对小屋的主人心生敬意。

本文集的编辑是受虞和泳先生的嘱托而为，从设计构思到最终合成，历时两年有余；在全书内容安排与框架结构方面，反复与先生沟通、磨合，在达成共识后，先生还希望笔者以主编名义写点什么。在信任与重托之下，以仰慕之情写下这些文字，唯恐难如先生之愿，是为序。

2021 年 8 月 16 日初稿于成都财大社区光华馨地寓所

2021 年 12 月 8 日定稿于成都北郊蜀青·丽景湾寓所

著者自序

我，为什么特别关注安全呢？静下心来细想过，追溯源头，还得从自己的职业生涯说起。

我 16 岁那年，上山下乡去了山西省隰县的水土保持专业队。那时我还小又贪玩，根本不懂什么叫安全，也不知道怎样才能安全。

夏天，在黄土高坡上收麦子，常常被镰刀割破手指。那时我们"北京知青"止血消毒最先进的办法，就是立刻站起身来，往自己的伤口处尿上一泡尿（为的是在伤口处创造一个细菌不能生长的碱性环境），或是把那些干透的细黄土面子当作消炎粉，均匀地撒在流着血的伤口上，让那鲜红的血渗过黄土粉末，慢慢地凝固（为的是吸干流出的血以便促进伤口处尽快结痂）。

当地的老乡，那时都亲切地叫我们"北京娃"，说是娃呀，你们那样做不卫生啊，伤口容易被感染啊！于是，那些和我们一起干活的老乡便亲自做示范，教我们认识了一种叶子狭长而叶缘呈锯齿状的深绿色野草，把它捣烂，或是放进嘴里嚼成糊状，然后涂抹在镰刀割伤的地方。后来，我试了几次，果然灵，不仅止血止痛快，而且没几天伤口就长好了。

有一年在春天里，我们到一块刚刚解冻的向阳坡地上去修建阶式梯田，准备在那上面栽种果树。按照技术员在地上划出来的施工线，我们这个小队十几个人，身子朝着相同方向一字排开，把低洼处的土挖出来，扬锹填到坡上方的高处去，直到脚下低处的土与高处的地面平齐，使高处与低处形成高低两个台阶状平行的两个平面，然后再用铁锹把竖起来的土壁拍实，成为一道坚固的墙。我那时个子矮，又没力气，干活挺费劲的，铲土扬锹的速度比别人慢，动作也就无法与身边的人保持同步，结果被后边的人扬锹时铲到了右手腕下方的胳膊上，皮肉全翻出来了，鲜红的血顺着胳膊滴到了地上，至今那里还留有一个伤疤。那是我平生第一次受到较重的职业伤害，真的很疼，但我当时忍着没哭反而笑了，那时还认为自己就像战场上负伤的战士，觉得很光荣呢。爸爸来信批评了我，说是干活要小心，不要伤到自己，也不要伤到别人。咱们在黄土高原上建设新家园，也要尽量避免那些不必要的牺牲呀！那时的我，根本就听不进去劝，还很不以为然呢。

直到几年后，不慎从几百米高的黄土塬上顺着山坡厚厚的野草滚到了沟底，又从沟底掉进了近百米深的雨水冲刷而成的洞里边，昏迷过去，又折断了右手臂（医生诊断为“科雷氏骨折”），我才第一次深刻地感到生命的宝贵和安全对于我们每个人的重要意义。

后来，我又以知青身份按照当时的政策返回北京城，被当地政府劳动部门分配在工厂里上班，接触到了电和机械设备，也曾负过几次轻伤，这才真正地体会到：职业安全是职业人群从事职业活动的必要前提和可靠保障。

有一年企业深化改革，要实行结构工资制，这就需要制订一系列责任制和操作规程，对全厂职工进行考核，并且要求这些企业管理措施纵向到底，横向到边。企业的领导把我们这些生产一线上的骨干抽调出来，与企管人员以及工程技术人员一道，集中起来讨论如何制订各车间及班组的劳动技术操作规程和安全生产操作规程。

这下子，大家可都犯了难。因为在生产第一线上工作的人都知道，一个普通工人的生产动作有着双重意义：从劳动角度看，那是一个劳动生产的动作；但是从安全的角度看，那又是一个安全生产的动作。在实际的生产过程中根本就无法区分哪个动作是劳动的生产动作，哪个动作是安全的生产动作。从这个意义上讲，劳动生产动作与安全生产动作只是同一个工人的同一个生产动作的两种不同说法而已。或者说，那只是人的生命存在瞬间表现出来的两个不可分割的生命侧面。

如果把劳动技术操作规程与安全生产操作规程合二为一，形成一个完整的劳动安全操作规程，那是切实可行的做法，每一个合格的职工都能做到。如果对一个动作的专业规范从劳动与安全两个不同角度分别提出要求，那么任何人都无法真正做到，除非是搞些假动作去掩人耳目。如果非要从劳动与安全两个角度来要求人们的生产动作，也只好在这两个规定里具体地提出：在某种情况下如何按照劳动技术规范去操作，在另一种情况下又如何按照安全生产规范去操作。从形式逻辑学的视野去理解这种做法，那就是劳动与安全两个概念的外延相同（这两个概念外延处在全同关系，即重合关系、同一关系），内涵错位不相容（也就是把“动作”这一个词看成两个相互区别的概念，并且在企业过程的两种情况下分别使用）。否则，此题自相矛盾，无解。

通过这件事，我注意到了劳动与安全之间的关系，并且认为人的生命存在具有劳动与安全这样两个相互区别的特有属性，劳动反映和揭示的是人的生命存在方式，安全反映和揭示的是人的生命存在状态。顺着这个思路一直想下去，想下去，终于有一天，我悟出了“宇宙智慧生命元素说”，提出了“安全与劳动的同源共构性原理”。

我在北京煤炭集团的直属厂工作了 20 多年。从生产车间一线上的供料工，到车间修理班的设备维修工，然后又调到设备科的机加工车间，做了钻工（单项钳工的一个工种），在那个班组里干了 10 年的兼职安全员。后来，又调回生产车间，在办公室里做内勤，协助车间主任搞生产管理。最后调到质量科，参与了上点火蜂窝煤的新产品中间试验，以及正式投产后的全面质量管理工作。

我作为厂长任命的出口型煤质量总检验，全程参与了出口上点火烤肉蜂窝煤的中间试验、商业性配方调整、原料品质及产品工艺流程各工序的质量标准与检验及鉴定方法的制订，以及大规模正式投产的全面质量管理。

那些年的工作经历为我后来思考安全质量学问题以及提出全面安全质量管理思想奠定了比较理想的实践基础。

记得恩格斯说过，懂得理论最好的道路，就是向自己的亲身经历学习。我想，人们对安全的了解与关注、思考或研究，大概也是如此吧！

写到最后，我抑制不住地想说，我要感谢刘潜先生对出版此书的鼓励和赞助，感恩刘潜先生 20 多年来对我的关心、指导与帮助。同时，我也要感谢和感恩安全界的学友邱成先生和周华中先生在相识与相知的近 20 年里对我在安全基础理论研究方面的支持、鼓励和帮助。感谢京郊农友王志杰和卢桂民夫妇二人及其亲友和村民们，是他们在我从企业内退后生活困难时期尽全力帮助我渡过难关。此外，我还要感谢和感恩我的爱人齐淑琴，在我追随刘潜先生学习与研究安全科学基础理论这 20 多年来给予我的全力支持和帮助。感谢我的女儿虞晓波这 20 多年来为我整理手稿付出的爱心与辛苦。也感恩我 92 岁去世的老母亲冯维英对我学习与研究的关心和鼓励。

2021 年 11 月 6 日于中国政法大学北京学院路校区教工宿舍

目 录

第一篇 探源寻本

安全的人格属性

安全的社会属性

安全的质量度

语言学意义上的安全概念

社会学意义上的安全概念

第二篇　科学之问

论 安 全

论安全科学

刘潜安全思想研究

科研课题研究报告

第三篇　安学发凡

第四篇　闲暇随思

安 全
集 思

01

第一篇　探源寻本

◇ 安全的人格属性

◇ 安全的社会属性

◇ 安全的质量度

◇ 语言学意义上的安全概念

◇ 社会学意义上的安全概念

安全的人格属性

略谈宇宙智慧生命元素说

本文，从宇观视角说安全，探讨它在智慧生命构成中的地位与作用。

一、宇宙物质及其运动的多样性

宇宙物质及其运动的多样性，反映或揭示出宇宙物质形态的多重历史发展，说明每一种物质形态都有它自己生成、存在、发展或消亡的历史过程，而每一种在历史上消失的物质，都意味着它在宇宙之中已经转化成了另一形态的物质。

宇宙物质及其运动形态的多样性，表现在宇宙的自然历史演化，经历了从无生命物质到有生命物质，再到智慧生命物质这样一个在哲学上叫作否定之否定的客观存在的全过程。有生命的物质或是智慧生命物质在消亡之后，又会转化为无生命的物质，重新融入宇宙物质及其运动自然历史演化的否定之否定的生命物质大循环进程之中。

宇宙的无生命物质，客观上存在人们肉眼可见的物质形态与不可见的物质形态两大类型。

一是可见的无生命物质及其运动形态，包括恒星、星云、星团、星系、流星、宇宙尘埃、太空漂浮物质等。

二是不可见的无生命物质及其运动形态，包括引力与斥力、声波与磁场、气体与射线，以及暗物质、太空黑洞、宇宙真空区域等。

宇宙的有生命物质，包括活性化学物质、原生质细胞、微生物，以及植物的多品种与多样化的遗传、变异、进化或退化，还有从低级到高级、食草类与食肉类交替出现的动物多样性的生态链。

带有一定灵智的哺乳动物，在直立行走以后，又经历漫长进化的自然选择，最终自我创造而成为以地球人类为代表的宇宙智慧生命物质。

宇宙的智慧生命物质，由人类、劳动、安全以及宇宙特定时空区域四大元素组成。

人类，是在宇宙之中的地球上，完成自我创造的原生态的智慧生命元素。劳动，是同步经历了人类自我创造过程的伴生态的智慧生命元素。安全，是表达人类生命存在及其行为方式现实状态的派生态的智慧生命元素。宇宙特定时空区域，是把人类、劳动、安全三者聚合成一个客观事物整体并记录这个客观事物整体运行轨迹的凝聚态的智慧生命元素。

二、人类是自然历史演化的智慧生命物质

人类，作为宇宙智慧生命的构成价值，是自然历史演化的物质及其运动的最高表现形态。

人类，在宇宙智慧生命构成中的价值，是代表了宇宙自然历史演化的最高表现形态。在这个意义上讲，人类指的是：在宇宙自然历史演化进程中生成的自己创造自己、自己完善自己、自己发展自己的自然界智慧生命物质。

人，是宇宙自然物质的有机组成部分。

在生物遗传学里边，有个“生物重演律”原理，说的是生物个体的生长发育过程，是自己这类生物物种进化历史过程的再现。据此类比推理可知，人类个体的生长发育过程，也是人类整体自然历史进化过程的缩影。个体单位人的生命，从母体中的细胞分裂开始，生、老、病、死这一辈子，身体内部的构造及成分，小至细胞、肌肉、皮肤、骨骼，大至头脑、四肢、内脏器官，几乎囊括了目前宇宙里已知的所有物质形态，包括无生命的矿物质、有生命的化学活性物质、微量元素和有益或无益的微生物，也包括恒星大爆炸飘散在宇宙的有机物质。

我国中医理论也讲，自然是大宇宙，人类是小宇宙。人的生物节律，几乎与自然界的变化遥相呼应。人一天 24 小时的生命活动，与一年春夏秋冬四季的变化，以及一年二十四节气的划分，都存在密不可分的内在联系。中医理论还揭示了人的肉眼不可见的物质，例如人体的胃经、肝经、肺经、大肠经等诸多经络及其在人身上形成的网络。又如在人体内维持生命存在的营气与卫气及其在人身上的运行规律。再如我们吃进嘴里的食物，就是体外自然的大宇宙与体内人类的小宇宙在能源上的系统交流或系统交换。

人类与自然之间的关系，从认识论的角度上，可以概括为“天人合一”。

人们对客观世界及其规律性的认识，一般要经过理论思维和实践检验两个阶段。

在理论思维的认识阶段，人们为了认识客观世界及其存在的规律，首先就必须尊重客观存在，因此就要把天即自然的客观存在放在认识的第一位，而把人对天的主观认知排列在从属的地位，这说明了天是老大、人是老二，表现为“天人合一”的理论思维模式。也就是说，理论思维要达到天的客观存在与人的主观认知融合如一的思想境界。

在实践检验的认识阶段，人要主动去验证理论思维成果的客观真理性，因此人的主观认可就被排在了检验真理的主导地位，天的客观存在就排在了接受检验的从属地位，这说明人成了老大而天又成为老二了，表现为“人天合一”的实践检验模式。即实践检验要达到人的主观认可与天的客观存在融合如一的认识程度。

如上所述，也由此推论可知，把“天人合一”的理论思维与“人天合一”的实践检验结合在一起，就形成了我们的安全认识论。

人类与自然之间的关系，从实践论的角度上，可以概括为“人天合一”。

人们对发现或揭示的客观存在及其规律性的运用，一般要经过思维实践与行为实践两个阶段。

在思维实践阶段，人们要主动去考虑，在什么时间，什么地点，以及在什么情况或条件下，运用哪些客观规律，才能解决自己面临的问题并满足自己的主观需要。因此，人的主观需要就处在思维实践主导性的第一位，天即自然界的客观存在及其规律，则处在被人们需要的从属地位，此时说明人是老大而天只是老二，表现为“人天合一”的思维实践模式，也就是人的主观需要与天的客观存在达到了融合如一的状态。

在行为实践阶段，人们在掌握了真理性的客观规律以后，行为当事人到底知不知，或是知多少，是真知还是假知，就成了行为实践及其过程的主要问题。而知了是否可行的客观规律的真理性内容以后，行为当事人是否行，怎么行，真行还是假行，又成了在行为实践中遇到的问题的主要方面。因此，知与行在实践中的融合如一就成了人们的行为实践模式。

如上所述，并由此推论可知，“人天合一”的思维实践与“知行合一”的行为实践二者结合起来，才能成为我们的安全实践论。

由此可见，人类，是宇宙智慧生命的原生态的基础性的物质元素。

三、劳动是智慧生命的创造性非物质元素

劳动，在智慧生命中的存在价值，是具有创造性功能。从这个意义上讲，劳动是指创造了人本身及其生存或发展条件的人类生命存在方式。

劳动的创造性功能，首先表现在通过人们的劳动，可以再造自然物质，再现自然现象，再建自然景观。

例如人工合成牛胰岛素，人造宝石，人工改良野生植物成为小麦、玉米、水稻等粮食作物，人工驯养梅花鹿等。

又如空调机制冷，人工取火做饭或供暖，以及开凿人工运河，修建人工湖泊等。

再如植树种草绿化荒山，建筑人工园林等。

劳动的创造性功能，还表现在通过人们的劳动，可以改善人类的生存环境，或是改变人类的生存条件，也可以更好地寻找人类自我发展的历史机遇。

例如建设宜居城市或是宜居社区，建立花园式工厂，以及在人力所及的地方，从天然自然界之中演化出适宜人类生命存在的人化自然及其特定宇宙时空区域。

再如劳动创造了人类文明，形成了适合人类生存或发展的必要条件。

其一，人口劳动生产与再生产，创造了人类的政治文明，形成适合人们生活及安全存在的社会条件。

其二，物质劳动生产与再生产，创造了人类的物质文明，形成适合人们生活及安全存在的经济条件。

其三，精神劳动生产与再生产，创造了人类的精神文明，形成适合人们生活及安全存在的文化条件。

其四，环境劳动生产与再生产，创造了人类的生态文明，形成适合人们生活及安全存在的人工生态条件。

劳动的创造性功能，也表现在通过人们的劳动，创造了自然界本来就没有的东西，例如火车，飞机，轮船，以及人造卫星，宇宙航天器等。

又如人们通过自己的劳动，也发明或创造了衣、食、住、行等许许多多的生活必需品。

由此可见，劳动，是宇宙智慧生命的伴生态的创造性的非物质元素。

四、安全是智慧生命的判定性非物质元素

安全，在智慧生命构成中的存在价值，具有判定性功能。从这个意义上讲，安全是指判定人的生命活动及其行为过程是否符合客观规律的人类生命存在状态。

例如人的安全状态，反映或揭示出人与生存环境因素相互作用的有序形态，由此可以判定人的生命活动及其行为过程符合客观规律。从某种意义上讲，这也可以看作是大自然对人类的奖励。

又如人的危险状态，反映或揭示出人与生存环境因素相互作用的混沌形态，由此可以判定人的生命活动及其行为过程不遵从客观规律。从某种意义上讲，这也可以看作是大自然对人类的警告。

再如人的伤害状态，反映或揭示出人与生存环境因素相互作用的无序形态，由此可以判定人的生命活动及其行为过程违反客观规律。从某种意义上讲，这也是大自然对人类的惩戒。

由此可见，安全，是宇宙智慧生命的派生态判定性非物质元素。

五、特定时空域是智慧生命的载体性非物质元素

特定时空域，在宇宙智慧生命中的存在价值，是具有载体性功能。在这个意义上讲，特定时空域是指把人类、劳动、安全三者凝聚成一个智慧生命物质整体的人性化宇宙载体。

特定的时空区域，在承载了人类之后，便进化到了人性化的时空域。

这个人性化的时空，不仅把人类、劳动与安全凝聚成一个客观存在的智慧生命物质整体，而且记录并将继续记录这个宇宙智慧生命的物质整体在宇宙之中生成、存在、发展或消亡的运行轨迹。

人性化的时空与人的生命存在方式聚合在一起，便形成了人性化的劳动时空域。

劳动的人性化时空区域，以人类整体的生命活动及其过程为参照的依据，展示出自己具有无限性的形态特征。劳动时空域在自然历史演化过程中，与人类同步生成，也必将在人类飞出地球开发宇宙历史过程中趋向无限的未来。

劳动的时间区域表明，人类从远古时期的劳动开始，世代更替到如今，积累了大量生存经验

与劳动技能，对当代人类物质文明、精神文明、政治文明和生态文明的发展，以及未来子孙后代的生活，都将产生极其重要的和极其深远的作用或影响。

劳动的空间区域表明，人类早期只能在少数地域里生活，后来才发展到世界各地。随着劳动经验与劳动技能的增长，人类也将在世代更替中不断地开拓自己的生活领域。

人性化的时空，与人的生命存在状态聚合在一起，便形成了安全的人性化时空域。这个人性化的安全时空域，以人类个体的生命活动及其行为过程为参照单位，展示出安全时间域与安全空间域，都存在有限性的人性化形态特征。

安全的时间区域，以人对自己所处生存环境或生存条件的心理学感受为参照依据，记录了个人在过去、现在、将来遇到的人、物或事，对自己生命存在状态的作用或影响。人在自己生命活动及其行为过程中，对自己生存环境因素或是生存条件因素心理感受的变化，以及由此引起的自己生命存在状态的改变或影响，形成安全时间域的人性化移动存在状态。

安全的空间区域，以人对自己所处生存环境或生存条件的生理学体验为参照依据。人在生命存续期间，于不同地域环境遇到的人、物或事，会对人自己的生命存在状态产生不同的作用和影响，形成安全空间域的人性化移动存在状态。

如上所述，安全的人性化时空域，从人类个体的生成开始，至人的生命结束为止，贯穿了每个人在生命存续期的全过程。当一个人的安全时空域，随着这个人的生命消失而消散时，还会影响到别人的安全时空域，对别人的生命存在状态产生或多或少的作用及影响，表现出个人安全时空域消亡之后的漂移与变异现象。

由此可见，特定时空域，是宇宙智慧生命的凝聚态载体性的非物质元素。

（2018 年 12 月 25 日写于中国政法大学北京学院路校区教工宿舍）

略谈宇宙智慧生命时空论

本文，从宇观视角说安全，探讨它在人性化时空域中的地位与作用。

一、时空结构的形态多样性

宇宙的生成瞬间与消亡时刻，及其自我历史演化的全过程，构成了时空结构的形态多样性。这个多样性的时空结构，大体上可以概括为两种类型，其一是一般物质存在的时空结构，另一是智慧生命物质的时空结构。

1. 一般物质存在的时空结构

无生命物质的运动及其向有生命形态的演变或转化，构成了一般物质存在的时间与空间相互渗透的宇宙时空结构。人们对宇宙物质运动这种时空结构的典型认知，是牛顿的绝对时空论与爱因斯坦的相对时空论。

牛顿的物理学，提出了宇宙物质运动的绝对时空论，认为时间是一维的，是一去不复返的客观存在，而空间是三维的，由长、宽、高三个维度组成。

爱因斯坦的相对论，提出宇宙物质运动的相对时空论，认为物质运动的时间与空间都可以是多维的，尺子（空间距离）可以缩短，时钟（时间计量）可以变慢。

2. 智慧生命物质的时空结构

以地球人类为代表的智慧生命物质，用生命存在及其自我运动的运行轨迹，从天然的自然界之中，划分出了人化自然界，这个人化自然区域的时间与空间的相互渗透，造就了人性化的时空结构。

人性化的时空与人的生命存在方式结合在一起，就形成了人性化的劳动时空域。

人性化的时空与人的生命存在状态结合在一起，就形成了人性化的安全时空域。

二、三维安全时间及其形态特征

人类学意义上的安全时间，以个人的生命存在状态为参照的基本单元，以个人的生命活动及其思维过程为区域的划定范围，以人在过去、现在、将来三个时间态遇到的人、物、事的心理学感受对自己生命存在状态的作用或影响作为安全科学的研究内容。

1. 三维安全时间的结构特性

宇宙人性化的安全时间区域不再是物理学意义上的一维时间态，而是人类学意义上的三维时间态，包括了过去、现在、将来三个时间维度。

安全时间域之中的过去时间态是指此时此刻的回溯。

安全时间域之中的现在时间态是指此时此刻的瞬间。

安全时间域之中的将来时间态是指此时此刻的展延。

2. 三维安全时间的形态特征

安全时间域的人性化形态特征包括回溯、压缩、展延三种人对时间感受的心理状态，反映或揭示出安全时间对人的生命存在状态起到的功能或作用。

安全时间域人性化特征的回溯状态指人的心理学感受从此时此刻的瞬间，返回到过去的时间方向，也就是人们平日里常说的“回忆往事”。

安全时间域人性化特征的压缩状态指过去与现在，过去、现在与将来，或现在与将来，在人脑的思维中凝聚于此时此刻的瞬间。

安全时间域人性化特征的展延状态指人的心理学感受从此时此刻的瞬间，延伸到将来的时间方向，也就是人们平日里常说的“展望未来”。

三、六维安全空间及其形态特征

人类学意义上的安全空间，以个人的生命存在状态作为参照的基本单元，以个人的生命活动及其行为过程作为区域的划定范围，以人在自己身体的上下、前后、左右六个方位遇到的人、物、事的生理学体验对自己生命存在状态的作用或影响作为安全科学的研究内容。

1. 六维安全空间的结构特性

宇宙人性化的安全空间域不再是物理学意义上的三维空间态，而是人类学意义上的六维空间态，包括人体周边生存环境的上下、前后、左右三组六个方位的维度。

这个人性化的六维安全空间结构是用人自己的身体和人自己的生命活动，把原来物理学意义上的三维空间态切割成为人类学意义上的六维空间态。由此表明，宇宙特定的人性化安全区域，以人类个体的身体存在作为自己设置的参照标准；以人类个体的身体活动作为自己存在的移动状态。

2. 六维安全空间的形态特征

宇宙特定的人性化安全空间区域客观上存在重叠、卷曲、展示等结构性的形态特征，反映或揭示出安全空间对人们生命存在状态的作用和影响。

其一，安全空间区域的重叠形态特征，指的是人的身体还没有触及的那些空间区域，实际上说的就是物理学意义上的那个三维空间态。因为从安全的着眼点或角度来看，宇宙中一切物理学意义上的空间状态，都可以被看作被安全空间重叠或者说是折叠起来的人性化空间状态，一旦人的身体进入那些被重叠或折叠的空间区域，瞬间便会恢复或展示出以人为中心的六维安全空间状态。

其二，安全空间区域的卷曲形态特征指的是由于地质变迁或地形变化，导致附近空间状态几何形状的同步变化，使得人们所在的六维空间位置上发生了空间形态的折叠、弯曲、形变，或是部分空间被遮蔽，以至于对人们的生命存在状态造成了威胁或伤害。此时此地、此情此景的安全空间区域可被称为异态的安全空间域，或称异形的安全空间态。

其三，安全空间区域的展示形态特征指的是六维安全空间状态全部展现在人们的面前，使得六个方位形成的安全空间区域，对人的身体构成合围的态势。也就是说，人的生命活动及其全部行为过程，都处在自己身体的上、下、前、后、左、右六个维度的安全空间态之中，并且还会随着人的身体位置移动而同步变动，因此对人的生命存在状态必然要产生一定的作用和影响。

四、智慧生命元素自我时空要件

人类、劳动、安全这三个智慧生命的构成元素，一旦进入自我运动的宇宙特定时空区域，便显示出自我时空要件的功能与特点。

1. 安全的自我时空要件

其一，安全的时空区域是由宇宙智慧生命物质运动的特定时空范畴与人自己的生命存在状态相互联系凝聚而成的客观存在。

其二，安全的时空区域是由人性化的三维时间状态与人性化的六维空间状态相互渗透凝聚而成的九维安全时空结构。

其三，安全的时空区域以人类的个体生命存在为依据，以人类的个体生命活动为依托，反映和揭示出人的一生所能触及的时间与空间对自己生命状态的作用和影响。由于人的生命总是有限的，因此客观上安全的时空区域也就存在有限性的时空特点。

其四，安全的时间区域，以人对自己周边生存环境因素的心理学感受为依据，通过人脑机能发挥出来的思维能力与智慧水平，把物理学意义上一去不复返的一维时间状态分割成了过去、现在、将来三个时间维度的人性化安全时间态。

其五，安全的空间区域，以人对自己周边生存环境因素的生理学体验为依据，通过人体活动发挥出来的活动能力与创造水平，把物理学意义上的三维空间状态分割成为人类学意义上的六维安全空间态。

2. 劳动的自我时空要件

其一，劳动的时空区域是由宇宙智慧生命物质运动的特定时空范畴与人自己的生命存在方式相互联系凝聚而成的客观存在。

其二，劳动的时空区域是由人性化的三维时间状态与人性化的六维空间状态相互渗透凝聚而成的九维劳动时空结构。

其三，劳动的时空区域以人类整体的生命存在为依据以人类整体的生命活动为依托，反映和揭示出整个地球人类在所能触及的时间与空间对人类生存或发展的作用与影响。由于人类世代交替的生存与发展总是无限的，因此在客观上劳动的时空区域也就存在无限性的时空特点。

其四，劳动的时间区域，以人类整体对自己生存环境及其构成因素的心理学感受为依据，包括过去即此时此刻的回溯、现在即此时此刻的瞬间、将来即此时此刻的展延三个维度的劳动时间态。

其五，劳动的空间区域，以人类整体对自己生存环境及其构成因素的生理学体验为依据，包括上、下、前、后、左、右，六个方位的劳动空间态。

3. 人类的自我时空要件

其一，人类的时空区域是由宇宙智慧生命物质运动的特定时空态与人类的生命存在及其活动状态相互联系凝聚而成的客观存在。

其二，人类的时空区域是由人性化的九维安全时空域与人性化的九维劳动时空域相互渗透凝聚而成的人性化多维时空结构。

其三，人类的时空区域，以安全时空域反映的人类个体在宇宙之中生命的点状瞬间闪烁为微观依据，以劳动时空域体现的人类整体在宇宙之中生命的线状运行轨迹为宏观依据，反映和揭示出人性化时空域在宇观上的劳动无限时空态与安全有限时空态具体的、历史的、辩证的统一对人类生成、存在或消亡的功能、作用与影响。

其四，人类的时空区域，以整个地球人类的存在为依据，以整个地球人类的活动为依托，反映和揭示出宇宙结构在物质运动上的最高表现形态。

其五，宇宙智慧生命物质运动的人性化时空区域，随人类的诞生而同步生成，也随人类的消失而同步消亡，贯穿于地球人类自我创造、自我完善、自我发展的自然历史全过程。

（2018 年 12 月 28 日写于中国政法大学北京学院路校区教工宿舍）

略谈安全与劳动的同源共构性

一、人的生命存在的客观表现

人的生命存在，客观上表现在两个方面。一是人的生命存在方式即劳动，二是人的生命存在状态即安全。

劳动，是指创造人本身及其生存或发展条件的人类生存方式。安全，是指判定人的劳动行为是否符合客观规律的人类生存状态。安全与劳动，都是以人的生命存在为载体、以人的生命活动为依托、与人同生共灭的、看不见摸不着但可以为人所感知的客观存在。由此推论可知，安全与劳动之间，具有同源共构性的基本特征，反映和揭示出人的生命活动及其行为，是一个要达到安全与劳动双重目标的自组织系统。

二、安全与劳动的同源性

安全与劳动的自然历史同源性，是指在自然界之中，安全状态与劳动行为的自我生成，有着相同的历史渊源。因此，安全与劳动同源性的特征，可以从人类进化的历史过程，以及人之初的生存状况来说明。

安全与劳动共同起源于人类进化历史过程。劳动行为创造了人本身及其生存或发展的必要条件，因此劳动成为宇宙智慧生命物质主体的创造性伴生态因素。安全状态可以判定人的劳动行为是否符合客观规律，因此安全成为宇宙智慧生命物质主体的判定性派生态因素。由此推论可知，在人类自我创造历史过程中，安全与劳动同步生成。

人之初的瞬间，面临着生存环境与生存条件改变的适应性生存问题，首先是既要从母体的液态生存环境变为陆地的气态生存环境，又要从母体内恒温恒湿的生态环境变为温度湿度随时空变化的自然生态环境。其次是既要从母体胎盘中的腹式呼吸变为出生后用肺呼吸的方式供氧，又要从母体中依靠脐带输送水或营养物质变为出生后用嘴直接进食。由此可见，劳动反映了人之初瞬间的适应性生存方式，安全反映了人之初瞬间适应性生存方式的存在状态。

三、安全与劳动的共构性

安全与劳动的社会现实共构性（参见图 1），是指在人类社会之中，安全状态与劳动行为的组成因素有着共通的现实结构。因此，安全与劳动共构性的特征可以从彼此内在的组织成分及其自我生成的排序状态来说明。

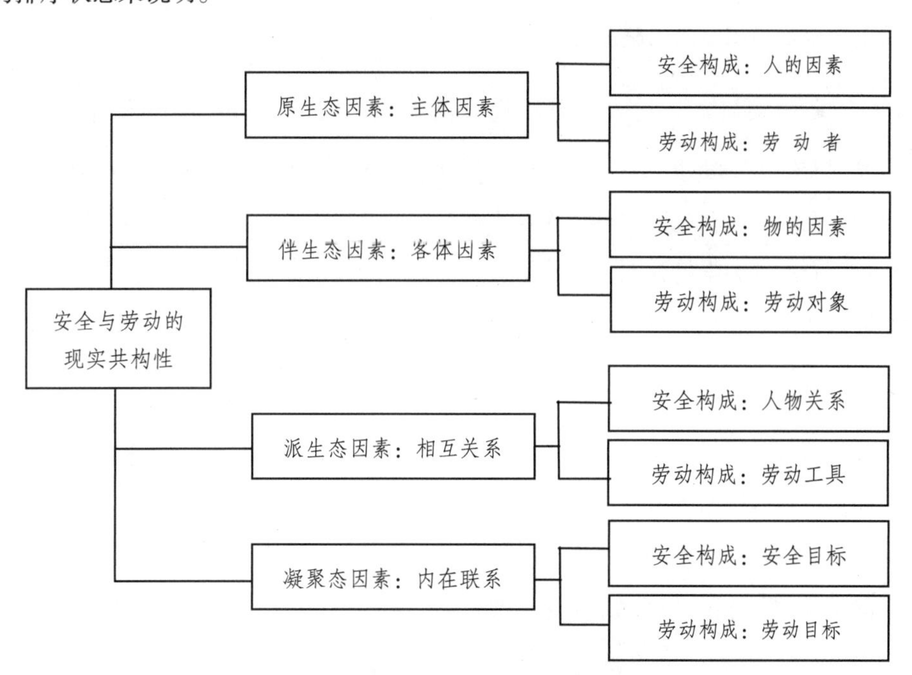

图 1 安全与劳动的社会现实共构性

安全与劳动的原生态主体因素，安全结构称作人的因素，劳动结构称为劳动者，实质上说的都是具有生命活力的人。

安全与劳动的伴生态客体因素，安全结构称作物的因素，劳动结构称为劳动对象，实质上说的都是与人相互作用的客观存在。

安全与劳动的派生态关系因素，安全结构称作人物关系或外在关系，劳动结构称为劳动工具或劳务中介，实质上说的都是主体与客体双向互动形成的事物。

安全与劳动的凝聚态联系因素，安全结构称作内在联系或安全系统，劳动结构称为相互联系或劳动系统，实质上说的都是通过运筹与信息对主体、客体、关系三者进行有效控制以达到预期的目的。

（2019年1月28日成稿于北京政法社区）

略谈安全固有的人格属性

安全以人的生命存在为载体，与人的生命活动相依存，反映或揭示人的生物学特性与社会学特性，展示出安全本身固有的人格属性。

1. 安全问题的实质，表现为人与环境及其构成因素的双向互动关系

从人本身固有的生物学特征上，或是从人与自然之间的关系方面来考察，安全问题的实质是健康问题，即人在生命活动过程的自我健康问题。

从人本身固有的社会学特征上，或是从人与社会之间关系的方面来考察，安全问题的实质是人权问题，即人在生命存续期间的自我生存问题。

2. 安全资源占有的时空差异

安全资源的占有在社会发展的历史或现实中，存在时空上的差异性。因此安全资源的使用，在人类社会的个体或群体中，也存在时空上的差异性。

安全利益的获得在社会发展的历史或现实中，存在时空上的差异性。因此安全利益的享受，在人类社会的个体或群体中，也存在时空上的差异性。

3. 安全利益获得的角色差异

劳动群体在安全利益获得上的角色差异，意味着不同社会角色的人们在安全利益的享受上存在个体的差异。

不同行业劳动群体之间以及不同工种劳动群体之间，存在安全利益上的差异。

同一行业或企业内部不同岗位劳动群体之间以及同一工种不同行业或不同企业劳动群体之间，也存在安全利益的差异。

4. 安全资源占有和利益获得，受人类个体或群体社会地位和经济状况的影响

人类个体或是人类群体在安全资源的占有以及在安全利益上的获得，受自己所处的社会地位和个人经济状况的制约或影响。

安全资源的使用程度以及安全利益的享受质量，受世界各国及各行政区域全局性或是局域性的人类文明发展水平与社会历史进步程度的制约或影响。

5. 安全人格化属性的理想体现

安全人格化属性体现着的安全理想，是要建立起安全利益人类共享的和谐社会，让人们随着人类文明发展水平的逐步提高以及人类社会历史的不断进步，都能享受到高级质量的安全，获得天上人间的幸福生活。

（2019 年 1 月 30 日写于北京政法社区）

略谈安全固有的一般特点

我和刘潜[①]先生在 20 多年前相识之初，他给我讲了安全本身固有的四个一般特点，现依据记忆与理解整理出来，仅供人们学习、参阅或评价。

一、安全的广泛性特点

安全的广泛性特点，说的是凡具有生命活力的人，在任何时候和任何地点以及任何条件下，都存在安全与否的问题。

二、安全的绝对性特点

安全的绝对性特点，指的是人在生理上或是心理上对生存环境及其构成因素的作用或影响总

① 刘潜：安全科学学科理论创立者，著名安全学者、安全教育家、社会活动家。

有一个适应与不适应的问题，因此每个人对安全的需要都是绝对的、必然的。

三、安全的相对性特点

安全的相对性特点，指的是人在生理上或心理上，对自己的防灾避祸行为，以及实现自我安全的满意程度都是相对的、有限的，因为除受自然条件的制约或影响外，还要受自己的社会地位和个人经济状况的制约或影响，以及全球性的或是地域性的人类文明发展水平与社会历史进步程度的制约或影响。

四、安全的复杂性特点

安全的复杂性特点，泛指安全存在方式的多样化，以及安全实现方法、手段、措施的不可穷尽性。

（2019 年 1 月 30 日写于北京政法社区）

略谈安全意识及其特有属性

本文的论域，涉及人的意识及其分类与特征，安全意识的形态与特征，安全意识的特性与评价。

一、意识的三种类型

意识，是指可以支配人的行为的人体大脑机能，对人的自我生存状况及周边环境因素的生物学反应，分为无意识、潜意识、有意识三种类型。

无意识，指无自我保护意念又无动作意向的人脑机能反应。它的特征是个人随意性生存的反映或体现。

潜意识，指有自我保护意念但又无动作意向的人脑机能反应。它的特征是个人先天获得性遗传的产物。

有意识，指有自我保护意念也有动作意向的人脑机能反应。它的特征是个人后天适应性学习的结果。

在有意识之中,包含着安全意识,是指有自我保护意念和满足自我生存欲望或满足自我健康欲望,同时也有动作意向的人脑机能反应。它的特征是个人的先天遗传因素与后天学习因素的综合。

二、安全意识的三种形态

安全意识，存在无安全意识、潜安全意识、有安全意识三种表现形态。

无安全意识，又称虚无的安全意识，指无满足个人自我生存欲望或自我健康意念，也无动作意向的安全意识。它的特征是潜在的人体健康自我保护功能的反映或体现。

潜安全意识，又称潜在的安全意识，指有满足个人自我生存欲望或自我健康意念，但又无动作意向的安全意识。它的特征是本能的人体健康自我保护功能的反映或体现。

有安全意识，又称显在的安全意识，指有满足个人自我生存欲望或自我健康意念，也有动作意向的安全意识。它的特征是智能的人体健康自我保护功能的反映或体现。

三、安全意识特有属性的表现形态

安全意识特有属性的表现形态，至少有以下几方面：

其一，安全意识的警觉性，指对人体自我健康的环境情景或构成因素引起注意，从而唤醒人的自我保护意识，或生成个人的自我安全意识。

其二，安全意识的指向性，指把人体自我健康的环境情景或构成因素作为注意力集中或分散的靶标，从而形成单向的或多向的安全目标指向。

其三，安全意识的可塑性，指人自己的生存环境因素或自我健康状况的变化，引起自我安全意识的同步变化，或表现为安全意识的消失，或表现为安全意识的觉醒，或表现为安全意识的增强，以及注意力在原有基础上的转移、集中或分散等指向性的改变。

其四，安全意识的制约性，指安全意识支配个人行为的质量，决定或影响这个人的行为是否安全。正确判定的安全意识可使人的行为达到自己的安全预期。不正确的或是错误判定的安全意识会让人丧失已有的安全状态，甚至使人在生理或心理上受到新的伤害。

四、安全意识特有属性的价值评说

安全意识特有属性的价值评说，至少有以下几方面：

其一，安全意识的警觉性，是安全意识觉醒的标志。它表明：人脑机能对人的生存环境与生存状态或是自我健康状况的生物学反应，唤醒了人的自我保护意识，是安全意识生成的初始条件和它的动力源。

其二，安全意识的指向性，是安全意识生成的标志。它表明：人脑机能对人自己与客观事物之间关系现状的生物学反应，已由感觉、知觉延伸，并引起人的注意及其对关注物的指向。也表明了注意力及其分配的敏捷程度，以及注意力指向的准确性和稳定性，决定着安全意识的质量及其支配行为的正确程度。

其三，安全意识的可塑性，是安全意识存在的标志。它表明：人脑生物学机能引发的安全意识的觉醒、生成、存在或消失，在人的行为过程中相互转化的可能性与现实性。

其四，安全意识的制约性，是安全意识功能的体现。它表明：人脑机能生物学反应形成的安全意识及其质量，是人的行为达到自己安全预期和既定生活目标的必要前提和保障。

（2019 年 1 月 31 日写于北京政治社区）

略谈人的行为及其活动结构

本文的论域，涉及人的一般行为结构和目标行为结构，其中目标行为结构又包括有安全意识或无安全意识两种表现形态的构成与转化。

1. 人的一般行为结构

人的一般行为结构，是双目标双要求融合如一的行为结构：从行为方式说，包括人的行为是否可以达到劳动目标，以及人的行为是否能够实现安全目标。人的行为双目标的设立是否成功，取决于人的主观需要是否符合客观规律；从行为内容说，包括达到既定目标的劳动要求，以及实现自我健康的安全要求。一般行为的劳动要求，表明人的行为具有客观性特征，是客观规律的反映。一般行为的安全要求，表明人的行为具有主观性特征，是主观需要的体现。

2. 有安全意识支配的目标行为结构

有安全意识支配的目标行为结构是在行为方式上双目标、在行为内容上双要求的目标行为结构：从行为方式说，包括人的行为是否符合既定活动预期的劳动目标，以及人的行为是否满足自我生存欲望的安全目标；从行为内容说，包括人的行为是否符合既定活动预期的劳动技术要求，以及人的行为是否满足自我生存欲望的安全规范要求。

3. 无安全意识支配的目标行为结构

无安全意识支配的目标行为结构，是在行为方式上单目标、在行为内容上单要求的目标行为结构；从行为方式说，人们只注重遵守达到既定活动目标的有关劳动的客观规律，却往往忽视了满足自我生存欲望的有关安全的客观规律，以至于在行为方式上仅表现为单一的劳动目标；从行为内容说，人们只关注自己的行为是否符合达到既定活动目标的劳动技术要求，却往往忽略了是否符合达到满足自我生存欲望的安全规范要求，在行为内容上只执行单一的劳动要求。

4. 安全意识从有到无的衰变表现

安全意识从有到无的衰变表现为：人的行为一旦失去安全意识的支配，就将转变为潜安全意识或无安全意识的目标行为模式。

行为目标从有到无的转变表现为：人的行为一旦失去既定目标，就将成为盲目的或是盲动的行为模式，这就意味着人的安全意识也将自然衰减，或是在人的行为过程逐渐消失。

5. 安全意识从无到有的再现

安全意识从无到有的再现表现为：无安全意识支配的目标行为，在执行过程受阻以后，人们面对着危机或风险，甚至是人员伤亡的情况，自我保护意识自动唤醒，或是维护自我生存的心理暗示萌生，就有可能促成安全意识的觉醒，从而使无安全意识支配的目标行为，转变成有安全意识的目标行为模式。

行为目标从无到有的重建表现为：人的行为失去既定奋斗目标之后，安全意识自然衰亡，人的生命活动系统如劳动生产的组织系统处于解体状态，为达到既定的劳动目标，就需要在重建劳动组织系统的同时，为人们的劳动生产提供安全的保障，从而恢复或创建安全意识支配下的目标行为模式。

（2019年2月1日写于北京政法社区）

安全的社会属性

安全目标与行为约束

一、安全目标的确立

安全目标的确立，是保障人群活动及其目标系统完成既定劳动生产任务，以及实施安全质量管理，或是建设安全系统工程的基础和前提。而人们的自主性行为约束，或是强制性行为约束，又是达到安全目标，实现自我安全的基础和前提。

二、安全目标的确立原则

安全目标的确立，遵循四项基本原则——

第一，主体原则。以人在心理上或生理上对体外因素危害的承受能力即人体安全阈的值作为安全目标确立的生物学基础和制定安全目标的专业技术标准。

第二，人权原则。以尊重人的生命存在价值和人的尊严以及人的生存权利、劳动权利、休息权利和健康权利作为安全目标确立的社会学基础和制定安全目标的专业技术内容。

第三，法权原则。安全目标的确立，不应违反国家宪法或相关法律法规，以及有关国际公约的规定或允许的最低人权保障程度。

第四，伦理原则。安全目标的确立，不应超出社会公认的人道主义标准，以及职业道德或社会公德所能容忍的最大良心谴责程度。

三、行为安全的约束力量

保持或实现人的行为安全的约束力量可以从道德与法律两个方面来考虑。道德的良心谴责功能，对人的行为产生内在的自主约束力；法律的惩戒制裁功能，对人的行为产生外在的强制约束力。

如上所述，德法合一的行为约束就成了人们实现安全目标的有力保障。因为人的行为受内在道德的良心谴责和外在法律惩戒制裁的双重约束才是意识支配行为，不仅达到既定劳动目标，同时又能实现行为安全预期的最佳理性选择。

由此可见，为了实现安全目标，保持人们在生命活动中的行为安全状态，建立各种类型德法合一的行为约束机制很有必要。

（2019 年 2 月 26 日写于北京政法社区）

安全与医学的殊途同归性

一、人的自我健康形态表现

人的自我健康，客观上表现为两种形态：一是人体自我健康的原生形态，二是人体自我健康的科学形态。

人体自我健康的原生形态，是指人与生存环境相互作用形成人体自我健康状况的客观存在，包括人体内在健康形态即人体内部与生存环境因素相互作用形成的人体自我健康状态，以及人体外在健康形态即人体外部与生存环境因素相互作用形成的人体自我健康状态。

人体自我健康的科学形态，包括医学健康形态与安全健康形态，指的是对人与生存环境因素相互作用形成人体自我健康状况的客观存在的主观反映。由此可见，人体自我健康的科学形态，不是真实意义上的人体健康形态，而是思想观念上的人体健康形态。这里就存在哲学上讲的主观认识是否符合客观存在，或者在多大程度上符合客观存在，以及主观认识如何在理论上证实，或者如何在实践上检验等一系列需要人们解决的认识论问题。

二、人体健康的科学保障体系

刘潜先生说，人的身体健康有两个科学保障体系，即以人的皮肤（包括人的内表皮、外表皮以及唾液和胃黏膜在内）为界，人的皮肤以内是人体健康的医学科学保障体系；在人的皮肤以外是人体健康的安全科学保障体系。由此推论可知，医学科学研究或解决人的皮肤以内的人体内在健康问题，安全科学研究或解决人的皮肤以外的人体外在健康问题，而人的皮肤就成为这两门科学相互区别的学科系统边界。

例如人要穿衣服，一是为了遮羞，二是为了御寒。遮羞，解决人在心理上的安全健康问题；御寒，解决人在生理上的安全健康问题。这些都属于安全科学研究或解决的范畴。如果体外有害因素一旦侵入人体以内，使人患上疾病，那就是医学科学研究或解决的问题了。

三、安全科学与医学科学的学科边界与交叉

安全科学与医学科学的学科系统边界存在彼此渗透现象，表现在双方的科研与实践交叉于卫生领域。

在安全科学方面，卫生问题被看作是外界因素通过人的心理或生理途径，对人体健康产生危害的广义安全问题。例如受噪声长时间干扰，人的听觉会下降；长期在高浓度粉尘环境中作业，会患上尘肺职业病。

在医学科学方面，卫生问题被看作通过改善人的生活环境，或是改变人的生活习惯，提高人体免疫力，从而防止各种疾病危害的预防医学问题。例如清洁居住环境、保持个人卫生、科学合理饮食、适度锻炼身体，以及生活起居的规律性等。

四、安全科学与医学科学目标相同

安全科学与医学科学既相互联系又相互配合，往往为解决具体问题结成科学联盟。虽然安全科学与医学科学的科研途径不同，但有着共同的科学目标：为了人们身体健康。

例如医学科学工作者在研究或解决人体内在健康问题的同时，还从人在心理上或生理上的需求出发，提出维护或保障人体外在健康的具体要求，以及达到这些要求的医学标准、实现条件和科学依据。安全科学工作者则是根据实际情况，制订出与这些有效医学信息相适应的工作方式和技术措施，在实践中应用。

又如人体安全阈及其参量组合，首先是由安全科学及其工作者提出，再由医学科学去研究与实验，之后又由医务工作者具体测定的职业健康标准。由此可见，安全实践知行合一过程展示的，正是安全科学与医学科学殊途同归的理论成果。（参见图 1）

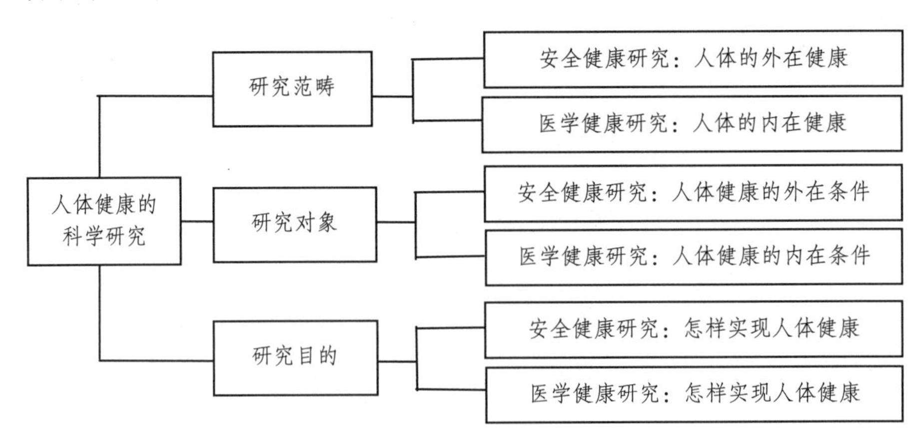

图 1　安全健康与医学健康的殊途同归性（指不同科研途径达到同一科学目标）

（2019 年 3 月 5 日写于北京政法社区）

企业过程安全的理念与模式

自从资本来到了人间，劳资双方就成了一对既相互独立又相互依存的命运共同体。一方面，为了生存，劳资双方在资本增殖过程中,既相互对立又相互斗争，甚至闹到你死我活的地步。另一方面，劳资双方在资本增殖过程中,一方的存在又以另一方的存在为依据，不论失去哪一方，另一方就没有存在的必要了。因此，劳资双方在特定历史条件下，还可能存在合则共利的经济关系。

由于劳资双方在资本增殖的企业过程中各自的经济状况以及由此造成的社会地位不同，在争取安全利益最大化的安全理念与安全模式上也有着区别或差异。如何使劳资双方在安全理念上相互认同，以及如何让劳资双方在安全模式上协商一致，就成为在市场经济条件下的一个重大课题。

一、劳资双方安全理念的不同

从为了更好地生活这个共同的着眼点出发，由于经济状况或社会处境的不同，会有各不相同的看问题的角度，劳资双方在资本增殖的企业过程中就会产生完全不同的安全理念。

1. 资本拥有者的安全理念

一切为了生产，如果不进行生产活动，根本就不存在那些需要解决的安全问题。

2. 雇佣劳动者的安全理念

一切为了人，如果没有人的存在，根本就无法进行任何生产活动。

二、资本拥有者赞赏或认同的安全模式

依据自己的安全理念，资本拥有者赞赏或认同的安全模式，简略地说，有经济学模式和管理学模式两种。

1. 实现安全的经济学模式

要点如下：

工作措施：生产安全，即以保生产为前提，防止伤害事故的发生。

基本设想：尽量避免安全投入过多而引起生产总成本的增加。

安全目标：零伤害，即所谓的“生产安全无事故”，实际在安全质量学上，是指人的生命存在状态，处于零安全的绝对危险线的位置上。

实施目的：追求企业利润的最大化。

2. 实现安全的管理学模式

要点如下：

工作措施：安全生产，即以保安全为前提，组织生产活动。

基本设想：尽量避免生产过程因伤亡事故中断而造成的停产以及财产损失或经济赔偿。

安全目标：正安全，即所谓的“安全生产责任重于泰山”，实际在安全质量学上，是指人的生命存在状态，处在无伤害的绝对危险线以上。

实施目的：追求企业管理的人性化。

三、雇佣劳动者赞赏或认同的安全模式

依据自己的安全理念，雇佣劳动者赞赏或认同的安全模式，简略地说，有政治学模式和社会学模式两种。

1. 实现安全的政治学模式

要点如下：

工作措施：劳动保护。

基本设想：维护劳动者在职业活动中的基本人权，如劳动者的劳动权、休息权、生存权或健康权等，合法的或是合理的正当权益。

安全目标：正安全，在安全质量学上，指的是劳动者在职业过程中的生命存在状态，始终保持在绝对危险线以上的正安全域。

实施目的；保障劳动者在职业活动中，按照国家宪法及相关法律应该享有的安全利益不被侵犯。

2. 实现安全的社会学模式

要点如下：

工作措施：职业安全与健康。

基本设想：争取并保持劳动者在职业活动中，心理上或生理上个人的自我生存欲望以及自我健康需要，能够得到及时的关注、重视和满足。

安全目标：正安全，在安全质量学上，指的也是劳动者在职业过程中的生命存在状态，始终保持在绝对危险线以上的正安全域。

实施目的：保障劳动者的工作环境和工作条件，符合人体安全阈及其相关参数组合规定的各项专业技术标准和人道主义关怀。

（2019 年 5 月 6 日写于中国政法大学北京学院路校区教工宿舍）

系统安全与安全系统

在人类安全认识史上，系统安全思想是对个别的或局部的安全认识的辩证否定，安全系统思想又是对系统安全思想的辩证的否定之否定。

一、系统安全思想

系统安全思想总结了以往人们自发安全认识的经验，汇集了个别的或局部的安全认识成果，因此从哲学意义上讲，是对个别的局部的安全认识的辩证否定促成了人类自觉安全认识史上第一次深刻的思想革命。系统安全思想，可以简要地表述为：在人的生命活动中，普遍地存在着值得关注和需要解决的安全问题。

系统安全思想是人类自觉安全认识史上感性认知阶段的思维成果，奠定了安全应用科学及其学科分支体系的思想基础，成为指导安全管理或安全工程建设的原初性实践依据。

二、安全系统思想

安全系统思想，反思了系统安全思想的实践成果和理论缺陷，因此从哲学意义上讲，是对系统安全思想辩证的否定之否定，成为人类自觉安全认识史上第二次深刻的思想革命。

安全系统思想，可以简要地表述为：安全的内在组织结构是一个由人、物、人物关系及其外在表现形式的内在联系构成的功能系统，人们实现安全的启动条件和原初动力，就蕴藏在这个人也参与其中的开放式非线性复杂系统之中。

安全系统思想，是人类自觉安全认识理性认知阶段的思维成果，奠定了安全学科科学及其学科分支体系的思想基础，成为指导安全管理或安全工程建设的规范性实践依据。

三、系统安全思想与安全系统思想的思维方式

系统安全思想在思维方式上，采取的是从个别或局部到整体或全面，也就是从系到统的系统思维方法；在思维定式上表现出来的，是从个别或局部入手，最终从整体上全面解决安全问题的还原论思想。

安全系统思想的思维方式，采取的是从整体或全面到个别或局部，也就是从统到系的统系思维方法；在思维定式上表现出来的，是从安全结构整体的本质要求出发，去规范人的行为达到安全状态的整体论思想。

四、系统安全思想与安全系统思想的思维内容

系统安全思想，在解决安全问题的思维形式上表现出来的，是包括简单枚举法在内的归纳逻辑方法。由于这种归纳逻辑推理，会得出可真可假的或然性结论，因此在思维内容上，就反映或揭示出了危险源点的不可穷尽，以及事故致因防不胜防的认识论问题，所以就不能从根本上真正地解决安全问题。

安全系统思想，在探索安全规律的思维形式上表现出来的，是包括充分条件假言命题在内的演绎逻辑方法。由于这种演绎逻辑的推理会得出可真无假的必然性结论，因此在思维内容上，就反映或揭示出只要按照安全要求去做，就可达到安全目标的效果，但在实际上，由于演绎推理的大前提如安全操作的规范要求，从思维内容上看，也是由归纳推理得出的可真可假的或然性结论，所以在思维形式上演绎推理那个可真无假的必然性结论，从认识论角度讲，还需要有理论上的进一步论证，以及实践上的真理性检验。

（2019 年 6 月 12 日写于北京政治社区）

安全的质量度

安全质的内在规定性

安全，是指人的生命存在状态。安全的质，是由安全的量内在规定着的客观存在。从无安全（无是有的终止）到零安全（零是有的开端），从正安全（人的安全状态）到负安全（人的伤害状态），安全质的这些变化，都是安全量在计量过程中的内在规定引发的质的飞跃。

一、安全的质

安全的质反映或表现出来的，是人与自己所处生存环境及其构成因素相互作用形成的人体外在健康状况。其中，反映或体现人与环境相互作用有序状态的人体外在健康状况，称为正安全态；反映或体现人与环境因素相互作用无序状态的人体外在健康状况，称为负安全态；反映或体现正安全态与负安全态系统边界的人体外在健康状况，称为零安全态。

二、安全三态

正安全态，包括绝对安全、相对安全、零危险、相对危险以及无伤害等人体外在健康状况，涉及的安全质的存在范围称为正态安全域。

负安全态，包括相对伤害、绝对伤害、超级危险以及无安全与无危险等人体外在健康状况，涉及的安全质的存在范围称为负态安全域。

零安全态，包括绝对危险与零伤害两种人体外在健康状况，由正负安全域形成的分界线称为零度安全线。

从严格意义上讲，人体外在健康的质量状况在总体上一分为三，相互重叠在一起。人体外在健康质量的有序状态称为安全状态即正安全态。人体外在健康质量的混沌状态称为危险状态，包括正、负、零安全的三态。人体外在健康质量的无序状态称为伤害状态即负安全态。当人们关注的焦点在安全问题上时，人的安全态处于主导地位的显性客观存在，危险或伤害则处于次要的隐性存在状态。反之，当人们关注危险或伤害问题时，人的危险或伤害状态处于主导性的显性存在，安全问题反倒处在次要的隐性地位了。

安全科学以研究安全为主，辅之以研究危险或伤害问题，因为人们研究危险与伤害的初心就是为了实现人的安全。

（2020 年 4 月 25 日成稿于北京政法社区）

安全量的外在限定性

一、安全的量

安全的量，是由安全质的上限与下限从两侧外在限定的客观存在。安全质与量的互动表现为：安全的量内在地规定着安全的质，而安全的质又外在地限定着安全的量。

二、人体外在健康质的形式

人体外在健康质的安全态、危险态与伤害态，相互重叠融合如一的状况，表现为"一量三质"现象，也就是一个特定计量单位的量，同时包括安全、危险、伤害三种质态形式。当某质态为显现性状，特定计量单位就表现为该质态的量，其他两种质态则表现为隐性状态而客观地存在。例如，当安全成为显性状态，特定计量单位就表现为安全质态的量，危险或伤害的量就以隐性的形式同时存在。若危险或伤害成为显性状态，特定计量单位就表现为危险或是伤害的量，而安全质的量又成为隐性形式而同时存在了。

三、安全的基础量纲

实现安全的基础量纲，由互为参照的安全主体人的因素量纲与安全客体物的因素量纲组成。

安全主体量纲，涉及人的生命节律、安全阈值，以及安全意识的觉醒与安全技能的保持等几个方面的规范化、标准化和数字化。

安全客体量纲，涉及物的性质或种类，物对人的作用强度或剂量大小，物对人作用的时间长短，以及物对人作用的方式或途径，包括物对人作用的质、量、时、空四个方面内容。

四、安全的系统量纲

实现安全的系统量纲，由互为参照的系统关系调节量纲与系统过程控制量纲组成。

安全的系统关系调节量纲，是指安全系统内部人物关系调节方式的选择与确认，调节范围的时间与空间，调节程度的质量与规模，调节效果的功能与反馈等几方面相互匹配的参量群组合。

安全的过程控制量纲，包括人群目标活动及其系统的物质性联系构成因素的整体优化程度和排列组合方式，非物质性联系构成因素的信息采集、编码、破译或重组，系统运行的时间、地点以及启动条件的检验和初始状态的监测与监控，系统运行的指令性约束程度、范围与质量以及由信息反馈引发的系统状态调整或系统结构重建等内容的参量群组合。

（2020 年 4 月 25 日成稿于北京政法社区）

安全度的质量融合性

安全的度，是指在同一计量单位内，安全的质与安全的量相互融合的有序状态（参见图 1）。安全度的质与量相融合及其迁移与变化，突出地表现在安全质量的自发飘移现象，以及安全质量的波粒二象性特征。

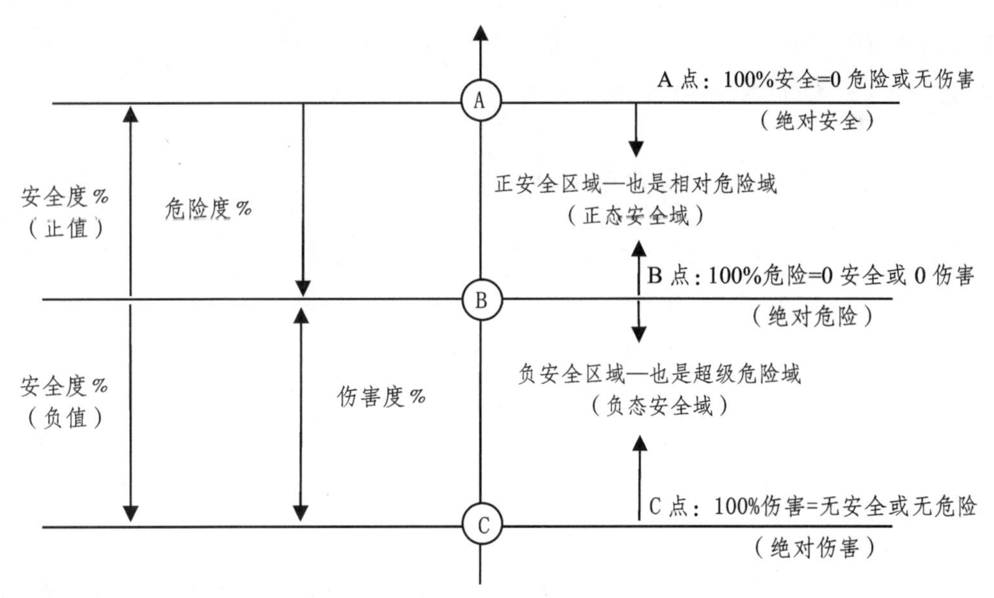

图 1　人体安全健康的质量融合程度

一、安全质量的自发飘移

人体外在健康的安全质态，自发地从有序向无序状态漂移，在同一计量单位之内，安全度与危险度或伤害度的相互关系也出现了一些规律性的变化。

在正态安全域，当安全度为100%时，危险度为0，表示当人的生命存在处于绝对安全状态时，危险程度是0即危险状态处在有的开始。当安全度到了50%时，危险度也是50%。安全度为30%时，危险度为70%。当安全度为0，危险度达到100%的绝对危险态。由此推论可知，安全度与危险度相加的安全系数等于1。

在负态安全域，当安全度为－10%，伤害度为10%。当安全度为－50%，伤害度为50%。安全度为－100%时，伤害度达到100%，人就处于绝对伤害的死亡状态，此时安全质态为无，表示安全的有已终止了。由此推论可知，安全度与伤害度相加的安全系数等于0。

二、安全质的波动性与安全量的粒动性

安全质量的波粒二象性，在同质以内，表现为安全质的波动性与安全量的粒动性。例如正安全态的质与量，在安全度100%到安全度为0的正态安全域运动。安全的质是在正安全域的上限与下限之间来回漂移，呈现出滑跃式波浪状态的同质变化。安全的量，则是以计量单位给出的数值为依据，在这个区域内呈跳跃式颗粒性状的量的移动。

安全质的内在规定的上限与下限之间的波动性是由安全量的粒动性构成的，而安全量的粒动性又是同质以内安全质的波动性的反映或体现。

三、安全质的粒动性与安全量的波动性

安全质量的波粒二象性，在异质之间，表现为安全质的粒动性与安全量的波动性。例如正安全态与负安全态之间从有序向无序飞跃的质变。安全的质，表现出一个质向另一质的跨越式颗粒状态的移动。此时安全的量，正处在正安全态与负安全态之间的零安全位置，因为0是有的开端，这就意味着安全的量可以包含正安全态与负安全态两个未来发展方向的质。因此，从正安全态向负安全态的质变，就得以在零安全这个特定的计量单位内进行，表明了一个质向另一个质飞跃的连续性而不再是连续过程的中断，呈现出两个不同的质在同一计量单位内的滑跃式波浪性状的漂移。

安全质的异质之间的粒动性是由安全量的波动性来实现的，而安全量的波动性又是异质之间安全质的粒动性的反映或体现。

（2020年4月25日成稿于北京政法社区）

安全质量图的设计理念[①]

人体健康的原生形态，可以区分为内在健康与外在健康两个方面。人体的内在健康，是指人的身体内部与生存环境因素相互作用形成的人体健康状况。人体的外在健康，是指人的身体外部与生存环境因素相互作用形成的人体健康状况。人体的内在健康与外在健康以人自己的皮肤为界相互区分。二者在生命活动中的系统交流或系统交换，构成整体意义上原生形态人体自我健康的客观存在。

人体健康的科学形态，指的是人体健康原生形态客观存在的主观反映，因此不是真实意义上的人体健康状况，而仅仅是思想观念上的人体健康状况。在人类研究与探索客观世界的科学领域，医学科学研究或解决人体内在健康问题，因此可以把人体内在健康的科学形态称为医学健康。安全科学研究或解决人体外在健康问题，因此可以把人体外在健康的科学形态称作安全健康。

安全质量图设计的总体思路就是把安全科学对人体外在健康质量状况的理论研究成果以几何线条与简要说明的形式记录下来，供人们在思维实践或是行为实践中使用，因此安全质量图实际上就是人体健康外在质量状况客观存在的主观分析示意图。

一、安全质量原生示意图

安全质量原生示意图是以人体安全阈为依据，用质量分析方法设计而成的安全质量状况展示图。

1. 安全质量原初版示意图的设计创意与形成步骤

以人体安全阈的上限与下限两处为零安全点，表示人的零安全状态。过这两点分别划出相互平行的两条直线，称为零度安全线。安全阈上限与下限之间的参数平均值处为 100%的绝对安全点，表示人的绝对安全状态。过此点划一条与两边零度安全线相平行的直线，称为绝对安全线。依据人体安全阈划出的这三条平行线，分割出两个面积相同且安全系数相等的质量区域，称为正安全域（参见图 1）。

----

① 原载《四川安全与健康》季刊 2020 年第 2 期（总第 132 期），第 22-25 页。

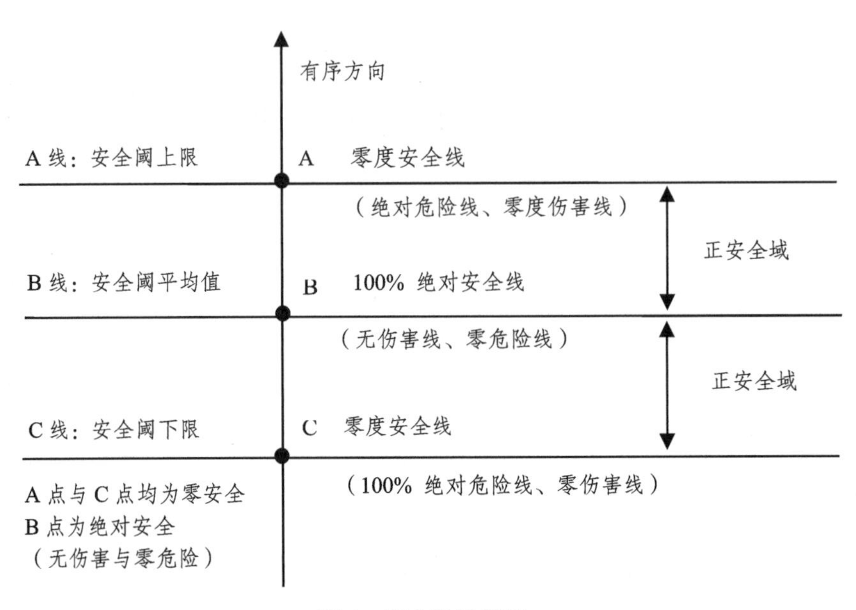

图1 安全质量元图

如果将超过安全阈值上限直达人的死亡状态之处，称为－100%的绝对负安全点，过此点划一条与上限零度安全线平行的直线，称为绝对负安全线。这两条线平行分割出的质量区域称为负安全域。如果将低于安全阈值下限直达人的死亡之处，称为下限的绝对负安全点，过此点划一条与下限零度安全线相平行的直线，称为下限的绝对负安全线。这两条平行线分割出的质量区域，也叫负安全域，与上限的负安全域面积相同并且安全系数相等。

2. 安全质量简化版示意图的设计创意与形成步骤

以绝对安全线为轴心，把上限的零度安全线向下弯折（表现为安全质量在时空中的变形），与下限的零度安全线对折（表现为安全质量在时空中的重叠），形成一条安全功能相同的零度安全线（表现为安全质量在时空中的融合）。与此同时并与此相适应，安全阈值上限与下限的两条绝对负安全线也相互重叠与融合，形成一条安全功能相同的绝对负安全线。安全阈值上限与下限的那两个正安全域以及负安全域，由于面积相同且安全系数又相等，便自然而然地合并成为一个正安全域和一个负安全域了。

然后，在绝对安全线、零度安全线与绝对负安全线的纵向，垂直划一条与这三条线相交的直线，并在这条纵向垂直线与那三条安全质量线相交的上方画出一个箭头，表示安全质量的有序发展方向。

二、安全质量伴生示意图

安全质量伴生示意图，是以人体安全阈为依据，用质量分析方法设计而成的危险质量状况展示图。

1. 危险质量原初版示意图的设计创意与形成步骤

设：人体安全阈值上限与下限的位置上，分别为两个绝对危险点，表示人处在绝对危险状态，过此两点划两条相互平行的直线，为绝对危险线，在这两条线之间的中心位置即安全阈上限与下限参数的平均值处，为零危险点，过此点划一直线与两条绝对危险线相平行，称为零度危险线。由上述三条直线分割出的两个面积相同且安全系数相等的质量区域，称为相对危险域。

设：超过安全阈值上限直达人的死亡状态之处，称为绝对无危险点，沿此点划一条与上限绝对危险线相平行的直线，称为绝对无危险线，这两条平行线相夹分割出的质量区域，称作超级危险域。同理，低于安全阈值下限直达人死亡状态的地方，也称作绝对无危险点，也可划出一条绝对无危险线，也可分割出一个与上限超级危险域面积相同且安全系数相等的下限超级危险域。

2. 危险质量简化版示意图的设计创意与形成步骤

以零度危险线为轴心，把安全阈值上限处标识的绝对危险线沿轴心弯折下来，与安全阈值下限处标识的绝对危险线相互重叠与融合成一条功能等值的绝对危险线。随之，将两个绝对无危险线相重合为一条功能相同的绝对无危险线，表示这是一条人的死亡状态线。两个面积相同并且安全系数相等的相对危险域和超级危险域，也重合并简化成保持原有功能的一个相对危险域和一个超级危险域。

过零度危险线、绝对危险线以及绝对无危险线，纵向划一直线与这三条直线相垂直，在零度危险线上方的纵向垂直线前端，画出箭头表示危险质量的有序方向。

三、安全质量派生示意图

安全质量派生示意图，是以人体安全阈为依据，用质量分析方法设计而成的伤害质量状况展示图。

1. 伤害质量原初版示意图的设计创意与形成步骤

设：人体安全阈值的上限与下限之处，为两个等值的零伤害点，表示人的零伤害状态，过此两点划出的两条相互平行的直线，称为零度伤害线。在这两条平行直线之间的中心位置，即在安全阈参数平均值之处，称作无伤害点，过此点划一条与周边两个零度伤害线相平行的直线，叫作绝对无伤害线。由这三条平行直线分割而成的两个面积相同并且安全系数相等的质量区域，称为无伤害域。

设：超过安全阈值上限直达人的死亡状态处，称为绝对伤害点，表示人的绝对伤害状态，过此点划出的与上限零度伤害线相平行的直线，称作绝对伤害线，这两条平行线之间形成的质量区域，称为有伤害域，也可称相对伤害域。同理，在低于安全阈值下限直达人死亡状态的地方，也称为绝对伤害点，过此点划出的平行线，也叫绝对伤害线，由那两条平行线分割出来的质量区域，也称有伤害域，或是称相对伤害域。

2. 伤害质量简化版示意图的设计创意与形成步骤

以绝对无伤害线为轴心，把安全阈值上限处标识的零度伤害线弯曲折叠，与安全阈值下限处标识的零度伤害线相互重合，安全阈值上限与下限形成的那两条绝对伤害线，也随之同步相互重合。原初版中两个无伤害域，以及两个有伤害域即相对伤害域，由于两两相对面积相同并且安全系数相等，因此也就重合成为一个等值的无伤害域，以及一个等值的有伤害域，或称为一个等值的相对伤害域了。

然后，在绝对无伤害线、零度伤害线以及绝对伤害线的纵向，从上到下或是从下到上贯穿这三条质量平行线，画一条垂直的纵向示意线，表示人的伤害质量从有序状态向无序状态，或是从无序状态向有序状态的变化。在这三条伤害质量线上方的那条纵向垂直线的顶端，画出一个箭头，表示质量的有序方向（参见图 2）。

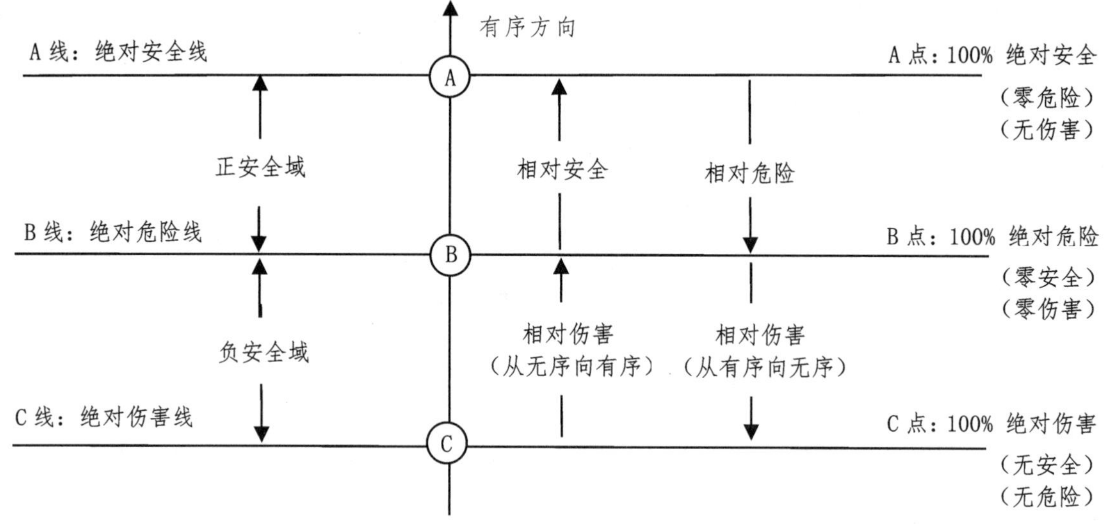

注：① 箭头表示有序方向。
② 正安全域 = 相对安全域 + 相对危险域。
③ 负安全域 = 相对负安全域 + 相对伤害域。
④ 伤害与安全和危险的关系，有三大要件。一是在 A 点上，绝对安全与零危险相加，伤害的安全系数为无（即有的终止）。二是在 B 点上，绝对危险与零安全相加，伤害的安全系数为零（即有的开始）。三是在 C 点上，绝对负安全与无危险相加，伤害的安全系数为绝对的有（即人的死亡状态）。

图 2　安全质量全域图

四、绘制安全质量图的发现之一

绘安全质量图时，发现或揭示的人体外在健康状况的三质合一现象，表现在安全的质、危险的质、伤害的质，三种质态同时重叠融合于同一个人的同一人性化时空域。

1. 三质合一的简化图示，是把安全质量的原生示意图、伴生示意图、派生示意图，也就是安全质量图、危险质量图、伤害质量图，这三张图的简化版重叠融合起来，成为一张人体安全健康质量的全谱简化版展示图

为节省文字，直接画图，步骤与说明如下：

第一步，画直线 A，与该纸底边平行。

A 线为绝对安全线，也称零度危险线，或绝对无伤害线。这三种称呼，在安全系数上等值且通用。

第二步，画直线 B，与直线 A 平行。

直线 B 为绝对危险线，又称零度安全线，或零度伤害线。此三种称呼，在安全系数上等值且通用。

说明一：直线 A 与直线 B 之间形成的质量区域，叫作正安全域或相对安全域，也叫相对危险域，或叫无伤害域。以上几种叫法在安全系数上等值，并通用。

第三步，画一条直线 C，与直线 A 及直线 B 平行，并且使直线 C 与直线 B 之间的距离保持与直线 A 和直线 B 之间的距离或面积相同。

直线 C 为绝对伤害线，也称绝对负安全线，或绝对无危险线。这三种称呼，在安全系数上等值且通用。

说明二：直线 C 与直线 B 之间形成的质量区域，称为负安全域，也称超级危险域，或相对伤害域。

第四步，画一纵向线 N，贯穿平行线 ABC 并与此三条线垂直成 90 度角。

在纵向线上方的顶端，画一箭头，表示人体外在健康质量的有序状态方向。

说明三：纵线 N 与直线 A 交叉形成的点，称 A 点，表示人的绝对安全状态，零危险状态（零，是有的开端），无伤害状态（无，是有的终止）。这三个质态，在安全系数上等值且通用。

说明四：纵线 N 与直线 B 相交形成的 B 点，称零安全状态，也称绝对危险状态，或零伤害状态。这三种质态，在安全系数上等值且通用。

说明五：纵线 N 与直线 C 相交形成的 C 点，称为绝对负安全状态，也称绝对无危险状态，或绝对伤害状态，实际上就是人的死亡状态。这三种质态，在安全系数上等值且通用。

说明六：安全状态，反映或体现的是人体外在健康质量的有序状况，包括绝对安全态，相对安全态，零安全态，负安全态，无安全态。

说明七：危险状态，反映或体现的是人体外在健康质量的混沌状况，包括零危险态，相对危险态，绝对危险态，超级危险态，无危险态。

说明八：伤害状态，反映或体现的是人体外在健康质量的无序状况，包括无伤害态，零伤害态，相对伤害态，绝对伤害态。

说明九：人体外在健康的质，自发地从有序态趋向无序状态，自觉地从无序态转向有序状态，当然人的死亡状态除外。（参见图 3）

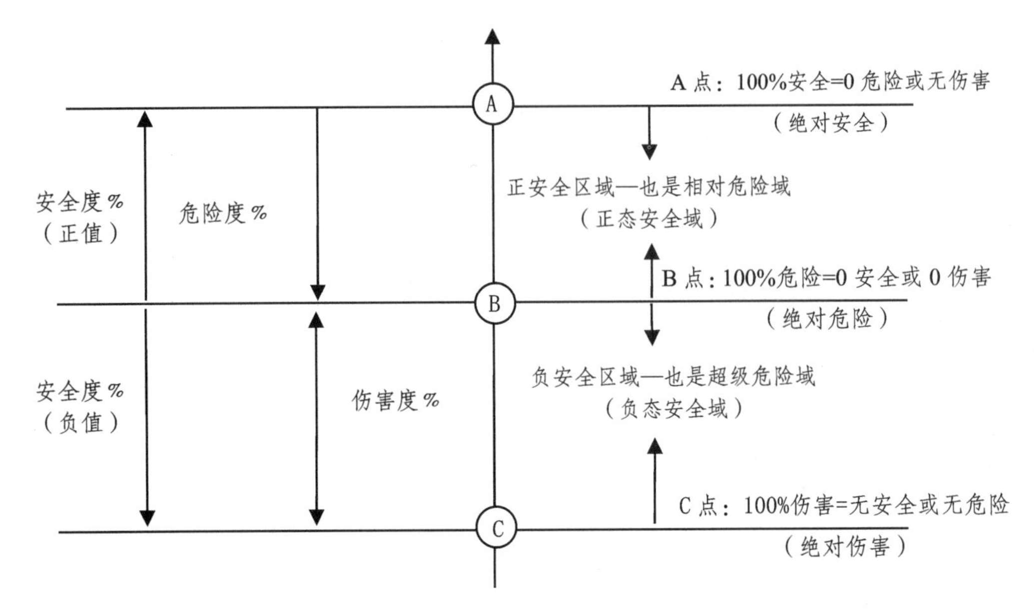

注：（1）安全度：人体健康外在质量的有序程度。

（2）危险度：人体健康外在质量的混沌程度。

（3）伤害度：人体健康外在质量的无序程度。

图3　人体安全健康的质量融合程度

2. 三质合一的表达方式，是把人体外在健康的有序状态、混沌状态、无序状态，也就是人们生命存在的安全状态、危险状态、伤害状态三者同时重叠融合在同一个人身上的人体健康质量的总体形态

要在同一时间、同一地点、同一个人的身上，表达人体外在健康的三质合一现象，首先就必须选择并确定一个显性状态的质，而把其余那两个质看成隐性的状态。虽然人与自己所处的生存环境因素相互作用引起的变化会同步引起三质合一之中显性状态的质与隐性状态的质之间相互关系发生变化，但是毕竟总会有一种质的形态表达为显性的性状，其余两种质态表达为隐性的性状。人体外在健康质的显性性状是人们可以轻易观察到的人体外在健康质量状况。人体外在健康质的隐性性状，是人们不易察觉的人体外在健康质量状况，但也是真实的客观存在。

如何在三质合一中选择或确定显性的质态，有主观认可与客观认定两种办法或标准。

主观认可显性质态的办法或标准，指的是人们依据经验观察被普遍关注着的那个人体外在健康质的形态。客观认定显性质态的办法或标准，指的是人们依据实验观察量上占主导地位的那个人体外在健康质的形态。

一般来讲，主观认可的显性质态，虽然带有主观的色彩或影响，但往往是可以通过时空变化进行客观检验的；客观认定的显性质态，虽然带有客观的色彩或影响，但往往还需要由量的计量单位来主观证实。

例如现在经常可以听到生产企业有那么一句标语口号，叫作“安全生产无事故”。所谓无事故

的含义，当然就是在企业生产活动及其过程中不发生职工伤亡的事。从安全质量学来讲，人不出伤亡事故，那么，人就处在零伤害的状态与零安全态和 100%的绝对危险态在安全系数上是等值的质量关系。

企业的生产管理人员，从完成生产任务的着眼点和实现安全的角度出发，往往会选择并确定以人的零伤害为自己显性状态的安全管理内容，认为只要不出人的伤害事故，生产过程就不会因此停顿而顺利进行，生产任务也就可以更好更快地完成了。

企业的安全管理人员，从达到安全目的的着眼点和实现安全的角度出发，往往会选择并确定以人的绝对危险为自己显性状态的安全管理内容，认为应该居安思危，不断及时排除可能出现的危险源点，才能保障人的生产安全。

企业的生产管理人员和安全管理人员从自己工作的岗位责任出发提出的安全理念与安全措施都是正确的，选择并确定的安全管理内容在安全系数上也是等值的。那么，该如何对此进行安全评估呢？这里有一个可以重复再现的表达安全系数规律的质量关系公式可供参考或借鉴：安全度加危险度的安全系数等于 1；安全度加伤害度的安全系数等于 0。

五、绘制安全质量图发现之二

绘安全质量图发现或揭示的人体外在健康状况的一量三质现象，表现在一个量的计量单位以内，同时包含着安全、危险、伤害三个质的形态。

1. 一量三质的重叠融合，表现在同质以内的质与量的波粒二象性

例如在正安全域以内，人体外在健康状况自发地从 A 点到 B 点的移动。在一个量的计量单位里，安全的质从 100%的量以每一度的变化开始，自发地达到了 0 度的零安全状态，呈现出粒动的状态。危险的质也从 0 度的零危险状态，到达了 100%危险的绝对危险状态，而伤害状态更是从无即有的终止态粒动到了零即有的开端。在同一个计量单位内的量，安全的质是在量的粒动过程中，从绝对安全态波动到了零安全状态，危险的质也在量的粒动过程中，从零危险态如波浪般地滑动到绝对危险状态，伤害的质更是从无波动到了 0。

2. 一量三质的相互转化，表现在异质之间的质与量的波粒二象性

例如在人体外在健康三质合一的全谱系质量示意图上，正安全域之中的质，向负安全域的漂移，首先表现为安全的质，从正安全态向负安全态的转化，在哲学上叫作质的突变，或质的飞跃，在安全质量学上就叫异质之间显性状态的质的粒动式跨越。因为安全的质，是从正安全域跨过处在系统边界的绝对危险线，直接进入负安全域，使得正值状态安全的质以显性颗粒状态的表达方式转变成为负值状态安全的质，完成了异质之间的质变粒动性过程。

而处在安全质量图上 B 线即绝对危险线上的那个 B 点内部包含的安全、危险、伤害这三种质的形态，在从正安全质向负安全质的转变过程中又发挥了各不相同的功能或作用。B 点之中的零

安全状态，是安全质态有的开端，既可以向有序的有转化成正安全态，也可以向无序的有转化成负安全态。B 点之中的零伤害状态，因为是伤害质有的开端，所以不能向有序方向转化更无法成为无伤害状态，只能向伤害质的有转化为相对伤害状态。B 点之中的绝对危险状态，因为只能表达人体外在健康质量的混沌状态，所以不能参与向有序方向还是向无序方向转化的问题，仅仅可以表示有序状态与无序状态的相互作用，达到 100%混沌的绝对危险程度。由此可见，B 点这个量的计量单位以内，无序质态的量自发地大于有序质态的量，安全的质就以人们不易察觉的隐性表达方式完成了从正安全质态向负安全质态的性质改变。安全质量图上 B 点这个引发质变的量，在哲学上叫作质变的关节点。也就是人们平时常说的压死骆驼的最后一根稻草。

3. 人体外在健康状况的三质合一现象与一量三质现象，揭示了安全的质与安全的量在人的生命活动中，分别具有波粒二象性的质量特征

一方面，安全质的内在规定的上限与下限之间的波动性是由安全量的粒动性构成的，而安全量的粒动性又是同质以内安全质的波动性的反映或体现。

另一方面，安全质的异质之间的粒动性是由安全量的波动性来实现的，而安全量的波动性又是异质之间安全质的粒动性的反映或体现。

（2020 年 5 月写于北京政法社区）

全面安全质量管理

如同水有液态、固态、气态那样，客观存在着的安全也有三态，这就是正安全状态，指人的生命存在处于零以上到百分之百安全的状态。这一安全程度范围，构成正态安全域。零安全状态，指人的生命存在处于与零伤害和百分之百危险的状态。人体健康外在质量安全、危险与伤害的等值状况，在理论上形成了一条零度安全线。负安全状态，指人的生命存在处于 0 以下到 – 100%安全（也就是死亡）的状态。这一负安全状态存在的范围，可称为负态安全域。

正安全态、零安全态、负安全态，就是全面安全质量管理的全域业务范畴。全面安全质量管理，有四个既相对独立又相互联系、既缺一不可又相互支撑的管理类型，这就是安全管理，风险管理，危机管理，应急管理。

一、安全管理

研究或解决的是“还没出事”怎么办的问题。科学目标，是实现安全。采取的主要措施，是

“做加法”。也就是增加安全资源，补充或完善安全存在的必要条件。狭义的工作范围，是正态安全域。广义的工作范围，是正安全态、零安全态、负安全态涉及的安全质量全域。

二、风险管理

研究或解决的是“可能出事”怎么办的问题。科学目标，是避免伤害。采取的主要措施，是“做减法”。也就是排除危险源点，降低危险系数。狭义的工作范围，是正态安全域。广义的工作范围，是正安全态、零安全态、负安全态涉及的安全质量全域。

三、危机管理

研究或解决的是“快要出事”怎么办的问题。科学目标，是转危为安。采取的主要措施，是“做加法”。也就是增加安全资源，补充或完善安全存在的必要条件。狭义的工作范围，是零度安全线。广义的工作范围，是安全三态涉及的安全质量全域。

四、应急管理

研究或解决的是“已经出事”怎么办的问题。科学目标，是减少伤害。采取的主要措施，是“做减法”。也就是排除危险源点，降低危险系数。狭义的工作范围，是负态安全域。广义的工作范围，是安全三态涉及的安全质量全域。

实施全面安全质量管理的宏观战略措施，可称为宏观安全管理的“十六字方针”，即国家立法，政府监察，行业自律，社会监督。

（2020 年 5 月写于北京政法社区）

语言学意义上的安全概念

安全概念的原始信息

我的学友邱成[①]先生，对安全文化颇有研究。他说“安”字在甲骨文中就已经有了，“全”字则是到了金文时代才出现的。他认为，中国的汉字记录了中国人早期在这片土地上生命活动的历史信息，是中华民族老祖先生活的照片。

邱成先生说，华夏祖先创造的甲骨文，是刻在龟甲或兽骨上的象形文字，是极简的图画，每幅简化了的图画里都是对特定场景的描绘，都在表达相应的意象，都含有各不相同的丰富寓意。例如甲骨文的“安”字由两部分组成：上边是一个“宀”，画的是房子的外形，表示人类的家，下边是一个“女”，画的是一个侧坐的女人，表示家中的人，或家中有人，或人在家中。

根据邱成先生的理解和分析，甲骨文“安”字，至少有两重含义。第一重含义，是针对女人来讲的，“安”字表示“女人在家就安全”，说的是女人待在房子里边，就不会受到野兽的侵害或攻击，特别是有身孕或正在哺育孩子的女人，更是如此。第二重含义，是针对男人来讲的，“安”字表示“家有女人就安定”，说的是女人待在房子里边，男人外出打猎心里就踏实了。[②]

我的理解和分析是：在中国远古时代，女人在家从事耕种或养殖的成果，一般情况下常常是远远大于男人在野外打猎的收获，因此那时还是女权占主导地位的母系氏族社会，所以甲骨文中的第一重含义，也就是女人在生理上不受外界因素危害的寓意，自然也就占了“安”字内涵的主导地位，而“安”字的第二重含义，即男人们在心理上的感受，则处于从属的或者说是附属的寓意了。这表明中国早期的语言文字，不仅反映了当时人们日常的生活状况，而且反映了那时人们由自己的经济地位决定或支配着的政治地位，同时也从一个侧面上反映了中国汉字出现初期的社会进步程度，以及人类文明的发展水平。

随着人类文明的发展和社会的历史进步，改造野生植物的种植业和驯化野生动物的养殖业成了人们生活的主要来源，而男人们在野外的狩猎却显得越来越不容易了，最后终于处在人们生产

---

① 邱成，安全媒体人，新闻编辑，安全文化学者，安全工程师，中国职业安全健康协会科普与教育工作委员会委员。

② 徐德蜀、邱成编著:《企业安全文化简论》，化学工业出版社 2005 年版，第 40 页。

活动的次要地位。这就使得社会上的大部分男人不得不逐渐放弃熟悉的狩猎生活，转而从事日益发达的种植业或养殖业，女人们则因此转入室内活动，逐渐以操持家务为生了。于是，男权社会代替了女权社会，父系氏族替代了母系氏族，“安”字这个复合概念词根词素的双重含义，也逐渐由男人们独占，成为单一的“女人在家就安定”的心理感受的反映，而“安”字的另一重含义，即“女人在家就安全”的女人们在生理上的体验，就由“全”字这个附加词素代表了。

安全的概念，是由安与全这两个文字的基本单位即词素，组合而成的复合概念，它舍弃了文字创建之初男女有别的寓意，集中统一地反映了一般意义上的、抽象的、人的生命存在状态，在词组的语义内容上，依然是针对人的，它依然客观地反映了人的心理感受和生理体验，是人的自我健康的反映或体现。

安全概念之中的安，反映或体现了人的心理感受。中国有句俗语叫“无危则安”，实际上指的是人无危险则心安，说的是人在与自己所处生存环境因素相互作用时的心理健康状况。

安全概念之中的全，反映或体现了人的生理体验。我们中国还有句俗语叫：“无损则全”，实际上指的是人无损伤则体全，说的是人在与自己所处生存环境因素相互作用时的生理健康状况。

如上所述，安与全在组成复合概念时的原初本意不是物或事，而是人的生存状态，也就是人在心理上或生理上的自我健康状况，这是我们进行安全科学基础理论研究的原始起点。

（2020 年 6 月 11 日成稿于中国政法大学北京学院路校区教工宿舍）

安全概念的语言表达

安全概念在词组整体的语义内容上，至少有三种类型的语言表达方式，这就是：安全概念的生活语言、安全概念的工作语言和安全概念的科学语言。

一、安全概念的生活语言

全称安全概念的生活语言表达方式，又称安全概念的生活化习惯语言，简称安全生活语言，或安全习惯语言，这是一种潜科学状态的民俗式的生活习惯语言。

这种用生活语言方式来表达的安全概念或安全观念，是人们依照自己的生活习惯或生活经验，以及为了生活上的便利随口说出来的往往是一次性直白的，或者是用暗示的方法来表达的安全问题及其意见或看法。它，以鲜明的性格特质和在民间约定俗成的个人习惯语言，生动形象地丰富了安全概念反映或揭示的客观事物，泛化了“安”与“全”这两个词素在组成复合概念时的原初本意。

例如大人们让小孩子上街买东西，经常要嘱咐的两句话，就是典型的安全生活语言。一句是“钱拿好，别丢了，注意安全”。这里边提到的安全，其实并不直接指人的安全（我是说，并不是指人的身心健康受到体外因素直接伤害的那种狭义安全状况），而是让孩子注意别把钱丢了，否则就买不成东西了。也就是说，这句话的整体语言意义要点，并不在人的狭义安全而是人的广义安全，是要防止有可能因为丢了钱买不成东西，从而受到广义安全所指的那种身外之物通过人的心理活动对人体健康造成的间接伤害。

还有一句是“别跑，慢走，看着点车”。这里边虽然没有提到安全这两个字，但言外之意，却是暗示孩子注意交通安全。其中说的“别跑”，是叫孩子注意与路上的移动物（指行人或是汽车、自行车、电动车之类）保持一定的安全距离；“慢走”的意思，是叫孩子控制好自己在路上行进的移动速度，避免与移动物（汽车、自行车、电动车或行人）相撞；“看着点车”，实际上是叫孩子注意路上移动物（行人，汽车，电动车，自行车等）的行进方向。在这里，值得让人们关注的是，虽然整句话里都没有提到安全概念，但注意交通安全的三个核心要点也全都有了，这就是：注意移动物运行的方向（“看着点车”），保持与移动物之间的距离（“别跑”），控制自己向前移动的速度（“慢走”）。

如上所述（由此可见），在安全概念的语言表达方式上，人们日常生活的习惯用语，是安全工作语言和安全科学语言形成或发展的社会基础，也是安全科学及其诸多学说，从潜科学形态最终能够升华到科学形态的实践依据和必要前提，它不仅反映或揭示了安全学说基础理论和语言学、人类学、民俗学，美学、哲学、伦理学、法学、社会学等人文科学之间，实际上存在着潜在的或是现实的学科交叉与融合，而且反映、揭示出在人们现实的社会生活之中，确实是存在着“安全意识保持的常态化、安全知识普及的生活化，以及安全经验运用的科学化和行为安全实践的多样化”这样一种历史发展的必然趋势。

二、安全概念的工作语言

全称安全概念的工作语言表达方式，又称安全概念的工作化经验语言，简称安全工作语言，或安全经验用语，这是一种多学科交叉状态的、科普式的工作经验语言。

这种用工作语言方式来表达的安全概念或安全观念，是人们依照自己的工作习惯或工作经验，以及为了在工作上传递信息或反馈信息的便利，结合自己的劳动行业或工作岗位上的专业知识与业务技能，用口头的、书面的或是肢体的、表情的语言方式，来表达的安全问题及其意见或看法。它，以人们实践活动的工作总结为经验思维的具体内容，以或然性的归纳推理为逻辑思维的基本形式，泛化了“安”与“全”这两个词素在组成复合概念时的原初本意。

表达安全工作语言的经典词组，是“某某安全”，该词组中心语言“安全”的语义内容，指的不是安全本身而是安全问题，说的不是人们在与生存环境因素双向互动时心理上或生理上的自我健康状况，而是人自己与环境相互依存或相互作用形成的人体健康状况出了问题，该词组的修饰语言“某某”，表示安全的存在领域，即人类生命活动的某一特定场所或是特定区域，以及人类某一职业劳动的特定行业或是特定岗位。因此，“某某安全”这个复合概念词组的整体词义，说的便是安全的问题出在了什么地方，或者说，是在某一安全存在领域里边出现了需要研究或解决的安全问题。

从复合概念“某某安全”词组文字结构的稳定性方面来考察，这个词组中心语言“安全”，反映或表达的是人们在自己生命活动中遇到的安全问题，是人类历史上一个永恒的主题。因为人类只有解决了自己在生命活动中遇到的各种安全问题，才能够在地球上通过劳动最终进化而成为人，并且在宇宙天地之间获得生存或发展，当人类无力解决自己面临的安全问题之时，也就意味着将在茫茫宇宙之中消亡了。因此，“某某安全”词组的中心语言“安全”具有绝对的、恒定的语义结构特征。而该词组的修饰语言“某某”，因为代表着安全存在领域具体内容的不确定性和无限可能性，所以它反映或表达的语义内容，例如人们的生命活动场所，或是职业劳动岗位，就具有相对的稳定性和随机可变的语义结构特征。

由此可知，安全存在领域具体内容表述的不确定性和无限可能性，以及由此反映或表达的语义内容的相对稳定性和随机可变性特征，使得涉及的人口数量多少或是人口质量如何，直接关系到“某某安全”词组在实际应用中的整体语义内容及其基本特征。依据该词组反映或表达的整体语义要点及其结构特征，“某某安全”词组就可以在理论指导的实践上，划分为人口数量与人口质量两大基本的概念类型。

1. 安全工作语言经典概念表达类型：公共安全与社区安全

安全工作语言经典概念词组“某某安全”整体语义内容的第一个概念类型，表现为安全及其问题存在领域内部人口数量上的差异性。按照安全存在领域里边涉及的人口数量多少，例如，是安全人口的整体、群体还是个体，“某某安全”词组的这个大类，又可分为两个小类：其一是涉及人口数量较多的复合概念词组，例如“公共安全”这个偏正词组；其二是涉及人口数量较少的复合概念词组，例如“社区安全”这个偏正词组。从词组整体的语义内容上来看，如果说公共安全反映或表达的是社会全体成员的安全利益，因而它属于社会宏观层面的，或者说是社会管理上具有宏观意义的安全工作语言，那么，社区安全反映或表达的则是社会部分成员的安全利益，因而它属于社会微观层面的，或者说是社会管理上具有微观意义的安全工作语言。

“公共安全”词组的整体语义内容，说的是社会全体成员共同关注或是共同面临的安全问题，依据这些安全人口及其问题涉及的或将要涉及的地域范围大小，公共安全的概念又存在着广义与狭义两种表现形态。广义形态的公共安全概念，是指全人类的，也就是世界各国人民共同关注与共同面临的安全问题，包括人口、资源、环境诸多方面的安全问题，粮食安全、能源安全以及战争与和平等等问题。狭义形态的公共安全概念，是指一个国家或地区社会全体成员共同关注与共同面临的安全问题，包括国防安全、国家安全、国土安全的问题，交通安全、旅游安全以及食品安全、药品安全，或是消费安全等问题。总之，公共安全词组在整体上的语言意义，具有广义和狭义的双重内容，表明这个概念本身涉及的论域人口多少和地域范围大小，以及在形式内容上的多样性方面，都是浮动变化很大的，因此它是一个相对性极强的复合概念。所以，我们不论是在理论上还是在实践上研究或解决公共安全问题，都不能笼统地一概而论，必须首先明确它所指称的论域人口状况、涉及地域范围，以及它现实的形式与内容，否则人们就很难达成一致的意见或看法，并且还会因为安全信息的不对称而导致无法合理地配置安全资源，以至于不能及时有效地提供解决公共安全问题的科学理论指导、工程技术方案或具体专业措施。

“公共安全”词组的整体语义特征有四个方面。其一是论域人口的抽象一般性。凡是公共安全概念里涉及的人，不论年龄、性别、民族、籍贯，以及生活习俗或政治信仰如何，也不论个人能力、文化修养、社会地位或经济状况怎样，对于社会全体成员共同面临的那些公共安全问题有可能给自己身心健康造成的危害，例如水资源的短缺、传染病的流行、核辐射的污染，以及杀人、放火、爆炸、枪击等恐怖袭击的活动，或是全球温室效应带来的灾害性天气等等，无一人可以幸免于难。其二是地域范围的相对稳定性。不论是广义的还是狭义的公共安全概念，所涉及的地域范围都不具有永久固定的性质，并且随着公共安全论域人口的大量流动，或是公共安全问题本身逐步得到解决，那些公共安全概念指称的地域范围，也会相应地同步扩大或缩小，甚至转移或消失。其三是形式内容的复杂多样性，人一辈子生命活动及其过程的复杂性和多样化，决定了公共安全问题表现形式及其实际内容复杂性和多样化的必然趋势。人们的衣、食、住、行以及社会交往中涉及的一切方面，凡在一定地域范围内成为社会全体成员共同面临而需要认真加以研究或解决的问题，都可以纳入公共安全的概念范畴。其四是资源配置的时空差异性。公共安全问题解决的质量或程度如何，在不同的国家或地区之间，以及在同一国家或地区内部的不同历史发展阶段上，都存在着巨大的差异，这是因为解决公共安全问题所需要的人力、物力、财力等安全资源及其优化配置与该公共安全问题涉及的相关国家或地区在政治、经济、文化、社会生态或自然生态等诸多方面的综合实力密切关联，这也从一个侧面反映或体现了在一定历史条件下涉及公共安全问题、有关国家或地区人民生活的幸福指数，以及人类文明在该国家或地区的实际发展水平。

“社区安全”词组的整体语义内容，指的是在特定地域或特定范围内，以某种特征来划分的社会部分成员共同关注与共同面临的特殊安全问题，例如在非战争状态下军队驻地的营区安全，涉及和平年代的军人安全问题，也就是指军队的非战斗减员问题。托儿所、幼儿园、小学、中学、大专院校的校园安全，说的是学校里学生们和老师们在学习、娱乐、饮食、休息等方面的安全健康问题；又如城乡居住人口的生活环境、宜居状况，以及居住地的社会治安和防火防灾等问题，即居民区的安全问题；再如人们在职业场所的劳动安全问题，主要是指工矿企业工人，或是商务科技类公司职员、国家公务员、医疗卫生工作人员、实验室工作人员的职业安全、职业健康或职业卫生问题。总而言之，社区安全词组在整体内容方面的语言意义，表达的是社会上一定区域或一定范围之内，学习、工作、生活或居住的特定人群在共同的生命活动中遇到了需要认真研究和妥善解决的特殊表现形态或特定专业内容的安全问题。由此可见，营区安全、校园安全、厂矿企业安全、商务公司或科技公司安全，以及居民区安全、办公区安全、试验区安全等都是反映公共安全概念的词组整体语义内容，这些都说明人们面临的社区安全问题，在一定程度上，或是一定条件下，也可以当作狭义上的公共安全问题来看待、理解或处置。

经过在词组整体语义内容或词组整体语义特征方面的初步分析，使我们明确了公共安全与社区安全这两个概念之间的相互关系：在语言分类学的意义上，也就是概念的外在特征上，我们可以把公共安全概念看作社区安全概念的上位概念，而把社区安全的概念看作公共安全概念的下位概念；在形式逻辑学的意义上，也就是概念的内在联系上，我们又可以把公共安全概念看作社区安全概念的属概念，而把社区安全概念看作是公共安全概念的种概念。如果说公共安全概念反映或体现出来的语义内容和它的语义特征是社会宏观层面上的、带有普遍意义的、无差别的、一般人群安全问题，那么，社区安全概念反映或体现出来的语义内容和它的语义特征则是社会微观层面上的、带有特殊意义的、有差别的、特定人群安全问题。如此看来，我们就可以把安全管理学或是安全社会学、安全政治学等学科的科学视野，从以往传统的厂矿企业生产或科技公司经营，以及商务活动管理、公路交通管制等方面，扩展到公共安全和社区安全领域，把对一个国家或地区的社会宏观管理和社会微观管理，也一并纳入安全科学发展的战略方向。

2. 安全工作语言经典概念表达类型：投资安全与劳动安全

安全工作语言经典概念词组“某某安全”整体语义内容的第二个概念类型，表现为安全及其问题存在领域内部人口质量上的差异性。按照安全存在领域里涉及的人口质量如何，例如，是经济状况较好的社会强势人群，还是经济状况较差的社会弱势人群，“某某安全”词组的这个大类又可分为两个小类：其一是涉及社会强势人群安全利益的复合概念，例如“投资安全”这个偏正词组；其二是涉及社会弱势人群安全利益的复合概念，例如“劳动安全”这个偏正词组。

“投资安全”的概念有两个语义内容，其一是资本周转及其全过程不因意外伤亡事故而中断，以确保投入的资本金能够保值或增值；其二是投资者个人在生产过程中的安全健康问题。在这里，我们主要研究的是企业投资者的安全健康问题。

“劳动安全”的概念也有两个语义内容，其一是包括生儿育女以及个人成长发育的人口生产劳动等非职业劳动在内的，一般人类劳动及其过程涉及的人或人群的安全健康问题；其二是专指职业劳动者在职业过程中必然要遇到的个人或人群的安全健康问题。在这里，我们主要研究的是职业劳动者的安全健康问题。

投资安全概念的整体语义要点是企业投资者的安全健康问题，反映的是投资者争取在生产过程中获得舒适、愉快、享受那样高级程度的安全利益，体现在资本周转的顺畅和劳动产品价值或使用价值的实现，以及资本在循环全过程的保值或增值方面。这就表明，投资安全概念的词组语义内容不仅包括投资者在心理上生理上要求获得高级程度安全利益那样的直接安全的安全健康问题，而且包括投资者在生产过程中免受资本金亏损给自己心理上或生理上带来伤害的那种间接安全的安全健康问题。由此可见，投资安全的概念是属于社会经济层面的，或者说是社会宏观管理上具有经济发展战略意义的安全工作语言。

劳动安全概念的整体语义要点是职业劳动者的安全健康问题，反映的是劳动者争取在职业过程中得到不死、不伤、不残、不病（指职业病）那样低级程度的安全利益，体现在个人的生存价值和维护做人的尊严，以及保障劳动权、休息权或生存权、发展权等基本人权方面。这就表明，劳动安全概念的词组语义内容，不仅包括劳动者在心理上生理上要求得到最低程度安全利益那样的狭义安全的安全健康问题，而且包括劳动者在职业过程中个人价值的体现和基本人权的保障，以及相关的政治权益或经济利益的那种广义安全的安全健康问题。由此可见，劳动安全的概念是属于社会政治层面的，或者说是社会宏观管理上具有政治进步标志意义的安全工作语言。

投资安全与劳动安全这两个安全工作语言概念，反映或揭示出的企业投资者与职业劳动者在安全健康问题上的差异性语义特征，至少表现在安全目标、安全理念、安全角色、安全资源、安全模式五个方面。

其一，企业投资者与职业劳动者追求的安全目标不同。

企业投资者追求的安全目标是通过自己投资企业的生产活动，使资本在生产过程中增值并从中获得利润，从而实现舒适、愉快、享受那样高级程度的安全利益。在市场经济条件下，资本的本性就是追逐利润，资本的特征就是追求企业利润的最大化。因此，企业投资者投入企业的资本金，还有着不断增值的趋势，而那个投入企业资本的人，也就还有着不断增加利润收益，以及由此得到的高级程度安全利益不断提升质量的现实可能性。

在这里，需要特别指出的是，国有企业的资本金与私有企业资本金有本质的区别，国有企业的资本金是以国家占有形式呈现出来的社会全民共同财产，并不属于国企法人代表或国企经营者个人。但国有资本一旦进入市场，也必然显示出与私人资本相似的或相同的本性与特征，这就使得某些国有企业经营者们产生了一种错觉，或者说是财产所有权上的误判，以为自己也可以像私人资本的企业投资者那样，享用或追求不断提升质量的高级程度安全利益，这正是某些国企高管腐败堕落的一个认识论根源。

职业劳动者追求的安全目标是通过自己参加企业的生产活动，使劳动在职业过程中创造出价值和使用价值并由此得到工资，从而实现不死、不伤、不残、不病（指不得职业病）那样低级程度的安全利益。

在这里需要着重指出的是，职业劳动者并不是不想追求高级程度的安全利益，也不会拒绝接受高级程度的安全利益，只是由于自己在经济上还没有获得充分的自由，所以才为了解决个人的或家庭的生活问题，不得不暂时放弃对高质量安全利益的追求，转而把得到低质量安全利益作为自己职业生涯首选的安全目标。

武汉大学首任校长王星拱先生，在他的哲学著作《科学概论》里讲过，人类有两个天性，一是维持生命的天性，一是生命向上的天性。职业劳动者选择的不死、不伤、不残、不病那样低级程度的安全利益，正是人类维持生命天性的反映和表现，由此揭示出人类为满足自我生存欲望而做出的尝试或努力。企业投资者选择的舒适、愉快、享受那样高级程度的安全利益，正是人类生命向上天性的反映和表现，由此揭示出人类为实现自我发展需要而做出的尝试或努力。

其二，企业投资者与职业劳动者持有的安全理念不同。

企业的投资者，从获得高质量安全利益的着眼点以及企业投资的角度，把企业过程看成一个生产过程，也是一个资本运转并由此产生价值和使用价值的过程，或者还可以说是把企业过程看成投资者获取利润和实现高级程度安全利益的过程。因此，企业投资者的安全理念是企业活动应该一切为了生产，如果不进行生产活动，根本就不存在那些需要解决的安全问题。

职业的劳动者，从得到低质量安全利益的着眼点以及职业劳动的角度，把企业过程看成一个职业过程，也是一个体力劳动者支付体力或是脑力劳动者消耗脑力的过程，或者还可以说把企业过程看成劳动者获取工资和得到低级程度安全利益的过程。因此，职业劳动者的安全理念是认为，企业活动应该是一切为了人，如果没有人的存在和人的劳动，根本就无法进行任何生产活动。

辩证唯物主义与历史唯物主义认为，存在决定意识。在现实生活中，人们的社会存在决定了自己在社会上存在的独立意识。企业的投资者与职业的劳动者，从实现自己安全利益的着眼点入手，从自己在企业中实际地位的角度出发，对企业过程是生产过程和职业过程相统一的客观事实，分别表述了各不相同的片面性理解，给出了维护自己安全利益的人生理念，从而揭示出在企业这个社会发展基本单元的经济共同体内部，投资者与劳动者之间存在着既相对独立又相互联系、既相互依存又相互作用的矛盾统一关系。

其三，企业投资者与职业劳动者承担的安全角色不同。

刘潜先生在 20 年以前研究安全与生产之间关系的时候就提出了安全角色的理论观点，他认为企业之中存在涉及安全问题的五种人，这就是安全决策人、安全执行人、安全体现人、安全监督人、安全科研人。

企业的投资者和职业的劳动者，分别担任了上述这五种人的安全角色。其中，企业投资者承担的角色是安全决策人，而职业劳动者则是由于工作性质或工作岗位的不同，承担了其他形式的安全角色。

安全决策人，指的是企业投资者，在民间俗称老板的人，此外，还包括企业法定代表人、厂长、经理等人。在安全与生产之间关系上，这类角色的安全认知是安全与生产，也就是说，把安全与生产摆在同等重要的地位。因此，安全决策人的角色诉求，一是要遵宪守法，二是要生产发财。但是，在现实社会中握有安全决策权的人们，为了追求高额利润，获取不断提升质量的高级程度安全利益，有可能在不违反宪法或法律的情况下，甚至是在还没有受到现行法律法规惩罚的情况下，要求企业员工拼命生产，以便达到自己预期的安全目标。

安全执行人，是指企业内部的生产管理人员，以及工程技术人员等在企业管理层工作的职业劳动者。在安全与生产之间关系问题上，这个角色的安全认知是安全和生产，也就是在企业活动及其过程中，把安全和生产联系起来。因此，安全执行人的角色诉求，是要做到遵宪守法和生产发财。在社会现实的企业管理活动中，安全执行人有时为了执行老板要生产发财的指令，还可能在不发生群死群伤重特大事故的情况下，或是已发生小规模伤亡事故并未造成企业停产的情况下，甚至在有可能发生职业伤害事故的极端危险情况下，拼命组织生产。

安全体现人，是指企业内部生产第一线的职业劳动者，这些人包括企业的正式工、合同工、农民工等雇佣工人。这个角色的安全认知是安全底生产，也就是生产的地位排在安全之底下，先安全后生产、不安全不生产。因此，安全体现人的角色诉求，是只有在安全的条件下才进行生产活动。因为职业劳动者追求安全利益的底线是不出伤亡事故，而生产发财那是企业投资者追求的安全目标，任何生产第一线的工人，都不愿意为老板的舒适、愉快、享受而失去自己的健康或生命。

安全监督人，是指企业内部的专业安全技术人员，以及国家或社会认可的安全工程师，这样一些职业劳动者。在安全与生产之间关系问题上，这个角色的安全认知是安全的生产，也就是要在安全技术规范的指导下从事生产活动。因此。安全监督人的角色诉求，是创造安全存在的必要条件，以保障人们在生产过程或者说是职业过程中的动态安全。刘潜先生曾经为安全工程师的职责，拟定了十六字方针，即："监督、检查；督促、指导；培训、教育；建议、咨询"。企业的安全监督人，作为企业投资者即老板们的"手、脚、脑以及鼻子、眼睛、耳朵、嘴"，就是要帮助老板实现"要遵宪守法"和"要生产发财"的角色诉求，对企业活动及其过程进行全天候、全方位、全流程的安全督导。

安全科研人，是指企业内部的或是企业外部的安全专家、安全学者以及安全科学家这一类的职业劳动者。在安全与生产之间关系问题上，这个角色的安全认知是安全化生产，也就是生产的本质安全化。因此，安全科研人的安全诉求，就是运用现代科学技术解决企业活动及其过程中的安全问题。例如可以用机械手臂或智能机器人等高科技手段，来替代部分繁重的或是高危的人工作业，力争在机械化、信息化、自动化方面，实现人在生产活动中的本质安全。

其四，企业投资者与职业劳动者占有的安全资源不同。

安全资源的基本内涵，在人们长期社会实践的基础上，形成了广义与狭义双重的理论认知。

广义上的安全资源概念，泛指一切可以用来解决安全问题的客观存在着的人、物、事，以及一切可以用来解决安全问题的思想、观点、方法，或是用来解决安全问题的科学技术、实践经验、工程措施。

狭义上的安全资源概念，仅指安全存在的必要条件，包括由物质劳动生产与再生产创造的人类物质文明决定或影响的安全经济条件，由精神劳动生产与再生产创造的人类精神文明决定或影响的安全文化条件，由人口劳动生产与再生产创造的人类政治文明决定或影响的安全社会条件，由环境劳动生产与再生产创造的人类环境文明决定或影响的安全人工生态条件，以及由宇宙天体演化促成的太阳系及地球自然历史变迁决定或影响的安全自然生态条件。在这里需要指出的是，安全存在的必要条件之"必要"的概念含义，在逻辑学上是指"没它不行并且有它不够"（父亲虞謇先生形式逻辑课教学用语）。之所以说"没它不行"，是因为首先必须要有安全存在的条件，然后才会有安全的客观存在；之所以说"有它不够"，是因为安全条件的存在，只是提供了实现安全的现实可能性，而安全状态的存在或实现还要靠人们自己的主观努力。

在企业的生产活动及其过程中，企业投资者与职业劳动者在安全资源的实际占有方面，表现出不平衡或者说是不均等的特点。其中的主要原因有二：一是企业投资者对企业的投资，受国家法律的保护；因此企业投资人拥有的对企业生产资料的所有权，决定了企业内部安全资料的占有权。第二企业投资者及其代理人对企业的经营行为，也受国家法律的保护；因此企业投资人对企业生产活动的自主经营权，又决定了安全资源在企业生产过程中的绝对分配权。而职业劳动者则是以无产者的身份或安全角色，加入企业生产活动中来的，既没有对企业生产资料的所有权和企业安全资源的占有权，又没有对企业生产活动的经营权和企业安全资源的分配权，因此在生产过程或者说是职业过程中自己需要的安全资源，除个人的体力和智力以外，全部都是由投资方提供的。在企业内部安全资源及其质量状况固定不变的情况下，企业投资者与职业劳动者以及职业劳动者各不相同的工作岗位之间实际占有的安全资源，是此多彼少或者此少彼多、此长彼消以及此消彼长的相互依存关系。获得安全资源较多或者质量较好的一方，生产过程中伤亡事故发生的概率就低些；获得安全资源较少或者质量较差的一方，生产过程中伤亡事故发生的概率就高些。多少年来，人们苦苦追寻着危险源的踪迹，以为只要排除了危险及其隐患，就能实现安全，但是在职业伤害频发那样失败了的安全实践面前，诸多危险及其源之类的理论或说法，也都显得既力不从心又无能为力了。其实，危险也不是什么特别神秘的东西，正是安全资源不足或缺失的反映和表现。在人们的社会实践中，若是企业生产活动中的安全资源供给不足，或是严重缺失，或是与需求不匹配，随时都有可能发生职业伤害事故，使企业的局部生产活动被迫停止，或是使全部生产过程被迫中断，从而无法保证生产资料的有效利用，更无法保证按时、按质、按量地完成企业既定的生产目标。所以从这个意义上讲，企业生产管理的首要任务，不是生产资料和人力资源的有效利用，而是安全资源的合理配置与动态开发。

如上所述，企业生产活动及其过程是否会发生造成人员伤亡的生产安全事故，与企业如何配置安全资源以及如何开发与利用安全资源密切相关。凡是安全资源配置、开发或利用充裕的地方，生产安全事故发生的概率或频次就低；凡是安全资源配置、开发或利用不足的地方，生产安全事故发生的概率或频次就相对高一些；而那些安全资源不匹配或严重缺失的地方，就必然要发生人员伤亡的生产安全事故。由此表明，企业生产活动及其过程发生人员伤亡的生产安全事故，不是普遍存在的、广泛发生的、大概率的社会现象，而是在国家社会经济发展的宏观过程中随机出现的偶发性独立性事件。因此，我们可以确切地说，对生产安全事故这样随机出现的偶发性独立事件发生原因的探究，以及由此进行的工作总结式经验思维的理论成果，一般不具备普遍指导的意义。

其五，企业投资者与职业劳动者选择的安全模式不同。

企业的投资者与职业的劳动者，在企业的生产活动及其过程中选择的安全模式不同：企业投资者选择的安全模式，是经济学模式和管理学模式；职业劳动者选择的安全模式，是政治学模式和社会学模式。每一个实现安全的规范化模式里都包括了工作措施、基本设想、既定目标、实施目的这样四个方面内容。这四种类型的安全模式，既相对独立又相互联系，因此在实践上，既可以选择一种安全模式单独来使用，也可以把若干安全模式取长补短地相互配合来使用。

实现安全的经济学模式，工作措施是生产安全，即以生产为前提，防止伤亡事故的发生。基本设想，是尽量避免安全投入过多而引起生产成本的增加。既定目标，是实现零伤害，即所谓的“安全生产无事故”，实际上无事故就是零伤害，也就等于零安全，指的是人的生命存在状态，处在零伤害与零安全相互融合的百分之百危险的绝对危险线的位置上。实施此模式的目的，是追求企业利润的最大化。

实现安全的管理学模式，工作措施是安全生产，即以安全为前提，组织企业的生产活动。基本设想，是尽量避免生产过程因伤亡事故中断而造成的财产损失及经济赔偿。既定目标，是实现正安全，即所谓“安全生产责任重于泰山”，实际上是指人的生命存在状态，在生产过程中处于正安全域，也就是处于在相对安全与相对危险相互融合的百分之百绝对危险线以上的那种安全质量状态。实施此模式的目的，是追求企业管理的人性化。

实现安全的政治学模式的工作措施，是劳动保护。基本设想，是维护劳动者在职业活动中做人的尊严，以及劳动者个人在劳动权、休息权、生存权、健康权等方面的基本人权。既定目标，是实现正安全，指的是劳动者在职业过程中的生命存在状态，始终保持在正态安全域，也就是始终保持在百分之百绝对危险线以上的相对安全与相对危险存在的区域。实施目的，是保持职业劳动者在职业活动及其过程中，按照国家宪法及相关法律应该享有的安全利益不被侵犯。

实现安全的社会学模式的工作措施，是职业安全与健康。基本设想，是劳动者在职业活动及其过程中，在心理上生理上的自我生存欲望或自我健康需要得到满足。既定目标，也是实现正安全，即劳动者在劳动中的生命存在状态，始终保持在相对安全与相对危险存在的正安全区域，以及百分之百绝对危险线以上的位置。实施目的，是保障职业劳动者的工作环境和工作条件，符合人体安全阈值规定的各项专业技术标准或专业技术规范。

企业投资者选择的安全模式，维护的是自己在生产过程中的安全利益。安全模式的工作措施，不论是生产安全还是安全生产，终究都是为了生产而不是为了人的生命存在与健康，这就充分反映了企业投资者一切为了生产的安全理念。实施经济学安全模式的目的，是追求企业利润的最大化，充分体现了资本在市场经济条件下追求剩余价值的本性与特征，也表现出企业投资者人格属性资本化的倾向或特点。实施管理学安全模式的目的，虽然是追求企业管理的人性化，但基本设想仍然不是为了人的生存或健康，而是要避免生产过程因人的伤亡造成停产给企业带来财产上的损失，或是经济上的惩罚及赔偿，以及因被迫停产不能及时完成甲方合同造成的诚信危机。所以，企业管理追求人性化，也并不表明企业投资者人格属性资本化倾向的人性回归，而正说明了资本追逐利润最大化、追逐剩余价值无止境的本性特征在新时代的新特点。

职业劳动者选择的安全模式，维护的是自己在职业过程中的安全利益。安全模式的工作措施，不论是劳动保护，还是职业安全与健康，终究都是为了人的生存与健康而不是为了生产，这就充分反映了职业劳动者一切为了人的安全理念。实施政治学安全模式的目的，是保障职业劳动者在职业活动及其过程中，按照国家宪法及相关法律应该享有的安全利益不被侵犯，体现的是职业劳动者最基本的人权保障，以及劳动者本人的劳动价值得到社会的尊重与认可，集中地表现出了人类本质属性特有的社会学特征。实施社会学安全模式的目的，是保障职业劳动者的工作环境和工作条件，符合人体安全阈值规定的各项专业技术标准或专业技术规范，体现的是职业劳动者个人的自我生存欲望或是自我健康需要，集中地表现出了人类本质属性固有的生物学特征。

职业劳动者在确定安全模式既定目标的问题上，为什么只选择正安全而不选择零伤害呢？要回答这个问题，我们还需要从安全质量学的一些基本常识说起。

人在生命活动及其全部过程中，与自己的体外因素相互作用，或者说是与自己所处的生存环境及其构成因素之间，在物质、能量、信息以及时空方面，进行系统交流或系统交换时的自我健康状况，我们称之为人体的外在健康。如果我们从人体自我健康的着眼点，以及人在心理上生理上免受外界因素危害的角度，去考察人体的外在健康，就会发现人体自我健康外在质量的存在状况有三种典型的表现形式，这就是：人体自我健康的安全状态，即人体健康外在质量的有序状态；人体自我健康的危险状态，即人体健康外在质量的混沌状态；人体自我健康的伤害状态，即人体健康外在质量的无序状态。

在人体健康外在质量的时空坐标上，从人的百分之百安全的绝对安全状态到零安全状态之间的区域，叫作人体健康外在质量的正安全区域，或称正态安全域，也就是人的相对安全状态与相对危险状态相互重叠并相互交融的安全质量区域。人体健康外在质量的有序状态与混沌状态，在这个区域之内相互重叠并相互融合的结果，使二者之间相互作用关系出现了一个可以重复再现的规律，这就是安全度与危害度相加等于 1。这就表明，当人的安全存在程度为百分之八十时，危险程度为百分之二十；当人的安全度为零时，危险度为百分之百，即绝对危险。需要明确指出的是，在这个正安全区域以内是没有伤害状态出现的。也就是说，在正态安全域，人体健康外在质量的无序程度为无，即人的伤害状态也为无。因此，人体健康外在质量的正态安全域，也可以称为相对危险域，或是人体健康外在质量相对有序态与相对混沌态重叠融合的安全质量区域。

在人体健康外在质量的时空坐标上，从人的零安全状态，到百分之百负安全的绝对负安全状态之间的区域，叫作人体健康外在质量的负安全区域，或称负态安全域，也就是人的相对负安全状态，与相对伤害状态相互重叠并相互融合的安全质量区域。人体健康外在质量的有序状态与无序状态，在这个区域里相互重叠或相互交融的结果，也使安全状态与伤害状态二者之间的关系出现了可重复再现的规律性，这就是：安全度与伤害度相加等于零。这就表明，当安全度为负百分之十时，伤害度为百分之十，当安全度为负百分之九十时，人的伤害度为百分之九十。同时也就意味着，在这个负安全区域内人体健康外在质量的混沌现象，超过了百分之百绝对危险的极致状态，而达到了超级危险的人身伤害状态。因此，人体健康外在质量的负态安全域也可称为超级危险域，或是人体外在健康质量相对有序态、超级混沌态、相对无序态的三态合一安全质量区域。

人的零伤害生命存在状态，指的是人体健康外在质量无序程度为 0 的生命存在状态。同时这也是人体健康外在质量有序程度为零的生命存在状态，这种零度无序状态与零度有序状态的相互重叠与融合，使得人体健康外在质量的混沌现象达到了极致状态，表现为百分之百危险的绝对危险状态。这就意味着，人的零伤害状态与零安全状态以及百分之百绝对危险状态，在人们的现实生活中是三态合一的生命存在状态。在这里，需要特别指出的是：人体健康外在质量的安全状态危险状态与伤害状态，在理论上进行分析论证时，是可以分别表述的，但在实践上、在现实生活中，则是三态合一不可分割也无法分割的有机整体的质量状况，只不过有的状态占主导地位，表现为显性质量特征；有的状态失去主导地位，表现为隐性质量特征而已。当零度伤害、零度安全与百分之百绝对危险三态合一时，在人体健康外在质量的时空坐标上，就划出了一条用于理论分析的绝对危险线。这条反映人体健康外在质量混沌极致状态的理论分析线，在安全质量时空坐标上的位置，就处在正态安全域与负态安全域的系统边界。

当人们把自己实现安全的既定目标选择在零伤害状态的时候，也就是把自己争取实现的安全目标，锁定在人的零安全状态，以及锁定在百分之百危险状态的绝对危险线上。这条理论上的绝对危险线，不可能必然地使人们长期保持在零伤害或零安全的生命存在状态，就像市场经济条件下价格总是围绕着价值在上下波动那样，人们在实践上参加生产活动的行为轨迹，也不可能永远与理论基准线保持一致。在实践上，在人们的现实生活中，由于人的非线性因素，以及生存环境或生存条件不以人的意志为转移的时空变化，会使得职业劳动者在生产活动及其过程中的行为轨迹，沿着这条理论上的绝对危险线，在正态安全域或是负态安全域上下浮动。当职业劳动者的行为轨迹，浮动到绝对危险线以上的正态安全域时，人的生命存在及身心健康，就会处在相对安全或称之为相对危险的状态，此时并不会发生人的伤亡事故。当职业劳动者的行为轨迹，浮动到绝对危险线以下的负态安全域时，人的生命存在及身心健康就必然处在相对伤害或超级危险的状态，甚至还会处在百分之百伤害的绝对伤害状态，即人的死亡状态，此时就不可避免地要发生人的伤亡事故。如此看来，把零伤害作为人们实现安全的既定目标，无法保持住职业劳动者不死、不伤、不残、不病的安全底线。所以，职业劳动者只有选择以实现正安全状态为既定目标的安全模式，才有可能维护自己的安全利益，实现自己的安全理想。

综上所述，投资安全与劳动安全这两个概念反映出来的安全工作语言，揭示出企业投资者与职业劳动者在安全利益上的质量差异，在安全资源上的分配不对等性，以及由此引起的各种社会矛盾，是我国进入 21 世纪以来重特大伤亡事故始终无法有效遏制的一个重要原因。在我国现行的社会历史条件下，企业投资者与职业劳动者之间在企业生产活动及其过程中的诸多社会矛盾，一般来讲还属于非对抗性的社会矛盾，但是如果处置不当，也有可能转化为对抗性的矛盾，产生激烈的对抗或冲突，甚至引起社会的动乱。因此，如何深刻理解或妥善处理企业投资者与职业劳动者之间的利益分配关系，也是摆在我国经济建设与社会发展面前的重大研究课题。

三、安全概念的科学语言

全称安全概念的科学语言表达方式，又称安全概念的科学化规范语言，简称安全科学语言，或是安全规范用语，这是一种知识综合集成状态的、经典式的科学规范语言。

这种用科学语言表达的安全概念或安全观念，是人们依据自己的科研成果，或是已知的科学知识，以及为了理论研究或实践指导上的便利，结合广泛的社会调研与科学实验，或是各行各业的劳动特点，或是各种类型社会活动的实际情况，运用口头的、文字的和其他方式来表达的安全问题及其意见或看法。它，以人们科学实验或研究成果为理论思维的具体内容，以必然性的演绎推理为逻辑思维的基本形式，泛化了“安”与“全”这两个词素，在组成复合概念时的原初本意。

表达安全科学语言的经典词组，是“安全某某”，它的语义要点是：安全要求规范着人们的生命活动及其行为方式。其中，复合概念“安全某某”之中心语言 “某某”，是指被安全要求规范的安全存在领域及其涉及的人或人群。在这里，安全存在领域涉及的人或人群，有两种情况需要说明：其一，是安全要求规范的安全存在领域涉及的直接相关的人或人群；其二，是安全要求规范的安全存在领域涉及的所有相关的人或人群。前者涉及的人员较少，称之为“安全某某” 词组中心语言的狭义概念；后者涉及的人员较多，称之为“安全某某”词组中心语言的广义概念。例如，“安全某某”在社会实践上应用广泛的一个概念，“安全生产”之中的生产及其全过程，狭义上的概念，仅涉及企业投资者和职业劳动者这两类安全人群，而广义上的生产及其全过程，不仅涉及企业投资者和职业劳动者，而且还涉及劳动产品的消费者，以及周边环境的居住者，这就涉及劳动产品的安全质量，还有企业在生产活动及其过程中是否对周边生态环境造成污染的问题了。因此我们不仅对于“安全某某”之某某的语义内容，要全面地理解，而且在实践应用中更要区别对待狭义或广义两种情况，不能一概而论。

“安全某某”词组的修饰语言“安全”之语义内容，既不是指安全的客观存在，也不是指安全的存在问题，而是指为规范人们的生命活动或行为方式提出来的安全要求。值得注意的是，这里指称的“安全要求”也有两种情况需要说明：其一是主观上提出的安全要求，包括为满足人的自我生存欲望，或是为实现人体自我健康需要提出的安全要求。其二是客观上提出的安全要求，这就是由客观存在的规律性变化以及为符合人体安全阈值规范化提出来的安全要求。因此，在“安全某某”的修饰语言“安全”之中就存在着一个主观需要与客观存在的关系问题。实事求是地讲，人的主观需要与物的客观存在二者之间，在一定的时空条件下，或从某种意义上说，是既相互依存又相互转化的彼此渗透关系。一方面，主观需要是客观存在的反映或表现，人从生存或发展上的主观需要，从宇宙天地智慧生命物质运动的客观性方面来考察，那是维持生命和生命向上的人类天性的客观存在，是人的生成与发展规律性的反映或体现，因而也是自然界物质及运动客观存在的一种表现形式。另一方面，客观存在又是主观需要理论认知的必然结果：安全作为一个真实的客观存在，对它的组织构成及规律性变化的理解或认知，是人脑对客观存在及其运动变化趋势的生物学反应，是由人的生命活动及其行为方式引发的一种人化自然现象，是由人的主观需要生成的理解或认知，是主观需要辨识与认可的客观存在。在这里，就出现了用来规范人们生命活动或行为方式的安全要求是否科学，以及在多大程度上科学的真理含量问题。一般来讲，安全要求与安全规范在制定或实施的初期阶段还处在潜科学的形态，也就是它的真理性还有待实践检验，经过人们一段时间的参照实施后，若是被人们在实践中证实是可行的，那么就可以初步认定这些安全要求或安全规范的科学性，因此应该继续完善或执行，若是被人们在实践中否证了它的真理性，那么它就是伪科学，因此应该被人们抛弃而重新制定新的安全要求，去规范人们的生命活动和行为方式。在这里，还需要特别指出的是，即便是被人们在实践中反复证实了的那些安全要求或安全规范也可能在一定时空域之内，因为安全条件或安全因素的变化或缺失而丧失了它的真理性。由此可见，安全科学语言对人们行为安全的规范性要求的客观真理性，如同世界上一切客观真理都是相对真理与绝对真理的具体的、历史的、辩证的统一那样，也是一个由人们的认识与实践反复验证、反复完善、反复提高，并且在不断进取的历史过程。

四、安全概念的语言表达方式

从安全生活语言到安全工作语言，再到安全科学语言，经历了一个唯物辩证法称之为否定之否定的历史发展过程。

安全生活语言、安全工作语言、安全科学语言，这三种安全概念的语言表达方式，在语言发展历史上是依次生成和动态并存的，不仅彼此参照和互为依据，而且还相互依存或相互渗透、相互转化，特别是安全概念的科学语言，既蕴涵着安全工作语言的特质，又蕴涵着安全生活语言的精华。

（2016年6月起稿于北京护国寺中医医院病房，2016年8月定稿于中国政法大学学院路校区）

安全概念的整体特征

语言，是人类思维的反映或表现。人的语言表达能力或语言表达水平，真实地反映和再现了自己的思维能力和思维水平，凡是思维内容还没有达到的地方，语言就没有办法反映它，因此也就根本没有办法把它表现出来，正是在这个意义上我们可以说，科学研究及其理论表述的第一要素，就是语言。

安全的概念作为语言的表现形式，在科学研究领域里既表现为安全科学的学科名称概念，又表现为安全科学的学科核心概念。因为在人们长期的社会实践或生活实践中，以及在人自己的认识历史上，安全这个词组已经逐步地从两个单字组成的复合概念，凝聚成为一个在科学上具有综合性的知识原点，一旦这个安全词组进入科学研究领域而作为命题的缩写形式，它也就同时成了人类逻辑思维的基本单元。

由此可见，安全概念不论是作为科学的知识原点还是作为命题的缩写形式，都蕴藏着安全学说基础理论所要研究和探讨、所要反映或揭示的全部科学信息。如此说来，安全的概念不论是表现为口头语言还是书面语言，作为人们从事科学研究及其理论表述的着眼点或角度，既然具有那么重要的科学价值或实践意义，那么，我们在研究与探讨安全学说的基础理论之初，首先就必然要明确安全概念内在的科学含义及相关信息，研究与探讨安全的语言学问题。

一、安全概念整体的词组原初性

从整体特征上看，安全概念本身作为一个复合概念，并不是反映客观事物的最小文字单位，它是由安与全这两个单字组织协调起来的一个偏正词组，其中的每个单字（例如安或全），才是独立反映客观事物的最小文字单位，而且这两个单字不论是安还是全，又都包含着具有自身特色的原始信息。如果我们把安与全这两个作为词素的单字反映的那些客观事物的原始信息汇集起来，综合集成为一个复合概念，就在人们的主观认识上形成了安全词组指向客观世界的原初本意。由此可知，安全的概念在整体上，具有词组原初性的特征。

在组成复合概念以前，安全词组之中“安”的词素含义，是指人的生命活动及其全部过程，与自己身体以外的生活条件或生存环境及其构成因素之间，在物质、能量、信息以及时空等方面进行系统交流或者系统交换时的一种心理健康状态。例如，在我们中国有一句俗语叫作“无危则安”，实际上说的是“无危则心安”，指的是“无危”才能使人的心神安定，那意思是表示：人在没有感到危险的时候，自己的心里也就踏实了。

在组成复合概念以前，安全词组之中“全”的词素含义，是指人的生命活动及其全部过程，与自己身体以外的生活条件或生存环境及其构成因素之间，在物质、能量、信息以及时空等方面，进行系统交流或者系统交换时的一种生理健康状态。例如，在我们中国还有一句俗语叫作“无损则全”，实际上说的是“无损则体全”，指的是“无损”才能使人的体魄健全，意思是：人在没有受到损伤的时候，自己在身体上就是健全的了。

总而言之，安与全这两个单字在组成复合型的概念以前，它的原始意义并不针对物，也不针对事，而是针对人。更确切地讲，按照中国文字揭示的概念内涵来理解，不论是“安”还是“全”的原初本意，都指向具有生命活力的人，并且正是通过“安”与“全”这两个单字的相互结合，才第一次真正地展示出人们在现实生活中与自己的生活条件或生存环境及其诸多构成因素之间，在一定时空坐标上进行系统交流或系统交换时形成的那种生命存在状态。这也从另一个侧面上表明或是证实了，安全概念在整体上词组的原初本意说的就是人与自己的外界环境或条件，在相通相融过程中因为相互依存和相互作用，所以自然而然地生成了一种人体的自我健康状况。

二、安全概念整体的语义概括性

从整体特征上看，安全概念本身固有的语言意义，是在安全词组原初本意的基础上，概括出了人体动态安全的几个基本规律，这就是：安全的广泛性、安全的绝对性与相对性、安全的复杂性。

如果说安全概念词组的原初性特征，只是反映和揭示了安全概念的原始意义，从而使人们对安全这一客观存在有了初步的了解或认识，那么，安全概念语义的概括性特征，则是反映和揭示了安全本身所固有的那些特殊性质，从而让人们对安全这个真实的客观存在有了更进一步的认识或理解。

安全的广泛性规律表明：在这个世界上，凡具有生命活力的人，在任何时候和任何地点，以及在任何条件下，都存在是否安全的现实问题。

安全的绝对性规律表明：人在心理上或是生理上，对自己的生活条件或生存环境及其构成因素的作用或影响，总有一个适应与不适应的人体自我健康问题，因此每个人对安全的需要都是绝对的、必然的。也就是说，在人与生存环境或生活条件相互依存与相互作用的动态平衡关系之中，安全作为一个真实的客观存在，必然是这个世界上包括名誉、地位、财富以及其他各种物质的、文化的、经济的或是政治的利益在内的任何东西、任何事物都绝对无法取代的人生第一需要。

安全的相对性规律表明：人在心理上或是生理上，对自己防灾避祸以及实现安全的满意程度，都是相对的、有限的。因为除了自然条件的制约或影响以外，每个人防灾避祸的实际成效，或者说是安全利益的实现程度，还要受自己的社会地位和经济状况的制约或影响，以及全球的或是地域性的人类文明发展水平与社会历史进步程度的制约或影响。

安全的复杂性规律则是表明了两点：其一是安全存在方式的多样化；其二是人们自己实现动态安全，或是获得安全资源，以及争取安全利益，在方法、手段、措施上的不可穷尽性。

如上所述（由此可见），安全概念在整体上语义内容概括性的实质，就表现为人们对自己的安全状态，以及安全及其与人之间相互关系的理想化认知。正是由于这些理想化的认知，在揭示安全语义内容的基础上和过程中，把隐藏在其中的安全特性反映或体现出来，才揭开了一层又一层蒙在形形色色安全现象上的神秘面纱，以及种种的猜测或误解，使得那些谋求生存与发展的人们认识或理解安全及其规律性的历史进程，逐步地从自己的主观需要走向真实的客观存在。

三、安全概念整体的结构稳定性

从整体特征上看，安全概念稳定的词组文字结构，是由安全这个偏正词组本身特有的修饰语言、中心语言和整体词义三个部分构成的，具体地就表现为“安”与“全”这两个单字联合起来，联结成为反映或揭示安全及其客观存在的一个基本的文字单位，而安全概念的整体词义又是从这个基本文字单位的语义内容出发，高度抽象地把安全概念原初本意之中蕴含着的那些客观规律，概括为人与生存环境或生活条件之间双向互动生成的一种自然生态关系，或是社会人文关系。

在“安全”这个偏正词组之中，词素“安”作为该词组的修饰语言，反映或体现的是人在生存环境中某种生活条件下的心理健康状况，其生物学基础，是人自己的心理机能及其特质。因此，词素“安”这个单字在安全词组中所要表征或说明的语言内容，是人体健康的精神性因素与人自己所处的生活条件或生存环境之间的自然生态关系，或是社会人文关系，其实质，是人的心理机能及其特质与自己体外生活条件或生存环境及其构成因素之间，因为进行系统交流或交换，或者说是因为相互依存与相互作用而生发的一种主要在时间持续上表现出来的人体心理健康状态。由此可知，词素“安”这个单字作为安全词组修饰语言的原初本意或语言意义，表达或揭示的是人体心理机制及其特质反映客观世界的能力，以及人与自己体外的环境条件双向互动形成的那种心理健康的现实状况。

在“安全”这个偏正词组之中，词素“全”作为该词组的中心语言，反映或体现的是人在生存环境中某种生活条件下的生理健康状况，其生物学基础，是人自己的生理结构及其功能。因此，词素“全”这个单字在安全词组中所要表征或说明的语言内容，是人体健康的物质性因素与人自己所处的生活条件或生存环境之间的自然生态关系，或是社会人文关系，其实质，是人的生理结构及其功能与自己体外生活条件或生存环境及其构成因素之间，因为进行系统交流或交换，或者说是因为相互依存与相互作用而生发的一种主要在空间位置上表现出来的人体生理健康状态。由此可知，词素“全”这个单字作为安全词组中心语言的原初本意或语言意义，表达或揭示的是人体生理结构及其功能反映主观需要的诉求，以及人与自己体外的环境条件双向互动形成的那种生理健康的现实状况。

如上所述，在“安全”这个偏正词组之中，“安”与“全”那两个作为词素的单字在词组结构里边固定的文字顺序，或者说是稳定的具体位置，以及二者之间相互关系表达的语义内容，是以人自己的生物学特征而不是社会学特征为依据的。词素“全”之所以成为安全词组的中心语言，是因为它反映与表达了人体健康的物质性因素，也就是体现了人自己的生理结构及其功能与身体之外自己的生活条件或生存环境之间的双向互动关系，因而它反映或揭示的是人体自我健康状态的最初的、本源的、基础性的、在辩证唯物论哲学上被称为第一性的东西。而词素“安”之所以成为安全词组的修饰语言，则是因为它反映与表达了人体健康的精神性因素，也就是体现了人自己的心理机能及其特质与身体之外自己的生活条件或生存环境之间的双向互动关系，因而它反映或揭示的是人体自我健康状态的伴生的、派生的、依附性的、在辩证唯物论哲学上被称为第二性的东西。总而言之，人体自我健康状态最初的、本源的、基础性的、在辩证唯物论哲学上被称为第一性的东西，与人体自我健康状态伴生的、派生的、依附性的、在辩证唯物论哲学上被称为第二性的东西，在宇宙天地之间相通相融并且相互结合在一起，反映或体现到人类的语言和文字方面来，就构成了“安全”这一复合概念稳定性的文字结构和概括性的语义内容。

也正是在研究与分析安全概念文字结构及其语义内容的基础上，具有词组原初性特征的复合概念“安全”，才从整体词义上向我们更加确切地证实：安全概念所要反映或揭示的科学事实，不是什么特定的物或事而是人自己的身体健康状况，其实质，是人在自己的生命活动及其全部过程中，与身体以外的生活条件或是生存环境里边诸多关联性因素之间，因为相互依存和相互作用自然而然地形成的一种自然生态关系，或是社会人文关系。安全概念在整体上的结构稳定性特征也向我们清晰地表明，安全作为一个真实客观存在的价值，以及人们对安全愿景诉求的最高境界，便是要达到人与自然的生态平衡，或是人与人之间的社会和谐。

四、安全概念整体的信息集成性

从整体特征上看，安全的概念还存在包括词组的原初性、语义的概括性和结构的稳定性在内的信息的集成性。

安全概念在整体特征上的这个信息集成性，是指安与全组成的复合概念里，蕴藏着人们从事安全科学研究以及安全实践活动所要探求的或遵循的全部信息，它表明在宇宙天地之间凡有人或人群的地方，都或多或少地存在着如何满足个人自我生存欲望、如何妥善处理人与生存环境或生活条件之间关系的现实问题，因此也只有安全才是人们生活幸福指数统计的原始起点。

众所周知，我们每个人与自己身体以外的生存环境交互作用，例如与自然生态环境或是社会人文环境之间的交互作用，都会生成一种人体健康状况。这种人与自然或人与社会双向互动生成的人体自我健康状况，是否有益于人自己的身心健康，至少有两种情况值得我们关注：一是人的生活条件或生存环境及其构成因素，通过人自己的身体或四肢，直接作用于人体，有可能造成人的自我健康伤害，例如重物直接撞击到人身上，造成人的身体肿痛、脑骨损伤或肢体残疾，我们称之为生活条件因素或者生存环境因素对人体自我健康的直接伤害。二是人的生活条件或生存环境及其构成因素，通过人自己的心理或生理，间接作用于人体，有可能造成人的自我健康伤害，例如长期在粉尘环境中作业会使人患上尘肺职业病，我们称之为生活条件因素或者生存环境因素对人体自我健康的间接伤害。这也就准确无误地表明，安全概念反映或体现的人与生活条件或生存环境相互作用生成的那种人体健康状况，因此就有了两个基本的含义：一是反映和体现生活条件因素或生存环境因素是否会直接伤害到人体自我健康的狭义安全概念，一是反映和体现生活条件因素或生存环境因素是否会间接伤害到人体自我健康的广义安全概念。

在这里，需要特别指出的是，安全概念的原初本意仅指人体自我健康的狭义安全概念，并非人自己的那种广义安全现象。因为人们对客观事物的规律性认识，总有那么一个由浅入深、由表及里、由此及彼、由简单到复杂、由直接到间接、由片面到全面，以及从现象到本质和科学视野不断开拓、认识范围逐步扩大化的渐进性的或是飞跃式的自然历史过程。所以，那些从安全概念原始意义派生出来的，以及引申出来但又并不反映或体现人与外界环境条件相互作用直接造成现实人体健康状况的安全概念，就不属于原始意义上的安全概念，而是或多或少地涉及了安全原初本意的借用概念、广义概念、泛指概念或者歧义概念。此外，由于安全问题涉及人类生存或发展领域的广泛性和复杂性，在安全概念的使用方面也还存在着科学语言、工作语言或是生活语言三种表达方式的区分问题。由此可见，在安全概念的内在含义里边，还存在多元化的或者说是层级性的整体结构问题，需要我们进一步地探索与研究。

（2011 年 10 月初稿于北大医院病房，2012 年 5 月定稿于北京政法社区）

安全概念的应用歧义

在现实社会中，由于人们生活习惯上的、工作经验上的或者文化修养上的时空差异，安全概念在理论上或是实践上的使用，经常偏离它在组成复合概念之初的原始意义。那些偏离安全概念原初本意的应用歧义，对于我们认识或理解安全概念及其所揭示的客观存在，有着积极而重要的科学价值和认识论意义。

一方面，安全概念的应用歧义与它自身的原生形态，在有着必然联系的基础上，还存在着整体词义上的重大区别。另一方面，安全概念的应用歧义又丰富了它本身的科学内容，不仅在实践上涵盖了更多有价值的信息，并且在这个基础上和人们实际应用过程中，还扩大了安全概念的使用范围，从而在理论上呈现出安全内涵层级化与多元化的发展趋势，由此又揭示出安全的生活语言、工作语言、科学语言这三种最基本的概念表达方式。

从人们偏离原始意义使用安全概念的实际情况来看，那些在原初本意上派生出来的，或者引申出来的安全含义，以及被借用或者被泛指的安全概念，比较常见的有两种类型。其一，是把与人体健康有关的事物拟人化，表现为安全的借用概念。其二，是把安全反映的人与生活条件或生存环境相互作用，是否会对人体健康造成危害的原初本意广义化，表现为安全的泛指概念。

一、安全概念的拟人化直接借用

第一种偏离原始意义上使得安全概念的词组类型，是拟人化的直接借用。这种词组类型，至少有两种较为经典的语言歧义现象。

首先是把物本身的保管、保养、保全，或者可靠性问题比喻成为保障人体外在健康的安全问题。例如计算机安全的概念就是一种典型的拟人化借用概念。

大家都知道，计算机作为人们使用的电子仪器设备，本身是物不是人，因此并不存在保障身心健康的安全问题。而所谓的计算机安全这个概念表示的语义内容，实际上指的是计算机日常维护和保养的水平或标准，要像保障人自己的安全健康那样，使其在操作性能上经常保持自身的可靠性。

然后是把物本身的功能、意义或作用也比喻成保障人体外在健康的安全问题。例如，资源安全的概念也是一种典型的拟人化借用概念。

众所周知，资源安全概念的中心语言是人的安全，而修饰语言却是人所利用或开发的资源。从这个偏正词组稳定的文字结构上来分析，本来那个概念的语义内容说的是资源保护问题，也借用了保障人体安全健康的科学含义，用来表示如何防止资源流失或浪费的现象发生，或者表示要纠正、制止人为破坏资源的行为或活动，以便保证这些生产资料或是生活资料的天然来源，能够合理开发与优化利用，使其发挥在经济建设中应有的社会功能，实现其应有的社会效益，从而造福于人自己。

二、安全概念的广义化间接使用

第二种偏离原始意义使用安全概念的词组类型是广义化的间接使用。这种词组类型，至少也有两种较为经典的语言歧义现象。

其一，是把人体之外的环境因素以及条件因素中的人、物、事对人体健康造成的间接伤害，也当作直接伤害来看待。例如财产安全这个概念便是如此。

在我们的日常生活中，因为财产只是人们拥有金钱、珠宝或货币，以及物资、房屋或土地等财富的指称，所以它并不会自行对人的身心健康造成直接的伤害。但是，由于财产本身还存在保值、增殖或贬值，以及保管、损坏或丢失等问题，与财产的拥有者或者使用者的切身利益直接相关，并且还有可能影响到当事人的生活质量，这就造成了财产对人体健康的间接伤害问题。由此可见，所谓财产安全这个概念本来的意思，就在于保管好财产、避免其损坏或丢失，或是力争使财产保值、增值、尽量地避免其贬值，并由此来保障财产拥有者或使用者这些当事人在心理上或生理上的身心健康，不会因为财产问题影响到自己的生活质量而受到间接的伤害。

其二，是把人体之外的环境因素以及条件因素中的人、物、事对人体健康造成的广义安全问题，也当作狭义安全来看待。例如核安全这个概念便是如此。

在我们的现实生活中，人们把核与安全直接联系起来考虑是个很奇妙的想法。核，无论是作为战争武器，还是和平利用，在未受到控制或者失去控制的情况下，在人为的操作失误或者恶意操纵的情况下，那当然是不安全的了，因此根本就谈不上、也并不存在对人是否安全的问题。在受控状态下，核及其基础设施只是存在操作上的或者说使用上的可靠性问题，因此也不存在安全与否的问题。但是，核在人生活的这个世界上存在着，这个事实本身却构成了对人们身心健康有重大影响的广义的安全问题。

我国火箭导弹部队司令部研究所的科学工作者们，曾经提出了“软损伤”“软毁伤”之类的安全概念，认为：在和平时期拥有原子弹、氢弹及其配套发射装置这样一些极具核攻击能力的现代战略武器储备，在军事上会形成一种让人无法抑制的威慑力量。他们认为：这种核威慑的能力，作为一种能量的表现形式，可以通过人的心理活动，伤害到人的心理健康，并且极有可能由人的心理健康进而危及人的生理健康。如此说来，这就不是安全概念原初本意所指重物直接撞击人体造成健康伤害的狭义安全情况，而是突破了安全概念原始意义的语言界线，泛指人们生存或发展所处的环境因素或是条件因素，通过人自己的心理活动或者生理活动，间接地伤害到人体健康的广义安全问题了。

（2011 年 10 月初稿于北大医院病房，2012 年 5 月定稿于北京政法社区）

社会学意义上的安全概念

安全概念的层级内涵①

从不同的着眼点或角度来考察安全概念的内在含义，就给出了不同层级的安全定义，形成安全科学的核心概念体系。

1. 安全概念的原初本意

安全概念的原初本意是由安与全两个词素组合而成的。

俗话说“无危则安”，实际上是指人无危险则心安，反映人与环境因素相互作用时的心理健康状况。

俗话说“无损则全”，实际上是指人无损伤则体全，反映人与环境因素相互作用时的生理健康状况。

2. 否定性质安全定义

否定性质安全定义可以表述为：安全，是指没有危险，或不出人身伤亡事故。

否定性质安全定义从劳动生产的角度和解决安全问题的着眼点研究安全概念内涵，反映或揭示出安全是人在生命活动中保持自我健康的主观愿望和客观要求，因此成为安全应用科学的核心概念。

3. 肯定性质安全定义

肯定性质安全定义可以表述为：安全是指人的身心免受外界因素危害的存在状态（即健康状况）及其保障条件。

肯定性质安全定义从安全健康的角度和揭示安全规律的着眼点研究安全概念内涵，表明安全是人的身心免受体外因素危害的健康状况和为此提供的保障条件，因此成为安全学科科学的核心概念。

---

① 原载《科技与创新管理》期刊 2020 年 7 月第 41 卷第 4 期（总第 192 期），封底。

4. 属加种差安全定义

属加种差安全定义，可以表述为：安全是指人体健康外在质量的整体水平，包括人体健康外在质量的存在状态和它的存在条件。

属加种差安全定义从人与环境双向互动的角度和培养安全人才的着眼点考察安全的概念，认为安全是人体健康外在质量的存在状态和它存在的必要条件，因此成为安全专业科学的核心概念。

5. 特有功能安全定义

特有功能安全定义可以表述为：安全是指可以判定人的行为是否符合客观规律的人的生命存在状态。

特有功能安全定义从安全特有功能角度和人类生存或发展的着眼点考察安全的概念，认为安全是以自身特有的判定性功能，对人的行为状态做出的权威性客观评价，因此成为安全基础科学的核心概念。

6. 宇观特征安全定义

宇观特征安全定义可以表述为：安全，是指以人的生命存在为载体的、与人的生命活动相依存的、判定人的行为及其运动轨迹是否符合客观规律的、看不见摸不着但可以为人所感知的客观存在。

宇观特征安全定义从安全宇观特征的角度和人类在宇宙天体客观存在的着眼点考察安全的概念，认为安全是人的生命存在状态，劳动是人的生命存在方式，二者都是以人的生命存在为载体，与人的生命活动相依存，具有同源共构性的宇观特征，因此成为安全哲学科学的核心概念。

（2020 年 3 月于北京政法社区）

安全概念的理论认知

人类的安全认识史，大致可以分为自发安全认识与自觉安全认识。与此相适应，人类的个体即单个的人，与人类的群体即两个及两个以上的人群，也存在自发安全认识与自觉安全认识两种表现形态。

人的自发安全认识，是人类维持生命以及生命向上天性的应激反应，也是人们与生俱来的本能的自我保护行为的反映或表现，这是人类在自然进化中对趋利避害生存本能的获得性遗传的必然结果。

人的自觉安全认识，也是人类维持生命及生命向上天性的应激反应，是人们经后天学习而获得的智能的自我保护行为的反映或表现，这是人类世代交替历程中传承下来的生存经验与科学知识被人们学习掌握的必然结果。人类从自发安全认识到自觉安全认识过渡的中间环节或称成功标志，是自我意识的生成与安全意识的觉醒，这在哲学上叫作客观事物质变的关节点。

人类自觉的安全认识，经历着安全概念的双重否定之否定理论认知过程，以及对这两个安全概念否定之否定理论认知过程的复杂性重组。人们对安全概念的自觉认识，从初步安全认识的否定之否定历程，到深化安全认识的否定之否定历程，再到复杂安全认识的否定之否定历程，最终的阶段性研究成果，形成了安全科学的族群式层级态科学体系及其众多学科分支研究方向。

一、安全概念的第一次否定之否定理论认知过程

人们对安全概念的初步认识，大体上正在经历着感性认知、理性认知，以及验证性质的综合认知，这样一个否定之否定的历史发展过程。

（一）安全初步认识的感性认知阶段

人类自觉安全认识的感性认知，是在人们行为实践的基础上对安全的全面的系统的经验思维，采取的是还原论的思想方法，也就是从个别的、局部的到整体的、全面的安全认识。这种安全的经验思维方式，最终形成了系统安全的科学思想。

持有系统安全思想观点的人们认为，在人的生命活动系统中，普遍地存在着值得关注和需要解决的安全问题，只要能及时排除危险因素或危险源点，就可以实现人的安全。

安全概念感性认知在安全认识上的思维定式，是从系到统，即从部分到整体，以及从劳动行为到安全保障的问题思考方向。

（二）安全初步认识的理性认知阶段

人类自觉安全认识的理性认知，是在人们思维实践的基础上对安全的整体的统系的理论思维，采取的是整体论的思想方法，也就是从整体的、全面的到局部的、个别的安全认识。这种安全的理论思维方式，最终形成了安全系统的科学思想。

持有安全系统思想观点的人们认为，人的生命活动系统本身，就是一个可以实现安全的功能系统，只要把这个系统内部组织构成的诸多因素相互匹配，并且做到功能互补与动态协同，就可以实现人的安全。

安全概念理性认知在安全认识上的思维定式，是从统到系，即从整体到部分，以及从安全保障到劳动行为的问题思考方向。

（三）安全初步认识的综合认知阶段

人类自觉安全认识的综合认知，是在人们行为实践与思维实践相结合的基础上，对安全的感

性认知与理性认知的真理性验证思维，采取的是综合论的思想方法，也就是从个别或部分到全面或整体，然后再从全面或整体到个别或部分，如此循环往复的安全认识。这种安全的验证思维方式，最终形成了系统安全系统的科学思想。

持有系统安全系统思想观点的人们认为，系统安全系统之中表达的安全有两重含义，一重安全含义是指需要解决的具体问题；另一重安全含义是指客观存在的整体结构。而处在安全前后不同位置的“系统”，也有着各不相同的语义内容。在安全概念前的那个系统指的是安全的存在领域。在安全概念后的那个系统，指的是安全的内在结构。系统安全系统思想表明，人的生命活动系统是一个可以同时达到劳动目的与安全目的两个目标的双重功能系统，只要在安全存在领域系统运行过程中，遵循安全内在结构系统揭示的客观规律，就可以实现人的安全。

安全概念综合认知在安全认识上的思维定式，是从系到统然后再从统到系的循环往复，以及劳动与安全双向互动的问题思考方向。

二、安全概念的第二次否定之否定理论认知过程

人们对安全概念的深化认识，大体上还会经历着反思认知、动态认知以及综合性质的整体认知这样一个否定之否定的历史发展过程。

（一）安全深化认识的反思认知阶段

人类自觉安全认识的反思认知，是在人们安全概念第一次否定之否定理论认知的基础上对安全的感性认知、理性认知以及综合认知的逆向思维，采用的是集成论的思想方法，也就是汇集了人类以往的安全认知信息并对这些有效信息进行分析、研究或思考的一种安全认识。这种安全的逆向思维方式，最终形成了安全组织形态的思想观点。

安全组织形态的思想观点认为：安全的组织形态，指的是人体外在健康的层级质量状况，包括人体外在健康质量的有序形态即人的安全状态，人体外在健康质量的混沌形态即人的危险状态，人体外在健康质量的无序形态即人的伤害状态。在人的生命活动及其行为过程中，安全、危险、伤害这三种人体外在健康的质量形态，既是相互重叠、相互渗透与融合如一的，又是在一定条件下可以相互作用，或是在相互转化中可以相对独立的，因此安全、危险、伤害这三种人体外在健康的质量形态又都有着自己发生、存在或消亡的自然现象与客观规律。

安全概念反思认知在安全认识上的思维定式，是对安全初步认识及其否定之否定理论认知过程的辩证的肯定。

（二）安全深化认识的动态认知阶段

人类自觉安全认识的动态认知，是在人们安全概念第一次否定之否定理论认知基础上对安全的感性认知、理性认知、综合认知以及反思认知的辩证思维，采用的是时空论的思想方法，也就是把人们多视角认知的安全形态放到宇宙时空区域连续运动中去考察的一种安全认识。这种安全

的辩证思维方式，最终形成了安全客观存在的思想观点。

安全客观存在的思想观点认为：从宇观视野来考察，安全是一个以人的生命存在为载体的，与人的生命活动相依存的，可以判定人的行为是否符合客观规律的，既是人的主观需要又是不以人的主观意志为转移的客观存在。

安全概念动态认知在安全认识上的思维定式，是对安全初步认识及其否定之否定理论认知过程的辩证的否定。

（三）安全深化认识的整体认知阶段

人类自觉安全认识的整体认知，是在人们安全概念第一次否定之否定理论认知的基础上对安全的感性认知、理性认知、综合认知，以及反思认知与动态认知的综合思维，采用的是过程论的思想方法，也就是把人们以往安全理论认知看成人类安全认识历史发展过程的一种安全认识。这种安全的思维方式，最终形成了安全层级认识的思想观点。

安全层级认识的思想观点认为：安全认识的历史过程，与人类自己的生成、存在与发展同源同步，就人类的个体或群体而言，安全的认识是有限的，然而就人类的整体及其世代延续的历史过程而言，安全的认识又是无限的。如同人们认识宇宙物质及其在时空域的运动具有无限可分性那样，人们对安全的认识，也具有无限层级性的特点。由此推论可知，人类认识安全的每一历史过程，都会形成一个较为完整的理论体系及其诸多分支研究方向。

安全概念整体认知在安全认识上的思维定式，是对安全初步认识及其否定之否定理论认知过程的辩证的否定之否定。

三、安全概念否定之否定理论认知的复杂性重组

人们对安全概念的复杂认识，大体上至少存在依序认知、循环认知，以及分类性质的抽象认知三个经典的安全概念理论认知模式。

（一）安全复杂认识的依序认知模式

安全的依次认知模式，是在第一次与第二次安全概念否定之否定理论认知过程首尾联结成一个思维链条的基础上，把安全初步认识与安全深化认识理论认知过程依次排序进行的复杂性重新组合，以此便构成了安全初步认识与安全深化认识，以及安全复杂认识否定之否定思维轨迹的安全认识基础理论模型。

安全的依序认知模式，是把第一次安全概念否定之否定理论认知过程的那三个发展阶段，即安全的感性认知、理性认知、综合认知，看作安全复杂认识的辩证的肯定；把第二次安全概念否定之否定理论认知过程的前两个阶段，即安全的反思认知与动态认知，看作安全复杂认识的辩证的否定；而把第二次安全概念否定之否定理论认知过程的最后一个阶段，即安全的整体认知，看作对安全复杂认识的辩证的否定之否定。由此，便构成了安全复杂认识即安全概念的第三次否定

之否定理论认知过程。

从宏观的视野来考察，如果说，安全初步认识及其否定之否定理论认知过程，是对人类自觉安全认识的辩证的肯定；如果说，安全深化认识及其否定之否定理论认知过程，是对人类自觉安全认识的辩证的否定；那么我们就可以说，安全复杂认识及其否定之否定理论认知过程，就是对人类自觉安全认识的辩证的否定之否定了。如此推论可知，由安全初步认识与安全深化认识以及安全复杂认识，在宏观上构成的否定之否定的安全认识基础理论模型，预示着未来人类安全认识可能的历史发展趋势。

（二）安全复杂认识的循环认知模式

安全的循环认知模式，是在第一次与第二次安全概念否定之否定理论认知过程首尾联结成一个思维链条的基础上，把安全初步认识与安全深化认识两个否定之否定理论认知过程的发展阶段错位进行的复杂性重新组合，从而构成记录了安全初步认识与安全深化认识以及安全复杂认识，周而复始不断循环的思维轨迹的安全认识基础理论模型。

安全的循环认知模式，是在安全概念第一次与第二次否定之否定理论认知过程首尾相联结，并以安全的感性认知为开端形成一个安全认识双重否定之否定大循环的基础上，进行安全认识的复杂性错位重新组合，分别以安全的理性认知与安全的综合认知为开端，构成两个双重否定之否定安全认识的大循环。这两个复杂性错位重组形成的安全认识循环，其一表现为：从安全的理性认知到综合认知再到反思认知，然后再从安全的动态认知到整体认知再到感性认知；其二表现为：从安全的综合认知到反思认知再到动态认知，然后再从安全的整体认知到感性认知再到理性认知。由此便自然而然地形成了三个双重否定之否定安全认识大循环的思维历程。

从宏观的视野来考察：安全初步认识与安全深化认识及其认知过程的首尾联结，以及安全复杂认识在此基础上的两次复杂性重组，形成了三个双重否定之否定理论认知循环的思维轨迹。如此推论可知，由安全初步认识与安全深化认识以及安全复杂认识构成的循环往复不断深入，并呈螺旋式上升趋势的安全认识基础理论模型，预示着未来人类安全认识可能的历史发展过程。

（三）安全复杂认识的抽象认知模式

安全的抽象认知模式，是在第一次与第二次安全概念否定之否定认知过程首尾联结成一个思维链条的基础上，隔位进行复杂性重组，从而构成安全实践认识与安全理论认识及其相互作用辩证统一思维轨迹的安全认识基础理论模型。

安全的抽象认知模式，是把安全初步认识与安全深化认识形成的那两个否定之否定理论认知过程中的诸多发展阶段，划分为安全的实践认识与安全的理论认识两种思维类型，并且认定：安全实践认识，包括对安全概念的感性认知、综合认知、动态认知；安全理论认识，包括对安全概念的理性认知、反思认知、整体认知。如此的划分与认定，便形成了安全实践认识从感性认知到综合认知再到动态认知，以及安全理论认识从理性认知到反思认知再到整体认知这样两个安全复杂认识否定之否定的安全思维运行状态。

从宏观的视野来考察：人们的安全实践认识，从感性认知到综合认知再到动态认知的过程，在安全认识的思维方法上，表现为从对安全的经验思维到实践思维再到辩证思维这样一个安全认识由行为实践到专业实践再到思维实践的认识不断深化并呈螺旋式上升发展的思维运行轨迹。人们的安全理论认识，从理性认知到反思认知再到整体认知的过程，在安全认识的思维方法上，表现为对安全的理论思维到逆向思维再到综合思维这样一个安全理论认识由统系理论到组织理论再到层级理论的认识不断深化并呈螺旋式上升发展的思维运行轨迹。如此推论可知，安全实践认识与安全理论认识及其在认识深化运动中构成的具体的历史的辩证统一的安全认识基础理论模型，预示着未来人类安全认识可能的历史发展状态。

四、安全概念双重否定之否定认知的阶段性成果

人们对安全实践与安全理论的问题研究，在安全初步认识与安全深化认识的基础上，经过双重否定之否定的安全概念理论认知，逐渐形成的阶段性成果，构成了安全科学及其分支的族群式层级态科学体系。

（一）安全初步认识的阶段性成果

安全初步认识及其否定之否定理论认知的阶段性成果，包括人们已经创建的、正在创建的、将要创建的安全应用科学、安全学科科学与安全专业科学。

1. 安全初步认识的第一个历史发展阶段

安全初步认识的第一个历史发展阶段，也就是安全概念第一次否定之否定理论认知过程的感性认知阶段，最终形成的阶段性研究成果，是创建了安全科学的应用科学分支。这个安全科学分支的安全应用科学，又包括了事故致因理论、危险源学说，以及风险评估与风险管理、应急管理与应急救援等诸多的分支研究方向。

安全应用科学，是为了解决安全问题而建立起来的安全科学分支研究方向。由此推论可知，安全的应用科学，是从解决安全问题的着眼点和人体安全健康的角度，在运用已知客观规律解决安全问题的基础上或过程中对未知客观规律的认识与再认识。

安全应用科学，是把人们的劳动活动及其行为过程看作客观事物的整体，把人的安全看作这个劳动整体结构的组成部分。因此认为，解决安全问题的目的就是为劳动服务。人们按照这种安全要为劳动活动及其行为过程服务的应用科学观点，在系统安全思想的指导或影响下建立起了“人、机、环及其系统”的劳动结构理论模型。

我的理解：“人”是劳动生产活动的主体，“机”是与劳动主体相互作用的客体，“环”是劳动主体“人”与劳动客体“机”相互作用形成的劳动关系，而“系统”则是劳动内在组织结构在整体上的外在表现形式。

在这里有两个问题需要探讨：其一，“人、机、环”为什么要在整体上形成一个系统？其二，“人、机、环”怎样才能在整体上成为一个系统？

我个人认为，只有明确了具体的劳动目标，“人、机、环”才有必要在整体上形成一个劳动结构的功能系统。因此，确立劳动目标就成为劳动结构及其功能系统形成的必要的前提条件。我还认为，在没有劳动目标的状态下，或是劳动过程中断的情况下，“人、机、环”作为真实的客观存在，本身都具有相对独立性的特征。只有在劳动目标导引下生成“内在联系”劳动因素，才能迫使 “人、机、环”失去自己原有的相对独立倾向，并且在劳动过程中相互匹配，做到彼此功能互补与动态协同互助，从而实现人们既定的劳动目标。

安全应用科学的这个“人、机、环”劳动结构模型，是劳动实践的经验思维与情景再现。人们正是依据对这个劳动结构功能系统的模型推演，以及分析、研究与思考，才找到了意外伤害事故发生的原因、状态与过程，以及防止这些伤害的办法，也找到了伤害事故发生后的种种应急补救措施，用安全问题存在领域里相关的专业技术，去解决安全存在领域里边存在的安全问题。

2. 安全初步认识的第二个历史发展阶段

安全初步认识的第二个历史发展阶段，也就是安全概念第一次否定之否定理论认知过程的理性认知阶段，最终形成的阶段性研究成果，是创建了安全科学的学科科学分支。这个安全科学分支的安全的学科科学，又包括了安全“三要素四因素”系统原理，以及安全人体学、安全物体学、安全关系学、安全系统学等诸多的分支研究方向。

安全学科科学，是为了揭示安全规律而建立起来的安全科学分支研究方向。由此推论可知，安全的学科科学，是从揭示安全规律的着眼点和人体安全健康的角度，在运用已知客观规律揭示安全规律的基础上或过程中，对未知客观规律的认识与再认识。

安全学科科学，是把人与自己生存环境因素相互作用形成的安全状态看作客观事物的整体，而把人的劳动活动及其行为过程看作这个安全整体结构的组成部分。因此认为，人们的劳动活动及其行为过程就是要为实现安全服务。刘潜先生根据这种劳动行为要为实现安全服务的学科科学观点，以及他提出的安全系统思想和“三要素四因素”安全学说，建立起了“人、物、事及其系统”的安全结构理论模型。

我的理解：“人”是安全整体结构之中的主体，“物”是与安全主体相互作用的客体，“事”是安全主体“人”与安全客体“物”相互作用形成的安全关系，而“系统”则是安全内在组织结构整体的外在表现形式。

刘潜先生说，安全内在结构整体上的系统也是有结构的，它由“两要素一因素”组成。安全系统的两要素是“系统运筹”与“系统信息”。安全系统的一因素，指的是“系统控制”。他指出，安全结构在整体上的系统，通过对“系统运筹”与“系统信息”实施的“系统控制”，产生了实现安全的内在动力。

在这里，也有两个问题需要探讨。一是“人”“物”“事”为什么要在整体上形成一个功能系统？二是“人、物、事及其系统”的第四个因素是什么？

刘潜先生说，人、物、事这三个安全的要素，如果能够达到极致状态，都是可以单独实现安全的。但现实的情况是，“人”不是具有无限抵抗力的人，“物”也不是绝对可靠的物，而“事”也不可能完全解决人的安全问题。因此有必要，把人、物、事这三个安全要素相互匹配起来，结合成为一个可以实现安全的结构整体，形成一个安全上的功能系统。

我个人认为，人们只有确立了具体的安全目标并且为实现这个目标去奋斗，才有可能和有必要把“人”“物”“事”三个相对独立的安全要素转化为相互依存的安全因素，从而在整体上形成一个可以实现安全的功能系统。所以说，安全目标的确立与实施，是形成安全内在整体结构功能系统的必要条件和基本前提。

我同时还认为，有资格成为“人、物、事及其系统”第四个安全因素的客观存在，是把人、物、事三者凝聚在一起实现安全目标的“内在联系”。因为“内在联系”这个安全因素的功能就是不断克服安全要素相对独立的自发倾向，并且约束转化成安全因素的人、物、事三者相互匹配起来，做到功能互补与动态协同，从而发挥实现安全目标的系统整体功能，形成安全的内在动力系统。

刘潜先生还曾经多次说过，他提出的那个“三要素四因素”安全模型，也就是“人、物、事及其系统”安全内在结构理论模型，有两个需要人们关注的核心要点。

其一，他提出的这个安全结构理论模型的最初设想，是解决在现有人力、物力、财力情况下如何实现安全的问题，而不是非得增加人力、物力、财力的投入才能实现安全。当然，如果能在现有基础上再增加一些安全资源的投入，那么安全存在的必要条件也会更加充实，人们保持或实现安全就更有保障了。

其二，他提出的这个安全结构理论模型的适用范围是“至大无边的”，它适用于地球人类在任何时间到达的任何地点。也就是说，刘潜先生创建的“人、物、事及其系统”安全模型，适用于智慧生命物质运动能够达到的一切宇宙时空区域。

3. 安全初步认识的第三个历史发展阶段

安全初步认识的第三个历史发展阶段，也就是安全概念第一次否定之否定理论认知过程的综合认知阶段，最后形成的阶段性研究成果，是创建了安全科学的专业科学分支。这个安全科学分支的安全的专业科学又包括了安全教育学、安全人才学、安全质量学、安全动力学，以及安全管理学、安全工程学等诸多的分支研究方向。

安全专业科学，是为了培养安全人才而建立起来的安全科学分支研究方向。由此推论可知，安全的专业科学是从培养安全人才的着眼点和人体安全健康的角度，在运用已知客观规律培养安全人才的基础上或过程中对未知客观规律的认识与再认识。

安全专业科学，首先是把安全与劳动看作彼此相对独立的客观事物整体，同时也把安全与劳动看作彼此相互重叠的客观事物整体。因此认为，安全与劳动之间不仅可以保持相对独立的存在状态，而且还可以是对方整体结构内部的有机组成部分。同时还认为，安全与劳动在人们的生命活动及其行为过程中，是双向互动的彼此依存关系，并不存在谁为主或者谁为辅的问题，也不存在谁重要或者谁不重要的问题，更不存在谁必须为谁服务而谁又不必为谁服务的问题，而是安全与劳动之间同生成与共存亡的问题。安全与劳动共同反映或体现了人的生命存在，劳动反映或体现了人的生命存在方式，安全反映或体现了人的生命存在状态。如果安全与劳动其中有一方不存在的话，那么另一方也会自行消亡而不复存在。

为了实现培养安全人才的安全专业科学目标，依据安全与劳动在实现彼此既定目标过程中双向互动的安全科学观点，人们把系统安全思想与安全系统思想统一起来，形成系统安全系统思想，同时又把安全应用科学与安全学科科学的基本理念整合起来，作为安全专业科学培养专业安全人才的理论基础与指导思想。

我的学友周华中[①]先生在 15 年以前就提出了“用安全系统的思想，解决系统安全的问题”。我在 10 年以前又提出了“用系统安全的技术，建设安全系统的工程”。我俩的这些观点，当时就得到了安全科学开创者刘潜先生的首肯与确认。在刘潜先生长期教育、启发与指导下，我还提出了安全与劳动同源共构性原理以及人群双重目标活动及其动力系统模型。这些关于培养专业安全人才的理论、说法或观点还有待于进一步研究与探讨，也有待进一步观察与思考。

（二）安全深化认识的阶段性成果

安全深化认识及其否定之否定理论认知的阶段性成果包括人们已经创建的、正在创建的、将要创建的安全基础科学、安全哲学科学、安全科学学。

1. 安全深化认识的第一个历史发展阶段

安全深化认识的第一个历史发展阶段，也就是安全概念第二次否定之否定理论认知过程的反思认知阶段，最终形成的阶段性成果，是人们开始创建的安全科学的基础科学分支。这个安全科学分支的安全的基础科学又包括了安全学、危险学、伤害学，以及安全管理学、风险管理学、危机管理学、应急管理学等诸多分支研究方向。

安全基础科学是从宏观安全视野建立起来的安全科学分支研究方向。由此推论可知，安全的基础科学，是从宏观视野的着眼点和人体安全健康的角度，在运用已知客观规律进行宏观安全视野观察与思考的基础上或过程中对未知客观规律的认识与再认识。

安全基础科学的安全学分支方向，研究或探讨的是人体健康外在质量的有序状态，以及与人体健康外在质量的混沌状态或无序状态之间的相互关系。

安全基础科学的危险学分支方向，研究或探讨的是人体健康外在质量的混沌状态，以及与人体健康外在质量的有序状态或无序状态之间的相互关系。

安全基础科学的伤害学分支方向，研究或探讨的是人体健康外在质量的无序状态，以及与人

---

① 周华中：高级工程师，中国职业安全健康协会理事、科技工委委员，安全专家。

体健康外在质量的有序状态或混沌状态之间的相互关系。

安全管理学、风险管理学、危机管理学、应急管理学，是继安全学、危险学、伤害学之后的第二层级分支研究方向，而下一个层级学科状态可以是安全管理与工程、风险管理与工程、危机管理与工程、应急管理与工程等分支研究方向，以此类推，直到满足人们的实际需要为止。

2. 安全深化认识的第二个历史发展阶段

安全深化认识的第二个历史发展阶段，也就是安全概念第二次否定之否定理论认知过程的动态认知阶段，最终形成的阶段性研究成果，是人们开始创建的安全科学的哲学科学分支。这个安全科学分支的安全的哲学科学又包括了安全世界观、安全方法论、安全认识论、安全实践论，以及宇宙智慧生命元素说、宇宙智慧生命时空论等诸多分支研究方向。

安全哲学科学是从宇观安全视野建立起来的安全科学分支研究方向。由此推论可知，安全的哲学科学是从宇观视野的着眼点和人体安全健康的角度，在运用已知客观规律进行宇观安全视野观察与思考的基础上或过程中对未知客观规律的认识与再认识。

安全哲学科学的世界观，研究或探讨的是人们对安全的总的根本的看法。由于人们的社会地位不同，经济状况不同，以及观察问题的角度和解决问题的着眼点不同，会形成许多不同的世界观。安全世界观是人们从宇观视野来考察安全问题而形成的世界观，因此也可以叫作安全宇宙观。

安全哲学科学的认识论是关于人类自发安全认识或是自觉安全认识的来源、存在方式或发展过程以及安全认识与安全实践之间相互关系的学说，由于人们对思维与存在何者为第一性的不同回答，又分成唯心主义的认识论和唯物主义的认识论。

安全哲学科学的方法论是关于人们如何认识安全、保持安全、实现安全的根本方法的学说。具体地讲，安全方法论就是在安全理论与安全实践上的研究方式或研究方法的综合集成论。

3. 安全深化认识的第三个历史发展阶段

安全深化认识的第三个历史发展阶段，也就是安全概念第二次否定之否定理论认知过程的整体认知阶段，最终形成的阶段性研究成果是人们开始创建的安全科学的科学学分支。这个安全科学分支的安全的科学学又包括了安全科学体系学、安全科学能力学、安全科学政治学，以及安全科学发展史等诸多分支研究方向。

安全科学学，是从顶层设计视野建立起来的安全科学分支研究方向。由此推论可知，安全的科学学是从顶层设计的着眼点和人体安全健康的角度，在运用已知客观规律进行安全科学及其分支体系顶层设计视野观察与思考的基础上或过程中对未知客观规律的认识与再认识。

安全科学体系学研究或探讨的是安全科学创建、完善或发展的体系结构与理论框架。

安全科学能力学研究或探讨的是安全科学创建、完善或发展的内在动力问题。

安全科学政治学研究或探讨的是安全科学创建、完善或发展的外在动力问题。

安全科学发展史研究或探讨的是安全科学创建、完善或发展的自我运行轨迹。

（三）安全复杂认识的方法论意义

1. 依序认知揭示安全科学的未来发展方向

安全概念双重否定之否定理论认知过程的依序认知模式，是对安全初步认识和安全深化认识的自然历史过程以及二者之间的相互关系进行的依序顺延式的复杂性重新组合。因此认识到人类自觉的安全认识历史，是从安全初步认识到安全深化认识，再到安全复杂认识这样一种辩证思维过程的哲学思考与理论探讨，由此预测并揭示了安全科学的未来发展方向。

2. 循环认知揭示安全科学的未来发展过程

安全概念双重否定之否定理论认知过程的循环认知模式是对安全初步认识和安全深化认识的自然历史过程以及二者之间的相互关系进行的循环往复式的复杂性重新组合。因此，认识到安全科学的研究方法是从辩证的肯定，到辩证的否定，再到辩证的否定之否定这样一种辩证思维过程的哲学思考与理论探讨，由此预测并揭示了安全科学的未来发展过程。

3. 抽象认知揭示安全科学的未来发展状态

安全概念双重否定之否定理论认知过程的抽象认知模式是对安全初步认识和安全深化认识的自然历史过程以及二者之间的相互关系进行的抽象分类式的复杂性重新组合。因此，认识到安全科学的研究内容，是从行为实践到思维实践，再到行为实践这样一种辩证思维过程的哲学思考与理论探讨，由此预测并揭示了安全科学的未来发展状态。

（2020 年 5 月写于北京政法社区）

安全规律的基本特性

人们在运用客观规律解决安全问题的基础上或过程中还会发现二次性及以上的客观规律，认识和了解更深层次的客观世界。这些可以保持或实现安全的客观规律，大致有如下基本特性。

一、安全规律客观性的表现

其一，人们不论是否认识、了解或承认安全规律的客观存在，它都依然存在并发挥着自己的作用。

其二，安全的生成与消亡，不以人主观上的意志或愿望为转移，有它自己的规律性。

其三，人的生命存在及其行为方式，只有符合规律，才能实现安全。

二、安全规律稳定性的表现

其一，反映或体现人与环境及其构成因素之间本身固有的生态关系。

其二，反映或体现人与环境及其构成因素之间相互作用的根本属性。

其三，反映或体现人与环境及其构成因素之间不可避免的必然联系。

三、安全规律拟人性表现

其一，安全以人的生命存在为载体，与人的生命活动相依存，同人及其本质或特征融合的人性化属性贯穿于人的生命全过程。

其二，安全与人的生物学特征相融合，表现为安全问题人格化的生物学实质，是健康问题，即人在生命存续期间的自我健康问题。

其三，安全与人的社会学特征相融合，表现为安全问题人格化的社会学实质，是人权问题，即人在生命存续期间的自我生存问题。

四、安全规律普遍性表现

其一，基础性安全规律，反映或揭示的是人与生存环境（包括自然生态环境和社会生态环境）之间，双向互动全过程内在的、本质的、必然的相互联系。

其二，一般性安全规律，反映或揭示的是人与生存环境（包括自然生态环境与社会生态环境）之间，双向互动全域性的、内在的必然联系。

其三，特殊性安全规律，反映或揭示的是人与生存环境（包括自然生态环境与社会生态环境）之间，双向互动局域性的、内在的必然联系。

（2020 年 5 月写于北京政法社区）

安全集思

02

第二篇　科学之问

◇ 论安全

◇ 论安全科学

◇ 刘潜安全思想研究

◇ 科研课题研究报告

安全存在的必要条件

从哲学意义上讲，人的伤亡事故属于偶发性意外事件，有它必然要发生的客观规律，运用这些规律去实现安全，很容易再次引发人的伤亡事故。因为实现安全的客观规律，不是事故致因规律，安全有它自己存在的必要条件。

安全的存在有其必要的逻辑内涵。必要的逻辑内涵是指“没它不行并且有它不够”。

由此可知，安全存在的必要条件，就是人的安全状态得以存在的那些没它不行并且有它不够的保障性资源。之所以没它不行，是因为缺少那些安全资源汇成的条件就无法实现人的安全。之所以有它不够，是因为除了有这些安全资源凝聚的外在环境条件，还要有人的安全量纲，物的安全量纲，人物关系及其系统的调节量纲与控制量纲，以及行为安全规范或安全管理规程等方法、手段、措施，才能在最终意义上实现人的安全。

安全存在的必要条件，包括安全存在的经济条件、文化条件、社会条件，以及安全存在的生态条件。

一、安全存在的经济条件

指由人的物质劳动生产与再生产创造的人类物质文明决定或影响的安全生成因素及其保持存在的资源与环境。

安全经济条件，包括人们居住的房屋，使用的家具、电器、通信设备、生活日用品，以及企业厂房，设备、工具，或是劳保用品、生产场地、经营场所等一切可用于安全的物质性资源。

二、安全存在的文化条件

指由人的精神劳动生产与再生产创造的人类精神文明决定或影响的安全生成因素及其保持存在的资源与环境。

安全文化条件，包括人们的安全世界观、安全理念、安全模式，以及科学技术、理论研究、安全教育，安全科普宣传，安全技能培训等一切可用于安全的非物质性资源。

三、安全存在的社会条件

指由人的人口劳动生产与再生产创造的人类政治文明决定或影响的安全生成因素及其保持存在的资源与环境。

安全社会条件，包括国家宪法、安全法规、行政安全通告或通令，以及行业道德规范，安全技术规程，行为安全指南等一切可用于安全的强制性约束与非强制性规范的资源。

四、安全存在的生态条件

安全存在的生态条件，包括自然生态与人工生态两个方面。

安全自然生态条件，是由宇宙自然历史演化进程决定或影响的安全生成因素及其存在环境，包括宇宙天体、暗物质、星空、星系和星球，以及地球自然资源，空气、阳光和水等一切可用于安全的自然生态资源。

安全人工生态条件，指由人的环境劳动生产与再生产创造的人类生态文明决定或影响的安全生成因素及其保持存在的资源与环境。例如舒适的生活环境、清洁的公共场所，宜居城市、宜居社区、花园式企业生产场地，以及运河、人造湖泊、人造园林景观等一切可用于安全的人工生态资源。

（2005 年 3 月写于北京明光北里 15 楼丙门 301 室）

“安全”与“不安全”岂能混淆？①

近些年，我国重特大事故时有发生，究其认识根源，在于人们从逻辑上混淆了“安全”与“不安全”这两个具有思维确定性的概念，把“不安全”的原因归结为“安全”的成果，认为企业创造的经济效益是生产出来的，而各种事故的发生则是安全给企业带来的问题。

企业的全部工作都是为了生产，而保证生产正常进行的不可替代的措施是安全。由此可见，企业的安全目标和生产目标是统一的，企业只有在实现从业者身心健康这一安全目标的前提下才能实现生产目标。企业可以把生产目标分解为若干具体的生产指标，但绝不能把一个完整的安全目标分解为若干安全指标。

诚然，企业在生产过程中会因人的失误或不可抗拒力造成人员的伤亡，但那只是偶然现象而不是必然规律，给企业下伤亡指标就等于把偶然当必然，这是认识上的偏颇。把安全目标细分为

----

① 原载《现代职业安全》2005 年第 9 期（总第 49 期），第 70-71 页。

具体的安全指标，说明这个目标本身就有缺陷，是纵容生产事故发生的“不安全”目标。因为安全指标完成得再好，最终实现的还是“不安全”的目标，而非“安全”目标。更不容忽视的是，指标管理以从业人员伤亡人数的允许限额作为企业的安全指标，是不科学、不人道的，也是违反国家宪法有关人权保障条款，无视国家现行安全法律的违法行为，因此是极不可取也是必须认真加以纠正和坚决废止的。

一、确定安全目标的原则

确定生产活动中的安全目标，即确定人在社会实践中有计划地争取实现的安全程度至少应有如下四条基本原则：

第一， 坚持以人为本的原则，把安全主体量纲作为确定安全目标的现实基础。

安全目标的确定，既要保障当事人的身心健康，又要保障当事人活动目的的实现。人体对外界危害因素的承受能力、人体生物节律以及包括人的安全知识和安全技能在内的安全素质构成安全主体的三大量纲。按照生产或消费的实际情况和客观要求，测定有关安全主体量纲的具体数据及其组合是确定安全目标需要解决的首要问题和中心环节。

第二，坚持以物为据的理念，把安全客体量纲作为确定安全目标的主要依据。

安全客体量纲，即外界因素对人体是否造成危害的数据组合。物的不同性质、剂量大小及作用强度、以及物对人身心的作用方式和作用时间长短构成安全客体的三大量纲。按照生产或消费的实际情况和客观要求，测定有关安全客体量纲的具体数据及其组合是确定安全目标的重要依据和主要内容。

第三，坚持以法为度的政治标准，把国家宪法和据此制定的安全法律作为确定安全目标的起码要求。

安全法规的制订、实施与监察，体现了政策制定者所代表的人们在各种职业活动中的人权保障状况，以及对人的生命价值和生命存在的认可程度。这些安全法规是确定安全目标的底线，越过这条警示线便是违法。

第四，坚持以德为上的理想，把社会公德和职业道德所能容忍的最大限度作为确定安全目标的基本准则。

在社会伦理观念与人道主义基础上形成的安全道德是实现安全目标的自我约束机制，是高于法律底线的人性和良知。如果人们在实践中都能做到换位思考，把生产或消费中的人们都当作自己的亲人和朋友来善待，那么，许多不该发生的事情也就真的不会发生了。

二、“不安全”之因并非“安全”之果

“安全”与“不安全”在逻辑上是全异的。“安全”概念的外延，所涉范围在 0 至 100%之间，即人们常说的安全度。此时安全的性质是正安全，包括相对安全（安全度在 0.1%至 99.9%之间）

和绝对安全（安全度为 100%）。“不安全”概念的外延，所涉范围在 0 至 – 100%之间，不安全的性质是零安全即危险（安全度为 0），以及包括相对伤害（安全度 – 0.1%至 – 99.9%之间）与绝对伤害（安全度为 – 100%，即人的死亡状态）在内的负安全。从思维的确定性反映出的基本规律来看，“安全”就是安全，“不安全”就是不安全，二者在质的方面互不相容，在量的方面互不交叉。只要思维方式正确，“安全”与“不安全”就不可能混淆，也无法混淆。

进入 21 世纪以来，我国重特大事故频发，其认识根源就在于从逻辑上混淆了“安全”与“不安全”这两个具有思维确定性的概念，违反了人类思维的基本规律。这主要表现在以下两个方面：

其一，把“不安全”的原因归结为“安全”的成果。长期以来，人们往往把企业创造的经济效益和社会效益看成是生产出来的，而各种事故造成的人员伤亡或经济损失，则是安全给企业带来的问题。这是一个影响深远的认识误区。其实，安全给企业带来的不是损失，而是生产的正常和劳动者的健康。企业在存续过程中创造的任何生产效益都含有安全的贡献，因为只有在安全的前提下，企业才能通过生产的形式创造出效益，而事故造成的各种危害是“不安全”的恶果。不能设想，一个正在爆炸的化工厂或煤矿还会给企业和社会带来什么效益。目前，有人就把企业重特大事故频发的原因说成是社会经济发展的高速度，并自称发现了安全生产规律。众所周知，企业之所以能够创造出经济效益，正是安全生产的结果。企业发生事故表明其“不安全”，怎能把造成原因说成是社会经济发展这一具有“安全”意义的成果呢？“不安全”产生的原因在于不安全的生产方式（落后的经济增长方式），而不在于安全的生产方式，二者不能混淆。

其二，用描述“不安全”的理论或事故理论去指导实现安全的实践，把否定安全的事故规律当成否定事故的安全规律，客观上使安全工作处于被动状态，不仅花很大力气搞事故管理，甚至还越俎代庖去善后。“安全”是主体与客体之间的一种和谐状态，这种状态的存在有它自身的规律；“不安全”也是主客体间的一种存在状态，但它是一种呈偶然性的不和谐状态，也有其规律可循，这一规律就是主体的以客体为对象的生产实践违背了生产规律。例如，“多米诺骨牌”理论就是一个典型的事故致因“不安全”理论。长期以来人们习惯于用这些描述“不安全”的理论去指导自己的“安全”工作实践。例如在教育界，我国安全学科（专业）三级学位教育 20 多年来培养的安全专业人才，都知道“不安全”是怎么回事，却很难说清“安全”是怎么回事，更不清楚“安全”与“不安全”之间有什么关系，而且在实践中往往把安全与不安全混为一谈。

所以防止企业重特大事故频发的根本措施，首先就应该加强安全基础理论的研究，用反映和揭示安全规律的理论去指导人类的实践活动。其次，就是要集中全国的人力、物力、财力、智力，认真地改造高危行业和高危岗位，使其达到本质安全化，并成为全社会最安全的生产行业和最安全的工作岗位。这不仅是我国安全事业发展的迫切需要，也是实现民族振兴和国家现代化的重要内容和战略目标。因为安全的最高境界，不仅仅要让人的身心免受外界有害因素的伤害，而且要让外界有害因素为人类的生产生活服务，例如煤矿瓦斯的利用。

三、实现安全的步骤

“安全”可以变得更安全，“不安全”在一定的条件下可以转化为安全。因为安全工作就是要调整主客体之间的各种关系，使人身心健康状况始终保持在正安全范围之内，由相对安全到绝对安全，只要具备一定的条件，安全在量上的变化可以提高人们的安全程度，使人的身心达到一个新的健康水平；并在某些领域强力抑制“不安全”存在的各种条件，使人的生产生活环境从负安全状态转变到正安全状态。

实现安全的基本方法，除不可抗拒的自然力或人为的恶意突然攻击之外，从理论上讲，应有四个既相对独立又相互关联的步骤。

第一，安全定性研究的方法，是安全的模型分析法。

建立安全模型是安全定性研究的基本方法，它是从客观事物的整体上以及整体与部分的联系方面，把人们在社会实践中某个特定生命活动的功能系统，如企业的生产系统及其安全目标作为科学原型，建立起该生产系统安全动力机制的理论模型。通过对这个生产系统的安全整体功能分析，找出形成该系统安全内因的基本结构和安全外因诸多条件。然后，再把生产过程涉及的人、物、人物关系及其内在联系等安全结构诸因素，以及经济、社会、文化、生态等客观条件整合成一个符号化的安全整体功能系统。

第二，安全定量研究的方法，是安全的仿真实验法。

仿真科学实验，是安全定量研究的基本方法。通过模拟安全功能系统整体运行的实际情况，运用现代手段从物理、化学、生物以及人的生理、心理等方面进行科学实验，测定安全主体量纲与安全客体量纲的具体数据及其组合，以及安全条件的外在保障参数，把安全理论模型提供的一系列符号数字化。以模拟真实情况的科学实验方法，把人类某一特定生命活动系统如企业生产活动系统的安全动力机制，从抽象的、定性的理论模型转变为具体的、定量的实践模型。

第三，安全总体设计的方法，是安全的综合集成法。

钱学森等科学家在研究复杂系统问题时提出的综合集成法，是以人为本、人机结合、从定性到定量地解决复杂系统工程问题的综合集成技术。刘潜先生在研究安全方法论时提出的安全综合集成法，是为实现安全目标、解决安全系统工程问题而在社会实践中对综合集成技术的应用。

通过对人类活动的某一系统，如企业生产系统安全动力机制从定性到定量的科学研究，把安全理论模型分析的定性结果与安全仿真实验测出的定量数据结合起来，再经过多学科专家从不同角度的论证并与群众的实践经验相结合，最终对该目标系统进行系统运行全程安全化及各阶段具体安全目标的总体设计，拿出几套可供实践的安全方案。

第四，安全方案实施的方法，是安全的系统工程法。

刘潜先生认为，工程的概念应包括纵向与横向两个方面。工程的纵向方面，是指从对工程的勘查、论证、设计到施工、安装、运转，再到鉴定、验收、总结等全过程，属于该工程领域单一的专业技术问题。工程的横向方面，则是种种科学与技术在工程实施全过程每一环节中的综合运用，因此是多学科与多技术的相互匹配问题。

安全系统工程，是指在人们的某个特定的实践活动如生产活动中，实施已经确定或批准的安全总体设计方案，它包括运用系统工程理论指导该安全方案落实的全过程，以及在实现各阶段具体安全目标时所采取的方法、手段、措施的综合。安全系统工程的纵向方面是把安全方案落实到企业过程之中，并作为企业活动的前提条件来实现。企业安全专业技术人员的任务，首先就是在企业法人的授权下，全程跟踪与监察安全方案的实施过程，并定期向授权人做出安全报告。其次，就是在必要时启动事故应急预案，为事故的紧急救援与善后处理提供帮助。安全专业人员的职责，就是刘潜先生说的那十六个字："监督、检查；督促、指导；培训、教育；建议、咨询"。安全系统工程的纵向方面，就是企业全员参与安全方案的落实，并使企业过程的每一个生产环节都以安全为前提，无论是生产、质量、管理还是标准化工作都应符合安全规律的客观要求，从而在企业生产系统落实安全方案的过程中不断实现阶段性的安全目标。

（2005 年 5 月写于北京明光北里 15 楼丙门 301 室）

安全的状态[①]

安全的状态，即人体外在健康状况，指人的身心健康免受体外因素危害的存在状态，包括绝对安全与相对安全、相对危险与绝对危险、相对伤害与绝对伤害六种表现形式。这六种安全状态的表现形式，从一个侧面上反映了人体健康外在质量的整体水平，以及人体外在健康状况与人体外在健康条件之间的相互关系。因此，安全的状态及其表现形式就成为人们在现实生活中衡量与评价安全现状的客观依据，或是标准用语。

一、安全状态的原始分类

安全状态的原始分类大致上有两种方法。其一是把人的安全状态分为安全、危险、伤害三种人体外在健康的基本类型，每种类型又在质或量上有绝对与相对两种情况之分。这种原始分类方法叫作安全状态的三分法。其二是把人的安全状态分为绝对与相对两种质量互动的基本类型，每种类型在人体健康方面又有安全、危险、伤害三种情况之分。这种原始分类方法叫作安全状态的两分法。

----

① 原载《现代职业安全》2007 年第 11 期（总第 75 期），第 86-87 页。

二、安全状态的六种形式

我们把安全状态本身固有的六种表现形式全部放在笛卡尔坐标上展示，就获得了安全状态的分析图。

从坐标的纵向轴，自上向下依次标出 A、B、C 三个点，（参见图 1）按顺序分别表示绝对安全、绝对危险、绝对伤害三种人体外在健康的极致状态。其中：绝对安全指 100%安全的人体外在健康状态，这是人生的理想状态，绝对危险指 100%危险的人体外在健康状态，这是人的身心健康处在安全与不安全的临界状态。绝对伤害则是指人受到 100%伤害已经处于死亡的状态。

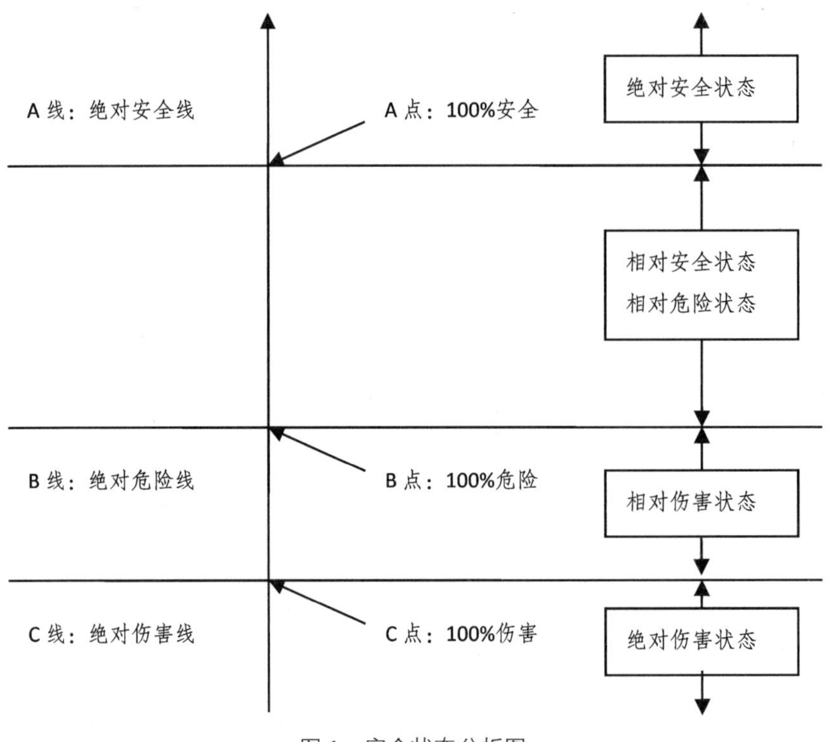

图 1　安全状态分析图

过 A、B、C 三个点，与坐标纵向轴垂直分别作 A、B、C 三条平行直线。A 线表示人体外在健康的绝对安全线，B 线表示人体外在健康的绝对危险线，C 线表示人体外在健康的绝对伤害线。这三条人体外在健康的极致状态线在坐标上形成两个渐进性量变的过渡区域，展示着相对安全与相对危险以及相对伤害三个人体外在健康的状况，反映或体现了安全状态在一定质的范围内的量的渐进过程。其中，在绝对安全线与绝对危险线之间的区域，即在坐标纵向轴 A 与 B 两点之间的线段 AB 部分，表示人体外在健康的相对安全与相对危险状态。值得注意的是：这两种安全状态处于同一渐进性的过渡区域，二者的位置重合在线段 AB 上。这说明从绝对安全线到绝对危险线之间的区域内是安中有危的成分、危中有安的因素，只是随着量的渐进过程或是状态延续的方向不同，安与危的相对比例关系会有所变化罢了。在绝对危险线与绝对伤害线之间，即在坐标纵向轴上 B 与 C 两点之间的线段 BC 部分表示人体外在健康的相对伤害状态。这里指的是人在生理或心理上的健康已经受到体外因素伤害的那种状态，但是由于伤害的量不同，也有一个程度上的区别，以及伤势从重到轻直到康复，还是从轻到重以至久治不愈，或者不治而亡的现实问题。

三、安全状态与安全质的内容

安全状态与安全的质在内容上的内在规定性之间，客观上存在着非对称性或者说是相似对称性的相互对应关系。例如，人体外在健康的绝对安全、相对安全与相对危险状态，反映或体现着安全对它自身性质的肯定，因此具有安全的性质。人体外在健康的相对伤害与绝对伤害状态反映或体现着安全对它自身性质的否定，因此具有不安全的性质。人体外在健康的绝对危险状态，处在安全对它自身性质肯定与否定方面的系统边界，属于人的身心健康可能受到体外因素的伤害但又尚未受到伤害的那种情况，其中包含了安全的现实性与不安全的可能性，因此具有安全与不安全的双重性质。

目前，我们的一些工矿企业，把安全生产目标的行动口号确定为“无事故”，这是不科学的。因为所谓的安全生产 “无事故”，在实践中确实无法保证企业生产不出事故，原因是排除了相对伤害与绝对伤害的那种“无事故”的零伤害状态，实际上指的就是具有安全与不安全双重性质的绝对危险状态，这种安全目标的确定值体现在安全状态分析图上，正处于绝对危险线的位置。由于人在职业活动中的非线性作用，例如制度不健全、管理不到位或误判断、误操作等情况的出现，使人们在生产活动中的实际安全状态不会持久地稳定在预先设计的那种理想状态上，而是有可能环绕着安全生产“无事故”这个目标形成的那条绝对危险线上下波动。当人们在劳动中的安全状态处在绝对危险线以上时，确实不会发生任何伤亡事故，生产顺利进行。但是一旦人们的安全状态处在绝对危险线以下，就会引发伤亡事故，造成生产过程的被迫中断。这种让人感到意外、让人感到突然的伤亡事故，看起来好像是偶然发生的事件，但在实际上有它必然要发生的理由或原因，这就是企业确定的那个安全生产“无事故”的奋斗目标使生产第一线的劳动者始终处在具有安全与不安全双重性质的绝对危险线上作业的缘故。要说工矿企业把安全生产目标确定为“无事故”的这种做法可以用什么样的语言来形容的话，那便是“如履薄冰”或是“如临深渊”了。

四、安全状态与安全质的形式

安全状态与安全的质在形式上的内在规定性之间，客观上也存在着非对称性或者说是相似对称性的相互对应关系。例如，人体外在健康的绝对安全、相对安全与相对危险状态，反映或体现了安全性质的肯定方面，具有安全的性质，因此归属于正安全形态，即人体之外的各种危害因素不超过人在生理或心理上的承受能力的那种安全形态。人体外在健康的相对伤害与绝对伤害状态反映或体现了安全性质的否定方面，具有不安全的性质，因此归属于负安全形态，即人体之外的各种危害因素超过了人在生理或心理上所能承受的那种安全形态。人体外在健康的绝对危险状态反映或体现了安全性质肯定与否定方面的临界状态，具有安全与不安全的双重性质，因此归属于零安全形态，即人体之外各种因素的危害即将超过但尚未超过人的承受能力的那种安全形态。

安全的质在形式上的三重规定性（即安全的质在形式上表现为正安全、零安全与负安全三种形态）还反映或体现了人与自然之间建立起的一种必然联系。这种必然联系通过每个人与自己身体之外的各种生存环境、生存条件、生存要素的相互依存和相互作用，又会自然而然地生成一种人与自然之间的生态关系，这种生态关系在人工自然的条件下表现为由人们的经济地位决定、经济条件制约、经济状况支配的一种安全上的利益关系。例如，雇佣劳动者与企业投资者之间在经济上的必然联系，不仅是一种涉及投资者的资本增值即创造剩余价值的生产关系，更是一种涉及劳动者的前途命运即劳动安全与职业健康的生产关系。由于劳资双方在同一经济实体中处在不同的经济地位，形成了极不协调的经济关系，所以在实际上占有的安全资料和在实际上享有的安全利益也就有所不同。因为雇佣劳动者处在无产者打工的地位，对自身职业安全与健康的要求或期望只有建议权和是否接受企业安全决策的选择权，而企业投资者却因为拥有全部或部分企业资产，因此拥有包括确定安全目标、选择安全模式和开除雇佣工人在内的经营管理权。

由此可见，任何安全措施都是具有社会人格属性的，或者说都是为一定社会阶层、社会集团的利益服务的。如何有效地配置社会资源来保护弱势群体的安全利益是当前迫切需要解决的一个现实的社会问题。虽然公共安全的利益惠及社会全体成员，但那也只是反映或体现了一个国家或地区的综合经济实力，或者说是只反映或体现了当地居民的人类文明发展水平而已。只有切实保障社会弱势群体即产业工人的安全健康利益不被侵犯，并且能够随着国民经济的增长不断地提高这些人群的职业安全质量，才是一个国家或地区社会进步的基础和根本标志。

（2007 年 9 月 25 于北京政法社区）

安全的主体及其社会范畴[①]

安全，是一个由安与全两个词素组成的复合概念，其原始意义是指向人的。安全的概念反映或体现了人类诞生以来与其同步生成的一个客观存在，这就是人与自己的生存环境及其构成因素之间的相互关系。在人们的现实生活中，人与自己体外生存环境之间的相互作用，是否可以使人在生理或心理上避免承受身体之外诸多因素的危害，并且在多大程度上可以免受体外因素的危害，以及人在生命活动中能够避免或者减轻体外因素危害的必要条件又是什么，这些人与体外生存环境诸因素之间的关系问题，就具体地表现在人体健康外在质量的整体水平上。

人类自诞生以来的全部历史，都证明了一个科学事实：安全总是针对人的，安全自始至终都

① 原载《四川职业安全》2009 年第 10 期（总第 39 期），第 43-45 页。

针对人的身心健康，它反映和揭示了人与自己身体以外的生存环境之间，在客观上存在着的双向互动关系，并由此进一步反映和揭示了人体健康外在质量的整体水平。正因为如此，从安全的着眼点或者角度来考察人的社会结构也就自然而然地成为安全基础理论研究的首选课题。

一、安全的原始意义指向人

按照中国文字所揭示的概念的内在含义来理解，在安全这个复合概念之中，无论是“安”还是“全”，其原始意义都指向具有生命活力的人。所谓“安”的含义，指的是人在生命活动过程中，与自己身体以外的生存环境及其构成因素之间，在物质、能量、信息等方面进行系统交换时的一种心理健康状态。俗话说“无危则安”，实际上说的是“无危则心安”，指的是“无危”才能使人的心神安定，意思是说：人在没有感到危险的时候，自己的心里也就踏实了。所谓“全”的含义，指的是人在生命活动过程中，与自己身体以外的生存环境及其构成因素之间，在物质、能量、信息等方面进行系统交换时的一种生理健康状态。俗话说“无损则全”，实际上说的是“无损则体全”，指的是“无损”才能使人的体魄健全，意思是说：人在没有受到损伤的时候，自己的身体就是健全的。由此可见，从安全概念的原始意义上考察，安全总是针对人的，它针对的是人在心理上或生理上的健康问题。

在人世间的现实生活中，人是需要提供安全保障的主体，同时也是需要实现自身安全的主体。所以，在研究安全基础理论或是讨论安全社会实践的时候，很自然地就把人称为安全的主体。

二、安全范畴的社会层级性

安全主体的社会范畴，又称为安全主体的范畴或安全概念范畴，也可以简称为安全的范畴、安全范畴，是指安全所概括或指称的主体即人在人类社会层级结构中的特定位置或特定范围。概要地讲，安全范畴指的就是那些需要提供安全保障和实现自身安全的具体的人或人群。

安全范畴划分的依据，是人的社会及其层级结构。从人类生存与发展的全球视野上来考察，按照人口组合的数量增减及其在性质上随之相应变化的规律性，可以把由人口组合形成的社会结构分为宇观、宏观、微观三个层次。人类社会的宇观层次是在与动植物相互区别的基础上划分出来的人类整体。人类社会的宏观层次，是在部分人群之间相互区别的基础上划分出来的人类群体。人类社会的微观层次是在个别人之间相互区别的基础上划分出来的人类个体。

因为安全要解决的问题是人在生命存续期间除疾病以外的健康问题。所以，安全主体的社会范畴就以人的社会结构为参照系，也按照人口组合规律划分为个体、群体和整体三个层次。安全个体指作为安全主体的单个的人。安全群体指作为安全主体的两个以上的人群。安全整体有两个含义：广义上的安全整体，指的就是全人类；狭义的安全整体，是指一个国家或地区、一个行业或部门的人口总体。

正是由于人的社会结构与安全主体的范畴之间具有层级对应的相互关系，从安全的着眼点或角度反映和揭示了社会层级结构中的人口组合规律，所以刘潜先生在20世纪90年代提出“安全范畴”说的时候就曾经强调指出：“我们对安全的概念不能笼统地讲，凡是谈到安全问题，就一定要讲清楚具体的安全范畴”。也就是说，凡涉及安全问题就必然要涉及人，因此凡是研究安全问题或是解决安全问题，首先都要明确涉及的那些人指的到底是安全主体范畴中的哪个特定范围，这个特定的范围究竟又指的是安全个体、安全群体还是安全整体。否则，你提的那个安全问题或解决安全问题的办法，就因为主体概念的社会范畴不清晰或者不确切而不能令人理解，既无法实际操作，又没有实际意义。

三、安全范畴的量化统计论

安全范畴不仅是由不同安全主体组合而成的社会层级结构,而且是安全主体的一个量化概念，它反映或体现了处于不同社会范畴中的人在同一安全问题上的不同数量统计关系。

首先，人类的个体、群体和整体三个安全范畴所涉及的人口数量各不相同，除安全个体是专指单个的人以外，安全群体与安全整体所包括的人口数量都具有相对性。这是因为，安全群体和安全整体的概念含义本身就存在着相对性的缘故。安全群体作为个体的集合与整体的部分，从两个以上的人开始计算，其人口数量的跨度是很大的，甚至广义上的安全群体概念可以延伸到人类整体的概念含义里去。况且，安全整体的概念又有广义与狭义之分。例如，一个国家或地区的安全人口（在这里，仅指需要提供安全保障和实现自我安全的人），如果从广义的安全整体即地球上的整个人类来看，属于安全群体的范畴，但是从狭义方面（即该国家或地区的人口总体）看，又成为安全的整体。一个行业、一个部门，或者一个社区、一个学校的情形也是如此。所以，在人们的社会实践中，明确安全主体的范畴，对于精确统计安全人口或从宏观上审视安全工作都是十分必要的。

其次，同一伤亡事故在不同的安全范畴，会有不同的数量统计关系。就安全个体而言，伤亡事故的统计数字是0与1的问题，要么是安与全,要么是伤或亡,二者必居其一。所以，从安全个体的角度对伤亡情况统计的结果,不是0就是100%。而安全群体对伤亡事故的统计方法却有个百分比的关系,或是采取多大比例的问题。例如，百人之中伤亡一个人的统计是1%，千人之中伤亡百人也是1%，百万人伤亡一万人的统计结果还是1%。对安全整体来讲，由于人口数字十分庞大，在事故中伤亡几百人、几千人甚至上万人，都是可以忽略不计的。但是在科学上不能这么讲，科学上对伤亡事故的统计是以安全个体为基础的，例如伤亡三个人在科学统计上的反映，三个都是百分之百。因此,我们只有坚持以安全个体为基础的科学理念和科学方法，才有可能使安全的理论研究或者安全的工作实践，保持或是重新回归到“以人为本”和“与人为善”的正确方向上。

四、安全范畴的自我价值观

安全范畴除在不同人口组合生成不同层级的数量统计规律以外，还具有概念含义多重化的特点，它证实或说明了不同安全范畴对同一安全概念会有不同的理解或认同，而同一安全问题对不同的安全范畴也会有不同的价值或意义。

安全个体范畴的自我价值观是以个人的生命存在或是健康长寿为尺度，去衡量、评价或者看待人世间的一切事物。安全个体对安全概念的理解或认同，是把身体之外的生存环境及其构成因素对人体自我健康的危害程度作为自己关注的焦点，其在生理上或是心理上避免承受体外因素危害的安全标准，从低到高可以依次表述为：最低的安全程度是死亡，这是无法再低的标准了；其次是不死、不残、不病、不伤，这是人们在安全上的一般性要求；更高一级的安全标准，是舒适、愉快、享受，其中最高级别的安全标准就是享受安全了。安全个体自身生命存在价值的体现，就是在个人生命存续期间获得生存权利的尊重和安全程度尽可能更高级别的安全利益。因此，从安全个体的角度理解或认同的安全概念以及就此提出的安全标准和安全要求来看，要实现“以人为本”和“与人为善”的安全理念，不仅需要经济技术方面的措施，更是需要社会政治方面的保障。也就是说，针对安全个体而言，为实现人们自身安全而提供的保障措施，不仅要采取以科学技术为基础的自然科学方法以及融资、投资或违规处罚等经济手段，更要运用群策群力或全民参与等社会科学的理论，以及立法、执法、司法和行政监督等力量。

安全群体范畴的自我价值观是以集团的现实目标或是发展规划为尺度，去衡量、评价或者看待人世间的一切事物。安全群体对安全概念含义的理解或认同以大多数人不受身体之外的因素危害为原则，因此在安全人群中对安全的量化认识就有一个最大危害程度与最小危害程度及其相互关系的问题，二者在不同人群总数中所占比例大小的统计指标也是不一样的。例如，企业在生产实践中的事故伤亡率就反映或体现了人的生存环境及其构成因素对职业人群最大危害程度与最小危害程度的统计关系，其在一般工业行业与高危工业行业，以及一般工作岗位与高危工作岗位之间的比例大小有着明显的社会差异。在这里，需要特别指出的是，企业的事故伤亡率仅仅是考察工作业绩的一个统计结果，而不是它的最初目的。所以，我们不能把考核企业工作成效的事故伤亡率也当作生产进度的指标来完成。因为确定生产过程的安全目标，也要尊重客观情况，也要符合客观规律，除应考虑当时当地科学技术和生产力的发展水平，以及投入产出的经济问题所能提供的安全措施外，还要受一定社会历史条件的制约，有一个法律上的最低允许限度和道德上的最大容忍程度问题。由此可见，要实现安全群体范畴保护多数人安全利益的那个价值观念并达到预期的理想境界，不仅需要有足够的经济技术实力，而且需要有足够的人权保障力度，以及通过国家政权的力量去主持公平与正义，争取实现安全资源的社会协调和安全利益的合理分配，从而使人与人之间达到和谐相处的那种社会人文环境。

安全整体范畴的自我价值观是以人类的文明或社会的进步为尺度，去衡量、评价或者看待人世间的一切事物。安全整体范畴对安全概念的含义有着非同一般的理解或认同，它认为少数人的伤亡是社会经济全面发展以及社会整体人口安全的前提或保障，并称之为“必要的牺牲”。例如，发展十几亿人口的国民经济，每年都要因交通事故或生产事故死亡十几万人，打仗为了夺取胜利伤亡几千人、几万人甚至是几十万人。在这里，必然有争议的一个地方是目前还存在着为发展国民经济和推动社会进步，是否有必要付出鲜血和生命的代价，是否有必要牺牲，以及究竟要付出多大代价的牺牲，和谁为此付出牺牲的问题。实事求是地讲，在战争情况下死人、伤人那都是没有办法的事，但在和平建设时期死伤那么多人，就太不应该了。这个道理虽然深刻，但还是显而易见的，否则，在社会与经济可持续发展的前途面前，人们为什么总是选择和平而不去选择战争呢？由此可见，安全整体范畴理解或认同的安全概念以及由此表现出来的人类整体的安全价值观，从政治、经济、军事、外交等方面来考虑国家的利益或社会与经济的长远发展，以及社会整体的人口安全问题，就突破了法律与道德所允许或容忍的界限，超出了安全个体和安全群体的生存视野，反映和体现了一个国家或地区在一定发展阶段上的生产力水平，以及整个社会的进步程度和深刻的人文历史背景。这也从另一个侧面上确切地表明：原始意义指向人的那个客观上存在着的安全，不仅是可以保障一个国家或地区经济与社会可持续发展的一种可再生性的战略资源，而且一个国家或地区的人民实际享有的安全利益或安全保障及其质量究竟如何，也是衡量、判断或评价这个国家或地区的居民幸福指数、人类文明发展现状，以及社会历史进步程度的客观标志。

（2009 年 6 月 9 日初稿于北京政法社区，2009 年 9 月 6 日定稿于北京休闲山庄）

安全：没它不行，有它不够[①]

安全的价值，就像阳光、空气和水一样，是人类个体生命存在以及人类群体或整体在宇宙之中生存与发展的必要条件。从逻辑学的角度，即用人类对思维结构及其规律认识的知识来考察人与安全的关系，所谓必要条件的意思就是指：“没它不行，并且有它不够”（引自虞謇《逻辑学讲义》用语）。

用必要条件组成的逻辑命题，具有逆蕴涵（即反向思维）的性质，它陈述了客观事物情况 A 与情况 B 之间，至少存在着两种情况：其一，若情况 A 为假（A 不存在），则情况 B 必假（B 必然不存在）。例如，没有安全生产（情况 A 为假，即 A 不存在），就没有职业安全（情况 B 必假，即 B 必然不存在）。其二，若情况 A 为真（A 存在），则情况 B 可真可假，并且真假不定（情况 B 可以存在也可以不存在，从人在思维形式的陈述上并未认定 B 是否存在）。例如，人们实现某一

----

① 原载《四川职业安全》2009 年第 11 期（总第 40 期），第 22-32 页。

安全目标（情况 A 为真，即 A 存在），或者是可以满足人在生理上与心理上的需要（情况 B 为真，即 B 存在），或者是满足不了人在生理与心理上的需要（情况 B 为假，即 B 不存在）。在实现安全目标即情况 A 为真（A 存在）的情况下，情况 B 即人的身心需要是否被满足之所以还可能为假（B 不存在），是因为人的全部生命活动除安全之外，还有阳光、空气和水，以及各种物质和精神方面的需要。因此，从逻辑学的角度分析安全的价值表明：人没有安全不行，只有安全也是不够的。

一、为什么人没有安全不行？

安全总是针对人的，安全针对人的身心健康。安全在人体健康之中所处的地位表明：人没有安全不行。

（一）什么是安全？

1. 安全，是一个复合概念

安全，是一个由安与全两个词组成的复合概念。它，反映人在客观世界之中一种生命的自我运动状态，以及这种生命运动状态的客观存在条件。它，体现着人与自然界（包括人类社会）之间建立起来的一种自然生态关系。

安，表示“无危则安”，是指人在一定时空范围内与体外种种客观事物之间进行物质、能量、信息交换过程中的心理状态。全，表示“无损则全”，是指人在一定时空范围内与体外种种客观事物之间进行物质、能量、信息交换过程中的生理状态。由此可见，安与全的本意是针对人的，安全总是针对人的身心健康。因此，与人无关的任何事物都不属于安全问题，因而也不属于安全科学的研究范畴。

2. 安全，是人的存在状态及其保障条件

刘潜先生早在 20 世纪 80 年代参与创建安全学科科学活动时就已经明确指出：“安全，是指人的身心免受外界因素危害的存在状态（即健康状况）及其保障条件。”

刘氏安全定义的内涵，包括两个相互联系的组成部分。一是人体外在健康状况，即人的身心免受外界因素危害的存在状态。二是人体外在健康条件，即人的身心免受外界因素危害的保障条件，包括：由人类物质文明决定和影响的安全经济条件，由人类政治文明决定和影响的安全社会条件，由人类精神文明决定和影响的安全文化条件，以及由宇宙深空物质运动引发的地球物理变化或是由人类生命活动引起的自然环境变化决定和影响的安全生态条件。

以人体外在健康状况为基础，构成人、物、人物关系及其内在联系的安全结构功能系统，并由此产生实现安全的内在动力。以人体外在健康条件为依据，构成经济、社会、文化以及自然生态诸因素动态协同的安全条件保障系统，并由此产生实现安全的外在动力。在人类的社会实践中，安全结构与安全条件的结合，促成安全功能系统与安全保障系统之间的系统交换，以及安全内在

动力与安全外在动力的相互依存、相互作用，最终从整体上形成实现安全的动力机制。从这个意义上讲，安全在实质上就是一个由安全结构与安全条件整合而成的非线性复杂适应系统。

3. 安全，成为问题的产生原因

安全成为问题产生的根本原因，是人与物即人体之外种种客观因素在物质、能量、信息方面建立起来的系统交换关系。这种人与物之间的自然生态联系对人体健康影响的程度，既有质的规定性，又有量的规定性。

以物为参照系，人与体外种种客观因素相互作用对人体健康影响程度的具体数值测定，形成安全主体人的量纲。人的安全量纲有三组信息：一是人在生理或心理上对外界因素危害程度的承受能力，即人的安全阈值。二是人体受地球物理化学作用以及宇宙天体运行规律影响，在生理上或心理上的周期性变化，即人的生物节律。三是人类个体经过学习或培训所能掌握的安全知识与安全技能，即人的安全素质。

以人为参照系，物在人的生命活动中对人体健康影响程度的具体数值测定，形成安全客体物的量纲。物的安全量纲也有三组信息，这就是刘潜先生经常讲的物即外界因素对人的三大作用：一是物的种类（性质），二是物的剂量大小（强度），三是物的作用方式与作用时间的长短（时空）。

安全的质即安全内在的规定性与安全的量即安全外在的规定性是相互依存的，二者统一于人的安全度，即人体安全健康的程度。安全的质是安全量的本质规定性，安全的量又是安全质的实质性内容。安全的量纲，就是在安全质的规定范围内以安全量的形式对人体健康状况的客观反映。安全主体量纲与安全客体量纲的整合，构成实现安全的基础量纲，是评价与确认人体安全健康状况的科学依据。

（二）什么是不安全？

1. 不安全，指人的身心受到外界因素危害

不安全，是指人的身心受到外界因素危害，或是失去人体健康的外在保障。

不安全的程度，涉及可能性与现实性的问题。不安全的可能性，称之为危，是危险的意思。不安全的现实性，称之为害，是伤害的意思。危险，是安全事故的潜在状态，它是安全事故可能发生而尚未发生的情况，人的身心可能受到外界因素的伤害但并未受到伤害，人体健康的外在保障条件可能失去但并未失去或并未完全失去。伤害，是安全事故的爆发状态，它是安全事故已经发生并给人造成生理或心理上的损害，人的身心已经受到外界因素的侵害，并且人体健康的外在保障条件正在消失，或者已经消失。

不安全的范围，有上下两个极限。不安全的上限，是绝对的危，即 100%的危险，其安全度为零。不安全的下限，是绝对的害，即 100%的伤害，其安全度为 -1，是人的死亡状态。依据外界因素可能对人体健康造成危害的时间、地点、距离、范围，以及性质、强度和方式等，危险可以人为地分成若干等级，并且可以按照危险等级的设定采取分级示警的安全措施。伤害也有个轻

重程度的不同，以及相对与绝对之分。所以，不安全的范围就被确定在安全度 0 至 – 1 之内。

2. 不安全是安全的负面效应

从安全学的角度讲，不安全是安全的负面效应，是安全自我否定的过程和自我否定的结果。因此，不安全也是安全的一种表现形式，例如绝对危险等于零安全，伤害也可以称作负安全。

3. 不安全现象产生的原因

不安全现象产生的根本原因，是人的身心受到体外种种客观因素（包括自然界及人类社会中的人、物、事）的危害。这些外界因素给人体健康带来的危害，可以统称为难。邱成先生曾经把难的来源归结为自然与人为两个方面。由于自然原因给人类带来的难，称之为灾，或称天灾、灾害、灾难，如地震、海啸、台风、火山爆发以及水灾、旱灾、虫灾等自然灾害。由于人为原因给人类带来的难，称之为祸，或称人祸、祸害、祸难，如杀人、放火、恐怖袭击以及利益驱动或是人因失误造成的交通事故、海难事故、空难事故、生产事故等人为祸害。

解决不安全的问题，即防止、减轻乃至从根本上克服和消除不安全现象给人类带来的危害，关键是在消灾与免祸两个方面。其一，防灾、减灾的中心工作是要处理好生态问题，其实质是人类怎样在自然环境中生存，以达到人与自然之间的生态平衡。其二，克服以至消除祸害的中心工作是要处理好人权问题，其实质是人类怎样在社会环境中生存，以实现人与社会之间的和谐发展。现在许多人都在大谈发展观，而且是科学的发展观，其实只有在实现科学生存观的基础上谈论科学发展观才更具有现实意义。对于普通老百姓来说，只有先生存下去，然后才有可能得到发展。

（三）安全与不安全之间的关系

1. 从概念内涵方面考察

从概念内涵方面考察，安全与不安全在性质上是互不相容的人体健康状态，反映出两种根本不同的人体健康外在质量。就像自然界中的石墨与金刚石那样，虽然同为碳元素组成，但由于其中的碳含量及内部结构不相同，就形成软硬两种不同性质（硬度）的物质。安全与不安全之间的区别也是如此，正是安全在量方面的变化，才引起了安全在质方面的差异。安全反映人体免受外界因素危害的健康状况，是人体健康外在质量的正面效应。因此，安全的性质就表现为正安全。不安全反映人体可能受到外界因素危害（即危险），或是正在受到外界因素危害（即伤害）的健康状况。因此，不安全的性质就表现为零安全（危险）和负安全（伤害）。由此可见，安全与不安全是同一客观事物（即人体健康外在质量状况）之中完全不同的两种表现形态，犹如一枚硬币具有正反两个侧面一样，安全与不安全的性质完全相反，二者不能并且也无法相互替代。

企业的中心工作是生产，保证生产正常进行的核心措施是安全。企业的安全目标，是在生产过程中实现劳动者的职业安全与健康，因而是达到企业生产目标和完成具体生产指标的基础和前提。安全的目标管理，就是要通过实现劳动者的身心健康，达到保证生产正常进行的目的。从管理学的角度和着眼点，可以把企业的生产目标分解为若干具体的生产指标。但是，决不能把一个完整的安全目标分解为若干安全指标，因为无法把一个人分解成头脑、五官、四肢、身体等部分然后再去分别实现安全，也无法在生产过程中把一个劳动集体分解成职业健康与职业伤害两部分人去分别完成生产任务。诚然，企业实现安全目标的生产过程中会因人为失误或不可抗拒力造成人员的伤亡，但那只是偶然现象而不是必然规律，决不能作为给企业下达安全任务的依据。安全目标管理的任务是在保障劳动者身心健康的前提下保证生产目标的实现和生产指标的完成，它本身再也无法细分为具体的安全指标，否则就会把一个保证生产正常进行的安全目标变成导致生产安全事故的不安全目标。因为安全指标管理不能达到安全目标分级管理的目的，将从业劳动者伤亡人数的最高限额作为企业的安全指标是不科学、不人道的，也是违反国家宪法有关人权保障条款和无视国家现行安全法规的违法行为，因此是极不可取也是必须认真加以纠正和坚决废止的。

2. 调整安全与不安全关系的基本原则

调整安全与不安全在社会实践中的关系，确定人们在生命活动中的安全目标，即确定人在社会实践中有计划地争取实现的安全程度，至少应有四条基本原则。

第一，坚持以人为本的安全原则，把安全主体量纲作为确定安全目标的现实基础。安全目标的确定，既要保障当事人的身心健康，又要保障当事人活动目的的实现。人的安全阈即人体免受外界因素危害的承受能力，人体在生理或心理方面的生物节律，以及包括人的安全知识和安全能力在内的安全素质，构成安全主体的三大量纲。按照生产或消费的实际情况和客观要求测定这些安全主体量纲的具体数据及其组合，是确定安全目标需要解决的首要问题和中心环节。

第二，坚持以物为据的安全理念，把安全客体量纲作为确定安全目标的主要依据。安全客体量纲，是以人为参照系建立起来的外界因素对人体健康作用是否会造成危害的数据组合。物的种类（性质），剂量大小及作用强度，以及物对人身心的作用方式和作用时间长短，构成安全客体的三大量纲。按照生产或消费的实际情况和客观要求测定这些安全客体量纲的具体数据及其组合是确定安全目标的重要依据和主要内容。

第三，坚持以法为度的安全政治，把国家宪法和现行法律所能允许的最低限度作为确定安全目标的行为规范。安全法规的制定、实施与监察，体现了政策制定者或握有安全决策权的人，对于所辖区域安全弱势群体的人权保障程度，以及对人的生命价值和生命存在的认可程度。这些安全法规是确定安全目标的底线，越过这条警示线那将是国法难容。

第四，坚持以德为上的安全理想，把社会公德和职业道德所能容忍的最大限度，作为确定安全目标的基本准则。在社会伦理思想与人道主义基础上形成和发展起来的安全道德，是实现安全目标的自我约束机制。如果人们的良心有所发现，在安全实践中都能做到换位思考，把生产或消费中的人们当作自己的亲人和朋友来善待，那么，许多不该发生的事情也就真的不会发生了。

3. 从概念外延方面考察

从概念外延方面考察，安全与不安全在逻辑上是互相矛盾的全异关系概念，反映出这两个概念所涉及的范围之间既不相容又不交叉。在表示安全度即人体安全健康程度与人体安全健康保障程度的笛卡坐标上，可以清晰地分辨出安全与不安全之间的逻辑关系，以及由于二者安全量的不同而带来的安全质的差异。安全概念外延所涉及的范围，在安全度 0 以上至 100%之间。也就是说，安全在人体健康外在质量之中所含的安全量，是在 0 以上至 100%之间的范围，安全的性质是正安全，包括相对安全（安全度在 1.0%至 99.9%之间）和绝对安全（安全度 100%，即人的理想目标）。不安全概念外延所涉及的范围，在安全度 0 至 – 100%之间。也就是说，不安全在人体健康外在质量之中所含的安全量，是在 0 与 0 以下至 – 100%之间的范围，不安全的性质是零安全即绝对危险（安全度为 0），以及包括相对伤害（安全度零以下至 – 99.9%之间）与绝对伤害（安全度 – 100%，即人的死亡状态）在内的负安全。从人类思维确定性特征反映出的思维基本规律来看，安全就是安全，不安全就是不安全，安全不是不安全，不安全也不是安全。安全与不安全之间，在质的方面互不相容，在量的方面互不交叉，二者在思维形式上表述的内涵与外延都是确定的，因此既不能混淆，也无法混淆。

我国进入 21 世纪以来，重特大安全事故频发的认识根源，就在于从逻辑上混淆了安全与不安全这两个具有思维确定性的概念，违反了人类思维的基本规律，主要表现在以下两个方面：

（1）把不安全的原因归结于安全的成果。

混淆安全与不安全界线的第一个表现，是把不安全的原因归结于安全的成果。长期以来，人们往往把企业创造的经济效益和社会效益看成是生产出来的，而各种安全事故造成的人员伤亡或经济损失则是安全给企业带来的问题，这是一个历史性的认识误区。其实，安全不会给企业带来任何损失，它只能给企业带来劳动者的职业健康和生产的正常进行。企业过程创造的任何生产效益之中都包含着安全的效益，因为只有在安全的前提下，企业才能通过生产的形式创造出效益。而安全事故造成的各种危害并不是因为安全而正是因为不安全才给企业带来恶果。不能设想，一个正在爆炸中的核电站或是海上正在下沉的万吨货轮，还会给企业和社会带来什么经济效益或社会效益。有人把企业重特大安全事故频发归因为我国社会经济的高速发展。众所周知，任何国家对于社会经济发展速度的统计都不可能以事故造成的损失为基础，而只能以企业创造的经济效益为依据，企业之所以能够创造出经济效益，也正是在安全前提下进行生产的结果。不安全产生的原因在于不安全，而并不在于安全，二者无法混淆。近年来我国重特大安全事故频发的根本原因有二：其一，企业法定代表人即企业的安全决策人以及相关管理人员和一线生产人员，在企业活动及生产过程中违反包括安全规律在内的种种客观规律，这是重特大安全事故频发的主观原因（即安全事故频发的企业原因）。其二，我国现行的法律、法规还不能切实有效地调整资本与雇佣劳动之间的关系，即不能切实有效地遏止资本在增殖过程中对从业劳动者安全利益及其他切身利益的侵害，因此也就不能切实有效地保护社会弱势群体在生产或者消费中的安全利益，这是重特大安全事故频发的客观原因（即安全事故频发的社会原因）。

（2）用不安全的理论去指导安全的实践。

混淆安全与不安全界线的第二个表现，是用不安全的理论去指导安全的实践。如同安全是人与外界因素之间进行系统交换形成的客观事物因而有它自身的客观规律那样，不安全也是一种人与外界因素之间相互联系的客观实在，因而也有它自身的不安全规律，用人类的文字表达出来就是不安全的理论，用人们的行为表现出来就是不安全的实践了。例如，“多米诺骨牌”理论就是一个典型的事故致因理论，是揭示和反映不安全怎样发生的规律性的理论。长期以来人们习惯用这些不安全的理论去指导自己的安全实践。例如在教育界，我国安全学科、专业三级学位教育 20 多年来培养的安全人才，有相当多的人只知道不安全是怎么回事，不知道安全是怎么回事，更不清楚安全与不安全之间有什么样的关系，而且在实践中往往把安全与不安全混为一谈。科学所揭示的客观事物都有它自己的规律性，安全有它安全的客观规律，不安全也有不安全的客观规律，怎么能用反映和揭示不安全规律的不安全理论去培养以安全为职业的人才呢？当然，我们也绝对不能用反映不安全规律的理论去指导人们的社会实践。所以，防止企业重特大安全事故频发的根本措施，首先就应该是加强安全基础理论的研究，用反映和揭示安全规律的理论去教育、说服、指导人类的实践活动。其次，就是要集中全国的人力、物力、财力、智力，认真地改造高危行业和高危岗位，使之本质安全化，并成为全社会最安全的生产行业和最安全的工作岗位。这不仅是我国安全事业发展的迫切需要，也是实现民族振兴和国家现代化的重要内容和战略目标。因为安全的最高境界，不仅仅是让人的身心免受外界因素的危害，还要让外界因素为人类的健康服务。人类文明的发展与社会的历史进步，最终将会让地球上的人们在理想的生存环境中享受安全。

4. 二者可以相互转化

安全与不安全之间，还可以在一定的条件下向各自相反的方向转化。这就是说，只要具备一定的条件，安全在量上的变化可以引起安全的质变，从而改变人体健康的安全性质；安全的质变也可以引起新的安全量变，从而提高人们的安全程度，使人的身心达到一个新的健康水平。

安全工作的中心环节就是要调整人与外界因素之间的关系，使人在生理或心理上的健康状况始终保持在安全度大于 0 的正安全范围之内，从而避免不安全存在的各种条件，使人的身心健康状况从安全度 0 或 0 以下的危险与伤害状态，转变到、提高到安全度 0 以上的正安全状态。实现安全的基本方法，除不可抗拒的自然力或人为的恶意突然攻击之外，从理论上讲，应有四个既相对独立又相互联系的步骤。

第一，安全定性研究的方法，是安全的模型分析法。

建立安全模型，是安全定性研究的基本方法，它是从客观事物的整体上以及整体与部分的联系方面，把人们在社会实践中某个特定生命活动的功能系统，如企业的生产系统及其安全目标作为科学原型，建立起该生产系统安全动力机制的理论模型。通过对这个生产系统的安全整体功能分析，找出形成该系统安全内在动力的安全结构，找出形成该系统安全外在动力的安全条件。再从安全的角度和着眼点，把这些生产过程涉及的人、物、人物关系及其内在联系等安全结构诸因素乃至经济、社会、文化、生态等安全条件诸方面，整合成一个符号化的安全整体功能系统。

第二，安全定量研究的方法，是安全的仿真实验法。

仿真科学实验，是安全定量研究的基本方法。通过模拟安全整体功能系统运行的实际情况，运用现代手段从物理、化学、生物以及人的生理、心理等方面进行科学实验，测定安全主体量纲与安全客体量纲的具体数据及其组合，还有安全条件的外在保障参数，把安全理论模型提供的一系列符号数字化。以模拟真实情况的科学实验方法，把人类某一特定生命活动系统如企业生产活动系统的安全动力机制，从抽象的、定性的理论模型转变为具体的、定量的实践模型。

第三，安全总体设计的方法，是安全的综合集成法。

钱学森等科学家在研究复杂系统问题时提出的综合集成法是以人为本、人机结合、从定性到定量地解决复杂系统工程问题的综合集成技术。刘潜先生在研究安全方法论时提出的安全综合集成法是为实现安全目标、解决安全系统工程问题而在社会实践中对综合集成技术的应用。

通过对人类活动的某一系统，如企业生产系统安全动力机制从定性到定量的科学研究，把安全理论模型分析的定性结果与安全仿真实验测出的定量数据结合起来，再经过多学科专家从不同角度的论证并与群众的实践经验相结合，最终对该目标系统进行系统运行全程安全化及各阶段具体安全目标的总体设计，拿出几套可供实践的安全方案。

第四，安全方案实施的方法，是安全的系统工程法。

刘潜先生认为，工程的概念应包括纵向与横向两个方面。工程的纵向方面是指从对工程的勘查、论证、设计到施工、安装、运转，再到鉴定、验收、总结等全过程，属于该工程领域单一的专业技术问题。工程的横向方面则是种种科学与技术在工程实施全过程每一环节中的综合运用，因此是多学科与多技术的相互匹配问题。

安全系统工程是指在人们的某个特定的实践活动如生产活动中实施已经确定或批准的安全总体设计方案，它包括运用系统工程理论指导该安全方案落实的全过程，以及在实现各阶段具体安全目标时所采取的方法、手段、措施的综合。安全系统工程的纵向方面是把安全方案落实到企业过程之中，并作为企业活动的前提条件来实现。企业安全专业技术人员的任务，首先就是在企业法定代表人的授权下，全程跟踪与监察安全方案的实施过程，并定期向授权人做出安全报告。其次，就是在必要时启动安全事故应急预案，参与安全事故的紧急救援与善后处理。安全专业人员的职责，就是刘潜先生早就提出的那十六个字："监督、检查；督促、指导；培训、教育；建议、咨询"。安全系统工程的纵向方面，就是企业全员参与安全方案的落实，并使企业过程的每一个生产环节都以安全为前提，无论是生产、质量、管理还是标准化工作都应符合安全规律的客观要求，从而在企业生产活动系统落实安全方案的过程中，不断实现阶段性的安全目标。

（四）安全与医学之间的关系

人的身心健康，以皮肤（包括人的肢体、五官、内脏的外表皮、内表皮以及唾液、胃黏膜等）

为界线，区分为外在保障与内在保障两个客观的系列保障条件，这就是安全与医学。

1. 安全与医学的区别

安全，是从人的体外保障人的身心健康，研究和解决人体皮肤之外的健康问题，即如何使人在生理和心理上免受体外因素的危害，它反映人体健康外在质量的整体水平。医学，是从人的体内保障人的身心健康，研究和解决人体皮肤之内的健康问题，即如何使人在生理和心理上免受体内因素的危害，它反映人体健康内在质量的整体水平。

例如，人之所以要穿衣服，一是为了御寒，二是为了遮羞。御寒，是为了人在生理上免受外界因素的危害。遮羞，是为了人在心理上免受外界因素的危害。所以，人类穿衣服首先要解决的是安全问题，即人在生理和心理上的健康问题。但是，一旦外界因素的危害侵入人体之内，使人在生理上或心理上得了疾病，那便属于医学研究和解决的问题了。

2. 安全与医学的关联

人体的内在健康与外在健康之间是相互关联的，医学与安全也是既相对独立又相互联系的。医学在研究和解决人体内在健康问题的同时，还从人在生理和心理上的需要出发，提出人体健康外在保障的具体要求，以及达到这些人体健康要求的医学标准、实现条件和科学依据。安全则是从人体健康外在保障的实际需要出发，去完成医学提出的各种人体健康外在保障的任务，力求按照人体健康的医学标准和实现条件，达到种种人体外在健康的目标。

安全与医学的相互联系，交叉于人的卫生问题。所谓卫生，也是一个复合概念："卫"是捍卫、保卫的意思；"生"是生命、生存的意思。"卫"与"生"两个词合起来，就是捍卫人的生命、保卫人类的生存。安全与医学虽然在卫生问题上相互交叉，但也各有侧重。在安全方面，把卫生看作外界因素通过人的生理或心理对人体健康产生间接危害的广义安全问题。例如，噪声长时间干扰会使人的听觉下降，在高浓度粉尘环境中长期作业会造成人的尘肺职业病等。在医学方面，把卫生看作通过改善人们的生活环境和改变人们的生活习惯，从而防止各种疾病危害的预防医学问题。

2003年的春天，我国成功抗击非典型性肺炎的流行，就是安全与医学相互联系、相互交叉的实例。疫情初期，由于在医学上还弄不清病因，也一时找不到有效的防治方法，曾一度在社会上引起恐慌。人们进门必洗手，出门必戴口罩，待在家里轻易不出门，公共场所定期消毒。非典疫情这个外界因素在当时对人的危害，不仅使一些人患上了这种流行性传染病，而且夺去了不少人的生命，更为严重的是它通过人的心理因素伤害到更多人群的心理健康，并影响到人们正常的社会生活，这就不是单纯的医学问题，同时也成为安全问题了。这次非典疫情在医学方面被称为突发性的公共卫生事件，在安全方面则认为是因医学问题而引起的公共安全事件。

3. 安全与医学殊途同归

医学工作的关键，在于调整和提升人的健康度，即人体内在健康程度和人体健康内在保障程度。

安全工作的关键，在于调整和提升人的安全度，即人体外在健康程度和人体健康外在保障程度。

如果说，医学工作者的宗旨是“救死扶伤，实行革命的人道主义”，那么，安全工作者的宗旨就是“不死不伤，维护人类的生存权利”。所以，安全工作与医学工作殊途同归，都是为了人的健康。因此，安全的科学与医学的科学同属于综合科学的学科性质，都是为满足人的健康需要而建立起来的科学，都具有目的性、系统性、复杂性以及整体性的综合科学基本特征。由此可见，安全与医学有着共同的科学目标，就是通过保障人的身心健康来为人类的生存与发展服务。

由于人是大自然中具有生命活力的非线性因素，人不仅有男女老少之分，人的思想和行为也有善恶、正误之分。所以，安全科学与医学科学建立的为人类健康服务的目标系统，是一个由人参与其中的非线性复杂功能系统，研究与解决安全问题或是医学问题，都属于系统工程问题，不仅要涉及自然科学、社会科学等纵向科学技术问题，而且还要涉及数学科学、思维科学、系统科学等横向科学技术问题，同时也要涉及劳动科学、管理科学、环境科学等综合科学技术问题。因此，我们要解决实践中的安全问题，如同解决医学问题那样复杂，需要整合人类文明与社会进步的成果，从整体上建立起人体健康目标系统自身的动力机制。这就不仅要运用自然科学方法，也要运用社会科学方法，不仅要运用纵向科学方法，更要运用横向科学与综合科学的方法。总之，就是要运用人类的一切知识、智慧和力量，去满足人体健康的需要，实现安全与医学共同的科学目标。

二. 为什么人只有安全不够?

安全并非人类活动的全部内容，它仅仅是人类生存与发展的一个必要的前提条件。安全在与人相伴终生的过程中所起的作用表明：人只有安全不够。

（一）什么是劳动?

1. 劳动是人类本质的体现

劳动是人类生命活动的基本方式，因而是人类本质的体现。恩格斯在《自然辩证法》中有一个著名的论断，叫作“劳动创造了人本身”。安全就是在这个劳动创造人本身的过程中，从植物的刺激反应、动物趋利避害的生物本能进化而来的。由此可见，劳动的存在价值，不仅在于创造了人，而且在于创造了人的生存条件、改善着人的生存环境。所以说，劳动的本质就是创造。

劳动，不仅可以利用自然界原有的天然物质为人类的生存与发展服务，而且可以设计和制造自然界本来没有的人工物质为人类的生存与发展服务；不仅可以发明和创造各种生产工具来延长人手、人脑的功能并以此增加人的劳动能力，而且创造出种种人类文明，促进人类社会的历史发展。所以说，劳动就是人类创造生存与发展条件的行为。

2. 劳动的结构与劳动的条件

劳动的结构，是形成劳动内在动力的组织结构。它包括劳动主体即作为劳动着的人、劳动客体即与劳动主体相互作用着的一切客观事物，以及劳动关系即劳动主体之间、劳动客体之间、劳动主客体之间的相互关系，是由这三个劳动要素及其内在联系组成的非线性复杂系统。劳动的条件，也是形成劳动外在动力的客观条件。它包括由劳动的经济条件、社会条件、文化条件和自然生态条件组成的劳动条件系统。劳动结构与劳动条件的有机结合，促成劳动内在动力与外在动力的相互作用，从而形成劳动自身的动力机制，即劳动能量产生的动能系统。

劳动整体功能的动力机制，即劳动能量的动能系统产生出的劳动能量，在人们的社会实践中有内外两种表现形式。劳动能量的内在表现形式，是劳动的创造力，这是劳动的典型特征，即人类劳动创造本质的具体体现。劳动能量的外在表现形式，依据人类社会结构的层次，可以分为三种类型：从人类与地球生物之间相互区别的人类整体来看，劳动能量表现为社会的生产力及其创造的人类文明。从人群与人群之间相互区别的人类群体来看，劳动能量表现为劳动集体的生产效率及其创造的经济效益和社会效益。从人与人之间相互区别的人类个体来看，劳动能量表现为劳动者个人的劳动能力及其创造的价值和使用价值。

3. 劳动科学与安全科学

劳动，作为一门科学研究的中心问题，是人类怎样创造生存与发展条件以满足自己身心健康的需要，即人的生命活动及其能力问题。

安全，作为一门科学研究的中心问题，是人类怎样免受种种外界因素危害以保障自己的身心健康，即人的自我保护及其能力问题。

劳动科学与安全科学共同关注的问题，是人的能力结构。因为人既是劳动的主体又是安全的主体，人怎样从事劳动和怎样实现安全，都要以人类个体的能力为基础。

人的能力结构，由四个相互关联的部分组成：其一，由生理因素形成的生理能力系统；其二，由心理因素形成的心理能力系统；其三，由文化因素形成的知识能力系统；其四，由智力因素形成的智慧能力系统。人的能力结构从整体上看，就是由生理、心理、文化、智力四个能力因素在相互匹配和相互协同的基础上整合而成的一个非线性复杂适应系统。这个非线性复杂适应系统产生的能量，就是人的能力，表现在安全方面就成为人的安全能力，表现在劳动方面就成为人的劳动能力。

（二）什么是生产？

生产，反映劳动即人类生命活动基本方式的具体内容，表现为自然界生物演化历史进程中一种特殊的物质运动形式。

1. 生产是有目的的劳动活动

所谓生产，是指人们有目的、有计划或是有组织地进行的劳动活动。

刘潜先生认为：生产是一个过程的概念，既不代表什么人在生产，也不代表生产的是什么，它只是一个动态的过程。就人类个体或人类群体而言，生产可能是为达到某个特定目的而有计划或是有组织进行的一次性劳动过程。但就人类整体而言，生产确实是一个周而复始地进行的并且是不断扩大领域、不断提升质量，不断讲究效益的自然历史过程。

人类生产的正常进行有一个不可缺少的前提，那就是从事生产活动的人必须是具有生命活力和劳动能力的人。这就是说，生产活动及其全过程的正常进行，对于不具备劳动能力、丧失劳动能力以及已经失去生命的人是无能为力的。这里涉及安全与医学为人类的贡献问题。如前所述，安全的价值在于它是人体健康的外在保障，医学的价值在于它是人体健康的内在保障，安全与医学通过保障人的身心健康来为劳动生产服务。正是由于安全与医学为人的生命存在和身心健康提供多种必要的保障条件，才使人们得以掌握生产技能和从事生产活动。所以，安全与医学不仅是劳动生产的必要条件，而且是整个人类在自然界中生存与发展的必要条件。

2. 生产的两种基本类型

按照劳动涉及人类生命活动范围的大小，原则上可以把生产划分为广义和狭义两种基本类型。

（1）广义的生产，是指人类生命活动的全部内容，包括人口的生产、物质的生产和精神的生产以及环境的生产。人口生产，是指人体自身的新陈代谢、个体发育和人的社会化过程，以及繁育后代和赡养老人的劳动活动。物质生产，是指人类为满足人口生产过程中人在生理上的需要而进行的劳动活动。精神生产，是指人类为满足人口生产过程中人在心理上的需要而进行的劳动活动。环境生产，是指人类为满足人口生产过程中生态环境上的需要而进行的劳动活动。

（2）狭义的生产，仅指人类进行物质生产的劳动过程。但是，在人们的狭义生产之中，还普遍存在着广义生产的问题。例如，劳动者从事物质生产的目的，并不在于物质生产活动的本身，而是为了解决本人及家庭的生活问题。因此，物质生产的原始动力是人口生产，它因人口生产的需要而产生，又因人口生产的需要而得以进行。又如，物质生产过程之中存在着不可忽视的人口生产问题。劳动者在物质生产过程中的新陈代谢和个体发育等生理心理活动也会直接或间接地影响到物质生产。不论什么原因只要物质生产过程中的人口生产过程中断，整个物质生产过程也将随即中断。因此，物质生产并不单纯是它本身而总是伴随着人口的生产活动。物质生产的过程，实质上就是为人口生产服务而又不得不依靠人口生产活动的劳动过程。

3. 生产的领域与行业之分

人类生存需求的多样性，决定了劳动内容的多样性，形成了诸多生产领域。这些生产领域，以人和工作之间的关系为依据，又可以划分出各种不同的生产行业。

所谓行业，是由行与业组成的复合概念。行，是排列的意思；业，是从事的意思。行的排列，包含着如何排列的问题，即按什么标准或什么根据去排列的问题。业的从事，也包含着怎样从事的问题，即是按职业特征还是工作性质去从事的问题。

刘潜先生曾经讲过，从人与工作之间的关系看，行业包括人（主体）与工作（客体）两方面内容。从主体方面，以人的职业特征为依据划分出来的行业，叫作人行，指的是这个行业里干活的都是什么人。如种田的人们从事的是种植业，盖房的人们从事的是建筑业。俗话说“三百六十行，行行出状元”。说的就是行业之中的人行。从客体方面，以人的工作性质为依据划分出来的行业，叫作业行，指的是这个行业里干的都是什么活。如在海洋中运输的工作属于航海业，在竖井下采煤的工作属于采矿业。商品社会有句名言，叫作“需要就是市场”，说的是人们有什么样的需要，社会上就会有什么样的工作，这里讲的工作实际上指的就是行业之中的业行。人行与业行的相对独立和相互联系，就是人们平常所说的行业了。

4. 行业安全与安全行业

（1）行业的安全，有两大基本任务：一是确保生产（工作）的正常进行，二是确保劳动者（人）的身心健康。

确保生产正常进行的行业安全，有两条重要的工作措施，这就是安全生产与生产安全，前者以安全为前提解决生产过程正常进行的问题，后者以生产为前提解决生产过程正常进行的问题，二者虽然解决行业安全问题的途径不同，但其目的都是为了生产。

确保劳动者身心健康的行业安全也有两条重要的工作措施，这就是职业安全与劳动保护，前者是从劳动主体的角度解决从业劳动人群的身心健康问题（即解决劳动者在劳动中的生命安全与职业健康问题），后者是从劳动关系的角度解决资本对雇佣劳动的固有危害问题（即解决资本在增殖过程中对雇佣劳动者产生的危害性问题），二者虽然解决行业安全问题的角度不同，其目的都是为了人。

（2）安全的行业，有两大基本类型：一是专门从事安全需要的工作，形成安全行业之中的业行；二是专门从事安全工作的人，形成安全行业之中的人行。安全的业行，是指那些为实现安全服务的企业或社会集团构成的产业群体，如设计与生产个体防护装备以及安全专用设备的企业集团、政府的各级安全监察机构、工会的劳动保护部门、安全专业新闻媒体等。安全的人行，是由安全专业工作者组成的从业人群，其中包括：从事理论工作的人，如安全学者、安全科学家等；从事实践工作的人，如安全工程师、安全监察员等。安全业行与安全人行有机结合而成的安全行业，是实现广义生产领域行业安全的社会保障。

人们的安全状况，是衡量一个国家或地区人类文明发展水平和人类社会进步程度的客观标志。安全行业的兴起正是人类文明发展与社会历史进步的必然产物，它因满足各种生产行业的安全需要应运而生。在现代化大生产和全球经济一体化的社会历史条件下，只有通过安全的行业，才能实现行业的安全。

（三）安全与生产的相互依存

1. 安全的非实体性

安全的典型特征就在于它是一个不具有实体形态的客观事物。这里所指的客观，一是不以人的意志为转移，二是可以被人们所认识，三是有一定的规律可遵循。

安全非实体性这个外在的直观的典型特征由四个内在的安全性质所决定。其一，安全来源于人在生理和心理上的需要，是人类生存本能的反映，因此安全具有人的主观需求性。其二，安全问题产生于外界因素对人体健康的危害，有着不以人的意志为转移的客观规律，因此安全也具有物的客观实在性。其三，人在生命活动中与体外种种客观因素之间建立的相互作用关系是引发安全问题的根本原因，所以安全又具有人物关系的系统交换性。其四，实现安全目标要靠人、物、人物关系三个要素之间内在联系所发挥的整体功能，所以安全还具有人、物、人物关系及其内在联系的动态协同性。

由此可见，安全是与人紧密结合在一起的客观事物，它无法脱离具有生命活力的人而独立存在，并且只有与人相伴终生才能发挥它的安全功能、体现它的安全价值。安全非实体性这个典型特征，体现在人的生命活动及其与人体外在健康保障条件之间的互动关系方面，就表现为安全与生产的相互依存，即非实体性的安全与实体性的生产相统一。

2. 安全与生产共存于同一客观事物

安全与生产相互依存的第一个特点，是二者共存于同一个客观事物，表现为同一事物的两个不同侧面。例如，技术有双重作用，既能解决生产问题，又能解决安全问题。然而安全本身并不是什么技术，也无技术可言，它只是人体健康的一种客观存在状态，以及保持这种健康状态的客观存在条件。所谓安全技术，其实是指符合安全规律并达到安全要求或是用于安全目的的生产技术。所以，生产技术与安全技术是一回事，都是解决具体问题的方法、手段、措施，只是用途不同而已。人们常说科学是一把双刃剑，其实技术也是如此，它既可应用于安全目的，也可用于不安全的目的，关键还是在于人。科学与技术解决生产问题或安全问题，都会产生正反两种不同的后果，在选择生产方案或安全方案时，人的利益驱动或人为失误往往是导致安全事故的重大安全隐患。

刘潜先生经常以人手的功能为例，说明安全与生产之间的相互依存关系。他指出，手心与手背的功能不一样。手心可以拿东西，有生产的功能。手背保护手心，有安全的功能。若是没有了手背，手心就失去了客观保障条件，最终也会丧失拿东西的生产功能。若是没有手心，手背就失去了赖以存在的实体内容，从此也就丧失了保护手心的安全功能。然而，手心与手背作为人手的组成部分，又是与人的整个身体联系在一起的。如果，把手从人的身体上割下来，那么手心的生产功能和手背的安全功能就都不存在了。

手的功能及其与人体的关系，说明企业与社会以及企业内部安全与生产之间是相互关联的，也说明企业的安全利益与生产利益从根本上讲是一致的。现在社会上有些人，特别是掌握着安全决策权的个别企业法定代表人，在理论上认识不到安全与生产对企业贡献的一致性，在实践上割裂了安全与生产之间的相互依存关系，甚至把二者对立起来。因此，当企业过程中出现安全利益与生产利益的暂时矛盾或冲突时，这些人往往选择确保生产利益而出卖劳动者的安全利益，结果导致重特大安全事故的发生，最终还是断送了企业的生产利益。

3. 安全与生产共存于同一客观过程

安全与生产相互依存的第二个特点，是二者共存于同一个客观过程，表现为同一过程的两个不同内容。女人生小孩是人口生产活动最典型的实例：母亲从怀孕到临产再到把孩子生出来的全过程，医生们所采取的每一项医疗措施，同时也都是安全措施，其医学目标与安全目标是一致的，就是为了保障妇女和儿童的身心健康。

人口的生产过程，也表现为消费过程与安全过程的统一，反映人在同一生命活动中有两个不同内容。例如，人们日常生活中的衣、食、住、行，既是人口生产的消费活动，又是人口生产的安全活动，二者属于相互依存而又无法分离的同一个人口生产过程。

目前，我国在消费方面的安全现状不容乐观，根本问题就在于安全与消费（也是人口生产过程的重要内容）之间的相互脱节或相互分离，究其原因有两大根源：其一，在劳动产品形成过程中，生产者过于关注自身的安全利益而忽视了消费者的安全利益，导致产品质量与安全性能的脱节，这是安全消费问题产生的首要根源。因为劳动产品的安全性能不是消费出来的，而是生产出来的，所以安全消费问题首先是生产者的问题，其次才是消费者怎样消费的问题。其二，在劳动产品进入市场后，生产者为追求自身的经济利益而不顾消费者的安全利益，导致价值与使用价值的分离，这是安全消费问题产生的又一重要根源。生产者为获取利润或超额利润，把不具备安全性能或是安全性很差的劳动产品推向市场，虽然这些劳动产品的价值在经销之后得到了体现，但由于消费者无法使用或者无法安全使用这些劳动产品，因而就不能体现它的使用价值。所以，流通领域是清除消费安全隐患、防止消费安全事故的重要环节，也是克服劳动产品在市场经济条件下产品质量与安全性能脱节、价值与使用价值分离的关键所在。

（四）安全与生产的终极目标

安全，反映人在生理和心理上免受外界因素危害的现实健康状况，并且通过满足人体健康的外在需要，为人类提供生存与发展的基础和前提。生产，是人类生命活动基本方式的具体体现，它通过满足人体健康在物质或精神方面的内在需要，为人类创造生存与发展的经济条件、社会条件、文化条件和生态条件。所以，为了人类的生存与发展是安全与生产共同的终极目标。

安全与生产的相互依存关系，以及二者为人类生存和发展服务的共同终极目标，反映和揭示出安全的本质并不在于否定自己，也不在于肯定自己，而是对自身的否定之否定。也就是说，安全的本质绝不是为了实现不安全，也不单纯是为了实现安全，而是要在人类的生命活动中体现它自身的存在价值，即提供人类生存与发展的必要条件并为达到人类生存与发展的具体目标服务。

1. 生产安全工作，是实现安全与生产终极目标的一条途径

生产安全工作，是为人类生存与发展服务，实现安全与生产终极目标的一条重要途径。刘潜先生曾经讲过，生产安全有两个含义：一是把安全看作生产之中的具体问题，二是把安全看作生产本身的组成部分。生产安全工作，是从生产的角度和安全的着眼点，以降低安全事故频率、保证生产任务完成为重点的安全工作。因此，这是以人们所从事的生产活动本身为主体，以人在生产活动中的安全为客体的一种安全实践活动。生产安全工作的核心措施，就是运用政治、经济、法律、道德、文化、教育以及科学、技术、管理等手段，解决生产之中的安全问题，或是调整生产本身的安全部分，以便保障人的职业安全健康，从而进一步保障生产的正常进行和生产目标的实现。

指导生产安全工作的科学思想是系统安全思想。这一思想认为：人类生命活动中形成的包括生产和消费在内的各种功能系统之中普遍存在着安全问题。这些安全存在领域里偶然发生的安全问题，有它必然会发生的主观原因和客观原因。只要人们识别并逐一排除这些危害人体健康的安全隐患，就能避免安全事故与职业伤害的发生，保障人的生命安全与职业健康，从而实现人类生命活动系统的全面安全。

系统安全思想是从社会实践中产生出来的安全思想，它的形成途径是从实践到理论，因而是对安全事故经验思维的产物，其科学成果有事故致因理论、人机环劳动结构理论模型等应用科学原理。对安全事故的分析和不安全现象的研究，以及人们对免受外界因素危害的渴望与需求，是系统安全思想产生的客观基础。系统安全思想的形成，还体现了西方人“系统思维”的逻辑特点。所谓系统思维，是指从系到统，即从个别到一般、从部分到整体、从局部到全局的思维方式与思维方法，它具有归纳推理的逻辑性质和个体性思维的逻辑特征，反映出人类对客观世界及其规律性的一般认识过程。

系统安全思想追求的实践目标，是安全无事故即零事故率，其安全系数为 0 即零伤害与零安全，也就是 100%危险的人体外在健康状况和 100%危险的人体健康外在保障程度。依据系统安全思想的实践目标，建立起安全事故的防范系统，在人的生命活动如生产活动或消费活动中识别和排除安全隐患，防止不安全因素对人体健康的危害，同时避免处置不当引起人为失误，造成不安全因素的“轨迹交叉”现象或是“多米诺骨牌”效应。由于人类生命活动中不安全因素的不可穷尽性，以及人本身非线性作用的不可避免性，该目标系统达到安全无事故，即零伤害与零安全的安全目标只能是偶然现象，而系统经常发生伤害事故处于负安全状态则是必然趋势，因为整个安全事故防范系统不论是否达到既定目标，始终都处在安全度 0 以下的不安全状态。因此，这个理论上的安全事故防范系统，在实践上是防范不了安全事故的系统。该系统由人类活动本身的安全隐患或称为事故要素组成，各事故要素之间只有不安全作用的相互影响，并不存在有机的安全联系，更无法进行系统内部构成之间安全的功能互补与动态协同。所以，这个安全事故的防范系统

是全封闭的线性的一般系统，该系统不具备自行消除安全隐患的功能，全靠外部作用如安全法规、安全监察等来达到系统的安全目标。由此可见，在系统安全思想指导下建立起来的安全事故防范系统，本身并不具有安全的内在动力，它只有安全的外在动力，其实现安全目标的动力机制，不是系统内部的自组织功能，而是靠系统之外的非自组织能力。

2. 安全生产工作，是实现安全与生产终极目标的另一条途径

安全生产工作是为人类生存与发展服务、实现安全与生产终极目标的另一条重要途径。刘潜先生曾经讲过，安全生产也有两个含义：一是在安全的前提下进行的生产；二是安全化生产，即生产是本质安全（也就是 100%安全）的问题。安全生产工作是从安全的角度和生产的着眼点，以提高人的安全程度、保障从业者身心健康为重点的安全工作。因此，这是以人在生产活动中的安全为主体，以人们所从事的生产活动本身为客体的一种安全实践活动。安全生产工作的核心措施，就是把企业这样一个生产上的组织系统，整合成为企业生产的安全功能系统，由此建立起职业安全健康管理体系，并逐步改进生产设备，使之趋向并最终达到本质安全化，以便保障人的职业安全健康，从而进一步保障生产的正常进行和生产目标的实现。

指导安全生产工作的科学思想是安全系统思想，这一思想认为：从客观事物的整体上看，安全是一个依附于人的生命活动并与人相伴终生的非线性复杂功能系统，这个安全的功能系统有它必然存在的内部结构与外部条件。安全结构的诸因素及其子系统之间相互作用，形成安全的内在动力，安全条件的诸要素及其子系统之间相互作用形成安全的外在动力，安全结构与安全条件相互匹配、动态协同所发挥的安全整体功能形成实现安全目标的动力机制。正是由于安全内部组织结构与安全外部存在条件之间在不同时空状态下进行着物质、能量、信息方面的系统交流与系统交换，才真正实现了人们的动态安全。

安全系统思想，是从科学理论中产生出来的安全思想，它的形成途径是从理论到实践，因而是对安全理论本身反思的结果，其科学成就是安全动力机制理论、三要素四因素安全模型等学科科学原理。科学的哲学思想、系统的科学方法、科学学的内容与框架，以及人们对以往安全理论的实践检验和理性反思，是安全系统思想产生的科学基础。安全系统思想的形成，还体现了东方人“统系思维”的逻辑特点。所谓统系思维，是指从统到系，即从一般到个别、从整体到部分、从全局到局部的思维方式与思维方法，它具有演绎推理的逻辑性质和整体性思维的逻辑特征，反映出人类对客观世界及其规律性的特殊认识过程。

安全系统思想的实践目标，是人类生命活动的本质安全化，其安全度为 100%即绝对安全，这是人体健康及其外在保障的理想状态。依据安全系统思想的实践目标，在人们的生命活动及其行为过程中建立起安全整体的功能系统，它由安全结构与安全条件两大部分组成。安全结构，是指由人、物、人物关系及其内在联系构成的非线性复杂系统。安全条件，是指由经济、社会、文化和生态等组成的安全赖以存在的客观条件系统。在安全目标的引导下，安全结构在人类生命活动系统整体运行过程中完成要素之间的相互匹配与功能互补，由此产生了安全的内在动力。同时，

在物质、能量、信息方面实现与安全条件诸要素的系统交换过程中，克服或弥补了由于非线性因素给安全结构自身造成的系统缺陷，由此促成了安全的外在动力。因此，安全系统思想建立的这个目标系统，是实现安全目标的系统。该系统不仅通过安全结构诸要素之间的相互依存与相互作用，形成安全的自组织能力，而且还通过安全结构与安全条件之间有效的系统交换，在经济、社会、文化和生态等方面获得了安全的非自组织能力的支持。所以，在安全系统思想指导下建立起来的安全整体功能系统存在实现安全目标的内因与外因，它本身具备了安全的内在动力与外在动力，其实现安全目标的动力机制，是构成系统整体动力性的安全自组织功能与非自组织功能的协调统一。

三、结束语

安全，是人类生存与发展的必要条件。

所谓必要，在逻辑学上是指：没它不行并且有它不够。

人之所以没有安全不行，是因为人在生理或心理上没有免受外界因素危害的生命健康不行，人的身心健康没有安全存在条件即安全经济条件、安全社会条件、安全文化条件和安全生态条件的外在保障也不行。人若是失去健康，便会在一定程度上改变个人的前途和命运。人若是失去生命，便丧失了自己在社会生活中的全部意义。人之所以只有安全不够，是因为人类的进化与人类的文明都是劳动创造的。劳动创造了人类生命存在的全部内容，因此它是人在自然界生存的基本方式，而生产则是人类劳动的实际内容和具体体现。人类只有以安全为基础和在安全的前提下，才能通过劳动生产活动发挥自己的智慧和力量，在宇宙之中完成自己创造自己、自己完善自己、自己发展自己的自然历史使命。

（2005 年 4 月 22 日成稿于北京沙河镇）

安全的目标[①]

安全的目标，是指处在一定人类文明历史发展阶段上的人，希望能达到、争取要达到，以及如何才达到的那个理想的安全状态。安全的目标，涉及人们的安全期望在自己参与的实践活动中被提出、确立与实现的全过程，以及这个理想目标具体实施的那个组织构成系统，还有与环境之间的双向互动。

① 原载《四川职业安全》2009 年第 6 期（总第 35 期），第 13-18 页。

安全的目标，在理论上属于安全状态（指人体的外在健康状况，即人的安全健康形态的具体表现形式）的实现问题，指的是人类安全目标诸问题的解决，以人在生理或心理上的安全需要为现实基础，以人对自己身体之外各种因素危害的承受能力为技术标准或行为规范，以人的诸多社会关系及其本质规定为基本前提。因此从科学的意义上来讲，安全目标所涉及的这些问题，是由人类文明发展水平以及社会历史进步程度决定的社会现实问题，它表明安全目标的提出、确立与实现，不仅真实地反映了每个人的生命活动及其全部过程的一个重要侧面，而且更全面地体现出整个人类社会及其发展阶段的综合性历史活动过程。

安全的目标，在实践上涉及人们在安全利益方面的社会期望问题，说的是安全目标的提出与确立、安全模式的选择与运行，以及安全状态期望值的实现程度，由人的社会地位支配，受人的经济状况制约，反映或再现了现实生活中一定社会人格的安全利益与价值取向。

总而言之，人们都生活在现实社会中，实际处在什么样的安全状态，希望处在什么样的安全状态，以及采取什么样的方法、手段、措施来实现自己所期望的那种安全状态，并且经过自己及同伴们的努力最后又能达到什么样的安全状态，并不以本人或是某个阶级、阶层或是某个社会团体、社会集团的利益、意志或愿望为转移，而是受内在、外在诸多因素的影响或制约，有着客观实在的规律性。也就是说，虽然在生理或心理上的安全需要出自人的主观，但这种需要本身及其满足的程度却是客观的。现实生活中一个人在主观上的安全需要，就表现为不以自己的意志为转移的客观规律。这种主观需要与客观实在的统一，还不是这一矛盾的解决，而是人在主观上解决这对现实矛盾的客观过程的历史开端。

一、安全的目标与人类的生存本能

1. 安全，是人生存的必要条件

安全，就像阳光、空气和水一样，也是人之所以能够成为人而在整个自然界得以生存或发展的必要条件。

从原始起源上讲，人类的安全需要，是在“劳动创造了人本身”（恩格斯《自然辩证法》）的历史过程中，从趋利避害的动物式生存本能进化而来的一种获得性遗传的必然结果，因此也就表现为高级智能生命物质在宇宙天体自然历史演化进程之中的自我创新。如果说，人类是宇宙之精灵的话，那么，安全就是这个宇宙精灵的守护神。并且，只要人类还在宇宙之中繁衍生息，安全就依然是而且必然还是人类生存与发展的基础或前提。

就人类个体而言，人在经过“十月怀胎”从母体娩出以后，体外的温度、湿度等生存环境，以及自身的呼吸方式、进食方式等生存条件都发生了重大变化。面对着新的生存环境和新的生存条件，新生婴儿的第一声啼哭就已经向这个世界表明，人之初在生理、心理上不由自主地发出的首次适应性生物学信息，就是与生俱来的人类自我生存欲望的反映或表现。由此可见，安全之所以能够成为人类生存或发展的首选目标，就因为它是人生的第一需要。

2. 安全需要的基本类型

满足人类安全需要的程度及方式，人与人各不相同。从总体上来看，人们满足自身的安全需要大致有两种基本的类型或两种实现的方式。

其一是原始的、野蛮的满足安全需要的基本类型，表现为非理性或非人性的安全需要满足方式。

所谓非理性的安全实现方式，是指人在无意识或无目的状态下，满足个人自我生存欲望的方法或形式。例如，一个人在闹市区随意横穿马路，遇到奔驰而来的汽车急忙避让的行为，就是人在危机状态下的一种非理性的、本能冲动式的自我保护动作。

所谓非人性的安全实现方式，是指人在有意识或有目的情况下，以牺牲别人安全利益为代价来满足个人无限膨胀的自我生存欲望的方法或形式。如非法投资者组织实施的盗采国家煤炭资源，致使参与者多人伤亡的恶劣行径；又如为追求高额利润，迫使他人在不具备安全生产条件的环境中强行作业的动机或行为。

其二是现代的、文明的满足安全需要的基本类型，表现为理性的或能动的安全需要满足方式。

所谓理性的安全实现方式，是指人能理智地适应自己面对的生存环境，以求满足个人自我生存欲望的方法或形式。例如人们为保持人与自然之间的生态平衡而进行的各种绿色环境保护活动。

所谓能动的安全实现方式，是指人能主动地改变自己原有的生存环境，或者有效地创造出全新的生存环境，以满足个人自我生存欲望的方法或形式。如为改善人们的生活环境而建设的宜居城市、宜居社区；又如为满足宇航员生活以及科研需要而设计的载人航天飞行器，就可以看作人类创造全新生存环境的典范。

3. 安全目标的多样性和复杂性

人类满足安全需要的类型及其实现方式的众多不同，反映或揭示出个人安全目标在内容上的多样性和复杂性。也就是说，人到底要达到什么样的安全状态才能心满意足的不确定性，以及由于复杂多变的自然原因、社会原因、个人利益或集团利益的原因，导致实现个人安全目标（即满足个人自我生存欲望）的实现方式本身具有多样化的具体内容和社会化的发展趋势。

综上所述，不是人的先天的生理结构或心理机能决定着安全目标的确立及其实现途径的选择，而是人后天的道德修为、文化素质、技术水平或操控能力决定或影响着本人安全目标的实现过程及其最终的结果。因此，我们可以说，安全目标的提出及其多样化、社会化的实现方式，表明安全目标诸问题在人们现实生活中的解决程度，是衡量一个国家或地区的人类文明发展水平的重要标志。

二、安全的目标与人类的社会本质

1. 安全目标体现人的社会本质

安全目标涉及的诸多问题，不仅反映或体现了人的生存本能，更反映或体现了人的社会本质。

从安全的社会实践或理论认识方面来看，安全目标的提出以人的生物学特性为基础，安全目标的实现以人的社会学特性为前提。这是因为，人总要生活在人与人的关系之中，安全目标问题即人类个体自我生存欲望和自我生存要求的提出及其最终的满足程度，与动物生存本能之间的根本区别，就在于人的社会性。马克思曾在《关于费尔巴哈的提纲》中指出："人的本质并不是单个人所固有的抽象物，在其现实性上，它是一切社会关系的总和。"这就是说，人只有生活在一定的社会环境中，才会被称为人，一旦长期与人类社会失去了联系，也就逐渐丧失了人的本性。这就表明，人在社会生活中形成的安全问题，还必然要通过人与人之间的社会关系才能解决。

在人类社会的现实生活中，利益决定目的，目的确定目标，而人的目标无论大小又都具有社会人格的属性。也就是说，安全目标的提出、确立与实现的全过程，都是为一定阶级、阶层或社会集团即为一定社会地位的人们的切身利益服务的，反映或体现出安全资料由谁占有、由谁支配、由谁协调，以及安全利益由谁享受、怎样享受等一系列社会现象和社会问题，又都带有浓重的社会人格色彩。以商品经济条件下的企业为例，在企业这个举世公认的人类经济活动的基础单位，始终存在着两个相互依存的社会角色，这就是企业的投资者与雇来的劳动者。由于在同一经济实体所处的经济地位不同，企业投资者与雇佣劳动者所代表的社会人格属性各不相同，二者在安全期望、安全理念，以及安全目标的确立和安全模式的选择上，也会处处表现出各自不同的利益或希望之所在。

2. 投资者的安全目标

企业投资者的安全期望，是杜绝投资风险和获取最大利润，以便为自己和家人在生活幸福的基础上提供诸如舒适、愉快、享受那样高级程度的安全利益。因此，这些人在企业过程的安全理念，是一切为了生产，并且认为：如果自己不投资开设企业的话，那就不需要雇佣劳动者来参与生产经营活动，如果不进行生产经营活动，也就根本不存在那些需要解决的安全问题。所以，投资者在文明生产方面，大致有两种安全模式可供选择，这就是企业过程的经济学模式或管理学模式。

所谓企业过程的经济学安全模式，是指运用经济学的理论或方法去解决投资者在生产经营中的安全问题。其工作措施是生产安全，即以生产为前提防止伤亡事故；其基本设想是尽量避免安全投入过多而引起生产总成本的增加；其安全目标是零安全，即所谓的"生产安全无事故"，实际上是指人的安全状态处在绝对危险线的位置上；其目的是追求企业利润的最大化。

所谓企业过程的管理学安全模式，是指运用管理学的理论或方法去解决投资者在生产经营中的安全问题。其工作措施是安全生产，即以安全为前提组织生产活动；其基本设想是尽量避免生产过程因伤亡事故中断而造成的停产损失及经济赔偿；其安全目标是正安全，即所谓的"安全生产责任重于泰山"，实际上是指人的安全状态处在绝对危险线以上；其目的是追求企业管理的人性化。

3. 劳动者的安全目标

雇佣劳动者的安全期望，是杜绝职业伤害和获得合法经济收入，以便为自己和家人在维持生活的基础上，提供诸如不死、不残、不病、不伤那样初级程度的安全利益（当然，也不排除接收舒适、愉快、享受那样高级程度的安全利益）。因此，这些人在职业过程的安全理念，是一切为了人，并且认为：如果自己不参与企业生产经营活动的话，那就不会有投资者预期的企业投资利润，如果没有人（指雇佣劳动者）的存在，也就根本无法进行任何生产经营活动。所以，劳动者在职业保障方面，大致也有两种安全模式可供选择，那就是职业过程的政治学模式或社会学模式。

所谓职业过程的政治学安全模式是指运用政治学的理论或方法去解决劳动者在职业活动中的安全问题。其工作措施是劳动保护；其基本设想是维护劳动者在职业活动中的基本人权，如劳动权、休息权、生存权、健康权等；其安全目标是正安全，指的是劳动者在职业过程中的安全状态，始终保持在绝对危险线以上；其目的是保障职业劳动者在企业活动中按照国家宪法或相关法律应该享有的安全利益不被侵犯。

所谓职业过程的社会学安全模式，是指运用社会学的理论或方法去解决劳动者在职业活动中的安全问题。其工作措施是职业安全与健康；其基本设想是争取并保持职业劳动者在生理上或心理上个人自我生存欲望的满足；其安全目标也是正安全，指的也是劳动者在职业过程中的安全状态，始终保持在绝对危险线以上；其目的是保障职业劳动者的工作环境和工作条件，符合人体安全阈规定的各项专业技术标准或专业技术规范。

综上所述，不是人们在生理上、心理上本能的或是智能的安全需要决定着获得安全质量的优劣和安全利益的多少，而是人们自己的社会地位、经济状况以及在社会上所担当的角色，决定或影响着本人获得安全质量的优劣和安全利益的多少。因此我们可以说，安全目标的实施及其人格化、人性化的运行模式，表明安全目标诸问题在人们现实生活中的解决水平，是衡量一个国家或地区的社会历史进步程度的重要标志。

三、安全的目标与安全的人格属性

就人类的个体而言，安全始于人的生命活动，止于人的生命结束，伴随每个人的一生。所以，安全反映或体现出的社会人格特征，属于这个世界上的每一个人。值得注意的是：虽然人们在生命活动中都随时维护着自己的安全利益，身不由己地反映或体现出个人所具有的社会人格属性，但这并不能真正代表安全作为客观存在本身所具有的社会人格特征。在现实社会中，安全所代表的不是少数人的利益，也不是多数人的利益，而是全体人即整个人类的利益。

如此看来，安全属于全人类这样的社会人格特征，表明安全的人格理想就是为整个人类的安全利益服务。由此可见，安全人格属性的社会期望就在于：安全资源的宏观协调与安全利益的全民共享。而实现这个安全期望目标的基本途径，就是要创建安全利益全民共享的人类和谐社会。

1. 实现安全人格理想的几个问题

实现安全的人格理想，达到人类所期望着的那个安全目标，创建安全共享型的和谐社会，目前至少还有以下几个现实问题值得特别关注并加以解决：

第一，劳动安全与职业健康问题。在关注和解决职业劳动安全的同时，也要关注和解决非职业劳动的安全问题，建立起生产安全、运输安全等职业劳动安全方面的风险评估或危机预警的机制，以及社区安全、校园安全等非职业劳动安全领域的风险防范或危机处置的预案，以便在人们社会生产和社会生活的各个专业领域或各个专业方向上实施并提供全方位、全天候的安全保障。还有就是在关注和解决职业安全的同时，也要关注和解决职业卫生或职业健康的问题，建立起“预防在先，防治结合，群防群治，专业为主”的职业病防治体系，培养并建立起一支与国情相适应的职业病专业防控或专业防治的技术队伍，加强对职业病预防及康复工作的行政监督、专业管理与执法监察。

第二，公共安全的惠及人群问题。在关注和解决健康人群公共安全问题的同时，也要特别关注和解决非健康人群以及社会弱势群体的公共安全问题，组织开展对非健康人群及社会弱势群体公共安全问题的科学研究，开展对非健康人群或社会弱势群体公共安全设备的技术研发和专业生产，并在政策和资金上给予切合实效的扶持或鼓励。

目前，在公共安全方面应该逐步改善弱势人群公共出行环境，使社会全体成员都能公平地获得公共安全的利益。例如在没有专用升降设备的情况下，行走不便而又无法站立的残疾人或重症患者不能乘坐滚动式电梯上下地铁车站，如何进入深达几十米的地下去乘坐地铁出行？又如在商店、机场、车站、码头及剧院、公园等公共场所，应设立为老人、儿童及非健康人群专门使用的安全通道，以防止突发事件中群死群伤的踩踏事故发生。

第三，安全资源的协调机制问题。排除人的因素、仅从物质方面来讲，凡用于实现安全或防止伤亡事故的生产资料、生活资料以及建设资料，都可以被称为安全资源。从宏观上协调安全资源的目的，就是运用国家行使的政治权力，对这些用于安全方面的实物性或非实物性的资源进行社会再分配，以保护社会弱势人群的安全利益不被侵犯，同时也起到抑制某些个人或集团在享受安全利益方面的过度消费或腐化行为的强制作用。因此，解决安全资源在常规状态下，或是紧急状态下的机制性宏观协调问题，实质上就是要有效地调整社会各阶层人群在安全利益方面实际存在的差异，有效地协调或解决由此造成的各种社会矛盾，保护最广大人民群众的安全利益得以实现，并以此促进整个社会的公平、正义与和谐发展。

第四，安全科学的理论指导问题。运用人类的一切智慧和力量，在社会生产、社会生活的各个专业领域以及各个专业的方方面面，建立起以人体安全阈值为基础的安全专业技术标准，或者安全行为的社会规范，是当前一个历史时期安全科学的首要任务。在这个科学理论指导技术实践的过程中，不仅要建立起面向现实社会的安全科学研究体系，创建或发展安全科学的分支学科，而且还要与其他学科建立起牢固的科学联盟，共同为人类的安全健康而奋斗。

2. 安全人格属性的时空差异

在人类发展史上，安全代表着的全人类的社会人格属性，曾经遭到了严重的扭曲。这种历史性的安全人格扭曲现象具体地表现为人与人之间的安全利益在人类的整体上、群体上以及个体上的时空差异。

（1）安全利益的时间差异。

人与人之间的安全利益，在时间上，即在人类历史发展的不同社会形态之间，或者同一国家、同一地区的不同历史发展阶段上，都存在巨大的差异。

例如，从原始的部落所有制、奴隶制或农奴制、封建的土地所有制，再到资本主义的私人财产所有制，然后到共产主义的初级阶段，在这五种社会经济形态之间，人们对安全的需要和实际上享有的安全利益存在着今非昔比的天壤之别。因为在现实生活之中，安全是人类生存或发展的一个必要条件，所以人类的安全需要是绝对的、永恒的、世代相传永续不断的。但是，由于受到科学技术与生产力的发展，以及人类文明水平与社会进步现状的决定性支配作用，人类安全需要的实际满足程度却是相对的、有限的、在一定社会历史条件下才能实现的。人类在历史发展过程中对安全的需要及其实际满足程度，在一定历史条件下存在的这种绝对与相对、永恒与有限之间的矛盾，说明人本身固有的安全需要及其满足程度的实现，受自身历史进步现状和经济发展水平的影响或制约。所以说，社会生产力和科学技术的大发展才是克服或纠正安全人格扭曲现象的一个现实的客观物质条件。

（2）安全利益的空间差异。

人与人之间的安全利益，在空间上，即在人类历史发展的同一社会形态内部，或者不同国家、不同地区的同一历史发展阶段上，也都存在巨大的差异。

例如，在人类社会发展史上，奴隶主与奴隶、地主与农民之间，以及资本拥有者与雇佣劳动者之间，在各自寄托的安全期望和实际享有的安全利益上，无论是在安全质的方面，还是在安全量的方面，都存在无法相互比较的巨大差异，由此又造成了巨大的社会矛盾。因此，只有着力改善人们的经济状况、提升人们的社会地位，只有积极推进社会的公平、正义以及有效地协调或调整人们拥有的安全资源，从而搞好全社会安全利益的分配与再分配，才能让社会上的各阶级、各阶层以及各集团的群体或个人享有自己应得的那些安全利益。因为只有在经济上获得全面自由的人才能在政治上享受到充分的民主，只有在政治上获得充分民主的人才能提升自己的社会地位、维护自己做人的尊严，从而才能在社会生活中体现出个人的生存价值，并获得相应的安全利益。所以说，只有人的自主活动和自由全面的发展，才是克服或纠正安全人格扭曲现象的一个现实的主观动力条件。

3. 安全目标的人格回归

安全的人格属性及其社会理想在历史上全面展示的必要条件，即安全真正代表人类整体利益并为人类生存或发展服务的实现条件，是人类社会的结构性质及其现实状况。

马克思的社会发展学说认为，人类的全部社会结构由四个基本因素组成。第一个因素是生产力，它反映或体现了人类社会的物质基础，形成社会的物质结构。第二个因素是生产关系，它反映或体现了人类社会的经济基础，形成社会的经济结构。第三个因素是国家政权，它反映或体现了人类社会的政治上层建筑，形成社会的政治结构。第四个因素是意识形态，它反映或体现了人类社会的思想上层建筑，形成社会的思想结构。“其中生产力决定生产关系，而由生产关系构成的社会经济结构是现实的基础，在这个基础之上形成国家和意识的上层建筑。”（参见郝敬之《整体马克思》，东方出版社 2002 年版，第 290 页）

由此可见，若要克服或纠正以往历史上安全人格扭曲的社会现象，全面展示安全为全人类利益服务的社会人格属性，以及为人类生存与发展创造必要条件的社会理想目标，在这里还有三个具体问题需要解决，这就是：首先应该重视国家权力和社会意识的现实作用，其次是要尊重生产关系的协调和科学技术进步的支配作用，最后的关键还是生产力的大发展，以及由此促成的人的全面自由的发展，和全社会物质文化财富的充分涌流。

四、安全的目标与安全的行为规范

如前所述，安全所代表的社会人格属性是整个人类。安全所推崇的社会理想目标是通过创造人的生存条件去为全人类的生存或发展服务。

如果说，把创建安全利益全民共享的和谐社会作为人类所期望的安全目标，那么，这个安全目标的确立就是实现安全理想的出发点，而经过人们的世代努力实现这个安全的理想目标，则是完成人类整体安全期望、达到安全人格本质要求的最终归宿。从这个意义上讲，创建安全利益全民共享型的和谐社会，真实地反映或体现了安全的人格属性及其社会理想，而安全人格理想目标的提出、确立与实现的全过程就表现为人类在整体上以及在这个整体和各个组成部分的相互联系方面，与整个社会及其构成因素之间的双向互动并在人类与社会生存环境的这一双向互动之中实现个人德法合一的行为方式，即在约束或规范人们行为安全的功能互补过程中达到道德与法律的融合如一。

1. 推崇德法合一的行为安全规范

维护安全的社会人格和实现安全的理想目标之所以要推崇德法合一的行为规范，是因为一个人在社会生活中选择自己安全的行为方式，除经济、政治等因素的决定性支配作用之外，主要受道德与法律两个因素的直接制约或间接影响。

在人们为实现经济与社会发展目标共同奋斗的时候，有必要把来自道德的内在的自我约束力和来自法律的外在的强制执行力切实有效地结合起来，形成一个全社会共同参与、社会全体成员共同遵守、统一的安全行为规范体系，以便使政府能够运用权威性的公共权力，协调社会各方的安全资源，调整社会各方的安全关系，从而建立起一个安全利益全民共享的和谐社会。同时，还有必要把研究道德的伦理学和研究法律的法理学也看作两门既相对独立又相互联系的分支学科，在人类安全实践的基础上和人类安全实践的过程中统一形成一门综合性的基础科学，并把实现人类理想的安全期望作为自己的科学奋斗目标，从而创建出一门全新的安全行为规范学，用以揭示人们的行为规律，调解人们的行为关系，指导人们的行为规范，实现人们的行为安全。

2. 制定并实施德法合一的安全目标

为创建和发展安全利益全民共享型的和谐社会，必须制定并实施德法合一的安全行为规范，使政府在为公众利益服务的时候，能够更好地去调节人与人之间、人与社会整体之间，以及人与自然生态环境之间的安全利益关系。同时，也要研究、探讨并最终实施确立安全目标的基本原则，作为人们在现实生活中实现安全人格理想目标的统一行动纲领。这些涉及社会全体成员安全利益的社会现实问题，不仅是一个需要由安全科学与医学科学、法学科学、伦理学、政治学、社会学、人类学、教育学、管理学，以及生理学、心理学、人机工程学等众多学科进行综合性科学论证的理论问题，更是一个由国家政治权力机构组织社会全体成员共同实施的、具有经济与社会发展战略意义的综合性社会系统工程的实践问题。

从安全的着眼点或角度来看安全目标诸问题的解决，全面地展示安全为整个人类生存与发展服务的社会人格理想，达到安全利益全民共享的那个社会理想目标，就需要建立起社会全体成员普遍能够接受并自觉实行的统一行动纲领。

安全目标的确立，可以简要地归纳为以下四项基本原则：

第一，主体原则。确立安全目标，必须以人的生物学特性为基础，满足人在生理或心理上的自我生存欲望和自我生存要求，并以人对自己体外因素危害的承受能力即人体安全阈值，作为实现生命安全与职业健康的专业操作规范，或专业技术标准。

第二，人权原则。确立安全目标，必须以人的社会学特性为前提，尊重每个人的生存价值和做人的尊严，并以人的劳动权、休息权、生存权、健康权等基本人权，作为实现生命安全与职业健康的专业技术内容，或专业工作要求。

第三，法权原则。确定安全目标，不得违反国家宪法和相关法律、法规，以及有关国际公约所允许的最低人权保障限度，并保证执行食品、药品安全及其他有关卫生健康的基本法则。

第四，人性原则。确定安全目标，不得违反社会公认的人性标准和人道主义原则，不得超出社会公德或职业道德规范所要求的最大宽容忍耐程度，不得违背“以人为本”和“与人为善”的安全道德理念。

综上所述，安全的目标及其所涉及的诸多现实问题应该引起人们的高度警觉和极度关注，特别是安全目标确立的四项基本原则，更应该成为人们一切社会生活的安全原则或行为规范，成为创建安全利益全民共享型和谐社会的崇高人格理想，以及国家经济与社会可持续发展的基础性战略要求……

（2007 年 10 月初稿于北京休闲山庄，2009 年 5 月完稿于北京中国政法大学）

安全与不安全的关系

企业的全部工作都是为了生产，而保证生产正常进行的不可替代的措施是安全。由此可见，企业的安全目标和生产目标是统一的，企业要在实现从业者身心健康这一安全目标的前提下才能实现生产目标。企业可以把生产目标分解为若干具体的生产指标，但决不能把一个完整的安全目标分解为若干安全指标。

诚然，企业在生产过程中，会因人的失误或不可抗拒力造成人员的伤亡，但那只是偶然现象而不是必然规律，给企业下伤亡指标就等于把偶然当必然，这是认识上的偏颇。把安全目标细分为具体的安全指标，说明目标本身就有缺陷，是纵容生产事故发生的“不安全”目标。因为安全指标完成得再好，最终实现的还是“不安全”目标，而非“安全”目标。更不容忽视的是，指标管理以从业人员伤亡人数的允许限额作为企业的安全指标是不科学、不人道的，而且也是违反国家宪法有关人权保障条款和无视国家现行安全法规的违法行为，因此，是极不可取也是必须认真加以纠正和坚决废止的。

一、确定生产活动安全目标的基本原则

确定生产活动中的安全目标，即确定人在社会实践中有计划地争取实现的安全程度，至少应有如下四条基本原则：

第一，坚持以人为本的原则，把安全主体量纲作为确定安全目标的现实基础。安全目标的确定，既要保障当事人的身心健康，又要保障当事人活动目的的实现。人体对外界危害因素的承受能力，人体生物节律以及包括人的安全知识和安全技能在内的安全素质，构成安全主体的三大量纲。按照生产或消费的实际情况和客观要求，测定有关安全主体量纲的具体数据及其组合是确定安全目标需要解决的首要问题和中心环节。

第二，坚持以物为据的理念，把安全客体量纲作为确定安全目标的主要依据。安全客体量纲，即外界因素对人体是否造成危害的数据组合。物的不同性质、剂量大小及作用强度，以及物对人身心的作用方式和作用时间长短，构成安全客体的三大量纲。按照生产或消费的实际情况和客观要求，测定有关安全客体量纲的具体数据及其组合是确定安全目标的重要依据和主要内容。

第三，坚持以法为度的政治标准，把国家宪法和据此制定的安全法律，作为确定安全目标的起码要求。安全法规的制订、实施与监察，体现了政策制定者在各种职业活动中的人权保障状况，以及对人的生命价值和生命存在的认可程度。这些安全法规，是确定安全目标的底线，越过这条警示线，便是违法。

第四，坚持以德为上的理想，把社会公德和职业道德所能容忍的最大限度，作为确定安全目标的基本准则。在社会伦理观念与人道主义基础上形成的安全道德，是实现安全目标的自我约束机制，是高于法律底线的人性和良知。如果人们在实践中都能做到换位思考，把生产或消费中的人们都当作自己的亲人和朋友来善待，那么，许多不该发生的事情也就真的不会发生了。

二、安全与不安全的逻辑全异

“安全”概念的外延，所涉范围在 0 至 100%之间，即人们常说的安全度。此时安全的性质是正安全，包括相对安全（安全度在 0.1%至 99.9%之间）和绝对安全（安全度为 100%）。“不安全”概念的外延，所涉范围在 0 至 – 100%之间，不安全的性质是零安全即绝对危险（安全度为 0），以及包括相对伤害（安全度 – 0.1%至 – 99.9%之间）与绝对伤害（安全度为 – 100%，即人的死亡状态）在内的负安全。从思维的确定性反映出的基本规律来看，安全就是安全，不安全就是不安全，二者在质的方面互不相容，在量的方面互不交叉。只要是符合逻辑的思维，安全与不安全就不可能混淆，也无法混淆。

进入 21 世纪以来，我国重特大事故频发，其认识根源就在于从逻辑上混淆了“安全”与“不安全”这两个具有思维确定性的概念，违反了人类思维的基本规律。这主要表现在以下两个方面：

其一，把“不安全”的原因归结为“安全”的成果。长期以来，人们往往把企业创造的经济效益和社会效益看成是生产出来的，而各种事故造成的人员伤亡或经济损失，则是安全给企业带来的问题。这是一个影响深远的认识误区。其实，安全给企业带来的不是损失，而是生产的正常和劳动者的健康。企业在存续过程中创造的任何生产效益，都含有安全的贡献，因为只有在安全的前提下，企业才能通过生产的形式创造出效益。而事故造成的各种危害，是“不安全”的恶果。不能设想，一个正在爆炸中的化工厂或煤矿，还会给企业和社会带来什么效益。目前，有人就把企业重特大事故频发的原因，说成是社会经济发展的高速度，并自称发现了安全生产规律。众所周知，企业之所以能够创造出经济效益，正是安全生产的结果。企业发生事故，表明其“不安全”，怎能把造成它的原因说成是社会经济发展这一具有“安全”意义的成果呢？不安全产生的原因在于不安全的生产（经济增长）方式，而并不在于安全，二者无法混淆。近年来我国重特大事故频发的根本原因有二：一是企业法定代表人即企业的安全决策人以及相关管理人员和一线生产人员，在企业活动及生产过程中违反包括安全规律在内的种种客观规律，这是重特大事故频发的主观原因（即事故频发的企业原因）。二是我国现行的法律、法规，还不能切实有效地调整资本与雇佣劳动之间的关系，即不能切实有效地遏止资本在增殖过程中对从业人员安全利益及其他切身利益的侵害，因此也就不能切实有效地保护社会弱势群体在生产或者消费中的安全利益，这是重特大事故频发的客观原因（即事故频发的社会原因）。

混淆安全与不安全界线的第二个表现，是用不安全的理论去指导安全的实践。如同安全是人与外界因素之间进行系统交换形成的客观事物，因而有它自身的客观规律那样，不安全也是一种人与外界因素之间相互联系的客观存在，因而也有它自身的不安全规律，用人类的文字表达出来就是不安全的理论，用人们的行为表现出来就是不安全的实践了。例如，“多米诺骨牌”理论就是一个典型的事故致因理论，是揭示和反映不安全怎样发生的规律性的理论。长期以来人们习惯用这些不安全的理论去指导自己的安全实践。例如在教育界，我国安全学科、专业三级学位教育20多年来培养的安全人才，有相当多的人只知道不安全是怎么回事，不知道安全是怎么回事，更不清楚安全与不安全之间有什么样的关系，而且在实践中往往把安全与不安全混为一谈。科学所揭示的客观事物都有它自己的规律性，安全有安全的客观规律，不安全也有不安全的客观规律，怎么能用反映和揭示不安全规律的不安全理论去培养做安全专业工作的人才呢？当然，我们也绝对不能用反映不安全规律的理论去指导人们的社会实践。所以，防止企业重特大事故频发的根本措施，首先就应该是加强安全基础理论的研究，用反映和揭示安全规律的理论，去教育、说服、指导人们的实践活动。其次，就是要集中全国的人力、物力、财力、智力，认真地改造高危行业和高危岗位，使之本质安全化，并成为全社会最安全的生产行业和最安全的工作岗位。这不仅是我国安全事业发展的迫切需要，也是实现民族振兴和国家现代化的重要内容和战略目标。因为安全的最高境界，不仅仅是让人的身心免受外界因素的危害，而是要让外界因素为人类的健康服务。人类文明的发展与社会的历史进步，最终将会让地球上的人们在理想的生存环境中享受安全。

三、安全与不安全的相互转化

安全与不安全之间，还可以在一定的条件下向各自相反的方向转化。这就是说，只要具备一定的条件，安全在量上的变化可以引起安全的质变，从而改变人体健康的安全性质，安全的质变也可以引起新的安全量变，从而提高人们的安全程度，使人的身心达到一个新的健康水平。

安全工作的中心环节，就是要调整人与外界因素之间的关系，使人在生理或心理上的健康状况，始终保持在安全度大于0的正安全范围之内，从而避免不安全存在的各种条件，使人的身心健康状况从安全度0或0以下的危险与伤害状态，转变到、提高到安全度0以上的正安全状态。实现安全的基本方法，除不可抗拒的自然力或人为的恶意突然攻击之外，从理论上讲，应有四个既相对独立又相互联系的步骤。

第一，安全定性研究的方法，是安全的模型分析法。建立安全模型，是安全定性研究的基本方法，它是从客观事物的整体上以及整体与部分的联系方面，把人们在社会实践中某个特定生命活动的功能系统，如企业的生产系统及其安全目标作为科学原型，建立起该生产系统安全动力机制的理论模型。通过对这个生产系统的安全整体功能分析，找出形成该系统安全内在动力的安全结构，找出形成该系统安全外在动力的安全条件。然后，再从安全的角度和着眼点，把这些生产过程涉及的人、物、人物关系及其内在联系等安全结构诸因素，以及经济、社会、文化、生态等安全条件诸方面，整合成一个符号化的安全整体功能系统。

第二，安全定量研究的方法，是安全的仿真实验法。仿真科学实验，是安全定量研究的基本方法。通过模拟安全整体功能系统运行的实际情况，运用现代手段从物理、化学、生物以及人的生理、心理等方面进行科学实验，测定安全主体量纲与安全客体量纲的具体数据及其组合，以及安全条件的外在保障参数，把安全理论模型提供的一系列符号数字化。以模拟真实情况的科学实验方法，把人类某一特定生命活动系统如企业生产活动系统的安全动力机制，从抽象的、定性的理论模型，转变为具体的、定量的实践模型。

第三，安全总体设计的方法，是安全的综合集成法。钱学森等科学家在研究复杂系统问题时提出的综合集成法，是以人为本、人机结合、从定性到定量地解决复杂系统工程问题的综合集成技术。刘潜先生在研究安全方法论时提出的安全综合集成法，是为实现安全目标、解决安全系统工程问题而在社会实践中对综合集成技术的应用。

通过对人类活动的某一系统，如企业生产系统安全动力机制从定性到定量的科学研究，把安全理论模型分析的定性结果与安全仿真实验测出的定量数据结合起来，再经过多学科专家从不同角度的论证并与群众的实践经验相结合，最终对该目标系统进行系统运行全程安全化及各阶段具体安全目标的总体设计，拿出几套可供实践的安全方案。

第四，安全方案实施的方法，是安全的系统工程法。刘潜先生认为，工程的概念应包括纵向与横向两个方面。工程的纵向方面，是指从对工程的勘查、论证、设计到施工、安装、运转，再到鉴定、验收、总结等全过程，属于该工程领域单一的专业技术问题。工程的横向方面，则是种种科学与技术在工程实施全过程每一环节中的综合运用,因此是多学科与多技术的相互匹配问题。

安全系统工程，是指在人们的某个特定的实践活动如生产活动中，实施已经确定或批准的安全总体设计方案，它包括运用系统工程理论指导该安全方案落实的全过程，以及在实现各阶段具体安全目标时所采取的方法、手段、措施的综合。安全系统工程的纵向方面，是把安全方案落实到企业过程之中，并作为企业活动的前提条件来实现。企业安全专业技术人员的任务，首先就是在企业法人的授权下，全程跟踪与监察安全方案的实施过程，并定期向授权人做出安全报告。其次，就是在必要时启动事故应急预案，参与事故的紧急救援与善后处理。安全专业人员的职责，就是刘潜先生早就提出的那十六个字：“监督、检查；督促、指导；培训、教育；建议、咨询”。安全系统工程的纵向方面，就是企业全员参与安全方案的落实，并使企业过程的每一个生产环节都以安全为前提，无论是生产、质量、管理还是标准化工作都应符合安全规律的客观要求，从而在企业生产活动系统落实安全方案的过程中，不断实现阶段性的安全目标。

（2007 年 12 月写于北京密云休闲山庄）

我们的工作是拯救生命吗?

——读《李毅中接受央视采访》有感

读了《现代职业安全》月刊2005年第8期(总第48期)关于《李毅中接受央视采访》的报道，了解到国家安全生产监管局升格为总局后的第一任局长如此敬业，甚为欣慰，也因此而沉思了数月。

作为在生产第一线工作40年的退休工人，我也想说几句话，就“我们的工作”即全国安全生产与安全监管监察工作当前存在的若干问题，谈一些个人的意见和看法，仅供安全界的朋友们参考。

一、安全工作是保护生命而非拯救生命

“我们的工作”即全国安全生产与安全监管监察工作的战略指导思想，是保护生命而不是拯救生命，这也是安全工作者与医务工作者在职业特征上的重大区别。

安全，是人在宇宙中为了生存和发展，与自然(包括天赋自然与人工自然，即自然界和人类社会)之间建立起来的一种生态关系。这种自然生态关系的和谐与平衡一旦遭到破坏，人就一定会在生理上或心理上受到某种程度的伤害(指人的伤残或是患病)，人与自然之间生态关系的这种失衡状态是否能够恢复原状，全靠人间的医与药来调节。因此，人们获得生命安全与健康长寿的基本途径，就是在保持人与自然之间生态平衡的基础上，实现人类社会的和谐发展。中国职业安全健康协会顾问刘潜先生曾经指出，人的身心健康以皮肤(包括人的肢体、五官、内脏的外表皮、内表皮以及唾液、胃黏膜等)为界线(指系统边界)，客观上存在着两个相互关联的保障系统。人体健康的外在保障，是由安全工作来完成的，人体健康的内在保障，是由医务工作来实现的。因此，人的皮肤在实际上就成为安全科学与医学科学这两门综合性科学的学科边界。安全科学是从人的体外保障人的身心健康，它反映和揭示人体健康外在质量的整体水平。医学科学是从人的体内保障人的身心健康，它反映和揭示人体健康内在质量的整体水平。具体地讲：安全科学，研究和解决人体皮肤之外的健康问题，即研究和解决如何使人在生理或心理上免受体外因素的危害，并探索和实践人体外在健康理想状态存在的各种必要条件。医学科学，研究和解决人体皮肤之内的健康问题，即研究和解决如何使人在生理或心理上免受体内因素的危害，并探索和实践人体内在健康理想状态存在的各种必要条件。例如，人之所以要穿衣服，一是为了御寒，二是为了遮羞。御寒，是为了使人在生理上免受外界因素的危害。遮羞，是为了使人在心理上免受外界因素的危害。因此，人类穿衣服首先要解决的是安全问题，即人在生理和心理上的健康问题，然后才涉及

艺术和美学问题等等其他方面。但是，如果外界因素的危害一旦侵入到人体内部（指进入到人体皮肤之内），使人在生理或心理上得了疾病，那便属于医务人员的工作以及医学科学研究和解决的问题了。

二、人的身心健康是生命系统的完整体现

人的身心健康本来就是一个完整的生命系统的体现，它的内在保障与外在保障之间也在物质、能量、信息等方面进行着某种程度的系统交流或系统交换。

医学科学与安全科学之间也是既相对独立又相互联系的，并且在保障人体健康的过程中往往结成科学上的联盟。医学科学在研究和解决人体内在健康问题的同时，还从人的各种需要出发，在生理和心理上提出人体健康外在保障的具体要求，以及达到这些人体健康要求的医学标准、实现条件和科学依据。安全科学则是从人们的实际需要出发，力求按照人体健康的医学标准和实现条件，去完成医学科学提出的各项任务，争取达到人体外在健康的具体目标。例如，安全工作者在保障从业人员身心健康和改善职工作业环境中所依据的人体安全阈值，即人在生理或心理上对外界因素危害承受能力的科学数据信息，就是经医学科学研究而由医务工作者测定的职业健康标准。

安全工作与医务工作的职业特点，最集中地体现在各自工作的质量标准上。衡量医务工作优劣成败的质量标准，在于是否有效地调整并提升了人的健康度，即是否切实有效地提高了人体内在健康程度和人体健康内在保障程度。衡量安全工作优劣成败的质量标准，在于是否有效地调整并提升了人的安全度，即是否切实有效地提高了人体外在健康程度和人体健康外在保障程度。如果说，医务工作者的宗旨是“救死扶伤，实行革命的人道主义”，那么，安全工作者的宗旨就是“不死不伤，提高人类的生存质量”。因此，从社会分工的特点来看，医务工作重在拯救生命，安全工作重在保护生命。安全工作与医务工作在保障人体身心健康方面，具有共同的奋斗目标，这就是为整个人类的生存与发展提供社会服务。

三、安全科学与医学科学交叉于卫生领域

刘潜先生曾经对卫生的概念含义做过深入的研究，他指出，“所谓卫生与安全一样，也是一个复合概念；卫，是捍卫、保卫的意思；生，是生命、生存的意思。卫与生两个词结合起来的意思，就是捍卫人的生命、保卫人的生存”。安全科学与医学科学虽然在卫生问题上相互交叉，但也各有侧重。在医学方面，把卫生看作通过改善人们的生活环境和改变人们的生活习惯，从而防止各种疾病危害的预防医学问题。在安全方面，把卫生看作外界因素通过人的生理或心理对人体健康产生间接危害的广义安全问题。例如，噪声长时间干扰会使人的听觉下降，在高浓度粉尘环境中长期作业会造成人的尘肺职业病。从职业卫生工作的角度看，搞好职业病防治，是安全工作者和医务工作者的共同责任，安全工作的重点在于防，医务工作的重点在于治。只有防治结合，才能不断提高劳动者的职业卫生水平。

四、我们的工作是干什么的?

如前所述，从安全科学与医学科学、安全工作与医务工作之间相互区别、联系与交叉的考证中，我们可以得出这样的结论：积极保护人的生命存在与职业健康、有效提升人的生存质量、促进全社会共同关注和维护人类自身的安全利益，是安全工作者的神圣职责。这就是说，安全工作者在劳动生产领域里实现行业安全，并不是要在发生事故以后再去拯救生命（那主要是应急救援组织或医务人员的工作），而是要在事故发生之前就去保护生命，从而避免人们在生产活动中陷入被拯救生命的危险境地。因为拯救生命不能切实有效地保护生命，也无法切实有效地从人体之外保障人们的身心健康。只有保护生命，才能真正做到安全工作的“关口前移”，并且在保障劳动者职业安全与健康的基础上，进一步保证生产的顺利进行和生产目标的实现。

1. 安全工作的形势与问题

最近，人民出版社出版的《中共中央关于制定国民经济和社会发展第十一个五年规划的建议》辅导读本，刊载了国家安全生产监督管理总局党组书记、局长李毅中的署名文章《加强安全生产，保障人民群众生命财产安全》，全面地概括了我国安全生产的现状：“从 2003 年起，事故总量开始下降。2005 年 1 月至 9 月，全国事故起数和死亡人数比 2004 年同期分别下降 10.20%和 8.90%，大部分行业领域和省区安全状况比较稳定。”“在充分肯定成绩的同时，也要认清我国安全生产形势的严峻性。主要是重特大事故尚未得到遏制，煤矿等高危行业事故多发，事故总量过大。2004 年全国发生 10 人以上特大事故 129 起，其中 30 人以上特别重大事故 14 起。从 2004 年 10 月到 2005 年 8 月，先后发生了 4 起一次死亡百人以上煤矿事故。2004 年全国发生各类事故 80.36 万起。死亡 13.67 万人，大约每亿元国内生产总值死亡 1 人，每万人中有 1 人在事故中丧生，伤残 70 余万人，加上职业病危害，每年大约近百万个家庭遭受不幸；事故造成约 2500 亿元的经济损失，约占国内生产总值的 2%。”“据不完全统计，全国有 50 多万个厂矿存在程度不同的职业危害，接触粉尘、毒物、噪音等职业危害的职工 2500 万人以上。截至 2004 年年底，尘肺病累计报告病历 59 万例，现有尘肺病患者 44 万人，疑似患者 60 万人。”这些事实表明，以“我们的工作就是拯救生命”这样的思想去指导安全生产工作，根本不可能有效地遏制重特大事故多发的势头，也无法切实地提高从业人员的职业安全健康水平，只能导致全国安全生产工作的全面滞后。

国家安全生产监管总局局长李毅中在 2005 年第 18 期《求是》杂志发表的署名文章中指出，“非法和不具备安全生产条件的小煤矿违法违规生产，伤亡惨重。小煤矿产量约占全国的 1/3，死亡人数却占 2/3 以上。为数不少的小煤矿忽视安全、管理混乱。一些非法矿主甚至无视法律、无视监管、无视生命，抗拒安全执法，该关不关、该停不停，或假停真采、日停夜开，不断酿成事故。今年 7 月份以来，60%的煤矿重特大事故都是发生在已责令关闭或停产整顿、但仍然违法生产的小煤矿。国家实施煤矿安全生产行政许可制度以来，逾期没有提出申请和经审查不具备颁证条件、退回申请要求停产整顿的 7000 多处小煤矿，以及各地政府明令停止整顿或关闭取缔的小煤矿，如不切实整治，将成为滋生事故、吞噬生命的陷阱”。我国煤矿安全生产的严酷现实，再一次告诫我们：在市场经济条件下，仅仅为生产活动中的安全问题寻找技术性的解决办法，不论投入的人力、物力、财力有多大，都不一定能达到预期的安全生产目标。因为安全问题的实质不是经济技术问题，而是人的生存价值是否得到确认、人的生命存在是否得到尊重的人权保障问题。如果我们在安全生产工作中只注重抓安全投入、安全技术等自然科学问题，忽视了抓安全政治、安全法律等社会科学问题，还是会使人力资源和其他社会财富遭到极大的浪费，社会生产力也将因此而遭到极大的破坏。所以，全国安全生产的综合监管与监察工作，应以维护人民的安全利益为最高原则，在进一步贯彻落实国家宪法关于人权保障条款的基础上，力求完善“立法、执法、司法”三位一体互相配合的安全生产法制工作新机制，运用政府职能资源的综合优势和人民政权的国家力量，坚决打击非法采矿、非法生产以及故意或严重违反安全生产法规的行为。

2. 安全工作的任务与实质

安全是衡量一个国家或地区人类文明发展水平与社会历史进步程度的客观标志。所以，要振兴中华民族，就必先振兴中国的安全事业。因为人们对安全的需要，就像阳光、空气和水一样。安全，不仅是人类生存与发展的基本前提，而且也是生产正常进行和生产目标实现的必要条件。人类只有以安全为基础和在安全的前提下，才能通过劳动生产活动，发挥自己的智慧和力量，在宇宙之中完成自己创造自己、自己完善自己、自己发展自己的自然历史使命，并且最终飞出地球去，走向广阔无垠的太空。

因此，安全工作不是在人们失去安全状态时，再去帮助人们寻找实现安全的方法，而是在人们需要安全的时候，就能有效地为人们提供安全的保障。从历史唯物论的角度来看，“我们的工作”即全国安全生产与安全监管监察工作的重点，不是拯救生命，而是保护生命。安全工作重在保护生命的实质，就是重在保护生产力的核心要素，最大限度地解放社会生产力并促进新生产力的生成与发展。

（2005 年 11 月 16 日于休闲山庄）

人的安全与科学发展①

我作为有着 40 年职业生涯的共产党员，有幸参加第三批学习实践科学发展观活动，经过学习科学发展观的一系列理论和观看社会科学发展成果的影视资料，并结合自己几十年来的工作实际，以及十几年来利用业余时间对安全基础理论问题的学习与探索，我深刻地感觉到：人的安全与科

① 原载《四川职业安全》2011 年第 1 期（总第 55 期），第 29-30 页。

学发展密切相关。

安全资源的优化配置与安全利益的全民共享，以及在科学发展观指导下构建和谐社会或和谐世界，不仅是人与人之间相互尊重友善交往的人权保障基础，而且也是人类和平利用文明成果，步入理想境界的途径或期望。因此，我和我的朋友邱成先生（《现代职业安全》月刊原执行主编）、周华中先生（原首都钢铁公司安全工程师）都认为：安全，也应该像人口、资源、环境那样，成为我国经济与社会全面可持续发展的一项基本国策，而构建安全共享型的和谐社会更应该像构建人口计划型、资源节约型、环境友好型的和谐社会那样，成为我们国家宏观发展规划的又一个重要战略目标。

一、安全科学是现代科学的有机组成部分

在当代，凝聚着人类智慧与力量的知识、经验或认识成果，以及由此构建起来的种种学科科学及其科学技术群，已经形成一个相互关联信息共享的网络结构。安全，作为一门独立的学科科学，或者是一个综合学科的科学体系，也是这个现代科学整体结构之中的有机组成部分。

如同物理学家和化学家对于宇宙天地之间的万事万物，都试图用物理的或是化学的理论去解释，以及试图用物理的或是化学的方法去分析那样，作为自然科学家们研究与探讨的这个宇宙天地及其万事万物，凡涉及人的地方，都普遍地存在安全问题，因而也都是安全学或者安全科学的研究范畴，以及安全工程师、安全专家和安全科学家们学术探讨的专业课题。

从安全学或是安全科学的理论上讲，目前遍及全球的人口、资源、环境问题，归根到底还是人的安全问题，是人类自身在生存与发展的自然历史进程中遇到的人口安全问题、资源安全问题和环境安全问题。这些反映或体现在人口、资源、环境方面的诸多安全问题，实质上并不是脱离人类的独立存在，而正是人在自己的生命存续期间，与体外生存环境及其构成因素之间相互作用时，如何避免或减少人身伤害，以及如何满足自我生存欲望，或是如何实现自我发展目标的切身安全利益问题。或者，我们还可以更加确切地说，在宇宙天地之间和人也参与其中、生活在其中的这个世界上，无论是何人、何事、何物，凡危及人类整体或群体的生存与发展，以及危及个人的生命安全或身心健康所形成的现实问题，都属于安全问题，因而也都需要用科学的理论和方法，并且是从安全的着眼点或者安全的角度入手，一个一个认真地加以研究和及时、有效地去解决。所以说，如果要讲科学发展观，那么，人们的生命安全或是职业健康，以及安全资源的配置与安全利益的调节，这些由人的生命存在和人的生命活动引发的一系列安全问题，也都是应有之义。

二、安全是人得以生存发展的必要前提

安全，作为日夜守护在人们身边的一个真实的客观存在，就像阳光、空气和水一样，也是人之所以能够成为人而在自然界得以生存或发展的必要前提。从逻辑学反映或揭示的人类思维规律来理解，必要与前提这两个表现为命题缩写形式的概念，也有着它特定的内在含义。所谓“必要”

的概念含义，是指“没它不行并且有它不够”。人在自己的生存或发展过程中，之所以没有安全不行，是因为如果没有安全就没有人自己的身心健康或生命律动，之所以只有安全不够，是因为人除了需要安全之外，还要通过自己的劳动来解决和满足自己在衣、食、住、行等其他生活方面的需要。所谓“前提”的概念含义，是指“先有它然后才能有其他”。因为人在自己的生命存续期间，必须先要有人身安全，然后才能有生命存在或者身心健康，有了生命存在或身心健康，才会有社会劳动和幸福生活。在这里，从安全与人之间双向互动的关系可以看出来，安全的原始生成和它的自然消亡都是无法与人类及其生命活动分开的。

安全起源于早期人类的原始劳动。正是在“劳动创造了人本身”（恩格斯在《自然辩证法》一文中的用语）的自然历史过程中，原初形态的早期人类劳动，引发了安全生成的必要性，决定了安全生成的可能性，满足了安全生成的初始条件，从而在最终的意义上生成了反映或体现人与环境相互作用的安全原始形态。所以说，劳动的本质是创造。劳动在创造了人本身的同时，也创造了人类生存与发展的条件，改善了人类生存与发展的环境，提供了人类生存与发展的保障。但是，从安全的原始起源上看，安全的本质不是创造而是为人的生存或发展提供保障，安全在自己原初形态的自然生成过程中，保障了人类自我创造与自我完善的全部历史进程得以延续和完成，并且还将继续保障着人类自我发展的自然历史全过程。人类历史上的这个科学事实本身就意味着，安全与劳动之间具有同源共构性的原生形态特征。

安全的原初本性特征就集中地表现为它与劳动的自然历史同源性和社会现实共构性两个方面：其一是安全与劳动共同起源于人类在地球上进化的自然历史过程，并且作为人类诞生的必要前提在其中发挥了重要的创造性或保障性功能，因此它与人的生命存在及其全过程融合如一，也就是说，安全与每个人的一生始终保持着融合如一的生命结合态。其二是安全与劳动共同参与人的现实社会活动，并且共同具有刘潜先生所说“人、物、人物关系及其系统”那样的内在组织结构，因此它与人的生命活动及其全过程融合如一，也就是说，安全与每个人的劳动始终保持着融合如一的生命结合态。这也就意味着，人们的劳动技能与安全技能并不是什么分离为二的东西，而是人在实际生活中完美地结合在一起的两种生存技能，劳动与安全这两种生存技能掌握和运用得如何，只是因人而异，存在人的个体差异而已。由此可见，反映或体现安全原初性的这些典型特征，向我们证实了人本身的生命存在及其活动同时具有三重性的意义，一方面是人自己的生命存在及其活动，另一方面是人自己的劳动存在及其活动，还有一个方面是人自己的安全存在及其活动。如此看来，安全与人类和劳动三位一体，并且在相通相融和相互依存的状态下相互作用，从而在整体上聚合成为宇宙自足系统特定太空区域智慧生命运动的基本形态，或者说是凝聚成为宇宙智慧生命的基本元素。

在宇宙天地之中，劳动是看不见摸不着但可以为人所感知的创造性智慧生命元素，它的自我运动形态，是以人的生命存在及其全过程为载体的创造性智慧生命运动，具体表现为人类存在的基本方式。

在宇宙天地之中，安全是看不见摸不着但可以为人所感知的保障性智慧生命元素，它的自我运动形态，是以人的生命活动及其全过程为载体的保障性智慧生命运动，具体表现为人类活动的基本前提。

在宇宙天地之中，人类是看得见摸得着又可以为人所感知的主体性智慧生命元素，其自我运动形态，是人与劳动和安全在相互依存状态下相互作用的主体性智慧生命运动，其必然的具体表现形式就是：以人自己的劳动作为自我存在方式，以人自己的安全作为自我活动前提，并且在人们的世代延续过程中，完成人类自我创造、自我完善和自我发展的自然历史使命。

如此说来，人类与劳动和安全都是宇宙天地大自然的有机组成部分，若是从宇宙自足系统特定太空区域的智慧生命运动，或是从宇宙智慧生命元素的角度上重新审视安全的存在价值，它就不仅表现为人类生存与发展的必要前提，而且在保障人类生存或发展的基础上和过程中，安全还表现为能够维护或促进人类社会进步，以及保持国民经济可持续全面发展的一种可再生性战略资源。因此，在这个意义上我们又可以说，一个国家或地区社会全体成员实际享有的安全利益及其质量如何，是衡量、判断或评价这个国家或地区人民生活幸福指数的客观标准，也是衡量、判断或评价这个国家或地区人类文明发展水平和社会历史进步程度的客观标志。所以，我们据此又可以认为：安全资源的优化配置与安全利益的全民共享，以及国民经济可持续的安全发展，是在科学发展观指导下构建和谐社会或是和谐世界，以及完成振兴中华伟大事业的一条基本的战略途径。

（成稿于 2011 年 1 月 20 日）

安全认识：从生物本能到行为反思①

从宇宙天体运动及太阳系行星演化的角度来看，安全的初始形态是人类通过劳动在实现自我创造、自我完善和自我发展的过程中，与自然界（包括天赋自然和人工自然）之间进行物质、能量、信息的系统交流或系统交换时，自然而然地形成的一种生态关系。在地球生物进化史上，人类对其自身与生存环境之间这种生态关系的认识，是从植物的刺激反应、动物的趋利避害等生物本能进化而来的一种获得性遗传的表现，有一个从低级到高级、从原生态到完整形态发展的自然历史过程。

早期人类对安全的认识，只是一种纯生物性的本能反应，例如人的手碰到很热的东西就会马上避开，这种条件反射式的经历多了，便形成朦胧状态的安全认知。自从有了自我意识，能够正确地区分自我与他我（指人体之外的一切客观事物），人类就开始有了原生态的自发安全认识。在农业社会里，人类的生产工具简单，维护安全的工具也简单。原始人打猎用的石头、木棒，既是

---

① 原载《四川职业安全》2011 年第 2 期（总第 56 期），第 27 页。

生产工具，又是安全工具。青铜器或是铁器时代古人用的刀，刀刃是生产力，刀把既有生产功能又有安全功能。在工业社会初期，人类首先发展的是动力，如蒸汽机等。动力正面发挥的作用是生产力，反面的作用就是破坏力。这些生产力是人造的，为了防止这些人造物的破坏作用，人们进行了有针对性的专门研究，例如蒸汽机防止爆炸，就要加上减压阀、防爆片等安全装置。那时出现了专门解决安全问题的技术，人类对安全的自觉认识便从个别安全过渡到局部安全的历史发展阶段。

进入 20 世纪，生产力大发展，能源利用比较多，电也起了作用，因此动力开始更加复杂了。特别是第二次世界大战以来武器装备迅速发展，促进了航空工业的兴起，为防止与限制飞机的危害，又出现了无线电和雷达。这时，不论在生产上还是在军事上的功能，都出现了很复杂的系统，这个复杂系统一旦有一个环节受到破坏，整体的功能就受到影响。同时，从安全来讲也出现了很复杂的系统，因为局部环节的破坏，或是一个小的失误，也会对人类产生很大的危害。以飞机为例，人在飞机上即成为复杂飞行系统的一部分，如果飞机上的任何一个零件不安全，或是飞行中的任何一个环节不安全，整个人机结合的飞行系统就不安全，所以必须整个飞行器系统安全才能称为安全。由此产生了人类的系统安全认识，在工程技术上人们也要求实现系统安全的技术，综合起来看，就是要实施系统安全工程。所以，系统安全的概念本身有两个含义：第一是这个系统代表人类生存与发展所需要的某个功能系统，第二是人类针对这个系统要实现全面的安全。

系统安全的认识到 20 世纪 80 年代发生了重大变化。1986 年 1 月 28 日，美国价值 20 亿美元的“挑战者”号航天飞机升空 77 秒后发生爆炸，7 名宇航员全部遇难。从安全理论上分析这次事故发生的原因，主要有二：一是处在静态符合安全要求的航天飞机零件，满足不了动态条件下的安全要求。同时，人们也无法事先预见到升空时瞬间的动态变化，是否能超出航天飞机原设计的安全范围。二是由航天飞机零件局部叠加而成的整体，缺乏相互之间在安全上的功能互补与动态协同，尽管人们在地面上做了许多的弥补和努力，但对逐个零部件的设计与检验，仍然无法满足整个飞行系统在动态升空时的安全要求。这次人类太空探索的失败，标志着系统安全的认识及其应用理论，已经无法保证人们对安全的需要了。人类对安全的认识必须要有一个质的飞跃，才能满足人在动态条件下的安全要求。也就是说，对人类生命活动本身全面的系统安全认识，一定要并且必然要发展到、深入对安全内部结构本身整体的安全系统认识。

如果我们把客观上存在的人类生命活动及其系统，例如人们的生产活动及其组织系统，从整体上看成是一个可以实现安全的功能系统，并且使这个系统本身包括人与物及其相互关系在内的各个组成部分之间，通过人的运筹、信息与控制作用，持续发生安全功能互补与动态协同效应，从而在那个特定的人类生命活动及其非线性复杂系统中形成安全的自组织能力，那么就一定会实现人的动态安全。这种安全系统的认识是把安全作为人类一切生命活动的基本前提，即安全是整个人类生存与发展的重要战略目标，而只是把人的生命活动本身看作实现安全的一个必要条件，即人的生命活动及其组织系统只是实现安全的方法、手段、措施。当人们的职业活动与该活动系统内部的安全发生矛盾时，即使是要伤害到一些重要人物的面子、牺牲企业的生产利益或是有可能造成大的经济损失，也要坚决放弃那些职业活动而积极保护这些劳动者的职业安全与健康，这就是“安全第一”的全部意义。

（写于 2011 年 1 月）

安全理论：从内在结构到动力学说

20 世纪 80 年代初期，刘潜先生受劳动部副部长章萍的委托，与中国科学技术协会（以下简称“中国科协”）交涉，申请成立中国劳动保护科学技术学会并加入中国科协，在填写申请登记表中“学会的学术活动范围”一栏时，提出了安全科学技术体系框架的设想，并在此基础上逐步建立起安全内在组织结构的理论模型，创立了安全内在动力机制的科学假说即安全的三要素与四因素学说。虽然那时提出的安全结构模型和安全动力假说比较简单或粗糙，还有待于在理论上进一步论证和系统化，有待于在实践中进一步验证、修改、补充和完善，但毕竟是人类揭示安全规律的一次伟大尝试。

安全系统学派认为安全的组织结构是一个由人、物、人物关系及其内在联系形成的非线性复杂巨系统，这个人类生命活动构成的系统本身就孕育着实现安全的内在动力。

安全的第一要素是人。人是安全的主体，有两层含义：第一，安全是为了人，是针对着人的需要而提出来的。第二，人是实现安全的要素，并且是实现安全的一个能动性要素。人的能动性首先表现在灵活性方面，如果物或人物关系这些要素达不到安全要求，就要从人这个要素找出路，找出解决安全问题的办法；其次是人本身的非线性，人的思维或判断有正确与错误，人与人之间对安全问题的理解程度以及认识的深度和广度也是不一样的，还有个人能力和水平上的差异。所以，人不仅是安全要保护的对象，而且本身也构成实现安全的要素。人的生命活动每时每刻都要与外界生态环境之间，在物质、能量、信息方面进行系统交流或交换，在这个过程中针对着人的安全问题，客观上存在着人体生物节律、人体安全阈值和人体安全能力三大安全主体的基础量纲。在这些以物即安全客体为参照系的安全量纲之中，人生理或心理上的安全阈值是评价人体安全健康现状的技术指标。如果外界因素对人体危害的诸多参数在人的生理、心理承受能力的范围之内，那就是安全的低于或高于这些安全阈值都是不安全的，例如天气太冷或太热人都有可能被伤害。

安全的第二要素是物。人之所以安全和之所以受到危害，都是因为物。所以物既是实现安全的要素，又是造成危害的要素。因此，物对人的作用具有相对性，就是说某物对某人是否安全的看法不能绝对化，要视具体情况判定，例如吃糖对健康的人能补充热量因而是有益的，对患糖尿病的人来说则是有害的。由此可见，物即安全客体对人的作用是否安全，以人为参照系在客观上也存在着三大基础量纲，即物本身的性质或种类（在质的方面）；物对人的作用强度或剂量大小（在量的方面）；物对人的作用方式和作用时间的长短有两种：一是直接作用即直接危害人体健康，这是指物直接对人体造成伤害或直接破坏人体健康，如重物撞击或刀砍伤人。二是间接作用即间接危害人体健康，这是指物通过人的生理或心理对人体进行危害，如粉尘、噪声、辐射等。如果把人看成主体，那么，首先是人对客体起作用，客体再反作用到人，通过这个界面来判定人是否安全。所以，物作为客体不能超出人的承受能力，才能实现人的安全。

安全的第三要素是人物关系。人是安全还是受到危害，关键在于人物关系。人如何能免受外界因素的危害，或是受到外界因素的危害，也都是人物关系的表现。要通过关系实现安全，就要在关系上去做工作，这就是人物关系在安全上的表现形式，这些工作包括安全的政治、军事、经济、思想、文化、教育、管理、道德与法等内容。由此可见，人物关系这个要素涵盖人与人、物与物、人与物之间的所有关系，通过人、物、人物关系的表现形式所要达到的是这三者之间的内在联系。

安全的第四因素，是在安全三要素即人、物、人物关系的基础上，并在这三个安全要素相互作用的过程中形成的内在联系。人类生命活动及其功能系统如生产系统或消费系统，其内部安全目标的确立与实施，是安全要素转变为安全因素的前提和条件。在实现安全目标过程中形成安全三要素之间内在联系因素的同时，三个安全要素也因自行失去相对独立性而转变为三个具有相互依存性的安全因素。这个人类活动及其功能系统内部在安全目标引导下形成的安全结构之所以能从整体上产生功能互补与动态协同的安全自组织能力，并成为该人类活动系统运行全过程实现安全的内在动力，关键在于人、物、人物关系及其内在联系四个安全因素本身就构成了符合人体健康需要的非线性复杂安全功能系统。

（写于 2011 年 1 月）

论安全科学

安全科学的科学地位与学科特征

（论文提纲及其要点）

安全科学，是从人的身心免受体外因素危害的角度和着眼点，对整个客观世界及其规律性的认识。研究安全科学，首先就要明确安全科学的科学地位，了解它的学科特征，这是创建或发展安全科学及其分支学科的基础和前提。

一、安全科学的科学地位

安全科学在现代科学整体结构中是属于综合科学这个科学技术学科群中的一个新兴的科学学科。因此，安全科学的科学地位，就体现在现代科学的整体结构之中。

现代科学整体结构的划分，以钱学森教授在 20 世纪 80 年代提出的科学分类思想，即看问题的角度（指学科创建与发展的出发点）和解决问题的着眼点（指学科创建与发展的目的）为依据，图 1 就是按照看问题的角度和解决问题的着眼点两个标准划分所得出的现代科学的整体结构。

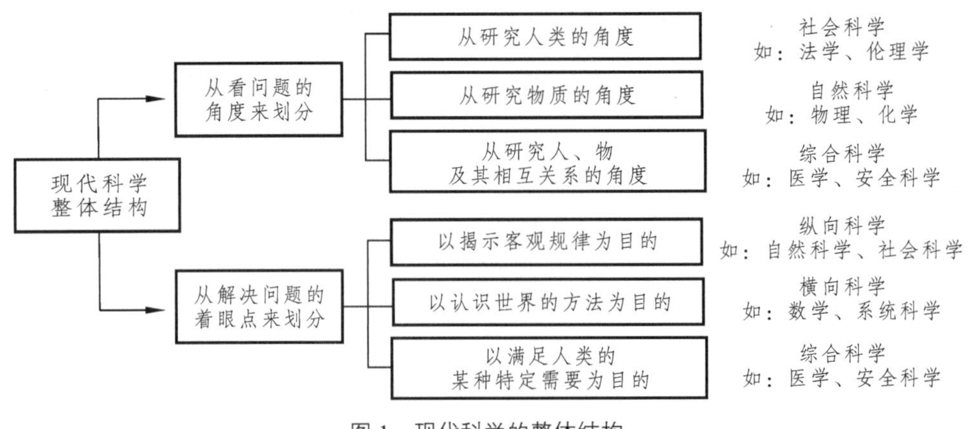

图 1　现代科学的整体结构

如图 1 所示，综合科学这个科学技术学科群在现代科学整体结构之中有着自己独特的科学性质：

（1）它是以满足人类的某种特殊需要而建立起来的科学或科学技术学科群。

（2）它的看问题的角度与解决问题的着眼点，不论在科学研究还是社会实践中，都始终保持着高度的一致性。

（3）它在运用客观规律实现学科目标的过程中，以自然科学与社会科学以及自然科学、社会科学等纵向科学与数学科学、系统科学等横向科学的全面融合为基础，并由此揭示出反映或体现客观世界的新的二次性及以上的客观规律。

（4）它具有理论与实践辩证统一的二元科学结构，其核心内容是学科理想、科学理论与实践规则三位一体，不可分割。

二、安全科学的学科特征

安全科学的学科特征可以从其学科目标、内在结构、科学体系与性质特点四个方面来考察。

1. 学科目标

安全科学以满足人类自我生存欲望和实现人的身心健康作为自己的科学目标，它与医学科学有着共同的学科理想，这就是为人类的健康与长寿服务。

2. 内在结构

安全科学具有理论与实践辩证统一的二元结构，其理论是来源于实践并可以指导实践的理论，其实践是在理论指导下并可以检验或修正理论的实践。

安全科学理论与实践相统一的二元结构，再联系它的学科目标即实现安全，就形成了安全学科理想、科学理论与社会实践三位一体的学科核心内容，这就是：以实现学科目标为理想（即实现安全健康），以科学理论为实现学科理想进行全面论证（即揭示安全规律），以社会实践为实现学科理想提供行为规则（即提出安全要求）。

3. 科学体系

安全科学的核心研究内容，即学科理想、理论论证和行为规则三位一体，揭示了安全科学的科学体系，至少由四个分支学科组成（参见图 2）。

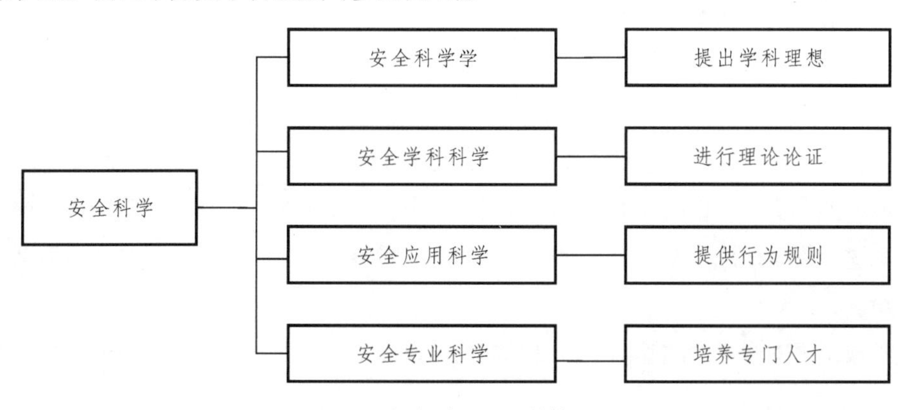

图 2　安全科学的学科体系

（1）安全科学学。指对安全科学创建与发展的规律性认识，其科学任务是为安全科学及其分支学科的创建与发展，提供客观上的理论指导。

（2）安全应用科学。为解决安全问题而建立起来的安全科学分支，其科学任务是为实现安全科学的学科理想提供行为规则或技术支撑。

（3）安全学科科学。为探索安全规律而建立起来的安全科学分支，其科学任务是为安全科学的学科理想与行为规则是否符合客观规律进行理论论证。

（4）安全专业科学。为培养安全人才而建立起来的安全科学分支，其科学任务是为了实现安全科学的学科理想，以及为此提供行为规则和进行理论论证的基础上，培养既懂科学理论又会技术实践的复合性专业人才。

4. 性质特点

安全科学具有综合科学的科学性质，并由此决定了它本身的基本特点：

（1）目的性。安全科学以满足人在生理或心理上的安全需要，作为自己独特的科学目的。

（2）系统性。安全科学的这个科学目的本身就构成了一个明确的目标系统。

（3）复杂性。安全科学的这个目标系统由于因人也参与其中而成为一个非线性的复杂系统。

（4）整体性。安全科学的这个非线性复杂的目标系统，由于要从整体上克服本身固有的非线性的系统缺陷，在与周围环境条件的系统交换过程中成为一个开放型的非线性复杂系统。

（2007年12月10日于湖南衡阳，2010年元月定稿于北京中国政法大学）

安全科学的核心概念与双重定义[①]

为什么说安全概念是安全科学的核心概念？因为，安全概念的内在含义及其外延所涉及的实际范围，蕴涵着安全科学所要反映或揭示的全部科学信息。人们在采集、整理、分析与综合这些安全信息的研究过程中，形成了安全科学的完整体系，即安全的科学学、应用科学、学科科学及专业科学。若是再加上综合应用现代科学及其各门分支学科理论进行的安全专题研究，以及具有潜科学性质的安全实践工作经验，就共同构成了一个具有层级特征的安全知识结构。所以说，我们要研究的这个安全概念，不仅仅只是安全科学的学科核心概念，同时它也是一个名副其实的学科名称概念。

在认识或了解安全概念的基础上，以及创建与发展安全科学的过程中，人们从安全性质的否

① 原载《四川职业安全》2012年第1期（总第67期），第72-75页。

定方面和安全性质的肯定方面，分别概括并表述出了安全概念的内在含义。虽然这两个反映或体现概念内涵的安全定义从严格意义上讲，还各有其片面性或局限性的理论缺陷，但也还是从两个不同的科学视野和各自不同的科学程度上揭示了安全作为一个客观存在的真理性或规律性。因此这两个安全定义，对于人们的安全基础理论研究、安全社会实践活动，都还具有一定的现实的科学指导作用和科学历史价值。

一、否定性质的安全定义及其学术评价

首先需要指出的是，否定性质的安全定义，目前在社会上已被大多数人普遍了解或认同，故在此仅指出其理论上的缺陷，而不对此定义的积极方面加以表述。

1. 否定性质的安全定义

否定性质的安全定义是从安全性质否定方面给出的安全定义，可以表述为："安全，泛指没有危险、不出事故的状态。"①

2. 否定性质的安全定义的表述

否定性质的安全定义的表述，实际上是在说：A 不是非 A。它反映或体现了人们对安全这个客观事物的贫乏的、抽象的浅显认识。理由有二：

其一，否定性质的安全定义，对于人在生命活动中的安全状态以及安全的质在内容和形式上的规定性做出了不切合实际的或者说不符合客观事实的、以偏概全的主观描述。

人的安全状态即人体的外在健康状况有六种典型的表现形式，这就是：绝对安全与相对安全、相对危险与绝对危险、相对伤害与绝对伤害。否定性质的安全定义，没有把人的绝对安全与相对安全两种安全状态概括进去，对于所要排除的危险也并未加以详细地区分，错误地把相对危险与绝对危险这两种性质不同的情况一概而论，而对于所要排除的相对伤害与绝对伤害这两种安全状态也并未明确说明，只是含混地说是不出事故的状态，也不知是人身伤害事故还是机械故障事故，若是指前者，那是安全科学的研究范畴；若是指后者，则不属于安全科学的研究范畴。因为安全的原始状态，是人在生命活动中与自然界（包括人工自然）之间形成的一种自然生态关系。正是由于人与体外各种因素之间的相互作用，才产生了人的身心是否可以免受体外因素危害，以及在多大程度上可以免受体外因素危害的安全问题。所以，安全总是针对人的，它针对人的身心健康，而任何与人无关的客观事物都不属于安全科学的研究范畴。

"安全状态与安全的质在内容上的内在规定性之间，客观上存在着非对称性或者说是相似对称性的相互对应关系。例如人体外在健康的绝对安全、相对安全与相对危险状态，反映或体现着安全对它自身性质的肯定，因此具有安全的性质。人体外在健康的相对伤害与绝对伤害状态，反映或体现着安全对它自身性质的否定，因此具有不安全的性质。人体外在健康的绝对危险状态，处

① 隋鹏程、陈宝智等：《安全原理》，化学工业出版社 2005 年版，第 11 页。

在安全对它自身性质肯定与否定方面的系统边界，属于人的身心健康可能受到体外因素的伤害但又尚未受到伤害的那种情况，其中包含了安全的现实性与不安全的可能性，因此具有安全与不安全的双重性质。”[①]否定性质的安全定义没有把安全性质的肯定方面概括进去，因此无法反映绝对安全、相对安全与相对危险这三种典型的安全状态，同时它只是明确了要排除的安全性质的否定方面，即由于事故造成人的相对伤害与绝对伤害状态，而对于要排除的处于安全性质肯定方面与否定方面的系统边界即人的绝对危险状态缺乏清晰的理论表述。

“安全状态与安全的质在形式上的内在规定性之间，客观上存在着非对称性或者说是相似对称性的相互对应关系。例如人体外在健康的绝对安全、相对安全与相对危险状态，反映或体现了安全性质的肯定方面，具有安全的性质，因此归属于正安全形态，即人体之外的各种因素危害，不超过人在生理或心理上的承受能力的那种安全形态。人体外在健康的相对伤害与绝对伤害状态，反映或体现了安全性质的否定方面，具有不安全的性质，因此归属于负安全形态，即人体之外的各种因素危害，超过了人在生理或心理上所能承受的那种安全形态。人体外在健康的绝对危险状态，反映或体现了安全性质肯定方面与否定方面的临界状态，具有安全与不安全的双重性质，因此归属于零安全形态，即人体之外各种因素的危害即将超过但尚未超过人的承受能力的那种安全形态。”[②]否定性质的安全定义全面概括了零安全与负安全这两种安全性质的表现形态，但是并没有将正安全的形态概括进去，因此犯了“以偏概全”的逻辑错误，无法反映或体现安全这个客观事物的整体风貌。

其二，否定性质的安全定义混淆了安全与不安全的界限，在理论和实践两个方面都不同程度地误导了人们对安全的认识，以至于有些人甚至认为研究事故即研究不安全现象就是在研究安全，或者是仅仅运用不安全现象发生的规律及其理论认识即所谓的事故致因理论就可以解决人们在实践中遇到的诸多安全问题，事实证明：这些都是人们不切实际的幻想。

从科学的意义上讲，安全是一个真实的客观存在，就其在质的内容上的规定性而言，它是一个对自身性质肯定与否定即安全与不安全相互依存与相互作用的对立统一体。安全与不安全二者是既相互联系又相互独立的，是一个完整客观事物的性质不同的两个侧面。安全有它自己必然存在的条件和规律性，不安全也有它不安全必然存在的条件和规律性，二者虽然在某种特定的条件或情况下可以相互转化，但在客观上毕竟有各自相对独立的存在条件和内在规律，因此二者是无法相互取代的，即便是排除了所有不安全存在的条件，例如在企业生产过程中克服了种种不安全的因素，也不一定就会达到安全生产的理想目标。因为人的非线性职业活动中还随时可能出现新的不安全因素，或者出现不安全条件，这些新出现的不安全因素或不安全条件还极有可能导致不安全现象的突然发生，或者再次发生。此外，在企业实际运营过程中，内外因素的相互作用和转换也会引发新的不安全现象，例如腐败、不作为、管理不到位、制度虚设，以及不注重安全方面的投入、改造与更新，又如单纯地追求产出，谋取高产值的掠夺性的生产，等等。所以，全面、

① 虞和泳：《安全的状态》，《现代职业安全》2007年第11期，第86页。

② 虞和泳：《安全的状态》，《现代职业安全》2007年第11期，第87页。

完整、准确地认识和理解安全才是搞好安全研究以及一切安全工作的基础和前提。

二、肯定性质的安全定义及其学术评价

这里再次需要指出的是，肯定性质的安全定义，目前在社会上尚未被人们普遍地认知、理解或接受，所以在此仅就其积极意义方面给予了评价，而不对此定义的理论缺陷加以表述。

1. 肯定性质的安全定义

肯定性质的安全定义，是从安全性质肯定方面表述的安全定义。1992 年 11 月 12 日 19 时 10 分至 20 时，刘潜先生在 CCTV-2 通过“安全科学讲座”，首次从安全性质的肯定方面提出了一个安全定义，即“安全，是指人的身心免受外界因素危害的存在状态（即健康状况）及其保障条件”。

2. 肯定性质的安全定义的表述

安全定义从安全性质的否定方面走向它的肯定方面，从没有危险和不出人身伤亡事故到人体健康状况及其保障条件的表述，反映了人们对安全认识的逐步深化，是一个历史性的进步，其积极意义至少有二：

其一，肯定性质的安全定义，首次明确了安全科学与医学科学具有共同的学科理想目标，这就是全心全意地为人类实现健康与长寿服务。在这个基础上，安全学者们提出了安全科学与医学科学这两个综合科学学科群之间的相互区别和密切联系。

刘潜先生曾经认为，每个人的身心健康在客观上都有两个保障系统。他指出：以人的皮肤（包括人的肢体、五官、内脏的内表皮和外表皮，以及唾液、胃黏膜等）为界限，在皮肤以内，存在人体健康的内在保障系统，这是医学科学研究和解决的范畴，在皮肤以外，存在人体健康的外在保障系统，那是安全科学研究和解决的范畴。因此在这个意义上我们可以说，人的皮肤在实际上，也就自然而然地成为安全科学与医学科学之间的系统边界（指这两门科学的学科界限）。例如文明的人之所以要穿衣服，一是为了御寒，二是为了遮羞。御寒，是为了使人在生理上免受外界因素的危害；遮羞，是为了使人在心理上免受外界因素的危害。所以说，人类穿衣服，首先要解决的是安全问题，其次才是服装设计与加工艺术等美学问题。但是，一旦外界因素的危害侵入人体内部（指侵入人的皮肤以内），使人在生理或心理方面患上疾病，那便属于医学科学研究和解决的问题了。

医学科学在研究和解决人体内在健康问题的同时，还从人在生理和心理上的需要出发，提出人体健康外在保障的具体要求，以及达到这些要求的医学标准、实现条件和科学依据。安全科学则是从人体健康外在保障的实际需要出发，按照医学科学提出的那些客观要求、健康标准和实现条件，指导人们在自己的生命活动中努力达到人体外在健康的这些理想目标。例如人在生理、心理上对各种体外因素危害承受能力的安全阈值，就是由医务工作者提出，并由安全工作者实施的符合人体外在健康要求的安全技术规范。此外，安全科学与医学科学之间的这种联系或交叉，还

特别集中地体现在人的卫生问题上，但二者在学科特征方面也还是各有侧重的。在安全方面，把卫生看作外界因素通过人的生理或心理，对人体健康产生间接危害的广义安全问题。在医学方面，把卫生看作是通过改善人们的生活环境和改变人们的生活习惯，从而以此防止各种疾病危害的预防医学问题。在职业卫生工作上，医学科学提出了人在生理或心理上对各种工作环境的基础要求，并负责诊断和治疗人们的职业疾病，而安全科学则是负责落实医学科学提出的那些职业卫生要求，并为职业病患者创造有利于康复的工作待遇、工作环境和工作条件。

其二，肯定性质的安全定义，反映或揭示出人与物之间的相互依存与相互作用是广义安全问题的初始原因。因此，实现安全的关键就在于及时、妥善地调节或调整人与物之间的相互关系。

按照对肯定性质安全定义的理解，物本身并不存在安全与否的问题。物的存在状态、运动过程以及形态变化，与人联系起来才构成安全问题。例如旧房的爆破是生产问题，要防止爆破作业造成人员伤亡，才形成安全问题。又如，财产损失影响到人的生存质量，就存在着安全的问题。可是，对人与物之间关系的认识，又不能绝对化。就每一个具体的人来说，哪些是有害物质，哪些是有益物质，不能一概而论，也就是说，我们不能用工作概念去代替科学认识。因为物质对人体健康是否有害，具有相对性，所以要进行科学的分析以后，才能下结论。首先，与人的身心状态有关，即与人在生理或心理上对外界因素作用的承受能力有关。其次，是与外界因素对人体内的作用有关，即与物质的种类、剂量或强度、作用方式和作用时间有关。只有把人体对外界因素危害的承受能力，即人体安全阈的具体数据，与物质的种类（性质）、作用强度或剂量大小、作用方式和作用时间长短这三组参数结合起来，才有可能做出某物对某人是有害物质还是有益物质的判定。

刘潜先生认为，物质对人体危害的作用方式，有两条基本途径：一是直接作用，指物理、化学、机械、电子等物质形式对人体的直接危害。如机器轧断手指造成人的残疾，直接破坏了人体健康。二是间接作用，指物通过人的生理或心理对人体健康的间接危害。如外界因素对人的持续而强烈的刺激，造成精神失常，形成人的软损害。所以，肯定性质安全定义中“免受”的意思，就是使人不受到外界因素的伤害。在现实生活中，外界因素既有物质的，又有非物质的，而非物质也是由物质所导致的；因此，人是处于安全状态还是受到伤害，全在于他与物质的关系。但是，人体对外界因素危害的“免受”程度，属于安全的相对性问题，具体到每一个人来说，外界因素对人本身的危害，究竟能“免受”到什么程度，是“免受”到不死、不残、不伤、不病，还是舒适、愉快、享受，就在于人的安全阈值（指人体对外界因素危害的承受能力）与物质作用方式的相互联系，因此要对具体情况进行具体分析，不能一概而论。总之，人之所以不安全，就在于物对人的影响超出了人本身的承受能力。人如何“免受”外界因素的危害，以及在多大程度上可以“免受”外界因素的危害，或是已经受到外界因素的危害，都是人与物之间关系的表现。

在安全问题上，人与物之间的相互关系具有双重的性质。一方面，人与物之间是非线性的关系。例如在生产领域，机器设备是由劳动者来操纵使用的，所以与物相比，人更具有主动性。人在思想文化方面的因素，以及人与人之间在生理、心理上和其他方面的差异，导致了人与物之间关系的非线性。因此，对参与劳动生产过程的人，不仅要采取安全法规、操作规程、经济处罚或奖励等线性的安全管理措施，而且要进行安全意识、安全知识、安全技能等非线性的安全文化教育。在解决安全问题的生产实践中，力争做到线性措施与非线性教育，即安全管理与安全文化的具体的、历史的、辩证统一。另一方面，人与物又呈现出线性的关系。例如在消费领域，人是劳动产品的消费者，与人所消费的物相比，人处于被动的地位。因为劳动产品在消费过程中可能对人造成的伤害，归根结底不是由消费者消费出来的，而是在人们创造价值和使用价值的生产过程中，被作为副产品生产制造出来的。由此可见，人们的劳动不仅创造价值和使用价值，同时它也创造劳动产品的安全性能，创造劳动者的安全保障。所以由劳动产品的安全性能决定，物在人的消费过程中处于主导地位，人与物的关系处于线性关系之中，此时的劳动产品成了人在消费过程中安全存在的客观条件。如果劳动产品具备良好的安全性能，人的消费从根本上就有了安全保障，否则，人的消费活动就将处在不安全的状态。假若一个人乘坐飞机或轮船去旅行，旅途中的安与危主要由飞机或轮船本身的安全性能来决定，旅行者本人是无法自主选择的。人被封闭在飞机中或轮船上，就成为这些人造物的一个组成部分，只能把自己的命运与飞机、轮船的安全性能联系在一起。一旦发生意外事故，人在空中或在海上，逃生的希望是很渺茫的。所以，强调物的本质安全，对于每一个消费者来说，都具有无可争辩的重要意义。

三、安全定义的认识论意义

安全的概念，作为一个学科核心概念和学科名称概念，在安全科学的不同分支学科之中，反映或揭示出不同的内在含义，并由此形成不同类型的基础理论研究，建立起各不相同的学科科学技术体系。

（1）否定性质的安全定义，因为是从实践活动中直接总结出来的安全概念内涵，所以它具有经验思维的特点，因而是安全应用科学（即解决具体安全问题的安全科学）的核心概念。

正是由于否定性质安全定义揭示的概念内涵，反映了安全这个客观事物整体的反面，才引发了人们对不安全现象的研究，形成了事故致因理论。也正是在此基础之上，人们建立了以“人—机—环”为安全存在领域结构的理论模型，在各行各业以及社会生活中的各个方面，进行了排除不安全因素的那种符合安全要求的工程技术研究，并把这些研究成果及时地应用到生产实践、生活实践当中去，在社会实践中取得了丰硕的成就。

（2）肯定性质的安全定义，因为是从理性思考中间接概括出来的安全概念内涵，所以它具有理论思维的特征，因而是安全学科科学（即揭示安全客观规律的安全科学）的核心概念。

正是由于肯定性质安全定义揭示的概念含义，反映了安全这个客观事物整体的正面，才引发了人们对安全状态、安全性质、安全程度、安全量纲，以及安全内在结构和安全动力机制的研究，在此基础上提出了“三要素四因素”的安全内在组织结构理论模型，并以这个安全的模型为依据，建立起了安全科学的学科科学体系。

（3）否定性与肯定性的这两个安全定义的辩证统一或者说是融合如一还会形成人们对安全概念内涵的新的认知，反映或体现安全这个客观事物整体正反两个方面系统边界的状况，并把对安全概念考察的直接性实践思维和间接性理论思维有机地结合起来，从而构成安全专业科学（即培养安全专业人才的安全科学）的核心概念。

否定性质的安全定义，反映或体现了人们要防止或消除人体健康负面效应的愿望。肯定性质的安全定义，反映或体现了人们要实现或保持人体健康正面效应的愿望。因此，这两个安全定义从肯定方面与否定方面以及二者的辩证统一方面，集中地反映和体现了人体健康外在质量的整体水平，为在高等教育领域设置“安全科学与工程”学科专业，奠定了坚实的科学哲学基础。于是，以培养安全专业人才为宗旨的安全专业科学有了一个基础性的安全认识作为学科建设的理论指导。

（2007年12月初稿于湖南衡阳，2010年元月定稿于北京中国政法大学）

研究事故能实现安全吗？①

——读《最新安全科学》之一

重读日本安全工学协会副会长井上威恭先生写的《最新安全科学》②，对一些常见问题又有了新的认识。井上威恭在书中引用了1967年日本学术会议安全工程学研究联络委员会对安全工程学下的定义，即“安全工程学的主要内容就是为了查明生产过程中发生事故的原因和经过，以及必要的防止事故的科学和技术的系统知识”。作者指出：“安全工程学的第一步就是要消除事故的原因，也就是就事论事地解决问题。”读到这里，笔者不由得联想到：原来安全工程学不研究安全本身却只注重研究事故；安全工作头痛医头脚痛医脚，根据在这！

按照唯物辩证法的观点，安全的质就是确定它自身并与其他事物相区别的内在规定性。安全的质在内容上有两种类型，一是对它自身性质的肯定，即安全的类型；二是对它自身性质的否定，即不安全的类型。安全，是人在生命活动中遵守客观规律的结果；不安全，是人在生命活动中违反客观规律受到的惩罚。

在现实生活中，各种外界因素对人体健康造成的危害，可以统称为难，例如采矿事故，就叫矿难。有学者曾经把难的根源，归结为自然与人为两个方面。源于自然的难，称之为灾；源于人为的难，称之为祸。凡不安全的地方，必有不安全的人、物、事在，也必有不安全的环境、条件在。重特大伤亡事故的发生，与国民经济的增长速度快慢无关，而与事故发生地的人、物、事，

---

① 原载《现代职业安全》2007年第1期（总第65期），第104页。

② [日本]井上威恭著、冯翼译：《最新安全科学》，江苏科学技术出版社1988年版。

以及具体的环境条件密切相连，是人们违反客观规律招致的恶果。

安全的质在形式上，如同自然界中的水有固态、液态、气态那样，也有三态：一是反映或体现安全性质肯定方面的正安全形态，二是反映或体现安全性质否定方面的负安全形态，三是反映或体现安全性质肯定与否定双方相交的零安全形态。由此可见，无论在理论上还是在实践中，若否定了不安全现象或不安全因素，也未必就一定能实现安全；因为从安全性质的内容看，安全与不安全之间还存在着双方相互依存与相互作用的系统边界，这就是具有安全与不安全双重性质的零安全。正如一个人否定了此岸，却又无法到达彼岸那样，因为在此岸与彼岸之间，还隔着深深的海洋，要想站在彼岸，只有出海远航。这就是说，安全有它自己必然存在的条件和规律性，不安全也有它不安全必然存在的条件和规律性，二者虽然在特定的条件下可以相互转化，但在客观上毕竟还是相对独立的两回事，或者说是一个事物的两个不同侧面。因此，安全与不安全这两者之间，是绝对不能相互取代的，即便是排除了所有不安全存在的条件，例如在物质生产中克服了种种不安全的因素，那也不一定能实现安全目标。因为在人的非线性职业活动中，还可能出现新的不安全因素，或是新的不安全条件，这些新出现的不安全因素或不安全条件，还可能导致不安全现象的突然发生，或再次发生。实事求是地讲，包括多米诺骨牌理论和轨迹交叉理论在内的事故致因理论，用来指导人们去解决生产实践中普遍存在着的安全问题，并且还要在当代高科技条件下取得成功，那就是很困难的事情了。任何一个智力健全的聪明人，都可以通过自己的实践活动体会或感悟到：研究成功，并努力进行成功实践的人，最容易获得成功；研究失败，并害怕在实践中失败的人，也最容易遭遇失败。这就揭示了一个道理：只有全面、完整、准确地认识和理解安全，而不是单纯地研究它的否定方面，才是包括职业安全在内的一切安全工作的基础和前提。

（2006 年 8 月 10 日写于北京中国政法大学）

安全到底是个什么东西？①
——读《最新安全科学》之二

在《最新安全科学》中文版的第三章，井上威恭先生指出：“在一般辞典中，安全系指没有危险。但是由于人们主观上对安全的认识不同，判别安全或不安全有很多不同的概念。”他谈到，霍巴特大学的罗林教授提出“所谓安全系指判明的危险性不超过允许限度；所谓危险系指判明的危险发生概率以及有害性超过了允许限度”，那不勒斯大学的斯密斯教授在日本机械学会建立 80 周年纪念的国际会议上，引用了罗林教授关于安全的定义，并发表了《安全是人们的心理状态》的

① 原载《现代职业安全》2007 年第 2 期（总第 66 期），第 102 页。

论文。井上威恭先生“同意斯密斯教授的说法”（参见该书第 27 页），他认为，安全是“危险的反义语，常识上认为没有危险的状态……安全性是危险性的反义语”。（引自该书第 28 页）读到这里，我百思不得其解，难道安全就是没危险吗？我身边几位安全界的朋友和我所接触到的一些安全工程专业的本科生、研究生，大多只知不安全是什么而不知安全为何物。那么，安全到底是个什么东西呢？在追随安全学科创建者刘潜先生 10 年之后，我才终于恍然大悟：其实，所谓人类的安全，也只不过是古猿或猴子在变成人的自然演化进程中，对自身所处生存环境适应性本能的逐步人性化而已。

安全，是一个由安与全两个词组成的复合概念。安全之中的安，是指“无危则安”，它反映和体现人在生命活动中与体外各种客观因素相互作用时的心理健康状况。安全之中的全，是指“无损则全”，它反映和体现人在生命活动中与体外各种客观因素相互作用时的生理健康状况。20 世纪 80 年代，刘潜先生给安全下了一个定义：“安全，是指人的身心免受外界因素危害的存在状态（健康状况）及其保障条件。”这个安全定义，包括“人的身心免受外界因素危害”的程度和“人的身心免受外界因素危害”的条件两个方面，其中涉及的危害概念指的是危与害两个词的组合。危害之中的危，是危险的意思，指人的伤亡事故可能发生但又尚未发生时的那种人体健康状况，它包含了安全的现实性和不安全的可能性，因此具有安全与不安全的双重性质。在现实生活中，人所面临的危险性从安全向不安全的质变，有一个从相对危险到绝对危险渐进的量变过程，所以人们根据实践的需要，又把危险（有人也称风险）分成若干等级。如交通信号管制灯分成绿、黄、红，分别代表行、慢、停。又如军事上的战备等级，以及天气预报中常讲的晨练气象指数、空气污染指数、森林火险程度、大雾天气预警等。危害之中的害，是伤害的意思，指人的伤亡事故已经发生时的人体健康状况，其中相对伤害有个受伤轻重的程度问题，绝对伤害就是人的死亡状态。因此，伤害只具有不安全的性质，不具有安全的性质。如上所述的一切都表明：安全总是针对人的，它针对人的身心健康，反映或体现人体健康外在质量的整体水平。因此，那些与人体健康无关的客观事物，都不属于安全的范畴，例如生产设备安全、计算机安全、财产安全等拟人化的安全概念，并不体现安全的本意而只是一种借用概念。

安全的初始形态，或称为它的原生形态，是在“劳动创造了人本身”（恩格斯《自然辩证法》用语）的过程中与生存环境相互作用形成的一种自然生态关系。安全的典型特征，就在于它的非实体性，以及它与人的相互依存性。一方面，安全是一个看不见、摸不着但可以为人所感知的客观事物；另一方面，安全又是一个以人的生命及其全部活动为载体的、不以人的美好愿望或主观意志为转移的客观事物。就人类个体而言，安全始于人的生命活动，止于人的生命结束，存在于人的生命全过程。安全的这些外在的典型特征，集中地反映和体现了它本身固有的内在属性，即安全主体（指人）的主观需求性、安全客体（指物）的客观实在性、主客关系的整体协调性，以及目标导向的系统功能性。从安全与人的关系方面来考察，安全的初始形态及其典型特征和固有属性，都在不同侧面上反映和揭示出安全的本质，就是天人合一，即天（指物质运动及其表现形式）的客观存在，与人（每时每刻在生理或心理上）的主观需求，在人类生命活动中的融合如一。

由此可见，安全的本质要求，就在于它把人归还于大自然、归结于大自然，反映或体现了人与自然之间在达到生态平衡时的那种和谐相处关系。综上所述，安全不仅对提高一个国家或地区人民生活的幸福指数具有决定性的意义，而且它也因此成为这个国家或地区能够推动人类文明发展和社会不断进步，以及促进整个国民经济可持续发展的一种战略资源。

（2006 年 8 月 25 日写于中国政法大学）

从系统安全的目的谈起①

——读《最新安全科学》之三

在《最新安全科学》第二章，井上威恭先生说："系统安全这个词是美国最初于 1948 年使用的。当各种学科的技术人员小组共同设计飞机时，不仅对飞机的安全性进行强度计算，而且还要研究特别重要的稳定性和平衡性，对系统的安全性进行综合评价。此时便出现了系统安全这个词。"他指出："在美国进行的系统安全计划……是以提高维修性和可靠性进而改善生产系统效率为目的。"读到这里，我才明白，系统安全要达到的目的，原来并不是人的职业安全与健康，而是要通过提高生产设备的维修性和可靠性，去改善生产系统的劳动效率，从而进一步实现企业利益的最大化。

将系统安全的思想和方法引入生产活动，首先是为了减少或避免企业因伤亡事故造成的停产损失，以及由此带来的伤亡赔偿，使投资者在获得更多利益的同时，更加关注人的职业安全与健康，进而使资本的增值趋于人性化。但是，资本的本性就是追逐利润最大化、永不止息地榨取更多的剩余价值。在市场求大于供以及利益的驱动、诱惑下，有些投资者的人格扭曲为资本，使劳动者的安全健康在企业的非法和违法生产中丧失。

我国的安全工作，目前有一种危险倾向，那就是只见物不见人、只注意解决生产安全中的经济技术问题而忽视了它的社会政治方面。2005 年专家"诊断"煤矿生产安全现状，认为瓦斯是"第一杀手"。其实不然，非法、违法生产才是第一危险源。正是那些"无视国家法规、无视政府监管、无视工人生命的非法、违法矿主"（李毅中语），在违背客观规律、不具备生产安全条件的情况下强行生产，才"引爆"了瓦斯、"酿成"了矿难。但有一些专家学者却不这么认为，他们说经济发展速度快才是导致近年来重特大事故频发的重要根源。这个结论是对资本主义社会处在资本原始积累时期的概括，若是拿来硬套社会主义中国就不科学。因为中国特色的社会主义绝不是中国特色的资本主义。

我国的安全工作，可归纳为两大类：一是工作安全，即各行各业都要安全地工作，可简称为

----

① 原载《现代职业安全》2007 年第 3 期（总第 67 期），第 98 页。

“行业安全”；一是安全工作，即为各行各业提供各种安全服务的工作，可简称为“安全行业”。

行业安全工作的目的，是行业的安全化。靠行业自身的力量解决生产过程中存在的安全问题，其工作重点是克服或消除技术（设备）固有的危害性，也就是克服或消除科学技术给人类带来的负面效应。因此，行业安全的社会属性是经济基础，其工作核心是生产要素的自我完善与优化配置，其工作的出发点不论是追求企业利益的最大化，还是劳动者的职业安全健康，都在客观上提高了劳动效率，发展了社会生产力。

安全行业工作的目的，是安全的行业化。它强调解决人的身心安全与健康问题，其工作核心是保护人的生命与健康。因此，安全行业的社会属性是上层建筑，它是为经济基础服务、为企业生产与市场消费服务的特殊部门。安全行业工作的实质是保护人的身体与生命，也即保护生产力的核心要素，最大限度地解放社会生产力，并促进新生产力的生成与发展。由此可见，我国安全工作的重要任务和战略目标，就是创建和发展安全行业，并且由安全行业去推动并实现行业安全，从而促进社会和经济的可持续发展。

（2006 年 9 月 8 日写于中国政法大学）

安全科学问题的若干理论思考[①]

引 言

安全的科学，是人类安全认识历史发展的理论思维成果，也是指导人们生存实践的行为指南。因此，我们研究或探索安全科学的理论问题，就有着极其重要的学术价值和现实意义了。

这篇文章是应学友钱洪伟先生的邀请,就安全科学涉及的若干理论问题谈一些个人的观点、意见和看法,仅供安全界的朋友们评价或参考。同时,也真诚地希望得到安全界朋友们的帮助与指导。

问题一：安全科学到底是研究什么学问的呢，这门学问究竟又是解决什么问题的呢？

我在安全科学开创者刘潜先生 20 年来教育、启发和指导下，又经过自己这么多年的学习、观察与思考，越来越清晰地认识到了，安全科学是研究人体健康的学问，这门学问要解决的问题，是人如何在生存实践中避免承受体外因素的危害，从而保持自己在心理上或生理上的健康状态。

----

① 原载《四川安全与健康》2018 年第 2 期（总第 124 期），第 43-44 页；2018 年第 3 期（总第 125 期），第 20-29 页；2018 年第 4 期（总第 126 期），第 36-37 页。

正是在这个意义上，我们可以说：安全科学是从人的身心免受体外因素危害的着眼点和人体健康的角度，对作为宇宙智慧生命物质的人类与整个客观世界及其运动变化规律性之间相互关系的认识与再认识。

1．刘氏研究成果

刘潜先生曾经不止一次地对我们讲过，人的身心健康在实际上，有两个相互关联的科学保障体系。他说，以人的皮肤（包括人的内表皮、外表皮，以及唾液、胃黏膜在内）为界，安全科学研究和解决人的皮肤以外的身心健康问题，为人们提供的是人体健康的外在保障，要实现的科学目标是人的安全健康，这就是人体的外在健康；医学科学研究和解决人的皮肤以内的身心健康问题，为人们提供的是人体健康的内在保障，要实现的科学目标是人的医学健康，这就是人体的内在健康。

2．我的理解

我对刘潜先生上述研究成果的理解有三，其中的要点可以表述如下：

其一，安全科学与医学科学之间学科边界的划定。

安全科学研究或解决的，是人体的外在健康问题，也就是研究或解决人与自己皮肤之外的生存环境及其构成因素之间，在物质、能量、信息以及时间、空间等方面相互作用，或称为系统交流、系统交换时的身心健康问题，它反映和揭示出人们在自己的生命及其全部活动之中，身心健康外在质量的整体水平，包括安全、危险、伤害三种人体自我健康的生命存在状态。所谓人的安全状态，实际上是指人体健康外在质量整体水平有序状态的体验或评价。所谓人的危险状态，实际上是指人体健康外在质量整体水平混沌状态的体验或评价。所谓人的伤害状态，实际上是指人体健康外在质量整体水平无序状态的体验或评价。

医学科学研究或解决的，是人体的内在健康问题，也就是研究或解决人与自己皮肤之内的生存环境及其构成因素之间，在物质、能量、信息以及时间、空间等方面相互作用，或者称为系统交流、系统交换时的身心健康问题，它反映和揭示出人们在自己的生命活动及其全部过程之中，身心健康内在质量的整体水平，包括健康、亚健康、疾病三种人体自我健康的生命存在状态。所谓人的健康状态，实际上是指人体健康内在质量整体水平有序状态的体验或评价。所谓人的亚健康状态，实际上是指人体健康内在质量整体水平混沌状态的体验或评价。所谓人的疾病状态，实际上指的是人体健康内在质量整体水平无序状态的体验或评价。

如上所述（由此可见），从科学分类学的意义上讲，人的皮肤在实质上，就成了安全科学与医学科学之间，既相互区别又相互联系、既相互作用又相互交叉、既相互渗透又相互融合的学科系统边界。

例如，人之所以要穿衣服，一是为了御寒，二是为了遮羞。御寒，可以使人在生理上免受外界因素的危害，解决的是外界因素直接作用于人的狭义安全问题；遮羞，可以使人在心理上免受外界因素的危害，解决的是外界因素间接作用于人的广义安全问题。所以说人类要穿衣服的目的，首先要解决的是安全问题，其次才是服装设计与加工等美学的、艺术的或是时尚的问题。但是，如果外界因素的危害一旦侵入到人体内部（指侵入到人的皮肤以内），使人在生理方面或心理方面患上疾病，那便是医学科研究或解决的问题了。

其二，安全科学与医学科学之间学科边界的互动。

安全科学与医学科学为了实现人体自我健康这个共同的科学目标，在学科边界之间还存在着跨界互动的科学现象，表现为既相对独立发展又相互配合协同，并且往往还在人体健康（包括人的内在健康与外在健康）方面，结成科学上的联盟。

例如，医学科学在研究或解决人体内在健康问题的同时，还从人在心理或生理上的健康需要出发，提出维护、保持或保障人体外在健康的具体要求，以及达到这些健康要求的医学标准、实现条件和科学依据。而安全科学则是根据自己工作上的实际情况，制定出与这些健康要求和医学标准相适应的工作方法，或是工程技术措施，去争取实现自己为之服务的目标人群，在各自现实的生命活动中达到理想的人体外在健康状态。

又如，安全工作者在维护、保持或保障从业人员的身心健康，以及改善职业劳动者作业环境依据的作为健康标准的人体安全阈值（在这里，指的是人在心理上或生理上，对外界因素危害承受能力的科学依据及其相关参数组合），就是首先由安全科学研究者或是安全工作实践者提出，然后再由医学界的工作者们研究，最后经过医务人员具体测定才得到的有效安全信息。

由此可见（由上述二例可知），医学科学是安全科学实现科学目标的坚实基础，而安全科学又是医学科学达到科学目标的有力支撑。

其三，安全科学与医学科学之间学科边界的渗透。

安全科学与医学科学之间，在学科边界的相互联系或相互作用过程中形成的学科交叉与渗透的科学现象，表现在人们日常生活中涉及的卫生问题上，但二者并不完全一致，既相互区别，又各有侧重。

在安全科学方面，把卫生问题看作是外界因素通过人的心理途径或是生理途径，对人体自我健康产生危害的广义安全问题。例如，噪声长时间干扰，会使人的听觉下降。又如，在高浓度粉尘环境中长期作业，会造成人的尘肺职业病。

在医学科学方面，把卫生问题看作是通过改善人的生活环境或改变人的生活习惯，提高人的机体免疫力，从而防止各种疾病危害的预防医学问题。例如，清洁居住环境，保持个人卫生，科学合理饮食，适度锻炼身体，以及生活起居的规律性，等等。

3．非典疫情的证明

2003 年的春天，在北京爆发了非典疫情。起初，只有少数人患病，表现出普通感冒的症状，并没有引起人们的广泛注意。后来，由于患病的人渐渐地多起来了，而且还有人因为这个病失去了生命，又听说一时还没有找到致病原因，当时也没有什么针对性的特效药物，因此引起了人们在心理上的极度恐慌。这就不仅仅是单纯的医学问题，而且也是非典疫情这个外界因素，通过人们的心理或生理间接地危害到人体自我健康的广义安全问题了。那时，公共场所若不消毒，是没人敢去的。人们大多数时间都是待在家里，好像只有亲人对望才感到心里踏实一些。偶尔出门上街，必戴口罩，看见对面有人走过来，彼此避而远之，快速通过，唯恐自己被传染上那种致命疾病。后来，在医务工作者们的努力下，找到了病因，有了治疗办法和临床经验，许多病人都陆陆续续地康复出院了，这场人人危机的非典疫情，才慢慢地平息下去。

这次非典疫情的暴发，在医学界和安全界各有自己的科学结论。医学科学是从公共卫生的着眼点和人体健康的角度出发，来看待和处置这件事情的，因此医学界称之为突发性公共卫生事件。而安全科学则是从公共安全的着眼点和人体健康的角度出发，来看待和处置这件事情，因此在安全界称之为偶发性公共安全事件。人们共同经历的同一客观事物，有两种不同的说法看法，这就是安全科学与医学科学在学科边界方面的相互区别、相互交叉与相互渗透，在人们社会生活中反映出来的科学现象。

那年秋天，刘潜先生在谈及此事的时候，曾经让我记住：这是安全科学与医学科学相互交叉的最好例证。

问题二：安全科学在现代科学整体结构之中，到底处在什么样的科学地位？这门科学的创建、完善与发展，又有哪些与自然科学或社会科学显著区别的标志性特点呢？

“安全科学在现代科学整体结构之中，是综合科学学科的典型代表。”这是 20 世纪 80 年代我国安全科学开创者刘潜先生，参与国家标准《学科分类与代码》制定工作中得出的科学结论。

那时，刘潜先生在分析安全科学的学科属性及其学科分类问题时发现：在现代科学的整体结构之中，安全科学既具有自然科学的特点，又不属于自然科学的研究范畴，既具有社会科学的特点，又不属于社会科学的研究范畴，而是介于自然科学与社会科学之间，并且运用这两大科学部门的研究成果，为实现自己的科学目标服务。刘潜先生据此认为，安全科学归属的那个综合科学及其科学技术学科群，是继自然科学与社会科学之后的一个新型的科学技术大部门，他称之为“世界第三大科学”。由此，开启了人们对综合科学及其科学体系研究与探索的科学历程。

1．安全科学是综合科学的典型学科

刘潜先生认为，综合科学这个世界上的第三大科学部门，既反映了现代科学的科学交叉现象，又不能简单地归结为交叉科学。

刘潜先生指出，安全科学是交叉科学现象的最高表现形式，是综合科学的学科典型代表，它与交叉科学在学科基本构成上的或学科核心内容上的特点完全不同。交叉科学性质的学科一般是两个要素，是双要素的交叉，例如生物化学、生物物理学、物理化学或化学物理等，而综合科学性质的学科，是人、物、事三个要素及其内在联系从整体上形成系统，要比交叉科学的双要素或

者天、地、生等学科的单要素都复杂得多。

刘潜先生强调，只有具备三要素四因素（指人、物、事及其系统）的学科，反映或揭示出了二次及以上客观规律的，才能叫作综合科学的学科。

我的理解是：学科交叉与学科综合是两种不同的科学现象，而交叉科学与综合科学则是两个不同的科学概念。

从科学分类的着眼点和科学学的角度上来考察，交叉科学研究的是学科交叉的科学现象，综合科学研究的是学科综合的科学现象。交叉科学与综合科学在科学发展史上，既是相对独立的科学研究领域，又是密不可分的形式与内容的相互关系。也就是说，交叉科学实际上研究的只是科学现象的外在的表现形式，综合科学研究的才是科学现象的内在的实质内容。

2．综合科学是满足主观需要和实现主观愿望的科学

经过多年的学习与探讨，我和刘潜先生在研究综合科学方面还是取得过比较一致的意见和看法，那就是综合科学之所以被称为世界第三大科学的特点，与自然科学或是社会科学具有的特点根本不同，它不是认识客观世界的科学，也不是改造客观世界的科学，而是满足人类主观需要和实现人类主观愿望的科学。因此综合科学在本质上，既不是理论性质的科学，又不是实验性质的科学，而是以实践为先导的、以问题为导向的、在知行统一过程中才能达到目标的、在实践上理论与实际相结合的、综合集成性质的科学。从这个意义上我们可以说，综合科学的科学目标不是发现或揭示客观规律，而是首先运用客观规律去满足人类自己的主观需要。例如，医学科学是为了满足人类在主观上保持自己内在健康需要而建立起来的科学，它的科学目标是实现人们的医学健康。安全科学是为了满足人类在主观上保持自己外在健康的需要而建立起来的科学，它的科学目标是实现人们的安全健康。军事科学是为了打胜仗而建立起来的科学，它的科学目标是实现人类的持久和平。

也是在与刘潜先生多年学习和共同探讨的基础上，我们对综合科学这个世界第三大科学部门的学科名称概念，有了比较一致的看法和说法，总结和归纳这些平日里的看法和说法，又可以把综合科学的概念近似定义式地陈述为：综合科学，是从满足人类主观需要的着眼点，以及人与物相互作用客观存在的角度，在运用已知客观规律和以往实践经验，去实现学科既定科学目标的过程中，对整个客观世界物质形态及其运动方式的复杂性与多样化，或者是宇宙时空的平直性、立体性、重叠性、弯曲性、展延性及其结构层次无限可分性的认识与再认识。

3．安全科学的标志性特点

我们认为，安全科学首先是一门指导人类生存实践的科学，而不是以揭示客观规律为首要目标的科学。这是作为综合科学典型代表学科的安全科学，与自然科学性质的或社会科学性质的众多科学及其分支显著区别的标志性特点。

安全科学的首要目标，也就是摆在第一位的科学任务，是用人类已知的客观规律去解决人类

面临的安全问题，以满足人类在生存或发展过程中主观上的安全需要。正像一次能源的煤炭，经过人们的艰辛劳动，可以转化为（生产出）二次性清洁能源的电那样，在人们运用已知的自然科学或社会科学揭示出来的一次性客观规律，去实现自己安全愿望的过程中，还会发现和揭示出人类未知的二次性的或是三次性及以上的客观规律，从而丰富和深化人类对客观世界整体性规律及其层级性存在特点的认识。但在这里需要特别指出的是，如果人们不主动运用已知的客观规律去实现自己的安全目标，那么那些未知的二次性的或是三次性及以上的客观规律，也不会自行显现出来，更不会被人们发现而加以利用。因此我们可以说，安全科学不是单纯揭示客观规律的科学，而是首先运用客观规律的科学，是在运用客观规律过程中发现和揭示深层次客观规律的科学。所以，在这个意义上我们又可以说，安全科学在本质上，是一门操作性极强的、理论与实践相结合并以实践为先导、以问题为导向的、综合科学及其科学技术学科群里边的学科典型代表。

问题三：安全科学作为综合科学大部门的学科典型代表，又有着怎样与众不同的科学性质和独具特色的学科特征呢？

记得那是在 20 多年前的 1996 年，与刘潜先生相识之初，他就对我说过，“安全科学是综合科学的学科典型代表”。那个时候，我还在全身心地投入劳动科学的理论研究，还在读马克思的《资本论》，还在学习劳动生理学、劳动心理学、劳动伦理学、劳动法学和劳动经济学等劳动科学的相关著作。因此，对刘潜先生提出的这个科学命题根本不感兴趣，既不想深入了解，也不想深度思考，总认为安全科学研究与我无关，那是刘潜先生他老人家自己的事，对安全问题的研究我只是业余爱好。后来，和刘潜先生相处的时间长了，才终于了解了他献身的安全事业，慢慢地对他关注的安全问题开始有了些兴趣。现在回想起来才发现，当年刘潜先生说的那句话里居然还隐藏着“安全科学与综合科学之间存在整体关联性”那样深刻的科研课题呢。

在长期受到刘潜安全思想的影响，以及在他老人家多年来的培养、启发和指点下，又经过自己的学习、观察与思考，我现在认为：安全科学与综合科学之间存在的整体关联性，集中地表现在安全科学的科学性质与学科特征，全面地反映和揭示出了综合科学的科学本质属性，以及它在科学研究上的学科方法论。

1．安全科学的科学性质

安全科学的科学性质，指的是这门科学与众不同的科学本质属性，这就是中国古代“天人合一”哲学思想的当代表达与辉煌再现。但是我又认为，由于安全科学不是以揭示客观规律作为自己的首要目标，而是以运用客观规律满足人在心理上或生理上避免承受体外因素危害作为自己要实现的终极目的，因此那些客观存在的规律是为人的主观需要服务的，所以安全科学的科学性质，或者说是它的科学本质属性，并不是以“天”为首而是以“人”为先，具体地就表现为“人天合一”而不再是“天人合一”了。安全科学的这个与自然科学或社会科学完全不同，而与综合科学保持一致的科学本质，可以简要地表述为：“人”的主观需要与“天”的客观规律，在宇宙天体自然历史演化进程中的“合一”，即“人”“天”二者的融“合”如“一”。

安全科学的科学性质，及其反映或揭示出来的科学本质属性，具体地又可以从它的科学目标（指“人”的主观需要）、科学依据（指“天”的客观规律）、科学方法（指“合”的复杂过程）、科学结构（指“一”的整体关联）四个方面来论证或说明。

其一，安全科学的主观性的科学目标，反映或表现的是“人天合一”科学性质之中“人”的内在含义，说的是安全科学解决问题的着眼点，是满足人类生存或发展过程中在安全上的主观需要。

从这个意义上来考察，当初人们之所以要创建安全科学的目的，不是为了认识客观世界，也不是为了改造客观世界，而是为了满足人自己在心理上或生理上免受外界因素危害的安全需要。由此可见，安全科学的科学目标，就是实现人的安全。

其二，安全科学的客观性的科学依据，反映或表现的是“人天合一”科学性质之中“天”的内在含义，说的是安全科学看问题的角度，是人类与物质相互作用的客观存在。

我们在这里表述的人类与物质的相互作用，指的是人们与自己身体之外的生存环境及其构成因素之间，在物质、能量、信息以及时间、空间等方面的系统交流，或是系统交换。

其三，安全科学的复杂性的科学方法，反映或表现的是“人天合一”科学性质之中“合”的内在含义，说的是安全科学通过自己的科学依据去实现自己的科学目标。这也就表明，安全科学通过人与物相互作用表现出来的诸多客观规律，去满足人自己在身心健康方面对安全的诸多主观需要。在这个意义上我们可以说，安全的科学依据与安全的科学目标在人们的生存实践中是融合在一起的，如若分离那就不是安全科学了。

在现实的社会生活中，人们会运用现有的科学知识去解决自己面临的现实问题，并且通过已知的客观规律，去发现或揭示未知的客观规律，以便能更好地指导人们的生存实践活动，最终实现高质量安全利益社会全体成员共享的科学奋斗目标。

其四，安全科学的整体性的科学结构，反映或表现的是“人天合一”科学性质之中“一”的内在含义，说的是安全科学在客观上还存在着理论与实践相互作用二元融合如一的关联性结构，以及理论与实践各自相对独立的实质内容上的二元如一特征。

安全科学的科学结构在理论上的整体关联性二元如一特征，反映或表现在安全概念认知与安全思维方式之间的相互关系方面。

人们对安全概念的认知，首先经历了从感性认知（经验思维方式），到理性认知（理论思维方式），然后再到综合认知（实践思维方式），这样一个认识循序渐进、逐步深化的否定之否定过程。在这个基础上，人们又会经历或者将会经历对安全概念从反思认知（逆向思维方式），到动态认知（辩证思维方式），然后再到整体认知（综合思维方式），这样的对安全概念第二次否定之否定的认知过程。安全概念的这两个辩证的否定之否定认知历程，形成了人们认识不断深化的双重螺旋式的安全知识结构和多元化的层级性的族群式安全科学体系。

我的深思、感悟和理解，与安全概念认知的阶段性历程，以及由此形成的安全思维方式及其成果相对应，从而发现了安全科学的科学体系和它表达的安全知识系统，有七个整体关联的结构性层次。

第一个结构性整体关联层次，是安全潜科学知识层次。这是人们在工作实践或生活实践中提出来的具体安全问题，因为问题只是科学研究的先导而并不是科学本身，故称之为潜在的科学。

第二个结构性整体关联层次，是安全应用科学知识层次。这是人们对安全概念感性认知和经验思维形成的科学及其分支，例如事故致因理论、危险源学说等。

第三个结构性整体关联层次，是安全学科科学知识层次。这是人们对安全概念理性认知和理论思维形成的科学及其分支，例如安全“三要素四因素”系统原理、安全系统工程论等。

第四个结构性整体关联层次，是安全专业科学知识层次。这是人们对安全概念综合认知和实践思维形成的科学及其分支，例如安全质量学、安全动力学等。

第五个结构性整体关联层次，是安全基础科学知识层次。这是人们对安全概念反思认知和逆向思维形成的科学及其分支，包括安全学、危险学、伤害学，以及安全管理学、风险管理学、危机管理学、应急管理学等。

第六个结构性整体关联层次，是安全哲学科学知识层次。这是人们对安全概念动态认知和辩证思维形成的科学及其分支，包括安全世界观、安全价值观、安全认识论、安全方法论等。

第七个结构性整体关联层次，是安全科学学知识层次。这是人们对安全概念整体认知和综合思维形成的科学及其分支，包括安全科学体系学、安全科学能力学、安全科学政治学，以及安全科学发展史等。

安全科学的科学结构在实践上的整体关联性二元合一特征，反映或表现在安全的知与安全的行二者之间的相互关系方面，安全的知与行的矛盾或统一，表现为安全知识上的知不知、知多少，安全行为上的行没行、怎样行，以及安全的知与安全的行二者之间，在人们的生存实践中是否动态协调与同步如一。

从人们的现实生活中观察，安全的意识及其语言的表达，是安全的知与安全的行之间相互作用的桥梁、纽带或媒介，也可以称之为知与行相互作用的中间环节。因为，人的知识丰富了自己的语言，人的语言表达了自己的意识，人的意识支配了自己的行为。所以，一个人在生命活动过程的具体行为，要受到自己是否储备安全知识，以及储备多少安全知识的制约；也要受到自己是否保持安全技能，以及保持多少安全技能的限制；还要受到自己是否具有安全意识，以及这种安全意识在多大程度上能够有效支配和影响行为。由此推论可知，人只有在安全意识觉醒的状态下，才能把自己平日里学到的、掌握的或是储备的安全知识，与自己平日里学到的、掌握的或是保持的安全技能，及时有效地结合起来，达到知与行的动态协调与同步如一，从而实现安全意识支配下的行为安全。正是在这个意义上，我们可以说：知与行的矛盾，是人类安全实践需要解决的基本矛盾；知与行的合一，是人类安全实践需要遵循的基本原则。

2．安全科学的学科特征

安全科学的学科特征，指的是这门学科独具特色的标志性的科学方法论，这就是钱学森先生在研究系统科学和实施系统工程时提倡的综合集成法。

安全科学研究的综合集成方法，是指人们为满足自己身心健康的安全需要，运用人类现有的科学知识和人们以往的实践经验，在理论联系实际过程中通过已知的一次性或是二次性的客观规律，去发现和揭示未知的三次性及以上客观规律的方法或理论。

安全科学的综合集成的学科特征，或者说是它的综合集成方法论，可以从安全科学研究的目的性、整体性、复杂性、综合性四个方面来论证或说明。

第一，安全科学目的性学科特征。

刘潜先生说过，安全科学是“把手段当作目的来研究”。这就清楚地表明，作为综合科学典型学科代表的安全科学，是把那些具有自然科学性质或是社会科学性质的学科为达到科学目的而采取的手段，看作自己科学研究的目的。

具体地讲，安全本来只是人群目标活动系统要实现既定目标（例如企业过程要达到的生产目标）所采用的技术手段，或称为技术性保障措施；但安全科学却把它作为自己要实现的终极目的，反而是把人群目标活动系统本身及其组织构成的各个方面（例如企业生产的组织系统及其相关的职能部门或工作岗位）看作自己要达到安全目的而采取的方法、手段、措施。这就是说，安全不再被认为是人群目标活动系统要达到既定目标的手段，而被安全科学看作这门科学要达到的科学目的了。这种认识上的转变，就使得安全这个真实的客观存在，从原来的人群目标活动系统的次要矛盾，上升到了现在的该人群目标活动系统的主要矛盾（因为只有首先解决了安全问题，才能保障人群目标活动系统的正常运行，并最终实现自己的既定目标），从而确定了用统系规范原则（也就是从统到系、从整体到部分进行规范的原则）解决系统存在问题（也就是从系到统、从部分到整体解决存在的问题）的思维定式。

第二，安全科学整体性学科特征。

刘潜先生还说过，安全科学是“把部分当作整体来研究”。这就清楚地表明，作为综合科学典型学科代表的安全科学，是把那些具有自然科学性质或是社会科学性质的学科称之为客观事物整体构成的部分看作自己科学研究的整体。

具体地讲，安全本来还只能看成是人群目标活动系统的一个组成部分，但安全科学却把它看成是客观事物的整体，反而是把人群目标活动本身及其构成因素当作安全整体结构内部的组成部分。这就是说，安全不再被认为是人群目标活动系统这个客观事物整体的一部分，而是被安全科学当作这门科学研究的客观事物整体了。这种认识上的转变，就使得安全这个真实客观的存在，从原来的人群目标活动系统实现既定目标的矛盾的次要方面，转化成为现在的该人群目标活动系统实现既定目标的矛盾的主要方面（因为只有首先实现了安全，才能保障人群目标活动系统最终达到自己要实现的那个既定目标），从而确定了用整体论思想（也就是思维途径从整体到部分，从全面到局部的科学研究思想）解析还原论课题（也就是思维途径从部分到整体、从局部到全面的科学研究课题）的认知图式。

第三，安全科学复杂性学科特征。

刘潜先生认为，“安全科学研究的核心理论，是人、物、事及其系统形成的安全内在组织结构”。这就是他安全“三要素四因素”系统原理的简要概述，我称之为刘潜安全三要素四因素学说。

我的理解：安全科学是把人、物、事即人物关系实现方式这三者及其形成的非线性复杂巨系统作为自己的学科核心要点来研究。这种安全科学的“三要素四因素”研究方法，是运用人物关系的实现方式，例如政治、经济、军事、文化、科技、教育、道德与法，以及质量、管理、标准化等，作为实现科学目标即实现安全的方法、手段、措施，来动态调节人与人、物与物、人与物之间的相互关系，通过运筹与信息这两个系统的构成因素，对整个系统运行状况进行同步有效的系统控制，最终达到实现安全的科学目标，从而明确了用安全科学的科学依据（即人与物相互作用客观存在的规律）论证实现安全科学目标（指满足人们安全需要）的科学研究途径。

第四，安全科学综合性学科特征。

刘潜先生认为，钱学森提出的综合集成法是安全科学研究的基本方法。他说：“人们在运用已知客观规律解决现实安全问题的过程中，必须经过数学上的两个拐点，才能最终发现和揭示人类未知的三次性及以上的客观规律。”

我的理解：安全科学为了实现自己的科学目标即人的安全，是把人类拥有的一切知识、技能与经验都汇集起来，作为自己这门学科的科学方法来使用。具体地讲，安全科学在研究或解决安全问题过程中，把现有的科学知识和以往的实践经验及时有效地整合起来，通过运用人类已知的一次性或二次性客观规律，去发现或揭示人类未知的三次性及以上的客观规律，从而明确了用智慧集成论与知行合一观来探索整个客观世界及其层级态运动变化规律的知识获取途径。

结束语

基于上述对刘潜安全科学思想的理论思维，以及我与刘潜先生相识20年来不断深入的理论探讨，我越来越清晰地认识到，刘潜先生揭示并首先确认的“综合科学在现代科学整体结构中是世界第三大科学”这件事，是20世纪80年代科学分类史上一次重大的科学发现。

刘潜先生这一科学发现的学术价值和现实意义，是在当代引起了人们对综合科学及其学科交叉现象研究的极大关注，并且由此开创了建立、完善与发展安全科学及其族群式科学体系的历史新纪元。

刘潜先生在这一科学发现过程形成的全部思维成果，便自然而然地成为我们这些安全学界的后来人，在安全基础理论研究上的源头之水。

（2018年4月10日写于中国政法大学北京学院路校区宿舍）

刘潜安全思想研究

刘氏安全定义及其多视角解读[①]

——刘潜安全学术思想研究与探索（一）

刘潜先生在安全科学创建与发展过程中的一个历史贡献，是首次从安全性质的肯定方面，概括出了安全概念的内在含义，从此结束了以往人们单纯从安全性质否定方面来理解或认识安全的历史，第一次明确提出了安全科学基础理论研究的中心任务，不是排除各种不安全的因素，而是要从人的身体之外来保障人们的身心健康，从而开辟了一条从安全性质肯定方面来认识安全和实现安全的新思路。

刘潜先生对"安全"所下定义，可以简要地表述为："安全，是指人的身心免受外界因素危害的存在状态（即健康状况）及其保障条件。"如果我们从文字表述、坐标分析、科学信息等方面多视角解读这个定义，就可以进一步反映或揭示出安全的本质及其一般规律，并在此基础上明确安全作为学科名称概念和学科核心概念的科学地位，对于安全学科发展和安全社会实践都具有重要的认识论意义。

一、安全与人体健康之间的关系

（一）安全只是针对人的

安全是一个由安与全两个词素结合在一起组成的复合概念。

从科学上考察安全，它反映人在生命的自我运动和自我发展过程中与自然界（包括人类社会）之间，在物质、能量、信息方面进行系统交换时形成的一种自然生态关系，因此安全总是针对着人的，其中：

（1）安：表示"无危则安"，反映或体现人的心理状态。安全之中的安，是指人在一定时空坐标上与自然界即人体的外界因素之间进行物质、能量、信息交换过程中的心理状态。

（2）全：表示"无损则全"，反映或体现人的生理状态。安全之中的全，是指人在一定时空坐标

---

① 原载《四川职业安全》2010 年第 11 期（总第 53 期），第 24-29 页。

标上与自然界即人体的外界因素之间进行物质、能量、信息交换过程中的生理状态。

安与全的本意就是针对人的，因此与人无关的任何事物都不属于安全问题。

但在实际应用上，有时与人无关的客观事物也称作安全，那就是借用概念，如同计算机病毒是借用医学上的病毒概念那样，计算机安全就是借用人的身心免受外界因素危害的安全状态来比喻或表示计算机自身功能不受外来因素的侵害。

（二）安全针对着人的健康

人与自然界（包括人类社会）之间建立的自然生态关系，反映在人类的个体发育方面，表现为人体身心的健康状况。

人的身心健康，在客观上存在着内在保障与外在保障两个条件保障系统。

（1）人体健康的内在保障条件，即从人的体内保障人体身心健康的科学，是医学科学。它解决人体的内在健康问题，并从人在生理、心理的需要上提出人体健康外在保障的科学依据，即人体健康的医学标准及其实现条件。

（2）人体健康的外在保障条件，即从人的体外保障人体身心健康，完成人体健康医学标准及其实现条件任务的科学，至少有劳动科学和安全科学两门学科及其科学群。

其一，劳动科学，通过指导人们的各种生产实践（包括人口的生产与再生产、物质的生产与再生产、精神的生产与再生产），创造满足人体健康需要的种种外在条件。因此，劳动是人类生命存在的基本方式。

其二，安全科学，通过指导人们的种种实践活动，全程提供人体健康保障的综合外在条件。因此，安全是人类生命存在的必要前提。

从安全在保障人体健康中的地位和作用来看，安全概念的内在含义，是指人体健康外在保障的整体（总体）水平，包括人的身心免受外界因素危害的存在状态，即人体外在健康的各种存在状况和人体外在健康保障的种种客观存在条件。

二、从文字表述方面解读安全定义

刘潜先生在20世纪80年代提出的安全定义是“安全，是指人的身心免受外界因素危害的存在状态（健康状况）及其保障条件。”

刘潜先生的安全定义，从文字表述方面来理解，至少包括人体外在健康状况和人体外在健康条件两个部分。具体分析如下：

（1）“人的身心”。身，指人的生理状况；心，指人的心理状况。

人的身心健康以皮肤为学科界线（在这里皮肤是指人的外表皮、内表皮以及唾液、胃黏膜等），皮肤以内是医学问题，皮肤以外是安全问题。

（2）“免受”，是避免承受的意思，有两个含义：

其一，免受不等于不受，也不可能不受。

其二，免受具有相对性，有个免受程度的问题。它反映具有生命活力的人在受到外界因素危害时，不死、不残、不病、不伤的一般健康状况，以及舒适、愉快、享受等高质量的健康问题。

（3）“外界因素危害”。危害是由危与害两个词素组成的复合概念，其中，危是危险，指安全事故的潜在状态,即安全事故可能发生但又尚未发生因而没有给人体健康造成伤害的情况。害，是伤害，指安全事故的爆发状态，即安全事故已经发生并给人的身心健康造成直接的或间接的侵害。

外界因素，是指人体以外并与人的身心相互作用的一切客观事物，包括人、物、事（指人物关系及其外在表现形式，如政治、经济、军事、外交、文化、教育，以及道德与法律等）。

“外界因素危害”包括以下四个含义：

第一，外界因素既存在着有益于人的身心健康方面，又存在着有害于人的身心健康方面，二者又是可以在一定条件下相互转化的。例如矿井下的瓦斯既是对人体健康有害的易燃易爆气体，又是一种可以开发利用的清洁能源。

以外界因素对人体健康所起的作用为学科界线：如何利用外界因素对人体健康有益的方面为人的身心健康服务，以及如何把外界因素对人体健康的有害方面转化为有益方面，是劳动科学研究或解决的问题；如何在人的体外防止外界因素即一切客观事物对人身心健康的危害是安全科学的学科任务或奋斗目标。

第二，外界因素对人体健康的作用具有相对性。

一是外界因素对人体健康是有益还是有害，因人而异。对同一外界因素的同一作用，不同健康程度的人以及不同性别、不同年龄的人有着不同的承受能力（即具有不同的安全阈）。

二是外界因素对人体健康是有益还是有害，因时间、地点不同而异，并随时空条件的转移而有所不同。例如人与爆炸物之间的距离远近，决定人的安全程度。

第三，外界因素对人体健康的危害有三个量纲：

A. 质的方面——物的种类或性质；

B. 量的方面——剂量大小及作用强度；

C. 时空方面——作用时间与作用方式。

第四，外界因素对人体健康的危害有两种方式：

其一，直接危害（狭义安全），指外界因素直接作用于人的身体并给人体健康造成了危害。如机器压断人的手指，重物下坠造成人的伤亡等。

其二，间接危害（广义安全），指外界因素通过人的生理或心理对人体健康产生了危害。例如，噪声扰乱人的睡眠，在高浓度粉尘环境中长时间作业造成人的尘肺职业病对人体健康的伤害。总而言之，间接危害指包括狭义安全和卫生问题，即包括外界因素对人体健康的直接危害和间接危害。

（4）“存在状态（即健康状况）”。存在状态就是指人体的外在健康状况。人体健康外在保障的科学依据是由医学科学提供，并由安全科学来实现或完成的。

（5）“及其”。“及”是连词；“其”是代词，代指人的身心免受外界因素危害的存在状态，即人体外在健康状况。

（6）“保障条件”。这里是指人为自身提供的人体健康外在保障的各种条件，也就是人体安全健康的客观存在条件，亦可简称为安全条件。安全条件，即人体安全健康的客观存在条件，涉及人类文明的发展水平和人类社会的进步程度，以及宇宙深空物质运动及其引发的地球物理变化对人体健康的影响,还有由于人类自身的生命活动对自然界造成的自然生态变化对人体健康的影响。因此，要实现安全条件、保障人体健康，除安全科学以外还要涉及广泛的学科领域。

人体健康的安全条件，至少包括安全的经济条件、社会条件、文化条件以及安全的生态条件四个方面。

第一，安全经济条件，是指由人类物质文明决定和影响的安全存在条件。如在一定生产力水平下，为实现安全所提供的物资、设备、工具、资金等。

第二，安全社会条件，是指由人类政治文明决定和影响的安全存在条件。如在一定社会制度下，为实现安全所提供的法律法规及人权保障、社会政治势力及政权力量的支持等。

第三，安全文化条件，是指由人类精神文明决定和影响的安全存在条件。如在一定历史条件下，为实现安全所提供的科学理论、实用技术、文化教育的普及程度和专业技术人员的培训等。

第四，安全生态条件，是指由宇宙深空物质运动制约和影响的地球物理变化，以及由人类自身生命活动导致的全球性自然生态问题而形成的安全存在条件，因此其中又包括安全的自然生态条件和人工生态条件两个相互关联的方面。如太阳辐射、地震、火山喷发等自然灾害的预测、预防，宇宙深空探索以及全球性或区域性的环境保护等。

三、从坐标分析方面解读安全定义

刘潜先生的安全定义，提出了“人的身心免受外界因素危害”的程度问题，这就涉及人体健康的外在保障质量，以及对安全质量与安全度的理论探索。

从解读刘潜安全定义的角度出发，设安全坐标对安全的质、量、度进行图解（参见图 1）和理论分析。

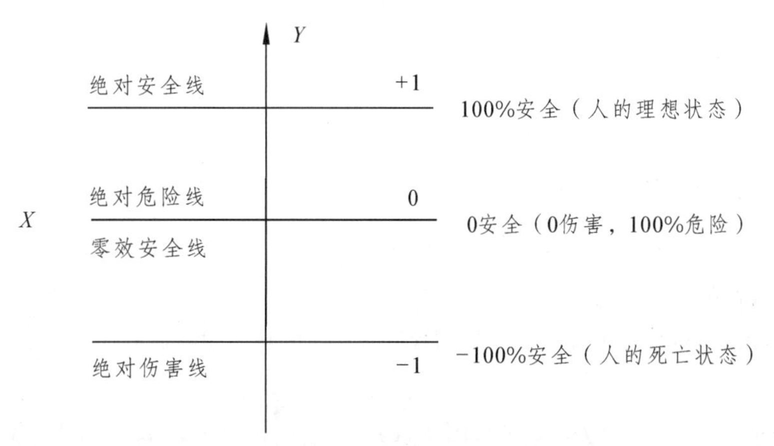

图 1　绝对安全线、绝对危险线与绝对伤害线

1. 安全坐标与人的安全状态

（1）设：X 轴为零效安全线；y 轴为安全度标示线。

（2）绝对安全线，是指安全坐标上 Y 轴刻度为+1 的延长线，表示 100%安全，和 0 危险，即人的理想状态。

（3）绝对危险线，是指安全坐标上的 X 轴线（也称零效安全线），X 轴与 Y 轴相交形成的 0 点，表示 100%危险，即 0 伤害和 0 安全。

（4）绝对伤害线，是指安全坐标上 Y 轴刻度为－1 的延长线，表示 100%伤害与－100%安全，即人的死亡状态。

2. 正安全、负安全与零安全

（1）正安全：安全坐标上 Y 轴刻度为 > 0 至+1 的位置，包括绝对安全、相对安全和相对危险三种人体健康状况。

（2）负安全：安全坐标上 Y 轴刻度为 < 0 至－1 的位置，包括相对伤害和绝对伤害两种人体健康状况。

（3）零安全：安全坐标上 Y 轴刻度为 0 的位置，是正安全与负安全的界面（系统边界），包括绝对危险与零伤害的人体健康状况。（参见图 2）。

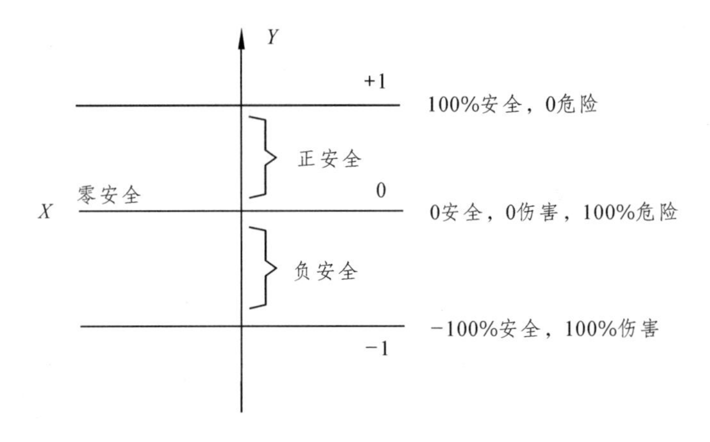

图 2　正安全、负安全与零安全

3. 安全度、危险度与伤害度

（1）安全度：指人的安全程度，包括人的身心免受外界因素危害的健康程度和人的身心免受外界因素危害的保障程度。

（2）危险度：指事故尚未发生，外界因素可能对人的身心健康造成伤害但又尚未造成伤害的程度。

（3）伤害度：指事故已经发生，外界因素对人的身心健康造成直接或间接伤害的程度。（参见图 3）

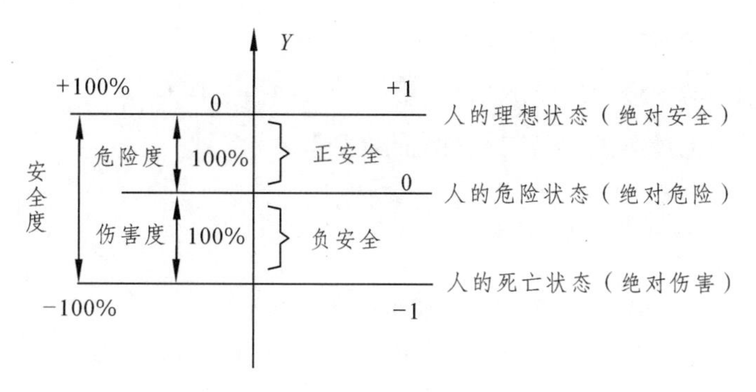

图 3　安全度、危险度与伤害度

4. 安全的正效应、负效应与零效应

（1）安全的正效应，即正效安全，指安全坐标上从 0 至+1 的区间，也就是从 100%安全（绝对安全）到 100%危险（绝对危险）的区域。

安全的正效应区域，反映安全与危险之间的关系，即安全度越高，危险度越低。

（2）安全的负效应，即负效安全，指安全坐标上从 0 至－1 的区间，也就是从 100%危险（绝对危险）到 100%伤害（绝对伤害）的区域。

安全的负效应区域，反映安全与伤害之间的关系，即：安全度越低，伤害度越高。

（3）安全的零效应，即零效安全，指安全坐标上处在 X 轴与 Y 轴交叉的 0 位置，也就是安全正、负效应的临界点，或称为正效安全与负效安全的分界线即零效安全线。

安全的零效安全线，反映危险与安全之间以及危险与伤害之间的关系，即 100%的危险与零安全和零伤害三种状况同时存在，因此它是安全事故是否发生的最终警告线，即安全事故即将发生的红色警示线，同时它也是转危为安避免安全事故发生并保障人员安全的红色希望线。（参见图 4）

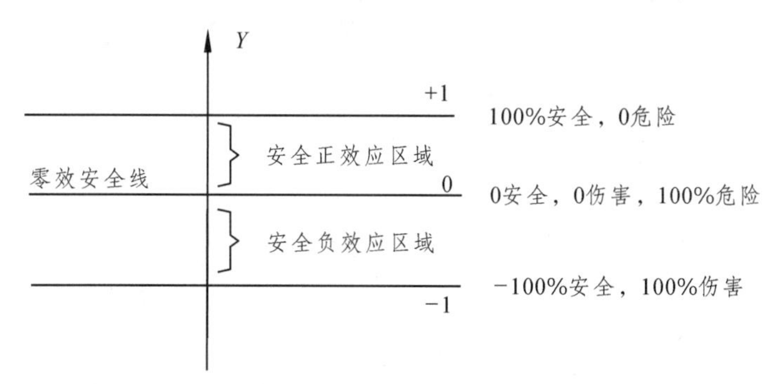

图 4　安全管理的正效应、负效应与零效应

5. 安全的质与安全的量

（1）安全的质不同，其所包含的安全量也不同。

例如：

A. 正安全之中的绝对安全，含有 100%的安全量；

B. 零安全表示绝对危险，含有 0 的安全量；

C. 负安全之中的绝对伤害，含有 - 100%的安全量。

（2）安全的量不同，其所包含的安全质也不同。

例如：

A. 100%的安全量叫作绝对安全,它具有稳定性和无危险性,可以给人提供高质量的健康保障。

B. 0 的安全量叫作绝对危险，它具有不稳定性和安全事故的突发性，此时人体健康虽然未受到外界因素的伤害，但人已处在对安全事故不可预测和防不胜防的危险境地。

C. - 100%的安全量叫作绝对伤害，是人的死亡状态。对当事人来讲，此时的负安全状态已经到了无法挽回的地步，现实的安全工作就是尽量减轻或消除遇难者亲友心灵上的创伤。

（3）安全在量上的变化，可以引起安全的质变；

安全在质上的变化，可以引起安全的量变；

安全在质与量上的相互作用与相互转化统一于人体健康的安全程度。（参见图 5）

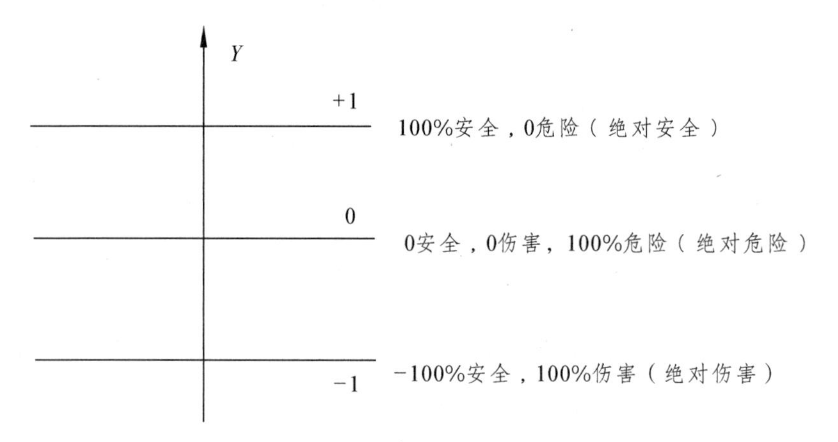

图 5　绝对安全、绝对危险与绝对伤害

四、从科学信息方面解读安全定义

刘潜安全定义明确了安全概念的内在含义，它作为安全命题的缩写形式，囊括了安全学科科学的全部科学信息。

1．刘潜安全定义反映和揭示了安全的发生及其一般规律

人是自然的产物，人的生命活动无法离开自然生态环境而孤立地存在。“人的身心”与“外界因素”即人与自然之间由于人自身的生命活动而建立种种具有实践内容的必然联系，这是安全问题发生的根本原因。

例如人口的生产与再生产活动、物质的生产与再生产以及精神的生产与再生产活动，都可以导致安全问题的发生。

安全问题发生的形式是“人的身心”与“外界因素”之间进行的系统交换。

安全问题发生的内容是“人的身心”与“外界因素”之间在一定时空状态下进行的物质、能量、信息方面的系统交换。

安全问题发生的性质是“人的身心”与“外界因素”之间具有系统交换的关系，其实质是人与自然（包括人类社会）之间在客观物质运动过程中形成的一种自然生态关系。

2．刘潜安全定义反映和揭示了安全的本质及其基本特性

安全发生学规律揭示出安全发生的性质，是“人的身心”与“外界因素”之间具有系统交换的自然生态关系。因此，解决安全问题的关键环节，就是如何调节人与自然之间的这种自然生态关系，使“人的身心免受外界因素的危害”。刘潜先生曾经多次指出：安全的本质就在于妥善处理“人的身心”与“外界因素”之间的关系问题。安全在本质上，是一个由人、物、人物关系及其内在联系构成的非线性复杂功能系统。因此，实现安全是一个系统问题，但它不是一般系统或是一般系统工程问题，而是一个非线性的复杂系统工程问题。

（1）安全的性质。

安全的性质，是指安全本质内在的表现形态，它决定安全本质外在形态的一般特点。从安全本质内在形态来考察，安全有四个基本性质：

第一，主观需求性。安全的需要来源于人的本能，是人在生理和心理上的内在需要，是人类个体自我生存欲望的外在表现或反映，因此它具有人的主观需求性。

第二，客观实在性。安全的存在产生于物对人的作用，构成“外界因素”的种种客观事物对人体健康的作用是否有害，以及伤害的程度如何，都有它自身的内在规律，因此它又有物的客观实在性。

第二，相互依存性。安全是人与物进行系统交换的伴生物，人的生命活动及其全过程始终存在着安全问题，因此它具有人物关系的相互依存性。

第四，动态协同性。安全的实现，依靠人、物、人物关系三要素的相互依存与相互作用，因此它具有安全要素内在联系的动态协调性。

（2）安全的特点。

安全的特点，是指安全本质外在的表现形态，它反映安全本质内在形态的基本性质。从安全本质外在形态来考察，安全有四个一般特点：

其一，安全的广泛性特点，是指任何人在任何时间和任何地点都存在着安全问题。它表明安全不仅是与人相伴而生的个人健康问题，而且也是人类在社会进步与创建文明的历史过程中普遍存在的社会问题。

其二，安全的绝对性特点，是指具有生命活动的人除自己身体自然的、功能上的新陈代谢之外，对外界因素的作用总有一个适合与不适合的问题。它表明人在生理上、心理上对外界因素危害的承受能力，以及对自己身体之外的自然的或是社会的生存环境适应与否的适应能力，都是因

人而异、因时空条件而异的。

其三，安全的相对性特点，是指任何时候的人类社会进步或是文明发展程度，总是会有一定限度的，因此在每一个社会发展阶段上，对安全问题的解决程度也都是有限的，任何人也无法超越自己那个时代生产力发展水平去解决安全问题，所以人们对解决安全问题的满意程度，也会是相对的或者说是有条件的。它表明，人们对自身安全保障理想状态实现的满意程度，具有现实的或历史的局限性。

其四，安全的复杂性特点，是指安全存在方式的多样化以及实现安全的方法、手段、措施的多样性和不可穷尽性。它表明在人类不同实践活动领域存在着不同的安全表现形式，因而解决安全问题也不能一概而论，应做到具体情况具体分析。

3．刘潜安全定义反映和揭示了安全的内部构造及其客观存在条件

（1）安全的内部构造。

从刘潜安全定义以下表述中可以分析出安全的内部构造。

① “人的身心”是安全内部构造中人的因素。

② “外界因素”是安全内部构造中物的因素。

③ “免受……危害”有个程度问题，是安全内部构造中人物关系，包括人与人、物与物、人与物关系的表现形式，即事的因素。

④ “存在状态即健康状况”是安全内部构造中人、物、事之间的内在联系因素。

如上所述，在安全构造内部存在着人、物、事三个实体性的安全要素。由于某种特定安全目标的建立，使安全三要素之间产生了必要的内在联系，这就形成了安全的第四因素，并使三个安全要素在安全目标的导向下转化为安全因素。至此，人、物、事及其内在联系四个因素的相互依存与相互作用，就形成了安全内部的组织结构。

（2）安全的存在条件。

刘潜安全定义中“及其保障条件”，是指人体安全健康的客观存在条件，也就是安全的条件，其有四个：安全经济条件、安全社会条件、安全文化条件和安全生态条件。制约和影响安全条件发挥作用的因素有以下四个方面：

①人的制约和影响。安全条件发挥作用的程度，受人类文明与社会进步历史发展进程的制约和影响。从根本上来说，是由人类自身的进化水平决定的。如今，仍有些人在某些方面或某些问题上可以为追求经济利益而置人的安危于不顾，从而造成群死群伤的重特大安全事故。

②物的制约和影响。宇宙太空物质运动及其引起的地球物理、化学变化是一种不可抗拒的力量对实现安全造成的制约和影响，有其客观规律性。宇观物质运动规律表明，地球是从无中生出的有，而且有生就有灭，它作为宇宙太空物质运动的产物也是迟早要消亡的。然而地球是人类的摇篮，人类在物质文明、政治文明与精神文明的历史发展过程中也会进化到更高一级的境界，人类文明也最终会使整个人类离开地球走向太空，那时安全问题也随之进入太空世界。

③人物关系的制约和影响。人们的生命活动引起了自然生态环境的变化，不仅促进了人类文明的发展与社会的历史性进步，而且也在某种程度上影响或危及人类自身的生存与发展。如全球性或区域性的环境问题和由此提出的可持续发展问题，都涉及安全条件的实现程度问题。

④上述人、物、人物关系三个方面相互作用的综合因素，对安全条件实现的制约和影响，形成了一个从整体上影响或制约安全条件实现的复杂功能系统。因此如何更好地发挥安全条件的作用，提高某一地区人群以及提高整个人类的安全质量，并不是某一个安全条件起作用的结果，而是要依靠四个安全条件相互依存与相互作用的整体综合效应。

4．刘潜安全定义反映和揭示了安全的内外动力及其相互作用机制

潜安全定义包括人体外在健康状况和人体健康外在保障两个基本含义。其中人体外在健康状况揭示了在安全的内部结构之中，蕴涵着安全的内在动力；人体健康外在保障揭示出在安全的存在条件之中，蕴涵着安全的外在动力。安全定义表述的这两个方面的有机结合，就产生了安全的动力机制问题。

（1）实现安全的内在动力。

人体外在健康状况所揭示出的安全内部结构，是由人、物、人物关系及其内在联系四个安全因素及其子系统构成的非线性复杂系统。在具体的特定安全目标导向下，安全因素及其子系统之间相互依存、相互作用、功能互补与动态协同的结果，就在安全结构的功能系统之中形成了实现安全的内在动力。

安全结构的功能系统是一个开放的非线性复杂系统，在安全内在动力的作用下，系统正常运行的安全正效应是实现特定的具体安全目标；系统解体状态是安全的零效应，表现为整个系统处在安全事故随时都有可能发生的绝对危险的境地；系统失控或遭到破坏，就会产生安全负效应，导致安全事故的发生即造成人员的伤亡。因此，安全内在动力形成的系统即安全结构的功能系统是一个微观的安全动力系统。这个安全系统由于在整体上存在着人因失误等非线性作用而导致的系统解体或失控，是安全内在动力系统本身无法克服的致命缺陷。为实现具体的特定安全目标，还必须由安全外在动力及其所形成的安全条件系统，提供种种外在的安全保障。

（2）实现安全的外在动力。

人体健康外在保障所揭示的安全存在条件是安全的经济条件、社会条件、文化条件和生态条件。在具体的特定安全目标确立之后，除安全内在动力形成的安全功能系统之外，还需要由安全的条件系统提供具体安全结构外部的种种安全保障。这些安全条件之间在相对独立基础上的必要联系，就在安全条件的保障系统之中形成了实现安全的外在动力。

安全条件的保障系统也是一个开放的非线性复杂系统，在安全外在动力的作用下，人与自然、人与社会、人与人之间的相互依存、相互作用、相互交流与相互融合，从根本上减少或消除了安全结构功能系统自身无法克服的系统解体或系统失控的缺陷，在一个更大的范围内为实现安全目标提供了保障条件。因此，安全外在动力形成的系统即安全条件的保障系统是一个宏观的安全动

力系统。

安全的内在动力与外在动力，从微观和宏观两个方面形成的安全动力系统，即安全结构的功能系统和安全条件的保障系统，从整体上构成了实现安全的动力机制。

（3）实现安全的动力机制。

安全的内在动力与外在动力及其相互作用的理论价值，就在于指导人们建立微观与宏观双重的安全生产作用机制，从而建立起企业与社会双向互动的职业安全卫生管理体系。

① 建立微观安全生产作用机制，实际上就是发挥安全内在动力的作用，在生产组织系统中建设安全结构的功能系统。

刘潜先生曾多次指出，如何把一个生产上的组织系统建设成为安全方面的功能系统，关键在于人的因素。他在论述安全与生产之间的关系时，提出企业的安全生产需要有五种人，其中，企业法定代表人是安全决策人，企业生产管理人员是安全执行人，生产一线人员是安全体现人，安全专业技术人员即安全工程师是安全监督人，安全科学技术人员和安全专家就是安全科研人。这五种安全角色在安全工作上的相互配合与相互协作，形成安全生产的内在动力。ISO/18000 职业安全卫生管理体系标准，只强调企业安全生产的工作程序及相应标准，忽略了人的因素，只有把微观安全生产作用机制与 ISO/18000 认证有机地结合起来，才能真正有效地与国际安全生产工作接轨，把科学理论与社会实践统一起来。

② 建立宏观安全生产作用机制，实际上就是发挥安全外在动力的作用，在国家管理体制中建设安全条件的保障系统。

为了克服企业安全生产功能系统中自身无法解决的系统解体或长期失控的问题，并逐一排除人因失误等非线性因素对安全生产功能系统正常运行的干扰或破坏，必须建立起“人大立法、政府监察、企业自律、社会监督”的宏观安全生产作用机制，使国家的行政管理机关或相应监督机构，对企业安全生产实施“调控、督导、教育、监察”的有效管理手段和必要的执法措施。

五、安全概念定义的认识论意义

刘潜先生在 20 世纪 80 年代提出的安全定义，明确了安全作为学科名称概念和学科核心概念的科学地位，以及在指导安全理论研究和安全社会实践中的科学作用。

1. 安全概念蕴涵着安全学科体系的理论框架

刘潜安全定义表明，安全是一个学科名称概念，它蕴涵着安全学科体系的理论框架。

安全学科科学技术体系横向的科学层次，是以钱学森先生在《论系统工程》中提出的认识客观世界的深化程度为依据而划分的四个台阶：哲学层次是安全哲学，包括安全世界观、安全认识论和安全方法论；基础科学层次是安全学，指对安全的本质及其运动转化规律的认识；技术科学层次是安全工程学，它是运用安全规律指导安全工程实践的技术理论；工程技术层次是安全工程，是具体的安全实践。

安全学科科学技术体系纵向的分支科学，是从刘潜先生在《从劳动保护工作到安全科学》[①]中提出的安全内部结构即三要素四因素理论为依据的。其中研究人的因素的学问是安全人体学，包括安全生理学、安全心理学、安全人机学等学科；研究物的因素的学问是安全物体学，包括安全物料学、安全设备学等学科；研究人物关系外在表现形式即事的学问是安全事理学，包括安全政治学、安全法学、安全伦理学、安全文化学、安全教育学、安全经济学、安全管理学等学科；研究人、物、事三者之间内在联系的学问是安全系统学，包括安全运筹学、安全信息学，安全控制学等学科。

2．安全概念蕴涵着安全学科科学的全部基本问题

刘潜安全定义还表明：安全是一个学科核心概念，它蕴涵着安全学科科学的全部基本问题。

综上所述，安全概念的内在含义，明确了安全对人体健康的科学作用，划清了安全科学与医学科学、劳动科学的学科界线，提出了外界因素即物的三大量纲和人体安全健康的客观存在条件，也揭示或者说是涉及了安全发生学规律、安全本质问题以及安全的质量学和动力学规律等一系列理论问题。所以说，安全作为一个学科核心概念是安全学科科学最基本的知识单元，它反映、体现了安全作为一个真实的客观存在所必然要蕴涵的全部科学文化信息。

（2004 年 12 月初稿于湖南工学院，2010 年 1 月整理于北京政法社区）

刘氏安全模型及其动力学意义[②]

——刘潜安全学术思想研究与探索（二）

一、安全结构的理论模型

刘潜先生在 20 世纪 80 年代创建安全学科科学的过程中，提出了“三要素四因素”的安全结构模型，揭示了安全的内部构造及其内在动力机制。

从宇观的物质运动形态来考察，安全的内在组织结构至少有静态和动态两种理论模型。

（一）静态的安全结构模型

1. 静态安全结构的基本构成

它由安全的三个要素组成，即人、物、事（指人与人、物与物、人与物之间关系的外在表现

① 刘潜等著：《从劳动保护到安全科学》，中国地质大学出版社 1992 年版。

② 原载《四川职业安全》2010 年第 11 期（总第 53 期），第 29-32 页。

形式，如安全的政治、经济、文化、教育、道德、法律法规等）。

2. 静态安全结构的性质特点

它是一种非人为的自然形态的安全结构，因此具有自发的性质。

它在人类个体生命活动（个人的生长发育过程中）以及人类整体和群体社会实践活动系统都是普遍存在的，因此具有普遍性的特点。

3. 安全要素的两个含义

其一，人、物，事三个安全要素都是实体性的客观事物，具有客观实在性，因此有它自身的规律。

其二，每个安全要素的功能，如果发挥到极致，都可以单独实现安全。

4. 建立静态安全结构模型的意义

第一，它反映人的个体生命活动以及人类整体或群体在社会实践活动及其系统中的安全内在结构，是处于天然的、自发的相对静止状态。

第二，它可以在静态安全分析的基础上指导人们的安全实践，如系统安全运行评价，安全事故调查等。

第三，它可以在安全要素分析的基础上，指导人们的安全实践，如追求全部安全要素的绝对化，即企图使安全要素的功能发挥到极致（顶点）的做法，既无必要也无法实现，它只能造成人力、物力、财力等资源的极大浪费，因此切不可行。然而，人们对某一安全要素绝对化的追求，例如职业活动中人的安全素质提高或物的本质安全化，却是人类文明与社会进步的必然趋势。

第四，由于静态安全结构始终处于自发的、天然的形态，安全要素在人类实践活动过程及其活动系统中孤立存在，并且缺乏彼此间必要的内在联系和动态的相互匹配。因此，在这种静态结构中要保持人的安全状态只能是偶然的，而经常发生安全事故、给人造成伤害则是必然的。

（二）动态的安全结构模型

1. 动态安全结构的基本构成

它是由安全的四个要素组成的，即人、物、事及其内在联系。

2. 动态安全结构的性质特点

它是一种人工形态的安全结构，因此具有自觉的性质。

它在人的个体生命活动（个人生长发育过程中）以及人类整体或群体社会实践活动系统中，始终是在人的参与下，针对具体安全对象的具体情况而设置的，因此具有特殊性的特点。

3. 安全因素的三个含义

其一，安全因素是指在安全结构中相互依存、相互作用而无法单独存在的组成部分，因此在安全因素之间可以做到安全的功能互补与动态协同，并由此产生安全自组织功能。

其二，安全因素首先是由于人类特定安全目标的设定，导致自然形态的安全要素为实现这个特定目标，必须形成相互联系的整体，而安全三要素之间的内在联系就形成安全的第四个因素。

其三，由于人类特定安全目标的导向作用，安全的三个要素在第四因素即内在联系的引导下，转化为三个安全因素，使处于自然形态的静态安全结构转化为人工形态的动态安全结构。人类的实践活动一旦失去了这个特定安全目标，那么作为内在联系的第四安全因素将自行消失，另三个安全因素就必然要还原为安全要素，整个动态安全结构随即解体并重新回归到天然形态的静态安全结构。

4. 建立动态安全结构模型的意义

第一，它反映人的个体生命活动以及人类整体或群体，在社会实践及其活动系统中形成的安全内部结构，处于人为的自觉的运动变化之中。

第二，它从理论上揭示了安全整体结构的内在动力机制，反映了安全的一般规律，对于建立安全实践活动的功能系统具有指导意义。

第三，它在实践上指导人们如何把一个人类活动中自发的静态安全结构，转变为自觉的、动态的安全结构，从而使人的生命活动及其全过程能够处于动态安全之中。

第四，由于人们对安全目标设置了特定的内容和要求，使动态安全结构始终处于人为的、自觉的运动变化之中，安全因素之间的动态协同与功能互补成为实现安全目标的保障。因此，在动态安全结构中保持人的安全状态是必然的，而发生安全事故造成人的伤害则是偶然的。同时，由于人的非线性作用，比如人因失误，也会使这个功能系统失控遭到破坏或是解体。

二、安全结构的坐标分析

静态安全结构与动态安全结构在人类安全实践中的地位和作用，可以在安全坐标上进行理论分析。

1. 静态安全结构的系统安全状态

（1）静态安全结构处于自然形态，安全要素各自独立存在并且自成体系，彼此之间缺乏内在联系。因此，人类活动系统安全运行的起点与归宿，始终是安全无事故即零伤害与零安全，也就是处在 100%危险的绝对危险线上下波动。

（2）静态安全结构是在自发形态下形成的系统安全状态，其系统环绕 100%的危险运行的结果，使人在系统活动中保持动态安全只是偶然现象，即处在安全事故经常发生的 100%的危险线以下受到种种伤害则是必然的。这是静态安全结构自身无法克服的致命缺陷。（见图 1）

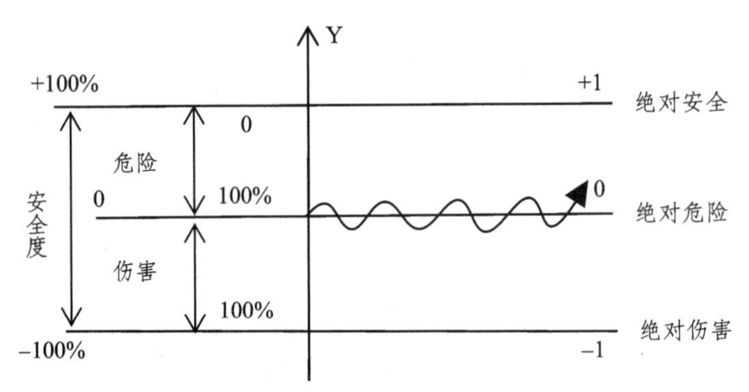

图 1　静态安全结构的系统运行状态

2．动态安全结构功能系统的正常运行

（1）动态安全结构系统运行的起点与归宿，都在安全的正效应区域（图 2-10 中 0 至+1 之间），其安全目标是 100%安全，即人的理想目标。

（2）在动态安全结构系统实际运行过程中，由于人的参与产生的非线性作用以及其他因素，使整个系统的运行偏离理想目标线（图 2 中 A 点的运行轨迹）而在其上下波动（图 2 中 B 点及其运行轨迹）。

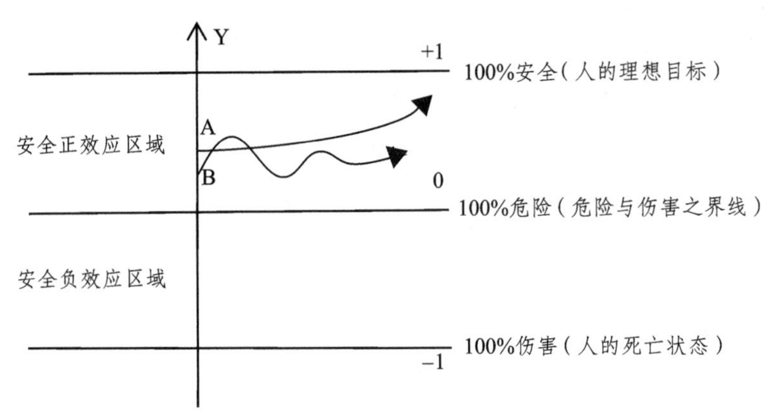

图 2　动态安全结构的系统运行状态

3．动态安全结构功能系统的失控或解体

（1）由于动态安全结构的安全功能系统目标不明确或者消失，以及人的非线性作用如人因失误，将有可能导致整个系统失控、遭到破坏或是解体。

安全功能系统失控或遭到破坏，使系统从安全的正效应区域滑向负效应区域（图 3 的 D 线），导致安全事故发生并可能造成人员的重大伤亡。

安全功能系统解体，动态安全结构重新返回到静态安全结构，其系统运行线还原到 100%危险线附近，并环绕 100%绝对危险线上下波动（图 3 的 C 线）。

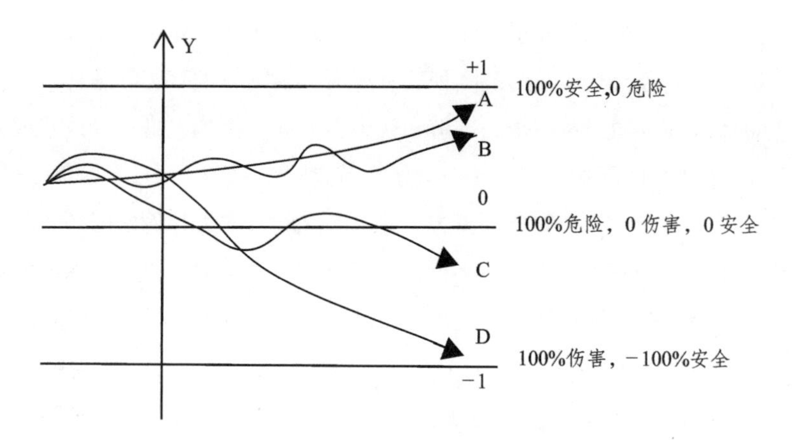

图3　安全系统运行的失控或解体

（2）动态安全结构功能系统失控或解体，是这个系统自身无法克服的缺陷。

解决的办法，就是在这个安全功能系统之外，再建立一个宏观安全作用机制的体系，依靠安全的外在动力，消除或制约动态安全结构的内在缺陷。例如，利用企业的生产组织系统建立起的微观安全生产作用机制及其体系（即 ISO18000，职业安全健康管理体系），并不能克服企业安全功能系统的失控或解体。必须再建立起由人大立法、政府监察、企业自律、社会监督为内容的宏观安全生产作用机制及其相应体系，才能从根本上克服或消除企业内部固有的影响安全生产的种种弊端，促使其在生产过程中实现动态的安全目标。

三、安全结构的功能系统

安全内部的组织结构，在本质上是一个由人、物、事及其内在联系构成的非线性复杂功能系统，这个安全功能系统，又是由安全主体、安全客体、外在关系、内在联系四个安全因素子系统构成的。

1．安全结构功能系统的安全主体子系统

（1）安全主体，指需要提供安全保障和实现自身安全的人。

（2）安全主体范畴，指安全主体的社会结构。

以人的社会结构为划分依据，安全主体范畴分别是：

①安全整体（宇观层次），以人与动植物的相互区别划分。

②安全群体（宏观层次），以人群之间的相互区别划分，在特定条件下，安全群体亦可称为区域性的或局域性的安全整体。

③安全个体（微观层次），以个人之间的相互区别划分。

（3）划分安全主体范畴的意义。

第一，无论是安全理论研究还是安全社会实践，首先都需要明确所指的安全主体属于哪个范

畴，即指安全整体、安全群体还是安全个体，安全整体是指人类全体还是区域性或局域性整体，这个整体或安全群体的人数及其涉及的范围到底有多大，否则就没有实际意义。

第二，安全主体范畴不同，对安全的理解和认识也不同。例如，安全事故造成人员伤亡，对安全个体来说是100%或0的问题，即不是个人伤亡就是安全健康；对安全群体来说是百分之几、千分之几的问题，即有人伤亡有人安全健康，只是二者之间占多大比例的问题。

第三，安全整体或安全群体的伤亡数字，对于具体的安全实践来讲，只具有宏观统计和科学指导的意义，无法作为实现安全目标的客观依据。

（4）安全主体的三大量纲。

① 人体安全阈值（包括生理、心理方面）。

② 人体生物节律（受宇宙空间物质运动及其引起的地球物理变化影响所致）。

③ 人的安全能力（包括安全知识与安全技能）。

2．安全结构功能系统的安全客体子系统

（1）安全客体，指作用于安全主体的一切客观事物。

（2）安全客体要素，包括影响人的身心方面的一切外界因素，至少有三个要素：

人，作为安全客体的人。

物，包括原料、设备、工具、产品等。

事，人与人、物与物、人与物关系的外在反映。

（3）安全客体即人体外界因素具有相对性。

第一，外界因素对人体健康的作用是否有害，因人而异。如人参、糖对不同健康程度的人有不同作用。

第二，外界因素对人体健康的作用是否有害，因时空条件的变化而转移。如火可以烤肉、取暖，也可以引发火灾；水能载舟，亦能覆舟。

（4）安全客体的三大量纲。

① 外界因素的性质（物的种类及安全客体人的归类）。

② 外界因素的数量（物的作用强度及剂量大小等）。

③ 外界因素的时空阈值（物的作用时间及作用方式等）。

3．安全结构功能系统的外在关系子系统

（1）外在关系：指安全主体以及主体、客体之间关系的外在表现形式。

（2）安全结构内部外在关系的内容：人与人之间的关系、物与物之间的关系、人与物之间的关系。

（3）安全外在关系因素的作用。

第一，安全外在关系因素具体内容的确定，是安全关系调节方式选择的前提。

第二，安全关系的调节范围，是安全关系调节量大小的客观依据。

第三，安全目标的实现，即安全关系调节方式如经济、文化、教育、法律法规等综合协调的结果。

（4）外在关系的三大量纲。

① 安全关系的调节方式（如政治、经济、文化、教育、道德、法律法规等）。

② 安全关系的调节范围（指安全主体的范畴及其所处的时空域）。

③ 安全关系的调节效果（包括正、负、零效果及其信息反馈）。

4．安全结构功能系统的内在联系子系统

（1）内在联系：指安全主体、安全客体、外在关系三者之间相互依存与相互作用的总和。

（2）在安全结构中系统自身的结构，即内在联系的范畴，包括以下几方面。

运筹（系统要素 A）：系统整体的物质性联系。

信息（系统要素 B）：系统整体的非物质性联系。

控制（系统要素 C）：运筹与信息的有机结合。

（3）安全结构功能系统运行的效果。

第一，实现特定安全目标，表明安全系统得到有效控制。

第二，导致安全事故发生，表明安全系统处于失控状态。

第三，人处于安全事故随时都有可能发生的绝对危险状态，即人处于 0 伤害、0 安全与 100% 危险的人体外在健康状态，表明整个安全系统的解体，安全结构已经从动态转变为静态。

（4）内在联系的三大量纲。

① 安全物质整体优化程度与最佳排列组合的方式。

② 安全信息采集、编码、破译或重组以及利用有效信息的能力。

③ 安全系统的控制程度及效果（正、负、零效果及其信息反馈的及时性）。

四、安全内部的基因密码

如果把规范化的安全结构功能系统及其因素子系统符号化、数字化，那么人类对安全的认识便从定性研究进入定量研究，而且还极有可能使定量研究的成果进入到可操作的程序。

1．安全结构内部的安全基因

（1）安全基因：指安全结构功能系统及其各因素子系统基本构成的规范化与符号化。

（2）安全常项基因：指构成安全功能系统的四个基本因素，即安全主体（因素 A）、安全客体（因素 B）、外在关系（因素 C）和内在联系（因素 D）的规范化（指为系统常态因素设定的符号）。

（3）安全变项基因。指安全功能系统及其四个因素子系统，在具体运行过程中，可能存在也可能不存在的那些安全子因素（指为系统内部的非常态因素设定的符号），如安全客体子系统中的

人（B—a）、物（B—b）、事（B—c），是安全因素的三个变项基因。（见图 4）

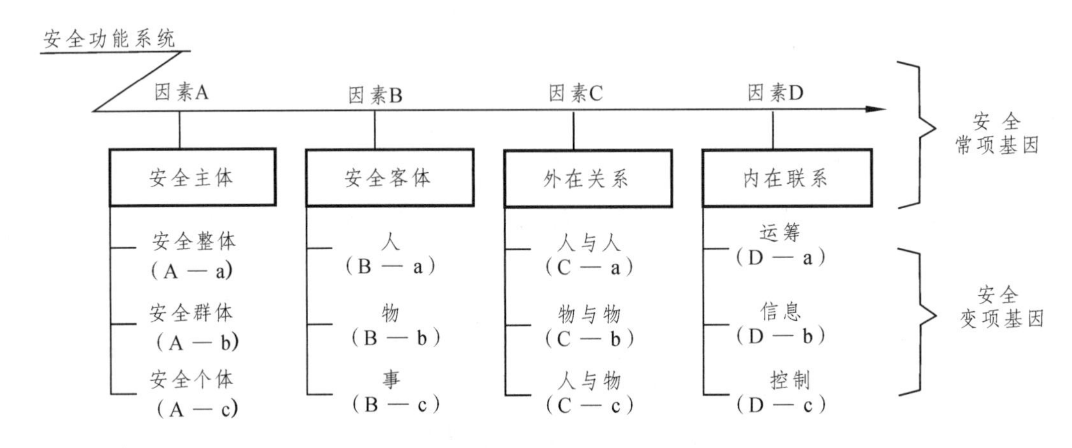

图 4　安全基因——安全内在结构功能系统的规范化与符号化

2．安全基因内在的安全密码

（1）安全密码。指安全功能系统及其因素子系统在运行过程中因相互作用而引发的数据波动，以及安全结构内部安全量纲的数字化。

（2）安全内部结构功能系统规范化、符号化与数字化的实例。

神舟五号宇宙飞船的动态安全模型

A. 设神舟五号的安全基因——

安全主体（A——a，b，c），安全个体（一个宇航员）。

安全客体（B——a，b，c），外界因素人、物、事。

外在关系（C——a，b，c），人与人，物与物，人与物。

内在联系（D——a，b，c），对飞船系统的运筹、信息、控制。

B. 神舟五号的安全密码——

安全主体的三大量纲。

安全客体的三大量纲。

外在关系的三大量纲。

内在联系的三大量纲。

4 × 3 = 12 组数据

（3）安全密码的价值。

在安全内部组织结构规范化与符号化的基础上设定安全密码的价值在于，只有破译安全密码，才能实现种种人类活动的安全化。（见图 5）

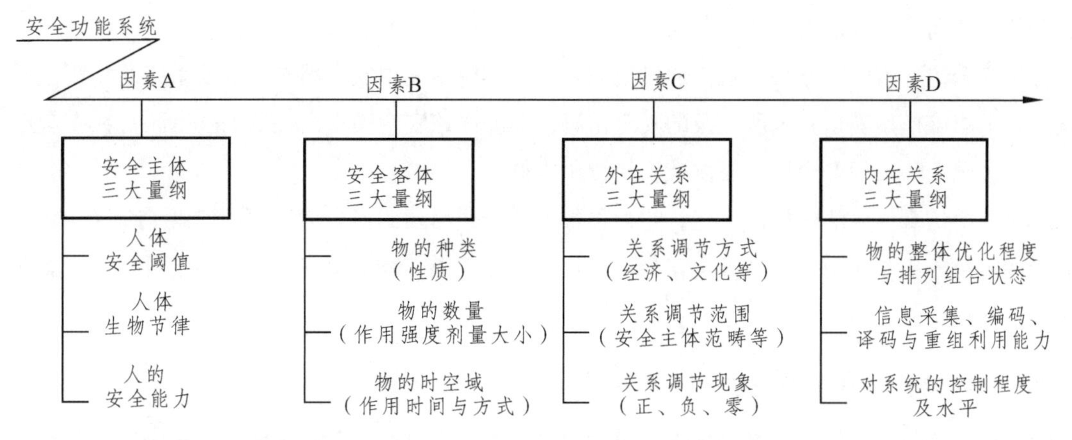

图5　安全密码——安全内在结构功能系统在规范化与符号化基础上的数字化

五、安全目标的实现方法

在人类实践活动的种种特定功能系统中实现动态安全，从理论上讲，应考察以下四个既可以相对独立又可以连续运行的步骤。

1．定性研究方法：安全模型分析法

（1）安全模型分析是指在人类实践活动的某个特定功能系统（如生产的组织系统或消费的行为系统）之中，建立起安全自身的系统结构模型，并通过对这个安全系统内在的功能结构及其四个安全因素子系统的定性理论分析，按照安全的实现条件即安全经济条件、安全社会条件、安全文化条件、安全生态条件的实际情况，选择实现安全目标的最优解决方案。

即在人类社会实践的某某安全系统中，建立起安全某某系统的理论模型，以便通过对这个安全模型的定性分析，确定用安全系统（安全某某）的方法去解决系统安全（某某安全）问题的具体方案。

（2）安全模型分析的方案，就是在人类实践活动系统之中建立起安全的功能系统，并从中找出安全的常项基因（即安全因素 A、B、C、D）之中，安全变项基因的数量及位置，揭示出需要提供安全保障的这个系统中安全变项基因的排列组合状况，从而确定该实践活动安全功能系统在现有人力、物力、财力资源的条件下，安全变项基因最佳排列组合方法和系统整体资源的安全优化方案。

（3）安全模型分析法的价值在于，它从理论上为实现人类社会实践活动的安全化提供了一个可供操作的最佳定性研究方案和可供选择的最优安全结构模型。

2．定量研究方法：安全仿真实验法

（1）安全仿真实验是一种安全内在结构功能系统数字化的科学实验，它通过模拟种种人类实践活动的真实情况，取得该安全模型全部安全量纲的科学数据，以及由于系统运行引发的安全数

据波动值，从而建立起该人类实践活动系统之中动态安全结构的数字模型。

（2）安全仿真实验的方法，就是通过模拟安全结构模型之中安全因素及其子系统的真实运行情况，揭示出该模型安全基因所涉及的安全密码，即破译该安全模型内在的安全密码，在安全定性研究的基础上为实现安全目标提供准确的量化资料。

（3）安全仿真实验法的价值在于，它为种种人类实践活动的安全结构模型提供了在定性研究基础上的定量分析，从而为实现人类安全目标精确化和人类实践活动安全化提高了科学上可能性和现实的实现条件。

3．总体设计方案：安全综合集成法

（1）综合集成法，就是钱学森等人提出的以人为本、人机结合、从定性到定量的解决复杂系统工程的综合集成技术。

（2）安全综合集成法，是为解决安全系统工程问题而在安全实践中对综合集成技术的实际应用。它通过安全模型分析法和安全仿真实验法，实现对安全内部结构从定性到定量的科学研究，然后经过多学科专家的论证，与群众的安全实践经验相结合，以及天然智能（人脑）与人工智能（电脑）相结合，对人类实践活动某一特定功能系统（如生产经营系统或者消费行为系统）进行安全化的总体设计。

4．具体实施方法：安全系统工程法

（1）安全系统工程，是指在某个人类特定实践活动目标实施之前就已经确定或批准的安全总体方案。

（2）安全系统工程在横向方面，是种种安全技术与种种人类实践活动领域专业技术的综合；在纵向方面它是从安全预评价、安全设计到安全施工、安全运转等全过程在内的种种环节及其科学与技术的综合。

综上所述，从实现安全的方法论来看，安全科学的作用是有限的，安全专家也不是万能的，实现人类活动安全化的理想目标，需要运用人类已经掌握的全部科学知识，运用人类的一切智慧和力量，同时也需要全人类的共同努力。

（2004 年 11 月 27 日初稿于湖南衡阳，2010 年 1 月 29 日整理于北京政法社区）

略谈刘潜先生的“安全系统”学术思想

——刘潜安全思想研究（一）

刘潜先生的安全系统学术思想，他本人曾称之为“刘氏安全系统思想”，这是一个表述安全内在组织结构整体状态的学术理论。

我把目前社会上广泛流行的“人机环及其系统”说看作为实现劳动目标提供的劳动内在组织结构整体系统的理论模型，而把刘潜先生的“人物事及其系统”说看作为实现安全目标提供的安全内在组织结构整体系统的理论模型，并且认为这二者之间，存在着可以相互转化的密切联系。因此从某种意义上来讲，刘潜先生的安全系统思想，是来自思维实践又能指导思维实践的先进思想。

我和刘潜先生，自从 1996 年 6 月在原中国劳动科学院国际劳工信息与情报研究中心图书资料室相识至今，经过 20 多年的学习、研究与思考，认为刘潜提出的安全系统学术思想是 20 世纪 80 年代我国安全界的一项重要的学术成果。

一、安全系统思想的原始分析

我在 20 多年前最初接触刘潜先生的安全系统思想，是从听他“某某安全”与“安全某某”之间关系的讲述开始的。

（一）袁修干提供的材料

1994 年 8 月 17 日上午，刘潜先生与北京航空航天大学博士生导师袁修干教授在办公室里交谈时，袁老师送给刘老一份材料。这是一份关于人机环技术及其应用的理论说明，现节录如下：

人机环境技术以人—机—环境（人机环）系统工程的理论和方法，使人、机器、环境三者构成的系统达到最佳匹配的技术。

系统中的“人”是指参与系统过程的作业者，如操作人员、决策人员、维护人员等；“机”是指与人处于同一系统中，与人交换信息、物质和能量，并为人借以实现系统目标的物；如汽车、航空和航天飞行器、轮船、火车、生产过程等；“环境”是指人和机器所处的外部条件，如外部的作业空间、物理环境、生化环境、美学环境、社会环境等。

人机环系统工程应用范围包括：人的特性及与其有关的机器特性和环境特性、人机关系、人环关系和涉及这两者的机环关系、人机环系统。人机环技术的基础涉及生理学、心理学、工程技术学等诸多方面的学科，是一门多学科交叉的边缘学科。就科学门类划分，它属于系统科学和人体科学中的应用科学技术。它已成为推动现代工业生产发展的一门新技术的动力。

人机环技术的应用，有以下五个方面。①人机环工程标准。这是将人机环系统工程研究成果用于工程实际的关键性工作之一。人机环工程标准可分为四类：与人（作业者）的基础特性有关的标准；人的工效有关的标准；影响工效的环境标准；人机环技术的实验及评价方法有关的标准。②人之间适宜、人适宜机器的技术，如人员选拔和训练方法和技术等。③机器适宜人的技术。如机器作业空间及工作位置的设计技术，人机操作界面（手柄、按钮、工具等）的设计技术，“控制/显示”系统人机界面技术等。④环境适宜人的技术。如作业物理环境（湿热、振动、噪声、压力、重力、辐射等）的控制、防护及生命保障技术，作业空间及其布局设计技术，美学环境（造型、色彩、音乐背景等）设计技术，生化环境（有毒、有害物质污染）防护及生命保障技术。⑤人机环系统综合评定及设计技术。如系统的人机功能分配技术，人机环系统控制进程的评价及设计技术，人机环系统的安全性及可靠性评价技术，人机环系统计算机仿真及模型验证技术，人机环系统的模拟实验技术等。

刘潜先生那时在这份材料上写的批语：“该文字很重要。袁教授认为“它属于系统科学和人体科学中的应用科学技术”。这与我们不少人讲的安全“人机环”三要素有何关系？与我们安全科学学科所讲的“三要素四因素”有何不同和有何关系？迫切须（需）要研究清楚！”

（二）“某某安全”的三要素

我在 20 多年前认识刘潜先生之初，他曾经把生产安全、生活安全、食品安全、药品安全、消费安全、交通安全、运输安全，以及公共安全、社区安全、国土安全、国防安全、航空航天安全等概念统称为“某某安全”。他认为，“某某安全”里所讲的安全并不是安全本身而是安全问题，是在某某领域里出现了安全问题。我因此把这些出现安全问题的某某领域，称之为安全存在领域，或称安全问题的存在领域。

刘潜先生说，现在不少人说的安全“人机环”三要素，其实并不是安全结构的内在组成部分，而是人们对出现安全问题那些地方进行分析时认为的事故致因要素。我那时是把“人机环”三要素看成劳动结构的理论模型。因为“人机环”三要素的提出是人们从劳动生产及其过程的角度去分析面临的安全问题。这个研究或解决安全问题的基本思路是从劳动行为到安全状态。刘潜先生则认为，人们从“人机环”这三个方面去分析和解决某某领域的安全问题，（其思维定式）是从个别到全面、从部分到整体，也就是从系到统的系统思维方式，因此后来又把“某某安全”概念的称谓，改称为“系统安全”的思想了。

袁修干老师认为系统中的“人”是指参与系统过程的作业者，如操作人员、决策人员、维护人员等。刘潜先生也认为人机环三要素之中的“人”一般指的是职业劳动者。同时他认为，劳动者在职业过程中也会遇到“免受外界因素危害”的安全问题，因此职业劳动者同时也是需要提供安全保障的人。刘潜先生多次强调指出，生产与安全不可分割，正像人的手心和手背的关系那样，手心能拿劳动工具有生产的功能，手背保护手心有安全的功能。他认为，劳动过程中人的行为其实有双重目的，一个是要完成生产任务的劳动目标，另一个是自身免受伤害的安全目标，二者缺一不可。

袁修干老师认为，“机”是指与人处于同一系统中，与人交换信息、物质和能量，并为人借以实现系统目标的物。刘潜先生认为，人机环三要素之中的“机”，一般是指人操作的机器及其工作系统，但这个表达太狭窄并不确切，其实“机”的概念应该换成“物”，泛指与人相互作用的一切客观存在。

袁修干老师认为，“环境”是指人和机器所处的外部条件，如外部的作业空间、物理环境、生化环境、美学环境、社会环境等。刘潜先生认为，人机环三要素之中的“环”，如果仅仅表达人与机器之间相互作用的外部条件，而忽略了人与机器之间相互作用的内在联系，就无法再现人的劳动生产过程及其产生的安全问题。

（三）“安全某某”的四因素

刘潜先生当初也曾把安全生产、安全生活、安全消费、安全饮食、安全出行，以及安全社区、安全交通、安全运输、安全环境等概念统称为“安全某某”。他认为，“安全某某”的原意，是在安全要求或安全规范以及在安全的条件下，实现某某领域的安全。他还认为“安全某某”中的安全是安全本身而不是安全的问题。“安全某某”之中的“某某”，是安全的存在领域。后来他又认为，只有把安全的存在领域即“某某”也看作安全内在结构的组成部分，才能在这个领域即“某某”实现人的安全。我理解，这一表述安全内在结构整体状态的思路是从安全规范或安全的要求到劳动行为。刘潜先生则认为，这是从整体到部分、从全局到局部，也就是从统到系的思维方式。因此就把“安全某某”的概念称谓改为“安全系统”的思想了。依据安全系统思想提供的刘氏安全结构理论模型，可以简要地表述为人、物、事及其系统。

刘氏安全四因素之人的因素，是安全内在结构的首要的原生态的安全因素。刘潜先生说，人是需要提供安全保障的主体，同时也是实现自身安全的主体。因此我把安全内在组织结构之人的因素看作安全的主体因素。

刘氏安全四因素之物的因素是与人同步存在的重要的伴生态的安全因素。刘潜先生说，物是与人相互作用的一切客观存在，当然包括与自己接触到的别人在内。因此我把安全内在组织结构之物的因素看作安全的客体因素。

刘氏安全四因素之人物关系因素，是人与物相互作用产生的关键的派生态的安全因素。刘潜先生说，人物之间的关系历来不被人们重视，但事实上，它却是通过调节人物关系实现安全的一个关键性的安全因素。他认为，人物关系的内在表现形式，是人与人、物与物、人与物之间的相互关系；人物关系的外在表现形式，是政治、经济、文化、教育、科技、管理等实现安全的方法、手段、措施。后来，刘潜先生又把这个人物关系因素，简称为“事”。我因此把安全内在组织结构之人物关系因素看作安全的关系因素。

刘氏安全四因素之系统因素是把人、物、事三个相对独立的存在联结成相互依存并相互匹配的客观存在的整体的凝聚态的安全因素。刘潜先生说，系统也是有结构的，它由两要素—因素组成。系统的两要素是系统的运筹与信息，也就是系统内部诸多组成部分之间的物质性联系与非物质性联系。系统的一因素，就是对系统整体运行的控制。他认为，安全的功能系统就是通过对安全结构诸多组成部分之间的系统运筹与系统信息进行及时有效的系统控制，才最终实现了人的安全。

二、安全系统思想的思维定式

刘潜先生安全系统思想的思维定式，是统系思维方式而不是系统思维方法。

（一）自觉安全认识过程的认知图式与思维定式

人们自觉的安全认识，从静态的角度来考察，是由认识主体、认识客体、认识中介三个要素组成的一个系统。安全认识的主体要素，是在实践中展开安全认识活动或者自我生存状态认知的人。安全认识的客体要素，是被认识主体观察、了解或掌握的认识对象。安全认识的中介要素，是介于认识主体与认识客体之间，并促成二者相互作用的一切客观存在，包括人的生命存在方式，人的生存环境，以及与认识主体双向互动的人、物、事等。

安全认识主体要素的内在组织结构整体，由四个相互关联的因素群组成。

其一是人的生理结构和神经系统，包括人的眼、耳、鼻、舌、身等感觉器官的正常状态值，以及把这些感觉器官协调起来的神经系统的功能值。

其二是人的知识储备与经验背景，这是进行认识的基本条件和必要前提。

其三是人的心理因素和情感状态。作为认识主体的人，既是一个理性存在，又是一个非理性存在。因此在认识过程中，人的理性因素与非理性因素就形成了认识机制的二元结构。

其四是人的抽象能力和思维水平，表现为认识主体进行认识活动的前提张力与准备状态，也是形成认识结果的重要条件。

在人们自觉安全认识的过程中，认识主体的理性因素与非理性因素，以及与理性因素或非理性因素相对应的认识活动中主体先存的思维框架和思维方式，对人们安全思想的形成、完善或发展，对人们安全认识新思想的萌发与生成，都起到了关键性的作用。以人头脑中的认知图式和思维定式为代表，忠实地记录了人们从看问题的角度，到解决问题的着眼点之间，认知思维的运行轨迹。

从哲学实践论的角度看，通过实践活动外部世界的现象、结构、形式为人们所了解或掌握，然后转化为语言、符号和文化的信息体系，最终内化、凝聚和积淀为人的心理结构，从而形成了主体的认知图式。由此可知，认知图式是认识主体凭借对象性活动，逐步建立起来并不断完善着的基本的概念框架和思维定式，它体现了主体能动地反映客体的一种能力，是主体改造客体的规则、程序或方式。

认知图式在主体的认识系统和认识活动中的功能有三：设定对象的选择功能，整理信息的规范功能，形成认识的解释功能。

认识主体在认知图式的功能上有双重性，一方面有积极的作用，主体在认知图式的控制和支配下，能够正确反映事物的本质和规律，达到真理性的认识；另一方面又有消极作用，表现为认识上的主观性，思想上的封闭性，思维方式的僵化性。

非理性因素，主要是指以情感、意志为主，并包括信念、习惯、潜意识等在内的意识形式，这些因素之所以被称为非理性因素，并不是说它们在认识过程中只能起干扰作用，而是指它们相对于理性因素而言，具有不同的作用和活动特点。在认识过程中，非理性的作用主要表现在对认识的动力作用、诱导作用、调节作用三个方面。

其一，非理性因素对认识的动力作用是指情感、意志等因素在认识过程中对主体认识的指向性、积极性所产生的影响。情感是主体对客体所持有的态度体验，意志是主体自觉地确定目标、选择手段、调节行为、克服困难、实现既定目的的心理过程。

其二，非理性因素对认识的诱导作用，是指情感、意志等非理性因素，在认识过程中对主体认识在诱发、引导方向所产生的影响。人具有好奇心、求知欲、兴趣等心理倾向，当主体对某一事物发生兴趣时，总是怀着欢愉的心情，兴致勃勃地关注它，甚至达到忘我的程度。

其三，非理性因素对认识的调节作用，主要是通过非理性因素对理性因素的激发或抑制来实现的。认识主体在受到各种信息刺激后，就要调整认知图式或改变运动方式，以适应外界环境。在这过程中，主要形成思维定式或解除思维定式。

所谓的思维定式，指的是主体在认识过程中按照习惯了的、比较固定的思路去反映对象、去寻找解决问题的方式。

思维定式的积极意义，在于它能排除思维活动的意外干扰，使主体能够强化动机，较稳定地实现某种认识目标。因为实践活动的需要，是人的一切活动的原始动力，也是人的认识活动的内在动力。但是，这种动力信号必须具有一种放大的媒介才能激发人去行动和认识，起这种作用的就是情感、意志等非理性因素。情感、意志等因素通过不断放大主体内部的需要驱动力，就可触发和维持思维定式，使思维过程向着某种预定的轨道运行。热烈的情感、稳定的情绪、顽强的意志、坚定的信念、美好的心境，都因为能满足主体的需要而成为诱发思维定式的巨大力量。

思维定式的消极意义，就意味着创新思维的机遇已经来临。当遵循固定的思路和程序反映对象遇到较大的困难甚至难以克服的障碍时，固有的思维定式就表现了一种消极影响：情感体验恶化，意志上出现动摇性、冲动性或执拗性，迫使主体停止正在进行的思维过程，使主体思维陷入困境，影响问题的解决。在这种情形下，情感、意志等非理性因素对认识运动过程的调节作用就表现出一种解除思维定式的倾向。

在人类自觉的安全认识史上，认识主体在大脑思考问题理性因素与非理性因素的双重作用下，曾经先后出现了两次深刻的思想革命，这就是感性的经验思维式的系统安全思想，以及理性的逆向思维式的安全系统思想。前者，表示出人的生存方式及其行为过程普遍地存在着安全的问题；后者，表示了这个安全的问题本身在组织结构上就形成了一个非线性的复杂系统。

（二）系统安全思想的思维定式及其方法论意义

刘潜先生曾一度把系统安全思想，称之为“某某安全思想”。他认为，自西方工业革命以来，大机器生产逐步地代替了手工作坊，人的伤害事故多起来，人们开始重视起个别的或局部的安全问题。第二次世界大战爆发后，人的生命安全受到了极大的重视，战斗人员的组织以及后方战略纵深的部署都迫使人们对个别的、局部的安全认识转向全面的、系统的安全认识，由此便产生了汇集人类早期自觉安全认识成果的系统安全思想。刘潜先生说，系统安全思想至今仍在指导着我们和平建设时期的安全工作，这是人类自觉安全认识史上一次深刻的思想革命。

系统安全思想的突出特点是人群活动安全的整体性。这一安全思想认为，人们的生命存在特别是职业劳动的行为过程中，普遍地存在着值得关注和需要解决的安全问题，只要找出伤害人们的危险源并排除危险源点，就能实现人的安全。系统安全思想的思维轨迹，是从人们的劳动行为到人们的劳动安全，其思维定式是：从人的生命存在方式到人的生命存在状态的思维方向，去思考安全问题，去寻找解决安全问题的方法、手段、措施。

刘潜先生说，系统安全思想是从个别到整体、从局部到全面，也就是从系到统的思考安全问题的思维过程，基本的思维方法是还原论思想。例如西方人写信，地址是从具体门牌号码写起，然后到社区或乡村，再到区县，最后才写省市以及国家名称。这种从小处到大处、从具体门牌号到省市及国家名称的思维过程，就叫系统思维方式。

依据系统安全思想揭示的安全客观存在状况，及其反映出来的客观规律，人们给出了否定性质的安全定义，认为安全就是没有危险或是不出人的伤害事故。这个否定性质的安全定义，充分表达了人们在主观需要安全的基础上，对安全客观存在的心理学感受与生理学体验。围绕着系统安全思想的内容，以及否定性质安全定义的内涵，人们陆续地研究出了事故致因理论、危险源学说等一系列安全的应用科学知识，并用以指导人们先后创建了风险管理与工程、危机管理与工程、应急管理与工程等安全实践活动。由此可见，系统安全思想在和平建设时期对我国的安全教育或安全管理诸多工作的指导仍然具有极其重要的方法论意义。

（三）安全系统思想的思维定式及其方法论意义

刘潜先生曾一度把安全系统思想称为“安全某某思想”。他认为，20世纪80年代，我国改革开放把工作重点放到经济方面以后，迎来了科学的春天。那时的科学思想特别活跃，以钱学森为首的科学家，组织了科学沙龙，常开展学术研讨活动，从讨论系统工程等科学问题开始，深入创建系统学等系统科学问题的研究。正是在这样的历史背景下，刘潜先生在参与这些学术活动中，为了培养专业人才和创建安全研究生教育，从自己的亲身经历与知识背景的感悟中提出了安全系统思想。这是继系统安全思想之后，人类自觉安全认识史上，又一次深刻的思想革命。

安全系统思想的突出特点，是安全内在结构的整体性，这一安全思想认为，人们各种生命活动特别是职业劳动生产活动本身，就是一个可以实现安全的功能系统，只要遵循相关的客观规律并按照安全的规范要求去做，就能实现人的安全。安全系统思想的思维轨迹，是从人的安全规范到人的行为安全，其思维定式是：从人的生命存在状态到人的生命存在方式的思维方向，去思考安全问题，去寻找解决安全问题的方法、手段、措施。

刘潜先生说，安全系统思想是从整体到个别、从全面到局部，也就是从统到系的考虑安全问题的思维过程，基本的思维方法是整体论思想。例如中国人写信，地址从国家名称或省市写起，然后到区县，到社区或乡村，最后才写具体的门牌号码是多少。这种从大处到小处，从国名或省市名称到具体门牌号的思维过程，就叫统系思维方式。

依据安全系统思想揭示的安全客观存在状况，及其反映出来的客观规律，刘潜先生给出了肯定性质的安全定义，认为安全是人的身心免受外界因素危害的存在状态（即健康状况）及其保障条件。这个肯定性质的安全定义，清晰地表明了安全是人在身体上和心理上避免承受体外因素危害的一种健康状况，以及为此提供的各种质量保障。围绕着安全系统思想的内容，以及肯定性质安全定义的内涵，刘潜先生创建了安全内在组织结构的理论模型，提出了安全“三要素四因素”系统原理等一系列安全的学科科学知识，并用以指导人们在自己的生命活动系统中建设安全系统工程，以及开展专业安全人才培养教育等安全实践活动。由此可见，安全系统思想自从 20 世纪 80 年代形成以来，对我国的安全教育与安全管理等诸多工作领域的理论指导发挥着越来越重要的方法论意义。

三、安全系统思想的研究方法

刘潜先生研究安全系统思想的方法，反映出他当年学习的钱学森系统工程思想，以及他自己思考安全问题的学术成果，揭示出以安全科学为代表的综合科学学科群课题研究的哲学方法论与理论思维的运行轨迹。

刘潜先生安全系统思想的研究方法，总括起来就是三句话：把手段当作目的来看待，把部分当作整体来研究，把问题当作系统来探讨。

（一）目的性方法论

刘潜先生安全系统思想研究方法的特色之一是目的性方法论：这就是把需要研究或解决的问题看作一定要达到的目的，而把问题存在领域及其基本构成看作达到目的必须采取的方法、手段、措施。

传统的系统安全观认为，职业劳动及其行为过程要达到的目的是完成劳动生产任务，人的安全仅仅是完成这个生产任务而采取的必要手段。人们在职业劳动过程中，没有人的职业安全与健康不行，但是只有人的安全与职业健康也不行，因为完成劳动生产任务，还需要机器设备、生产原料，以及仓储物流和劳动生产管理等一系列的方法、手段、措施。由此可知，在职业劳动及其行为过程中，安全是完成劳动生产任务的必要条件。

刘潜的安全系统观认为，人们生命存在的安全状态才是职业劳动及其行为过程要达到的首要目的，只有保持人的职业安全与健康才是完成劳动生产任务的基础和保障。由此可知，在职业劳动及其行为过程中，安全是完成劳动生产任务的前提条件。

我的理解是：人们研究或解决问题的主要矛盾与矛盾的主要方面，以及由此产生的思维运行轨迹，从以劳动为目的并关注劳动中存在安全问题的系统安全思想，到以安全为目的并关注在劳动中实现安全的安全系统思想，这不仅是安全科学研究内容的更新，更是科学研究思维定式的改变，由此便产生了安全思想的革命性的质的突变，或称质的飞跃。

（二）整体性方法论

刘潜先生安全系统思想研究方法的特色之二是整体性方法论：这就是把需要研究或解决的问题看作客观存在的结构性整体，而把问题存在领域及其基本构成看作客观事物整体的有机组成部分。

传统的系统安全观认为，职业劳动及其行为过程在客观上可以看作一个动态的整体性结构，安全与企业的机器设备、生产原料以及仓储物流和劳动生产管理等一样，都是这个劳动内在组织结构整体必不可少的有机组成部分。在这个思想认识基础上形成了“人、机、环及其系统”的劳动结构理论模型，依据这个劳动结构模型，人们先后提出了安全应用科学及其分支的理论学说与工程措施。由此可知，系统安全思想是安全应用科学及其分支体系的思想基础。

刘潜的安全系统观认为，人的生命存在及其安全状态在客观上可以看作一个动态的整体性结构，职业劳动及其行为过程，与企业的机器设备、生产原料以及仓储物流和劳动生产管理等一样，都是这个安全内在组织结构必不可少的有机组成部分。在这个思想认识基础上形成了“人、物、事及其系统”的安全结构理论模型，依据这个安全结构模型，人们先后提出了安全学科科学及其分支的理论学说与行为规范。由此可知，安全系统思想是安全学科科学及其分支体系的思想基础。

我的理解是：系统安全思想与安全系统思想，反映和揭示了劳动结构中的安全状态与安全结构中的劳动行为，以及安全与劳动在人们生命活动中的相互依存与不可分离。这两种安全思想，从分析安全的问题，到研究安全的结构，从劳动内在结构的整体出发去研究安全的问题，到从安全内在结构的整体出发去解决安全的问题，从而使安全科学理论研究的发展方向从解决安全问题的应用科学领域拓展到揭示安全规律的学科科学范畴。

人们自觉安全认识的历程，从系统安全思想到安全系统思想的转变，使得安全科学的理论探讨从劳动行为的静态的孤立存在的整体结构分析上升到了安全状态的动态的相互联系的整体结构研究，从还原论的思考安全问题方法转变到了整体论的思考安全问题方法，从强调采取外在的工程技术措施实现安全转变到了自觉运用内在的非线性因素引导的自组织运动实现安全。由此，就完成了从系统安全到安全系统的思想革命，以及从解决安全问题的应用科学理论分析，向探索安全规律的学科科学理论研究的深入与发展。

（三）系统性方法论

刘潜先生安全系统思想研究方法的特色之三是系统性方法论：这就是把需要或解决的问题，看作一个复杂的功能系统，而把这个问题的存在领域及其基本构成看作这个复杂功能系统的横向层次或纵向分支。

刘潜先生安全系统思想从问题到系统研究方法的思维运行轨迹，可从三个连续的阶段性理论认知过程来考察。

第一个认知过程：安全基本构成的三个要素。

刘潜先生在研究安全问题时，不是就事论事地提出解决安全问题的具体措施，而是首先在人们的职业劳动过程中，分析出了人、物、人物关系这三个构成安全的基本要素。他认为，人是在职业劳动中需要提供安全保障的主体，同时也是实现自身安全的主体。物，只有与人发生联系，才能成为安全的要素，否则只存在质量上的保全，或是使用上的可靠性问题。与人无关的物，不是构成安全的基本要素。人们职业劳动中的人物关系要素，指的是人与人、物与物以及人与物之间的安全关系。这种安全上的人物关系要素的外在表现形式，包括政治、经济、科技、文化、教育、管理等，是调节人的要素与物的要素以及二者之间相互匹配并最终达到安全的关键环节与核心要素。

第二个认知过程：安全整体结构的四个因素。

刘潜先生在分析安全基本构成的基础上，又分析了安全整体结构的四个因素，其中有三个安全因素是由人、物、人物关系三要素转化而来的，有一个安全因素是为实现安全而自然生成的。他认为，人、物、人物关系这三个安全要素，在理论上达到极致状态可以单独实现安全，但在实践上由于自身无法克服的缺陷，又不一定能单独实现安全，因此需要有一种力量把人、物、人物关系这三个安全要素凝聚起来形成合力，在相互匹配与优势互补的动态协调过程中实现安全。这种把安全要素凝聚起来转变成安全因素的能量就是第四个安全因素，我称之为“内在联系“，它的功能就是为实现安全服务。

第三个认知过程：实现安全的内在动力系统。

刘潜先生在分析安全基本构成与安全整体结构的基础上,又分析了实现安全的内在动力系统。他认为，这个由安全基本构成与安全整体结构形成的安全功能系统是由两要素一因素组成的，其中两要素是系统的运筹与信息，一因素是系统的控制。

所谓的系统运筹，是指职业人群活动及其过程中，人、物、人物关系三个安全因素内部或相互之间的物质性联系。所谓的系统信息，是指职业人群活动及其系统过程中，人、物、人物关系三个安全因素内部或相互之间的非物质性联系。系统控制的概念有两重含义：一是人物关系因素通过系统的运筹或信息对人的因素及物的因素内部或相互之间进行的资源匹配与动态调节。二是内在联系因素通过系统的运筹或信息对人、物、人物关系三个安全因素内部及相互之间进行的约束、限制，或方向、目的性趋势的引导。

我的理解是：刘潜先生安全系统思想从问题到系统研究方法的思维运行轨迹，从安全的三要素，到安全的四因素，再到安全的功能系统，经历了哲学上称为否定之否定的理论认知历程，揭示出人群目标活动系统，特别是职业劳动及其行为过程系统本身，就是一个可以实现安全的非线性复杂功能系统。

四、安全系统思想的学术依据

刘潜先生安全系统思想的提出，得益于他青年时代学习的雷达工作原理，以及改革开放后对系统科学的关注与研究。

（一）安全系统思想的理论来源

安全系统思想在理论上来源于雷达工作原理，这是刘潜先生当年在苏联列宁格勒电工学院留学期间学习到的当时世界上最先进的科学技术，反映和体现了那个时代最先进的系统工程思想。

刘潜先生说，雷达是由部件构成的一个机器，每个部件都有相对独立的功能，形成各自的工作环节，如通过信号的发生、放大、调制、发射、跟踪、反馈、检出、再放大、显示、判断等各个环节，获得飞行物的动态信息，予以运用并采取相应措施实现雷达之目的。

刘潜先生说，当初的雷达构造特点有三：一是机电配合并且相互之间不能脱节。其构造，既有机械部分，又有电子部分。二是人机配合并且相互之间不能脱节。雷达的整个工作都是由人来操作、由人来掌握的。正是由于人的参与，雷达通过种种的复杂的程序，才能正常运行，最后将目标的动态信息显示出来，同时也要由人来识别和利用。由此又产生出雷达结构的第三个特点，这就是它的动态性，依靠机电配合与人机配合的双重动态作用，及其相互联系与相互支撑，不得出现任何异常，方能最终形成一个完整的动态雷达功能系统，以此来达到捕捉动态飞行目标信息加以利用的终极目的。

刘潜先生在参与创建安全科学的社会活动中，正是受到雷达这一工作原理及其结构特点的启发，才在研究安全问题时悟出了安全系统的学术思想。

（二）安全系统思想的实践来源

安全系统思想在实践上，来源于人们对安全问题的讨论，刘潜先生用系统的观点分析具有安全意义的现象和问题时，悟出了安全系统的学术思想。

刘潜先生在20世纪80年代初，参加了钱学森先生创办的“系统科学研讨班”，深入地学习和研究了钱学森的系统工程思想。他指出，要实现安全目标，就得靠系统科学的方法，任何时候丢了这个东西就弄不成事。因为安全自身没有实体组织形式，只有利用它所存在领域，例如生产领域或者消费领域的组织形式，去实现安全自身的功能系统，才能达到它的目的，否则就无能为力。为此，刘潜先生提出了“安全系统工程”的概念，并依据职业人群活动存在着劳动与安全双重目标的理念，创建了“人、物、人物关系及其系统”的安全结构理论模型。他同时号召企业，要把一个生产上的组织系统，建设成为同时也可以实现安全的功能系统。这些做法或理念，充实并丰富了他的安全系统学说。

刘潜先生强调指出，他倡导的安全系统工程建设，是在企业不增加安全经济投入的现有条件下，通过企业原有的生产管理组织系统，调节人的因素与物的因素以及二者之间的相互关系，达到安全资源的相互匹配与安全功能的优势互补，用系统安全的技术，来建设安全系统的工程。这就大大地提高了安全系统思想，在人们社会实践中指导的可操作性。

五、安全系统思想的科学意义

刘潜先生的安全系统思想及其研究方法具有重要的科学意义：一方面是为创建安全科学的学科科学体系及其分支提供了理论依据；另一方面，也为研究以安全科学为代表的综合科学学科群的性质与特征提供了理论指导。

（一）创建安全学科科学及其体系

刘潜先生说，创建安全的学科科学，以安全系统思想为指导，以安全内在结构模型为依据，其科学目标，就是要揭示客观存在着的安全规律。

刘潜先生依据他的安全“三要素四因素”系统原理，以及安全内在结构的理论模型，确认了安全学科科学的四个纵向体系的一级学科分支，包括：安全人体学（研究人的安全因素）、安全物体学（研究物的安全因素）、安全事理学（研究人物关系因素）、安全系统学（研究内在联系因素）。在此基础上，他又确认了安全学科科学体系的二级学科分支。例如安全人体学的二级分支科学，包括安全生理学、安全心理学、安全人机学等。安全物体学的二级学科分支，包括安全设备学、安全物料学、安全储运学等。安全事理学的二级学科分支，包括安全政治学、安全经济学、安全文化学、安全教育学、安全管理学等。安全系统学的二级分支科学，包括安全运筹学、安全信息学、安全控制学等。

刘潜先生还依据钱学森科学分类思想，确认了安全学科科学的横向层次，有四个层级式的台阶，包括：安全哲学、安全基础科学、安全技术科学、安全工程技术。例如安全人体学、安全物体学、安全事理学、安全系统学，属于安全学科科学一级学科的基础科学层次分支；安全人体工程学、安全物体工程学、安全事理工程学、安全系统工程学，属于安全学科科学一级学科的技术科学层次分支；安全人体工程、安全物体工程、安全事理工程、安全系统工程，属于安全学科科学一级学科的工程技术层次分支。又如安全运筹学、安全信息学、安全控制学，属于安全学科科学二级学科的基础科学分支；安全运筹工程学、安全信息工程学、安全控制工程学，属于安全学科科学二级学科的技术科学层次分支；安全运筹工程、安全信息工程、安全控制工程，属于安全学科科学二级学科的工程技术层次分支。

（二）研究安全科学的性质与特征

刘潜先生说，研究安全科学的性质与特征，以安全系统思想及其研究方法为指导，以人们解决安全问题的社会实践为依据，其科学目标，就是要揭示以安全科学为典型代表的综合科学及其学科群生成与发展的一般规律。

安全科学及其族群式分支科学体系，是为解决人们面临的安全问题并实现人的安全而建立起来的科学技术学科群。因此，安全科学不是以发现或揭示客观规律为主要任务的科学，而首先是运用客观规律解决安全问题并实现安全的科学。由此可知，安全科学是要通过分析和研究安全的问题去解决安全问题的科学，而不是通过分析和研究安全的概念去解决安全问题的科学。在这个意义上我们可以说，实践性与创新性是这门科学最显著的特点。

安全科学具有综合集成的科学性质，表现在它是用人类已知的科学知识，或是用人们已往的实践经验，也就是要利用人类的一切智慧和力量，去解决人们面临的各种安全问题，并且在解决这些安全问题的基础上或过程中，又会发现或揭示出二次性或二次性以上的客观规律，用来更进一步地提高人们的安全质量和安全水平。

总之，安全科学的综合集成的科学性质，可以用四句话来概括：它是为满足人类的安全需要而建立起来的科学，它是用已知客观规律和以往实践经验解决安全问题的科学，它是在解决安全问题过程中积累新经验和发现新规律的科学，它是运用新经验与新规律提高人们安全质量和安全水平的科学。

安全科学的学科特征有四：

其一，目的性。安全科学，把人群目标活动之中的手段当作目的来研究，从而确定了用统系规范原则解决系统存在问题的思维定式。

其二，整体性。安全科学，把人群目标活动之中的部分当作整体来研究，从而确定了用整体论思想解析还原论课题的认知图式。

其三，复杂性。安全科学，把人群目标活动之中的人、物以及二者之间的相互关系当作核心要素来研究，从而明确了用看问题的角度论证解决问题着眼点的方式进行课题研究的科学途径。

其四，综合性。安全科学，把多重学科的交叉与融合及以往实践经验的总结作为方法、手段、措施来研究，从而明确了用智慧集成和知行合一的方式实现科学目标的技术途径。

（2020 年 8 月 19 日，成稿于中国政法大学北京学院路校区教工宿舍）

略谈刘潜先生“三要素四因素”学说

——刘潜安全思想研究（二）

刘潜先生的三要素四因素学说，我称之为“刘氏三要素四因素安全学说”，他称为安全“三要素四因素”系统原理。这个学术思想的核心要点，是表述了一个安全内在组织结构的理论模型。

我认为，这个刘氏三要素四因素安全说，由两个相互关联的部分组成：其一是安全的三要素说，分析了安全的基本构成；其二是安全的四因素说，论述了安全的内在结构。安全三要素说与安全四因素说综合起来，集中地反映和深化了刘潜先生的安全系统思想。

一、刘氏三要素四因素说之三要素说

刘潜先生的安全三要素学说，是他安全“三要素四因素”系统原理的首要部分，反映和揭示了构成安全的基本单元，用最精练的语言可以简要地表述为：人在生命活动及其组织管理过程的核心要素是人、物、人物关系。

刘潜先生在人们的生命活动过程，特别是职业人群劳动生产及其组织管理过程中，找到了人、物、人物关系三个核心要素。他认为，从安全的着眼点或安全的角度来考察，人、物、人物关系这三个人类生命活动的核心要素，都可以成为构成安全的基本单元。

例如，人这个安全要素。刘潜先生说，人是完成劳动生产任务的主体，也是需要提供安全保障的主体，同时还是在劳动中实现自身安全的主体。因此我把安全要素人也称为安全主体要素。

又如，物这个安全要素。刘潜先生说，物是为人提供安全保障的客观存在，是与安全主体相互作用的一切客观事物。因此我又把安全物的要素称为安全客体要素。

再如，人物关系这个安全要素。刘潜先生说，人物关系要素反映的实质内容，是安全主体要素内部、安全客体要素内部，以及二者之间的相互联系，表现为人与人、物与物、人与物之间的关系。人物关系要素的外在形式，表现为政治、经济、军事、文化、科技、教育、管理等，可以用来实现安全的方法、手段、措施。因此刘潜先生又把人物关系要素及其外在表现形式，简称为“事”。

我的理解：要素，是指相对独立的客观存在。从安全的着眼点或角度来考察，安全要素的基本特性，至少存在着以下三点。

（一）功能发挥的异质性

安全要素的功能发挥，以人体安全阈形成的安全量纲为参照依据，在不同的时空区域，或是不同的环境条件下，会对人的生命存在状况产生不同的质量差异。

当安全要素对人的身心健康发挥出可以实现安全的能量，且该能量处在安全阈值上限与下限之间时，人的生命存在状况表现为安全的状态。当安全要素对人的身心健康发挥出可以实现安全的能量，且该能量处在安全阈值上限与下限的位置时，人的生命存在状况表现为绝对危险的状态。当安全要素对人的身心健康发挥出可以实现安全的能量，且该能量处在安全阈值上限或下限之外时，人的生命存在状况表现为伤害的状态。

以物这个安全要素为例。刘潜先生说过，从安全的角度和着眼点来考察，物对人的作用有四个方面：一是物对人作用的性质或种类，二是物对人作用的强度大小或剂量多少，三是物对人作用的时间长短，四是物对人作用的途径或方式。

我总结刘潜先生的表述，物对人的作用包括：质、量、时、空四个方面。如果以人的安全阈为依据，可以形成物对人作用的安全量纲，我称之为安全客体量纲，若是与人的安全量纲即安全主体量纲互为参照系，就可以组成人体外在健康的安全基础量纲了。

（二）内在结构的层次性

安全要素及其不同类型的内在结构整体存在着各不相同的质量层次状态，呈现出安全要素组织构成的基本特性。

以人这个安全要素为例。刘潜先生在社会范畴的分类上，把安全主体人划分为安全个体、安全群体、安全整体三个整体性结构的层次，他称为安全范畴，或称安全概念范畴，我则是称之为安全主体的社会范畴。在这里，安全个体是指单个的人；安全群体是指两个或两个以上的人群；安全整体在广义上，指的是全人类，在狭义上，安全整体指的就是安全群体。

刘潜先生认为，安全要素人在数量上的变化，会在安全问题上引起一系列质的差异。就人的伤亡统计而言，伤或亡一个人，在安全个体来说，那就是百分之百。对安全群体来说，那就是占比百分之多少的问题，若是百人的群体，伤或亡一个人，那是百分之一，若是万人的群体，那是万分之一。就安全整体来说，像我们这个有十几亿人口的国家，伤或亡一个人的统计，几乎可以忽略不计。因此，安全主体人的社会范畴不同，对安全事件的统计，对安全概念的理解，以及对安全价值观的认同等一系列安全问题，客观上都存在着巨大的差异。

刘潜先生以此为据，把安全个体即单个的人作为安全科学理论研究和工作实践的原始起点。他指出，今后凡是安全理论上的科学研究，或是安全实践上的工作讨论，首先都要明确涉及的人，属于哪个社会范畴，究竟是属于安全个体、安全群体，还是属于安全整体。否则，人们针对安全问题的理论研究或是实践讨论就没有任何意义。

（三）外在表现的体系性

安全要素及其不同类型的外在表现形式，存在各不相同的排列组合方式，呈现出安全要素自成体系的基本特性。

以人物关系这个安全要素为例，刘潜先生说过，人物关系指的是人与人、物与物、人与物之间的关系。人物关系的外在表现形式，包括政治、经济、文化、科技、教育、管理等方面。这些可以实现安全的方法、手段、措施，形成了各种解决安全问题的事情，因此他又把人物关系要素简称为“事”。

刘潜先生最近又指出，人物关系安全要素的本质，是联系。依据刘潜先生用系统科学方法解决安全问题的一贯思路，我认为人物关系要素建立的联系有两种基本方式：一是在人与人、物与物、人与物之间建立起物质性的联系，这就是系统科学指的“运筹”；二是在人与人、物与物、人与物之间建立起非物质性的联系，这就是系统科学指的“信息”。如此看来，在人物关系外在表现形式涉及的各种学科领域之间就形成了实现安全的运筹体系，以及由此而产生的信息系统。人物关系要素正是通过运筹与信息的方式，解决了在人与人、物与物、人与物之间的安全问题。

二、刘氏三要素四因素说之四因素说

刘潜先生的安全四因素学说，是他安全“三要素四因素”系统原理的结论部分，反映和揭示了实现安全的内在动力，用最精练的语言可以简要地表述为：安全内在结构整体外在地表现出来的是人、物、人物关系及其系统。

刘潜先生说，人、物、人物关系这三个安全要素，如果能把自己本身能量发挥到极致的话，都可以单独实现安全。但在实际上，在人们的现实生活中，由于种种主观的或是客观上的原因，哪一个安全要素都不可能达到自己的极致状态。因此他认为，必须要把这三个不怎么可靠的安全要素，聚合成一个完全可靠的安全系统，才能实现人的安全。为了实现人们这个既定的安全目标，就要在第四个安全因素的能量促使下，把人、物、人物关系三个相对独立的安全要素，转化成相互依存的安全因素，在功能匹配与优势互补的动态协同过程中，形成一个由人们的生命活动及其组织系统承载着的、并与其同步运行的非线性安全内在动力系统。

我的理解：因素，是指相互依存的客观存在。从安全的着眼点或角度来考察，安全因素的基本特性，至少表现在目的性、整体性、系统性三个方面。

（一）目的性

安全因素的目的性，涉及安全初始的动力学问题。主要包括安全因素生成、存在或消亡的原始动力问题，以及周边环境对安全目标的稳定性或确定性的作用和影响，这两个方面。

安全目标的确立，生成了安全要素转化为安全因素的原始动力。为了实现安全，人、物、人物关系通过运筹与信息的物质性或非物质性的联系方法，形成了相互依存的安全整体结构，而安全因素在实现安全过程中的持久存在也是在安全目标导引下完成的。由此可知，失去了人们在生命活动中的安全目标，就失去了安全因素存在的必要条件。

当然，有些人为了获得个人财富或是集体荣誉或是社会地位，也会提倡或者主张职业安全与健康，但那是实现安全的经济动力源、社会动力源或是政治动力源问题，应另当别论。我们在这里讲的，是实现安全的生命动力源问题，这是人类生物学本能的反映或体现。安全因素的目的性含义，由此又有了一个新的解读，那就是为什么要制定并明确安全目标的问题。由此可见，实现安全的目的，与实现安全目的的目的，是相互联系的两回事。同理可知，在安全因素的基本特性之中，目的性是整体性和系统性的基础或前提。如果实现安全的目的性不存在了，那么安全因素的整体性或系统性都不复存在，安全的因素也就不存在了。

人群生命活动及其组织管理系统的周边环境，对安全目标的选择、制定、确立与实施，以至于稳定地达到既定目的，都有一定重要的作用或影响。以企业的工厂为例，在工厂围墙范围内的地方，是职业人群劳动及其生产管理系统，可以看作实现安全的内在组织结构及其在整体上的外在表现形式。在工厂围墙范围以外，是职业人群劳动及其组织管理的周边环境，按距离工厂围墙的远近分为近环境、中环境、远环境，可以看作安全内在结构的外在环境系统。按照环境存在的内容，又分为可用于实现安全的物质、能量、信息以及人力资源的环境资源体系，以及社会的、经济的、文化的以及生态条件的环境条件体系。这个安全内在结构的外在环境系统及其分支，从上、下、前、后、左、右六个方位，对厂区形成的安全内在结构造成立体的全面的包围态势，同时又与之时刻进行着系统交流或系统交换，从而使得实现安全有了一个全面开放的非线性复杂功能系统。

（二）整体性

安全因素的整体性，涉及安全内部的结构学问题。主要包括安全因素各自内部或相互之间的物质性联系与非物质性联系，以及安全因素在功能匹配与动态协同过程中对安全因素不适宜发挥集团整体功能的个别安全因素的功能或特性进行必要的取舍、抑制、约束直至遮蔽这两个方面。

安全因素的整体性，揭示出了安全因素之间相互依存的凝聚态功能，表现为人、物、人物关系这三个人群生命活动及其组织管理系统的核心要素，在实现安全目标过程中各自内部以及彼此之间的相互联系。这种安全因素内部或之间的联系，通过运筹与信息即物质性联系与非物质性联系的方式，在功能匹配与动态协同过程中发挥了集团优势，并由此成为人们实现安全目标的骨干力量。

安全因素的整体性，还揭示出了安全因素之间趋利避害的自组织功能，表现为人、物、人物关系这三个人群生命活动及其组织管理系统的核心要素，在实现安全目标过程中自主取舍、约束、抑制、排除或克服不利于实现安全的因素功能或特性，在实现安全目标的功能匹配与功态协同过程中促进安全因素形成集团优势，并由此成为人们实现安全目标的骨干力量。

（三）系统性

安全因素的系统性，涉及安全工程的管理学问题、主要包括安全整体系统运行过程对诸安全因素及其相互作用在安全量纲范畴内的调节与控制，以及系统整体运行的受控状况、失控状况或解体状况造成的系统有序、无序或混沌状态这两个方面。

安全内在结构整体的外在表现形式，是可以实现安全的功能系统。人、物、人物关系这三个人群生命活动的核心要素，在安全目标引导下转变成安全因素以后，通过运筹与信息的方法，使得众多安全因素形成功能匹配与动态协同的集团优势，在既定安全目标这个原初动力的促进下开始了安全功能系统的整体运行。

在安全功能系统运行过程中，诸多安全因素之间的相互作用，特别是人的非线性因素的作用，形成了安全系统演化的内部动因。整个安全系统与所处周边环境之间的相互作用，特别是安全资源环境与安全条件环境对安全系统整体的相互作用，就形成了安全系统演化的外部动因。

安全功能系统在运行过程的演化大致有三个趋势；一是安全系统运行受控，处于有序状态，此时生命活动中的人群处在安全的状态。二是安全系统运行失控，处于无序状态，此时生命活动中的人群出现了伤害的状态。三是安全系统解体，处于有序与无序交织的混沌状态，此时生命活动中的人群处在危险的境地。安全因素因为系统解体而失去相互依存的特性，并因此又回归到了以前相对独立的核心要素状态。至此，那个安全与劳动双目标的人群生命活动系统，由于安全功能系统的解体，仅仅剩下单目标的劳动功能系统。于是，安全系统消失，安全因素消亡，人们的生命活动就处在了需要解救的危机状态。

三、刘氏三要素四因素学说的思维轨迹

刘潜先生，曾经把他的安全系统思想戏称为“系统安全系统思想”。我的理解是：刘老先生的这句玩笑话，是表示他提出来的那个安全系统思想来源于系统安全里边的安全系统，是系统安全与安全系统在思想理论上的匹配与融合。

（一）安全三要素学说的思维轨迹

刘潜先生的安全三要素学说揭示和反映的安全基本构成状况是在系统安全思想指导下完成的安全基础理论。

系统安全思想认为，人们的生命活动及其行为系统，特别是在职业劳动及其生产管理系统运行过程中，不可避免地会存在值得关注和需要解决的安全问题，只有找出可能造成伤害事故的那些危险源点，才能及时有效地排除事故隐患，实现人的安全。

安全三要素学说的形成是从分析具体安全问题开始的。刘潜先生从人们职业劳动及其生产管理过程中找到了人、物、人物关系及其外在表现形成的事这三个核心要素。他认为，这三个要素在符合客观规律的安全规范指导下，可以实现人们在职业劳动中的安全与健康，否则就可能走向自己的反面，造成人的伤害而成为危险源。因此，职业人群劳动及其生产管理过程中，人、物、人物关系即事三个核心要素，可以看作构成安全的三大基本要素。

由此可知，刘潜先生安全三要素学说的思维轨迹，是从人群职业活动存在的安全问题到这群人职业活动存在的安全要素，从人们职业过程的劳动行为到这群人职业过程的安全状况，反映和体现了从个别到一般、从部分到整体、从系到统的系统思维方式，以及思考问题的还原论思想方法。

（二）安全四因素学说的思维轨迹

刘潜先生的安全四因素学说揭示和反映的安全内在结构模型，是在安全系统思想指导下完成的安全基础理论。

安全系统思想认为：安全是一个由人、物、人物关系三者之间相互匹配的内在联系组成的非线性复杂功能系统。但是这个安全的功能系统本身并没有自己实体性质的组织形式，而是以人的生命存在为载体，以人的生命活动为依托，靠人的生命存在活动及其组织形式来实现自己的安全功能。因此，那个可以实现安全内在动力的功能系统，就蕴藏在人们的生命活动过程，特别是职业人群劳动及其组织管理的系统之中。

安全四因素学说的形成，以安全结构理论模型为开端。刘潜先生经常向人们讲述钱学森系统工程思想的一个基本观点，那就是“要把几个不完全可靠的零部件，组装成为完全可靠的功能系统”。他认为，要克服安全三要素无法把自己的功能发挥到极致而不能单独实现安全的缺陷，必须把人、物、人物关系这三个核心要素聚在一起形成相互匹配与功能互补的结构性整体才行。因此，为了实现人们既定的安全目标，就要把相对独立的安全要素转化为相互依存的安全因素，在资源上相互匹配与功能上优势互补的动态协同过程中形成安全的内在组织结构，从而在整体上形成一个可以实现安全内在动力的功能系统，在职业人群劳动及其组织管理的过程中实现人们的职业安全与健康。

由此可知。刘潜先生安全四因素学说的思维轨迹，从职业人群劳动行为存在的安全内在结构到职业人群劳动行为存在的安全功能系统，从人群职业活动及其组织管理过程的安全规范到人群职业活动及其组织管理过程的行为安全，反映和体现了从一般到个别、从整体到部分、从统到系的统系思维方式，以及思考问题的整体论思想方法。

四、刘氏三要素四因素学说的理论缺陷

我认为，刘潜先生三要素四因素学说的理论缺陷，可从以下三个问题开始探讨。

（一）安全三要素是怎样转化为安全四因素的？

这个问题涉及安全要素转化为安全因素的必要性与可能性，以及实现这个转化的现实条件，反映或揭示了客观事物发生质变的必然趋势、内在依据和外在条件。

刘潜先生认为，从理论上说，人、物、人物关系及其外在表现形式即事这三个安全要素，如果把各自的功能发挥到极致的话，每个安全要素都能单独实现安全。但在实践上，在人们现实的社会生活中，人不是具有绝对抵抗力的人，物也不是绝对安全可靠的物，人物关系及其外在表现即事对人与人、物与物、人与物之间关系的安全调节也不是万能的。因此，这三个安全要素有必要转化成安全因素，形成合力实现人的安全。在这里，刘潜先生讲清楚了安全要素转化成安全因素的必要性，表明了这些客观存在发生质变的必然趋势。遗憾的是，刘潜先生并没有进一步说明安全要素转化成安全因素的可能性（实现这个转化的内在依据）和它实现的现实条件（实现这个转化的外在条件）。因此，还需要我们深入地展开分析、研究与探讨。

实现从安全要素转化为安全因素的可能性，是安全要素放弃了自己发挥功能的相对独立性。人、物、人物关系及其外在表现即事这三个安全要素，不论是自觉的还是不自觉的，是主动的还是被动的，只有放弃了各自的相对独立性，才有可能克服在实践中不可能单独实现安全的功能性缺陷，也才有可能为了实现人的安全而转化成相互依存的安全因素。否则，三个安全要素在各自为政的情况下聚在一起，只能是成为不可能安全的整体结构，而不可能形成一个可以实现安全的功能系统。

实现从安全要素转化成安全因素的现实条件是安全目标的确立。因为只有明确了人群生命活

动及其行为系统要实现的具体安全目标，人、物、人物关系及其外在表现即事这三个安全要素，才有可能为实现那个既定安全目标而在各自放弃相对独立性的前提下，转化为在资源上匹配和在功能上互补的安全因素，从而在整体上形成一个可以实现安全的功能系统。正是由于人们在生命活动中安全目标的确立，才自然而然地生成了一种促进安全要素转化为安全因素的新能量。这个具有凝聚态功能的客观存在，就是安全功能系统的第四个安全因素。

（二）安全内在组织结构的第四个安全因素是什么？

刘潜先生认为，安全内在组织结构的第四个因素是“系统”。他说，安全的功能系统也是有结构的，安全系统由两要素一因素组成。安全系统的两要素是运筹与信息，系统的一因素是控制。我不赞同刘潜先生的这个说法，认为按照系统科学的原理，系统不应该是安全内在组织结构的组成部分，而应该是安全内在组织结构整体的外在表现形式。当刘潜先生多次问我三要素四因素安全结构里的第四个安全因素到底是什么的时候，我无言以对，一脸茫然，不知如何回答这个问题。

后来，又经过多年的学习与思考，终于在有一天清晨醒来恍然大悟，意识到安全内在组织结构的第四个因素是“内在联系”，而刘潜先生说的系统构成的两要素一因素即运筹与信息以及系统控制，是内在联系安全因素的外在表现形式。

我认为，人、物、人物关系及其外在表现即事三者之间的内在联系，包括三者各自内部以及相互之间的物质性联系即运筹，也包括三者各自内部以及相互之间的非物质性联系即信息，还包括通过运筹与信息对这三者各自内部以及相互之间的资源匹配与目的性约束或方向性引导即控制。

我认为，内在联系这个安全内在组织结构的第四个安全因素，从理论上讲是伴随着安全目标确立而自然生成的一种能动力量，具有凝聚、约束、匹配、引导四大功能。

内在联系安全因素的凝聚功能，指的是它把人、物、人物关系及其外在表现三个放弃相对独立性的安全要素，凝聚在一起并转化为相互依存的安全因素的那种能动作用与现实力量。

内在联系安全因素的约束功能，指的是它可以不间断地抑制人、物、人物关系及其外在表现三者各自的内部以及相互之间相对独立的自发倾向，同时也屏蔽这些自发性相对独立倾向带来的不利于实现安全目标的作用或影响。

内在联系安全因素的匹配功能，指的是它可以在人、物、人物关系及其外在表现三者各自体系的内部以及相互之间实施动态的安全资源匹配，以便在系统运行过程中为实现具体的安全目标做到功能互补与动态协同。

内在联系安全因素的引导功能，是指通过对人、物、人物关系及其外在表现三者的运筹与信息，对安全功能系统整体运行的方向性调控与目标性指导。

当安全目标不再明确，或安全目标消失后，安全因素便会失去相互依存的束缚，自动还原为相对独立的安全要素，安全功能系统自行解体，内在联系作为安全内在结构的第四个安全因素也同步消亡。这个时候就需要安全系统的重建了。

（三）安全功能系统，除了有内在结构，还有外在环境吗？

刘潜安全思想的主线，从提出安全三要素四因素的概念，到创建安全内在结构的模型，再到构建安全系统工程的理论，形成了一套完整的安全系统思想。据此，我在20多年前曾提出“安全内在结构是否有系统边界”的问题，记得当时刘潜先生回答说是“没有”。他认为安全内在结构是“至大无边”的客观存在。按照这个说法，如果安全内在结构没有系统边界，那就意味着这个安全结构也没有外在环境，更不存在安全内在结构与安全外在环境之间的系统交流或系统交换了。我那时对刘潜先生那句话的理解，是凡有人的地方就有安全问题，因此也就能分析出人、物、人物关系那样的安全内在结构，并且形成实现安全的内在动力系统，在人们的生命活动中实现自己的安全。

后来，我读到了一些宇宙科学方面的书，对上述认识又有了新思考。那书里边讲，宇宙是“至大无边”的客观存在。于是，问题就来了：安全内在结构的“至大无边”和宇宙的“至大无边”之间，到底是什么关系呢？如果说二者的面积是相等的话，那么安全内在结构的“至大无边”是否也包括宇宙的“至大无边”呢？但是，宇宙的“至大无边”在实际上，既包括有人存在的时空区域，也包括无人存在的时空区域，那就表明这个宇宙的“至大无边”，既包括有人存在的安全内在结构，又包括无人存在的安全外在环境，如果是这样，宇宙中的安全内在结构与安全外在环境之间是否也会存在着系统交流或系统交换呢？

以工厂里的职业人群劳动及其生产系统为例，刘潜先生曾经多次强调，“要把一个生产上的组织系统，建设成同时也可以实现安全的功能系统”。这句话表明了，我们可以把企业这样生产劳动及其管理系统看作可以实现安全的内在结构整体。工厂周边的围墙可以看作这个安全结构的系统边界，而工厂围墙以外的地方，则可以看作安全的外在环境了。一个工厂的生产，每天都要有原料进厂加工，也每天都要有产品出厂入库或者销售，同时每天都要有工人进厂上班，也每天都要有人下班出厂回家，诸如此类的事情表明，企业里的劳动生产活动同样存在安全的内在结构与外在环境，以及结构与环境在一定时空区域内的系统交流或系统交换。我以为，对企业生产管理蕴涵着安全功能系统这样的分析与理解，比较符合系统科学原理揭示或反映的客观规律。

五、刘氏三要素四因素学说的学术价值

刘潜先生说过，综合科学是继自然科学和社会科学之后世界第三大科学，而安全科学则是综合科学的典型代表，因此他提出的那个“三要素四因素”概念，很可能是综合科学这一学科门类的科学研究核心内容。我赞同他老人家的这个说法。

以军事科学为例，执行军事任务的那个军事单位本身，就是一个由人、物、人物关系及其内在联系组成的非线性自组织整体结构。这个可以完成军事任务的功能系统，同时也面临着资源约束或条件限制怎样认识、怎样克服，以及如何配置、如何协调才能解决系统内部需求的一系列外部环境问题。这个军事上的功能系统的运行，及其与外部环境系统在物质、能量、信息方面的系

统交流或系统交换，在诸多构成因素的相互作用下，最终形成有序、无序以及混沌三种动能状态，表现为在军事斗争中的战胜、战败以及和平三种社会现象。战胜的结果，是对方的损失大于我方。战败的结果，是我方的损失大于对方。和平的结果，是双方都没什么损失。由此推论可知，军事斗争要达到的终极目的，不是争取战胜，更不是要战败，而是为了和平。从这个意义上可以说，军事科学是用战争手段争取和平的科学，这门科学在实践上的表现，就是正义之师为和平而战。

如上所述，从军事科学的角度来考察，人的因素指的就是战士以及军事指挥人员、后勤保障人员等一系列军人，物的因素指的是武器装备、后勤补给以及阵地气象、地形地貌、当地风土人情或政治与经济状况等，人物关系因素是指如何把人的因素与物的因素及时有效地结合起来打胜仗的方法、手段、措施。人、物、人物关系及其外在表现形式三者的内在联系，从整体上形成了可以完成军事任务的内在动力系统，这个军事系统与所处周边环境的相互作用或称为系统交流、系统交换，就构成了一个完整的非线性复杂军事功能系统。

（2020年9月27日，成稿于中国政法大学北京学院路校区教工宿舍）

安全的生成与消亡

——刘潜安全思想研究（三）

德国古典哲学家黑格尔有一句名言：凡是现实的东西都是合乎理性的。那意思是说，凡世上客观存在着的东西，都有它必然要存在的理由，有它存在的必要条件。但是这句话，同时也遮蔽了另外一个事实，那就是：凡是存在的，也都是要消亡的。把这两句话连起来，就精确地揭示了宇宙的一个基本规律：凡是现实的都是合乎理性的，凡是存在的也都是会消亡的。安全作为一个真实的客观存在，也有它自己的生成与消亡。

安全，是一个以人的生命存在为载体的、以人的生命活动为依托的、靠人的生命存在方式及其组织管理系统实现自身功能的、反映和揭示人的生命存在状态并可以据此判定人的行为是否符合客观规律的、看不见摸不着但可以为人所感知的客观存在。

安全的生成、存在与消亡的全过程，反映或揭示了人的生命活动历程，也反映或刻画了整个人类作为宇宙智慧生命物质，在自然界特定时空区域生成与存在的运动轨迹。

这篇文章，是我跟随刘潜先生20多年来的一个学习总结，以及由此而展开的安全基础理论探讨。

第一部分　安全的生成

安全的生成在客观上，有它必然要生成的初始条件，质量状况与时空区域。

一、安全生成的初始条件

安全生成的初始状态，是由人与物及其相互作用形成的内在联系建构的整体功能系统。

（一）安全生成的三个初始条件

经常受到刘潜先生安全“三要素四因素”系统原理的教导和启发，我才终于感悟到安全生成的初始条件大致有三个。一是具有生命活力的人，二是与人相互作用的物，三是通过人的生存方式把人与物两方面的相互作用联系成一个非线性的自组织功能系统。也就是说，人通过劳动行为，把自己和周边环境及其存在物相互作用地联系成了一个非线性的自组织功能系统，从而实现了自己生命存在的安全状态。

当然，人的不安全状态诸如危险或伤害的状态，也是由人们的劳动行为造成的，这是因为人的劳动行为不尊重或者违反了客观规律，也会使自己的生命存在处于不安全状态，这就是客观事物双重性的反映和表现，这就是劳动行为与安全状态之间双向互动的唯物辩证法。

由此推论可知，人的生命存在客观上有两种表现形式，一个是人的生命存在方式，这就是劳动；一个是人的生命存在状态，这就是安全。在现实生活中，人的生命存在方式即劳动，是由人的生命存在状态即安全来保障的，而人的生命存在状态即安全，又是由人的生命存在方式即劳动来实现的。安全与劳动，是同一客观事物即人的客观存在的两个不同的侧面，既不能相互取代，也无法相互分离，这就是人在自然界生存或发展的一般规律。

（二）劳动：创造人本身及其生存条件

劳动，一般是指创造人本身及其生存或发展条件的行为。在我们的现实生活中，劳动有四个基本类型。

其一，人口的劳动。人口劳动的生产与再生产，创造了人类的政治文明。例如，恋爱、婚姻、家庭，以及繁殖后代，人的生长发育及其社会化过程，国家、政府、政党或社会团体，人们的社会交往与社会活动等，这一切人口劳动创造的成果构成了安全生成与存在的社会条件。

其二，物质的劳动。物质劳动的生产与再生产，创造了人类的物质文明。例如，火车、飞机、汽车、轮船、航天器，工厂、企业及生产设备，农产品与各种食物，日常生活用品等，这一切物质劳动创造的成果，构成了安全生成与存在的经济条件。

其三，精神的劳动。精神劳动的生产与再生产，创造出人类的精神文明。例如，文学、艺术，科学、技术，文化、教育，专业培训及科普宣传等，这一切精神劳动创造的成果构成了安全生成与存在的文化条件。

其四，生态的劳动。生态劳动的生产与再生产，创造了人类的生态文明。例如，植树、造林，开凿人工运河，建设人工湖泊、人造园林，以及建设宜居城市、宜居社区，人工降雨、人造雪场等，这一切生态劳动创造的成果构成了安全生成与存在的人工生态条件。

总之，人类的劳动在创造出人类文明的同时，也创造出了人类自己实现安全的必要条件，除了自然生态条件及其不可抗拒的自然力之外，安全社会条件、安全经济条件、安全文化条件、安全人工生态条件都是人类在自己的劳动过程中创造出来的。由此可见，安全与劳动密切相关。

（三）安全与劳动同生共灭、同步共构

刘潜先生在北京市劳动保护研究所工作期间，在研究职业劳动中的劳动保护用品及其技术措施，以及创办该专业研究生教育时，发现了劳动保护工作里也有科学，这就是安全科学。他还在职业劳动人群及其生产管理系统之中，找到了人、物、人物关系三个核心要素，认为这三个要素不但可以匹配成完成劳动任务的功能系统而成为劳动三要素，而且可以匹配成实现安全目标的功能系统而成为安全三要素。由此，他提出了职业劳动人群具有劳动与安全双重目标的理论观点。受到刘潜先生这个学术思想的教育和影响，我提出了安全与劳动同源共构性原理，认为：安全与劳动在自然历史上是同生共灭的客观存在；安全与劳动在社会现实中是同步共构的客观存在。因此，人类的生命活动及其组织系统，特别是职业劳动人群及其生产管理系统，是由安全与劳动双重目标生成的非线性自组织复杂功能系统。

（四）安全利益的劳资差异

最近，刘潜先生又指出，当初资本主义发展时期的马克思主义是《资本论》；如今在社会主义建设时期的马克思主义应当是《劳动论》。我的理解是：《资本论》反映和揭示的，是劳动在社会经济发展中受资本控制被动地创造了剩余价值；《劳动论》反映和揭示的，是劳动在社会经济发展中要通过掌握资本主动地去创造剩余价值。在资本与劳动之间的安全关系上，二者获得安全利益的差异引发的矛盾及其性质与程度，在资本主义发展时期与社会主义发展时期完全不同。

（五）安全质量的阶层差异

刘潜先生曾经多次对我说过，人们生命存在状态的安全质量，有两种不同的程度：低级程度的安全质量，是人的不死、不残、不病、不伤；高级程度的安全质量，是人的舒适、愉快、享受。根据历史的记忆，在资本主义发展时期，资本阶层追求的是舒适、愉快、享受的高级程度安全质量，劳动阶层企盼的是不死、不残、不病、不伤的低级程度安全质量，劳资双方安全利益的差异与矛盾导致的冲突，从经济斗争到政治斗争，直至发展成夺取政权去争取劳动对资本及安全利益的分配与再分配。在社会主义发展时期，由于社会制度的保障和劳动对资本的法律约束，资本阶层合法地获得了高级程度的安全质量，劳动阶层也获得了低级程度安全质量的法律保障，同时也在追求获取高级程度的安全质量。劳资双方在得到各自安全利益的基础上，还将进一步创建人类命运的共同体。

二、安全生成的质量状况

刘潜先生反复强调，人体健康有两大保障体系。他说，以人的皮肤（包括人的内表皮、外表皮以及唾液、胃黏膜等在内）为界，医学科学研究或解决人的皮肤以内的人体内在健康问题，安全科学研究或解决人的皮肤以外的人体外在健康问题。如此说来，人的皮肤在实际上就成了安全科学与医学科学相互关联的系统边界。而人体的内在健康与外在健康之间的相互作用，或者称为二者之间的系统交流与系统交换，自然而然地就促成了安全科学与医学科学在理论上的或实践上的科学联盟。

（一）安全与医学的殊途同归

受刘潜先生上述学术思想的教育或影响，我提出了安全与医学的殊途同归论。我认为，人体健康有两个基本类型，一个是人体健康的原生形态，一个是人体健康的科学形态。

原生形态的人体健康，是人们自我健康的实际情况，因而是人体健康的客观存在，包括人体的内在健康与外在健康两个相互关联的组成部分。人体内在健康，是指人的身心与体内生存环境因素相互作用时的自我健康状况。人体外在健康，是指人的身心与体外生存环境因素相互作用时的自我健康状况。

科学形态的人体健康，是意识形态上的人体健康，是人们在思想认识上对人体健康客观存在的主观认可，包括人体的医学健康与安全健康两个相互关联的组成部分。人体的医学健康，反映或揭示的是人体内在健康形态，以及人体健康的内在质量状况。人体的安全健康，反映或揭示的是人体外在健康形态，以及人体健康的外在质量状况。

由此推论可知，安全科学与医学科学虽然研究或解决人体健康问题的途径不同，但共同的科学目标都是为了人的身体健康。

（二）人体健康外在质量的存在状态与条件

依据安全科学与医学科学相互关系的原理，我用“属加种差”的逻辑学方法，给安全概念下了一个内涵定义和外延定义：安全，是指人体健康外在质量的整体水平，包括人体健康外在质量的存在状态与人体健康外在质量的存在条件。其中，人体健康外在质量的存在状态，有三个相互重叠的质量层次，这就是人们生命存在的安全状态、危险状态、伤害状态。安全状态指人的身心与体外因素相互作用形成的系统交流或系统交换处于有序状态。危险状态，指人的身心与体外因素相互作用形成的系统交流或系统交换处于混沌状态。伤害状态，指人的身心与体外因素相互作用形成系统交流或系统交换处于无序状态。

人体健康外在质量的存在条件大致有四个：一是由人口劳动生产与再生产创造的人类政治文明形成的安全社会条件，二是由物质劳动生产与再生产创造的人类物质文明形成的安全经济条件，三是由精神劳动生产与再生产创造的人类精神文明形成的安全文化条件，四是由生态劳动生产与再生产创造的人类生态文明形成的人工生态条件，以及由宇宙自然历史演化形成的自然生态条件。

（三）人体外在健康质量的三质合一与一量三质

人体外在健康的质与量在客观上还存在着三质合一与一量三质的质量互动现象。安全、危险、伤害这三种质态，虽然在一定程度或者说是在一定时空域还是相对独立的客观存在，但是实际上在人们的现实生活中，却是三位一体地共存于同一个人外在健康的生命存在状态之中。从这个意义上来理解，人体外在健康质量的一个量的计量单位里就同时存在安全、危险、伤害三种质的形态。

人体外在健康质的三质合一现象，决定了人体外在健康量的一量三质状况，如果这个量计算单位是 100%，那么安全、危险、伤害中哪个质态占据的数值多，哪个质态就成为显性状态，而占比较少的那两个质态，自然而然地就成了隐性的质态。例如，绝对安全之中的安全质的量占100%，危险质态的量为 0，伤害质态的量为无。因此安全的质就成为一个人身体外在健康的显性状态，危险与伤害两种质态，就成为实际存在的隐性状态了。在这里要说明的是，零危险的零，并不代表没有危险，而是有的开始；无伤害的无，是有的终止，表示确实是没有伤害了。又如，绝对危险中危险质态占 100%的量，安全与伤害两种质态的量均为 0。此时的人体外在健康的质量状况，危险处于显性状态，安全与伤害均处在隐性状态。但此时人们往往只是注意到了伤害质态的量为零，却常常忽视了安全质态的量也为 0，安全与伤害都处在有的开始阶段，这才是绝对危险给人们提出警示的真正意义所在。再如，安全质态的量与危险质态的量各占 50%，伤害质态的量为无。此时无法按质态的占比量来确定安全与危险哪个质态为显性，这种情况下可按人们安全意识的关注点来确定。

一般来说，被人关注的那个质态就会成为显性状态，而被人忽视的那个质态就成为隐性状态，但是那个处在隐性状态的质，并不是不存在，而是暂时没有被人关注。这种一个质态或两个质态同时被另一质态遮蔽的质量互动现象，就是人体外在健康状况三质合一与一量三质双重质量现象彼此互动的反映或体现。人体外在健康的质与量的融合程度，形成了人在生命状态中的安全度、危险度、伤害度，三者之间的相互作用对人体外在健康状况的影响，表现为：安全度与危险度相加，安全系数等于 1；安全度与伤害度相加，安全系数等于 0。

（四）安全质量的三种形态

如同自然界中的水有固态、液态、气态那样，人的生命存在状态安全也有三态，这就是正安全态、零安全态、负安全态。安全三态的定性研究方法，是模型分析法，或是图示分析法。以人体安全阈为依据或参照系，可以设计出安全质量示意图，用以进行安全质量分析，或者安全质量管理。

在人体安全阈值上限与下限之间的区域，称为正态安全域。这一安全质量区域内的安全质量，称为正安全态，包括绝对安全状态、零危险状态、无伤害状态，以及相对安全状态和相对危险状态。

在人体安全阈值上限与下限的具体位置，称为零安全态，包括零安全状态、绝对危险状态以及零伤害状态。由零安全状态沿安全阈上限与下限划出的平行线，称为零度安全线，习惯上称为绝对危险线，也称零度伤害线。

在人体安全阈值上限及下限以外，直到人的死亡状态之间的安全质量区域，称为负态安全域。在这一负安全区域的安全质量，称为负安全态，包括：相对负安全态、超级危险态、相对伤害态，以及绝对负安全态、绝对伤害态，或无安全态，或无危险态，即人的死亡状态。

（五）基于安全三态的全面安全质量管理

全面安全质量管理，是针对人们生命存在的正安全态、零安全态、负安全态及相关区域实施的资源匹配、动态协调、行为监督与规范指导。全面的安全质量管理在实践上，有四个既相对独立又相互联系、既相互渗透又相对支撑、既相互匹配又动态协同的质量管理模式，这就是安全管理、风险管理、危机管理、应急管理。

全面安全质量管理的安全管理模式，研究或解决的是人们的生命安全或职业健康方面“还没出事”怎么办的问题。这个管理模式的科学目标，是保持安全。它采取的主要措施，是“做加法”，也就是增加安全资源并使之相互匹配，补充或完善安全存在的必要条件。但也会做一些“减法”，消除生产事故或是引发伤害事故的隐患。

这个安全管理模式的狭义工作范围，是正态安全域；广义的工作范围，是正安全态、零安全态、负安全态涉及的安全质量全域。

全面安全质量管理的风险管理模式，研究或解决的是人们在生命安全与职业健康方面“可能出事”怎么办的问题。这个管理模式的科学目标，是避免伤害。它采取的主要措施，是“做减法”，也就是排除危险源点，消除事故隐患，以及降低危险系数。同时，也会做一些“加法”，提高相关人员的安全素质。

这个风险管理模式的狭义工作范围，是正态安全域；广义的工作范围，是正安全态、零安全态、负安全态涉及的安全质量全域。

全面安全质量管理的危机管理模式，研究或解决的是人们在生命安全与职业健康方面“快要出事”怎么办的问题。这个管理模式的科学目标，是转危为安。它采取的主要措施，是“做加法”，也就是增加安全资源并使之相互匹配，补充或完善安全存在的必要条件。同时，也会做一些“减法”，消除生产事故或是导致伤害事故的隐患。

这个危机管理模式的狭义工作范围，是零度安全线，包括零安全状态、百分之百的绝对危险状态，以及零伤害状态；广义的工作范围，是安全三态涉及的安全质量全域。

全面安全质量管理的应急管理模式，研究或解决的是人们在生命安全及职业健康方面“已经出事”怎么办的问题。这个管理模式的科学目标，是减少伤害。它采取的主要措施，也是“做减法”，也就是排除危险源点，消除再次事故隐患，及时救助伤员。同时，也会做一些“加法”，做好应急预案，提高相关人员的安全素质。

这个应急管理模式的狭义工作范围，是人的负态安全域；广义的工作范围，是安全三态涉及的安全质量全域。

如上所述，全面安全质量管理的工作重点，是不死人、不伤人、不使人患各种职业病，这一重点工作范围，应该在正态安全域。由此分析可知，安全管理、风险管理、危机管理在具体的安全实践中，是三位一体的。人在处于安全的生命状态时，就应该保持安全意识，有了安全意识，就要采取避免受到伤害的风险防控措施，为防止风险失控，又要事先做好危机应对预案，做好转危为安的各项准备工作。从安全管理模式，到风险管理模式，再到危机管理模式，这就经历了哲学上称谓的否定之否定的全面安全质量管理的全部重点工作。这是全面安全质量管理工作的核心部分。应急管理模式的工作重点，在负态安全域，是全面安全质量管理最后一道保底的工作线，也应给予足够的重视。

对具有生命活力的每一个人都心存敬畏，对每一个死难者及其家属都深表同情，这是安全工作者最起码的职业道德规范。那些没有善良心、没有责任心、没有同情心的人，就没有资格从事安全工作。因为安全工作，是一项积德行善的事业。

（六）安全质与量的依存关系

安全的质与安全的量之间，客观上存在着相互依存与互为参照的质量关系：安全的量，内在地规定着安全的质；安全的质，外在地限定着安全的量。

依据刘潜先生的安全系统思想，以及由此带来的灵感或启发，我初步确定了三组六个安全量纲及其与此相关的参数系列群，这就是：安全主体量纲与安全客体量纲互为参照的安全基础量纲；安全状态调节与安全过程控制互为参照的安全系统量纲；安全资源配置与安全条件保障互为参照的安全环境量纲。

安全基础量纲，指的是由安全生成初始条件建构的安全主体因素人与安全客体因素物之间相互作用产生的诸多数量关系及其系列相关参数群，包括安全主体量纲与安全客体量纲两个互为参照的量纲参数组合。

安全主体量纲，是人的因素量纲，反映或揭示的是人对自己体外因素作用的承受能力，以及保持自我安全状态的素质、能力或水平，大致包括四个方面：一是人体生物节律、二是人的安全阈值、三是安全技能储备、四是安全意识保持。

安全客体量纲，是物的因素量纲，反映或揭示的是物对人作用的质、量、时、空四个方面的量纲组合：一是物对人作用的性质或种类，二是物对人作用的强度大小或剂量多少，三是物对人作用的时间长短或是速度快慢，四是物对人作用的途径或方式。

安全系统量纲，指的是安全组织整体结构外在表现形成的安全功能系统内部，框架结构子系统状态调节与运行结构子系统过程控制之间相互作用产生的诸多数量关系及其相关参数群组合，包括安全调节量纲与安全控制量纲两个互为参照的项目系列。

安全调节量纲，又称安全结构功能系统的因素状态调节量纲，涉及的量纲具体项目及参数系列群，大致有四个方面：其一是状态调节方式，指人、物、人物关系及其表现形式的选择与确认。

其二是状态调节范围，指人、物、人物关系及其表现形式的时间与空间。其三是状态调节程度，指人、物、人物关系及其表现形式的力度或规模。其四是状态调节效果，指人、物、人物关系及其表现形式的功能与效应。

安全控制量纲，又称安全结构功能系统的运行过程控制量纲，涉及的量纲具体项目及其相关系列参数，大致有四个方面：其一，运筹参量，指人群活动及其目标系统物质性构成因素的整体优化程度和排列组合方式。其二，信息参量，指人群活动及其目标系统非物质构成因素的信息采集、编码、破译或重组。其三，时空参量，指人群活动及其目标系统运行的时间、地点，以及启动条件的检验和初始状态的监测与监控。其四，控制参量，指人群活动及其目标系统运行的过程控制，以及由信息反馈引发的系统组织结构的调整或重组。

安全环境量纲，指的是安全组织整体结构外在表现形成的安全功能系统外部，安全资源环境与安全条件环境之间相互作用产生的诸多数量关系及其系列相关参数群，包括安全资源量纲与安全条件量纲两个互为参照的量纲组合。

安全资源量纲，又称安全环境的资源配置约束量纲，涉及的量纲具体项目及相关参数群，大致有四个：第一，物质资源的种类或类型，及其在人群目标活动中的优化配置。第二，能量资源的生产或供给，及其在人群目标活动中的应用方式。第三，信息资源的联络或通道，及其在人群目标活动中的顺畅程度。第四，人力资源的培育或开发，及其在人群目标活动中的储备与使用。

安全条件量纲，又称安全环境的条件保障限制量纲，涉及的量纲具体项目及其系列相关参数群，大致有四个：第一，安全存在的经济条件，及其反映或体现的人类物质文明状况，以及对人们安全工作造成的限制作用，或是提供的安全保障。第二，安全存在的社会条件，及其反映或体现的人类政治文明状况，以及对人们安全工作造成的限制作用，或是提供的安全保障。第三，安全存在的文化条件，及其反映或体现的人类精神文明状况，以及对人们安全工作造成的限制作用，或是提供的安全保障。第四，除宇宙自然历史演化生成的自然生态条件对人类生存或发展的影响之外，安全存在的人工生态条件，及其反映或体现的人类生态文明状况，以及反映或体现的社会历史进步程度，对人们安全工作造成的限制作用，或是提供安全的保障。

（七）安全三态量纲的确定与测定

安全三态的量纲确定与量纲测定的方法，是仿真实验法，或是情景模拟法。与人直接相关的安全量纲确定及其参数系列的测量，要以人体安全阈为依据或参照。与人间接相关的安全量纲确定及其系列参数的测定，也要以人体安全阈即人对自己体外因素作用的承受能力或称之为抵抗能力，作为客观依据或者参照系。

实际上，在现实的安全实践中，安全量纲确定与安全参数测量的这项工作，单靠安全工作人员是根本无法单独完成的，安全工作人员只是首先牵头，在总体原则上提出科学性的安全规范要求，然后由各行各业安全存在领域里的科技人员或者管理人员在具体操作上提出技术性的安全行为规范，最后在安全工作人员、科技人员、管理人员的全力配合与协作下，由医务工作者在不受外界干扰的过程中，独立完成安全量纲的参数测定工作。由此推论可知，各行各业以及各特殊的工种或工作岗位都应该具有自己独特的安全量纲及其符号化与数字化的参数组合，以便有针对性地开展定性与定量相结合的安全工作。

这项安全量纲确定与安全参数测量的工作表明：以安全科学为典型代表的综合科学门类的具体学科及其科学分支，不可能靠自己单独发展起来，而是要由这门学科牵头，建设起一个符合本学科特色的，由自然科学与社会科学，以及由纵向科学与横向科学，以至于其他综合科学学科共同参与的科学大联盟。

三、安全生成的时空区域

作为宇宙智慧生命物质的人及其生命存在方式与生命存在状态，会在宇宙特定的时空区域，留下自己客观存在的运动轨迹。

（一）安全人性化九维时空域的客观存在

自从人类在太阳系之中的地球上诞生以来，代表整个宇宙存在的自然界，就自然而然地划分为天然自然与人化自然了。

天然的自然界，是宇宙自生成以来就有的各种物质及其运动形态，包括了人类目前能力达不到的一切地方。人化的自然界，既保存了宇宙生成时原有的各种物质及其运动形态，以及由此反映和揭示出来的客观规律，又出现了人类自己生命存在及其各种活动反映或揭示的典型特征以及特殊的规律，因此成为人性化的天然自然界。

就人类目前已知的宇宙物质及其运动而言，从无生命物质形态，进化到有生命物质形态，又进化到了智慧生命物质形态，经历了宇宙自然历史否定之否定的演化进程，这个宇宙的自然历史发展趋势使得承载了宇宙物质及其运动形态的宇宙时空域也呈现出多样化的自然历史发展趋势。

在天然自然界，承载着物质及其运动的时空区域，一般服从物理学意义上的时空观，表现为一维时间与三维空间相互重叠与融合的四维时空域。在宇宙物质高速运动的状态下，爱因斯坦的相对论在牛顿物理学的基础上又进一步揭示出，时钟（时间）可以变慢，尺子（空间）也可以变短，以及时空在宇宙中有多样化倾向，时间与空间还可以重叠或弯曲等自然现象。

在人化自然界，承载着宇宙智慧生命物质及其运动的时空区域，以人的身心为中心参照物，或者说是以人的心理学感受或者生理学体验为客观依据，表现为三维时间与六维空间相互重叠或相互融合的人性化九维时空域。从人的生命存在方式即劳动的角度来考察，这个人性化九维时空区域，就是人性化的九维劳动时空域。从人的生命存在状态即安全的角度来考察，这个人性化的九维时空区域，就是人性化的九维安全时空域。

刘潜先生曾著文说，人类自诞生以来，就干了两件事，一个是劳动，一个是安全。我的理解，劳动是人类的生命存在方式，安全是人类的生命存在状态。劳动与安全，都是以人的生命存在为载体、与人的生命活动相依存，并且由人性化九维时空区域承载着的客观存在。

在人类的社会现实生活中，人的生命存在方式即劳动，与人的生命存在状态即安全，在同一时空域共处同一个人的身体之中，是同一个客观事物人的两个相互依存的侧面。因此，人性化的九维劳动时空域，与人性化的九维安全时空域，在实际上是相互重叠地融合在一起的，只是为了认识或理解上的方便，分开来表述或研究罢了。在人们的现实生活中，人性化的劳动时空域与人性化的安全时空域，共同承载着人的生命存在方式和人的生命存在状态，表现为安全与劳动的历史同源性，以及安全与劳动的现实共构性等一系列以人类为代表的宇宙智慧生命物质及其运动形态的特殊规律与典型特征。

（二）人性化三维安全时间域

人性化的安全时间域，以人的心理学感受为客观依据，反映在人的头脑中，以过去、现在、将来的思维形式，表现为三个时间维度的状态。人性化的三维时间状态，不同于以往物理学意义上时间一去不复返的一维时间态，而是立足此时此刻的当下，回顾过去，展望将来，以三个维度的时间态及其运行轨迹沿途的承载物，对人的生命存在状态产生是否安全的问题，会有一定的作用或影响。这种安全时间态对人是否安全的作用与影响或迟或早，也有大有小，甚至还可能有“瞬间定生死”的情景出现在人间。

人性化三维时间域之中的过去时间态，从一般意义上来讲，指的是此时此刻的回溯，从科学意义上来讲有四层含义。一是指此时此刻回溯的过去时间态及其承载着的人、物、事等客观存在，包括真实的客观存在与虚假的客观存在，还包括确实不存在的客观存在，即人的幻觉产生的客观存在。二是指过去时间态及其承载着的客观存在，会对人体安全健康产生作用或影响，包括愉快、生气、高兴、愤怒等情绪变化，以及由这些心理因素对人的行为安全产生的作用或影响。三是指过去时间态及其承载物，对人体安全健康产生的作用或影响，带来了人的生命存在状态是否安全的问题。四是指过去时间态及其承载物带来的安全问题，需要人们及时有效地去研究、去解决。

由此理推论而知，人性化三维时间域之中的现在时间态，从一般意义上讲，是指此时此刻的瞬间。从科学意义上讲，也有四层含义。其一指此时此刻瞬间的现在时间态及其承载的人、物、事等客观存在，包括真实的客观存在与虚假的客观存在，以及幻觉产生的客观存在。其二是安全的现在时间态及其承载物，会对人体安全健康产生作用或影响，引起人的情绪变化而导致这些心理学因素对人的行为安全也同步地产生一定的作用或影响。其三是现在时间态及其承载物的客观存在，对人体安全健康的作用或影响引起人的情绪变化，带来了人的生命存在状态是否安全的问题。其四是这些由现在时间态引起的心理因素变化带来的安全问题，需要人们认真地去研究并尽快地去解决。

人性化三维时间域之中的将来时间态，一般意义上讲，指的是此时此刻的展延。从科学意义上讲，也有四层含义。其一指此时此刻展延的将来时间态，以及这个时间态运行轨迹上沿途承载的人、物、事等客观存在。其二指将来时间态及其承载物，对人体的安全健康会有一定程度的作用和影响。其三指将来时间态及其承载物的客观存在，引起人在安全健康上的情绪变化，导致人的心理学因素带来安全问题。其四指这些由于将来时间态引发的安全问题，需要人们及时有效地研究并加以解决。

（三）人性化六维安全空间域

人性化的安全空间域，以人的生理学体验为客观依据，在人的身体上，以上、下、前、后、左、右的存在形式，表现为六个维度的空间状态。人性化的六维空间状态，不同于以往物理学意义上的三维空间态，而是以人的生命存在为中心、以人的生命活动为参照，环绕着人的生命存在及其行为活动，同步展示出人的周边生存环境及其基本构成的空间状态。这六个方位的生存空间态对人的生命存在状态是否安全，会产生一定程度的作用或影响。这个由安全空间状态对人体安全健康产生的作用与影响或迟或早，也有大有小，甚至还可能有“一步踏生死”的情景出现在人间。

人性化的安全空间状态，之所以形成六维空间结构，那是因为人们用自己的身体存在和自己的生命活动，把原来物理学意义上的三维空间状态，切割成为人类学意义上的六维空间状态。由此表明，宇宙特定的人化自然区域，以人类个体的身体存在作为安全空间设置的参照标准，以人类个体的身体活动作为安全空间存在的移动依据。由此又反映和揭示出，人性化的六维安全空间域，客观上存在着重叠、卷曲、展示等结构性的形态特征，并由此作用或影响到人们生命存在的安全健康状况。

其一，人性化六维安全空间域的重叠形态特征，指的是人的身体还没有触及的那些空间区域，实际上说的就是物理学意义上的那个三维空间状态。因为从安全的着眼点或角度来看，宇宙中一切物理学意义上的三维空间状态，都可以看作被六维安全空间重叠，或者说是被六维安全空间折叠起来的人性化空间状态，只是由于上与下、前与后、左与右被物理空间重叠或折叠成为物理学意义的三维空间状态。一旦人的身体进入那些被重叠或折叠起来的空间区域，上与下、前与后、左与右三对空间组的重叠或组合，就被人的身体迅速切割开来，瞬间便会恢复或展示出以人的身体为中心的六维安全空间状态。

其二，人性化六维安全空间的卷曲形态特征，指的是由于地质变迁或地形变化，导致附近空间状态及其承载物几何形状的同步变化，使得人们所在的六维空间位置上发生了或迟或早的空间及其承载物的折断、弯曲、扭裂，以及空间位置变形、错位，或是部分空间被遮蔽，或是部分空间被阻挡，或是部分承载物发生变化，以至于这些卷曲变化的空间或其承载物质，对人们的生命存在造成危险或伤害的态势。此时此地的此情此景，或称之为异态的安全空间域，或称之为异形的安全空间状态。

其三，人性化六维空间域的展示形态特征，指的是安全空间六个维度全部展现在人们面前的状态，使得在人体周边六个方向上聚合而成的安全空间结构及其承载着的人、物、事等客观存在，对当事人的身体形成全方位的合围态势。也就是说，人的生命活动及其全部行为过程，都处在自己身体的上、下、前、后、左、右六个维度的空间状态及其承载物的包围之中，并且还会随着人自己身体位置的移动而同步变换位置。因此，这些安全空间及其位置的变化，必然要对人们的生命存在状态或安全、或危险、或伤害，产生一定程度的作用或影响。

第二部分　安全的存在

安全的存在，在客观上有它必然存在的社会范畴、组织结构和动力系统。

一、安全存在的社会范畴

刘潜先生说，安全总是针对人的，安全针对人的身心健康。刘潜先生在研究安全人口问题时，成功地把社会学划分人类社会范畴的科学方法运用到对安全要素人的研究之中，提出了安全个体、安全群体、安全整体三个概念，他称为安全概念的范畴，或称安全的社会范畴、安全概念的社会范畴，我则是称之为安全存在的社会范畴，简称“安全范畴”。同时，我还把这个刘氏安全范畴学说看作研究安全人口关系问题的社会分类学，并且认为这个从安全的着眼点和角度反映或揭示安全人口数量关系规律的刘氏安全范畴说，至少包括以下四个方面的内容。

（一）安全范畴与所涉人口的关系

不同的安全范畴，涉及的安全人口数量关系及其量化的意义不同。

我的理解：刘潜先生所谓的安全个体，是指单个的人。安全群体，是指两个及两个以上的人群。安全整体有两个含义，广义上的安全整体指的是全人类；狭义的安全整体，指的就是两个及两个以上的安全群体。

安全的个体、群体、整体这三个安全人口概念，涉及的人口数量各不相同，除安全个体是指单个的人以外，安全群体与安全整体的人口数量都具有相对性。这是因为安全群体与安全整体的概念含义本身就存在相对性的缘故。安全群体，作为安全个体的集合与安全整体的部分，从两个及两个以上的人开始计算，其人口数量的跨度是很大的。况且，安全整体的概念又有广义与狭义之分。例如一个国家或地区的安全人口（仅指需要提供安全保障和实现自我安全的人），如果从广义的安全整体来理解，属于安全群体的范畴，但是从狭义方面来理解，又成为安全的整体。一个行业、一个部门以及一个社区、一个学校的情形，也是如此。所以，在社会实践中量化安全主体即明确安全人口数量的范畴，对于精确统计一个地区或一个基层单位的安全人口，或从宏观上审视安全工作，都是十分必要的。

（二）安全范畴与伤亡事故统计的关系

不同的安全范畴，对同一伤亡事故的数量统计及其反映出来的人与人之间的社会关系，也会有所不同。

就安全个体而言，伤亡事故的量化统计数字是 0 与 1 的问题，要么是安全，要么是伤或亡，二者必是其一。所以，对安全个体伤亡统计的结果，不是 0 就是 100%。

安全群体伤亡事故的统计，有个百分比的关系，或是采取多大比例的问题。例如，百人之中伤亡一人的统计是百分之一，千人之中伤亡百人的统计也是百分之一，百万人伤亡一万人的统计结果，还是百分之一。

安全整体伤亡事故的统计，由于人口基数的数量十分庞大，在事故中伤亡几十人、几百人，甚至是伤亡上万人，都是可以忽略不计的。例如在几亿人口、十几亿人口的大国，伤亡几十人、几百人，以至于伤亡上万人的量化统计，与全国人口相比，所占比例几乎是微乎其微的。

但是在科学上，不能像安全群体或是安全整体对伤亡事故的统计那样讲。科学上对伤亡事故的统计，是以安全个体为基础的，也就是要以单个的人作为统计伤亡事故的基本单位来计量。例如，伤亡 3 个人在科学统计上的反映，3 个都是百分之百。

（三）安全范畴与安全概念之认识

不同的安全范畴，对安全概念的理解与认同也是各不相同。这就揭示出安全范畴还具有安全概念含义多重化的特点，反映在同一安全事件或同一安全问题上，对不同的安全范畴也会有着不同的价值或意义。

安全个体对安全概念的理解与认同，是把身体之外的生存环境及其构成因素对人体自我健康的危害程度作为自己关注的焦点，其在心理上或是生理上避免承受体外因素危害的安全标准从低到高依次表述为：最低程度是不死、不残、不病、不伤，更高一级程度的安全标准，是舒适、愉快、享受。因此，要体现“以人为本”和“与人为善”的安全理念，针对安全个体而言，不仅需要经济技术方面的措施，也需要社会政治方面的保障。也就是说，为安全个体提供的实现安全的保障措施，不仅要采取以科技为基础的自然科学方法，更要运用立法、执法、司法等社会科学的方法，以及行政监察与社会监督等政治权力和民众的力量。

安全群体对安全概念的理解与认同，以大多数人不受外界因素的危害为原则；因此，在安全人群中对安全的量化认识，有一个最大危害程度与最小危害程度及其相互关系的问题，二者在人群总数中所占比例大小的指标是不一样的。例如，在生产实践中企业的事故伤亡率，就体现了人的生存环境及其构成因素对职业人群最大危害与最小危害之间的关系。在这里需要特别指出的是，企业的事故伤亡率只是考察工作业绩时的统计结果，而不是它的最初目的，不能把企业事故伤亡率当作生产进度指标来完成。因为确定生产过程中的安全目标，也要尊重客观情况，也要符合客观规律，除应考虑当时当地科学技术进步程度和生产力发展水平，以及投入产出的经济问题所能提供的安全措施外，还要受一定社会历史条件的限制，有一个法律的最低允许范围和道德上的最大容忍程度问题。

安全整体范畴对安全的概念，有着特殊的理解和认同，它认为少数人的伤亡是安全整体人口的安全保障，并称之为“必要的牺牲”。这里存在一个是否有必要牺牲的问题。实事求是地讲，在战争情况下，死人、伤人那是不可避免的事，但是在和平建设时期，死伤那么多人就太不应该了。

如上所述，安全整体的安全观表明：从政治、军事、经济、外交等方面考虑国家或地区的人口安全问题，就突破了法律与道德所允许或容忍的界限，超出了安全个体和安全群体的生存视野，反映出人类文明与社会进步的程度，以及深刻的社会历史背景和社会人文环境。

（四）安全范畴与安全理论和实践所涉

刘潜先生说，安全个体即单个的人是安全理论研究与安全实践工作的原始起点。

刘潜先生认为，今后凡说到安全问题，一定要讲清楚具体的安全范畴。不论是在理论上还是在实践中研究安全问题，首先都必须明确涉及的安全人口的社会范畴，首先要说明研究或探讨的安全问题涉及的人，究竟是安全个体，还是安全群体，或者是安全整体。否则，既不能让人理解研究或讨论的安全问题涉及的安全范畴在什么地方，也无法在实践中实施那些安全问题的解决方案，因此不谈安全范涛而只谈安全问题，是没有任何意义的空谈。

我赞同刘潜先生的这些说法和看法，同时认为他的话可以作为我们安全界的行为指南。

二、安全存在的组织结构

在人们的现实生活中，自我保护的意识形态及其行为能力，是人类个体自我安全组织结构生成的生物学基础；安全意识支配下人的行为模式，是人类个体自我安全组织结构生成的社会学前提。

刘潜先生在分析职业人群劳动生产及其组织管理系统的过程中，提出了关于安全内在组织结构的学说，为人群目标活动系统双结构理论模型的建立提供了科学指导与客观依据。

（一）自我保护的形态与特征

人体健康的自我保护，有两种基本形态，一是本能的自我保护，一是智能的自我保护。这两种自我保护形态，是人类个体自我安全组织结构生成与发挥功能的生物学基础。

本能的自我保护，是指人自己先天遗传生成的无意而为的自我保护意识及其行为模式。本能自我保护有两个显著特征：其一，本能的自我保护行为，是不由自主的自发行为，不受他人意志的支配，因此具有自发性生命律动的特征。其二，本能的自我保护行为，是排除外界干扰的自主行为，不受他人思想的暗示，因此具有自主性生命律动的特征。本能的自我保护行为，循生命之道而律动，具有内在的自组织功能，但在自我保护过程中，又缺乏及时有效的和正确无误的行为选择，因此需要升华到智能的自我保护方面，来提升人的自我保护能力。

智能的自我保护，是指人自己后天学习形成的有意而为的自我保护意识及其行为模式。智能自我保护，也有两个显著特征：其一，智能的自我保护行为，与本能的自我保护在行为上功能互补并且动态协同，因此具有协同性生命律动的特征。其二，智能的自我保护行为，与科学的健康保障在行为上密切配合并且主动协调，因此具有协调性生命律动的特征。智能的自我保护行为，循智慧之道而律动，具有学习的适应性功能，但又无法克服自我保护过程中在行为上的非线性缺陷，因此需要由科学的健康保障做必要的补充。

（二）安全意识与行为的安全

人们的安全意识，客观上存在着四个特有属性：一是安全意识的警觉性，二是安全意识的指向性，三是安全意识的可塑性，四是安全意识的制约性。安全的意识及其支配下人的自主行为，是人类个体自我安全组织结构生成与发挥功能的社会学前提。

人们的意识，是指可以支配行为的大脑机能对人的自我生存状况及周边环境因素的生物学反应，包括无意识、潜意识、有意识三种基本形态。无意识，指的是无自我保护意念又无动作意向的人脑机能反应。它的特征，是个人随意性生存的反映或体现。潜意识，指的是有自我保护意念但又无动作意向的人脑机能反应。它的特征，是个人先天获得性遗传的产物。有意识，指的是有自我保护意念，也有动作意向的人脑机能反应。它的特征，是个人后天适应性学习的结果。有意识的形态还包括安全意识,指的是有自我保护意念和满足个人自我生存欲望或个人自我健康欲望，同时又有动作意向的人脑机能反应。它的特征，是个人的先天遗传因素与后天学习因素的综合。

安全的意识，包括无安全意识、潜安全意识、有安全意识三种基本形态。无安全意识，又称虚无的安全意识，是指无满足个人自我生存欲望或无自我健康意念，也无动作意向的安全意识。它的特征，是潜在的人体健康自我保护功能的反映或体现。潜安全意识，又称潜在的安全意识，是指有满足个人生存欲望或有自我健康意念，但又无动作意向的安全意识。它的特征，是本能的人体健康自我保护功能的反映或体现。有安全意识，又称显在的安全意识，是指有满足个人自我生存欲望或有自我健康意念，也有动作意向的安全意识。它的特征，是智能的人体健康自我保护功能的反映或体现。

人们的安全意识，客观上存在四个特有属性。对这些安全意识的特性及其价值评说，如下：

其一，安全意识的警觉性，是指对人体自我健康的环境情景或构成因素引起注意，从而唤醒人的自我保护意识，或生成个人的自我安全意识。安全意识的警觉性，是安全意识觉醒的标志。它表明：人脑机能对人的生存环境与生存状态及自我健康状况的生物学反应，唤醒了人的自我保护意识，是安全意识生成的初始条件和它的内在动力源。

其二，安全意识的指向性，是指把人体自我健康的环境情景或构成因素作为注意力集中或分散的靶标，从而形成单向的或多向的安全目标指向。安全意识的指向性，是安全意识生成的标志。它表明：人脑机能对人与客观事物之间关系现状的生物学反应，已由感觉、知觉延伸并引起人的注意及其对关注物的指向。也表明了，注意力及其分配的敏捷程度，以及注意力指向的准确性和稳定性，决定着安全意识的质量及其支配行为的正确性程度。

其三，安全意识的可塑性，是指人自己的生存环境或自我健康状况的变化，引起安全意识状况的变化，或表现为安全意识的消失，或表现为安全意识的觉醒，或表现为安全意识的增强，以及注意力在原有基础上的转移、集中或分散等指向性的变化。安全意识的可塑性，是安全意识存在的标志。它表明：人脑生物学机能引发的安全意识的觉醒、生成、存在或消失，在人的行为过程中相互转化的可能性与现实性。

其四，安全意识的制约性，是指安全意识支配个人行为的质量，决定或影响这个人的行为是否安全。正确判定的安全意识，可促使人的行为达到自己的安全预期。不正确的或是错误判定的安全意识会让人丧失已有的安全状态，甚至使人在生理上或者心理上受到新的伤害。安全意识的制约性是安全意识功能的体现。它表明：人脑机能生物学反应形成的安全意识及其质量，是人的行为达到自己安全预期和既定生活目标的必要前提或基础性保障。

有安全意识支配的目标行为结构，包括行为方式上的双目标与行为内容上的双要求。在这里，所谓的在行为方式上的双目标，是指人的行为是否符合既定活动预期的劳动目标，以及人的行为是否满足自我生存欲望的安全目标。所谓的在行为内容上的双要求，是指人的行为是否符合既定活动预期的劳动技术要求，以及人的行为是否满足自我生存欲望的安全规范要求。

有安全意识的目标行为还有两个现象值得人们关注：

一是，安全意识从有到无的衰变，表现在：人的行为一旦失去安全意识的支配，就将转变为潜意识或无意识的目标行为模式。

二是，行为目标从有到无的转变，表现为：人的行为一旦失去既定目标，就将成为盲目的或者盲动的行为模式，这就意味着人的安全意识也将自行衰减，或是在人的行为过程逐渐消失。

无安全意识支配的目标行为结构，包括在行为方式上的单目标与在行为内容上的单要求。在这里，所谓的在行为方式上的单目标，是指人们只注意遵守达到既定活动目标的有关劳动的客观规律，却往往忽视了满足自我生存欲望的有关安全的客观规律，因此仅表现为在行为方式上的单一劳动目标。所谓的在行为内容上单要求，是指人们只关注自己的行为是否符合达到既定活动目标的劳动技术要求，却往往忽略了是否符合达到满足自我生存欲望的安全规范要求，在行为内容上执行单一的劳动要求。

无安全意识的目标行为，也有两种现象值得人们关注：

一是安全意识从无到有的再现，表现在：无安全意识支配的目标行为，在执行过程受阻后，人们面对危机或风险，甚至是人员伤亡的情况，自我保护意识被唤醒，或是维护自我健康的心理暗示萌生，就有可能促成安全意识的觉醒，从而使无安全意识的目标行为，转变成有安全意识支配的目标行为模式。

二是行为目标从无到有的重建，表现在：人的行为失去既定奋斗目标之后，安全意识自然衰亡，人的生命活动系统例如劳动生产的组织系统处于解体状态，为达到既定的劳动目标，就需要重建这个劳动生产的组织系统，并为人们的劳动生产活动提供安全保障，由此便恢复了安全意识支配下的目标行为模式。

（三）刘氏安全组织结构学说

刘潜先生在20世纪80年代分析和研究职业人群劳动生产及其组织管理系统中存在的安全问题时，提出人、物、人物关系是安全的基本构成要素，并且据此创建了人、物、人物关系及其系统的安全内在组织结构理论模型，同时还陆续提出了与安全组织结构相关的一系列理论或观点。

刘潜先生把这些关于安全内在组织结构的学术思想，称之为安全“三要素四因素”系统原理，而我则是称为“刘氏三要素四因素安全学说”。

我认为，刘氏安全三要素四因素学说的实质，是希望职业人群能通过自己的职业劳动实现自己的职业安全。刘潜先生说，要把一个劳动生产上的组织管理系统建设成为一个可以实现安全的功能系统，通过劳动功能系统实现安全的系统功能。刘潜先生还说，劳动生产与人的安全不可分，就像人身上的手一样，手心可以拿东西有生产的功能，手背保护手心有安全的功能，手心与手背在人的大脑支配下，共同完成了人手的功能。我认为，刘老的这些说法解决了企业过程劳动管理与安全管理的矛盾，反映和揭示出企业的劳动生产管理与安全生产管理在本质上是一致的，在实践上是相互配合与互为支撑的，二者的彼此融合趋势将使企业过程形成一个新的综合管理体系。

我认为，刘氏三要素说的实质，是分析了安全结构的基本构成要素。刘潜先生在研究职业人群的劳动生产过程时发现，人、物、人物关系三个核心要素，既是完成生产任务的劳动要素，又是实现安全目标的安全要素，为此他提出企业过程职业人群的活动是具有劳动与安全双重目标的功能系统。我对刘氏安全基本构成三要素的理解是：安全基本构成的第一个要素是人，第二个安全要素是物，第三个安全要素是人物关系及其外在表现形式，包括政治、军事、经济、文化、科技、教育、管理，以及道德与法，还有质量、统计、标准化等一切可以通过调节人物关系从而达到安全目标的方法、手段、措施。刘潜先生说过，人物关系这个安全要素很重要，它是人们实现安全的关键环节。

我认为，刘氏四因素说的实质，是探讨如何实现人的动态安全。刘潜先生说，人、物、人物关系三个安全要素转化成安全因素以后，彼此之间就建立起了相互联系，在达到功能匹配与动态协同的基础上或过程中，自然而然地就实现了人们在生命活动中的安全。他还提出了安全内在组织结构的第四个因素是系统，而系统也是有结构的，安全的系统由两要素一因素组成，两要素是系统的运筹与信息，一因素是系统的控制。刘潜先生说，正是由于在人、物、人物关系三者之间建立起了物质性的或是非物质性的联系，并且同时对系统运行的及时有效控制，才最终实现了人们的动态安全。

（四）安全的双结构组织系统

在刘氏三要素四因素学说的指导或影响下，刘潜先生又创建了安全内在组织结构的理论模型，这个刘氏安全模型又被经常表述为：人、物、人物关系及其系统，而这个可以实现安全的系统又常常被称为“安全功能系统”。经过多年的学习、分析与思考，我认为反映和揭示安全内在结构的安全功能系统内部，从严格的意义上来讲，又可以划分为两个相互关联的子结构：一是安全功能系统的框架结构，一是安全功能系统的运行结构。

安全功能系统的框架结构又可以看作人群目标活动系统内可以实现安全的硬件结构，由人的因素、物的因素、人物关系、内在联系四个部分组成。在这里：所谓“人的因素”，是指目标活动人群，以及个人在群体活动中的地位、角色或作用。所谓“物的因素”，是指与目标活动人群相关联的一切客观存在及其参数量纲。所谓“人物关系”，是指人群目标活动系统运行状态协调下的人与人、物与物、人与物之间的相互关系及其外在的表现形式，如涉及系统目标实现安全的政治、经济、文化、教育、科技、管理、质量、标准化等。所谓“内在联系”，是指人群目标活动系统运行过程控制中的人（安全主体）、物（安全客体）、人物关系（安全主体与客体的关系）三者之间相互依存与相互渗透的状况，以及三者之间在实现系统目标方向上的功能互补与动态协同。

安全功能系统的运行结构，又可以看作人群目标系统内的软件结构，由整体运筹、目标信息、过程控制、时空范畴四个部分组成。在这里：所谓“整体运筹”，是指人群目标活动系统构成因素之间的物质性联系及其优化配置。所谓“目标信息”，是指人群目标活动系统构成因素之间的非物质性联系及其动态监测，或信息的采集、加工、存储、传输、反馈或追踪。所谓“过程控制”，是指人群目标活动系统在人、物、人物关系之间运筹与信息的组合、匹配、规范、约束、协同、引导或调整。所谓“时空范畴”，是指人群目标活动系统生成、存在与消亡的时空状态、时空轨迹、时空坐标与时空区域。

三、安全存在的动力系统

安全存在的动力系统，在人们的社会生活中表现为可以实现安全目标的功能系统，是由安全功能系统双重内在结构生成的内在动力源，与安全功能系统双重外在环境生成的外在功力源二者之间，在物质、能量、信息以及时空等方面进行系统交流或系统交换之后，最终形成的完整意义上的安全动力系统。

安全存在的动力系统，在实现了规范化与标准化的基础上，进行的基本构成符号化，以及基础量纲的数字化，构成安全基因密码假说的核心内容，为在安全工作中实现信息化传递与自动化操作，奠定了理论基础与实践指南。

（一）刘氏三要素四因素学说的必要补充

刘潜先生提出的三要素四因素安全学说，揭示出安全组织内在结构的奥秘，并由此也阐述了安全功能系统能够实现安全的客观规律。但是我认为，刘潜先生在成功地展示了他研究安全内在组织结构的学术成果之后，可惜并没有进一步分析和研究安全功能系统内部结构的系统边界及其与系统环境之间的相互关系，反而认为他研究的那个安全内在结构是“至大无边”的，因此并不存在系统的环境问题，这就忽视了系统科学上讲的：只有系统的结构与系统的环境之间进行系统交换，这个系统才可能是开放式的系统，否则只能是一个封闭式的系统，而在事实上安全功能系统正如刘潜先生自己表述的那样，是一个开放式的非线性复杂功能系统。因此我认为，刘氏三要素四因素安全学说在理论上的缺陷需要进行认真的更正和必要的补充。

关于刘氏安全结构形成的安全功能系统“至大无边”，并且也“没有环境”的说法，我最初的理解是：凡有人的地方，就有安全问题；凡有安全问题的地方，就会有安全的内在组织结构；凡有安全内在组织结构的地方，就会有安全的功能系统。从这个意义上讲，安全在人力所能及的人化自然界，是“至大无边”的，安全在人力不能及的天然自然界，并不存在。后来又想到，自从地球人类诞生以来，代表宇宙的整体自然界，就划分为人工自然与天然自然了，那么以人为主体存在的安全结构及其功能系统的最大范畴，也只能存在于人化自然界，这就意味着安全的功能系统是有边界的，而且安全内在结构的系统边界正好也是人化自然与天然自然的系统边界，而安全内在结构的系统环境就是宇宙自然历史演化进程中的天然自然界。

（二）人群双重目标活动系统内在动力源

人群劳动与安全双重目标生命活动的系统，是一个由整体框架与系统运行双重结构组成的内在动力系统，这两个目标人群系统的内在组织结构的彼此互动或系统交换，形成目标人群完成劳动生产任务与实现安全既定目标的内在动力源。

所谓“整体框架结构”的基本构成，按照自然生成的先后来排序，由四个因素组成：原生态的因素是人的因素，伴生态的因素是物的因素，派生态的因素是人物关系，凝聚态的因素是内在联系。目标人群活动的框架结构，在完成劳动生产任务与实现安全既定目标过程中，形成该双重目标人群生命活动系统内在动力的状态协调机制。

所谓“系统运行结构”的基本构成，按照自然生成的先后来排序，也由四个因素组成：原生态的因素是运筹，伴生态的因素是信息，派生态的因素是控制，凝聚态的因素是时空范畴。目标人群活动的运行结构，在完成劳动生产任务与实现安全既定目标过程中，形成该双重目标人群生命活动系统内在动力的过程控制机制。

（三）人群双重目标活动系统外在动力源

人群劳动与安全双重目标生命活动的系统，还有一个由系统资源与系统条件双重结构组成的外在动力系统，这两个外在环境结构的彼此互动或系统交换，形成目标人群完成劳动生产任务与实现安全既定目标的外在动力源。

所谓“系统资源结构”的基本构成，按照自然生成的先后来排序，由四个因素组成：原生态的因素是物质流，伴生态的因素是能量流，派生态的因素是信息流，凝聚态的因素是人力资源。目标人群的资源结构，在完成劳动生产任务与实现安全既定目标过程中，形成该双重目标人群生命活动系统外在动力的资源约束机制。

所谓“系统条件结构”的基本构成，按照自然生成的先后来排序，也由四个因素组成：原生态的因素是经济条件，伴生态的因素是社会条件，派生态的因素是文化条件，凝聚态的因素是生态环境。目标人群的条件结构，在完成劳动生产任务与实现安全既定目标过程中，形成该双重目标人群生命活动系统外在动力的条件限制机制。

（四）安全系统运行与安全基因密码假说

在目标人群活动系统的内部结构，以及由此形成的内在动力的状态协调机制，与过程控制机制，相互之间的彼此互动或系统交换，形成人群双重目标活动的内在动力系统。在目标人群活动系统的外部环境，以及由此形成的外在动力的资源约束机制与条件限制机制，相互之间的彼此互动或系统交换，形成了人群双重目标活动的外在动力系统。而目标人群活动的内在动力系统与目标人群活动的外在动力系统，彼此之间的系统交流或是系统交换，从而形成了人群目标活动达到劳动与安全双重目标的、完整意义上的动力系统。

仅就劳动与安全双目标人群活动的安全功能系统而言，系统的内在结构及其动力机制与系统的外在环境及其动力机制在人群目标活动中的相互作用或系统交换就形成了可以达到安全目标的完整意义上的安全动力系统。这个安全系统的运行会对人们的职业安全或者身心健康产生三个整体性社会效应：其一是系统运行受控，人们处于安全的生命存在状态。其二是系统运行失控，人们处于伤害的生命存在状态。其三是系统运行解体，人们处于危险的生命存在状态，整体安全功能系统需要重建。如果对安全功能系统的内在结构与外在环境以及系统运行状况实施规范化、标准化以及符号化、数字化的处置，那么，人们便会自然而然地得到一套可以在安全工作上信息化传达与自动化操作的安全基因密码。

安全基因密码假说的核心内容有两个：一是安全的基因，实际上指的就是安全功能系统双重内在结构与双重外在环境在规范化、标准化基础上的符号化。二是安全的密码，实际上指的就是安全功能系统双重内在结构与双重外在环境在规范化、标准化基础上的数字化。

安全基因，包括安全的常项基因与安全的变项基因。

安全常项基因，是指用符号表示的安全系统组织构成的基本框架或该系统运行状况。例如，用符号 G 代表安全系统，用 E 代表安全系统的内在结构，用 F 代表安全系统的外在环境。又如，用符号 W 代表系统运行受控，用 X 代表系统运行失控，用 Y 代表系统运行解体。

安全变项基因，是指安全系统双重内在结构与双重外在环境的组织构成因素，因为这四组分支结构的设置内容各行各业各不相同，需要用户单位自主设置与确认。安全系统的这四组分支结构有两个共同特点，一是都有四个组成因素，二是都有共同的因素名称，即按照自然生成顺序排列为原生态因素、伴生态因素、派生态因素以及凝聚态因素，故可以用符号 A、B、C、D 来统一设置。安全的常项基因与变项基因设置的实质就是用符号代替文字，表述安全功能系统的基本构成及其运行状况，目的是便于在安全工作上的信息化传达与自动化操作。

安全密码，包括安全的常规密码与专项密码。

安全常规密码，相当于无线电发报用的明码，指的是由国家或各行各业主管部门统一规定和使用的安全量纲或安全参数，以及代表安全系统基本构成及其运行状况的数字化组合群。

安全专项密码，相当于无线电发报用的暗码，指的是国家、军队、机关、厂矿、学校等用户单位，为保守专项工作信息不外泄而专门设置的安全密码。例如，宇航员或飞行员的安全阈值及其参数组合。又如，特殊行业特定岗位人群的生物节律及其安全量纲。由此推论可知，安全常规密码与安全专项密码设置的实质，就是安全系统基本构成及其运行状况在规范化、标准化、符号化基础上的数字化，目的是促进安全工作及其科学研究趋向现代化。

第三部分　安全的消亡

安全的消亡在客观上有它必然要消亡的发展趋势、历史时刻和现实意义。

一、安全消亡的发展趋势

我们依照安全质量分析的方法，从危险的特性，看安全消亡的发展趋势。

（一）危险状态的双重性

危险，是指人体健康外在质量的混沌状态，包括处在正态安全域的零危险状态和相对危险状态，以及处在正态安全域与负态安全域系统边界的绝对危险状态，还包括处在负态安全域的超级危险状态与无危险状态（指人的死亡状态）。

危险的双重性，是指危险与安全以及危险与伤害之间的安全系数关系，用公式可简要地表示为：危险度与安全度相加，安全系数等于 1；危险度与伤害度相加，安全系数等于 0。

（二）危险状态的绝对性

危险的绝对性，指的就是人体健康外在质量百分之百绝对危险的生命存在状态，它与零安全或零伤害，在安全系数上处于等值的状态。

在人们的现实生活中，零伤害的情况，往往掩盖了它在安全系数上同时也是零安全的事实，更容易使人忘记自己正处在绝对危险的生存状态。所以，人的零伤害状态虽然是伤害有的开始，但在实际上因为人还没有受到伤害，常常使人丧失应有的安全警觉性。因此，必须引起人们的高度关注。

（三）危险状态的序变性

人体健康外在质量的危险状态，在安全质量示意图上的全域范围内，反映或体现的人体健康外在质量的状况，从相对危险的有序为主，到绝对危险的混沌为主，再到超级危险的无序为主，显现和揭示了人们在非自觉性即自发情况下的安全消亡的发展趋势。

在正态安全域，危险处于在保持混沌本质下的有序为主状态，此状态下的危险度与安全度相加的安全系数等于 1。

在绝对危险线上（即在正负安全域的系统边界处），危险处在百分之百的绝对混沌状态，此时的危险态，是与零安全或零伤害在安全系数上是同时等值的状态。

在负态安全域，危险在保持混沌本质的状态下以无序为主，此时此处的危险度与伤害度相加的安全系数等于 0。但随着人体健康外在质量无序性自发地不断增强，危险最终不得不放弃自身的混沌本质并使之归于无。于是，人体健康外在质量的安全状态，归于消亡。

二、安全消亡的历史时刻

我们依照安全质量分析的方法，从伤害的发生，看安全消亡的历史时刻。

（一）伤害发生的无奈被迫性

伤害发生的无奈被迫现象，说的是由于经济状况、社会地位、文化素质、专业技能等个人原因，或是家庭情况、人脉关系等社会因素，在确定个人生存方式时的无奈选择，以及在伤害将要发生时的被迫承受，最终导致在无能为力或孤独无助中等待着自己的，是属于个人的安全消亡。

在城市里随处可见，来自农村的快递员、送餐员、保洁员、服务员干着又苦、又重、又脏、又累的活，被人们习惯地称为“农民工”。对农民工这个概念含义的说法有很多，我的理解是：农民不在农村种地而跑到城里来务工，这个说法，很有一些对农村人不敬之意，但这确是实际情况。为此，人们也应该想一想，农民为什么不在农村种地，而要跑到城里来务工呢？我认为，实事求是地讲，那是为了生活。农民工是社会上的弱势群体，这些人既没文化又没技术，但是有体力、能吃苦。在安全系数低的那些高危行业或高危岗位上工作的人，大部分都是这些人；在机关、厂矿、学校编制外工作而福利待遇低的勤杂服务人员，大多也是这些人；在历次矿难中伤亡最多的，还是这部分社会弱势人群。有时，甚至面对有生命危险的活，这些人也要去干。为了生活，为了养家糊口，为了生病的老人，为了上学的孩子，这些人也要咬紧牙、硬着头皮坚持干下去。我在京郊农村有个农民朋友会干瓦工，平日里在家种地，农闲时出门打工贴补家用。后来，他不幸患上胆管癌，手术后不到半年又复发了，在医院里只做了几次化疗，他就拒绝治疗回家养病去了。我那朋友在临死前对我说，他最大的愿望，就是像他几个兄弟那样，在县城里也给老婆孩子买套楼房，看来是无法实现了，希望我以后有条件能帮助他实现这个心愿，我爽快地答应他了。他把准备买楼房的钱，全用来看病了，他不想给家里留下债务，最后落下人财两空的结局；因此选择了拒绝治疗，在家等死。我在农村陪伴他一个多星期，才离开他两天，他就去世了，只有 54 岁，至今我还怀念着他。为此我又在想：这些社会上的弱势人群，虽然个人或家庭生活困难重重，但对社会经济的发展还是有贡献的，我们应该尊重这些人的辛勤劳动，使这些人的劳动成果也得到社会上的认可和人们的普遍赞誉。要想让这部分弱势人群在精神上回归社会，首先就要在经济方面，让这些人都能过上衣食无忧的幸福生活。

无奈被迫性伤害事件的发生与避免，考验的是人的自知力。对弱势人群的救助与帮扶，以及人们普遍地获得的安全水平和安全质量如何，是衡量一个国家或地区生产力发展水平与人类文明发展现状的客观依据或客观标志，同时也是人类社会历史进步程度的反映和表现。由此推论可知，安全工作者重于泰山的责任，并不是挽救人的生命（因为那是医务工作者的职责），而是保护人的生命不受伤害。安全工作保护生命的实质，就是保护生产力的核心要素，进一步解放社会生产力，并促进新生产力的生成与发展。

（二）伤害发生的可以避免性

伤害发生的可以避免现象，是指目标人群活动系统由于在安全因素、安全条件、安全资源等方面的原因，本来可以避免的人身伤害却意外地发生了。但是，依据逻辑思维的推导或对事实的观察与思考，这种人们可以避免的伤害，在一定的条件或情况下，也存在某些不可避免的必然性因素。

在众多伤害事件中，安全资源的缺失或者不匹配，以及安全资源占有的不合理或是安全资源使用的不得当，也是一个主导性的诱因。在这里，所谓的安全资源，是指可以用来保持人的安全状态或实现人的安全目标的一切客观存在，包括人、物、事及其基本构成因素内在联系形成的功能系统。从人们积累的实践经验来看，谁占有的安全资源多，谁获得的安全系数就大，可能受到体外因素的危害就小。反之，如果谁占有的安全资源少，谁的安全系数就低，可能受到的体外因素伤害的危险也就大。

可以避免性伤害事件的发生与防止，考验的是人的智慧力。在人们的现实生活中，安全资源的分配，有初次分配与再次分配两重含义。安全资源的初次分配，是指安全资源的合法占有者为了获得安全利益而对安全资源的使用或支配。安全资源的再次分配，是指社会上的第三方，特别是国家利用政权的力量为了实现全社会的安全利益而对安全资源进行的有偿或无偿的调动、支配或使用。

（三）伤害发生的不可抗拒性

伤害发生的不可抗拒现象，是指由自然原因即天灾，或是社会原因即人祸，对人类造成的种种伤害，既有它不可抗拒的方面，又有在一定条件下化解这种灾难的可能性。

面对不可抗拒的自然力或者社会力，人们需要团结起来共同努力，才能发挥集团优势，找出化解灾难的有效方案，从而使受到伤害威胁的那些人们转危为安。例如，建设在地质结构不稳定区域的城市或城市群，会经常受到地震的危害，造成人民群众生命财产的损失。我们只有迁出这一地震带，到地质结构稳定的地方重建，才能化解这种不可抗拒的自然力对人们的伤害。又如，国际争端不可调和引起战争爆发的人为祸害，既可以通过战争方式解决战争问题，又可以通过谈判方式解决战争问题，最终用人类的智慧化解人类的矛盾，把不可抗拒的社会力量转化成社会的创造力，共同建设人类和平的社会生态环境。

不可抗拒性伤害事件的发生与化解，考验的是人的凝聚力。特别是面对宇宙物质撞击地球，或是人类赖以生存的太阳燃料用完引发的太阳系变迁等一系列类似的不可抗拒的宇宙灾难；人类必然要团结起来，凝聚出我们宇宙智慧生命物质的最大能量，争取在那些宇宙灾难来临之前，就飞出地球这个人类成长的摇篮，到宇宙深空寻找更加适合人类的自然生态环境，并且通过自己的劳动，完成自己创造自己、自己完善自己、自己发展自己的自然历史使命。

三、安全消亡的现实意义

我们依照安全质量分析的方法，从人体健康外在质量的信息反馈功能及其特性看安全消亡的现实意义。

（一）安全状态的自我实现性

安全的状态是人与自己生存环境及其构成因素之间系统交流或系统交换形成的生命存在有序状态。安全状态的信息反馈是人的行为符合客观规律。这说明：人们通过自己的劳动，可以实现自我安全。

人们生命存在的安全状态，可以看作自然界对人类的奖励，也可以看作人与自然和谐相处的反映或表现。

（二）危险状态的可以转化性

危险的状态，是人与自己生存环境及其构成因素之间系统交流或系统交换形成的生命存在混沌状态。危险状态的信息反馈，是人的行为不符合客观规律。这说明：人们通过对行为的纠错，就可以转危为安。

人们生命存在的危险状态，可以看作自然界对人类的警告，也可以看作人与自然不相和谐的反映或表现。

（三）伤害状态的客观必然性

伤害的状态，是人与自己生存环境及其构成因素之间系统交流或系统交换形成的生命存在无序状态。伤害状态的信息反馈，是人的行为违反了客观规律。这说明：不论是主观原因还是客观原因，只要是违反客观规律，人们必然会受到伤害。

人们生命存在的伤害状态，可以看作自然界对人类的惩罚，也可以看作人与自然之间生态平衡遭到破坏的反映或表现。

人世间伤害状态的出现，教育人们要尊重客观规律，更要遵守客观规律。或者也可以说，伤害反馈给人们的惩罚性信息是违反规律，自取灭亡。这，就是安全消亡给人们带来的现实意义。

（2020年10月30日成稿于中国政法大学北京学院路校区教工宿舍）

人体外在健康说

——刘潜安全思想研究（四）

人体外在健康说，与人体内在健康说相对应，是安全科学与医学科学既相对独立又相互联系的一种说法或提法。

一、刘潜人体健康科学保障体系学术思想的启发

刘潜先生说过，人体健康有两个科学保障体系，以人的皮肤为分界线，在人的皮肤以内属于医学科学的学科范畴，研究或解决的是人体的内在健康问题，在人的皮肤以外属于安全科学的学科范畴，研究或解决的是人体的外在健康问题。因此我认为，人的皮肤在实质上就成为医学科学与安全科学之间既相互联系又相对独立的学科系统边界。正是在这个意义上，我们就可以把安全科学看作人体外在健康的学说了。

二、人体外在健康存在的三种状态及其相互关系

人体外在健康存在的有序状态，指的是人体健康外在质量的安全状态。人体外在健康存在的混沌状态，指的是人体健康外在质量的危险状态。人体外在健康存在的无序状态，指的是人体健康外在质量的伤害状态。

（一）人的安全状态

人的安全状态，有正安全态、零安全态、负安全态三种表现形式。

人的正安全状态，包括：百分之百的绝对安全态、相对安全态，以及零危险态、相对危险态与无伤害态。

人的零安全状态，包括：百分之百的绝对危险态，以及零伤害态。

人的负安全状态，包括：相对负安全态、绝对负安全态，以及超级危险态、无危险态与相对伤害态、百分之百的绝对伤害态。

（二）人的危险状态

人的危险状态，是安全状态与伤害状态在质量互动上的融合如一。也就是说，人体外在健康存在的混沌状态，实质上是人体外在健康存在的有序状态与无序状态的综合，由于有序状态与无序状态之间在质量互动之中的变化，使得人的危险状态，有了零危险、相对危险、绝对危险、超级危险、无危险五种表现形式。

零危险，是有危险的开端，包括人的绝对安全态与无伤害态。

相对危险包括人的相对安全态与无伤害态。

绝对危险包括人的零安全态与零伤害态。

超级危险包括人的相对负安全态与相对伤害态。

无危险包括人的绝对负安全态与绝对伤害态，也就是人的死亡状态。

（三）人的伤害状态

人的伤害状态，存在无伤害态、零伤害态、有伤害态三种表现形式。

无伤害是有伤害的终止，包括：人的绝对安全态、相对安全态，以及零危险态、相对危险态。

零伤害是有伤害的开始，包括人的零安全态与绝对危险态。

有伤害是伤害的现实存在，依据伤害的程度不同，又分为相对伤害与绝对伤害两种类型。人的相对伤害状态包括相对负安全态与超级危险态，这两种人体外在健康的质在安全系数上是等值的。人的绝对伤害状态包括绝对负安全态与无危险态（再无危险可言的状态），指的是人的死亡状态。

三、属加种差的安全定义

安全科学与医学科学有着共同的科学目标，即为了人的身体健康，这两门学科因此具有了殊途同归的特性，在保障人体健康方面也就有了异曲同工之妙。从这个意义上，我们可以说，安全科与医学科学有着人体科学的共同科学属性，只是二者的科学研究内容不同，在相互联系与相互促进的基础上，安全科学与医学科学又各有自己科学上的具体分工，安全科学着重研究和解决人体外在健康问题，医学科学着重研究和解决人体内在健康问题。

基于上述理论认知，依据形式逻辑学属加种差的概念定义方法，我提出了属加种差的安全内涵定义与安全外延定义：安全是指人体健康外在质量的整体水平，包括人体健康外在质量的存在状态和人体健康外在质量的存在条件。其中，人体健康外在质量的存在状态，指的是人体健康外在质量的安全状态、危险状态、伤害状态。人体健康外在质量的存在条件，指的是由人类物质劳动生产与再生产创造的物质文明决定或影响的安全经济条件，由人类精神劳动生产与再生产创造的精神文明决定或影响的安全文化条件，由人类人口劳动生产与再生产创造的政治文明决定或影响的安全社会条件，由人类生态劳动生产与再生产创造的生态文明决定或影响的人工安全生态条件，以及由宇宙天体自然历史演化状态决定或影响的自然安全生态条件。

四、理解或认知人体外在健康学说的三个理论层级

人体外在健康学说的实质问题就是关于安全科学核心内容的理论认知问题，包括微观、宏观、宇观三个层级的基础理论。

安全科学微观层级的理论认知，包括安全概念的原始意义，以及安全的意识与行为的安全。安全科学宏观理论认知的层级，包括安全质量学与安全动力学。安全科学宇观层级的理论认知，包括宇宙智慧生命元素说，以及宇宙智慧生命时空论。

以上安全科学微观、宏观、宇观三个理论层级的表述，可参阅本书其他文字。

（2020 年 12 月 1 日 21 时 30 分写于北京政法社区）

刘氏鉴真及其图书馆

——写在刘潜安全科学图书馆筹备之际

刘潜先生，久居北京和平里地区的鉴真斋书房，号鉴真老人，1933 年 10 月 16 日生于山东省沂水县刘家山的宋村，是我国著名的安全学者、安全教育家和安全界公认的社会活动家。

刘潜先生，亲自参加并见证了安全科学在我国的形成与发展，是安全基础理论研究的先驱，和安全系统原理的奠基人，也是引导我走上安全科学研究道路的启蒙老师。他，用自己 50 多年的艰辛努力，与安全界同仁一道，不仅在理论上，而且在实践上，完成了在中国创建安全科学的历史使命，为我们这些安全事业的后来人树立了光辉的榜样。

1992 年在北京，刘潜先生以“安全科学开创者”的名义，获国务院颁发的“政府特殊津贴专家”称号。1996 年，他又以安全科学倡导者的身份，在中国科协、国家科委、中宣部联合召开的全国科普工作会议上，获“全国先进科普工作者”称号，并与会议代表一起，在人民大会堂受到国家领导人的接见。《中国劳动报》《科技日报》《中国安全生产报》《警钟长鸣报》，以及《劳动保护》《现代职业安全》等刊物，都对刘潜先生的事迹作了报道。

一、对安全事业的贡献

刘潜先生在安全事业上的历史贡献，至少可以归纳为六个方面，集中地表述在赵云胜[①]教授为他的学术专著《安全科学和学科的创立与实践》出版之际写的贺词“足迹”之中，现节录如下：

首先要提及的是创办我国安全学科、专业硕士学位研究生教育。1978 年，我国恢复研究生教育。同年，北京市劳动保护科学研究所领导指派刘老创办研究生教育工作。他在原“工业安全技术”和“工业卫生技术”两个本科专业的基础上，创办“安全技术与工程学”学科专业研究生教育。通过一系列开创性的工作，使该所于 1981 年成为我国首批唯一的“安全技术与工程学”学科、

---

① 赵云胜：中国地质大学（武汉）教授，安全科学与工程专业博士生导师。

专业硕士学位授予单位。此项工作，开我国安全专业领域研究生教育之先河。

第二件事情应该是筹建中国劳动保护科学技术学会了，同时实现了从劳动保护工作到安全科学的理论上的突破。自 1981 年筹建全国学会开始，刘老一直研究劳动保护的科学理论和以学会联系人的身份说服中国科协，在 1982 年的全国劳动保护科学体系首次学术讨论会上发表了《劳动保护科学及其学科、专业建设——科学学问题》一文，从而为中国劳动保护科学技术学会的成立提供了理论依据。1983 年学会成立后，他继续潜心研究科学哲学、系统科学和科学学等理论在安全领域的应用问题，并得到钱学森和茅以升教授的指导，于 1984 年提出了“安全科学技术体系结构设想”和“安全专业设置方案设想”，明确提出了将学科名称由原来的“劳动保护科学”改为“安全科学”，从而为中国劳动保护科学技术学会加入中国科协提供了理论依据和“学会的学科范围”框架。1985 年 5 月在全国劳动保护科学体系第二次学术研讨会（史称青岛会议）上发表了《从劳动保护工作到安全科学（之一）——发展状况和几个基本概念问题》和《从劳动保护工作到安全科学（之二）——关于创建安全科学的问题》两篇文章，对创建安全科学进行了系统的理论论述，明确了劳动保护与安全二者之间的关系，提出了安全科学技术体系结构框架。这两篇文章的发表，标志着我国安全科学学科的诞生，并开始了对“安全定义”的探索。

第三是促成“安全科学”在《中国图书馆分类法》中单列一级类目。刘老在向中图法编委会论证时指出，劳动保护里边有科学，它就是安全科学。在学科科学创建的过程中，我们已经有了三级学位教育，有了专业学术团体，也有了安全学科理论，这就是它在中图法单列的必要性。再就是它的科学性，根据钱学森的科学分类思想，安全具有学科属性，并且从看问题的角度和研究解决问题的着眼点上，判定是典型的综合科学学科，可以把它与别的学科区分开。此外，安全有从中央到地方的科研机构，也就是从情报资料来说有它相对独立的社会组织条件，因此，作为安全科学图书资料能够形成自己的体系。1989 年中图法第三版正式出版，“劳动保护科学（安全科学）”取得与环境科学并列为“X”类一级类目。到了 1999 年中图法第四版时，刘老亲自参加类目修订工作，并将名称更正为“安全科学”，同时修正了相应的内容。值得一提的是，他还负责《中国分类主题词表》中“安全科学主题分类词”的编写工作，具有中英文对照的 280 多个安全主题词形成一个庞大的安全术语体系，为规范安全科学用语做出了重要贡献。

第四是创办《中国安全科学学报》。根据学会 1988 年二届一次常务理事会的决定，刘老承担了创办《中国安全科学学报》的工作并任主编。1991 年 1 月 20 日该学报创刊，从此学会会员和广大安全工作者有了学术交流的平台。1993 年 11 月，刘老带团出席了在匈牙利召开的第二次世界安全科学大会，会议期间，会议发起人、《安全科学导论》作者库尔曼举着该学报说：“这就是中国的安全科学！”标志着我国的安全科学得到了国外同行的认可。

第五是促成“安全科学技术”在国家标准《学科分类与代码》（GB/T 13745-92）中列为一级学科（代码 620）。1988 年原国家科委与原国家技术监督局设立了“学科分类研究”和制定“学科分类与代码”国家标准的研究课题，刘老受原劳动部科技委的委托，提出争取“安全科学技术”一级学科的方案。1989 年 12 月，他再次接受委托，运用“‘三要素四因素’系统原理”，对安全科学学科的地位进行了论证，提出了安全科学列为一级学科的综合科学依据。同时，他系统地论证了安全科学与环境科学，管理科学同属综合科学学科，使“安全科学技术”最终在国家标准《学科分类与代码》中列为一级学科。对此，原中国科协主席朱光亚在1994年6月召开的中国科协“学科发展与科技进步研讨会”上指出“……实现以‘安全科学技术’为名列为该标准一级学科（代码620），为在学科分类中打破自然科学与社会科学的界践，设置‘环境、安全、管理’综合学科，从而为在世界科学学科分类史上取得突破作出了贡献”。2009 年，刘老又对《学科分类与代码》中“安全科学技术”部分作了修订，使之结构更为合理、内容更为充实。

第六是促成中国安全工程师职称制度的确立。1994年年初，刘老以“用安全系统的思想、方法解决系统安全的问题”的理论论证了安全生产工作的机制，充分阐述了单列安全工程师职称制度的必要性，并向原劳动部提出建立中国安全工程师职称制度的建议报告，虽已办过退休手续，仍配合原劳动部为争取单列安全工程师职称制度做了关键性的工作，于 1997 年最终促成我国《安全工程专业中、高级技术资格评审条件（试行）》的颁布实施。这标志着独立的安全工程师职称制度在我国首先得到确立。①

二、对安全学术的贡献

总括刘潜先生在学术上的历史贡献，大致有以下四个方面：

第一，明确了一个安全定义。

刘潜先生从安全性质的肯定方面，概括了安全概念的内在含义，可以简要地表述为:“安全，是指人的身心免受外界因素危害的存在状态（即健康状况）及其保障条件。”

这个刘氏安全定义，结束了人们以往单纯从安全性质否定方面来定义安全的历史，第一次明确提出了安全科学基础理论研究的中心任务，不是排除各种不安全的因素，而是要从人的身体之外来保障人的身心健康，从而开辟了一条从安全性质肯定方面来认识安全和实现安全的新思路。

第二，创建了一个安全模型。

刘潜先生根据人们的职业活动特点，创建了三要素四因素的安全结构理论模型，可以简要地表述为：“人、物、人物关系及其系统。”

这个刘氏安全模型，第一次揭示了安全内部的组织结构在实质上，就是从安全的着眼点，或角度来考察的人类生命活动系统，这就在安全组织构成及其系统功能方面，为安全科学的学科体系及其分支科学的创建，提供了理论指导和客观依据。

第三，提出了一个安全思想。

刘潜先生成功地把系统科学的研究成果，引入对安全问题的研究，提出了从安全组织结构而不是从安全的存在领域来认识安全的学术思想，认为人类的安全在组织结构上，是由人、物、人物关系及其三者之间的内在联系而构成的非线性复杂功能系统，人们实现安全的内在动力，就孕

----

① 刘潜：《安全科学和学科的创立与实践》，化学工业出版社 2010 年版。

育在这个安全的系统之中。

刘潜先生提出的刘氏安全系统思想，深入地探索了实现安全的动力机制问题，为人们进一步在理论上认识安全规律，或在实践中实现安全健康，提供了新的科学方法，开辟了新的科学思路。

第四，发现了一个新的科学技术学科群。

刘潜先生在研究安全科学的科学分类与代码问题之时，找到了安全科学与管理科学、环境科学共同具有的综合学科的性质和特征，那就是这些学科都是为了满足人类的某种特殊需要，或者说都是为了实现人类的某种特定目标而建立起来的科学。这些综合学科的科学任务，并不是要揭示自然界或人类社会的客观规律，而是首先要运用这些客观规律，去满足人类的某种特殊需要，或是实现人类的某一特定目标。例如安全科学的建立，就是为了满足人类的安全需要，或是实现人类的安全目标。再如，军事科学是为了打胜仗的目标而建立起来的科学，同时也是为了实现永久和平的愿望而建立起来的科学。如同地下埋藏着的煤是人类利用的一次性能源，而用煤发出来的电是二次能源那样，具有综合科学性质的那些学科及其科学技术学科群，反映或揭示出来的那些客观规律，是在运用自然界或人类社会原有规律的基础上和过程中自然生成的，因此它就不再具有原生形态客观规律的性质或特征，而是具有像二次能源、三次能源那样的二次性规律或三次性规律表现出来的特殊性质与典型特征，并且如果人们不是主动地坚持运用这些具有原生形态性质的客观规律去解决自己面临的实际问题，那些具有综合科学性质的二次客观规律或是三次客观规律便不会发生。也就是说，如果人们在解决现实问题过程中不去遵守一次性的客观规律，那么，二次性或三次性的客观规律便会在人们的面前自行消失而不再成为真实的客观存在。

刘潜先生的这一重要的科学发现，或者称为 20 世纪的刘氏科学发现，再一次打开了人们的科学眼界，充实和完善了人们对现代科学整体结构的认识，开辟了人类认识第三大科学即综合科学及其科学技术学科群的历史先河，为人们进一步认识自然科学与社会科学（或者说是纵向科学与横向科学）之间相互交叉与融合的科学现象，以及进一步认识综合科学及其学科群的科学性质与学科特征，在认识论和方法论上提供了新的思路、新的尝试和有益的借鉴。

三、刘潜安全科学图书馆的筹建

2016 年 10 月，上海海事大学为普及安全科学知识和发展安全科学事业，决定在该校图书馆内另辟 200 平方米的两个展厅，建设刘潜安全科学图书馆。在一所大学之内，开设安全人物的专门图书馆，这是安全界的一件大事，也是我国图书馆界的一件大事。

上海海事大学筹备成立的刘潜安全科学图书馆，收集、整理、保存或珍藏的，是刘氏鉴真老人献身安全事业，以及从事安全基础理论研究半个多世纪以来个人留存的手稿、字画、印章、刊物、藏书和音像资料，还有从国内外公开征集来的与刘潜先生相关的文献和物品。

上海海事大学筹备成立的刘潜安全科学图书馆，全面展示了刘氏鉴真先生安全学术思想的形成过程，以及他本人在我国安全科学创建初期的成就和贡献。这些馆藏的文献和物品，对于完整、准确、系统地学习或研究刘氏安全思想，对于完整、准确、系统地学习或传承刘氏科学精神，以及探索或解读安全科学在中国形成与确立的客观规律，促进安全科学在中国的普及与发展，都具有重要的学术价值，或历史意义。

上海海事大学筹备成立的刘潜安全科学图书馆，开启了我国安全人物个人事迹及文献物品独立建馆的新时代，为安全理论的研究和安全科学的探索，为安全知识的普及与安全人才的培养，以及安全事业在我国的兴旺发达，开辟了一条新的希望之路。

（2016 年 11 月 9 日于北京政法社区）

科研课题研究报告

劳动科学学科科学技术体系研究
（目录）

劳动科学学科科学技术体系研究
（第五稿）

论文引言

“现代科学发展的广度和深度是人类历史上任何时期无法比拟的。当今社会，科学知识迅猛增长，大量新兴学科领域不断涌现，促使人们对科学体系结构不断进行深入研究。”①

本文就是在研究现代科学体系整体结构的基础上，对劳动科学的学科科学技术体系以及劳动科学核心概念、研究范畴和学科特征的理论探索，具体内容有三个部分：

第一部分：课题的前提性研究。

这部分研究了现代科学的发展趋势，以及现代科学体系结构中的三大科学技术部类和三大科学技术体系，从而确定了劳动科学在整个现代科学体系结构中的位置。

第二部分：课题的基础性研究。

这部分研究首先分析了学科科学及其科学技术体系的主要特点，然后运用这些特点反映的客观规律，提出了劳动科学的学科科学技术体系框架，并且研究了劳动的动力结构和科学的基本构成问题，为劳动科学学科科学技术体系的四个纵向分支与四个横向层次的科学分类提供了理论依据。

第三部分：课题的延伸性研究。

这部分研究了劳动概念的基本含义，从劳动的角度和着眼点出发，分析了劳动科学的研究范畴与学科特征。

一、现代科学的整体结构

钱学森教授曾经在一次发言中指出：“现代科学是一个完整的系统，或者是一个完整的体系。要有一个完整的认识。”②他还说过：“看起来这么一个架子，即自然科学部门，社会科学部门。自然科学又分三个层次：工程技术、技术科学和基础科学。这么一个结构需要充实、深化。”③研究现代科学的整体结构，是为了反映和适应现代科学发展的状况，同时也为了确定劳动科学在现代科学技术体系中的地位。因为只有明确了研究项目在现代科学整体结构中的具体位置，才能更加深入地认识需要解决的课题内容。

---

① 丁雅娴主编：《学科分类研究与应用》，中国标准出版社 1994 年版，前言。

② 钱学森著：《人体科学与现代科技发展纵横观》，人民出版社 1996 年版，第 111 页。

③ 钱学森著：《人体科学与现代科技发展纵横观》，人民出版社 1996 年版，第 51 页。

（一）现代科学的三大科学技术部类

当前，现代科学有两个发展趋势。第一个发展趋势，是科学与技术在发展过程中越来越趋向于相互交叉、相互渗透、相互融合。“现代自然科学与技术的紧密结合，形成了现代科学技术的统一体系。这一体系包含着从基础科学到应用科学发展的序列，实现了从科学到直接生产力的转化。”[①]第二个发展趋势，是自然科学与社会科学在发展过程中越来越趋向于相互交叉、相互渗透、相互融合。“随着科学的发展,打破了自然科学与社会科学的界线，产生了交叉和综合科学。”[②]

按照我国著名科学家钱学森的科学分类思想，以研究客观世界的角度和着眼点为科学分类原则，[③]现代科学可划分为自然科学、社会科学、综合科学三大科学技术部类。现代科学的科学技术部类，是比传统科学部门概括性更大的科学门类，它是科学与技术相互影响与相互交叉的综合性科学技术研究领域。“自然科学是从物质在时间空间中的运动，物质运动的不同层次，不同层次的相互关系这个角度去研究整个客观世界。”[④]“社会科学研究客观世界的着眼点或角度是人类社会的发展运动；社会的内部运动；也研究客观世界对人类社会发展运动的影响，如环境、生态、能源、资源等。”[⑤]综合科学是从至少三个要素及其系统的角度和着眼点，对客观世界本质及其运动变化规律的认识，它的研究范围包括了自然科学与社会科学这两大科学技术部类之间的所有科学研究领域。

现代科学三大部类相互区别的根本标志，即科学技术部类的科学性质，是由研究客观世界的角度和着眼点决定的。现代科学的三个部类虽然都是研究客观世界概括性较大的科学门类，但是综合科学却与自然科学和社会科学及其分支科学存在着很大的差异，这就是综合科学具有研究客观世界比较独特的科学视野和技术方法。众所周知，自然科学、社会科学是从一个要素的角度和着眼点研究客观世界的科学，比如生物学、化学、物理学、社会学、心理学。自然科学和社会科学的交叉科学，是从两个要素结合的角度和着眼点研究客观世界的科学技术，比如生物化学、生物物理学、化学物理学、物理化学、社会心理学等。综合科学与其他两大科学研究领域都不同，它是从三个要素及其系统综合的角度和着眼点研究客观世界的。比如，劳动科学就是从劳动主体、劳动客体、劳动关系及其系统的角度和着眼点，研究客观世界的综合科学。安全科学是从安全的人、物、人与物关系三个要素及其系统的角度和着眼点，研究客观世界的综合科学。所以，现代科学从研究客观世界的角度和着眼点来划分科学技术部类，使人类从自然、社会以及综合三维立体的角度，去认识客观世界的本质及其运动变化规律，形成了网络化的科学技术信息系统。

---

① 丁雅娴主编:《学科分类研究与应用》，中国标准出版社 1994 年版，第 36 页。
② 丁雅娴主编:《学科分类研究与应用》，中国标准出版社 1994 年版，第 30 页。
③ 钱学森等著：《论系统工程》，湖南科学技术出版社 1988 年第 2 版，第 526 页；《人体科学与现代科技发展纵横观》，人民出版社 1996 年版，第 298 页。
④ 钱学森等著：《论系统工程》，湖南科学技术出版社 1988 年第 2 版，第 526 页。
⑤ 钱学森等著:《论系统工程》，湖南科学技术出版社 1988 年第 2 版，第 298 页。

（二）现代科学的三大科学技术体系

任何科学在形成和发展过程中，都会遇到三个无法回避的现实问题。一是客观规律的研究与认识，二是科技人才的培养与选择，三是实践课题的分析与确立。从科学技术功能的不同观察角度和解决问题的不同着眼点，研究这三个现实问题，最终将形成人类对客观世界规律性认识的系统化、理论化的三个不同结构的知识体系。茅以升先生曾经深刻地指出："科学是理论，是永存于宇宙之内而不以人的意志转移的，也不是非用人的文字符号来表达不可的。然而人们理解科学，总要靠文字符号，并且表达时一定要有系统，系统一定要有标准。这种有标准的系统是人类文化发展的结果。在欧洲就形成'学科'的科学。科学是不一定要按学科来表达的，在学科形成以前，难道就没有科学存在吗？因此，近代所谓'科学这个名词有两个意义，一是真理，是科学的本质，可用各种形式来表达；二是学科，是科学的形式，只是反映本质的一种方法而已。"[①]由此可见，现代科学的区分不应完全以学科科学为标准，还应该包括其他科学表现形式，否则就不可能全面地反映现代科学的整体结构，也无法适应现代科学的迅猛发展。

按照茅以升的社会生产力的科学分类思想，以科学表达方式符合人类与社会的实际需要为科学分类原则，[②]现代科学可以分为学科科学、专业科学、应用科学三大科学技术体系。现代科学的科学技术体系的区分，是客观物质存在的层次性与人类主观需要的知识性相结合的反映形式，它是从不同空间层次上认识与运用客观世界规律的科学技术研究类型。学科科学，是从客观事物的本质及其运动变化规律的角度或解决问题的着眼点对客观世界及其规律性的认识。专业科学，是从培养专门科学技术人才的角度和着眼点对客观世界及其规律性的认识。应用科学，是从解决具体实践问题的角度和着眼点对客观世界及其规律性的认识。

学科科学、专业科学、应用科学在现代科学技术体系中是互相联系、互相影响、互为因果与互为作用的科学表达形式。例如劳动科学的学科科学技术体系，是从劳动存在的形式及其结构的角度和着眼点，研究与运用客观世界规律解决劳动理论的认识问题而形成的科学与技术的整体结构。劳动科学的专业科学技术体系，是从劳动工作程序或者劳动产品工艺的角度和着眼点，研究和运用客观世界规律解决劳动人才的培养问题而形成的科学与技术的整体结构。劳动科学的应用科学技术体系，是从实现劳动目标或者完成工作任务的角度和着眼点，研究与运用客观世界规律解决实践过程的具体问题而形成的科学技术的整体结构。由此可见，在人类的社会实践中，科研、教学、生产三者之间有着内在的必然联系，可以经过学科科学、专业科学、应用科学三种科学表达形式协调起来，反映出客观规律按照人类实践需要而在文化上呈现的层次性。现代科学整体结构中三大科学技术体系的区分是人类思维与客观存在相联系的产物，因而是人的主观能动性与物的客观实在性的有机结合，是人类通过劳动而实现的理论与实践对立统一的科学表现。

---

① 茅以升著:《茅以升文集》，科学普及出版社 1984 年版，第 237 页。

② 茅以升著：《茅以升文集》，科学普及出版社 1984 年版。

二、劳动科学的学科科学技术体系

劳动科学在现代科学整体结构中的位置，是综合性的科学。从科学技术三大部类的角度看，劳动科学处于综合科学的研究领域；从科学技术三大体系的角度看，本课题所研究的劳动科学属于学科科学的研究类型。因此，本文对劳动科学的学科科学及其科学技术体系的研究，必然要遵循学科科学的客观规律，也必然要反映综合科学的学科特征。

从科学技术发展的历史看，学科科学在三大科学技术的体系中占有重要地位。学科科学基础研究的重大突破，往往带来丰硕的科学技术成果，甚至引起科学革命和技术革命，最终导致产业革命的发生，推动社会生产力突飞猛进地发展。研究劳动科学的学科科学及其科学技术体系的重要意义也就在于此。

（一）学科科学及其科学技术体系的主要特点

现代科学技术体系中的学科科学，有两个主要的特点：一是观察问题的角度；二是解决问题的着眼点。

任何现代意义上的科学，都是研究整个客观世界的，都是对客观世界本质及其运动变化规律的认识。那种局部地、片面地、零散地研究客观存在的所谓科学，已经成为或者正在成为人类文明的历史。人们对客观世界的观察角度不同，研究客观世界的出发点不同，对客观世界本质及其规律的认识在客观上就必然存在科学属性的差异。人们反映客观存在的主观思维，由于认识上的差异性而在知识产生的层次、剖面、曲线、类型等方面各有侧重，这就形成了科学性质不同的学科科学。例如，从劳动的角度以劳动作为出发点研究客观世界的科学，就是劳动学。从经济的角度、经济的出发点研究客观世界的科学，就是经济学。从社会的角度、社会的出发点研究客观世界的科学，就是社会学。因此，学科科学“观察问题的角度”这个特点，就成为当今确定学科属性的客观标准，从而成为区别与确认学科与学科之间科学性质的一个标志。

人类研究客观世界时解决问题的着眼点，一是指问题的存在领域，二是指从技术方面考虑的解决问题的方法、手段、措施，因而也是一种解决学科科学问题的感性认识。在同一学科科学中，解决问题的着眼点即落脚点不同，就形成该学科的不同分支科学。例如：劳动学是从劳动的角度和着眼点对客观世界本质及其运动变化规律认识的综合性基础学科。如果劳动学仅仅从劳动的角度而不从劳动的着眼点去研究客观世界的规律，那么就不能形成完整意义上的劳动学，而成为它的分支科学。从劳动的角度和经济学的着眼点研究客观世界的科学，是劳动经济学。因为它是从劳动学的角度去研究客观世界，而用经济学的技术方法去解决劳动系统的问题，所以劳动经济学是劳动学的分支科学而不属于经济学。从劳动的角度和社会学的着眼点研究客观世界的科学，叫作劳动社会学。它是从劳动学的角度研究客观世界，从社会学的着眼点去解决劳动问题，所以，劳动社会学也是劳动学的分支科学而不能作为社会学的分支科学。又如：从劳动的角度和心理学的着眼点研究客观世界，就成为劳动心理学；从劳动的角度和生理学的着眼点研究客观世界，就成为劳动生理学；从劳动学的角度和法学的着眼点研究客观世界，就是劳动法学；从劳动学的角度和伦理学的着眼点研究客观世界，就是劳动伦理学。因此，学科科学“解决问题的着眼点”这个特点就成为判断学科科学与其分支科学的从属关系（严格地讲是属种关系）的客观依据，从而成为区分与确认学科科学及其分支科学相互关系的一个标志。

学科科学的科学技术体系，也有两个主要的特点：一是科学理论的研究深度；二是科学实践的认识程度。

科学理论的纵深研究是该学科的重要科学内容，而每一学科的首要研究任务就是对其学科属性即该学科研究客观世界的角度进行理论认识。因此，确认科学理论纵向研究的不同研究深度，就形成该学科科学技术体系的纵向分支。所以，“科学理论的研究深度”这个特点，就是学科科学技术体系纵向分支的科学分类原则。

科学实践的认识程度，是在学科属性纵深研究的基础上，通过实践对该学科理论认识在层次上深化的反映。人们对学科科学技术体系纵向分支的科学理论认识由浅入深，即从技术实践、科学原理直到客观规律及其本质的认识，呈现出横向阶梯式排列的认识深化趋势，形成几个实践认识的理论台阶，这就是该学科科学技术体系的横向层次。所以，“科学实践的认识程度”这个特点，就是学科科学技术体系横向层次的科学分类原则。

依据学科科学及其科学技术体系的特点和这些特点反映的客观规律，劳动科学学科科学技术体系框架的学科理论名称。

（二）劳动科学学科科学技术体系的纵向分支

劳动科学的学科科学技术体系纵向分支科学划分的理论基础是劳动结构原理。

劳动结构，是指劳动的组成部分之间在劳动中的搭配、组合与排列，它是劳动运行的客观基础，也是劳动形成与发展的必要条件。

劳动结构的原理包括三部分内容：一是劳动的静态结构，是劳动结构处于静止状态时对劳动组成部分的分析；二是劳动的动态结构，是劳动结构处于运动状态时对劳动组成部分的分析；三是劳动的动力结构，是劳动结构处于组合或重组状态时对劳动发展动力的分析。

1. 劳动的静态结构

劳动结构处于静止状态时，由劳动主体、劳动客体、劳动关系三个劳动要素组成。

劳动主体是指从事劳动的人。劳动客体是劳动主体所指向的与其直接发生作用的客观事物，包括自然、社会和人。劳动关系是劳动主体以及劳动主体与劳动客体之间的非物质联系形式及其相互作用结果的总和。在劳动的组成部分中，劳动要素是指劳动结构中能够独立存在并且能够形成相对独立系统的必要组成部分。

当劳动结构处于静止状态时，劳动的组成部分具有独立性、系统性、实物性三个基本特点。

第一，劳动要素的独立性。

劳动要素在组合到劳动结构之前，能够独立存在，因此有其各自发生、发展以及变化与运动的客观规律。

在人类的劳动实践中，劳动主体可以区分为体能型劳动主体，即从事体力劳动为主的人；智能型劳动主体，即从事脑力劳动为主的人；综合型劳动主体，即从事高科技劳动具有脑体兼备素质全面的人。劳动客体也可以划分为土地、山川、森林、河流、海洋等自然资源构成的自然客体；国家、民族、集团、企业等社会资源构成的社会客体；还可以把人作为劳动对象，划分为同类客体。在劳动要素中，人具有劳动主体与劳动客体的双重功能。人既是劳动主体，又是同类的劳动客体。劳动主体与劳动客体的地位，在一定的条件下或者一定的范围内可以相互转化。劳动关系这个要素，可以按照劳动主体之间的联系，分为经济关系、法律关系；也可以按照劳动主体与劳动客体之间的联系，分为人机关系、生态关系；还可以把劳动主客体相互作用的结果，即处在生产领域的劳动产品划分为劳动的半成品、制成品等。总之，劳动的三个要素是可以独立存在的，客观上有自己的规律性。所以，考察劳动要素的历史与现状，分析和研究劳动要素的客观规律，有利于劳动资源的宏观战略布局，有利于企业的劳动结构调整和开发劳动力市场，也有利于提高劳动生产效率，从而促进整个社会生产力的发展。

第二，劳动要素的系统性。

劳动要素在进入劳动结构的过程中，能形成相对独立的开放系统，因此在劳动中可以发展成为独具特色的劳动资源体系。

劳动主体按其从事劳动的内容，可以划分为物质劳动、精神劳动、人口劳动。这三种劳动类型以及从事这三种劳动类型的人，在劳动要素的结合过程中是自成系统的。物质劳动，是人类在自然界进行的农业、牧业、渔业、林业以及工业和矿产加工业等方面的劳动物质生产，是用来满足人们物质生活需要的劳动，主要解决人类的生存问题。精神劳动，是人类在社会进行的科学、艺术、音乐、文学、戏曲等方面的劳动精神生产，是用来满足人们文化生活需要的劳动，主要解决人类的发展问题。人口劳动，主要包括人类自身的恋爱、婚姻、家庭，计划生育、优生优育，卫生保健、医疗服务，婴幼儿教育、青少年文化知识与社会化教育，成年人的职业教育等方面的劳动人口生产，可以满足人们健康长寿、延续后代以及劳动主体化教育的需要，因此主要解决人类生存与发展的社会保障问题。劳动客体按照在劳动中与人类的关系，可以分为天然客体、人工客体和智能客体。在进入劳动结构时，这三种劳动客体的表现形式也是自成体系的。天然客体，是指被人类在劳动中利用的自然界原有的存在物质，如土地、森林、草原等自然资源。人工客体，是指经过人类加工的自然资源，如煤炭、钢铁、木材等劳动产品，也包括人类社会这个人与自然相互作用产生的最大劳动成果。智能客体，是天然客体与人工客体相互作用的产物，它既包括人类本身，也包括一部分人类的劳动产品，如电子计算机、机器人等智能工具。按照劳动客体与劳动主体之间的联系状况给劳动关系分类，天然客体是自然存在物，因此与劳动主体存在着人与自然资源之间的关系；人工客体是自然加工物，因此与劳动主体存在着人与劳动成果之间的关系；智能客体是人的同类及其部分思维功能的人工替代品，因此与劳动主体存在人与天然智能和人工智能之间的关系。如何妥善地处理好人与自然资源、劳动成果以及天然智能和人工智能的关系，是解决人类劳动问题的极其重要的内容。所以，探寻劳动要素在进入劳动结构时自成体系的客观规律，对于开发和利用劳动资源、调整经济结构和生产体系结构、发展国民经济有着重大的理论意义和实践意义。

第三，劳动要素的实物性。

劳动要素是作为劳动运行的实物基础而在劳动结构中发挥作用的，这些劳动的要素在劳动过程中，以物质、能量、信息的方式把自身转移到劳动产品之中，成为一个新的客观事物而满足人类的某种需求。

劳动主体通过接受劳动信息的指令，以劳动者体能与智能支出的方式，把自身的物质、能量、信息积聚在劳动产品之中。劳动客体经过与劳动主体的系统交换，以劳动主体创造性行为的形式，把劳动客体的物质、能量、信息、凝聚在劳动产品上。劳动关系，一方面作为劳动主客体双方联系的桥梁和纽带，以劳动主客体之间信息传递、交换调配等方式介入劳动产品，一方面又是作为劳动主客体双方相互作用结果的实物性载体，把劳动主客体双方的物质、能量、信息载入劳动产品。由此可见，人类劳动的成果，不论是物质的还是精神的，也不论是有形的还是无形的，都包含着劳动三要素凝聚在其中的物质、能量、信息。因此，劳动的三个要素即劳动主体、劳动客体、劳动关系，是蕴藏着丰富的物质、能量、信息的实物性劳动要素。人类的劳动成果不是上帝的恩赐，它是作为劳动主体的人类与作为劳动客体的自然界（包括自然、社会和人）两大开放系统之间，通过作为系统共同界面与联系接口的劳动关系进行的物质、能量、信息交换的必然产物。所以，分析与研究劳动要素在劳动结构中的地位和作用，揭示与运用劳动要素在劳动过程中的客观规律，可以通过优化劳动组合或者进行劳动要素重组，产生出新的社会生产力，或者提高劳动产品质量，或者创造出更为丰富多彩的物质财富和精神财富，由此推动社会的进步与人类的文明。

2. *劳动的动态结构*

劳动结构处于运动状态时，由劳动主体、劳动客体、劳动关系、劳动系统四个劳动因素组成。

劳动主体、劳动客体、劳动关系在劳动组合的基本构成中，具有双重功能：当劳动结构处于静止状态时，三者具有劳动要素的功能；当劳动结构处于运动状态时，三者具有劳动因素的功能。劳动结构从静止状态转变到运动状态的实现条件，是劳动系统的参与和介入。劳动系统，是构成劳动主体、劳动客体、劳动关系三要素之间内在联系并且具有运筹、信息与控制功能的非实物性劳动载体。在劳动的组成部分中，劳动因素是指在劳动结构中不能独立存在而能形成相对独立系统的必要组成部分。

当劳动结构处于运动状态时，劳动的组成部分具有相互依存性、相对独立性、原始动力性三个特点。

第一，劳动因素的相互依存性。

劳动因素的相互依存性，是指劳动的四个因素在劳动形成过程中相互依赖、缺一不可而客观存在的状态。因此，这是在劳动形成过程中，劳动组成部分之间相互搭配、组合与排列时产生的基本特点。

劳动因素的相互依存性有三个含义：

其一，当劳动系统作为劳动组成部分进入劳动结构的瞬间，劳动主体、劳动客体和劳动关系三要素就失去了各自的独立性，从劳动要素转变为劳动因素。劳动系统在劳动的四因素中，处于主导性的轴心地位，劳动主体、劳动客体和劳动关系紧紧地环绕在劳动系统这个非实物性的劳动载体上，由此组成动态的劳动结构，形成现实的人类劳动。所以，劳动结构处在运动状态时，劳动的四个因素失去任何一个都不能形成现实的劳动，因此也就失去了自身存在的价值和意义。

其二，劳动主体通过劳动关系这个劳动的主体与客体共同占有的实物性劳动载体，与劳动客体联结而发生相互作用；劳动系统促成劳动主体、劳动客体和劳动关系的内在联系，同时在运筹、信息、控制方面发挥系统功能，调节与控制劳动的实际运行过程。所以，劳动结构处在运动状态时，劳动的四个因素失去任何一个，都不能形成完整的劳动结构，从而迫使劳动运行终止。

其三，劳动系统作为非实物性的劳动载体，一方面把劳动主体、劳动客体和劳动关系在劳动运行过程中实物性的物质、能量、信息转移并且固着在劳动成果中，一方面对劳动主体、劳动客体和劳动关系在劳动运行过程中发挥的功能和作用，实施协同调节与系统控制。因此，劳动四因素的相互联系与相互作用，是由劳动的内部结构决定的，劳动的形成与实际运行是靠自组织与自调节而并非外力驱动的。所以，劳动结构处在运动状态时，劳动的四个因素失去任何一个，都无法启动劳动运行机制，从而迫使劳动结构趋向静止状态。

第二，劳动因素的相对独立性。

劳动因素的相对独立性，是指劳动的四个因素在劳动运行过程中处于既相互联系又相对独立的状态。因此，这是在劳动运行过程中，劳动组成部分之间相互搭配、组合与排列时产生的基本特点。

劳动因素的相对独立性有三个含义：

其一，劳动因素的相对独立性，是在劳动结构处于运动状态下的相对独立性。当劳动结构处于静止状态时，劳动因素不能独立存在，其中的劳动主体、劳动客体和劳动关系就转化为劳动要素，劳动系统因此而消失，整个劳动运行也就终止了。

其二，劳动因素的相对独立性，是在劳动结构范围内的相对独立性。当劳动因素越出劳动结构的组合范围，劳动运行状态终止，劳动的各组成部分就此而解体。但是，劳动主体、劳动客体和劳动关系因为可以转变成劳动要素，所以能够脱离动态劳动结构而成为独立存在的客观事物。

其三，劳动因素的相对独立性，是作为客观世界的一个超级系统内的四个子系统而存在的相对独立性。因此，劳动四因素的独立性是在相互联结不可分割状态下具备的独立性，离开这个劳动的超级巨系统以及各子系统之间的相互联系，就不存在劳动因素的相对独立系统。

第三，劳动因素的原始动力性。

劳动因素的原始动力性，是指劳动的四个因素在劳动构成的搭配组合以及运动过程中发挥的结构性动力功能。因此，这是劳动组成部分之间在劳动结构处于运动状态下，相互联系与相互作用而产生的基本特点。

劳动因素的原始动力性有三个含义：

其一，劳动四因素在劳动运行的过程中，具有各不相同的特殊功能。劳动主体运用人类的智慧和力量，在劳动中采取主动的创造性行为，因此在劳动组成部分中是劳动的主动因素。劳动客体受劳动主体作用的激发，才与劳动主体在物质、能量、信息方面进行系统交换，因此在劳动中是劳动的被动因素。劳动关系，一方面在劳动主客体之间实现着非物质性的质与质的联结，另一方面又把劳动主客体相互作用产生的新质，转入自身的实物性载体上。因此，劳动关系包含着劳动主体与劳动客体系统交换促成的一个质变飞跃的产物，是劳动的新质因素。劳动系统，一方面激活了劳动主体、劳动客体和劳动关系的内在联系，并且把这种内在联系控制在系统功能的调节范围内，另一方面又促使劳动主体、劳动客体和劳动关系把在劳动中释放的物质、能量、信息凝结在非实物性的劳动载体上，形成一个新兴的客观事物，即劳动产品。所以，劳动系统在劳动四因素中处于主导性的地位，是劳动的动力因素。

其二，在劳动系统的全面参与下，劳动主体与劳动客体通过劳动关系的非物质性联系而相互作用，在原有旧质的基础上产生了一个新质，以劳动成果的形式积聚在劳动关系这个实物性的劳动载体上。劳动创造的这个新质还未脱离劳动生产过程时，它还包含在原有的旧质之中。然而一旦它成长起来，突破旧质的界限而进入一个新的领域时，这个劳动中的新质就脱颖而出，成为一个独立的新生事物即劳动成果。因此，劳动的四个因素在劳动结构中，是促成劳动运行的动力机制。

其三，由劳动四因素的原始动力性体现的动力机制，产生劳动运行的原始动力。这是劳动结构内部各组成部分相互作用形成的结构性动力，因此是一种劳动内部的原动力，并非劳动结构外部的影响所涉及的动力问题。所以，这种劳动的原始动力，属于劳动组成部分本身具有的内在驱动力。

3．*劳动的动力结构*

如前所述，劳动结构由三个劳动要素和四个劳动因素组成，因此它具有劳动要素与劳动因素的双重属性：当劳动结构处于静止状态时，劳动的组成部分是三个劳动要素，它具有独立性、系统性、实物性的特点；当劳动结构处于运动状态时，劳动的组成部分是四个劳动因素，它具有相互依存性、相对独立性、原始动力性的特点。

劳动结构的组成状况及其特点，决定了劳动本身具有内在的驱动力，反映出现代的劳动结构是一个具有自组织功能的复杂而又开放的巨系统。因此，人类的劳动有它自身形成、运行与发展的客观规律。

第一，劳动发展的螺旋式链条。

在劳动发展史中，劳动主体与劳动客体形成了两个否定之否定的螺旋式发展链条，组成了劳动发展结构的基本构架。

劳动的主体经历了或者正在经历着，从以体力劳动为主要内容的体能型劳动，逐渐过渡到以技术性劳动为主要内容的技能型劳动，然后发展到以脑力劳动为主要内容的智能型劳动，再向劳动者脑体兼备、素质全面的方向发展，从而过渡到以从事高科技劳动为主要内容的综合型劳动。因此，在劳动主体的历史发展中，会出现一个否定之否定的发展螺旋，即“体能型劳动主体—智能型劳动主体—综合型劳动主体”。在劳动中，人类将越来越充分发挥自己的聪明才智，越来越充分挖掘自己的潜在力量，在劳动发展中会不断释放出潜能来。因此，劳动主体在劳动发展趋势的结构框架中，形成一个正向的否定之否定的螺旋式发展链条。

劳动的客体经历了或者正在经历着，从以天然自然存在物为主要内容的天然客体，过渡到以人工自然加工物为主要内容的人工客体，最后发展到主体化或者称为人格化的劳动客体。因此，在劳动客体的历史发展中，也会出现一个否定之否定的发展螺旋，即“天然自然劳动客体—人工自然劳动客体—主体化（或称为人格化）劳动客体”。在人类劳动中，劳动客体只有适应劳动主体的需要，才能成为劳动的客体，它越来越向着自身本性相反的方向被改造和利用，越来越向着符合人类利益的方向发展。因此，劳动客体在劳动发展趋势的框架中，形成一个反向的否定之否定的螺旋式发展链条。

第二，劳动发展的联结功能。

劳动关系在劳动的四个因素中占有特殊的地位，它具有维系或者阻断劳动主体与劳动客体之间关系的联结功能。

在劳动发展的过程中，劳动关系一边联结着劳动主体，一边联结着劳动客体，对劳动主体和劳动客体之间的劳动组合、排列与搭配，起着或者分离或者结合的同步剪切与同步聚合的功能。这种对于劳动主体和劳动客体之间在数量、质量、品种、类型等方面动态的剪切与聚合，可以在原有劳动主体和劳动客体的基础上，组合成新的劳动结构，形成新的生产力。

在劳动发展的双向螺旋结构中，随着劳动主体和劳动客体两个螺旋式链条的发展变化，在劳动主客体的组合以及劳动资源的重组中，劳动关系的剪切与聚合功能对社会生产力的发展将起着日益重要的促进作用。

第三，劳动发展的动力结构。

劳动的发展结构是一个内在的动力结构，由劳动主体和劳动客体两个方向相反的发展链条与劳动关系联结而形成的螺旋式结构框架，以及劳动发展的实物性因素和非实物性载体组成。在劳动的四个因素中，劳动主体、劳动客体、劳动关系是劳动发展的实物性因素，劳动系统是劳动发展的非实物性载体。

在劳动的历史发展过程中，劳动主体否定之否定的发展趋势形成的正向螺旋式发展链条，与劳动客体否定之否定的发展趋势形成的反向螺旋式发展链条，在劳动关系的同步作用下，联结成两个方向相反的螺旋式框架结构，使这两个螺旋链条绞合在一起，形成从低级向高级发展的状态，组成劳动发展的双螺旋结构。劳动主体与劳动客体在这个双向螺旋结构中进行的物质、能量、信息的系统交换，通过劳动关系的聚合功能而实现，通过劳动关系的剪切功能终止。劳动主客体之间相互作用的结果，使客观上存在的物质、能量、信息在经过系统交换之后重新凝聚在劳动关系这个实物性的劳动载体上。劳动发展因素的激活、启动与运行，是由于劳动系统的介入而完成的。劳动主体、劳动客体、劳动关系这三个劳动发展的实物性因素，只有依附在劳动系统这个非实物性劳动载体上，才能形成相互之间的有机联系并且发挥出各自的功能，也只有在劳动系统的自动协调与动态控制之下，才能实现人类劳动的历史发展。因此，劳动系统对于劳动发展因素包含的信息具有编码、译码以及密码重组的功能，而劳动三要素的实物性质量与劳动四因素的组合方式以及劳动系统的非实物性功能，就构成了劳动发展信息的密码。在劳动系统这个非实物性的劳动载体上，劳动发展因素的实物性质量和非实物性功能决定着劳动的形成与发展，劳动发展信息的密码编译与动态重组决定着劳动运行的质量和劳动创造力的发挥。

综上所述，深入研究劳动发展的双螺旋结构，以及劳动发展信息、劳动发展的实物性因素和劳动发展的非实物性载体，对于揭开人类劳动之谜，对于更好地解决人类的生存与发展问题，对于推动社会的进步和人类的文明，将具有重大的战略意义。

依据劳动结构的原理，劳动科学学科科学技术体系的纵向分支可划分为四个学科，即劳动主体学、劳动客体学、劳动关系学、劳动系统学。

（三）劳动科学学科科学技术体系的横向层次

劳动科学的学科科学技术体系横向层次学科分类的理论基础，是科学构成的原理。

科学构成，是指学科科学各组成部分之间在科学形成过程中的结合，以及学科科学在现代科学技术体系中排列组合的状态与过程。它是人类对客观世界认识运动的必然结果，反映了学科科学及其科学技术体系形成与发展的客观规律。

科学构成的原理包括三部分内容：一是科学构成的两大要素，是对现代科学中理论与实践辩证统一关系的分析；二是科学构成的四个台阶，是对现代科学体系中学科科学属性认识层次深化的分析；三是科学构成的认识运动，是对现代科学及其学科体系形成与发展规律的认识。

1. 科学构成的两大要素

任何科学，都是由理论与实践两大要素构成的。理论，是科学的内容；实践，是科学的形式。理论与实践在人类劳动中的相互联系和交汇融通,促成现代科学内在逻辑与外在实证的辩证统一。

马克思在论述劳动的特点时曾指出：“蜜蜂建筑蜂房的本领使人间的许多建筑师感到惭愧。但是，最蹩脚的建筑师从一开始就比最灵巧的蜜蜂高明的地方，是他在用蜂蜡建筑蜂房以前，已经在自己的头脑中把它建成了。”[①]劳动过程结束时得到的结果，在这个过程开始时就已经在劳动者的想象中存在着，即已经观念地存在着。这种在劳动者头脑中观念地存在的劳动过程及其效果，用语言和文字的方式表达出来，反映在人类文化上，就是理论；用动作和行为的方式表达出

① 杨志选编：《〈资本论〉选读》，中国人民大学出版社 1996 版，第 88、89 页。

来，反映在人类活动上，就是实践。马克思揭示的人类劳动的特点表明，理论与实践同出于一源，是一个客观事物的两个侧面，二者在劳动中成为科学的要素。理论是人类通过自己的内在空间，争取从自然界获得解放与自由发展的创造性行为。因此，科学的理论注重发挥人类潜在的智慧，从而实现人类对客观世界的认识，以及提高人类利用客观世界规律的能力。实践是人类通过自己的外在空间，争取从自然界获得解放与自由发展的创造性行为。因此，科学的实践注重发掘人类潜在的力量，从而实现人类对客观世界的改造，以及提高人类认识客观世界规律的能力。由此可见，理论和实践都是人类劳动的存在方式，理论是人类智能劳动的结果，实践是人类技能劳动的过程，理论与实践通过人类劳动而统一于科学。所以，劳动的本质是创造，科学的本质就是创造性地劳动。

现代科学的构成，既包括人类对客观世界本质及其运动变化规律认识的理论，也包括人类对客观世界本质及其运动变化规律认识的实践，还包括人类对客观世界规律性认识在理论与实践方面的相互关系。那种认为科学仅仅表现为理论而不包括实践，以及实践仅仅是理论的来源、理论研究的目的，或者仅仅是检验理论真理性标准的观点，都是片面的、不符合实际的，因而是陈旧的学术思想。其实，科学本身就包含着理论与实践的统一，只不过是经常被人为地分开罢了。在人类对客观世界的探索中，理论不能成功地指导实践，就不能成为科学的理论，实践不能上升为系统的理论，也不能成为科学的实践。任何科学的理论，都必然要包含着实践的因素；任何科学的实践，都受一定思想或方法的影响而必然包含着理论的成分。由此可见，科学的客观真理性，就在于理论与实践的统一。科学的真正价值，就在于能够给人以智慧和力量。

2. 科学构成的四个台阶

人类对客观世界的研究与探索，反映了认识过程不断深化的阶梯式层次。这种在科学实践上认识的逐级深化层次，表现在理论认识上，就构成现代科学学科科学技术体系的台阶。这是物质结构的层次性在人类主观上的客观反映。

钱学森教授在谈到现代科学的结构时说："现代科学技术可以分为四个层次；首先是工程技术这一层次，然后是直接为工程技术作理论基础的技术科学这一层次，再就是基础科学这一层次，最后通过进一步综合、提炼达到最高概括的马克思主义哲学。这也可以看作是四个台阶，从改造客观世界的实践技术到最高哲学理论，可以算是横向的划分。"[①]他认为，现代科学的这四个台阶的认识过程是双向而不是单向的，[②]人们对客观世界的认识，既包括由深至浅的认识过程，又包括由浅人深的认识过程。"基础科学、技术科学、工程技术它们的关系既有基础科学提供素材给技术科学，技术科学提供素材给工程技术这样一个方面，又有另外一个方面，就是工程技术的发展为技术科学提供素材而技术科学的发展又为基础科学提供素材。"[③]科学认识的深化层次呈

----

① 钱学森等著：《论系统工程》，湖南科学技术出版社 1988 年第 2 版，第 296 页。

② 钱学森著：《人体科学与现代科技发展纵横观》，人民出版社 1996 年版，第 34-43 页。

③ 钱学森著：《人体科学与现代科技发展纵横观》，人民出版社 1996 年版，第 216 页。

阶梯式地排列，反映出人类思维活动由浅入深或者由深至浅的两个运动方向，构成了科学的基本内容。

科学构成的四个台阶以及科学认识的双向运动，揭示了人类探索科学奥秘的两种思维模式，即系统思维与统系思维。

系统思维，是人类对客观世界认识的一种运动过程，是从个别到一般、从部分到整体、从局部到全局的思维方式和思维方法，它具有归纳推理的逻辑性质。科学构成的四个台阶从实践到理论认识的深化过程，就是系统思维的过程。工作实践表明劳动主体即从事劳动的人，在具体的劳动中做什么；工程技术是指导具体劳动的人在工作中应该怎样做，包括劳动的方法、手段和措施；技术科学是论证具体劳动为什么要这么做，提出劳动技术的工作原理；基础科学是揭示具体劳动为什么这么做的规律，反映了客观世界的规律性；哲学是对具体劳动为什么这么做的规律的本质认识，体现了客观世界的本质并且由此概括出一种科学的思想方法，形成一种科学的思路。因此，从劳动实践、操作技术到技术原理，然后再到科学理论，最后上升为哲学思想，科学构成的四个台阶就充分体现出人类认识客观世界从具体的感性认识到抽象的理性认识这样一种系统思维模式。

统系思维，是人类对客观世界认识的另一种运动过程，是从一般到个别、从整体到部分、从全局到局部的思维方式和思维方法，它具有演绎推理的逻辑性质。科学构成的四个台阶从理论到实践认识的思索过程，就是统系思维的过程。哲学是人类智慧的精华，反映了客观世界的本质和一般规律，因此成为基础科学研究的指导思想和思维方法；基础科学从某一角度观察与研究客观世界运动变化的规律，是探索技术科学理论的认识基础；技术科学对基础理论的研究与运用，是指导工程技术发明、创造以及实际应用的科学原理；工程技术作为某一劳动领域的专业技能要求和技术操作规范，可以提高劳动者的工作效率，从而在社会整体上促进生产力的发展。所以，科学构成的四个台阶，从哲学思想到科学理论和技术原理，然后再转化为生产技术而运用到劳动生产实践，充分反映了哲学科学的理论指导性和科学技术与生产实践的密切关系，体现了人类认识客观世界从抽象理性到具体感性这样一种统系思维的模式。

3. 科学构成的认识运动

劳动过程的阶段性和连续性，以及劳动生产的无限发展趋势，决定了人类对客观世界规律性的认识，必然经历着有限性与无限性相结合的认识过程，必然地具有阶段性和连续性的认识特点。劳动过程的阶段性，体现在学科科学及其科学技术体系的形成过程中，就表现为从实践到理论和从理论到实践的两条科学认识路线。劳动过程的连续性，体现在现代科学发展的历史过程中，就表现为理论与实践的动态统一，以及由此形成的认识循环往复不断深化的无限连续过程。

学科科学及其科学技术体系的形成与发展有两条基本的认识途径，反映出科学构成四个台阶逐级深化的双向认识运动，是人类在劳动中对客观世界规律整体认识的阶段性成果。

学科科学及其科学技术体系形成与发展的第一条途径，是理论从实践中来，到实践中去。理论来自实践，并且接受实践的检验而得到验证、完善和发展。这条科学路线表明：人类在劳动中对客观世界的认识，从感性的具体认识上升到理性的抽象认识，然后再回到感性具体的实践活动中发展自己。人类对农业科学知识的认识过程就是如此。农业生产劳动主要解决人类现实的生存与发展问题，是古老文明的开端。农业是人类早期最基本的劳动实践活动，不仅解决了人类生存需要的吃、穿等问题，也为人类社会的发展奠定了物质基础。人类对农业生产的认识，从个别的劳动技能到一般的生产技术，然后形成科学技术理论再上升到农业哲学思想，经历了一条先有实践后有理论、从实践走向理论的科学认识路线。这条科学形成与发展的认识路线反映在现代科学构成的四个台阶中，表现为从实践到理论的整体性认识，这就是工程技术、技术科学、基础科学、哲学。

学科科学及其科学技术体系形成与发展的第二条途径，是理论从理论中来，到实践中去。理论来自过去的理论，并且在指导实践的过程中不断地得到补充、完善和发展。这条科学认识路线表明：人类在劳动中对客观世界的认识，从对过去理论的重新认识开始，经过认识层次的逐步深化，达到从抽象理论认识到具体理论认识的飞跃，然后再回到感性认识的实践活动中发展自己。例如人类对航天科学知识的认识过程就是如此。宇宙深空探索主要解决人类未来的生存与发展问题，是现代文明的象征。人类是宇宙之中最高级的生命物质，宇宙是人类认识客观世界最首要的研究目标。人类对宇宙太空的认识，从世界本原的哲学探讨到宇宙天体理论的形成，然后发展到宇宙航行的科学实践，经历了一条先有理论、后有实践的科学认识路线。这条科学形成与发展的认识路线反映在现代科学构成的四个台阶中，表现为从理论到实践的整体性认识，这就是哲学、基础科学、技术科学、工程技术。

现代科学及其学科体系发展的连续过程，是包括两个认识阶段从低级向高级发展的无限循环的连续性过程。在科学构成的认识运动中，科学与技术、理论与实践从不同侧面反映了人类对客观世界的认识和改造。“科学是理性认识的总结”“技术是感性认识的经验”[①]科学因“见诸笔墨”[②]而表现为理论，技术因“见诸行动”[③]而表现为实践。

茅以升对人类认识发展的连续性以及连续认识的无限性曾经有过精彩的论述：“最初是对一件事物从技术上升到科学并对科学作验证，得到理论与实践的统一。这时科学与技术是一件事物的表里一致。然后把许多事物综合在一起，就应当有新的感性知识，但这新的感性知识可以根据以前理性认识的结论而推测得到，不必事事摸索，如果这样得来的感性知识，经得起实践的考验，那么，这就成为理论指导实践了，成为上一阶段的理论，指导下一阶段的实践了。下一阶段的实践再上升为理论，于是得到这个下一阶段的理论与实践的统一。这就是从第一阶段技术验证第一阶段的科学，然后拿这第一阶段的科学来指导第二阶段的技术，经过实践总结出理论，于是第二阶段的科学与技术又得到统一了。在第一阶段是技术推动科学，在第二阶段是科学推动技术，如

①②③ 茅以升著：《茅以升文集》，科学普及出版社 1984 年版，第 238-239 页。

是‘循环往复，以至无穷’。”[①]科学与技术、理论与实践的这种相互关系，反映出人类认识的发展是阶段性与连续性的统一。人类在永无止境的劳动中，对客观世界的认识周而复始地不断深化，这种认识的历史过程，形成螺旋式上升的认识发展的曲线运动，体现了学科科学及其科学技术体系形成与发展的客观规律。

依据科学构成的原理，劳动科学学科科学技术体系的横向层次，可以分为四个学科，即劳动哲学（哲学）、劳动学（基础科学）、劳动工程学（技术科学）、劳动工程（工程技术）。

三、劳动科学的理论探索

劳动是人类创造生存与发展条件的行为。人类离开劳动就无法生存和延续后代，人类社会离开劳动也就不复存在。劳动虽然解决了人类的生存与发展问题，但是自从人类在自然界诞生以来，劳动科学落后于劳动技术、劳动理论落后于劳动实践的状况始终没有得到彻底的改变。以往一些涉及劳动问题的科学理论,都不是从劳动的角度和着眼点系统地研究人类劳动而形成的基础理论,而仅仅是从经济学、社会学、心理学、伦理学、法学、人类学等不同科学学科的角度对劳动问题的具体研究。直至目前在现代科学的整体结构中,在现代科学的整体结构中，劳动科学也还没有形成一个独立完整的科学技术体系。这种基础理论研究长期滞后于社会实践需要的历史局面,如果不能尽快解决,对我国社会经济的发展将产生长远的不利影响,甚至会制约或者延缓我国当前正在进行的经济体制改革和社会主义现代化建设。因此，对劳动科学的理论探索具有特别重要的意义。

（一）劳动科学的核心概念

概念是人类在劳动中对客观世界认识的主观反映形式，是人类的认识从具体的感性阶段向抽象的理性阶段转化过程中形成和发展起来的：它一方面是人类感性认识的实践总结，是具体存在的产物，表现为一种技术语言；另一方面，它又是人类理性认识的逻辑起点，是抽象思维的产物，表现为一种科学语言。因此，概念反映了人类认识世界与改造世界、知与行的具体的历史的协调一致性，它包含了理论与实践所能提供的全部信息。所以，概念是有待于全面展开的科学技术信息库，它以命题的缩写形式为科学研究提供了最基本的前提条件。

劳动科学的核心概念是劳动。在某种意义上讲，劳动是“人们使用劳动资料，改变劳动对象，使之适合自己需要的有意识、有目的的活动。”“劳动是人们在物质生产和精神生产过程中的体力和脑力的支出，是人类生存和发展的最基本条件”[②]。劳动的概念是劳动科学研究的前提和出发点，它包括了劳动科学基础理论的全部信息，有待于人们去深入地研究和探讨，其中涉及最重要的问题有三个:一是劳动是怎样产生的？即劳动的原始起源问题。二是劳动对人类有什么作用?即劳动的存在价值问题。三是人类为什么要选择劳动作为自己生存和发展的手段？即劳动的本质

---

① 茅以升著：《茅以升文集》，科学普及出版社 1984 年版，第 238-239 页。

② 夏积智等:《劳动法学词典》，辽宁人民出版社 1987 年版，第 208 页。

特征问题。

1. *劳动的原始起源*

由于太阳系、银河系乃至整个宇宙天体的作用和影响，在地球生命的自然进化史上经历了一个划时代的重大事件，这就是在客观事物从量到质的转变中实现了两个质变的同步飞跃：生命物质进入了高级智能的人类时代，生命物质在自然界的谋生方式从此发生了革命性的历史变革。以工具的制造和使用为物质性标志，人类起源于亿万年前的高级哺乳动物类人猿，劳动起源于这种古猿的生物本能活动。在工具的使用和制造过程中，类人猿因学会劳动而转变成人类，类人猿动物式的生物本能活动也因此而转变为人类的劳动。

人类的诞生，使思维作为人脑机能的产物随之而产生，并且在劳动中形成了思维与存在的辩证统一关系。劳动是人类思维转化为客观存在的重要途径，人类为解决在自然界的生存与发展问题而进行的思维活动正是通过劳动得以实现的。人们对劳动资源的调查和统计，以及对劳动要素结合方式的选择和对劳动过程及其最终结果的运筹与决策，在劳动正式开始之前就已经观念地存在于人的头脑之中，成为人类特有的思维。这种在劳动之前观念地存在于人脑之中的特定思维，一旦付诸实践，就成为人们有意识、有目的的劳动行为。在人们头脑中预先已经观念地存在的这种意识，如果经过语言和文字的方式表达出来，反映在人类文化上，就表现为人的脑力的支出，成为人类的智能劳动；如果经过动作和行为的方式表达出来，反映在人类活动上，就表现为人的体力的支出，成为人类的技能劳动。所以说，劳动是人类思维的存在形式，是人类内在空间的物质、能量、信息以思维向存在转化的方式通过自己的外在空间而与自然界进行的系统交换。劳动的起源，是原始的人类在自然历史进化中思维与存在辩证统一的必然结果。

2. *劳动的存在价值*

劳动对人类的作用，是地球上任何动物的生物本能活动都无法替代的。劳动满足了人类在自然界生存和发展的一切需要，其存在的重要价值表现在三个方面，即：劳动创造了人类，劳动创造了人类社会，劳动创造了人类文明。

其一，劳动创造了人类。劳动在从猿到人的自然历史进化过程中，起到了关键性的作用。劳动锻炼了原始人类的身体素质，使人能够手足分工、直立行走，在大脑不断完善的基础上产生了意识、语言和文字。同时，劳动也锻炼了原始人类的生存能力，使人类学会了制造和使用工具，发明了人工取火和火种保存的方法，从而具备了改造世界、支配自然的本领。恩格斯指出："动物仅仅利用外部自然界，单纯地为自己的存在来使自然界改变；而人则通过他所做出的改变来使自然界为自己的目的服务，来支配自然界。这便是人和其他动物的最后的本质的区别，而造成这一区别的还是劳动。"[①]劳动促成了类人猿从猿到人的系统发育，在地球上造就了生物性与社会

---

① 中共中央马克思恩格斯列宁斯大林著作编译局：《马克思恩格斯选集》第三卷，人民出版社 1972 年版，第 517 页。

性高度统一的生命形式，把活的生命物质发展到人类智能的高级形态。

其二，劳动创造了人类社会。在生存环境极端恶劣的远古时代，原始人类只有依靠集体的力量才能生存下去，也只有在劳动中形成自然协作关系，才能获得保存生命需要的食物和有利的生存条件。因此，人们在劳动中首先必须结成一定的生产关系，形成群体优势，然后才能进行劳动，去开创维持自身生命和延续后代的现实条件。由于在劳动中传递信息和交流思想的需要，原始人在经历了长期手势与表情示意的交谈之后，终于从动物式的呐喊声中产生了语言。语言使人类具备了信息传播的有效手段，扩大了人与人之间的社会交往，促进了以劳动生产关系为基础的社会关系体系的形成和发展。马克思说："生产关系总和起来就构成为所谓社会关系，构成为所谓社会，并且构成为一个处于一定历史发展阶段上的社会，具有独特的特征的社会。"①劳动的不断发展，促成了生产力与生产关系之间矛盾的运动和变化，推动了人类社会的历史进步。

其三，劳动创造了人类文明。人类在劳动中逐渐认识了自然界及其发展规律，并且在利用和改造自然界的同时，创造了人类需要的各种物质生活资料和精神生活资料，也创造了人类生活与居住的生存环境。早期人类根据劳动与生活经验积累的需要，从结绳、刻画等不同记录形式中，最终发明出了象形文字和拼音文字。文字的发明使人类继声音振动空气为传播媒介的语言之后，又增加了以树皮、竹简、纸张等物质材料为载体的信息传播和思想交流的有效手段。文字的使用，可以把有效的信息准确无误地传达给后代，使人类的优秀文化遗产得以代代相传。从此，科学和文化在与宗教和迷信的搏击中顽强地发展起来。正是由于劳动创造的成果丰富了人类的物质文化生活，才使得人类从原始的野蛮状态逐步走向文明。

3. 劳动的本质特征

劳动使人类脱离了动物界而在大自然中获得了生存与发展的条件，与动物的生物本能活动相比较，劳动是以思维为特点的具有创造性本质的人类行为，它使自然界发生了人格化趋向并且越来越有利于人类的生存和发展。

劳动具有创造性本质的第一个特征，是劳动可以复制自然存在物为人类服务。

农业劳动，以人工的方式把自然界的野生动植物驯养和培植起来，经过人工条件的改良和培育，使动植物的品质不断提高，品种也日渐繁多。"粮、棉、油、丝、麻、瓜、果、豆、菜、茶""牛、羊、猪、马、兔、鸡、鸭、鹅、鱼、虾"，以种植业和养殖业为代表的农业生产，是人类复制自然存在物最典型的产业部门。农业生产劳动，不仅年复一年地为人类提供了最基本的生活需要，而且为纺织、酿造、食品、造纸、建材等工业提供了日益丰富的原料。人类通过劳动，可以复制自然界存在的东西为人类谋幸福，而动物只能依赖现存的自然物生活，不具备再造自然存在物的能力。

劳动具有创造性本质的第二个特征，是劳动可以再现自然现象为人类服务。

----

①中共中央马克思恩格斯列宁斯大林著作编译局：《马克思恩格斯选集》第一卷，人民出版社 1972 年版，第 363 页。

工业劳动，利用水利、火力、风力以及核能、太阳能、地热发电，发明与制造日光灯、钠灯、汞灯和激光等人工光源，生产出设备进行人工制冷、供暖、通风和人工降雨。以能源工业和加工工业为代表的工业生产，是人类再现自然现象最突出的产业。工业生产劳动，不仅再现了自然界“光、电、声、冷、暖、风”等自然现象为人类的生活服务，而且提高了人类改造自然的能力。人的劳动通过再现自然现象而解决自身的生存与发展问题，提高人类的生活质量，而动物只能凭借生物本能去躲避有害的自然现象，努力去适应自然界，不能模仿自然现象为自己谋利益。

劳动具有创造性本质的第三个特征，是劳动可以创造自然界不存在的东西为人类服务。

人们在衣、食、住、行以及社会生活的许多方面使用的东西，在自然界本来都是不存在的。“人类运用自己的智慧加工自然界原有的材料，制造出自然界原来没有的东西，如各种工具、机器设备、建筑等，还创造出模拟人的思维功能的人工智能机器，这是具有特殊性质、形态、结构的人工自然物，属于人工自然。”①创造人工自然物为人类生活和生产服务，是人类科学技术发展的必然成果。劳动可以创造出自然界中不存在的东西，显示了人类改造自然的伟大力量，而动物只能依靠自己的生物本能活动，在自然界寻找现有的东西维持生命和延续后代，不会创造任何自然界不存在的东西来发展自己。

总之，创造是劳动的本质特征，是人类劳动与动物活动的最根本的区别。从字面意义上来理解，创，就是首创，是初次做；造，就是制造、建造；创造，就是首次制造，是史无前例的新事物诞生。行，用在双音动词之前表示进行某项活动；为，作为介词，表示目的；行为，就是受思想支配而表现在外面的活动，即有意识有目的的活动。因此，劳动是人类的创造行为。创造性地劳动，使人类获得了生存与发展的条件，获得了日益丰富的生存物质和日趋完善的发展空间，获得了自然界任何动物都无法比拟的人间生活。

综上所述，从劳动的原始起源看，劳动是人类特有的思维与存在辩证统一的行为；从劳动的存在价值看，劳动是人类满足在自然界生存与发展需要的行为；从劳动的本质特征看，劳动是人类创造性地获得生存与发展条件的行为。由此可见，劳动的概念包含着劳动的起源、劳动的价值、劳动的本质这三个重要方面的信息，是劳动科学的核心概念。因此，用辩证唯物主义和历史唯物主义的观点来概括劳动概念的定义，可以表述为：劳动是人类创造生存与发展条件的行为。

（二）劳动科学的研究对象

钱学森在《现代科学技术的特点和体系结构》一文中，根据现代科学技术的特点，把科学技术的体系结构，分为九大部门，即“自然科学、社会科学、数学科学、系统科学、思维科学、人体科学、军事科学、文艺理论和行为科学”②。他指出：“这九个部门的划分不是研究对象不同，研究对象都是整个客观世界，而是研究的着眼点，看问题的角度不同。”③

① 钱学森等著：《论系统工程》，湖南科学技术出版社 1988 年第 2 版，第 515 页。

② 钱学森等著：《论系统工程》，湖南科学技术出版社 1988 年 2 版，第 526 页。

③ 钱学森等著：《论系统工程》，湖南科学技术出版社 1988 年 2 版，第 526 页。

劳动科学在现代科学技术体系结构中，也是研究整个客观世界的科学。劳动科学以客观世界的真实存在为研究对象，以人类与自然界之间的相互关系及其运动变化趋势为研究内容，以劳动实践和劳动理论的辩证统一为研究特点。劳动科学的研究范畴，与现代技术科学体系结构中的其他科学部门不同，它研究人类在自然界怎样创造生存与发展的条件；研究人与自然之间在物质、能量、信息方面进行系统交换的状态、结构、动力、关系、过程和方式；研究劳动的运动形式和发展规律及其在社会实践中的应用；研究劳动主体与劳动客体的双边关系、结合方式以及相互作用结果的存在价值和意义。因此，劳动科学是从劳动的角度和着眼点对客观世界的本质及其运动变化规律的认识。

人类的劳动，从空间上可以划分为宇观、宏观、微观三个层次。因此，作为客观存在的真实反映，劳动科学的研究范畴也可以相应地分为宇观劳动层次、宏观劳动层次和微观劳动层次三个劳动层次系统。宇观层次是以自然界为中心的劳动层次，宇观劳动就是把人类整体作为劳动主体而在宇观层次进行的劳动。在宇观劳动层次中，由人与自然两大开放系统及其二者的系统交换关系，构成了劳动的系统运动。因此，宇观劳动层次涉及的核心问题，是人类的深空探索和对宇宙天体的开发。宏观层次是以人类社会为中心的劳动层次，宏观劳动就是把人类群体作为劳动主体而在宏观层次进行的劳动。在宏观劳动层次中，由劳动人口和社会资源以及二者的动态平衡关系，组成了劳动的资源体系。因此，宏观劳动层次涉及的核心问题，是人类的社会化协作和人与自然的协调发展。微观层次是以人类自我为中心的劳动层次，微观劳动就是把人类个体作为劳动主体而在微观层次进行的劳动。在微观劳动层次中，由劳动者与劳动资料及其二者的相互作用关系，形成了劳动的生产能力。因此，微观劳动层次涉及的核心问题，是劳动中的人机关系和人类与生态环境的相互和谐。劳动的空间层次及其结构表明：人类的劳动客观上存在着宇观劳动、宏观劳动、微观劳动三个劳动层次系统，反映出宇宙天体演化、社会经济发展、人类文明进步之间有着必然的内在联系，揭示了自然现象、社会现象和生命现象在宇宙之中本来就是融为一体的，是创造性劳动把天、地、人三者辩证地统一起来。

（三）劳动科学的学科特征

劳动科学是劳动科学技术的简称，在广义上它是一级学科概念，主要包括劳动科学、劳动技术、劳动科学与技术、劳动科学技术以及劳动工程与技术等学科科学。劳动科学作为一个新兴的科学技术部门，具有整体性、综合性、实践性三大学科特征。

1. 劳动科学的整体性

劳动科学的整体性，是指劳动科学从客观事物的整体上反映劳动的本质及其运动变化规律的特性。劳动科学不是从个别劳动现象或者劳动现象的局部方面研究劳动规律，而是从劳动事物的整体或者劳动过程的全局出发，研究与探索劳动的客观规律，因此整体性就成为劳动科学首要的学科特征。

用系统分析的方法，从整体上研究劳动的结构，就可以发现：劳动，实际上是客观世界中人与自然两个相对独立存在的系统之间进行的系统交换。劳动主体与劳动客体在劳动的结构中，是两个相对独立发展的因素系统。劳动关系是劳动主体与劳动客体共同的系统边界和相互联系与衔接的界面。劳动系统是劳动主体、劳动客体和劳动关系三者之间建立内在联系的非实物性载体，它具有运筹、信息与控制的系统功能。从劳动结构的整体上看，人类是劳动的主体，自然界（包括自然、社会和人）是劳动的客体，劳动就是人类与自然界两大系统之间在物质、能量、信息方面进行的系统交换。人类在宇宙的环境之中，通过与自然界进行系统交换而得到生存与发展。因此，研究劳动结构的劳动科学，必然具有整体性的学科特征。

用矛盾分析的方法，从整体上研究劳动的运动，就可以发现：劳动，实际上是客观世界中人与自然两个矛盾事物对立统一而形成的一种特殊的物质运动（包括运动的过程及其结果）。劳动主体与劳动客体在劳动过程中构成两个基本的矛盾方面，既相互依存又相互排斥。劳动关系是劳动主体与劳动客体相互联结的中介和相互作用的产物。劳动系统是建立劳动主体、劳动客体和劳动关系三者之间联系与相互作用机制的非实物性劳动载体。从劳动运动的整体上看，人类与自然界之间的矛盾，构成劳动的基本矛盾。人类是劳动的主体，因此是劳动基本矛盾的主要方面。自然界是劳动的客体，因此是劳动基本矛盾的次要方面。人类与自然界之间的相互作用和相互影响，形成了劳动的基本矛盾运动，促成了劳动的形成与发展。所以，研究劳动运动的劳动科学，必然具有整体性的学科特征。

2. 劳动科学的综合性

劳动科学的综合性，是指劳动科学从多种要素或者多种因素的组合上反映劳动的本质及其运动变化规律的特性。劳动科学不能从劳动的单一要素或是某种个别因素的方面研究劳动规律，而只能从劳动的多种要素结合或多种因素作用组成的体系方面研究劳动的客观规律。所以，综合性是劳动科学最显著的学科特征。

劳动的过程，在客观世界是一种多重现象结合而成的综合性运动过程。马克思说：“劳动首先是人和自然之间的过程，是人以自身的活动来中介、调整和控制人和自然之间的物质变换的过程。”[①]认真研究与分析劳动的客观过程，就可以发现：

第一，劳动过程是一种人类以自身的自然力，从自然界获取自然存在物的过程。因此，这个劳动过程是一种自然现象。

第二，劳动过程同时又是一种人类以某种方式组织起来，利用集团优势形成强大自然力，向自然界索取自然存在物的过程。因此，这个劳动过程又是一种社会现象。

第三，人类在劳动过程中，通过自身的体能与智能的消耗，而在自然界创造了生存与发展的条件。所以，劳动过程是客观世界的一种生命运动现象。

第四，自然界在劳动过程中，通过人类的创造性行为，而以丰富的自然物质给人类提供了生

---

① 杨志选编：《〈资本论〉选读》，中国人民大学出版社 1996 年版，第 88 页。

存与发展的条件。所以，劳动过程又是客观世界的一种物质运动现象。

由此可见，研究劳动过程单靠某一学科的科学理论不行，需要多种学科科学与多种技术科学的相互联系、相互交叉和相互作用。所以，研究劳动过程的劳动科学，在理论上就势必呈现出一种科学与科学、科学与技术、技术与技术相互渗透、相互融合的状态，因此它就必然具有综合性的学科特征。

3. 劳动科学的实践性

劳动科学的实践性，是指劳动科学从人类劳动的实践或者劳动实践的需要上反映劳动的本质及其运动变化规律的特性。劳动科学的实践性，不仅表现在劳动理论来源于实践而又通过实践的检验去服务于实践，而且表现在劳动理论依靠实践的完善而完善、依靠实践的发展而发展，更重要的是表现在劳动理论反映客观世界的规律性，在形式上是主观思维的必然产物、在内容上是客观存在的劳动实践。

劳动目的与劳动效果，是劳动实践的重要方面。劳动效果是否能达到预期的劳动目的，是衡量劳动实践成败的一个标志。如何在劳动实践中实现劳动目的与劳动效果的统一，是体现人类文明程度的一个标志。因此，揭示劳动目的产生的原因和劳动效果形成的过程，以及劳动目的与劳动效果之间的必然联系，就成为劳动科学在内容上反映劳动实践的理论研究任务。所以说，在劳动科学之中，理论与实践不是分离而是紧密结合的，不是孤立存在而是一个客观事物的不同侧面。理论与实践在人类的劳动中产生和发展，又在人类的劳动中重新成为辩证的统一体。因此，研究劳动目的与劳动效果及其相互关系的劳动科学，必然具有实践性的学科特征。

（1996年10月刘潜指导、虞和泳执笔于中国劳动科学院国际劳工情报与信息中心图书资料室）

安全科学分类主题词表修订报告
（目录）

第一部分　工作宗旨及主题词修订方法

一、工作宗旨

通过这次配合《中国图书馆分类法》第四版（简称中图法）分类主题词表的修订工作，使分类主题词表中列入的安全主题词基本满足我国安全科学技术学科发展、安全工程专业教育和安全生产工作的实际需要，更好地为各类用户服务，特制订如下工作目标：

第一，规范安全科学公共基础理论与工程技术实践的基本用语，便于逐步确立“安全科学技术”文献在国家的标引检索与电子排版体系中应有的位置，发挥其作用。

第二，为将来设计与编制“中图法”下属的安全科学专业分类表体系创造条件，最终体现该体系的完整性和开放性，使用户能直接参与主题词标引的动态同步编辑，以及文献信息的自动检索和智能化管理。

第三，同时，探寻安全科学技术文献的分类方法和编目依据，为下一步编制“安全科学（技术）专业分类表”奠定基础。

二、主题词的修订方法

安全科学分类主题词的修订，采用以下几种方法：

第一，保留。

根据中图法第三版 X9 劳动保护科学（安全科学）类目制订的分类主题词表使用的主题词，保留在根据中图法第四版 X9 安全科学类目修订的相应类目中，继续使用。例如：“安全学”“安全生产”“安全措施”等。

第二，删改。

将中图法第三版 X9 劳动保护科学（安全科学）中不适用的主题词删除，同时列入中图法第四版 X9 安全科学相关主题词的代项，作为检索的入口词使用。例如：删除“妇女劳动保护”改为“女工保护”；删除“劳动保护管理”改为“安全管理”等。

第三，新增。

在中图法第四版 X9 安全科学类目中，增加中图法第三版 X9 劳动保护科学（安全科学）类目中没有的主题词（详见本汇报提纲第二部分之《主题词的增词范围》）。

第四，接口。

在中图法第四版 X9 安全科学类目中，对每一个部门或行业都保留一个有关安全概念的主题词，作为安全科学技术学科与其他学科主题词的入轨接口。例如：“生活安全”“消费安全”列入 X959 其他类目，“核安全” X946 核工业安全类目，“兵工安全” X944 武器工业安全类目（总论）类目，等等。

第五，英译名。

根据主题词的中文含义和语法规则以及英汉编译法则，将列入中图法第四版 X9 安全科学类目中的主题词，由中文译成英文。（详见本提纲第三部分：《安全科学技术名词、术语与部分概念的注释》）

三、主题词的主要来源

在中图法第四版 X9 安全科学分类主题词表的修订工作中，新增主题词的来源主要有以下三个渠道：

第一，目前国内正在执行的国家标准术语。

例如：（1）GB / T 3745-92《学科分类与代码》；

（2）GB / T 15259-94《矿山安全与术语》；

（3）GB / T 15236-94《职业安全卫生术语》。

第二，有关安全科学技术的核心期刊或重要刊物。

例如：（1）中国劳动保护科学学会主办的《中国安全科学学报》；

（2）国家经贸委安全科学技术科学研究中心与国家职业安全卫生管理体系认证中心（北京）主办的《中国职业安全卫生管理体系认证》；

（3）北京理工大学与中国兵器工业集团公司安全生产委员会办公室主办的《兵工安全技术》。

第三，安全科学技术的学术研究、技术实践以及安全工作的基本用语。

例如：（1）学术研究基本用语方面的主题词，如“安全系统”“安全因素”等；

（2）技术实践基本用语方面的主题词，如“安全隐患” “安全事故”“安全评价”“安全对策”“安全控制”“安全距离”等；

（3）安全工作基本用语方面的主题词，如“安全执法”“安全监察”“安全生产”“安全消费”等。

第二部分 安全科学文献主题词的增词范围及其理由

一、安全科学文献主题词的增词范围

在安全科学分类主题词表的修订工作中，新增主题词的适度范围，主要以国家各主管部门法规颁布的安全知识和安全体系为客观依据，表现在以下五个方面：

第一，安全学科科学技术体系。

反映和体现安全科学技术在学科名称与科学原理方面的基本用语，如“安全哲学”“安全工程学”“安全系统”等。

第二，安全专业科学技术体系。

反映和体现安全科学技术在教育、专业资格和宣传方面的基本用语，如“安全工程师” “安全审核员”“安全教育” “安全宣传”等。

第三，安全应用科学技术体系。

反映和体现安全科学技术在应用领域和系统安全方面的基本用语，如“本质安全”“工业安全”“消费安全”“生活安全”等。

第四，安全工作体系。

反映和体现安全科学技术在安全工作和技术实践方面的基本用语，如“安全生产”“安全法规”“安全标准”“安全评价”等。

第五，安全特定问题。

反映和体现安全科学技术对外界危害因素及其控制问题研究方面的基本用语，如对“安全事故”“危险源安全控制”“职业安全卫生”“安全产品”的专门研究与解决等。

二、安全科学文献主题词的增词理由

经过对安全科学分类主题词表的修订，与中图法第三版 X9 劳动保护科学（安全科学）类目

表的主题词相比，与中图法第四版 X9 安全科学类目对应的分类主题词表共增加了 200 多个主题词，主要是出于以下几个方面的考虑：

第一，安全问题已经不是个别企业或者个别人的问题，而是上升为整个人类生存与发展的首要问题。人类只有安全才能生存，只有生存才谈得上发展。尽管我国政府在安全立法与安全监察、安全生产和安全消费以及安全教育和安全宣传等诸多方面都给予了应有的重视，并且进行了大量的工作和投入了大量的人力、物力、财力，但是重大安全事故，特别是群死群伤的恶性安全事故仍时有发生，这充分说明安全工作的具体实践，缺少安全科学技术理论的指导。安全第一的实践地位，并不能使安全科学技术知识，自发地形成一个完整的体系，需要人们从整体上搞好它，而安全科学分类主题词表的修订工作，正是进行安全科学技术知识体系建设的重要开端。

第二，安全科学技术文献的主题词不仅是一种标引、检索语言，它更是一种规范语言。如果一门科学的主题词不完整或量太少，不仅会影响本学科的理论建设，而且在最大程度上影响到它的社会实践，这在安全科学技术领域尤其突出。这次提出的一系列主题词虽然只有 200 多个，但都是在安全问题上不可缺少的科学语言和技术语言。作为这么大的一门科学技术学科，在正式词中也只是选取了一些最具有代表性的，与其他发展历史较长的学科相比，安全科学技术文献主题词的词汇要少得多。因此，安全科学技术作为一门新兴的综合科学学科，主题词还要大量地增加，才能适应学科发展和社会实践的需要。

第三，安全科学技术学科属于新形成的综合科学学科，所以它与所有的科学发生横向联系，如果不能和其他领域接轨搭桥，那么对这些领域的安全是一个损失。当代的安全概念是一个涉及全民的概念，不是个别人的问题，哪个实践领域的人员安全科技知识缺乏，就会出现知识空白和主要语言的传播不到位，哪个实践领域的安全就搞不上去。在安全体系上之所以要按照实践需要分为那么多层次，是因为其他科学已经形成了知识层次，而安全科学尚未形成。所以，中图法第四版 X9 安全科学类目的这些主题词是要想满足人们对安全知识起码的需求。

第四，不仅各行各业要有自己的安全专业科技人员，还要让社会上所有的人都掌握必要的安全知识。只有建设起专业队伍和很好的安全体系，让所有的人都掌握其应该掌握的安全知识，才能实现人的动态安全。如果不把安全主题词统一的完整体系建立起来，各个领域各搞一套，会造成词语混乱的不良后果。安全科学技术作为综合科学领域的一门新兴学科，它的主题词是包含自然科学、社会科学在内的横向科学领域的主题词，它们之间既相互交叉，又相互融合。所以，安全科学分类主题词完整体系的建设，可以作为综合科学学科主题词体系建设的实例，它的主题词库对于综合科学领域的许多学科来说，具有典型的示范作用，不仅有着重要的实践价值，还有开创性的理论价值。

第三部分　安全科学技术名词、术语与部分概念的注释

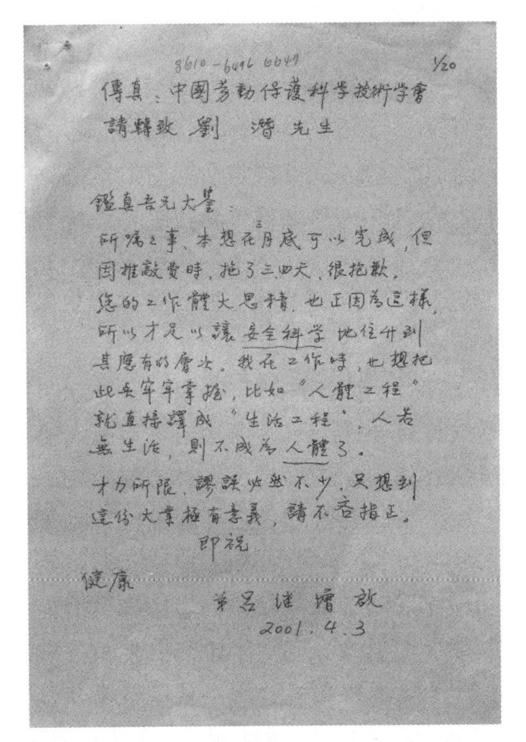

8610-6496 6049　　1/20

傳真：中國勞動保護科學技術學會

請轉致 劉 潛 先生

鑑真吾兄大鑒：

所囑之事，本想在三月底可以完成，但因推敲費時，拖了三四天，很抱歉。

您的工作體大思精，也正因為這樣，所以才足以讓安全科學地位升到其應有的層次。我在工作時，也想把此要牢牢掌握，比如"人體工程"就直接譯成"生活工程"，人若無生活，則不成為人體了。

才力所限，謬誤必然不少，只想到這份大業極有意義，請不吝指正。

即祝

健康

弟呂繼增敬

2001.4.3

图 1　台湾《工业安全卫生》主编吕继增先生在完成安全科学汉语名词、术语的英文翻译后给刘潜先生的信涵手稿影印件

7/20

(6) 安全學：關於安全的學問

Safetics

Scholarship on safety.

(8) 安全辯証法：安全的辯証法

Safety dialectic

Dialectic on safety.

(9) 安全唯物論：安全的唯物論

Safety materialism

Materialism on safety.

(1) 安全科學：安全在一切客觀事物中的科學(學問)

Safety science

Science (Scholarship) deal with objective things to found safety conditions.

(4) 安全科學學：安全科學的科學

Safety scientology

Scholarship deal with safety science in general scope.

附註：此詞連用兩個學字，在中文已為少見，在英文危強譯為 scientology，又与某新興宗教相同，但前有 safety 限制，尚可用。

图 2　吕继增先生翻译的安全科学部分汉语名词、术语的手稿影印件

安全科学分类主题词的新词即未有过的英译名是这次修订工作的主要难点之一，原因有二：

其一，安全科学技术学科是 1985 年在中国正式开始创建的一门新兴的综合科学学科[①]，它的学科理论与科学技术体系的建立，涵盖一系列新的名词、术语，都是我国科学工作者独立完成的科研成果，这些在国外尚无先例。因此，安全科学分类主题词特别是它的学科名词和部分基本术语，没有现成的英文译名，无法借鉴外国人的称谓。相反，外国人将要引进我们的，需要按照中文的概念和中国人的语言规律把它从中文译成英文。现在要做的工作之所以困难，就在于要在没有借鉴的情况下，把这些科学概念从中文翻译成英文。

其二，综合科学是中国人首先发现的安全科学、环境科学、管理科学、劳动科学等一个新兴科学技术学科群，它是在自然科学、社会科学等纵向科学技术领域以及数学科学、系统科学等横断科学技术领域的基础上，相互交叉、相互渗透、相互融合而形成的横向科学。因此，它有着区别于纵向科学和横断科学的基本特征、知识结构和科学体系。（参见本文第四部分之“安全科学分类主题词表的科学依据”）

----

① 刘潜等著：《从劳动保护工作到安全科学》，中国地质大学出版社 1992 年版。

综合科学学科理论是以人类要达到的某种特定目标所形成的学问。这种以特定目标界定的学问一旦形成一个完整的体系结构，就成为一门综合科学学科。安全科学技术是一门典型的综合科学学科，它是以实现人的身心免受外界因素危害的存在状态（即健康状况）及其保障条件为目标而建立起来的一种科学技术知识体系。所以，某些安全科学分类主题词作为安全科学技术文献信息的标引、检索语言，它的英译名无法在自然科学英汉辞典或是社会科学英汉辞典中查阅到，原因就是这门学科的某些名词、术语是首创的，在国际上没有先例。既然如此，我们只能根据这些主题词的内涵和英汉编译法则，自己去把它译成英文。

为了更确切地把安全科学技术学科名词以及安全科学技术理论基本术语翻译成英文，对其中的一些科学概念进行了必要的注释。

（1）安全，是指人的身心免受外界因素危害的存在状态（即健康状况）及其保障条件。安全的概念定义由人体的存在状态和状态的保障条件两部分组成。

所谓人体的存在状态，是指人的身心免受外界因素危害的存在状态。人的活动离不开物，物既是人安全的必备保障条件，又是有可能对人体产生危害的因素，而物本身也有一个存在状态。物的存在状态对人体的危害有两种情况：物质因素在人体内或从人体外危害人的健康。在人体皮肤内部解决危害人体健康的问题属于医学科学研究的范畴，从人体皮肤外部解决危害人体健康的问题，属于安全科学研究的范畴。

所谓存在状态的保障条件是指人体的健康存在状态要靠外界因素即事物的作用状况来保障。如果外界因素的作用状况（包括静态和动态）不从体外危害人的健康，那么这个人也就安全了。外界因素即事物的作用状况如何能保障人的安全是安全科学技术研究的特定问题。安全科学不仅要研究对保障人体健康的外界条件提出要求，而且更要根据这一要求条件研究人的状态、物的状况、人与物关系的表现形式以及由这三者（“三要素”）在安全上形成的内在联系即安全系统（“第四因素”），这两方面的研究结合起来才是一个完整、科学的安全概念。

（2）安全科学：安全在一切客观事物中的科学（学问）。

（3）安全技术：安全在一切事物中实现的方法、手段、措施。

（4）安全科学学：安全科学的科学。

（5）安全科学技术：安全在一切客观事物中实现的科学技术。

（6）安全学：关于安全基本规律即安全的基础科学的学问。

（7）安全哲学：安全的哲学（安全领域的哲学）。

（8）安全辩证法：安全的辩证法。

（9）安全唯物论：安全的唯物论。

（10）安全观：安全的世界观。

（11）安全设备学：安全设备的基础学科，及安全在物质领域的规律性学问。

（12）安全人体学：安全人体的基础学科，及安全在人体领域的规律性学问。

（13）安全社会学：安全社会的基础学科，及安全在社会领域的表现形式（如管理、经济、教育、法规等）的规律性学问。

（14）安全系统学：安全系统的基础学科，及安全在人、物、人与物关系的内在联系领域的规律性学问。

（15）安全机电学：安全机电设备的学问，及安全在机电设备领域的规律性学问。

（16）安全卫生设备学：安全卫生设备的学问，及安全在卫生设备领域的学问。

（17）安全生理学：安全生理的学问，即安全在人体生理领域的学问。

（18）安全心理学：安全心理的学问，即安全在人体心理领域的学问。

（19）安全人机学：安全人体与外界物质关系的学问。

（20）安全管理学：安全管理的学问，即安全在管理领域的学问。

（21）安全经济学：安全经济的学问，即安全在经济领域的学问。

（22）安全教育学：安全教育的学问，即安全在教育领域的学问。

（23）安全法学：安全法的学问，及安全在法规领域的学问。

（24）安全伦理学：安全伦理的学问，即安全在伦理领域的学问。

（25）安全文化学：安全文化的学问，即安全在文化领域的学问。

（26）安全美学：安全美学的理论，即安全在美学领域的学问。

（27）安全计量学：安全计量的学问，即安全在计量领域的学问。

（28）安全运筹学：安全运筹的学问，即安全在运筹领域的学问。

（29）安全信息论：安全信息的理论，即安全在信息领域的学问。

（30）安全控制论：安全控制的学问，即安全在控制领域的学问。

（31）安全工程学：安全工程的学问，即安全在工程领域的学问。

（32）安全设备工程学：安全设备工程的学问，即安全在设备工程领域的学问。

（33）安全人体工程学：安全人体工程的学问，即安全在人体工程领域的学问。

（34）安全社会工程学：安全社会工程的学问，即安全在社会工程领域的学问。

（35）安全系统工程学：安全系统工程的学问，即安全在人、物、人与物关系以及三者内在联系工程领域的学问。

（36）安全工程：安全的工程，即实现某种安全目标全过程所运用的种种安全技术及其综合。

（37）安全设备工程：安全设备的工程，即实现设备自身安全和实现整体安全目标的全过程所运用物质的种种技术及其综合。

（38）安全人体工程：安全人体的工程，即实现人体自身安全和实现整体安全目标的全过程所运用人体功能的种种技术及其综合。

（39）安全社会工程：安全社会的工程，即实现社会自身安全和实现整体安全目标的全过程所运用社会功能的种种技术及其综合。

（40）安全系统工程：安全系统的工程，即实现安全整体目标的内在联系的全过程中所运用的种种运筹、信息、控制等技术及其综合。

（41）安全史：安全的历史，及安全史学。

（42）安全体系：安全的体系，它是指具有实现安全功能的结构的表现形式。安全体系包括安全的科学体系、工作体系和问题体系。其中：安全科学体系是指包括研究客观规律的学科科学、研究培养专业人才的专业科学和研究服务领域理论的应用科学三种科学技术体系在内的知识结构。安全工作体系是以解决某一系列工作岗位安全为依据而建立起来的知识技能结构。安全问题体系是以解决某一特定问题及外界因素对人体危害的问题为依据而建立起来的知识结构。这三种安全体系的知识结构既相互区别又相互联系：安全问题是安全科学的研究着眼点，安全工作是安全科学的实践，同时在安全工作的社会实践过程中又会提出新的安全问题，促进安全科学的发展。

（43）安全自组织：安全的自组织，它是指在安全因素之间实现自动互补的系统功能。

第四部分　设计与编制安全科学分类主题词表的完整体系

由于目前整个综合科学领域还处在形成时期，一些新兴的综合性学科科学，例如环境科学，劳动科学至今尚未建立起完整的科学体系，也不可能形成规范的分类主题词表和科学的专业分类表。安全科学技术是综合科学领域的一门新兴学科，因此，这次对安全科学分类主题词表的修订工作，可以看作综合科学学科规范主题词的一个实例。以安全科学分类主题词表为例，在《中国图书馆分类法》（以下简称《中图法》）第三版中它以劳动保护科学（安全科学）的名称列入 X9，有分类而无类目，仅仅是主题词的堆积与罗列，还没有形成一个体系；在《中图法》第四版中它以安全科学的名称列入 X9，分类也有了类目，已经初步形成一个体系的轮廓。

《中图法》（第四版）安全科学分类主题词表的修订，以综合科学的基本特征以及反映和体现这些基本特征的安全知识结构和安全学科科学技术体系，安全专业科学技术体系，安全应用科学技术体系，安全工作体系，安全特定问题，这样就较为完整而准确地勾画出安全科学分类主题词表结构的基本框架。但是，由于《中图法》第四版类目的限制，不可能通过这一次修订工作而使安全科学分类主题词表形成一个完整的科学体系。为建立安全科学分类主题词表的完整体系，同时也为与安全科学在同一综合科学领域的其他新兴学科的分类主题词表提供范例，有必要尝试设计与编制一个新的安全科学分类主题词表的科学体系，以实现科学文献信息标引、检索和电子排版的自动化与智能化，从而达到为各类用户更好服务的最终目的。

一、安全科学分类主题词表的科学依据

安全科学技术是综合科学领域的一门新兴科学学科，按它的科学分类建立主题词表，作为文献标引、检索语言，必然要反映和体现综合科学学科的基本特征，以及反映和体现这些基本特征的安全知识结构和安全体系。因此，综合科学学科的基本特征、安全知识结构和安全体系，就成

为设计与编制安全科学分类主题词表的科学依据。

（一）综合科学学科的基本特征

综合科学学科是在当代社会生产力迅猛发展，科学技术日新月异的历史条件下，人类为了运用客观规律去实现某种特定的目的以满足人们的某种特定需要，而在自然科学，社会科学等纵向科学技术领域以及数学科学，系统科学等横断科学技术领域横向相互交叉，相互渗透与相互融合的基础上形成的一个全新的科学技术学科群。综合科学学科作为一个相对独立的横向科学技术领域，与纵向科学、横向科学这两个科学技术领域相比，具有更突出的目的性、综合性、横向性、系统性四大基本特征。

第一，目的性。

综合科学学科把人类的某种特定目的作为一个科学研究领域，是以实现人的某种特定目的，满足人类的某种特定需求而建立起来的科学技术体系。例如，安全科学技术把人类自身的安全作为自己的科学研究领域，是以实现人的动态安全，满足人类生存与发展的安全需要为目的而建立起来的科学技术体系。因此，综合科学作为一个科学技术的学科群，它的科学研究方向是根据人类特定的目的确定的。

第二，综合性。

在现代科学的整体结构中，自然科学、社会科学等纵向科学是研究单要素的科学技术领域，如生物科学以生物体作为科学研究的基本要素；由两个纵向科学相互交叉而形成的交叉科学是研究双要素的科学领域，如生物化学研究生物体的化学问题以及用化学方法去研究生物体问题；而由自然科学、社会科学等纵向科学技术以及数学科学，系统科学等横断科学技术相互渗透和相互融合而形成的综合科学学科，是研究人、物与人物关系三要素及其系统的综合科学技术领域，如安全科学技术所研究的安全，就是一个有安全主体（人）、安全客体（物）、安全关系（人与物之间关系的外在表现）以及这三者之间相互联系构成的非线性的复杂巨系统。

由人要实现的某种特定目的所决定，综合科学不仅把人看作是它服务的对象，同时把人也看作是实现服务目的要素并且是具有主观能动作用的科学要素。由于人的存在，人的活动是与物相联系的，因此“物”也构成综合科学的基本要素。而人与物之间相互作用的外在表现形式是“关系”要素，如管理、经济、教育、法规等，都是属于综合科学中“关系”要素的表现形式。人与物之间的内在联系形式是第四个因素“系统”，它是在人、物以及人与物关系三个科学研究的基本要素形成相互匹配的基础上产生的。“系统”因素一经产生，就把人、物、人与物关系三个要素转化为因素，因为人本身具有非线性，所以人的活动参与到系统之后，就形成了一个由三要素与四因素构成的非线性的复杂巨系统。

第三，横向性。

综合科学以实现人的某种特定目的，满足人的某种特定需求作为自己的科学目标，为了实现这个科学目标来满足人类的主观愿望，就需要集中人类有史以来的全部智慧成果，运用一切科学与技术作为实现人类某种特定目的的方法、手段、措施，并且在对这些科学技术重新组合的过程中实现这种科学创新，在运用这些客观规律的过程中发现自身的客观规律。因此，综合科学学科群必须充分运用自然科学、社会科学等纵向科学学科群以及数学，系统科学等横断科学学科群的科学技术知识，既相互渗透，相互融合，又具有自己独特的知识结构。例如，安全科学技术学科就是运用人类有史以来的一切科技知识，在研究如何实现人类安全的过程中，发现了安全的构造是由人（安全主体）、物（安全客体）、人与物关系外在表现（安全关系）及其相互联系（安全系统）构成的非线性复杂巨系统，从而形成了独具特色的安全知识结构。

第四，系统性。

综合科学学科是靠建立功能系统来实现人类特定目的，以满足人类某种特定要求。综合科学领域的科学技术常常是在人类参与的各种一般系统（包括物质系统或信息系统）中形成自身某种特定的功能系统，通过发挥该一般系统功能的同时来实现特定目的目标，达到特定需求。例如，安全科学学科所研究的目标即安全的实现，除了专门为安全服务的系统如社区的保安系统之外，在一般情况下，是通过利用它所服务的那个机构或组织系统如企业生产系统、市场消费系统，形成一个安全功能系统，只有在发挥安全系统功能的过程中才能实现动态安全，从而在人类参与各种活动（如生产或是消费）过程中使身心免受外界因素的危害，这样也就为人类的生存与发展提供了安全保障。

（二）安全知识结构

综合科学学科的知识结构，是综合科学学科群与自然科学、社会科学等纵向科学学科群以及数学、系统科学等横断科学学科群相互区别于内在联系的内容。

安全科学技术作为综合科学学科群中的一门典型的学科，不仅具有综合科学学科群共同的基本特征，而且还具有自己独特的知识结构。安全知识结构是安全科学技术的内在联系方式，它集中地反映和体现了综合科学学科群目的性、综合性、横向性、系统性的基本特征。按照科学与技术，理论与实践相互区别又相互统一的原则，安全知识本身可以划分为学科科学、专业科学、应用科学、工作实践和特定问题五种知识类型。

第一，安全知识结构的学科科学类型，是根据认识的角度来划分的“安全某某”知识结构。人们对学科理论知识的认识高度，形成科学体系横向层次的五个台阶，这就是：哲学思想（安全哲学）、基础科学（安全学），技术科学（安全工程学）、工程技术（安全工程）、技术实践（安全工作）。从哲学思想到基础科学、技术科学、工程技术，再到技术实践，这些领域要发展的“安全某某”科学技术知识结构，形成安全科学学科科学技术体系。

第二，安全知识结构的专业科学类型，是根据社会专业分工的需求来划分的从安全理论到安全实践的知识结构。在科学技术以及社会生产力发展迅速的今天，社会上已经出现了专门从事安全工程的人才队伍，这个社会角色已经形成，他们需要从全面的安全基础理论到相应的安全专门技术来培养自己分析和解决问题的能力，要有特定的安全科学技术知识结构的支持。因为安全工程技术人员在社会发展中有着不可替代的作用，也就必须有它自己独立的知识结构，这就是安全专业科学技术体系。

第三，安全知识结构的应用科学类型，是根据它所服务的对象领域来划分的“某某安全”知识结构。安全问题存在广泛性、复杂性、相对性等特征，仅就它的广泛性来说，任何一个领域，只要有人存在，都存在安全问题。因此，应用科学是以安全存在领域具有的突出问题为中心，即社会实践的具体领域来划分的安全知识层次，这些实践领域的安全知识就形成了安全应用科学技术体系，如机械安全、电气安全、化工安全等。

第四，安全知识结构的技术实践类型是根据安全工作的专业技术特征来划分的。安全工作的专业技术特征是由于被解决的危害的性质决定的。为了使安全工程专业技术人员能够从安全的广泛性、复杂性、相对性中很好地掌握工作内容，具有工作能力，不能不对安全问题进行专业技术特征的区别，因此就要把安全工程专业专门化。根据我国 1997 年颁布的《安全工程专业中、高级技术资格评审条件（试行）》中的规定，把安全专业技术工作分成五类，即根据专业技术特征区分出五种专业技术类别：其一，解决直接危害问题的工程技术叫劳动安全工程；其二，解决通过人的生理或心理产生危害问题的叫劳动卫生工程；其三，解决特定设备危害问题的叫特种设备安全工程；其四，解决识别安全状况的检测检验技术的叫安全检测检验技术；其五，将前四个工作类别进行综合并实行总体控制的叫安全系统工程。每类专业技术工作都有各自不同的安全知识结构。

第五，安全知识结构的特定问题类型，是根据特定的研究对象来划分的。

这种安全特定问题的研究，是指对外界因素危害人体身心健康问题的研究，它包括从正面来研究外界因素对人的危害以及研究纯危害即外界因素危害本身。研究特定的对象、特定因素危害的对象，研究如毒物本身和研究这种特定的外界因素怎样危害人体身心健康的问题。特定危害问题研究包括三方面含义：

其一，人类生存活动中，要实现的目的是安全，而不是危害，也不是事故，因此必须以安全这个目标作为看问题的角度和解决问题的着眼点。安全是人们看问题的角度和出发点，事故不是看问题的角度，也不能作为解决问题的出发点，它只是针对实现安全要解决的一个特定问题。

其二，特定问题研究的着眼点是要解决安全问题即实现安全，是怎样去实现它以及实现到什么程度。实现安全是解决安全特定问题的着眼点，它的目的是要排除危害，因此安全研究危害只是实现安全的一个环节，而不仅仅是单纯的危害本身。

其三，只有以安全这样的一个角度和着眼点去研究安全的特定对象问题，才能用安全系统的方法去解决种种系统安全的问题。具体的安全问题的研究只是停留在系统安全认识阶段，它虽然也要实现人的安全，但是并没有脱离出局部，无法从安全的整体来解决安全问题。因此，只有用安全系统的方法去解决系统安全的问题，才能实现人的动态安全。在当前如果不采用这种安全系统的方法，人的安全就不能得到很好的保障。

（三）安全体系

综合科学学科的科学体系，是综合科学学科群与自然科学、社会科学等纵向科学学科群以及数学、系统科学等横断科学学科体系群相互区别的存在形式。

安全科学技术所以是综合科学学科群中的一门典型的科学学科，不仅具有与综合科学学科群共同的基本特征且具有自身独特的知识结构，还具有自己独特的体系。

安全体系是安全功能系统的结构表现形式，它不仅反映和体现了综合科学学科的目的性、综合性、横向性、系统性的基本特征，而且反映和体现了安全学科科学、专业科学、应用科学、工作实践和特定问题等五种类型的安全知识结构体系。

安全体系包括安全的科学、工作和问题三大类体系。其中，安全科学体系是指包括研究客观世界规律的学科科学、研究培养专业人才的专业科学和研究服务领域理论实践的应用科学三个类型科学技术体系在内的知识结构的表现形式。安全工作体系是以解决某一系列特定安全问题如外界因素对人体健康危害的问题为依据而建立起来的知识结构的表现形式。这三大类安全体系的知识结构表现形式之间既相互区别又相互联系：安全问题是安全科学研究解决的着眼点，安全工作是安全科学的社会实践；而安全科学是做好安全工作和解决安全问题的理论、规律和指导，同时在安全工作的社会实践过程中又会提出新的安全问题，促进安全科学的新发展。

二、安全科学分类主题词表的总体设计

安全科学分类主题词表的设计与编制，以综合科学学科的基本特征、知识结构和科学体系为基础，以安全科学学科的基本特征、安全知识结构和安全体系为依据，在总体的设计中反映和体现安全科学分类主题词表横向分类、纵向分级、体系开放、动态编辑资格方面的结构与功能。

1. 横向分类

依据安全知识结构的五类知识结构类别即体系按阶梯式排列，将安全科学分类主题词表划分为五个安全的科学概念系统，其正式名称分别为：

第一部分：安全学科科学技术体系；

第二部分：安全专业科学技术体系；

第三部分：安全应用科学技术体系；

第四部分：安全工作体系；

第五部分：安全特定问题。

2. 纵向分级

（1）在将安全科学分类主题词表划分为五个部分的一级分类基础上，进行二级分类，即将每个部分的概念系统又划分为若干子类。如将“第二部分：安全专业科学技术体系”划分为“安全人员”“安全教育”和“安全宣传”三个二级类目。

（2）在将安全科学分类主题词表的一级类目划分为若干子类的基础上，进行三级分类，即将二级类目的概念系统又划分为若干小类。如将二级类目的“安全教育”又划分为“安全专业教育”“职业安全教育”“生活安全教育”三个三级类目。

（3）安全科学分类主题词表只设置一、二、三级类目，不再做进一步的细分。

3. 体系开放

（1）在安全科学分类主题词表的一级类目中，除实质性的五类概念系统的类目划分之外，另设置第六部分作为尚待补充的内容。如果这个部分随着科学发展有了实质性的内容，那么就再增设第七部分作为概念系统发展的余地。以此类推，直至满足分类与编目的需要。

（2）在安全科学分类主题词表的二级类目与三级类目中，也如一级类目那样，除实质性内容的类目以外，另设“其他”类目作为备用。如果“其他”类目有了实质性的内容，就再增设一个备用，以此类推，直至满足分类与编目的需求。

（3）安全科学分类主题词表的主题词编号采用阿拉伯数字，在类目级别的“—”后自然排序，序号无限延长，直至满足编辑的需要。

4. 动态编辑

（1）安全科学分类主题词表设置“主表”与“副表”两个词库系统，以一定的标准词频作为相互区分的客观依据。“主表”内的主题词，表示在一定时期内词频较高（即达到或超过标准词频）的主题词；“副表”内的主题词，表示在一定时期内词频较低即尚未达到标准词频或当时已不再适用的主题词。

（2）列入“主表”与“副表”的主题词，不需要再做删除处理。可以根据词频统计的结果，按照规定的词频标准，将达到或超过标准词频的主题词升入“主表”，反之则降入“副表”。同时，对确定已不再适用的主题词，不论其词频如何，均保留在“副表”，作为历史文献检索语言。

（3）在互联网上设立“中国安全科学文献分类主题词表”网站，依据读者（用户）在网上的点击率（即词频）判断主题词是否符合规定的标准词频，自动同步地调整“主表”与“副表”两个词库内主题词的位置，使其稳定地保持在符合词频标准的主题词库之中。同时，对用户（读者）在网上填写的主题词，根据分类编目原则和增词技术要求，做进一步的规范化处理，然后纳入相应的主题词表（“主表”或“副表”）之中。

三、安全科学分类主题词表的分类目录

安全科学分类主题词表的分类编目，包括安全科学分类主题词的一级类目、二级类目、三级类目，以及作为类目范例的部分主题词。安全科学分类主题词表的分类目录如下：

（一）安全学科科学技术体系

1.1.0-0 安全科学技术与安全科学学

1.1.1-0 安全科学技术

1.1.2-0 安全学

1.1.3-0 安全技术

1.1.4-0 安全科学学

（1）安全科学技术体系学（安全体系学）

（2）安全科学技术能力学（安全能力学）

（3）安全科学技术关系学（安全关系学）

1.1.5-0 其他

1.2.0-0 安全科学技术的横向类别

1.2.1-0 哲学思想类

（1）安全哲学

（2）安全史学

1.2.2-0 基础科学类

安全学

1.2.3-0 技术科学类

安全工程学

1.2.4-0 工程技术类

安全工程

1.2.5-0 其他

1.3.0-0 安全科学技术的纵向分支

1.3.1-0 安全哲学的纵向分支

（1）安全观

（2）安全辩证法

（3）安全唯物论

1.3.2-0 安全学的纵向分支（安全科学的二级学科）

（1）安全设备学

（2）安全人体学

（3）安全社会学

（4）安全系统学

1.3.3-0 安全设备学的纵向分支（安全科学的三级学科）

（1）安全设备机电学（安全机电学）

（2）安全设备卫生学（安全卫生学）

1.3.4-0 安全人体学的纵向分支（安全科学的三级学科）

（1）安全生理学

（2）安全心理学

（3）安全人机学

1.3.5-0 安全社会学的纵向分支（安全科学的三级学科）

（1）安全管理学

（2）安全经济学

（3）安全教育学

（4）安全法学

（5）安全伦理学

（6）安全文化学

（7）安全美学

（8）安全计量学

1.3.6-0 安全系统学的纵向分支（安全科学的三级学科）

（1）安全运筹学

（2）安全信息论

（3）安全控制论

1.3.7-0 安全工程学的纵向分支

（1）安全设备工程学

（2）安全人体工程学

（3）安全社会工程学

（4）安全系统工程学

1.3.8-0 安全工程的纵向分支

（1）安全设备工程

（2）安全人体工程

（3）安全社会工程

（4）安全系统工程

1.3.9-0 其他

1.4.0-0 其他

（二）安全专业科学技术体系

2.1.0-0 安全人员

2.1.1-0 安全评审人员

（1）安全评价员

（2）安全预评员

（3）安全审核员

2.1.2-0 安全工程（专业）技术人员

（1）安全员

（2）安全工程师

2.1.3-0 安全执业人员

注册安全工程师

2.1.4-0 其他

2.2.0-0 安全教育

2.2.1-0 安全专业教育

（1）安全科学技术专业

（2）安全工程专业

2.2.2-0 职业安全教育

（1）岗位安全培训

（2）企业职工三级安全教育

2.2.3-0 生活安全教育

（1）生活安全知识

（2）生活安全技能

2.2.4-0 其他

2.3.0-0 安全宣传

2.3.1-0 安全新闻与媒体传播

2.3.2-0 安全画刊与音像制品

2.3.3-0 安全广告与安全电影电视

2.3.4-0 其他

（三）安全应用科学技术体系

3.1.0-0 系统安全工作

3.1.1-0 部门安全工作

（1）国土安全

（2）消防安全

（3）交通安全

3.1.2-0 行业安全工作

（1）农业安全

（2）工业安全

（3）第三产业安全

3.1.3-0 其他

3.2.0-0 系统安全工程

3.2.1-0 部门安全工程

（1）人防工程

（2）消防工程

3.2.2-0 行业安全工程

（1）电气安全工程

（2）压力容器安全工程

3.2.3-0 其他

3.3.0-0 生活系列安全

3.3.1-0 家庭安全

3.3.2-0 校园安全

3.3.3-0 公共安全

3.3.4-0 环境安全

3.3.5-0 其他

3.4.0-0 其他

（四）安全工作体系

4.1.0-0 安全监察

4.1.1-0 安全政策与安全法规

4.1.2-0 安全组织与安全机构

4.1.3-0 安全监控与安全监护

4.1.4-0 安全监督与安全监察

4.1.5-0 其他

4.2.0-0 安全管理

4.2.1-0 安全标准

4.2.2-0 安全评价

4.2.3-0 安全认证

4.2.4-0 其他

4.3.0-0 安全生产

4.3.1-0 安全质量与安全体系

4.3.2-0 安全检验与安全检测

4.3.3-0 安全保障与安全保险

4.3.4-0 其他

4.4.0-0 安全消费

4.4.1-0 安全性能标准

4.4.2-0 安全健康产品

4.4.3-0 安全消费监察

4.4.4-0 其他

4.4.5-0 其他

（五）安全特定问题

5.1.0-0 外界因素危害的类型与分析

5.1.1-0 灾害学

（1）灾害物理

（2）灾害化学

5.1.2-0 自然灾害

5.1.3-0 环境危害（人为灾害）

5.1.4-0 职业病危害（人为灾害、职业危害）

5.1.5-0 安全事故危害（人为灾害、职业危害）

5.1.6-0 其他

5.2.0-0 外界因素危害的条件与控制

5.2.1-0 职业灾害致因理论

5.2.2-0 安全控制技术

5.2.3-0 劳动安全工程

5.2.4-0 劳动卫生工程

5.2.5-0 其他

5.3.0-0 外界因素危害的辨识与预防
5.3.1-0 危险识别
5.3.2-0 灾害预报
5.3.3-0 安全减灾
5.3.4-0 职业安全卫生
5.3.5-0 个体防护装备
5.3.6-0 其他

5.4.0-0 其他

四、安全科学分类主题词表的基本特征

安全科学分类主题词表最突出的特点，是它的科学性与实用性，具体地表现在以下四个方面：

第一，横向分层，突出主题。

安全科学分类主题词表总体设计的基本思路，是以安全知识结构为依据，按照安全知识结构区分的学科科学、专业科学、应用科学、工作实践、特定问题五个知识类别，把安全科学分类主题词表划分为相应的五类安全体系，即安全学科科学技术体系、安全专业科学技术体系、安全应用科学技术体系、安全工作体系、安全特定问题五个部分。安全科学分类主题词表的这种分类分级的类目划分方法，全面地概括了安全科学技术从理论到实践的科学性和功能性，涉及其一切知识领域，准确地反映和体现了综合科学学科的目的性、综合性、横断性、系统性的四大基本特征，因而使安全科学分类主题词表构成了一个完整的科学概念体系。

第二，纵向分级，编目清晰。

安全科学分类主题词表在把安全知识结构的横向层次划分为五个组成部分作为一级类目的基础上，又对每个部分的知识内容进行了二次划分和三次划分，从而形成了二级类目和三级类目。纵向层级分类编目的这一设计思路，是以统系思维与系统思维相结合的科学研究方法为指导的。按照科学知识的层次性排列主题词的编目方法，一方面用统系思维的方式，从整体到部分、从部分到个别的方向下标引或检索主题词，操作程序具有演绎推理的逻辑性质，表现为一级类目包含着二级类目，二级类目包含着三级类目；另一方面用系统思维的方式从个别到局部、从局部到整体的方向上标引或检索主题词，操作程序具有归纳推理的逻辑性质，表现为三级类目归属于二级类目之中，二级类目归属于一级类目之中。因此，安全科学分类主题词表的分类编目具有条理清晰、逻辑性强的特点，既便于与其他科学领域分类主题词表的接轨，又有利于安全科学技术文献的标引、检索与电子排版。

第三，体系开放，用户参与。

在安全科学分类主题词表的总体设计中，三个级别的类目都在各自层级的实质性类目之后设有“其他”类目，为以后新增内容保留充分的余地。主题词编号的设计也采用了自然编码、无限排序的方法。这就表明，安全科学分类主题词表在纵与横的两个方向上，使主题词库都具备了弹性功能。安全科学分类主题词表设置了“主表”与“副表”这两套词库系统，也就具有了两个弹性的主题词库。因此，它不仅可以根据安全科学技术的发展同步采取增词措施，而且可以提高用户对科学文献信息的检索命中率。同时，用户直接参与主题词的标引工作，按照分类编目原则与增词，将自己需要的主题词填写在分类主题词表的电子网页上，使安全科学分类主题词表具有科学性与使用性兼蓄、科学语言与自然语言兼容的标引与检索功能，从而实现了编制的安全科学分类主题词表为各类用户服务的最终目的。

第四，动态编辑，智能管理。

在互联网上建立国家级中文版的安全科学分类主题词表网站，如果每个科学学科都像安全科学分类主题词表那样，设置“主表”与“副表”两套弹性词库系统，那么就可以根据科学发展和社会实践的需要，对分类主题词表中的主题词随时进行人工操作。同时，还可以在网站上及时收到各类用户的建设性意见，同步改进编辑工作，实现科学文献主题词标引与检索工作的网络化。因此，运用现代高科技手段，可以实现科学文献信息的自身标引、网络检索、动态编辑和智能管理。

（2001年8月刘潜指导、虞和泳执笔于北京市海淀区索家坟首钢宿舍）

安全
集思

03

第三篇　安学发凡

我的全面安全质量管理思想

——答学友邱成先生问之一

应学友邱成先生之邀，就全面安全质量管理的工作原理及其基础理论问题，特作如下解答：

一、全面安全质量管理工作原理

全面安全质量管理的工作原理，包括全面安全质量管理的工作模式、研究内容、科学目标、管理方式、采取措施、适用范围等方面。

（一）全面安全质量管理的内容

全面安全质量管理的工作实践有四个既相对独立又相互联系、既各自为政又彼此支撑的管理模式，这就是：安全管理、风险管理、危机管理、应急管理。

在整个这四个全面安全质量管理模式的体系之中：安全管理研究或解决的安全问题，是人的生命存在状态即安全健康状况“还没出事”怎么办的问题。风险管理研究或解决的安全问题，是人的生命存在状态即安全健康状况“可能出事”怎么办的问题。危机管理研究或解决的安全问题，是人的生命存在状态即安全健康状况“快要出事”怎么办的问题。应急管理研究或解决的安全问题，是人的生命存在状态即安全健康状况“已经出事”怎么办的问题。

（二）全面安全质量管理的理论

全面安全质量管理工作的理论依据和理论指导有三：一是安全质量学，二是安全动力学，三是安全逻辑学。其中，安全质量学发现的安全质量及其运动变化规律，是全面安全质量管理工作及其管理模式设置与运营的理论基础。安全动力学揭示的实现安全的内在动力与外在动力以及二者相互作用形成的安全动力机制，是全面安全质量管理工作及其管理模式设置与运营的理论依据。安全逻辑学反映的安全思维形式及其一般规律，是全面安全质量管理工作及其管理模式设置与运营的思维指南。

安全质量学、安全动力学、安全逻辑学这三门科学，都是正在创建之中和有待于完善与发展的安全科学分支，是安全科学族群式科学体系的有效组成部分。

下面就从这三门安全科学分支在创建过程中个人考虑的理论来源和理论要点两个方面分别加以表述，以供安全界的朋友们评说、探讨与指导。

二、全面安全质量管理的理论基础

安全质量学是全面安全质量管理工作的理论基础。

（一）安全质量学的理论来源

首先是我在从事工业劳动的实践活动中，学习的质量科学知识。通过参与企业过程的民用型煤的生产管理，以及出口型煤的质量管理，使我从劳动的角度认识到了产品质量与工作质量的价值或意义，在跟随刘潜先生研究安全理论的过程中自然而然地就想到了安全的质量问题。

其次是唯物辩证法关于客观世界的质与量及其一般规律的论述使我对安全质量问题有了理论上的深刻认识。后来，又了解到物理科学揭示的物质具有波动性与粒动性兼容的现象，使我发现安全的质与量及其相互关系也有类似情况，于是便提出了安全质量波粒二象性的理论观点，认为安全在同质范围内，质的变化表现为滑动式的波动性，而质的渐进过程则表现为量的粒动。安全的质变，哲学上称为质的飞跃，就表现为安全从一个质态向另一质态跳跃式的粒动，依据一量三质现象的量的同步变化，则表现为在同一个量的计量单位里，安全的质从一个显性的质态转变为该质隐性的质态而另一隐性质态又同步转化成为显性质态的同一个计量单位内的滑跃式波动现象。也就是说，在同质范围内，安全的质表现为波动性滑跃而安全的量表现为粒动性的特征，在异质范围内，安全的质表现为粒动性的跳跃而安全的量则表现为同一计量单位中异质之间换位式的波动。

（二）安全质量学的理论要点

一是安全与其他无生命物质例如水一样，也有三种形态，这就是正安全态、零安全态、负安全态。

二是零质态与无质态的关系。零不是无而是有的开始，零有两个发展趋势，或者趋向正质态，或者趋向负质态。例如，人的绝对安全状态包括了安全的质态百分之百的极致状态，以及零危险状态和无伤害状态，其中的零危险是向相对危险发展的开始状态，而无伤害就是有的终止，是没有伤害状态，伤害的质态在此人此地此时消失了。

三是安全、危险与伤害三者的关系，表现为：安全度加危险度，安全系数等于 1。安全度与伤害度相加，安全系数等于 0。由此可见，安全、危险与伤害三者的关系，从质量融合程度的安全系数上来考察，是 1 与 0 的二进位制的关系，这就为编辑安全管理电脑软件提供了理论依据。

三、全面安全质量管理的理论依据

安全动力学，是全面安全质量管理工作的理论依据。

（一）安全动力学的理论来源

首先是我在从事农业劳动的实践活动中学习的生物遗传学知识。生物遗传学之中的摩尔根学派，主张从生物的内部结构（内因）来寻找生物遗传与变异的规律。生物遗传学之中的米丘林学派，主张从生物的外部环境（外因）来寻找生物遗传与变异的规律。通过类比推理的逻辑思维方法，我领悟到了人群目标活动系统实现安全的动力学机制也是由内因与外因两个部分相互作用形成的。特别是现代遗传学揭示的人类双螺旋基因结构与人群目标活动系统由内因与外因相互作用形成的动力学机制有着令人惊奇的相似之处，由此便产生了我的安全基因密码假说。

其次是刘潜先生的安全"三要素四因素"系统原理给了我直接的启示与灵感，他表述的"人、物、事及其系统"的安全结构理论模型，被我改造成人群目标活动系统内在结构的系统框架结构与系统运行结构两个分支子系统。系统框架结构，由人、物、事与内在联系组成，系统运行结构，由运筹、信息、控制与特定时空组成，二者的相互作用或称系统交换，形成了人群目标活动系统实现安全的内在动力。

（二）安全动力学的理论要点

安全动力学有两个理论要点，可以用一句话来概括：人群目标活动系统可以实现安全的动力学机制，是一个双重的双螺旋结构，这个结构的符号化与数字化形成的安全基因密码，可以指引全面安全质量管理工作跨越式地进入大数据时代。

人群目标活动系统实现安全的动力学机制是安全动力学的硬件理论学说，它是由四个层级组成的动态结构。第一个层级是人群目标活动系统本身。第二个层级有两个子系统，一个是人群目标活动的内在结构子系统，一个是人群目标活动的外在环境子系统。第三个层级有四个子系统的分支，前两个是内在结构子系统的框架结构分支与运行结构分支，后两个是外在环境子系统的资源结构分支与条件结构分支。第四个层级有十六个子系统分支结构的组成部分。其中，框架结构分支系统由人、物、事与内在联系组成；运行结构分支系统由运筹、信息、控制与特定时空组成；资源结构分支系统由物质、能量、信息与人力资源组成；条件结构分支系统由经济条件、文化条件、社会条件与生态条件组成。

人群目标活动系统的安全密码假说，是安全动力学的软件理论学说，它是在人群目标活动系统的动力学机制符号化与数字化的基础上，提出安全基因与安全密码的概念，把人群目标活动的动力学机制形成的双重双螺旋结构作为信息软件，视一级与二级系统即人群目标活动系统及其内在结构子系统与外在环境子系统为一个双螺旋常态基因结构，又视二级子系统与它各自的两个结构分支即内在结构子系统的框架结构分支与运行结构分支以及外在环境子系统的资源结构分支与条件结构分支为二级双螺旋常态基因结构，而视四级结构分支的每个组成部分，也就是框架结构分支、运行结构分支以及资源结构分支与条件结构分支的组成部分，为四条基因链上的四个变态基因及其族群式安全量纲（也可以同时或分别设定危险量纲，或是伤害量纲）上的参数密码群，由此便构成了安全的常项基因与变项基因，以及安全基因与安全密码的相互匹配或有机组合。

四、全面安全质量管理的思维指南

安全逻辑学是全面安全质量管理工作的思维指南。

（一）安全逻辑学的理论来源

首先是我在学术研究的实践过程中学到的逻辑学知识。形式逻辑科学是研究和揭示人类思维规律的学问，涉及概念、命题、推理、论证等思维形式，也涉及命题逻辑、词项逻辑、模态逻辑、规范逻辑以及归纳逻辑等思维类型，还有思维的确定性与论证性及其反映或揭示的逻辑思维规律。因此，形式逻辑是安全逻辑学研究的轴心学科，也是创建安全逻辑学的原始起点。

其次是在安全科学方面，刘潜先生的安全系统思想以及在刘潜老先生安全思想指导、启发或影响下我个人研究安全理论的学习成果，作为陈述人类思维规律的例证，也具有重要的意义和作用。安全逻辑学，既是逻辑学知识在安全领域的应用，又是安全科学一门独立的分支。就像是果树栽培学讲的远缘杂交，嫁接的母本学科是形式逻辑学，父本学科是安全科学的理论与实践，企盼生成二者融合如一的科学新品种，那就叫作安全逻辑学。

（二）安全逻辑学的理论要点

创建之中的安全逻辑学要注意的学术问题及其理论要点尚在思考中，有待于人们共同研究与探讨。

首先是要妥善处理思维内容与思维形式之间的关系。在现实生活中，人的思维内容与形式不可分，但逻辑学又是只研究思维形式而不研究思维内容的科学。我们研讨安全逻辑学的创建问题，就需要把安全科学的理论与实践这样的专业化思维内容，与形式逻辑学研究的人的思维形式有机地并且有效地结合起来，相互匹配与相互渗透而成为一门新的科学。因此在具体做法上，只能是在陈述形式逻辑思维的科学知识的同时，以安全科学的理论问题与实践经验为案例，用逻辑科学的知识去解决安全科学的问题。

其次，要在创建安全逻辑学的过程中体现恩格斯提出的辩证法、认识论、逻辑学三位一体的学术思想。辩证法是研究与揭示客观世界一般规律的科学，反映或体现了人类的思维方法，判定其理论或观点正确与否的方式，不能用对错或真假来衡量，而只是适用或不适用的问题。认识论是研究与揭示人类如何认识客观世界一般规律的科学，反映或体现了人类的思维内容，判定其理论或观点正确与否的方式，不能用真假或者是否适用来衡量，而是主观认识与客观存在符合与否的对或错去表达。逻辑学是反映与揭示人类思维结构及其表现形式一般规律的科学，反映或体现的是人类的思维形式，判定其理论或观点正确与否的方式，不能用对错或者是否适用来衡量，而是要明确这一思维形式的真或假。如何把人类思维的方法、内容与形式有机地结合起来，体现辩证法、认识论、逻辑学三位一体的学术思想，就成为创建安全逻辑学的一个重要的课题了。

五、结束语

（一）全面安全质量管理思想的形成

总结全面安全质量管理思想形成的经验，有两条：一是向自己的亲身经历学习，二是悟出了“不治而治”的学习方法。

记得恩格斯曾经说过，懂得理论最好的道路，就是向自己的亲身经历学习。我从工业劳动的实践活动中，通过企业生产的质量管理活动，以类比推理的逻辑思维方法，研究了安全质量学问题。从农业劳动的实践活动中学习到了生物遗传学知识，并且以灵感思维方式，研究了安全动力学问题。从学术研究的实践活动中，通过学习刘潜先生的安全思想和我父亲教授的逻辑学知识，以及我个人的安全理论研究成果，开始了对安全逻辑学的探讨，由此奠定了全面安全质量管理思想的理论基础。

我在自己经历的农业劳动、工业劳动以及学术研究的实践活动中，悟出了“智者治学，不治而治”的学习方法，依据综合科学学科要利用已知客观规律和以往实践经验才能达到科学目标的科学性质，通过学习和研究安全科学以外的科学知识，以哲学思考和逻辑思维的方式研究安全问题，终于提出了包括全面安全质量管理工作原理在内的全面安全质量管理思想。

（二）安全基因密码假说的提出

如果说，安全质量学在表述了安全质的内在规定性与安全量的外在限定性，以及安全度的质量融合性以后，提出了全面安全质量管理的学术思想，那么，安全动力学在表述了实现安全的内在动力与外在动力，以及人群目标活动系统的内在结构与外在环境相互作用形成了实现安全的动力机制以后，就提出了通过全面安全质量管理去实现安全的实践方法，而安全基因密码假说的提出，更是为人们编写安全管理专用电脑软件，奠定了思想基础，使得人们有希望把全面安全质量管理工作提升到符号化与数字化的信息自动化处置的安全管理新时代。

安全逻辑学，作为在安全科学的理论实践与行为实践中的思维指南，通过揭示人类在安全领域思维形式及其结构的一般规律，为支配人们设置与运营全面安全质量管理及其工作模式实现安全的目标提供了思维上的科学保障。

我跟随刘潜先生 20 多年，在他的科学精神和科学思想的教育、指导和影响下，以及安全界朋友们的鼓励和帮助中，初步形成了全面安全质量管理思想，在深表感恩和感谢的同时，也使我深刻地感觉到：我们要从宇观的视野和百年的尺度，去观察和思考安全问题，也要用安全科学的“理论与实践相结合”的二元结构论，以及“人天合一”的安全本质说与“知行合一”的安全实践观，持续做好人类的安全事业，为创建安全利益全民共享的和谐社会，以及实现全球人类命运形成一个共同体的崇高理想，努力，奋斗。

（2021 年 1 月 1 日写于中国政法大学北京学院路校区教工宿舍）

我怎样理解“三要素四因素”安全学说?

——答学友邱成先生问之二

本文就刘潜先生提出的“三要素四因素”概念，以及由此涉及的诸多理论问题，谈一些个人学习与研究的心得体会或心灵感悟，并以此作为回复学友邱成先生的系列提问，仅供参考。

一、怎样认识刘潜先生的安全“三要素四因素”学说?

刘潜先生在安全学科创建过程中提出的著名安全理论，他自称为“安全三要素四因素系统原理”，而我将其称之为“安全三要素四因素学说”，或称“刘氏三要素四因素说”。

我个人认为，刘潜先生的这个安全理论，由“安全三要素说”与“安全四因素说”两个相互关联的部分组成。

(一)刘氏安全三要素说

刘潜先生的安全三要素说，指出人、物、人物关系的表现形式(后来又称为“事”)是实现安全的三个核心要素，其中的人物关系及其诸多外在表现形式相互作用产生的事，是实现安全的关键环节。

1. 刘氏安全三要素说的提出

20 世纪 80 年代，刘潜先生在研究安全问题时，在职业人群劳动生产活动的组织系统中发现了完成生产任务、实现劳动目标的人、物、人物关系三个劳动要素，同时也是可以达到职业人群安全健康以及实现安全目标的安全要素，由此便提出安全三要素说。他认为，人、物、人物关系及其在解决安全问题时表现出来的事是构成人的安全的基本要素，其中的人物关系即事这个安全要素，可以调节人与物两个安全要素的双向互动状态，是人们达到安全预期或实现安全目标的关键环节与核心要素。

2. 我对刘氏安全三要素说的理解

刘潜先生的安全三要素说引申出的安全生成学(或称安全发生学)问题，引起人们对安全生成的原始状态及其初始条件的研究与探讨。

我认为，安全生成的原始状态是人与物相互作用的人体自我健康状态。这也表明安全生成的原始状态，实质上就是人与自己所处生存环境及其构成因素之间，在物质、能量、信息以及时间、空间等方面进行系统交流或系统交换时，自然而然地形成的一种人体自我健康的生命存在状态。

我同时还认为，安全生成的初始条件，按照出现的先后顺序而论，可依次表述为：首先是具有生命活力的人，这是安全生成的原生态条件。其次是与人相互作用的一切客观事物，这是安全生成的伴生态条件。然后是人与生存环境因素的相互关系及其诸多表现形式，这是安全生成的派生态条件。最后是承载着前三项的特定时空域，也就是人性化时空区域，这是安全生成的凝聚态条件。

（二）刘氏安全四因素说

刘潜先生的安全四因素说，指出人、物、事及其系统是可以实现安全的非线性复杂功能系统。这个安全的功能系统没有自己专门的组织机构，它本身就孕育在人群目标活动的组织系统之中，使得该人群生命活动的系统转变成为劳动与安全双重目标的内在组织结构系统。

1. 刘氏安全四因素说的理论表述

刘潜先生在提出安全三要素说的基础上，又提出安全四因素说，并由此构建起"人、物、事及其系统"的安全结构理论模型。

刘潜先生认为，要想把人、物、人物关系及其表现形式即事这三个要素，紧密地结合起来转化成安全因素，在整体上形成一个相互匹配与功能互补，从而发挥集团优势去实现安全的系统，就必须把一个劳动生产的组织系统建设成为一个也可以同时实现安全的功能系统。

刘潜先生说："以达到各自目的而确立起来的一般综合学科，都有一个基地或者一个靠山，即有自主的地盘。唯独安全没有这种条件，然而恰恰又是谁都需要我这个安全，却在谁家都演不上主角。也就是说，得靠人家但在实际上又靠不上人家，只能靠利用人家的组织系统来形成自己的功能系统，也就是把自己的主体活动和相对独立的体系保证，建立在它所处的活动主体中。安全没有自己独立的组织机构体系保证，但安全又是它们一切组织活动的必要条件，在实践上表现为任何人的一切生命活动的基础和前提。要实现的这个安全目标，实际上是一个功能问题，得靠人家的组织系统去实现自身科学的功能系统。换句话说，那些以各自的目的建立起来的学科，在实践上有它自己的组织系统来保证，而安全的学科却没有，因此，必须去借用它们的系统，按照我的要求去组织、去结构，因为人家那个活动是主体。这种思想是：我只能在人家的组织基础上去实现我的功能，只有用系统科学这样一种方法，因为没有别的手段形成安全的'三要素四因素'的功能系统。所以，找来找去只有用系统科学的方法解决安全系统的问题这一条路可走。综上所述，实现安全目标，就靠系统科学的方法，任何时候丢了这个东西就弄不成事。因为安全自身没有实体组织形式，只有利用它所在领域的生产或是消费等领域的组织形式（指组织系统），去实现安全自身的功能系统，才能达到它的目的，否则它就无能为力。"[①]

---

① 刘潜著：《安全科学和学科的创立与实践》，化学工业出版社 2010 年版，第 362-363 页。

2. 我对刘氏安全四因素说的理解

我把刘氏安全三要素说看成是静态的安全结构，因为安全要素虽然可以自成体系，例如人的要素在职业过程中，可以是职业经理人、生产管理人、质量管理人、安全管理人，也可以是生产一线、二线或三线上的工人；但是在解决安全问题方面，或者是在实现安全目标的问题上，却是相对独立与各自为政的，不可能在整体上形成一个系统。

我又把刘氏安全四因素说看成动态的安全结构，因为安全的因素相互依存，会在功能匹配和优势互补过程中，从整体上形成一个系统。

从对“三要素四因素”安全理论多年来的反复持续地学习与思考中，我感悟到静态安全结构与动态安全结构之间的理论接口与实践中介，即静与动两个安全结构唯一的共同点，那就是解决安全问题，或是实现安全目标。所以说，安全三要素与安全四因素之间的相互转化的基本前提或原初动力，就是安全目标的确立与实施。

从系统科学理论揭示出的客观规律来看，安全系统运行产生的整体涌现性，反映的系统运行状态及其相应产生的经济效益或社会效果有三：当系统运行处在有序状态，产生安全的正效应，此时系统中的人处于安全状态。当系统运行处在无序状态，产生安全的负效应，系统中的人处于伤害状态。当系统处在混沌的极致状态，产生安全的零效应，系统中的人们处于绝对危险状态，而整个安全系统就会自然解体。于是，安全的目标不再确定，或是已经消失，人、物、事三者自发地脱离动态的安全结构整体，又回归并恢复到相对独立的要素状态。

于是，对刘氏“三要素四因素”学说理论研究与探讨的关注焦点，就从安全结构学或称安全构成学，转移到人群目标活动怎样实现安全的安全动力学方面。

（三）刘氏安全学说特点

刘潜先生的“安全三要素四因素学说”，至少有两个显著特点：一是就地取材实现安全，二是安全结构至大无边。深入研究这两个特点，可以指导人们的实践活动更加有效地达到预期安全目的。

1. 我与刘潜先生的相遇

我从 16 岁上山下乡至今，已有 50 多年。其间在北京的工厂里干了 20 多年，做过操作工和维修工，还搞过机加工，并在机加工车间做了 10 年的兼职安全员。也曾借调到厂部，参加过企业在职青年工人的政治培训，学习中国近代史。后又调到科室，参与过煤炭商业加工的生产管理和出口型煤的全面质量管理工作。

后来内退，在原中国劳动科学院国际劳工信息与情报中心的图书资料室，偶遇刘潜先生并有幸做了他的学术助手，跟随老先生 20 多年，学习与研究安全科学的基础理论。所以，我对刘潜先生的安全三要素四因素学说及其特点，以及与安全实践活动之间的联系，有着自己的观点或看法，愿与大家共同讨论。

2. 刘氏安全学说的首要特点：就地取材，实现安全

刘潜先生强调，他提出的安全“三要素四因素”系统原理在实践中的应用，是以企业不增加安全投入为基础，利用企业劳动生产中的人力、物力、财力，通过可以完成生产任务的人、物、人物关系的外在表现即这三个核心要素，在功能匹配与优势互补的过程中，形成一个既可以完成生产任务又可以实现安全目标的自组织功能系统。

我的理解：三要素四因素学说在安全实践的运用，是把职业人群活动的劳动生产组织系统，建设成或改造成也可以实现安全的双目标功能系统，利用企业现有的人力、物力、财力，解决企业现实存在着的劳动安全问题，以就地取材的方式，在完成生产任务的同时实现职业人群的职业安全与健康。

这个特点至少涉及以下三个理论问题，希望通过探讨，能够取得较为一致的意见或看法。

（1）安全资源与行为安全之间有什么联系？

这个问题，实际上说的是安全资源的占有、分配和使用对人们行为安全的作用或影响。

①安全资源的占有。

什么是安全资源呢？就是可以用来实现安全的一切客观存在，包括自然界里原有的东西和人类创造出来的财富。

安全资源的占有主要有两种方式。一是家庭类型的生活占有方式。另一是企业类型的生产占有方式。这两种安全资源的占有方式都得到社会认可与法律保障。

一般来讲，谁占有的安全资源多，谁获得的安全系数就高，享受到的安全利益也就越有保障，但也会有例外的事情发生。例如，火山爆发、地震、洪水、泥石流等自然灾害造成人的伤亡事件。又如，杀人、放火、恐怖袭击等人为祸害造成人的伤亡案件。这些天灾人祸给人们带来的伤害，都与安全资源的多少无关，也与安全系数的高低无关。

②安全资源的分配。

大家都知道，安全资源的分配多少、品质好坏、性能如何，直接关系到安全利益获得者分配到的安全资源的质量与数量，以及这些安全资源形成的安全系数的高低程度或由此得到的安全保障的水平优劣。

在人们的现实生活中，安全利益的分配，大体上只有初次分配与再次分配两种类型。初次分配，是指安全资源的占有者进行的安全资源分配。例如生活安全资源占有者对身边亲人或朋友进行的安全资源分配，又如生产安全资源占有者对企业职工进行的安全资源分配。再次分配，是指国家运用政权的力量通过政策、法律或行政命令的方式进行的安全资源分配。例如，在抗击自然灾害的紧急关头，中央政府向地方政府、或企业、或集团、或个人进行的有偿的或是无偿的紧急征调救援物资的行为或作法。

③安全资源的使用。

一般情况下，安全资源的使用与人的行为安全密切相关。

在使用安全资源解决安全问题之前，使用者首先需要了解安全资源的性能、质量、作用人的方式，以及可以使用的时间长短等相关的知识与注意事项。然后才是解决怎样使用这些安全资源，更能符合自己安全需要的现实问题。在使用安全资源过程中的关键环节，是如何运用客观规律达到自己的安全预期，改变自己的生存环境也要遵守客观规律。如果不尊重客观规律，就有可能使自己处于危险的境地。如果违反客观规律，不但达不到行为安全的目的，反而还有可能使自己受到伤害。

在这里需要提及的，是知与行的统一，这是安全实践需要解决的一对基本矛盾。只有正确地处理了“知不知，怎样知，是否真的知”以及“行不行，怎样行，是不是真正地去行了”，及时地解决了这些安全实践中知与行之间相互关系的具体问题，才是满足自己安全需要，或是达到自己安全预期的正确有效的途径或方法。

（2）安全工作与安全问题之间有什么联系？

这个问题的讨论，涉及安全工作者的现状及其与生产事故受害人之间的关系，以及安全工作的责任及其对生产力生成与发展的重要意义等方面内容。

①安全工作与安全行业。

安全工作者的难处，不容忽视。我在北京的工厂里干了 20 多年，因为担心自己和朋友们上班时出事，一直关注着厂里的安全工作，我自己还干过 10 年兼职安全员，也有些亲身的体会。

安全工作者在企业独立开展安全工作，很困难。那是一个有职无权、出力不讨好的苦差事。既没有对安全问题的决定权，也没有对重大事故的处罚权；既没有对控制危险源的生产管理权，又没有对经常违章作业人员调离工作岗位的人事调动权，更没有对安全投入的财务支配权。平日里怕出事，几乎是全厂到处跑，到处看，到处说，个人之间关系好点的还能听你说上几句，关系一般的听了以后也会例行公事般地应付几句，遇到关系不好的或是脾气不好的就会挨骂。管事少了，怕出事；管事多了，得罪人。一旦出事，不论青红皂白，先挨一顿板子再说，受点批评还是小事，甚至还可能负刑事责任。安全工作者的为难处境，如果得不到彻底解决，安全事业就很难走上正确的轨道。

于是，有人便在安全界现状未变的情况下，开始大做应急管理与应急救援的学问，把安全工作的底线思维一下子推到“救死扶伤”，即与医学科学及其工作者接轨的路子上去了。

综上所述，依据安全工作现状及其未来发展的需要，我的建议是：把安全工作者从安全存在领域（例如企业）里一个不剩地抽调出来，创建一个新兴的安全行业，接受各行各业安全存在领域企业法人的聘用，独立行使当事人委托的安全工作管理权，只对雇主负法律责任而不受第三方的干涉或约束。就像建筑领域的监理行业那样，从自己以前从事的安全存在领域里独立分离出来，以适应市场经济的方式，有尊严地独立去做自己的专业技术和专门业务。我个人认为，安全工作只有摆脱束缚和干预，在社会上形成一个独立的安全行业，让有资质和有能力的安全工作者都具有法人的独立人格和社会地位，安全事业才会有一个良性的发展条件。我坚信，在人们经历了几十年甚至是上百年的安全实践以后，终将开辟出安全行业给专业安全工作者以法人地位的崭新道路，实现这个有益于人类生存与发展的社会理想不会太久远。

②安全工作需要人们理解。

安全工作者与生产事故受害人之间有着密切的相关性。不管在什么地方，也不论是哪个行业或哪个部门、哪个企业，只要出了事故，伤了人或死了人，首先被质疑的就是安全工作者。但是，要弄清真相，找出事故原因，确定事故性质和责任人，总要用些时间，有一个事故调查的过程。

进过工厂的人都知道，在进入工作岗位之前，必然首先接受工厂本部、车间和班组三级安全教育。那是有讲有说有示范、有问有答有考核，并且还要记录在案、留档备查的工作程序。安全知识考试不合格的人，不具备安全能力的人，是禁止上岗的。在企业，安全生产是年年讲、月月讲、天天讲，有时几乎是苦口婆心地追着人家屁股后边讲。有些人确实是习以为常，所以也就不以为然，甚至是危险当头才能唤醒安全意识，可那时却为时已晚。

③安全工作需要法律保障。

实事求是地讲，安全工作者与安全问题的受害人之间的关系与医院里的医患关系，极为相似。从科学的意义上来讲，医学科学及其工作者研究或解决的是人体内在健康问题，安全科学及其工作者研究或解决的是人体外在安全问题，二者殊途同归，科学目标都是为了人的身体健康。但在实际上，在人们的现实生活中，对二者出了事以后的处理态度和解决的办法，差距是很大的。

一次，到北京人民医院急诊楼看病，不经意间看见三楼休息处摆放一块宣传牌，上面写着："医疗卫生人员的人身安全、人格尊严不受侵犯，其合法权益受法律保护。禁止任何组织或者个人威胁、危害医疗卫生人员人身安全、侵犯医疗卫生人员人格尊严。"下边接着写道："违反本法规定，构成违反治安管理行为的，依法给予治安管理处罚；构成犯罪的，依法追究刑事责任；造成人员、财产损害的，依法承担民事责任。——《基本医疗卫生与健康促进法》。"原来，医务工作者的医疗卫生工作已经有了国家的法律保护。相应地，安全工作者的职业安全健康权益也应该有一个"促进法"来保护。

其实，安全界值得反思的问题还有很多。曾听安全监督部门领导在接受央视采访时说，我们的工作（指安全工作）是拯救生命。看了报道，我感觉很奇怪，国家负责安监工作的高层公务员，怎么要去夺医务工作者的"饭碗"，抢着去干拯救生命的活儿？为此，时任《现代职业安全》编辑部主任的邱成先生向我约稿，希望我写一篇能够引发讨论的文章，并以正确的导向说说安全工作是保护生命，而非拯救生命的科学道理。没料到稿子投出后如同石头沉入海底，一直尚未公开发表（参见本文集《我们的工作是拯救生命吗？》一文）。直到现在，我仍旧以为，安全工作的责任是保护人的生命，其实质，就是保护人这个生产力的核心要素，进一步解放社会生产力，并促进新生产力的生成与发展。

（3）劳动成果与安全成效之间有什么联系？

这个问题的讨论，涉及三个"在哪里"的质疑，即安全问题的根源在哪里？劳动成果的保障在哪里？安全工作的价值在哪里？

①安全问题的根源在哪里？

安全的问题，都是在人们的劳动过程中产生的，也会在人们的劳动过程中得到解决。由此可以说，安全问题的根源在于劳动，安全问题的解决也在于劳动。

从宇观视野来看：劳动是在人类自我创造过程中产生的客观存在，安全是在劳动产生过程中产生的客观存在。劳动，表现为宇宙智慧生命物质及其运动客观存在的方式，指的是创造了人本身及其生存或发展条件的行为。安全，表现为宇宙智慧生命物质及其运动客观存在的状态，指的是可以判定人类行为是否符合客观规律的劳动存在状态。劳动与安全，都不具有实体性质，而是以人的生命存在为载体的、以人的生命活动为依托，并且贯穿于人的生命全过程的、看不见摸不着，但可以为人所感知的客观存在。由此推论可知，人类、劳动与安全在太阳系的地球之上，共同凝聚成了宇宙智慧生命物质，在这个智慧生命物质运动的存续期间，劳动的表现形式与安全的生成或发展条件密切相关，安全的表现形态又与劳动的存在或管理模式密切相关。

在人们的现实生活中，劳动有四种表现形式，即人口劳动、物质劳动、精神劳动、环境劳动。

人类的人口劳动生产与再生产，例如人的恋爱、结婚与繁殖后代、人的生长发育及其家庭生活与社会化教育、人与人的交往及其集团式群体活动等，形成人类的政治文明，创造了安全生成与存在的社会条件。

人类的物质劳动生产与再生产，例如制造了人们衣食住行需要的生活物资、制造了企业机械设备厂房原料这些生产物资等，形成人类的物质文明，创造了安全生成与存在的经济条件。

人类的精神劳动生产与再生产，例如文学与艺术、文字与图书、科学技术与意识形态及其理论观点等，形成人类的精神文明，创造了安全生成与存在的文化条件。

人类的环境劳动生产与再生产，例如改善生态环境与治理环境污染、建设宜居城市与人工湖泊或人工园林等，形成人类的生态文明，创造了安全生成与存在的人工生态条件。

在人们的现实生活中，安全有三种表现形态，即正安全态、零安全态与负安全态。（参见图1、图2）

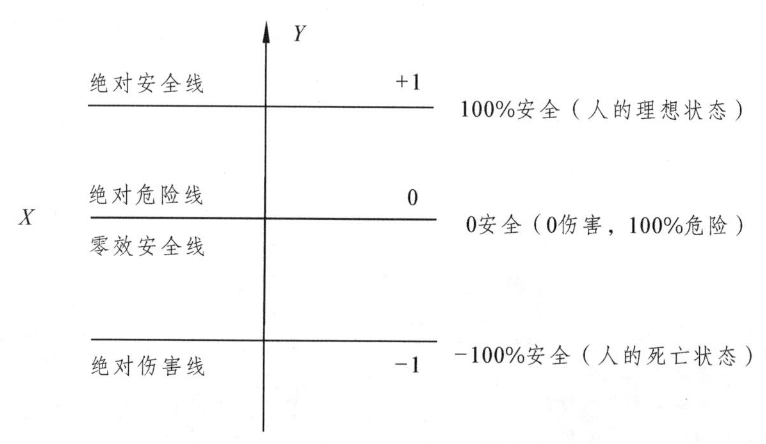

图1　绝对安全线、绝对危险线与绝对伤害线

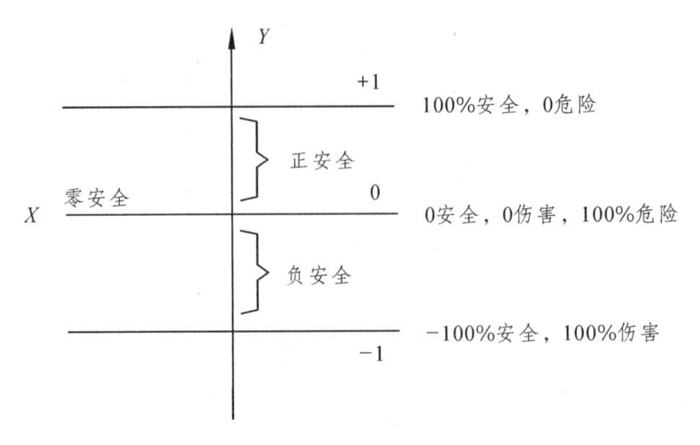

图 2　正安全、负安全与零安全

人类生命存在的正安全态，包括绝对安全与相对安全、零危险与相对危险以及无伤害，这个正安全态群体存在的范围就称为正态安全域。在这个安全质量区域进行的劳动行为安全管理有两个模式：当人们在劳动中保持安全状态时，采取的是安全管理模式。当人们考虑此时如果出现伤害事故怎么办时，采用的是风险管理模式。

负安全态，包括负安全与超级危险、相对伤害与绝对伤害，以及无安全或无危险（指人的死亡状态。无，指有的终止，有的消失或消亡）。这个负安全群体的范围，称作负态安全域。人们的劳动行为，若是处在这个负安全区域的范围，就需要启动应急管理模式。（参见图 3）

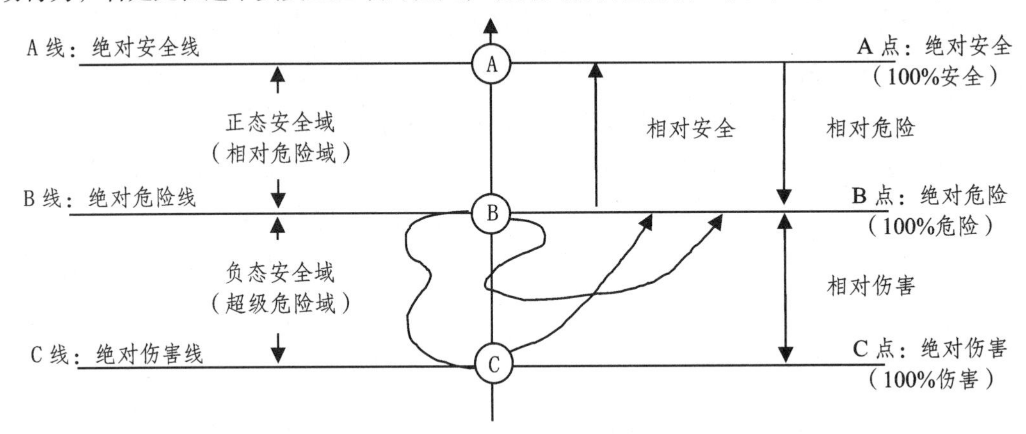

注：（1）否定性质安全质量管理的起点是 B 点，也就是人体健康外在质量的绝对危险点，即人的零安全或零伤害状态。
（2）否定性质安全质量管理的范围，是负态安全域即超级危险区域，涉及人的绝对危险状态、超级危险状态，以及零安全状态、负安全状态、零伤害状态、相对伤害状态和绝对伤害状态。
（3）A、B、C 三点连线上的箭头所指方向，是人体健康外在质量从无序状态向有序状态的管理方向。
（4）否定性质安全质量管理的科学目标及管理方向是 B 点，即人体健康外在质量的绝对危险状态，也就是人的零安全或零伤害状态。
（5）否定性质安全质量管理的显著特点：起点是 B 点，终点（目标）也是 B 点，其目标管理区域是负态安全域也是超级危险区域。

图 3　否定性质的安全质量管理：应急管理

零安全态（指安全质态有的开始），包括零伤害与绝对危险两种人体生命存在状态，这个处在正态安全域下限与负态安全域上限两个重叠质态系统边界的质量群，形成一条零度安全线，也称绝对危险线，或称零度伤害线。此处的劳动行为安全管理模式，是把转危为安当作自己实现目标的危机管理。（参见图 4）

在此需要提及的是：为解决劳动生产过程中出现的安全问题而提出来的全面安全质量管理措施，包括安全管理、风险管理、危机管理、应急管理四种模式，也都是在人们的劳动生产过程中实施或实现的。由此推论可知，劳动产生的安全问题也会在劳动中得到解决，只是有一个自然历史过程。

②劳动成果的保障在哪里？

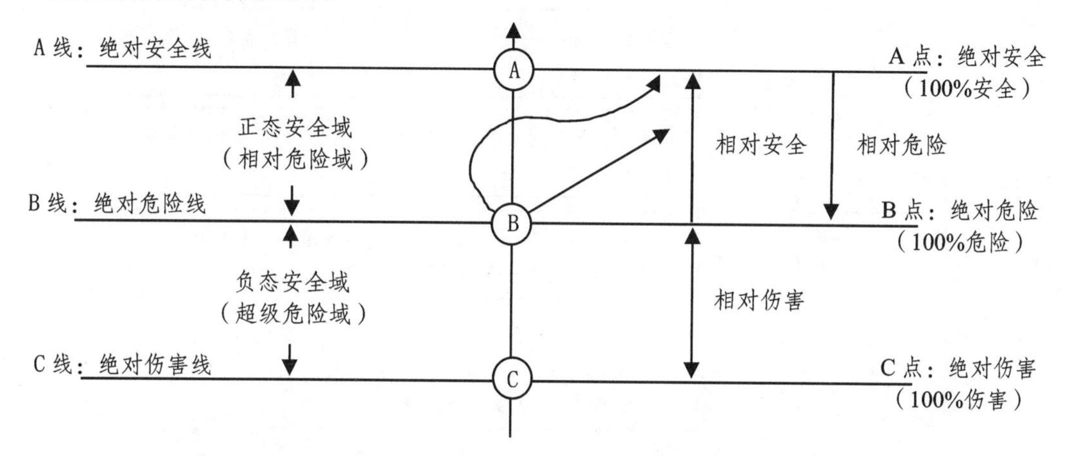

注：（1）肯定性质安全质量管理的起点是 B 点，也就是人体健康外在质量的绝对危险点，即人的零安全或零伤害状态。

（2）肯定性质安全质量管理的范围，是正态安全域即相对危险区域，涉及人的绝对安全状态，相对安全状态、无伤害状态和零危险状态，以及相对危险状态和绝对危险状态。

（3）A、B、C 三点连线上的箭头所指方向，是人体自我健康从无序状态向有序状态的管理方向。

（4）肯定性质安全质量管理的科学目标及管理方向是 A 点，即人体健康外在质量的绝对安全状态，也就是人的零危险或无伤害状态。

（5）肯定性质安全质量管理的显著特点：起点是 B 点，终点（目标）是 A 点，其目标管理区域是正态安全域也是相对危险区域。

图 4　肯定性质的安全质量管理：危机管理

人们的劳动成果，都是在安全的基础上，或是在安全的前提下取得的，这是一个无可辩驳的真实的客观存在。

在人们的现实生活中，安全生成与存在的必要条件，除自然生态条件之外，例如安全的社会条件、经济条件、文化条件以及人工生态条件，都是由劳动创造出来的。而人们的劳动行为是否符合客观规律，以及是否能达到预期的劳动目标，又是由安全来保障并且由安全来判定的。

安全是人体健康外在质量整体状况的反映或表现，它的存在价值，或者说是它的社会功能，就是它会以自身质量存在状态的方式反馈给人类有效的生存信息，让人们能及时正确地判定自己的劳动行为是否符合客观规律，以及是否能完成既定的劳动目标。

人的安全状态是人体健康外在质量有序状态主观认定的客观存在的反映或表现，可以判定人的劳动行为符合客观规律，这也可以看作自然界对人类的奖励。

人的危险状态是人体健康外在质量混沌状态主观认定的客观存在的反映或表现，可以判定人的劳动行为不尊重客观规律，也可以说这是大自然给人类带来的警告。

人的伤害状态是人体健康外在质量无序状态主观认定的客观存在的反映或表现，可以判定人的劳动行为违反了客观规律，这也是包括人类社会在内的自然界，对人类的惩罚，以及对当事人之外的所有人给予的生存教育。（参见图 5）

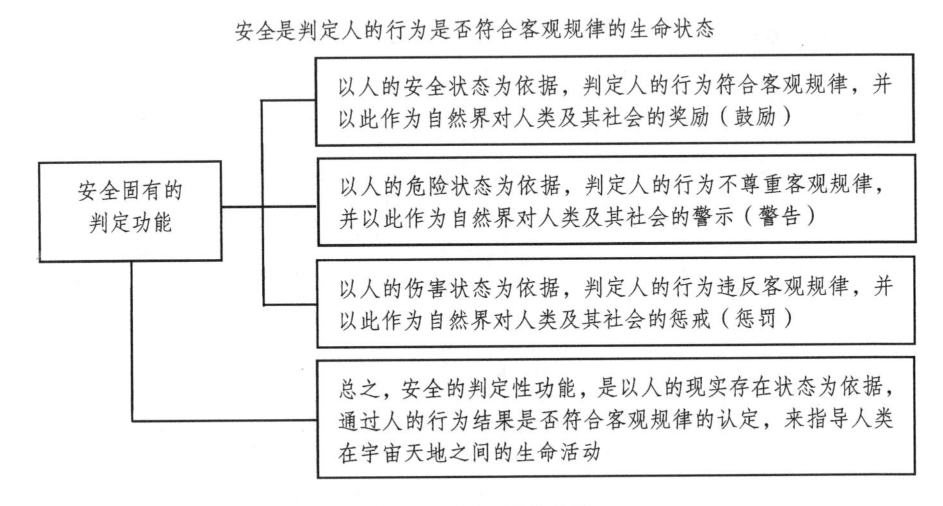

图 5　安全的判定功能

综上所述，安全以它自身存在状态的方式，向人类及时反馈了生存信息，使得人们能够在劳动中有效地防止外界因素的危害，并且由此引导人们在安全的基础上或在安全的前提下去创造社会财富，从而形成人类的文明。由此可见，人们创造劳动成果的保障就在于自己生命存在的安全状态。

③安全工作的价值在哪里？

人类从诞生到如今，劳动行为创造出的一切成果都可以被看作安全保障的工作成效。从这个意义上讲，对安全工作者工作业绩的评判标准，不是在他的工作范围内出了多少起伤害事故，而是保障人们在劳动中创造了多少社会财富、产生了多大的社会价值。

社会财富不全是劳动创造的，事实上还有安全。安全保障劳动过程正常进行的作用不容忽视。

在现实生活中，劳动与安全同源共构，相互依存，彼此无法分离。所以说，劳动与安全在事实上，就是一个荣辱与共的命运共同体。

实事求是地讲，在和平年代里，人们幸福美好的生活不只是劳动创造出来的，还有安全工作为人们劳动的创造性行为提供的安全保障。

3. 刘潜安全学说的第二特点：安全结构，至大无边

刘潜先生认为，“三要素四因素”安全内在组织结构是至大无边的。我对“至大无边”的理解是：凡有人或人群的地方，都需要有自身的安全，也都存在着自身安全与否的问题。只要有人的生命活动存在，人就会与自己身边的环境因素及其构成物质相互作用，而人与环境因素即物相互作用的结果，就产生了对人自己的身心健康是否会受到危害的安全问题。由此，就自然而然地形成了人、物、人物关系（事）及其系统的安全整体结构。

问题随着人在走，人们为了自己的生存或发展，在一定的时空范围内，是会随着自身需要到处移动的，人在宇宙天地之间的移动是没有固定边界的，由人的生命活动及其存在方式导致的安全结构也就“至大无边”了。

这让我想起安全存在的广泛性，以及由此涉及的安全本身固有的一些特性或特点。

记得 1996 年 6 月与刘潜先生相识之初，他就对我多次讲过，人们认识安全的最大困难就在于安全的广泛存在，以及人们对安全需要的绝对性和解决安全问题的相对性，还有安全本身的复杂性特点。

后来，我把刘潜先生的这些话，从理论上概括为安全固有的一般特点，包括安全的广泛性、绝对性、相对性、复杂性四个方面。现在根据记忆以及我个人的理解或感悟，做一些肤浅的介绍。

（1）安全的广泛性特点。

由于安全是人类生命存在状态的反映和表现，所以在客观上，人走到哪里都存在安全问题，存在人的生命存在是否能够保持或达到安全状态的问题。

在这个意义上来理解安全广泛性的含义，即凡具有生命活力的人，在任何时候和任何地点以及任何条件下，都存在安全与否的问题。

（2）安全的绝对性特点。

人在心理上或是生理上，对生存环境及其构成因素的作用或影响，总有一个适应与不适应的问题，因此每个人对安全的需要都是绝对的、必然的。

（3）安全的相对性特点。

人在心理上或是生理上，对自己的防灾避祸行为，以及实现自我安全的满意程度，都是相对的、有限的。因为人的安全状态，除受自然条件的制约或影响外，还要受自己的社会地位和个人经济状况的制约或影响，以及全球性的或地域性的人类文明发展水平与社会历史进步程度的制约或影响。

（4）安全的复杂性特点。

此特点泛指安全存在方式的多样化，以及安全实现的方法、手段、措施的不可穷尽性。

二、怎样评价刘潜先生的安全“三要素四因素”学说?

刘潜先生说过，你看了作者的书，就欠下了人家的债。因为你可能会沿着作者的思路一直走

下去，即便是你的学习再努力，学术思维再活跃，最多也只不过是补充或完善人家的学术思想，谈不上创新。

我从刘老的话中悟出一个道理，那就是看书学习，要始终保持自己在学术思维上的独立性，不能“人云亦云”，盲目地跟着所谓的“学术权威”跑，不论什么时候都要有自己的主张或见解。因此，就有一个怎样“钻进去”与如何“爬出来”的问题要研究。因为，这不仅是学习态度问题，也是学习方法问题。

我觉得，独立思考，才是一个人真正的灵魂。学习一个人或是一个派别、一个学科的科学思想，“钻进去”是为了批判式地学习，“爬出来”是为了创新式地继承和发展。这，才是我们应有的科学态度。

学习或评价刘潜先生的安全“三要素四因素”系统原理，首先要找出他的理论缺陷，然后再去评说他的学术价值。因为，你只有在“大师”面前品头论足，才有可能在“巨人”的肩上，站得高、看得远，最终成就自己的一番事业。

（一）刘氏安全“三要素四因素”说的理论缺陷

我认为，刘潜先生的安全“三要素四因素”系统原理，至少有两个理论缺陷：首先是表现在安全结构整体的外在形式与内在因素之间的关系方面。其次是表现在宇宙自然历史演化进程中人化自然与天然自然之间的联系方面。

评述刘氏安全三要素四因素说的理论缺陷，大体上要经历分析、研判或质疑几个方面，涉及的诸多理论问题可以把思维引向深入。

1. 安全系统是第四因素吗?

刘氏安全三要素四因素说的第一个理论缺陷，即安全结构整体组织构成的第四因素不正确。

（1）刘潜先生对第四个安全因素的确认。

刘潜先生曾经多次指出，安全的“系统”就是安全内在组织结构的第四个安全因素。他认为，系统也是有结构的，系统是由“两要素一因素”组成。他说，系统构成的两个要素是运筹与信息；系统构成的那个因素是控制。

我的理解：运筹，是指安全结构内部诸因素之间的物质性联系。信息，是指安全结构内部诸因素之间的非物质性联系。控制，就是在安全结构内部通过运筹与信息去调节、匹配或约束诸因素去实现既定的安全目标。

我认同刘潜先生对安全系统基本构成及其功能表述的理论观点，但不认同刘潜先生对第四个安全因素的确认。因为按照系统科学的思想或理论，安全“系统”是安全结构整体的外在表现形式，虽然安全系统构成的“两要素一因素”，即运筹、信息以及控制的结构性功能，可以作用到安全结构的内部因素上，并对安全目标的实现起到极其重要的作用，但是系统这个安全结构的外在表现形式，终究无法取代安全结构内部因素的位置。

（2）我对第四个安全因素的理解。

我理解的安全结构内部第四个安全因素，应该具有凝聚态功能，可以在充分发挥系统“两要素一因素”结构性功能优势的过程中，有效地凭借自己的能力，把人、物、人物关系三个既可以完成劳动生产任务又可以实现安全既定目标的核心要素转化成相互依存的安全因素，从整体上形成一个完整的安全内部组织结构。同时在实现安全的过程中，这个安全结构的第四因素还要时刻防止或克服那三个转化成安全因素的核心要素自发地企图恢复自己相对独立的、原生态的原始面貌特征的分离倾向，使这三者能够相互匹配起来，做到功能互补与动态协同，在职业人群完成劳动生产任务过程中发挥出安全因素的集团优势去实现劳动者的动态安全。

因此可以说，安全结构内的这第四个安全因素与安全结构外的那个外在表现形式即“系统”之间的关系并不是相互对立的或是互不相容的矛盾关系，而应该是彼此需要并且相互协作的安全结构整体的基本构成关系，就像空军地勤人员与飞行员那样密切配合的战友加兄弟的关系。（对安全结构内部第四个安全因素的深度思考，将在本文“六、安全结构内部的第四个因素是什么？”中做专题探讨）

（3）安全结构的外在表现与内在因素之间的关系。

我认为，刘潜先生“安全结构第四个因素不正确”，其理论缺陷在于混淆了安全结构“外在表现”与“内在因素”两个概念的内在含义，并试图用“系统”这个安全结构整体的外在表现形式去取代安全内部结构的第四个安全因素的位置，就像是让飞行员靠边站而让地勤人员开飞机上天那样，既违反了形式逻辑学揭示的人类思维规律，犯了“概念混淆”或“自相矛盾”的逻辑错误，又不符合社会上人们生产或生活的实际情况。

这个问题给我们的教育或启示是，在研究安全理论的时候，不仅要收集有关的参考资料，更要学习相关的科学内容，从几个方面入手去做好知识储备。在开展安全理论研究过程中，不但要独立思考，保持自己在学术思维上的独特性，而且在有条件的情况下，还要多请教别人，倾听他人的意见，做到集思广益和取长补短，使自己研究安全理论的能力和水平，在研讨理论问题的过程中获得一个更大程度的提高。

（4）新问题的提出。

通过对刘潜先生安全学说这个理论缺陷的讨论，我认识到，有必要弄清楚以下三个问题：首先是安全的要素为什么要转化成安全因素？其次是安全的要素怎样才能转化成安全因素？最后是安全内在结构的第四个因素是什么？

2. 安全系统是至大无边的吗?

刘氏安全三要素四因素说的第二个理论缺陷，即安全内在结构整体外在表现的系统无边界。

（1）安全结构是至大有边的。

我认为，从宇观视野考察安全的内在组织结构及其系统，是由安全整体即全人类生命活动参与其中而形成的宇观安全结构及其系统，它是至大有边的客观存在。

在宇宙自然历史演化进程中，人类能力所及的地方，包括用仪器能观察到的几万万光年之外的星云团与星系群在内，从天然自然界里分离出了人化自然界。在人化自然的宇宙特定区域内，人性化时空域承载着的人类、劳动、安全与生存环境因素的相互作用，形成了宇观劳动结构和宇观安全结构，这两个人性化宇观结构整体外在表现形式的系统边界，就是宇宙之中人化自然界与天然自然界相结合的自然分界处。正是宇宙天然自然界的自我创新与自我演化，才生成了人类自我创造的历史机遇及其自我完善与自我发展的生存环境。也正是在宇观劳动结构和宇观安全结构共同的功能系统边界上，人化自然与天然自然在物质、能量、信息，以及时空等方面进行的系统交流或系统交换，才促成了人类在宇宙天地之间的生存与发展。

刘潜先生认为，安全功能系统是没有边界的，而安全的内在组织结构也是至大无边的。但我觉得，系统无边界与结构至大无边的判断都不符合实际情况，都忽视了宇宙人化自然与天然自然的划分及其相互联系、相互依存、相互作用或相互渗透的客观存在。如今的已知世界，即宇宙之中人化自然扩展的有限性，以及天然自然无限发展的趋势，都是可以观察到的人们主观认定的客观实在。

（2）宏观安全结构系统边界。

我认为，从宏观视野考察安全的内在组织结构及其系统，是由安全群体即两个或两个以上人群生命活动参与其中而形成的宏观安全结构及其系统，它是有时空范围的客观存在。

宏观安全结构，是人群生命活动与生存环境因素相互作用形成的为实现生存目标而建立起来的组织结构。以企业过程的职业人群目标活动为例，在企业围墙之内，由人、物、人物关系这三个完成生产任务的核心要素，从安全的角度和解决安全问题的着眼点，通过生产组织的管理系统转变成为相互依存的安全因素，在完成生产任务的过程中形成了同时可以实现安全的组织结构。而在企业围墙之外，人力、物力、电力、财力，以及类似的诸多生产资料与大量的安全资源，与企业内部的宏观劳动结构和宏观安全结构之间的系统交流或系统交换，促成了完成生产任务和实现安全目标的功能系统。企业的那道围墙，也自然而然地成了内在结构与外在环境之间相互依存的系统边界。

（3）微观安全结构系统边界。

我同时还认为，从微观视野考察安全的内在组织结构及其系统，是由安全个体即单个的人的生命活动参与其中而形成的微观安全结构及其系统，它是可以随机移动的客观存在。

微观安全结构，是以个人为单位形成的安全结构。人或在家、或上街、或在公共场所、或在从业单位，与自己所处的生存环境及其构成因素之间的相互作用，就形成个人的微观安全结构。这个微观安全结构的特点，是随着人的生命活动而同步移动，因此系统边界也具有非线性移动的特点，而这个微观安全结构的外在环境，也会随着安全系统边界的移动做着同步的位置移动。微观安全结构及其与外在环境的相互作用或称系统交换，也随着人的生命活动在一定时空范围内的变化而变化，由此产生的微观安全系统功能就成了个人行为安全的动态保障。

（4）尚需讨论的实现安全的动力及其动力机制问题。

通过对刘潜先生安全学说理论缺陷的讨论，我认识到，有必要弄清楚以下三个问题：首先是实现安全的内在动力是什么？最后是实现安全的外在动力是什么？第三是实现安全的动力机制是什么？

（二）刘氏安全“三要素四因素”说的学术价值

刘潜先生的安全“三要素四因素”系统原理至少有两大学术价值，或叫作两个突出的科学贡献。首先表现在开拓安全科学理论研究的思路方面。其次表现在探索综合科学核心内容的理论研究方面。

评述刘氏安全三要素四因素说的学术价值，大体要经过分析、研判或审评等几个环节，其涉及的诸多理论问题，可以使我们的境界得到升华。

1. 从安全存在领域到安全内在结构

刘氏安全三要素四因素说的第一个学术价值，即把安全问题的科学研究，从安全存在领域深入安全内在结构，从而开辟出一条安全科学理论研究的新思路。

（1）系统安全思想的由来。

20 世纪 40 年代以后人们开始抛弃局部安全认识的思想和个别解决安全问题的方法，转而从各自工作的安全存在领域，系统地、全面地从整体上考虑现实存在的安全问题，从各行各业的人群职业活动里去寻找安全产生问题的原因和从整体上解决安全问题的办法，从而逐步地形成了全面安全认识的思想即系统安全思想，并相继提出事故致因理论及危险源/点学说等应用科学理论，以指导人们的安全实践。

刘潜先生曾一度把这个历史现象及其对安全的认识和安全问题的解决办法统称为“某某安全”，即在某某领域里存在着安全问题，或是在某某系统里解决了安全问题。例如，劳动安全、生产安全、职业安全，或是煤矿安全、化工安全、机械安全、运输安全、飞行安全，以及生活安全、消费安全、食品安全、药品安全，或是国土安全、国家安全、国防安全、公共安全、社区安全，等等，诸多安全存在领域里的安全及其问题的解决，刘潜先生统称为某某安全，写作“XX 安全”。

后来，首钢安全工程师周华中先生，用系统工程学的思想和观点，把刘潜先生“某某安全”的说法或提法概括为“系统安全”，并同时把刘潜先生“用安全某某的思想，去解决某某安全问题”的理论观点概括为“用安全系统的思想，去解决系统安全的问题”。刘潜先生对此当即表示肯定，认为此表述符合钱学森先生的系统科学思想。在场参加学术讨论的我，也立即表示赞同。

（2）安全系统思想的提出。

刘潜先生研究安全问题，并在某某安全存在领域的人群职业活动系统里找到了人、物、人物关系（也称人物关系的表现形式，如解决问题的政治、经济、文化、科技、教育、管理、道德与法等措施。后来又将其简称为“事”）三个核心要素，认为既然是可以通过这三个核心要素完成劳动生产任务，那也一定可以通过这三个核心要素去实现人们的劳动安全。由此，刘潜先生便提出了他那个著名的安全“三要素四因素”学说。他曾一度把这个安全学说表达出来的学术思想称作“系统安全系统思想”，我很欣赏刘潜先生为这个安全思想的命名以及他为这个学术思想做出的努力和贡献。

（3）安全系统思想的贡献。

我认为，刘潜先生安全三要素四因素学说的提出，改变了人们以往几十年来考虑安全问题的思维定式。刘潜先生成功地把哲学科学的思想和系统科学的方法运用到对安全问题的研究，从安全存在领域的职业劳动人群的活动系统里找到可以实现安全的“三要素四因素”，从此开拓了人们研究安全和解决安全问题的新思维与新思路。

2. 从安全内在结构到综合科学内容

刘氏安全三要素四因素说的第二个学术价值，即把人、物、人物关系外在表现形成的事及其系统，即刘氏的“三要素四因素”概念，看成是综合科学门类所有学科研究的核心内容，从而指出了一条综合科学理论研究的新方法和新思路。

（1）综合科学门类的发现。

20 世纪 80 年代以后，刘潜先生参加了国家“学科分类与代码”的课题研究，他在分析安全科学在现代科学整体结构中的地位时，发现综合科学不仅是科学交叉现象的最高表现形式，而且也是一个已经形成科学技术群的科学大部门。他认为综合科学是继自然科学与社会科学之后的又一科学门类，并称之为“世界第三大科学”。

综合科学大部门的发现，确定了安全科学的综合集成科学性质及其人天合一的学科特征。为此，刘潜先生把安全科学看作综合科学的典型代表。

（2）综合科学的科学性质。

经过多年的学习、研究与探讨，我和刘潜先生一致认为，以安全科学为代表的综合科学门类的学科，都是以满足人类生存或发展的某种需要而建立起来的科学，因此这些综合科学性质的学科不是反映和揭示客观规律的科学，而首先是运用客观规律的科学，是在运用客观规律为满足人类某些生存或发展需要的过程中，又自然而然地发现并运用二次性及以上客观规律的科学。

综合科学类学科（例如安全科学或劳动科学、环境科学、管理科学等）为达到服务人类某些需要的科学目标，对客观规律的应用及其对客观世界深层次规律的认识与探索，就好比人们用科学技术获得一次性质能源的煤，然后用煤去开发出电这个二次性质的能源，然后再用电去开发造福人类的更多劳动产品。

综合科学门类学科在理论研究及其社会实践中的应用，就像人们运用客观规律去开发能源，在为人类生存与发展服务的基础上或过程中不断地创造出人类美好的未来。

（3）综合科学的研究内容。

刘潜先生在开创安全学科科学的活动中，经常探讨“三要素四因素”在综合科学门类其他学科的应用问题，认为既然都是为人类服务的科学门类，那么以人为主体的科学内容及其内在结构特点也应该是一致的。因此他认为“人、物、人物关系即事及其系统”可以成为综合科学类学科进行科学研究的核心内容。

（4）综合科学的方法应用。

我从哲学上，把刘潜先生的“三要素四因素”概括为：主体要素、客体要素、相互关系及其系统。在此以教育科学研究的教育系统为例，谈一下刘潜先生“三要素四因素”思想在综合科学门类学科中的应用问题。

大家都知道，在学校里，有学生，有老师，也有课本、书桌、教室和众多的教学设施。我认为，学生是教育的主体要素，老师是教育的客体要素，课本、书桌、教室以及众多的教学设施都属于相互关系要素，把这三者联系起来就形成教育系统。学生是教育的主体。

三、什么是要素？什么是因素？

刘潜先生的三要素四因素安全学说提到的“要素”与“因素”这两个概念以及由此又引申出的“元素”概念，对于安全科学的理论研究与实践指导都具有重要的价值和意义。

我仅就要素、因素、元素三个概念在安全科学的理论研究与社会实践中的地位和作用，谈谈个人的学习体会及心灵感受，仅供感兴趣的人们讨论或参考。

（一）要素及其在微观安全分析中的应用

要素，指相对独立的客观存在。要素在安全科学的研究里适用于研究安全个体，即单个的人。

例如：安全个体的安全意识及其行为安全问题的研究与探讨（此涉及关于微观安全论的探索与思考）。

1. 个人行为安全的社会保障力量

人的大脑及其对外界情景应激状态产生的意识，支配着安全个体即单个的人的行为方向，而人的大脑一旦生成了具有自我保护性质的安全意识，则是可以支配着人的行为自主地趋向自己生命存在的安全状态。在这里需要特别指出的是，人在自己生命活动中的行为安全只有安全的意识是不够的，还要有安全知识的储备、安全经验的积累、安全技能的保持，等等。此外，人的行为安全，还需要有社会保障力量的支撑，这就是“德法合一”的强制性行为约束力。

所谓“德”，在此是指道德的良心谴责功能，对人的行为活动形成的内在的强制约束力。所谓“法”，在这里是指法律的惩戒制裁功能，对人的行为活动形成的外在的强制约束力。由此推论可知，“德法合一”是指，人的行为受内心的道德的良心谴责和外在的法律的惩戒制裁这样双重强制力的约束，才是意识支配行为既能达到劳动生产目的又能实现安全预期的最佳理性选择或理想的实现途径。

就安全个体而言，人自己面对的诸多安全问题，都是自己在生命活动中遇到的或是产生的生存问题，也要在自己的生命活动中逐个解决。用“德法合一”的办法，从人的社会学特征入手，来为人们自己的行为提供安全保障，这是解决个人安全问题的社会科学措施。而通过“安全意识”的觉醒，从人的生物学特征入手，去增强人们的自我保护能力，则是解决个人安全问题的自然科学途径。

2. 安全意识的特性及其价值评说

人的安全意识，即有自我保护意念和满足个人生存欲望以及自我健康愿景，同时又有动作意向的人脑机能的反应。安全意识的特征，是个人的先天获得性遗传因素与后天适应性学习因素的综合，是人类本能的或是智能的自我保护的反映和表现。

安全意识与一般意识相互区别的特有属性，至少有以下四个方面：

（1）安全意识的警觉性及其评价。

安全意识的警觉性，是指人对涉及人体自我健康的环境情景或者是对环境因素引起注意，从而升起人对自我保护的意念，或是唤醒个人的自我安全意识。

安全意识的警觉性是安全意识觉醒的标志。它表明人脑机能对人的生存环境与生存状态或是自我健康状况的生物学反应，唤醒了人的自我保护意识，是安全意识生成的初始条件和它的原初动力源。

（2）安全意识的指向性及其评价。

安全意识的指向性，是指把人体自我健康的环境情景或是环境构成因素，作为注意力集中或分散的靶标，从而形成单项的或多项的安全目标指向。

安全意识的指向性是安全意识生成的标志。它表明人脑机能对自己与客观事物之间关系现状的生物学反应，已由感觉、知觉延伸，并引起人的注意及其对关注物的指向。也表明注意力及其分配的敏捷程度，以及注意力指向的准确性和稳定性，决定着安全意识的质量及其支配行为的正确性程度。

（3）安全意识的可塑性及其评价。

安全意识的可塑性，是指人自己的生存环境或自我健康的变化，引起安全意识状况的变化，或表现为安全意识的消失，或表现为安全意识的觉醒，或表现为安全意识的增强，以及注意力在原有基础上的转移、分散或集中等指向性的改变。

安全意识的可塑性，是安全意识存在的标志。它表明，人脑生物学机能引发的安全意识的觉醒、生成、存在或消失，这些安全意识状态在人的行为过程中存在相互转化的可能性与现实性。

（4）安全意识的制约性及其评价。

安全意识的制约性，是指安全意识支配行为的质量如何，直接决定或影响人的行为是否安全。正确判定的安全意识，可促使人的行为达到自己的安全预期。不正确的或是错误判定的安全意识，会让人丧失已有的安全状态，甚至使人在心理或生理上受到新的伤害。

安全意识的制约性也是安全意识存在的标志。它表明，人脑机能生物学反应形成的安全意识及其质量是人的行为达到自己安全预期和既定生活目标的必要的前提或保障。

3. 安全意识觉醒与个人行为安全

这部分大致要分为三个方面来探讨：首先是安全意识的有无与人的行为结构变化。其次是安全意识生成的生物学基础。第三是安全意识生成的动力学因素。

（1）安全意识的有无与人的行为结构变化。

此课题也涉及三方面问题要考察：一是无安全意识支配下人类行为结构的形式与内容。二是有安全意识支配下人类行为结构的形式与内容。三是安全意识从无到有的生成，以及从有到无的潜隐。

人的一般意义上的行为结构，是双目标双要求融合如一的行为结构。

一般行为结构的行为方式取决于人的主观需要是否符合客观规律，包括两个行为目标：一个是人的行为是否可以达到劳动的目标，一个是人的行为是否能够实现安全的目标。

一般行为结构的行为内容有两个具体要求：一个是达到既定目标的劳动要求，揭示出人的行为具有客观性的特征，是客观规律的反映。另一个是实现自我健康的安全要求，揭示出人的行为具有主观性的特征，是主观需要的具体表现。

①无安全意识的行为结构分析。

人在无安全意识支配下的行为结构，是在行为方式上单目标和在行为内容上单要求的行为结构。

从单目标的行为方式上来观察，人们只注重遵守达到既定活动目标的有关劳动的客观规律，却忽视了满足自我生存欲望的有关安全的客观规律，在行为方式上表现为单一的劳动目标。

从单要求的行为内容上来观察，人们只关注自己的行为是否符合达到既定活动目标的劳动技术要求，却忽略了是否符合达到满足自我生存欲望的安全规范要求，在行为内容上执行单一的劳动要求。

例如，一个只有自己明确的生命活动目标，在行为上又不关注安全的人，不是本人没有自我保护的安全意识，是他的安全意识处在沉睡的隐性状态；或是在家里想着怎么过好日子，或是考虑假日如何与家人一起出游，或是去参加同学聚会叙旧，或是下班后约同事看电影，就是没去想怎样在这些活动中保持自己安全的生存状态。如果对安全不以为然，一旦危机当头，既没有风险评估，又没有应急预案，只会束手无策。

②有安全意识的行为结构分析。

人在有安全意识支配下的行为结构，是在行为方式上双目标和在行为内容上双要求的行为结构。

从双目标的行为方式上来观察，人的行为目标有两个：一个是人的行为是否符合既定活动预期的劳动目标。另一个是人的行为是否满足自我生存欲望的安全目标。

从双要求的行为内容上来观察，人的行为要求有两个：一个是人的行为是否符合既定活动预期的劳动技术要求。另一个是人的行为是否满足自我生存欲望的安全规范要求。

例如企业的全面安全质量管理工作，实际上指的是企业过程（这是劳资双方以外第三方人士的看法或说法）的企业管理；企业管理过程，包括生产过程（这是企业老板即企业投资者的看法或说法）和职业过程（这是企业打工人即雇佣劳动者的看法或说法）两个重合如一的客观存在。在安全方面的企业过程的企业管理，还包括安全管理、风险管理、危机管理、应急管理四种企业安全管理模式，也包括企业安全系统工程的经济学模式、管理学模式、政治学模式、社会学模式四种企业安全管理方案。这里的一些理论探讨，涉及政治经济学或安全政治学问题。

下面，我就企业安全系统工程问题，谈谈个人的理解或认识。

A. 企业安全系统工程的经济学模式。

工作措施：生产安全，即以生产为前提，防止伤亡事故的发生。基本设想：尽量避免安全投入过多而引起生产总成本的增加。安全目标：零安全，即所谓的“生产安全无事故”，实际上是指人的生命存在状态，处于零伤害和绝对危险线的位置上。实施目的：追求企业利润的最大化。

B. 企业安全系统工程的管理学模式。

工作措施：安全生产，即以安全为前提，组织生产活动。基本设想：尽量避免生产过程因伤亡事故中断而造成的财产损失及经济赔偿。安全目标：正安全，即所谓“安全生产责任重于泰山”，实际上是指人的生存状态，处在绝对危险线以上的正态安全域。实施目的：追求企业管理的人性化。

C. 企业安全系统工程的政治学模式。

工作措施：劳动保护。基本设想：维护劳动者在职业活动中的基本人权，包括劳动权、休息权、生存权、健康权等。安全目标：正安全，指的是劳动者在职业过程中的安全状态，始终保持在绝对危险线以上的正态安全域。实施目的：保障职业劳动者在企业活动中，依照国家宪法及相关法律设定的安全利益不被侵犯。

D. 企业安全系统工程的社会学模式。

工作措施：职业安全与职业健康。基本设想：争取并保持劳动者在职业活动中，生理上和心理上的个人自我生存欲望或自我健康需要得到满足。安全目标：正安全，指的也是劳动者在职业过程中的安全状态，始终保持在绝对危险线以上的正态安全域。实施目的：保障职业劳动者的工作环境和工作条件，符合人体安全阈值规定的各项专业技术标准。

说到这儿，问题又来了，那就是：如何理解企业过程（这是除劳资双方以外第三方的称谓，又叫作“企业经济运行过程”或“企业经营管理过程”）、生产过程（这是企业投资者的称谓，又叫作“资本周转过程”或“资本增值过程”）、职业过程（这是雇佣劳动者的称谓，又叫作“劳动力付出过程”或“履行劳动合同过程”）这三个概念的内在含义以及三者之间的相互关系？如何理解企业过程、生产过程、职业过程这三个概念所反映的同一客观事物生成与变化的实质及其政治经济学意义？如何理解企业是社会经济发展的基本单位，同时也是消除城乡差别、消除工农差别、消除脑力劳动与体力劳动差别从而成为向共产主义劳动者经济联合体过渡的基础或前提？

用什么样的顶层设计和政策指导，正确处置企业过程劳资双方在安全问题上人与人之间的生产关系，从而保护生产力的核心要素、促进生产力的发展？

又如企业及生产过程中的劳资双方关系，在政治经济学上称为生产关系，与生产力结合在一起，就构成了促进社会历史进步和推动人类文明发展的经济基础，并与政治上层建筑和思想上层建筑结合在一起，形成了人类社会的基本形态。

劳资双方在企业及生产过程中相互依存、相互作用、相互影响，若失去一方，另一方也就不复存在。在无产阶级专政和新的历史条件下，如何让劳资双方在生产中利益共享，和谐相处，是中国特色社会主义建设新时代面对的重大课题。

③安全意识有与无的相互转化，既有它的先决条件，又有它的转化过程。

在现实社会中，安全意识从无到有或是从有到无的转变，与人的行为过程是否会达到自己预期的目的关系密切，对人自己或相关的人的行为安全关系极大，因此应该引起关注。

A.安全意识的从无到有。

安全意识从无到有的再现有两条途径：一是唤醒安全意识，二是行为结构重建。

当人在自己的目标活动中遇到危急情况，本能的自我保护应激反应就唤醒了自己的安全意识，使得自己的行为重新回到劳动与安全的双目标双要求的行为模式。

当人感觉到自己在目标行为过程中可能会有人身伤害的风险时，智能自我保护的心理暗示会促使你自己主动放弃原来采用的仅有劳动目的而无安全目标的行为模式，重建安全意识支配下的目标行为模式。

B.安全意识的从有到无。

安全意识从有到无的衰变有两种情况：一是安全意识沉睡，二是行为目的缺失。

当人的目标行为失去了安全意识的警觉性，就改变了自己双目标双要求的行为结构，使安全意识在自己的行为过程中逐渐沉睡，从而使自己既定的劳动或生活目标行为处于潜安全意识或无安全意识的危险状态。

当一个人失去了自己既定的生活目标或工作目标时，就将形成盲目的或是盲动的行为模式，这就意味着与劳动同在的安全及其意识也将同步衰减，或在人的行为过程中逐渐消失。

（2）安全意识生成的生物学基础。

此课题涉及两方面问题要考察：首先是人的身体健康问题，包括人体健康的原生形态与科学形态。其次是人的自我保护问题，包括本能的自我保护与智能的自我保护。

①人体健康的原生形态与科学形态。

A.人体健康的原生形态。

人体健康的原生形态包括人的生理和心理两个方面，指的是人体自我健康状况。其中，身强体壮为健，心怡快乐为康。

人的身体健康，按照刘潜先生的学术思想，以皮肤为界分为两大部分：人的皮肤以内反映和表现的是人体的内在健康。人的皮肤以外反映和表现的是人体的外在健康。

人体内在健康，是指由人自己的生活习惯与生活方式决定或影响的、反映人与体内生存环境因素相互作用状况的人体自我健康形态。

人体内在健康，表现为人在自己的生命过程中与体内生存环境及其构成因素之间相互作用时，生理机能与心理机能正常，并且没有缺陷或疾病，以及有着良好的社会适应能力。

人体外在健康，是指由人自己的行为习惯与行为方式决定或影响的、反映人与体外生存环境因素相互作用状况的人体自我健康形态。

人体外在健康，表现为人在自己的生命活动中，与体外生存环境及其构成因素之间相互作用时，保持生理机能和心理机能正常，并且可以胜任各种社会工作，或具有独立社会生活能力。

B.人体健康的科学形态。

人体健康的科学形态，是指人体自我健康原生形态在人们头脑中的反映或表现以及为此做出的科学评价，因此这是思想观念上的人体自我健康形态而不是真正意义上的人体自我健康状态。这里有一个主观认识与客观存在是否相符，以及在多大程度上符合的真理性认识论问题。

医学健康，反映和体现的是人体内在健康的原生形态。研究或解决人体内在健康问题的科学是医学科学。

医学科学对人体内在健康的科学评价有三，即人体内在健康生命活动的有序状态称为人的健康状态。人体内在健康生命活动的混沌状态称为人的亚健康状态。人体内在健康生命活动的无序状态称为人的疾病状态。

安全健康，反映和体现的是人体外在健康的原生形态。研究或解决人体外在健康问题的科学是安全科学。

安全科学对人体外在健康的科学评价也有三，即人体外在健康生命活动的有序状态称为人的安全状态。人体外在健康生命活动的混沌状态称为人的危险状态。人体外在健康生命活动的无序状态称为人的伤害状态。（参见图 6、图 7）

②自我保护的本能类型与智能类型。

人体健康的自我保护功能，客观上存在本能的与智能的两种类型。本能的自我保护功能，是先天的获得性遗传的产物，来源于人们祖先流传下来的血脉，直接产生于人体自我健康的原生形态，表现为人的机体对外界情景刺激的条件反射式应激反应。智能的自我保护功能，是后天的适应性学习的结果，来源于人们的刻苦学习与勤奋努力，它以本能的自我保护为生物学基础直接产生于人们参与社会活动的心理学感受或生理学体验，表现为科学知识与实践经验对人们自我保护行为的暗示、诱导、作用或影响。

A.本能自我保护的特征、功能与缺陷。

人体本能的自我保护功能，是指人自己先天遗传生成的无意而为的自我保护意识及其行为模式。

特征一：本能的自我保护行为，是不由自主的自发行为，不受他人意志的支配，因此具有自发性生命律动的特征。

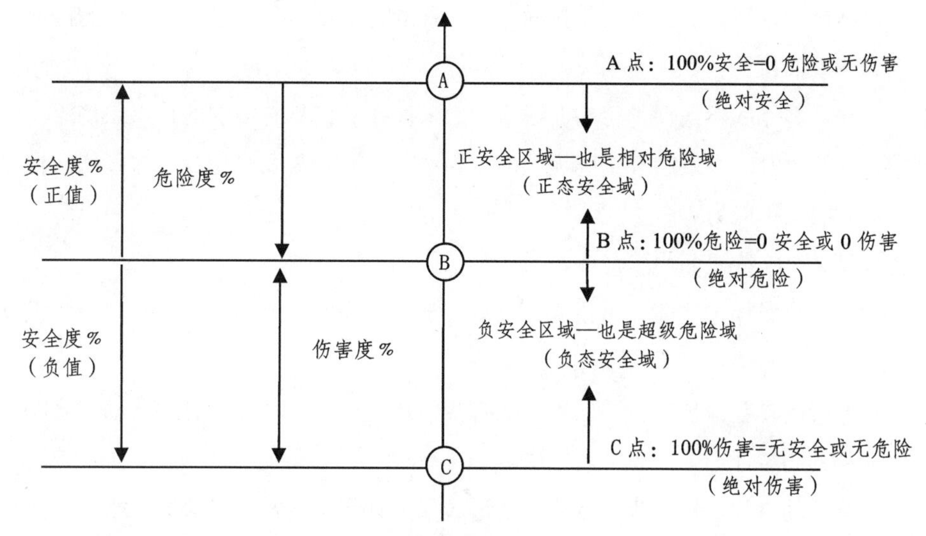

注：（1）安全度：人体健康外在质量的有序程度。
（2）危险度：人体健康外在质量的混沌程度。
（3）伤害度：人体健康外在质量的无序程度。

图 6　人体安全健康的质量融合程度

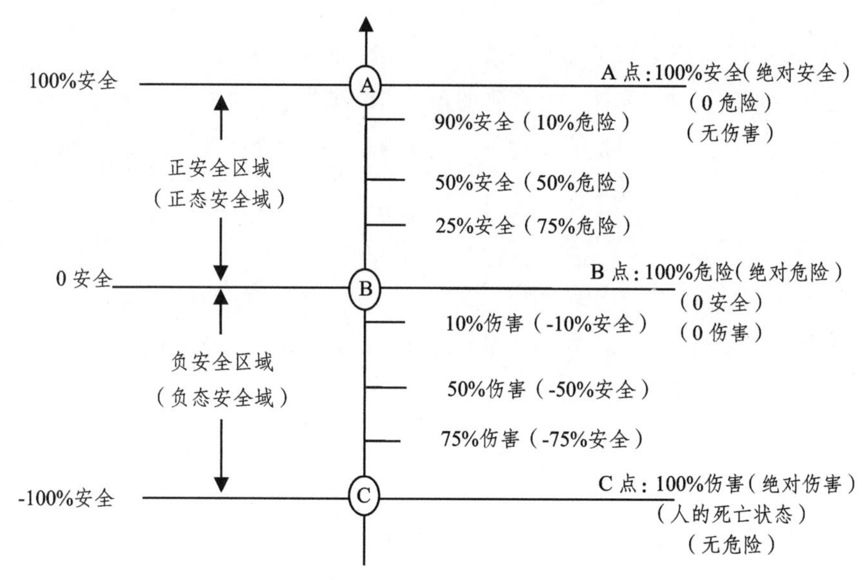

注：（1）安全度 + 危险度 =1（例：90%安全 +10%危险 = 安全系数 1；50%安全 +50%危险 = 安全系数 1；25%安全 +75%危险 = 安全系数 1）。
（2）安全度 + 伤害度 =0（例：−10%安全 +10%伤害 = 安全系数 0；−50%安全 +50%伤害 = 安全系数 0；−75%安全 +75%伤害 = 安全系数 0）。
（3）安全度，包括：正安全度、零安全度、负安全度。
（4）不安全度，包括：危险度及伤害度。

图 7　人体安全健康的质量融合规律

特征二：本能的自我保护行为，是排除外界干扰的自主行为，不受他人思想的暗示，因此具有自主性生命律动的特征。

功能与缺陷：本能的自我保护行为，循生命之道而律动，具有内在的自组织功能，但在自我保护过程中，又缺乏及时有效的和正确无误的行为选择，因此需要升华到人体智能的自我保护方面来提高人的自我保护能力。

B.智能自我保护的特征、功能与缺陷。

人体的智能的自我保护功能，是指人自己后天学习形成的有意而为的自我保护意识及其行为模式。

特征一：智能的自我保护行为，与本能的自我保护在行为上功能互补并且动态协同，因此具有协同性生命律动的特征。

特征二：智能的自我保护行为，与科学的健康保障在行为上密切配合并且主动协调，因此具有协调性生命律动的特征。

功能与缺陷：智能的自我保护行为，循智慧之道而律动，具有学习的适应性功能，但又无法克服自我保护过程中行为上的非线性缺陷，因此需要科学的健康保障做必要的补充。

（3）安全意识生成的动力学因素。

此课题也有两个方面的问题要考察：首先是安全意识生成的知动力源及其功能系统。其次是安全意识生成的脑动力源及其功能系统。

①安全意识生成的知动力系统及其产生的知动力能源。

这是一个来自个人身体之外的安全意识生成动力学问题，是人类社会学特性的反映与表现。

A.安全意识知动力系统的构成。

安全意识生成的知动力系统也是由“三要素四因素”构成的，这就是科学知识、实际经验、生存技能，以及逻辑思维。其中科学知识、实际经验与生存技能，是安全意识生成的三个知动力核心要素，逻辑思维是凝聚那三个核心要素和促成知动力系统的第四个因素。

B.安全意识知动力系统的运行。

安全意识生成的知动力系统运行的初始条件及其关键环节是人类的社会实践，包括人们的思维实践与行为实践。

安全意识生成的知动力系统运行成果的正效益形成安全意识生成或觉醒的知动力源，并以知动力的形式支配着人的行为，趋向自己生命存在的安全状态。

C.安全意识知动力系统及其动力源的案例分析。

a.对知识的狭义理解与广义理解。

人们对知识的狭义理解仅限于科学知识，也就是人们对客观世界及其规律的主观认可。广义上的知识概念，既包括科学知识，也包括实践经验，以及人们在自己生命活动中的心理学感受与生理学体验。

b.实践概念的思维形式与行为形式。

实践的思想形式，是指人们在理论思维上的实践活动，因此也叫作“思维实践”。实践的行为形式，是指人们在行为动作上的实践活动，因此也叫作“行为实践”。

c.安全意识知动力的双重性特征：正能量与负能量。

安全意识的知动力生成的安全意识，也就是由科学知识系统产生的安全意识，与世界上的万事万物一样也具有双重性特征。一方面，当科学知识的运用与人的社会实践需要相符合或相匹配时，安全意识的知动力发挥的是正能量，它支配人的行为可以达到安全的预期目的。另一方面，当科学知识不能指导人们的社会实践，或者理论与实践不相符合、不相配套时，安全意识的知动力将会发挥出负能量，人们不仅无法实现自己的安全预期，而且还有可能受到伤害。

②安全意识生成的脑动力系统及其产生的脑动力能源。

这是一个来自个人身体之内的安全意识生成学问题，是人类生物学特性的反映与表现。

A.安全意识脑动力系统的构成。

安全意识生成的脑动力系统，也是由“三要素四因素”构成的，这就是心理感受、生理体验、神经传导，以及大脑机能。其中，心理感受、生理体验与神经传导是安全意识生成的三个脑动力核心要素，大脑机能是凝聚那三个核心要素和促成脑动力系统的第四个因素。

B.安全意识脑动力系统的运行。

安全意识生成的脑动力系统运行的初始条件及其关键环节是对个人行为情景的应激反应，包括人的生存欲望和人的生存本能。

安全意识生成的脑动力系统运行成果的正效益是安全意识生成或觉醒的脑动力源，并以脑动力的形式支配着人的行为趋向自己生命存在的安全状态。

C.安全意识脑动力系统及其动力源的案例分析。

a.安全意识的生成与神经系统的条件反射之间的内在联系。

依据生物学家巴甫洛夫的条件反射学说，人脑机能对人的自我生存状况及其周边环境因素的生物学感应，使得神经系统做出一系列条件反射的应激反应，对安全意识的生成有着重要作用和影响。

物质对人的刺激作用产生的条件反射，巴甫洛夫称为“第一信号系统条件反射”，反映人类本能的自我生存欲望，形成人体本能的自我保护功能，并由此生成了潜在的自我安全意识。

语言文字的刺激作用产生的条件反射，巴甫洛夫称为“第二信号系统条件反射”，反映人类智能的自我生存欲望，形成人体智能的自我保护功能，并由此生成了显在的自我安全意识。

b.安全的意识与行为的安全之间存在着的因果关系。

从一般意义上来讲，人脑在受到生存环境因素及其情景状况的刺激产生应激反应获取了必要的生存信息之后，瞬间在头脑中经过对这些生存信息进行加工而生成的自我保护意识，支配着自己的行为。而人们具有自我保护功能的安全意识，又支配着自己的行为自主地趋向安全的状态。这是因为安全意识脑动力与知动力的相互作用，产生了智能的自我保护动作，保持或是实现人自己生命存在的动态安全。

（二）因素及其在宏观安全分析中的应用

因素，指相互依存的客观存在。因素在安全科学里，适用于研究安全群体，即两个或两个以上的人群。

例如职业安全群体的全面安全质量管理及其动力学问题的研究与探讨。（此涉及宏观安全论的探索与思考）

1. 职业人群活动的双重目的性

（1）职业劳动者的双重目的性。

凡参加过职业劳动的人都能体会到，自己到工厂去工作，一般都有两个愿望，一是上班挣钱，二是平安回家。由此就刻画出职业人群活动的双重目标：上班挣钱，是为了通过劳动来获取生活资料。平安回家，是为了实现安全去消费生活资料。

因此，企业过程中劳动者对生产活动的劳动态度（也可以看作安全态度），是只有在安全的条件下，才能开始生产，不安全就不生产。理由（也称安全理念），是一切为了人，如果没有人来打工上班，工厂就无法开工，根本不能生产。

（2）职业投资者的双重目的性。

投资建厂的企业老板，也可以看成是职业性质的脑力劳动者，这些人在企业过程中也有双重目的：一要遵宪守法，二要生产发财。因此，就要求招聘的或请来的企业管理人员做到"遵宪守法，生产发财"。于是，企业就会在不违宪、不犯法的情况下，全力组织生产。

老板的理由（也是其安全理念），是一切为了生产，否则没有必要投资建厂；如果不投资建厂，打工的人（指雇佣劳动者）就无处打工。

2. 企业及其过程的双重结构性

老板当初投资建厂，想的是要过上富裕的理想生活，无非这两方面内容，一是吃、喝、玩、乐、住豪宅、开豪车，再一个是获得舒适、愉快，享受更高程度的安全利益。

工人打工上班，一是想挣钱养家，维持自己和家人的生活；二是想有条件或者有机会的话，就多挣点钱，把家里的日子过得好一些。

总之，企业生成、存在与发展的原初动力有两个：一是企业投资者，要投资发财，过上富裕生活。二是雇佣劳动者，要打工挣钱，也是为了生活。但是这个促使企业生存与发展的原初性动力的启动条件却只有一个，那就是相关的人们必须活着，起码也要不残、不伤、不得职业病，这种低级质量的安全程度，是雇佣劳动者参与企业生产活动的底线，也是企业得以存在和发展的前提或保障。

（1）企业过程的劳动结构与安全结构。

企业及其过程的第一要素是人，包括企业的投资者、法定代表人或职业经理人、企业管理人员、工程技术人员，以及企业全体脑力劳动者和体力劳动者，其中也涉及生产一线工人、二线工人或后勤劳务人员、勤杂工人，等等。从劳动角度来看，这些人都是劳动者。从安全角度看，这些人都是需要提供安全保障的人。我从哲学上，把企业的劳动者和需要提供安全保障的人统称为企业主体要素。企业及其过程的第二要素，是物，包括劳动生产需要的厂房、机械设备、水电设施、加工材料、运输车辆、仓储及物流条件等，以及实现既定安全目标需要的一切安全资源。我从哲学上，把这些生产资料与安全资源统称为企业客体要素。企业及其过程的第三要素，是相互关系，包括企业管理人员或安全工程技术人员的管理工作，以及为调节人与人、物与物、人与物之间关系采取的一切方法、手段、措施。我从哲学上，把调节人与物这两个要素各自的内部以及二者之间关系的工作和方法称为企业关系要素。还有一个，就是把人与物及其相互关系三个企业要素凝聚起来，并在各自转化成企业因素过程中形成一个功能系统的企业因素，我从哲学角度将其称为企业联系因素，也就是企业及其过程的第四个因素。

我运用刘潜先生“三要素四因素”原理，在分析了企业及其过程的组织基本构成之后，提出“劳动与安全同源共构”的学术思想。

企业的劳动生产组织系统，从完成生产任务的着眼点或劳动的角度来考察，是劳动的内在组织结构；从实现安全目标的着眼点和安全的角度来观察，是安全的内在组织结构。有人可能要问，从企业经营的全过程看，到底是劳动结构还是安全结构？或是劳动与安全重叠在一起的双结构？那就要看你在这个问题上，是从解决问题的哪个着眼点，或是看问题的什么角度来考虑了。

（2）企业过程的劳动目标与安全目标。

企业及其过程的劳动目标与安全目标，是企业及其过程中的一对相互依存和动态协同的“双胞胎”，谁也离不开谁，谁也替代不了谁。刘潜先生早在20多年以前就多次说过，生产与安全的关系就像人的手，手心能拿东西，有生产的功能；手背保护手心，有安全的功能。但是我认为，人的手是与自己的身体联系在一起的，无法分离，也不能分离。假如人手离开自己的身体而独立，就会因无法接受大脑发出的指令而失去自己生产与安全的双重功能。

企业在完成生产任务、实现安全目标之后，劳资双方的企盼和目的都已达到。生产任务的完成，让打工的雇佣劳动者拿到工资，可能还有奖金。企业投资者在企业经营中拿到资本增殖的部分。马克思把企业投资得到的钱叫作剩余价值。经济学家则把企业投资得到的钱称作利润，或是超级利润。实现既定的安全目标，打工的人至少得到不死、不残、不病（不患职业病）、不伤的低级程度的安全利益。工厂老板，则得到舒适、愉快、享受等高级程度的安全利益。于是，大家各得其所，皆大欢喜，但这还需要职业道德的约束和法律法规的保障。

3. 全面企业管理的综合集成性

（1）全面企业管理的“三要素四因素”理论。

①全面企业管理到底管的是什么？

全面企业管理对企业及其过程全面的、系统的管理工作体系，是由企业的劳动管理要素、安全管理要素、质量管理要素和把这三个核心要素转化成企业因素，从而形成一个企业管理集团的人事管理因素。这个由企业内部组织管理基本构成的“三要素四因素”的企业管理组织结构，以及由“三要素四因素”组成的这个相互依存与彼此支撑的企业内部管理集团，在整体上外在地表现为可以达到劳动与安全双重管理目标的功能系统，就是企业及其过程的集团化目标管理系统。这当中，劳动管理与安全管理是企业全面管理工作的表现形式。质量管理是企业全面管理工作的核心内容。人事管理是企业全面管理的基础与前提。

这好比你被一家企业录取进厂做工，首先要到企业本部的劳资（人事）部门去签订劳动合同，然后根据国家法律和安全监管部门出台的安全教育培训规定，在企业劳资（人事）部门的安排下，接受有安全管理部门参与的安全生产知识教育和安全生产技能培训；经考核合格后分配到该企业下属生产单位接受二级安全生产教育，由二级单位主管以及劳资员、安全员介绍本单位基本情况、主要产品、生产工艺流程、劳动纪律要求、安全生产规章制度、重点岗位、危险部位，以及各工序安全生产操作规程等；接下来便是分到生产班组，接受由班组长和兼职安全员对你进行的第三级与本班组生产作业密切相关的安全生产知识及技能的教育与培训，考核合格后才能确定具体的工作岗位、明确由哪位师傅带你。这一整套企业流程走下来，让你清清楚楚地明白全面企业管理及其系统的功能，就是为完成企业既定的生产任务和实现企业安全预期的双重目标服务。

②劳动管理和安全管理之中的质量管理问题。

劳动管理的企业依托，是企业过程职业人群生产活动的组织系统，劳动管理工作自始至终地贯穿这个功能系统运行的全过程。安全管理自己在企业没有与劳动管理并行的专门组织系统，而是依托企业的劳动管理体系，如刘潜先生所说的那样，把一个生产上的组织系统建设成或者改变成一个也可以实现安全的功能系统。于是在企业过程中，劳动功能系统与安全功能系统相重叠的结果，就形成职业人群在企业过程的劳动与安全双目标的功能系统。如此说来，企业管理、劳动管理、安全管理三者的关系是劳动管理依托于企业管理系统，安全管理又依托于劳动功能系统。“企业”就好比是一辆公共汽车或出租车之类的交通运输工具，“劳动”是那位开车的司机，“安全”就是坐车的乘客。当汽车驶达目的地，停靠车站，表示企业歇工下班。代表劳动的司机，完成生产任务，回家做家务劳动去了；代表安全的乘客，实现自己的预期目的，到朋友家串门聊生活安全去了。

质量管理的价值、作用与功能，就是对劳动及其生产行为产出的劳动产品是否符合技术标准，以及劳动行为的安全状态程度与劳动者生产的产品可靠性程度是否符合安全规范做出客观公正的评判，其具体的做法是将其渗透到自己的工作对象之中，从而使企业的劳动管理演变成为劳动质量管理，安全管理细致到安全质量管理。

劳动质量管理的企业管理内容，涉及劳动管理质量、劳动行为质量、劳动产品质量，以及企业管理集团的发展规划质量与企业负责人的决策质量等。

安全质量管理的企业管理内容，包括安全管理、风险管理、危机管理、应急管理四种安全管理模式，以及正安全态、零安全态、负安全态三种个人的自我生命存在状态的质量管理。

我在此所说的质量概念，是由质与量两个词素组成的复合概念。客观事物的质，指的是量的内在规定性，表现为量在同质范围内的粒动和异质之间的波动。客观事物的量，指的是质的外在限定性，表现为质在同质范围内的波动和异质之间的粒动。由此推论可知：质的状态及其变化，是由同质范围内量的粒动与异质之间量的波动而引起或决定的。量的状态及其变化，是由同质范围内质的波动与异质之间质的粒动而引起或决定的。质与量在相互作用中的融合如一，就形成客观事物的度。在现实生活中，度的经典表现，就是质量融合的波粒二象性特征。

③企业过程中安全质量融合的波粒二象性特征。

A. 安全质量的融合现象。

这里有四个安全质量现象，需要事先加以讨论或说明。

其一，安全质量的零质状态与无质状态。

安全质量的零质态，是有的开始而不是它的终结。零质态表达的有，可以向正数值或负数值两个方向无限延伸。例如，零的正值可从 1、2、3……直至数到无穷大的正数，也可从 – 1、– 2、– 3……直至数到无穷小的负数。

安全质量的无质态，是有的终止而不是根本不存在。无质态表达的无，指的只是此时此地的无，但并不能表明彼时或此地也会同样是无。比如宇宙中的暗物质，与地球人类共存，你我他谁也看不见、摸不着，也感知不到，但科学家说暗物质是客观存在的，在未来科学发达的某一天，人类总会揭开这个宇宙的秘密，无（不知）又会转化成为有（知）。又如老辈人常讲的一句话叫作“无中生有”，意思是说：有从无中来。那有是怎么从无中生出来的呢？举个案例即可说明：说是某生产车间电动机保护罩坏了，修理工拿走准备更换，这时正巧被一青工看到，这青工好奇地用手去触摸电动机，结果被电动机风扇叶子伤到手指。这便是无中生有。

其二，安全质量的“一质三态”的现象。

安全质量的一质三态现象，是指在一个质的计量单位之内，同时拥有安全、危险、伤害三个层级的质量状态。例如，在正安全、零安全或负安全的质之中，也都或多或少不同程度地存在着安全、危险、伤害三种质态。

正安全状态的质里包含了绝对安全与相对安全的质、零危险与相对危险的质，以及无伤害的质。零安全状态的质里包含着零安全的质和零伤害的质以及绝对危险的质。负安全状态的质里包含着负安全与超级危险的质、相对伤害与绝对伤害的质，以及无安全与无危险的质。

其三，安全质量的“一量三质”的现象。

安全质量的一量三质现象，是指在一个量的计量单位之内，同时拥有安全、危险、伤害三种质的量，或是同时拥有安全度、危险度、伤害度三种质态与相应量纲相互作用融合如一程度的量。

例如绝对危险的量，就同时包含着零度安全量的质态、零度伤害量的质态，以及百分之百危险量的质态。

质与量相互作用融合成的度，也有类似“一量三质”的可重复现象，揭示出安全度与危险度以及安全度与伤害度之间的关系，在用于安全评估的安全系数方面呈 1 与 0 相互交替的状态，我唤作安全系数的“二进位制”原则。

在正态安全域内，安全度与危险度相加的安全系数等于 1。例如，当安全的质的含量在 100%时，危险的程度为 0，二者相加的安全系数等于 1，而人的生存状态在此时此刻的伤害质态为无，因此不能计算在安全系数之内。又如，当安全度为 50%时，危险度也为 50%，而伤害度仍然是无，安全系数的统计结果还是 1。

这里特别值得一提的是：伤害质态从无到有的演变及其意义。伤害的质，在正态安全域值的上限以及整个正态安全域的区间都是无，但却在正态安全域的下限处成为“有”（指零伤害，即有的开始，有的开端）。这是为什么？它是怎样做到“无中生有”的呢？这还要从零安全质态的量说起。前面已经提到，安全的量具有“一量三质”的可重复现象，而处在正态安全域下限与负态安全域上限相互重合的系统边界上，也就是绝对危险线的位置，正巧是零安全也是零伤害的位置，此时此处安全的量包含三个质：正安全质态的量、零安全质态的量、负安全质态的量。正是安全三态的三量合一，才催生出伤害质态的有。也就是说，正安全、零安全、负安全这安全三质态的重叠，生成了零度伤害的质，使得伤害的质态从无走向有。以人体的形成和出生为例。

在负态安全域内，安全度与伤害度相加的安全系数等于 0。例如当安全质态的量为－10%时，伤害质态的量为 10%，危险质态的量超过 100%，成为超级危险态而无法估量，安全系数统计的结果是 0。又如，负安全质态的量为－50%，相对伤害的量是 50%，二者相加的安全系数仍为 0。

这里特别值得一提的是：伤害的质，从无中来，经过了有，又回到无，对自己两次辩证否定的自然历史过程极其有意义。这正如每个人的一生，活着就是那么一个过程，自然而然地诞生，又自然而然地消亡，从智慧生命物质转变为宇宙无生命的物质，从自然界中来，经历了与自然界生态平衡的双向互动，又回到自然界，最终与大自然融合在一起，纳入宇宙物质运动生命的大循环。

其四，安全质量的显性状态与隐性状态。

此处引用生物遗传学上“显性状态”与“隐性状态”两个概念，为的是表达安全的“一质三态”和“一量三质”这两个可重复的规律性现象，在安全质量波粒二象性中的存在价值即它们的功能与作用，并使之运用到安全的社会实践中去为人们的身心健康服务。

安全质量的显性状态，是指在量上占优势的质，或是被人们关注的质。安全质量的隐性状态，是指在量上占劣势的质，或是不被人们关注的质。

因此，辨别安全的质或量是隐性还是显性的方法有两种：一是在量上是否占据优势，二是在质上是否被人关注。例如在正态安全域上限位置处的质，包含了绝对安全即 100%安全量的质，以及零量的危险质态和无量的伤害的质。由于安全的量在三者之中占有绝对优势，自然而然地成为显性的状态；而零危险与无伤害自然而然地就表现为隐性的性状。又如在正态安全域下限与负态安全域上限的重合之处，人们往往只是关注到零伤害（也称安全生产无事故），却忽视零安全（可能会因此而导致伤害事故的发生），所以这个正态安全域与负态安全域交互作用的系统边界，也可以被称作绝对危险线。

B. 企业过程同质范围安全质量的波动性与粒动性。

安全质量的波粒二象性，在同质范围质或量相互依存与动态协同的表现，以正态安全域内质或量的波动性与粒动性为例。

正安全的质，在正态安全域的上限与下限，与正安全的量交互作用过程呈向上或向下的滑动姿态，表现为质的波动性。正安全的量，在正态安全域上限与下限的这一区间范围内，由于相关量纲参数的规范与约束，只能是一个安全度又一个安全度地向上或向下跳跃，表现为量的粒动性。

鉴于这样的安全态势，企业过程集团化管理系统，要采用以安全管理为主的工作方法，辅之以风险管理及其评估与预案。当正安全的质量互动接近正态安全域下限时，应启动转危为安的危机管理模式。应急管理在这种安全态势下，几乎无用武之地。

C. 企业过程异质之间安全质量的波动性与粒动性。

安全质量的波粒二象性，在异质之间质或量相互依存与动态协同的表现，下面以正安全的质态向负安全的质态自然而然地自发性转变过程为例。

正安全的质，在向负安全质的转变时，由于双方在量的内在规定性限制或约束而无法在双方的质之间自由流动，只能以突破彼此自身质内规范性限制的方式实现质变的飞跃，表现为质的粒动性。而安全的量，由于一量三质的规律性作用，正安全、零安全与负安全三种质态，会同时存在于同一个量的计量单位内部，当正安全态向着负安全态发生质变时，在同一安全量的计量单位之内，就同步瞬间发生变化：原来处在显性状态的正安全转变为隐性的性状，而原来处于隐性状态的负安全，则是迅速地转向显性的性状。于是，安全的量就在一个计量单位内部，完成从正质态向负质态的滑动，表现为量的波动性。

在这样的安全态势下，安全管理方法已经无能为力，风险管理与危机管理也只能成为辅助性的企业管理模式。应急管理及救援工程，就成为企业及其过程集团化管理的主力军。减少人的伤害和尽量避免财产损失，便是应急管理科学研究及其工程项目永恒的课题。

（2）企业及其过程的“三要素四因素”理论。

企业及其过程，有两个功能系统，一个是双目标的生产功能系统，一个是集团化的管理功能系统，二者的双向互动与相互作用，或者说是在物质、能量、信息以及时间、空间等方面进行的系统交流与系统交换，完成了企业既定的生产任务，实现了企业期盼的安全目标。

企业双目标生产系统与企业集团化管理系统的关系。

①企业的生产系统是企业过程的核心功能系统。

企业生产系统的基本构成，可用刘潜先生的“三要素四因素”概念来说明或理解：企业的生产系统，是由主体要素人、客体要素物、相互关系要素以及内在联系因素凝聚而形成的企业双目标行动组织系统。

企业生产系统的核心功能，是劳动生产。因为，企业的中心工作就是生产，安全只是生产的一种状态，质量才是完成生产任务和实现安全目标的技术保障。

企业生产系统的固有缺陷，是自我完善能力差，需要企业管理集团在目标管理过程中的指导、监督与协调。

②企业的管理系统是企业过程的关键环节系统。

企业管理系统的基本构成，也可用刘潜先生的“三要素四因素”概念来说明或理解：企业的管理系统，是由劳动管理、安全管理、质量管理以及人事管理凝聚而形成的企业集团化目标管理系统。

企业管理系统的基本功能，是为生产服务。因为目标管理的工作，不是指挥而是指导，不是干涉或干扰生产过程，而是在为生产服务过程中协助企业生产系统完成生产任务和实现安全目标。

企业管理系统的固有缺陷，是企业过程理想化倾向。虽然愿望很美好，如果不符合企业生产系统的实际情况，也实现不了。因此，目标管理与目标行动之间必须经常交流信息，动态协调各方面的生产关系，及时整合生产力要素，才能比较顺利地达到劳动与安全的企业双重目标。

企业双目标生产系统的劳动管理与安全管理。

①企业生产过程中劳动与安全的同源共构。

A.企业生产过程劳动与安全的自然历史同源性。

劳动与安全，共同起源于人类自我创造的自然历史过程中。劳动，表现为创造了人本身及其生存或发展条件的人类生命存在方式。安全，表现为可以判定人的劳动行为是否符合客观规律的人类生命存在状态。

就人类个体而言，劳动与安全共同生成于人之初。在人之初，当婴儿离开母体的瞬间，生存环境从液态变成气态，呼吸方式也由母体中的腹式呼吸变成用肺在空气中呼吸。生存条件也从母体中通过脐带输送营养物质，变成用嘴直接进食。经过如此分析之后，才知道婴儿出生后的第一声啼哭，是在向世人宣告：他带着劳动（自己的生存方式）和安全（自己的生存状态）来到人间。

B.企业生产过程劳动与安全的社会现实共构性。

在现实社会中的劳动与安全，有着共同的组织结构。从宏观的企业及其过程的意义上讲，劳动的结构是“人、机、环”及其系统，安全的结构是“人、物、事”及其系统。这两个理论模型，在框架结构上一致，都有三个核心要素，只是在内容表达上不同，但在系统的运行结构上，却是完全相同的，都是由“运筹、信息与控制”这两要素一因素组成。后来有了创新，有人在劳动结构上添了个“管理”，使之成为“人、机、环、管”及其系统，也有人在安全结构上添上“内在联系”，使之成为“人、物、事、联”及其系统。

微观的单个的人，也有共同的劳动结构与安全结构（参见图 8）。因为，从理论上讲，劳动是人的生命存在方式，安全是人的生命存在状态，二者都是人的生命存在的反映或表现。从实践上讲，在工厂干活，就是劳动行为，而人的劳动行为状态便叫作安全。在微观的企业及其过程中，职业劳动者在安全角度看是需要提供安全保障的“人”，劳动对象在安全方面称为“物”，人与人、物与物、人与物之间的劳动关系被安全方面称为“事”，劳动管理工作在安全方面看作“内在联系”，职业人群劳动的生产组织系统由安全方面改造成可以依附其中并实现安全预期的功能系统。由此可见，微观的劳动结构和安全结构与宏观的大致相似，只是人数的多少和规模的大小不同罢了。

②企业生产过程中劳动与安全的相互依存。

A.企业生产过程劳动与安全的功能匹配。

什么叫 “功能匹配”？这如此不同元素的物质化合，化合后会生成新的物质，这个新的物质就是企业产品，而化合过程就是劳动（生产）过程，劳动（生产）过程的顺利进行就是安全。

B.企业生产过程劳动与安全的彼此支撑。

什么叫“彼此支撑”？大家知道，生产的目的是生产产品，生产的形式是人的脑力和体力劳动，生产过程可能伴有伤害，甚至可能使生产中止。如果伤害频发，生产目的丧失，则劳动意义全无；如果经常中止生产，代价会加大。但是，确保生产过程顺利，避免劳动者受到伤害的措施是有的，这个措施就是安全。实践中，安全和生产会有冲突，因为安全投入会增加生产成本，但不安全，生产成本会更大。所以，劳动与安全在企业生产经营过程中是彼此相依的，谁也离不开谁。

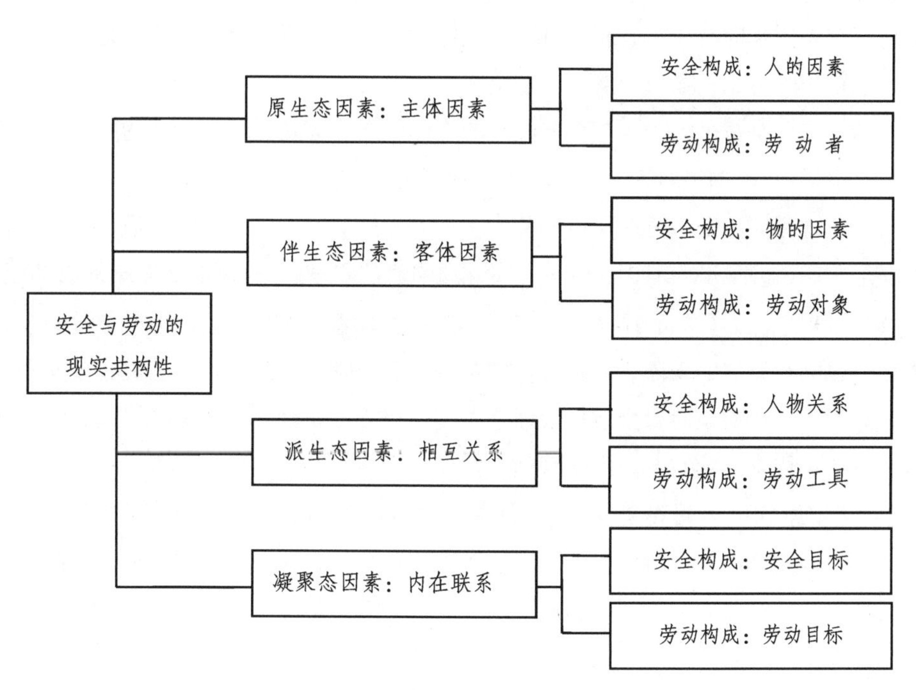

图 8　安全与劳动的社会现实共构性

C.企业过程及其系统运行的整体涌现性。

企业及其过程形成的系统，是一个宏观上的自组织功能系统，有两个分支类型的子系统：一个叫作企业的生产系统，是双目标的行动组织系统；另一个叫企业的管理系统，是集团化的目标管理系统。

企业是一个整体，由多个功能系统组合而成，大体分为生产系统和管理系统。这两大系统在日常运行中有很大差异。但却通过有差别的运作来实现企业的生产经营目的。如果企业长周期安全运行，就说明企业的各个功能系统运行正常，均发挥了各自的作用，不仅使企业自身的效益好，还可能带动所属行业，所在地方为社会做出超越物质产品的更大贡献。

商场如战场，企业的生产经营就好比打仗。如何做到心中有数，不打无准备之仗？那就要对还没有发生的事进行预估或预判。军队的做法，一般是沙盘模拟和实战演练。在企业，就要对自己的宏观自组织功能系统以及分支的企业生产系统和企业管理系统，进行分别考察，以及对目标行动与目标管理两个系统核心功能之间在运行过程的系统交流与系统交换，进行理论上的推导和实践上的检验。

③企业及其过程系统运行的有序性与无序性。

企业过程系统运行的有序性与无序性，是企业总部决策的指挥系统，对实现企业劳动与安全双重任务的目标行动与目标管理两个分支子系统功能匹配与动态协调在整体上的可控性与失控态势的理论推演。

A. 企业过程及其系统运行的有序性。

人体外在健康质量的有序状态，也可叫作人体健康外在质量的有序状态，是人们生命存在的安全状态，包括正安全态、零安全态、负安全态。

安全质的三态，是每个人一生都可能经历的人体外在健康状态。从概念的狭义方面来理解，正安全状态，包括 100%的绝对安全态和小于 100%并大于 0 的相对安全态。零安全状态，是有的开始状态，因此既可向正安全方向又可向负安全方向发展，因此具有双重性质。负安全状态，是小于 0 的安全质态，包括相对负安全态和 – 100%的绝对负安全态，也就是无安全即人的死亡状态。

企业及其过程系统运行的有序状态，在整体上基本处于受控的状态，但并不排除在局部的或是个别的地方也会有失控的现象，系统运行的结果表现为既完成生产任务，又实现安全目标。在此种安全态势下，企业的全面安全质量管理工作模式有三：安全管理、风险管理、危机管理。

其一，系统运行有序状态下的安全管理工作。

古语云“居安思危”，表明安全与危险都不是单独存在的，而且二者还是形影不离的质量关系。安全质量学认为，安全度与危险度相加的安全系数等于“1”，揭示出安全与危险是此消彼长或此长彼消的质量关系。在企业管理中，如何理解危险这个概念很重要，对安全工作的影响也很大。从不安全的角度来说，危险是由危与险两个词素组成。危，即很悬；险，即差一点。危险的意思，就是人的伤亡事故可能发生，但还没有发生的那种情况。因此，安全工作的重心，在于严格控制危险源及其所在的点。从安全的角度看，危险是安全资源的缺失或不匹配造成的质量问题。因此，在安全工作上，强调补充或完善安全资源，同时匹配这些资源与安全要素之间的相互关系，以便从整体上形成一个动态的安全功能系统。对危险的理解不同，安全工作的方法各异，一个是做“减法”，减少危险源的失控因素；一个是做“加法”，增加安全资源并使之与安全要素相匹配，殊途同归，各显优劣。

其二，系统运行有序状态下的风险管理工作。

本着安全工作“居安思危”的人文理念，在还没有发生伤亡事故时，就要做好风险防控措施，对企业及其过程系统的运行状况进行较为全面的安全评估，准备好应急预案和物资储备。这种做法，在中医理论上叫“治未病”。中医理论还认为：上医“治未病”，下医“治已病”。现实的安全工作，是“治已病”的人多，“治未病”的人少。如果安全工作能够彻底改变重视“治已病”忽视“治未病”的不良现象，就会保护更多人的生命安全。

其三，系统运行有序状态下的危机管理工作。

危机是一个复合概念，危指危险，机指还有机会，合起来的意思，是遇到危险还有机会去争取“转危为安”。危机管理工作，就是要在快发生伤亡事故时采取紧急措施，争取“转危为安”，因此我姑且把做这项工作的队伍称为“快速反应部队”。

B. 企业过程及其系统运行的无序性。

人体外在健康质量的无序状态是人们生命存在的伤害状态，包括先天无的伤害质态、自然有的伤害质态、后天无的伤害质态。

伤害质的三态，也是每个人一生都有可能经历的人体外在健康质量状态。从概念的狭义方面来理解，其中，先天伤害质态的无，指在正态安全域值的上限处以及正态安全域的全域范围内，伤害质态的量为先天的无；伤害质态自然的有，是指在正态安全域下限与负态安全域上限交汇的系统边界处，由于正安全与负安全的相互作用，伤害的质态自然而然地从无中生成了有，并且成为伤害质态有的开端，这里也自然地包括了相对伤害质的形态；伤害质态后天的无，专指 100% 的绝对伤害状态，也就是既无安全又无危险的人的死亡状态。

企业及其过程系统运行的无序状态，在整体上基本处于失控状态，但也会有局部的或是个别地方可以控制，系统运行的结果表现为两种情况：或是完成了生产任务而安全目标实现得不理想，或是实现了安全目标而生产任务又完成得不理想。在此种安全态势下，企业的全面安全质量管理工作模式也有三：风险管理、危机管理、应急管理。

其一，系统运行无序状态中的风险管理。

当企业及其过程系统运行处在无序的失控状态时，风险管理工作的任务就是迅速为企业做出风险评估，尽快找出“病因”，开出“药方”，提出“治疗方案”。

其二，系统运行无序状态中的危机管理。

当企业及其过程系统运行处在无序的失控状态时，危机管理工作的任务就是抢救“病人”，按照风险评估给出的结论，“照方抓药”并有针对性地采取一切必要的方法、手段、措施。

其三，系统运行无序状态中的应急管理。

应急管理工作是企业全面安全质量管理的最后一道防线，当企业及其过程系统运行处于无序的失控状态时，要迅速采取应急救援措施，尽量减少人员伤亡，尽量避免企业的或个人的财产损失，同时也要有效防控可能发生的次生灾害，以及二次以上类似事故可能发生而造成的生命和财产损失。

C. 企业及其过程系统运行的混沌态与解体态。

a. 企业过程及其系统运行的混沌状态。

以安全的质，自发地从极致有序的量即100%绝对安全的状态，向极致无序的量即－100%的绝对负安全状态漂移为例。零危险的混沌状态，在正态安全域上限的绝对安全处以零危险状态成为有的开始，在无外界因素干扰或干预的情况下，会以相对危险的混沌状态贯穿整个正态安全域值的参数区间。直至达到正态安全域的下限处（也是负态安全域的上限处，二者重叠于此）呈100%绝对危险的极致混沌状态。

此时此刻在此处此地的危险现状引发的安全态势得引起人们注意！如果没有人为的干预或干扰，绝对危险状态会自发地继续往无序方向移动到负态安全域，成为超级危险的极端混沌状态（也就是开始进入有人受伤的相对伤害状态或称负安全态），直到又继续自发地滑动至负态安全域的下限为止，成为无危险态即危险这种人体自我健康外在质量状况有的终结状态，这种人的生命存在状态就是人的死亡状态。

于是，当危险的极致状态进入负安全域而成为超级危险态时，这个企业在生产过程中的偶发性伤亡事件，也就必然地会发生，而且还表现出不为人们注意的突发性特点。

如果这种态势还不能很快得到调整，使系统运行姿态转危为安；如果再得不到企业总部及其决策与指挥系统的有效控制或及时协调，使企业过程的安全态势自觉地尽快从无序状态转向有序状态，整个企业及其过程系统将自然而然地趋向解体。

b. 企业过程及其系统运行的解体重建。

当企业及其过程系统运行达到解体状态以后，就要准备启动重建程序。我想，企业及其过程系统的重建，大致可以有四套方案。

第一，从企业生产系统入手，重建企业及其过程系统。

第二，从企业管理系统入手，重建企业及其过程系统。

第三，从企业总部及其决策指挥系统入手，重建企业及其过程系统。

第四，从改变或更新生产工艺流程入手，重建企业及其过程系统。

总而言之，宇宙天地之间的一切，也包括生活在地球上的我们，以及与我们保持系统交流或系统交换的生存环境和这满天的星，都遵循着一定的规律或法则在运动，物、质、量、度、时、空、变，皆无例外。人类生命存在的安全状态以及企业及其过程职业人群劳动生产与安全预期的双目标活动系统运行也是如此。

（三）元素及其在宇观安全分析中的应用

元素，指最小单元的客观存在。元素在安全科学里，适用于研究安全整体，即整个人类，或是在狭义范围内特指安全群体即两个或两个以上的人群。例如安全整体的宇宙智慧生命物质基本构成及其人性化时空区域问题的研究与探讨。（此涉及关于宇观安全论的探索与思考）

1. 人类和宇宙的关系

人类来自宇宙，人类在心理上与生理上的全部组织构成也都来自宇宙，因此中医理论把人称为“小宇宙”是有科学道理的。

人类在自我创造、自我完善、自我发展的自然历史过程中，把自己进化成为宇宙智慧生命物质。人类进化的历史，可以得到科学上的验证：生物遗传学提出的“生物重演律”，发现和揭示生物个体生长发育的全过程，就是该物种进化历史的缩影。人类个体的生长发育，从母体中的细胞分裂开始，经过胎盘中的液态生存环境，出生后的气态生存环境，演示了人类从无生命物质元素的活化，到有生命物质机体的繁殖，再到智慧生命物质主体诞生的自然历史进化全过程，表明人类是宇宙物质运动的最高发展阶段，是宇宙自然历史演化的延续性成果，也是生命物质自然进化获得性遗传的产物。

从人的心理和生理的基本构成来考察，大致可分为身体与灵魂两部分。身体，是既可见到又能感知的客观存在，可以看作智慧生命物质的“实体”部分，是宇宙一切物质种类的集成。灵魂，是不可见但能感知的客观存在，可以看作智慧生命物质的“虚无”部分，是宇宙暗物质与暗能量的反映和表现。

当人们在失去生命之后，身体会以无生命物质的形式回归大自然，而人的灵魂则是以量子云的形式飘移到太空，成为无生命物质与有生命物质融合如一的宇宙智慧因子，重新进入生命从无到有的宇宙大轮回。

2. 宇宙智慧生命的基本构成

宇宙智慧生命物质，由人类、劳动、安全以及特定时空域四个基本元素构成。

人类，是宇宙智慧生命的原生态主体性物质元素。劳动，是宇宙智慧生命的伴生态创造性非物质元素。安全，是宇宙智慧生命的派生态判定性非物质元素。特定时空域，也可称为人性化时空域，是宇宙智慧生命的凝聚态承载性非物质元素。

（1）智慧生命物质的核心元素。

人类、劳动、安全是宇宙智慧生命物质的三个核心元素，其中人类是宇宙智慧生命的物质性基础元素，处于主体地位，其他元素都是自发的或者说是身不由己地要为人的生成、存在与发展服务的。劳动是人类生命存在方式，安全是人类生命存在状态，二者都是依附于人类才得以生成和存在的，况且劳动与安全都是以人类为载体的非物质性元素，都是与人类同生死共存亡的客观存在，就像人的身体与灵魂那样，彼此无法分离。

宇宙的特定时空域即人性化时空区域，以太阳系里的地球为基地，承载着人类、劳动、安全在宇宙之中做智慧生命物质的运动，并随着时空的变化记录下自己的运行轨迹。

（2）智慧生命元素的基本状况。

在这里，还有两个特别需要说明的问题，一个是宇宙智慧生命物质构成元素的排序问题。另一个是宇宙智慧生命物质构成元素的命名问题。

①关于排序问题的讨论。

在宇宙的自然历史演化进程中，人类是自我创造而诞生的智慧生命主体性元素，是宇宙智慧生命自我生成、自我存在、自我发展的物质基础，因此排在第一位，称为宇宙智慧生命物质的原生态元素。

劳动是伴随着人类自我创造而生成的非物质性元素，因此排在第二位，称为宇宙智慧生命物质的伴生态元素。

安全是随着劳动的生成而同步生成的非物质性元素，因此排在第三位，称为宇宙智慧生命物质的派生态元素。

宇宙特定时空域，是本来就存在于宇宙时空域之中的客观存在，只是由于人类、劳动与安全这三个智慧生命核心元素的诞生，才自然而然地同步转变为宇宙人性化时空域，因此排在最后的第四位，称为宇宙智慧生命物质的凝聚态元素。

由此可知，宇宙智慧生命物质构成元素的排序，是以自己在宇宙中生成的先后顺序为依据的，并不是随意而为的恶作剧。

②关于命名问题的讨论。

宇宙智慧生命物质构成元素的命名，一般来说都是以该元素本身固有的功能为依据，但也有例外。

我的认识是：人类是宇宙智慧生命的主体性物质元素，劳动是宇宙智慧生命的创造性非物质元素，安全是宇宙智慧生命的判定性非物质元素，人性化时空是宇宙智慧生命的承载性非物质元素。其中，只有人类是实体性质的物质元素，劳动、安全、人性化时空三者都是非实体性质的非物质元素。在这四个智慧生命元素里，唯有人类不是以功能而是以自己的主体地位来命名的，因为人是智慧生命的物质基础，占据核心地位，人若不存在了，属于人的存在方式（劳动）、人的存在状态（安全）、人的存在范围（人性化时空）也就都不存在了。

由此推论可知，即便是宇宙智慧生命的物质结构，也是分层次，也是有层级的：以人类整体即全人类为中心或参照系形成的，是智慧生命物质的宇观结构。以人类群体即人群为中心或参照系形成的，是智慧生命物质的宏观结构。以人类个体即单个的人为中心或参照系形成的，是智慧生命物质的微观结构。

人类本身固有的功能是自组织。人类，通过自组织功能在宇宙之中由自我创造而诞生。劳动，是人类在自我创造中的生命存在方式。安全，是人类在自我创造中的生命存在状态。人性化时空，是人类在自我创造中的生命存在范围。

劳动本身固有的功能，是创造。劳动创造了人本身，也创造了人类生成与发展的生存环境与生存条件，其中也包括安全生成或存在的社会条件、经济条件、文化条件，以及人工生态条件。

安全本身固有的功能，是判定（或称评估）。安全通过人的生存方式即人的劳动行为是否安全，来判定（评估）人的生命活动及其行为是否符合客观规律，同时把这些有效的生存信息，及时反馈给智慧生命物质的信息中枢即人的大脑，经过脑动力的筛选与加工直接形成相关的安全意识，支配着人的行为，保持着或去实现既定的安全目标。

人性化时空本身固有的功能，是承载。人类、劳动与安全这三个智慧生命核心元素，都是以人性化时空为载体而在宇宙之中得以生成和存在的，当这三个智慧生命物质元素在宇宙中消亡而转化为其他物质形态时，人性化时空便瞬间消失，回归到宇宙天然自然界的时空区域之中。

3. 人性化的宇宙时空域

宇宙智慧生命物质运动的特定时空域，称为人性化时空区域，包括劳动时空域和安全时空域两个相互联系并且内容相同但表现形式不同的组成部分。

人性化时空域是智慧生命物质的运动区域，因此是以人为中心形成的时空区域。与物理学意义上的无生命物质运动的四维时空域不同，它是以人的生命活动为参照系的九维时空域。人的足迹没到的区域，仍然是物理学意义的四维时空区域。但当人的足迹到达的那个区域，就从人们的心理学感受上，把物理学意义上的一维时间态分化成为过去、现在、将来的三维时间态；而人们的生理学体验，又把物理学意义上的三维空间态切割成为上、下、前、后、左、右的六维空间态。当人离开那个区域以后，九维人性化时空态消失，又会重新回复到物理学意义上的四维时空状态。

（1）人性化三维时间态的功能与特性。

人性化三维安全时间域的确定，以每个人的心理学感受为参照系，包括过去、现在、将来三个时间维度及其承载着的人、物、人物关系即事对人的生命存在状态是否安全的作用或影响。

所谓的过去，指的是此时此刻的回溯，例如人们对从前的回忆及其对自己当前身心是否会健康产生的作用或影响。

所谓的现在，指的是此时此刻的瞬间，例如人们对当下的珍惜及其对自己身心健康的作用或影响。

所谓的将来，指的是此时此刻的展延，例如人们对以后生活的愿景及其对自己当下身心健康的作用或影响。

依据安全个体即单个的人的心理感受状态，把物理学意义上的时间一去不复返的一维时间状态人为主观地分割成人类学意义上的过去、现在、将来三维时间区域，当人不具有生命活力的时候，那单个的人所拥有的三维安全时间便会自行消失，从而使那个不具生命活力的人占有过的三维时间自然而然地恢复到物理学意义上的一维时间态。

在社会生活中，安全时间观对每一个单个的人都具有独特的价值或意义。例如，过去发生的事对人当前情绪产生的影响，或是因失恋而消沉，或因受到奖励而高兴，对人自己在职业活动或者日常生活是否安全，或多或少地都会产生一定的作用或影响。在企业生产过程中操作机器设备，往往会因为当时精神不集中而误操作，有可能伤到自己，也有可能伤害到别人。

纵观安全三维时间态的功能，它是以人们心灵感受的方式，通过三维安全时间态对人心理上或生理上是否处于安全状态产生一定的作用或影响，这就属于人的体外因素是否间接危害人体健康的广义安全问题。

（2）人性化六维空间态的功能与特性。

人性化六维安全空间，是在人的生理学体验基础上主观划分出来的客观存在。以人为中心的六维安全空间态，是人用自己的身体把物理学意义上的三维空间中的每一个空间维度都切割成两段而形成，在现实生活中表现为在人的身体的上下、前后、左右六个方位上处于被合围的态势，在这六个方向上存在着的人、物、事（人物关系）对人们的生存状态会有一定的作用或影响，由此便产生了人们的空间安全问题。

（3）人性化安全时空域的形态特征。

如上（1）（2）所述，安全时空域的结构及其特性表明，它以人为中心的人性化安全时空区域，以人的生命存在为中心坐标，以人的生命活动为移动坐标。

安全时空的形态特征，反映或揭示出人自己的生命存在及其全部活动在宇宙天地之间人性化特定时空域的运行状态与运行轨迹。

安全时间的形态特征有三：一是回溯状态，即从此时此刻返回到过去的时间方向。二是压缩状态，即过去与现在，或者过去、现在与将来，或者现在与将来，凝聚于此时此刻的瞬间。三是展延状态，即从此时此刻延伸到未来的时间方向。

安全空间的形态特征也有三：一是立体状态，即仅表现为长、宽、高三维物理空间态的具体位置，从安全的角度把人还没涉及的地方，都看作人生轨迹迟早会到达的立体状态的六维空间态，只是由于人的足迹未到才没有把三维空间切割成六维空间而已。二是卷曲状态，即部分空间方位被遮蔽、重叠或不为人们所关注，比如人身靠墙好像是六维安全空间少了一个维度，其实并不是这样，因为人靠墙的那个维度是否会倒塌也是不可忽视的安全问题。三是展示状态，即六维安全空间全面展现，对人身体显示出合围的态势。也就是说，人的生命活动存在于自己身体的上、下、左、右、前、后六个方位的人性化安全空间之中，并且随着人的活动而同步移动或动态协同。

（4）在宇宙人性化时空区域之中，劳动时空域与安全时空域的区别性联系。

由三维时间态与六维空间态融合而成的九维安全时空结构的寿命长短，也就是人性化安全时空域存在的生命周期，以安全个体即每一个单个的人的生命全过程为依据，因此存在本身固有的时空有限性特征。

由三维时间态与六维空间态融合而成的九维劳动时空结构的寿命长短，也就是人性化劳动时空区域存在的生命周期，以安全整体即全人类在宇宙中世代延续的自然历史过程为依据；而人们的劳动成果以及人类的文明及其发展也是由人类的世代延续来传承的，因此劳动本身就存在着固有的时空无限性特征。

由此推论可知，宇宙特定时空区域由人类主观上划分出来的人性化九维时空域,在客观上是劳动时空的无限性与安全时空的有限性在人类自然存续过程中的历史的、具体的、辩证的融合如一。

四、安全的要素为什么要转化成安全因素？

这里要讨论的，是安全要素转化成安全因素的必要性问题。或者说是从安全要素到安全因素“转化”的原因是什么？

有三方面具体问题要考虑：安全要素能否解决安全问题？安全问题的根源在什么地方？到底什么是安全的问题？我们用逆向思维的方法，从最后要考虑的问题谈起。

（一）安全为什么会成为问题？

从宇观视野来考察，安全之所以会成为问题，是因为人与自然之间的宇宙平衡态遭到了破坏。

人与自然之间的宇宙平衡态包括两大类型：一是人与天然自然（指自然界）的生态平衡状态，一是人与人化自然（指人类社会）的生态平衡状态。

1. 安全问题的产生是人类自我存在的反映

人类的自我存在，包括人在自然环境的自我存在与人在社会环境的自我存在两个相互关联的方面。

（1）人的自我存在状态是否安全，反映人与天然自然之间的生态平衡关系。

人们与自己所处的自然生态环境及其构成因素之间，例如与平原、河湖、山川、高地、草场以及阳光、空气和水等自然存在物之间，在物质、能量、信息以及时间、空间等方面进行系统交流或是系统交换的过程中，身心健康的生命存在状态会产生三种状态：第一种是人体自我健康生命存在的有序状态，医学科学从人体内在健康的角度，称之为人的健康状态，安全科学从人体外在健康的角度，称之为人的安全状态。第二种是人体自我健康生命存在的混沌状态，医学科学从人体内在健康的角度称之为人的亚健康状态，安全科学从人体外在健康的角度称之为人的危险状态。第三种是人体自我健康生命存在的无序状态，医学科学从人体内在健康的角度称之为人的疾病状态，安全科学从人体外在健康的角度称之为人的伤害状态。

在人与自然生态环境因素相互作用的系统交换中，人体自我健康生命存在的有序状态表明人的身体健康和安全处于常态，不存在是否安全的问题。当人们在自然生态环境中的身体处在亚健康即危险状态或处在疾病即伤害状态，那就是人的安全成了问题。这种危险或是伤害的人与自然生态环境之间的不平衡现象，在有些教科书里边，被称为人的不安全现象。

（2）人的自我存在状态是否安全，反映人与人化自然之间的社会和谐关系。

人们与自己所处的社会生态环境及其构成因素之间，例如与政治、经济、科技、文化、教育、管理等方面以及人们日常生活的社会交往之间,在物质、能量、信息以及时间或空间等方面进行系统交流、系统交换的过程中，人体自我健康生命存在的状态也有三种：一是人体自我健康生命存在的有序状态，医学科学称为人的健康状态,安全科学称之为人的安全状态。二是人体自我健康生命存在的混沌状态，医学科学称之为人的亚健康状态，安全科学称之为人的危险状态。三是人体自我健康生命存在的无序状态,医学科学称之为人的疾病状态，安全科学称之为人的伤害状态。

当人们在自己所处的社会生态环境中，身心健康出现医学上称为亚健康和安全上称为危险的状态时，或者人的身心健康出现疾病状态即人的伤害状态时，从安全科学的角度来讲，那就是人的安全出现了需要关注和解决的问题。这种人的亚健康或疾病状况，又或者称之为人的危险或伤害状态表明人与人之间的社会和谐关系遭到破坏，人们与社会生态之间失去了平衡。

2. 安全问题的实质是人类如何生存的问题

人类生命存在引发的安全问题，从本质上来讲，包括人与自然相互作用的健康问题，以及人与社会相互作用的人权问题。

（1）从人的生物学特征考察，安全问题的实质是健康问题。

①健康概念的内涵。

我在这里理解的健康概念，不是人体健康的原生形态，而是包括安全健康与医学健康在内的人体健康的科学形态，因此指的是思想观念上的健康形态，是人体健康原生形态客观存在的主观认可，这里就有一个主观认识与客观存在是否相符，以及主观认识与客观存在多大程度上相符的真理性认识问题。人们对自己在安全健康或医学健康上的认识、评估、判断或认可，与客观存在的人体健康原生形态的实际情况相符的真理认识程度，还需要经过思维实践与行为实践的检验、补充与完善，也就是需要人们在思维上的理性论证与行为上的感性体验。

②健康概念的外延。

刘潜先生早在20多年前就指出，人的身心健康有两个保障体系。以人的皮肤（包括人体的外表皮、脏腑器官的内表皮以及口腔唾液和胃黏膜在内）为界，在人的皮肤以内，医学科学研究或解决人体的内在健康问题；在人的皮肤以外，安全科学研究或解决人体的外在健康问题。由此推论可知，安全健康的概念外延，包括了人与自己所处生存环境因素相互作用对人体健康生命存在状态的一切方面，这个论域涉及人们社会生活的方方面面。但就目前安全工作状况而言，仅仅涉及国家安全、国土安全、公共安全、校园安全、社区安全、环境安全，以及职业安全、食品药品安全等领域，还有人们社会生活的许多方面没有涉及，安全工作任重而道远，还有许多工作领域有待开发。

③安全工作的三个层次。

从安全科学的理论上来分析，安全工作在客观上应分为国家、社会、企业三个层次，这三个层次表示安全工作在实践上落实的三个方面，对安全工作的责任、权利与义务分工负责与相互配合，从而形成一个安全工作体系。首先，是国家权力机关及行政管理机构，要做好安全立法、安全执法与安全司法的宏观安全工作。其次，是企业在遵宪守法的前提下，实现自主经营基础上的安全自律权，用安全法规、行业道德与专业技术自觉地约束或规范生产过程，力争做到职业安全与健康。再次，是在社会上创建安全行业，让专业的机构做专业的事，并且作为与政府和企业相区别的第三方，以法人资格独立开展安全工作并行使安全工作的督导管理权。由专业安全工作者及其注册的相关机构形成的安全行业，在遵宪守法的前提下，只对企业法人负责，而不受任何人以任何借口的干涉或干扰，一心一意做好自己的专业安全工作。

（2）从人的社会学特征考察，安全问题的实质是人权问题。

①人权概念的内涵。

我在这里理解的人权概念，指的是人的生存权。

从宇观视野来考察，人的生命存在包括两个相关联的部分，一个是人的生命存在方式即劳动，一个是人的生命存在状态即安全。劳动，指的是创造了人本身及其生存或发展条件的人类生命存在方式。人类的劳动，还包括人口劳动生产与再生产活动、物质劳动生产与再生产活动、精神劳动生产与再生产活动，以及生态劳动生产与再生产活动。劳动的这些表现形式，分别创造了人类的政治文明、物质文明、精神文明、生态文明，并由此形成安全生成与存在的社会条件、经济条件、文化条件以及人工生态条件。安全，指的是判定人的劳动行为是否符合客观规律的人类生命存在状态。在人们的现实生活中，人与生存环境因素相互作用使人体自我健康状况产生的有序状态被称为人在生命存在中的安全状态（医学上称为健康状态），以此可以判定人的行为符合客观规律；人与生存环境因素相互作用使人体健康产生的混沌状态被称为人的生命存在的危险状态（医学上称为亚健康状态），由此可判定出人的行为不尊重客观规律；人与生存环境因素相互作用造成人体健康的无序状态被称为人的伤害状态（医学上称为疾病状态），由此判定人的行为违反客观规律。安全对人的劳动行为是否符合客观规律的这些信息反馈，使得人们可以在生命活动中随时调节自己的劳动行为去遵守相应的客观规律，从而保障人体能持续保持安全健康的生命存在状态和争取既定劳动目标的实现。

如上所述，并由上述所知，人权是人的生命存在权利的核心内容，就是人的生命存在方式即劳动的权利和人的生命存在状态即安全的权利。

②人权概念的外延。

人权概念的外延，事关人类生存权利的问题，涉及范围相当广泛，包括人生全过程的时时刻刻、方方面面。以人类的个体（从安全科学角度讲，叫作安全个体，指的是单个的人）为例，人的一生，从母体怀孕的胚胎细胞分裂开始，就有了妇女孕期及胎儿生存保障的人权安全问题，直到婴儿从母体分娩出来，又有了母婴卫生保健的人权保障问题。从幼儿生长发育的家庭培养的人权保护，到上学以后的社会教育提供的人权保障。人从母体到出生，从婴幼儿到发育成长，一直都存在着如何受到生命存在的人权保障问题。成年以后，人们参加社会工作，又涉及劳动权、休息权、职业安全卫生权，以及劳动报酬获取权等一系列人权需求，以及为此获得社会保障的人权问题。到了晚年，还有养老及医疗保健，以及临终关怀或死后安葬等一系列人权问题。由此可知，作为安全本质特征之一的人权问题（安全的另一本质特征是健康问题），是一个生活化的社会问题，既有历史遗留的问题需要解决，又有现实存在的问题需要重视。

人权及其社会保障的生活化，从社会形态结构来看，又涉及上层建筑的政治与政权问题，需要认真加以讨论。

如果我们想要深入研究或讨论人权问题的政治化倾向，及其对解决安全问题的社会指导意义，就应该创建安全科学在思维实践及行为实践中如何面对或如何解决与政治问题二者之间关系的安全学说，也就是需要创建安全科学的政治学，包括安全科学政治学与安全政治学这样两门安全科学的分支科学。

③创建安全科学的政治学。

安全科学的政治学，在客观上有着双重含义，因此安全科学族群式科学体系包括两门科学分支。其中一门称为“安全科学政治学”，是安全科学之安全科学学的科学分支；另一门称为“安全政治学”，是安全科学之安全学的科学分支。

安全科学政治学，研究或解决的是安全科学及其族群式科学体系分支在创建、完善与发展历史过程中的政治学规律。例如，国家如果重视并支持安全科学及其理论研究与工作实践，就会促进安全事业的大发展。反之，则会干涉或干扰安全科学的理论研究，约束或限制人们的安全实践活动，不利于安全事业的发展。

安全政治学，研究或解决的是安全的客观存在及其在人类生存或发展的历史过程中的政治学规律。例如，国家如何分配或再分配包括安全资源在内的各种社会资源，如何保护社会强者的政治经济利益，如何保障社会弱势群体的政治经济利益，以及如何做到安全利益的全民共享，这些都是处置安全问题与政治问题关系需要关注、研究和解决的重要课题。

（二）安全问题的根源在哪里?

安全问题产生的根源在于天灾和人祸。

邱成先生把人所遭受的伤害事件称为“灾”或者“祸”。其中，由自然原因所致伤害事件叫“灾”，或称“天灾”“自然灾害”；人为原因造成的伤害事件叫“祸”，或称之为“人祸”“人为祸害”[①]。我赞同他的上述观点。

1. 天灾及其本质特征是什么?

（1）什么是天灾?

天灾，反映和揭示的是人与天然自然（指自然界）之间的生态平衡关系遭到了破坏。

天灾，又称自然灾害,或称自然灾难,指的是由自然原因对人类造成威胁或伤害的偶发性事件,例如水灾、旱灾、暴雨、山洪、泥石流、地震以及台风、火山爆发等自然现象给人类带来的灾难。

（2）天灾问题的本质是什么?

天灾是安全问题的自然根源。

天灾问题的本质最初看起来是环境问题，它反映和揭示出来的问题实质,是如何正确处置人与自然环境以及人与整个自然界之间的生态关系。由此推论可知,天灾问题的本质说到底，就是健康问题。也就是说,人与自然相互作用引发的天灾,提出了人们如何生活才能获得健康的安全问题。

2. 人祸及其本质特征是什么?

（1）什么是人祸?

人祸，反映和揭示的是人与人化自然（指人类社会）之间的社会和谐关系遭到破坏。

---

① 邱成著:《安全文化学手稿》，西南交通大学出版社 2017 年版，第 9-11 页。

人祸，又称人为祸害或人为祸难，指的是由人为原因对人类造成威胁或伤害的偶发性案件。例如，杀人、放火、行骗、偷窃、抢劫以及恐怖袭击等社会现象对人类造成的祸害。

（2）人祸问题的本质是什么？

人祸是安全问题的社会根源。

人祸问题的本质，初看起来是生存问题，它反映和揭示出来的问题实质是如何正确处置人与人或人群以及人与社会之间的生存关系。由此推论可知，人祸问题的本质就是人权问题。也就是说，人与社会相互作用引发的人祸，提出了人们如何生存才能保障人权的安全问题。

（三）安全要素能替代安全因素解决安全问题吗？

在现实生活中，安全要素既能解决安全问题又不能解决安全问题，因此它不能完全替代安全因素的位置与功能。这是因为：一方面，从理论上讲，人、物、事三个安全要素的功能如果发挥到极致，都可以单独解决安全问题；但由于安全资源有限的约束或是安全条件不足的限制，又达不到自身功能的极致状态。因此，在人们的日常生活中，安全要素单独实现安全不是稳态。另一方面，安全要素发挥不到理论上的极致状态，在实践上就无法单独解决安全问题；因此，安全要素不能在实践中很好地单独解决安全问题，往往又表现为人们日常生活的常态。所以，有必要把安全的要素转化成安全因素。

1. 单一安全要素实现安全的局限性

（1）从理论上说：每个要素功能发挥到极致都不是稳态。

因为要达到正安全质态的那个量，具有不稳定的跳跃式粒动性特点，只要安全要素本身的安全资源不充分，或是不匹配，达不到粒动状态正安全量的需要程度，任何一种安全要素都不可能单独实现安全。例如一个只有生产知识和生产技能而缺乏安全知识或安全技能的管理人员，由于个人的安全资源与安全技能不匹配，在理论上就不可能在企业过程中既完成生产管理任务又实现安全管理目标。

（2）从实践上说：要素单独实现安全也不是常态。

因为要达到正安全质态的量的外在限定性，除安全资源之外，还要有充分的安全条件，而安全要素在安全资源的配置不充足或不匹配的情况下，很难得到充分的安全必要条件，因此在实践中往往因为安全要素不具备充分的必要的安全条件而发生不安全事件。例如疲劳驾驶的司机或是生活不能自理的人，就无法在自己的工作实践或生活实践中实现个人的生命安全，由于缺乏或缺失安全存在的必要条件，本来是可以实现自我安全的要素，就转化为实现不了安全的要素，最终还可能演变成不安全的要素。由此可知，安全的要素也可以演变成为实现不了安全的要素，当安全资源不充足或者不匹配，安全条件不充分或者不配套，人或物或事这三个安全要素都有可能走向自己本来性质的反面。

2. 安全要素转化为安全因素的必要性

（1）安全要素本身无法单独克服自己的固有缺陷。

人、物、事三个安全要素，虽然都可以自成体系并形成相对独立的要素系统，但在实现安全的过程中，由于独立发挥自身功能而不与其他安全要素相互配合与彼此互补，很难单独实现既定的安全目标，因此有必要转化成相互依存与功能互补的安全因素。即便是安全要素转化成相互依存的安全因素，其相对独立的固有特性还是会有自发回归的倾向，当系统在运行过程中控制不利的混沌状态下，就有可能导致安全系统的解体而迫使系统重建。

（2）安全目标的确立与实施是实现安全要素转化为安全因素的必要条件。

所谓“必要”，其含义是指“没它不行并且有它不够”。有了安全目标，为什么还不够？那是因为安全要素转化为安全因素，除了要凝聚在实现安全的统一目标之下，还需要有安全资源与其相互匹配，以及实现安全的充分的必要条件。就好比人们在企业里边要完成生产任务，只有劳动目标不行，还要有人力、物力、财力以及相关的生产配套设施和生产原料，才能把相对独立的人、物、事三个生产要素转化为三个相互依存的生产因素，从而形成一个完整的生产功能系统。在确定并实施安全目标以后，要实现从安全要素向安全因素的转化，也是如此。

五、安全的要素怎样才能转化成安全因素？

这里要讨论的，是安全要素转化成安全因素的可能性问题，或曰从安全要素到安全因素“转化”的前提是什么？

有三方面具体问题要考虑：安全目标是否能促成这个“转化”，安全目标确立的原则是什么，到底什么是安全的目标。我们也用逆向思维的方法，从最后要考虑的问题谈起。

（一）安全为什么会成为目标？

当人们在生命活动中即将失去或是已经失去安全状态时，争取达到并保持自己生命存在的安全状态自然而然地就成为人们首选的奋斗目标。

人自从有了安全的目标，就有了自我保护的安全意识，人的这种自发生成的安全意识，又会自觉地支配着自己的行为趋向安全的生命存在状态。

1. 安全的目标及其自我安全意识

（1）安全目标的选择、确立与实施，标志着人的自我保护意识觉醒（此处讨论人的自我意识生成之后，本能的自发的自我保护与智能的自觉的自我保护之间的关系问题）。

人类自从在进化过程中有了自我意识以后，就可以把自己和别人，以及自己与自己身体外的包括有生命的和无生命的各种各样的物质区别开来。人在生命活动中自我意识的生成，就自然而然地对身体外部的各种刺激，有了更加明确的本能的趋利避害式的条件反射。这种条件反射的明确目的性，久而久之就形成人在生命活动中初步的安全目标。

从自我意识，到条件反射的明确趋势，再到安全目标的初步确立，这一个自然历史全过程，就标志着人类自发的本能的自我保护意识的觉醒。

在安全目标选择、确立与实施的千百次生活实践中，人的自我保护意识，就从自发走向自觉，从本能走向智能，最终达到以安全科学和医学科学的理论与实践为代表的人体自我健康的科学保障。

（2）安全目标的选择、确立与实施，意味着人的自我安全意识生成（此处讨论安全目标的选择、确立与实施过程中，安全意识的警觉性与安全意识指向性之间的关系问题）。

面对人体之外种种因素的危害，人们在自我保护意识支配下的行为，从自发的、本能的、条件反射式的应激反应，到自觉的、智能的、趋利避害式的措施保障，使得实现自我安全的目标越来越明确，也越来越有针对性地符合实际情况，这就促使人们自己的安全意识的觉醒与生成。

安全意识的警觉性，是安全意识被唤醒的标志。它对人体自我健康的情景及其构成因素的注意，表明人脑机能对人自己的生存环境或生存状态的生物学反应是安全意识生成的初始条件和它的原始动力源。

安全意识的指向性，是安全意识已经生成的标志。它把人体自我健康的情景及其构成因素作为注意力集中或分散的标靶，从而形成单向的或多向的安全目标指向。

安全意识的指向性表明：人脑机能对人自己与客观事物之间关系的生物学反应，已从对关注物的关注，演变到对关注物的指向。同时也表明：注意力及其分配的敏捷程度，还有注意力指向的准确性和稳定性，决定着安全意识的质量及其支配行为的正确性程度。

2. 安全的目标引导着人的行为趋向安全

（1）人的行为及其活动过程受自己的意识支配（此处讨论人的意识与存在，以及人与自己所处生存环境之间的相关性问题）。

人的意识，是人脑机能对自己生存环境或生存状态的生物学反应，也是人体暗物质的一种表现形式。这种经过大脑加工的人类生存信息，通过生物物理与生物化学的方式，经人的神经系统传导到人的肢体，就促成了人的行为趋向并最终达到自己既定的生存目标。

人的生命活动及其行为，受自己意识支配达到既定生活目标的途径，是人与生存环境相互作用的信息交换过程，使得人脑机能这一人体生理上的可见物质生成意识这种暗物质，又通过神经系统的指令传导，支配着人的身体及四肢这些智慧生命的可见物及其发挥出的能量，完成意识指向的暗物质想要达到的生存目标。

中医传统理念认为，人体是小宇宙，自然是大宇宙。对此，我的领悟是：人是宇宙的有机组成部分，凡人身上有的，在宇宙之中都能找到源头。例如，中医说的人体经络，以及人身上的“营气”与“卫气”[①]等现象，就可以看作人这种智慧生命物质身上存在着的暗物质或暗能量。人与自己所处生存环境及其构成物之间的关系，实质上就是小宇宙与大宇宙之间的自然历史演化关系，

① 营卫二气，是循人体血脉运行之气。营气负责输送营养物质，卫气则是护卫营气运行之意。

人在宇宙之中生成，在宇宙之中存在，并且最终自然而然地消亡在宇宙之中。

（2）人的安全意识支配着自己的行为趋向安全（此处讨论安全的意识与行为的安全，以及人体暗物质及其能量与人体可见物及其质量之间的相关性问题）。

人的安全意识与人的行为安全之间，是人体暗物质与人体可见物之间的质能转换关系。

如果说，人在生理上的构造及其在生命活动中发挥出来的生命力表现为人体的可见物（也可称为“明物质”，即人的身体状况或行为方式）及其能量的话，那么人在心理上的机能及其发挥出来的智慧力就表现为人体的暗物质（指看不见摸不着但可以为人所感知的客观存在，比如人的思想或意识）及其能量。从人的自我意识到安全意识，人体暗物质运动及其发挥出来的智慧力，以及从人的行为到行为安全，明物质运动及其发挥出来的生命力，在人的生命活动过程中，人体的暗物质及其能量与人体的明物质及其能量二者之间的相互叠加与交互作用，以及彼此的渗透与相互融合，使得人们的安全意识支配着人自己的行为，趋向既定的安全目标。

（二）确立安全目标的基本原则是什么？

从人们社会生活的宏观视野来考察，安全目标在人们的社会地位、经济状况以及安全范畴几个方面都存在层级性的特点。由此奠定安全目标人性化原则的实践基础，并由此提出如何确立安全目标基本原则的理论问题。

1. 安全目标确立的层级性特点

（1）安全目标确立的社会层级性（此处讨论人们的社会地位与提供安全保障之间的相关性问题）。

人们的社会地位决定着提供安全保障的程度或质量。

安全目标的选择与确立，要参考安全社会条件之中的重点问题，即人的社会地位与获得的安全资源及由此提供的安全保障质量或程度之间的关系问题。在现实社会生活中，人们获得安全资源以及由此提供的安全保障程度或质量如何，与自己所处的社会地位如何，在客观上呈正相关的态势。也就是说，社会地位高的人，获得的安全资源会多一些，由此为自己提供的安全保障程度就高一些，得到的安全保障质量也就好一些。反之，社会地位低的人，获得的安全资源也会少些，由此得到的安全保障程度或质量也不如社会地位高的人。

（2）安全目标确立的经济层级性（此处讨论人的经济状况与安全利益获得之间的相关性问题）。

人们的经济状况影响着获得安全利益的程度或质量。

安全目标的选择与确立，要参考安全经济条件之中的重点问题，即人的经济状况与获得的安全利益的质量或程度之间的关系问题。在现实生活中，人们的经济状况如何，与自己获得的安全利益质量或程度如何，在客观上呈正相关的趋势。经济状况好的人，可供选择的安全资源及选择的机会或途径会多一些，由此获得的安全系数会高一些，安全利益的质量也就会好一些。反之，经济状况不好的人，对安全资源选择的机会就少，供选择的渠道也不多，由此得到的安全系数就会低，并且得到的安全利益质量也不如经济状况好的人。

（3）安全目标确立的范畴层级性（此题讨论安全范畴与安全目标之间的相关性问题）。

安全整体、安全群体、安全个体三个不同安全范畴确立的安全目标，彼此不同并且各有特色。

①安全个体范畴，即需要提供安全保障的单个的人，在确定安全目标时需要选择的，是人的生或死，以及人与安全程度或安全质量之间的关系。

人在自己的生命活动中，安全意识的觉醒及其对生存环境因素的指向，是个人在瞬间选择生死的微观安全问题的关键环节。人们只有在安全意识的支配下，才能使自己的行为趋向安全，并且在实现不死、不残、不病、不伤的低级质量安全的过程中，争取达到舒适、愉快、享受高级质量的安全。

②安全群体范畴，即需要提供安全保障的两个或两个以上的人群，在确定安全目标时需要解决的，是个人与个人、群体与群体，以及个人与群体之间的关系。

在现实生活中，正确理解与及时解决人际交往中产生的政治利益关系或是经济利益纠纷等宏观安全问题，是实现人群安全目标的基础和前提。人们只有在和谐的社会中，才能实施安全利益人人共享的安全理想。

③安全整体范畴，即需要提供安全保障的全人类以及一个国家或地区的人类群体，在确定安全目标时需要处理的，是作为宇宙智慧生命物质的地球人类，与宇宙生存环境之间的关系。

地球人的宇宙生存环境，包括自然生态环境和社会生态环境两个相互关联的部分。在宇宙的自然历史演化过程中，人类如何正确处理与天然自然（指自然界）或人化自然（指人类社会）之间的生态关系，比如粮食安全、环境安全、资源安全、人口安全等重大的宇观安全问题，关系到人类今后在宇宙之中的生存与发展。

2. 安全目标确立的人性化问题

安全目标的人性化，包括安全目标确立的人性化特征与人性化原则两大部分。

安全目标的人性化特征，是指安全目标的确定要符合人的生物学特征与社会学特征；安全目标的人性化原则，是指安全目标的确定要符合主体原则、人权原则、法权原则和伦理原则。

（1）确立安全目标的两大基本特征。

确立安全目标的两大人性化基本特征，即人的生物学特征和人的社会学特征。

人的生物学特征，反映和表现为：人们在心理上和生理上的自我健康状况，包括人体内在的健康状况和人体外在的健康状况，以及良好的生存环境适应能力。

人的社会学特征，反映和表现为：人与人相互来往的人性本质，以及在社会上独立生活或独立工作的能力。

（2）确立安全目标的四项基本原则。

确立安全目标的四项人性化基本原则，即主体原则、人权原则、法权原则、伦理原则。

第一，主体原则。

以人在心理上或是生理上对体外因素危害的承受能力，即人体安全阈值参数上限与下限的区间之内，作为安全目标确立的生物学基础和制定安全目标的专业技术标准。

第二，人权原则。

以尊重人的尊严和人的生命存在价值，以及人的生存权利、劳动权利、休息权利、健康权利和安全卫生权利，作为安全目标确立的社会学基础和制定安全目标的专业技术内容。

第三，法权原则。

安全目标的确立，不应违反国家宪法和相关法律法规，以及有关国际公约的规定，或法律允许的最低人权保障程度。

第四，伦理原则。

安全目标的确立，不应低于人道主义标准，以及职业道德和社会公德底线。

（三）有了安全目标安全要素就能自动转化成安全因素吗？

有了安全目标，并不能改变安全要素相对独立的特有属性，只是提供了从安全要素转变成安全因素的可能性。

1. 安全目标的确立，并不能改变安全要素转化为安全因素的被动性

（1）要素是相对独立并且自成体系的客观存在。

刘潜先生曾经说过，人、物、人物关系（及其外在表现形式如政治、经济、科技、文化、教育、管理等形成的事）这三个安全要素也是自成体系的，而且每一个安全要素也都是由人、物、人物关系（事）组成的。对于刘潜先生的这句话，我用了很长时间去思考，才终于理解其独特的学术观点。

我对刘潜先生关于安全三要素里还分别包含三个安全要素的理解：例如安全要素“人”，包括人的年龄、性别、国籍、肤色、兴趣、爱好、生活习惯、民族信仰、健康状况，以及个人的生物节律、在生理与心理上的安全阈值、安全知识储备、安全技能水平、安全意识保持等。在“人”之中物的方面，可以是个人安全防护装备、个人安全保障工具等。在“人”之中事（人物关系）的方面，可以是人与自己的安全防护装备是否匹配，以及个人安全防护工具使用的技能培训等。又如安全要素“物”之中人的方面，可以是与作为安全要素主体的人相互作用的安全客体的人，两种不同类型的人相互作用也会形成安全关系、形成相互交往的事，由此可见安全要素物不仅只包括物即物质，也包括其中的人或事。而安全要素人物关系即事里自然而然地还会包括人或物以及二者的相互匹配与相互作用。

（2）要素及其体系不会自动放弃自己的特有属性。

人、物、事（人物关系）三个安全要素，各自都包含着人、物、事（人物关系），并且由此形成独具特色的相对独立体系。这个观点一旦被证实，将成为客观存在，就不会自行消失而主动放弃这些特有的属性；因为这是三个安全要素之间以及安全要素与安全因素之间相互区别的标志。

2. 安全目标的确立，只是提供了安全要素转化为安全因素的可能性

这种安全要素转化为安全因素的可能性，从人们实现自我安全的主观能动性来考虑，包括两个方面：其一，是安全要素转化为安全因素的外在强制力。其二，是安全要素转化为安全因素的内在约束力。

（1）安全的目标会形成要素转化为因素的外在强制性规范。

安全目标的确立，使得人们从总体设计和具体步骤上，在行为安全与技术操作上提出强制性规范要求，并且在法律上以及管理上予以确认和实施。这就从人们身体外部的规范性强制力方面，为安全要素转化为安全因素提供了客观方面的可能性。

（2）安全目标也会促成要素转化为因素的内在约束性规范。

安全目标的确立，促使人们在人与人、物与物、人与物的相互关系上，提出不伤害自己、不伤害别人、不让别人伤害的安全道德观。这就从人们身体内部的规范性约束力方面，为安全要素转化为安全因素提供了客观方面的可能性。

六、安全结构内部的第四个因素是什么？

这里要讨论的，是安全要素转化成安全因素的实现条件问题，即从安全要素到安全因素“转化”的动力是什么？

为此，有三方面具体问题要考虑：为什么不是它？为什么会是它？它有什么功能？我们用正向思维的方法，从第一个问题谈起。

（一）为什么不是“它”？

从系统构成到系统功能的思考，以及安全要素与安全因素的区别来比较，安全结构内部的第四因素，都不可能是“系统”。

1. 安全结构内部的第四因素，不可能是它的外部系统

（1）安全结构整体的外在表现。

按照系统科学的理论观点，系统是客观事物整体的外在表现形式。

刘潜先生说，系统本身也是有结构的，安全的系统是由“两要素一因素”组成的。安全系统的两要素是“运筹与信息”，安全系统的一因素是“控制”。

安全组织的内在构成因素，都具有相互依存并且功能互补的本质属性，虽然人、物、事三者在转化成安全因素之前具有相对独立并且自成体系的属性或特征，但是并不具有自身复杂的结构。由此可见，“系统”作为安全整体结构的外在表现形式，并不具备安全组织内在构成的属性要求，因此不可能成为安全结构内部的第四个安全因素。

（2）安全结构整体的系统功能。

安全的“系统”，虽然不会成为安全内在组织结构的因素，但它的“运筹、信息、控制”这三

大结构性功能却是可以作用于安全结构内部，参与到诸多安全因素的相互匹配与动态协同，以及安全整体结构的系统运行状态调节，或是系统运行节奏控制，使安全内在组织结构形成一个复杂的自组织功能系统。

2. 安全要素与安全因素的真正区别在哪里？

安全要素是相对独立并且自成体系的客观存在；安全因素，是相互依存并且功能互补的客观存在。

（1）彼此产生的历史渊源不同。

安全三要素来自职业人群劳动及其组织管理系统，产生于系统安全思想指导下的“人、机、环及其系统”劳动结构理论模型。

安全四因素来自人群劳动与安全双目标活动及其功能系统，产生于安全系统思想指导下的“人、物、事及其系统”安全结构理论模型。

（2）彼此固有的性质特点不同。

安全的三个要素，在一定的条件下可以转化为安全因素，在失去这一条件时，又可以还原为安全要素。

安全的第四个因素，只有在一定的初始条件下生成，并在失去这一初始条件时消亡。

（3）彼此存在的具体位置不同。

安全的三个要素在转化为安全因素之后，处在为安全目标实现的集团核心位置。

安全的第四个因素在随着安全目标的确立而生成之后，处在为安全目标实现的监督管理位置。

（4）彼此发挥的系统功能不同。

安全的三个要素，在转化成安全因素之后，其功能的发挥表现为实现安全目标的优势互补力与集团凝聚力。

安全的第四个因素在实现安全目标的过程中，其功能的发挥表现为系统凝聚力与系统掌控力。

（二）为什么会是“它”？

安全结构内部的第四因素，是伴随着安全目标的确立而生成的客观存在。这种被人们主观认可的客观存在，有着它自己的历史使命和自我生成的先决条件，是它为什么会存在以及怎样才能存在的最佳理由或最好的说明。

1. 安全结构内部第四因素产生的历史使命

从安全要素转化为安全因素至少要满足四个实现条件。其一，人、物、事这三个安全要素都必须抛弃自己相对独立的本质属性。其二，人、物、事这三个安全要素必须接受相互依存的安全因素本质属性。其三，这三个安全要素在转化为安全因素的过程中，必须形成一个功能匹配的联合体。其四，要实现上述三个安全性质转化的要求必须要有一个可以完成既定目标的原初动力。

安全结构内部的第四个安全因素的历史使命，就是完成人、物、事从安全要素转化为安全因素的这四个实现条件，并且使之形成一个可以自组织实现安全的功能联合体。

2. 安全结构内部第四因素产生的先决条件

安全结构内部第四个安全因素产生的先决条件，就是安全目标的确立。正是因为人、物、事三个安全要素，各自独立发挥功能到极限才能实现人的安全，这种情况并非人们现实生活的常态，更不是稳态。所以，人、物、事这三者需要一个共同的安全目标，只有在共同安全目标的召唤下，人、物、事三个安全要素才有必要实现从安全要素到安全因素的质变，并且使这三者内在地联系起来，成为一个可以实现安全目标的自组织功能系统。这个伴随着安全目标确立而产生的安全结构内部的第四因素，依据其自身功能在实现安全过程中的作用，被称为“内在联系”。

（三）“它”有什么功能？

安全结构内部的第四因素具有凝聚态的功能，具体就表现在它的集团凝聚力与系统掌控力两个方面。

1. 安全结构内部第四因素的集团凝聚力

“内在联系”作为安全结构内部的第四个安全因素所发挥的集团凝聚力功能，主要表现在两个方面：

首先，它全程参与人、物、事三者从相对独立到相互依存的质变全过程，从而成为安全要素转化成安全因素的中介与桥梁，并使人、物、事三者凝聚成为功能互补与动态协同的安全利益联合体。

其次，它全程跟踪人、物、事三者功能匹配与动态协同实现安全的全过程，并且成为一种抑制性的约束力量，同步防止与克服人、物、事三者向着安全要素相对独立倾向回归的企图，使得人、物、事三者在实现安全的过程中，始终凝聚成为功能互补与动态协同的安全利益共同体。

2. 安全结构内部第四因素的系统掌控力

“内在联系”作为安全结构内部的第四个安全因素，发挥的系统掌控力功能，也主要表现在两个方面：

首先，它利用系统运筹与系统信息的安全整体外在的结构性功能，及时调整人、物、事三者在系统运行过程中相互匹配与功能互补的动作姿态，使之始终保持在达到既定安全目标的方向上。

其次，它利用系统控制的安全整体外在的结构性功能，动态控制人、物、事三者在实现安全过程中的系统运行节奏，从而保证这个系统最终以有序运行的状态，实现既定的安全目标。

七、如何理解实现安全的双重动力系统?

这里要讨论的重点，是安全质的理论与实践问题，涉及人群生命活动及其组织管理系统如何实现劳动与安全的双重目标，以及如何通过安全目标的实现，来保障劳动目标的实现，并由此产生一系列的结构模型及其质态化的分析问题。

在理论上，实现安全的双重动力系统，指的是人群生命活动中实现安全的内在动力与外在动力及其相互作用形成的安全动力系统。这是一个由人参与其中的，实现安全的内在动力与外在动力，即双重动力相互匹配与相互支撑的，非线性自组织安全功能系统。

在实践中，实现安全的双重动力系统，表现在人群双目标生命活动及其组织管理系统运行过程之中，由系统内在结构分支组织构成因素之间相互作用形成的内在动力与系统外在环境分支组织构成因素之间相互作用形成的外在动力之间，在人性化九维时空范围内进行系统交流或系统交换构成的非线性复杂功能系统。

有人可能会不明白“人群双目标生命活动及其组织管理系统”是怎么回事。对此，我简要地说：如果把这句话中的“系统”看作企业就一目了然。

（一）人群双目标生命活动及其组织管理的内在结构动力系统

人群双目标生命活动及其组织管理的内在结构动力系统，由人群双目标生命活动的框架结构与运行结构之间的相互作用形成。

1. 人群双目标生命活动组织管理系统的框架结构及其基本构成

（1）人群双目标活动及其管理系统内在结构分支的安全框架组织构成。

安全内在结构分支的系统框架组织构成，包括人、物、人物关系（事）及其内在联系四个安全因素。

这个构思是在刘潜先生安全三要素的基础上，增加“内在联系”的内容而形成的。按照这四个安全因素的生成顺序，可依次排列为安全框架结构子系统的原生态因素“人”、伴生态因素“物”、派生态因素“人物关系（事）”，以及把上述三者凝聚成一个功能联合体的凝聚态因素“内在联系”。

（2）人群双目标活动及其管理系统内在结构分支的安全框架功能发挥。

安全框架结构及其组织构成因素在职业人群实现劳动与安全双重目标的过程中，发挥的是核心动力的功能与效用。

人的因素是实现人群活动双重目标的主体性核心动力，与人的生命活动相互作用的一切客观存在物是伴随着安全因素“人”而生成的安全因素“物”，这两者之间进行的系统交换就派生出安全因素“人物关系”，由于这个人物关系因素的外在表现形式的多样化与复杂性，又会产生各种各样的事情，因此人物关系这个安全因素又被称为“事”。把人、物、事三者联结成一个具有集团核心功能整体的凝聚态安全因素，它便是体现为“内在联系”的第四个安全因素。这个以“人”的因素为核心主体动力的系统安全框架结构及其组成部分，在实现劳动与安全双重目标的利益驱动下，自然而然地成为实现人群活动双重目标的核心动力群体。

2. 人群双目标生命活动组织管理系统的运行结构及其基本构成

（1）人群双目标活动及其管理系统内在结构分支的安全运行组织构成。

安全内在结构分支的系统运行组织构成，包括运筹、信息、控制，以及人性化九维时空域的四个安全因素。

这个构思是在刘潜先生提出的系统结构由“两要素一因素”组成的理论观点或说法的基础上，加上人性化九维宇宙特定时空区域的内容，依照前述安全因素生成的顺序，可排列为：安全内在结构分支运行结构子系统的原生态因素是“运筹”，随此而生成的伴生态因素是“信息”，然后是对运筹与信息实施同步管理与调控的派生态因素“控制”，最后生成的是承载着上述三者实现自己固有因素功能的凝聚态因素“人性化九维时空域”。

（2）人群双目标活动及其管理系统内在结构分支的安全运行功能发挥。

安全运行结构及其组织构成因素在职业人群实现劳动与安全双重目标的过程中，发挥的是全程管控的功能与效用。

人、物、事三个安全要素经过“内在联系”的凝聚态作用转变成安全因素之后，在安全框架结构子系统中的相互匹配与排列组合是由安全运筹的物质性联系功能来完成的，这个相互匹配与排列组合的动态过程又是由安全信息的非物质性联系功能来实现的，系统运行的过程控制功能依据安全运筹与安全信息的实际状况，对整个安全功能系统的全程实施同步管控。

而安全运行结构子系统的运筹、信息与控制，又是在宇宙特定区域的人性化九维时空中进行的，这个宇宙人性化九维时空域由过去、现在、将来三个时间维度，以及人的上、下，前、后，左、右六个空间方位的区域组成。由此推论可知，安全运行结构子系统及其组织构成因素，是人群生命活动实现劳动与安全双重目标的全程管控中枢。

3. 人群双目标生命活动及其组织管理系统的内在结构动力机制

人群双目标活动及其组织管理系统内在结构分支两个子系统的相互作用形成的安全双螺旋组织构成，是人群双目标活动实现安全的内在动力的物质基础和基本前提。

人群双目标生命活动及其组织管理系统的安全结构分支，由系统框架与系统运行这两个子系统的基本构成因素，排列组合成为两个螺旋式的因素体系。其中，第一个呈螺旋式排列组合的是系统框架结构，由原生态因素“人”、伴生态因素“物”、派生态因素“事”、凝聚态因素“内在联系”组成；第二个呈螺旋式排列组合的是系统运行结构，由原生态因素“运筹”、伴生态因素“信息”、派生态因素“控制”、凝聚态因素“人性化九维时空”组成。

人群双目标活动及其组织管理系统内在结构分支的安全双螺旋式内在动力，就是在人群双重目标活动中，由系统框架结构和系统运行结构二者的双向互动以及彼此间的系统交换而促成的。

（二）人群双目标生命活动及其组织管理的外在环境动力系统

人群双目标生命活动及其组织管理的外在环境动力系统，由人群双目标生命活动的环境资源与环境条件之间的相互作用形成。

1. 人群双目标生命活动组织管理系统的环境资源结构及其基本构成

（1）人群双目标活动及其组织管理系统外在环境分支的安全资源组织构成。

安全资源结构子系统，由安全物质、安全能量、安全信息，以及人力资源四个安全因素组成。

我认为，在人群双目标生命活动系统外在环境分支的安全资源子系统之中，安全物质资源是原生态的基础性因素，安全能量资源是伴生态的功能性因素，安全信息资源是派生态的综合性因素，安全人力资源是凝聚态的主体性因素。

（2）人群双目标活动及其组织管理系统外在环境分支的安全资源功能发挥。

安全资源结构及其组织构成因素在职业人群实现劳动与安全双重目标的过程中发挥的是物资供给的功能与效用。

安全资源结构及其子系统组织构成因素发挥着物资供给功能，反映或揭示出宇宙之中客观存在的物质是明与暗的矛盾统一体。

安全的物质有明暗之分，明物质是可以见的物，暗物质是看不见的物。安全资源之中财力投入的厂房以及机械设备、个人防护用品等都是可见物。安全资源之中可供实现安全的科学理念、安全文化承传、安全信息，以及安全教育培育出来的人们的安全意识或安全技能等，全是不可见物。实现安全的能量流，也和安全物质一样具有明暗之分。一般地讲，被人关注的就是可见的明物质产生的明能量，不被人关注的就可能是暗物质产生的暗能量。例如生产上或生活中常用的电，看不见又不能摸，若不关注它极容易发生触电伤亡事故。与物质、能量一样，信息也有明暗之分，反映明物质或明能量的信息就是明显的信息，而反映暗物质或暗能量的信息就是暗示的信息。作为劳动者的人，在劳动过程中的行为安全也有明暗之别。你自己观察到的生存环境及其构成物，在你身边上、下，前、后，左、右六个方位的实际情况，那是人的眼、耳、鼻、舌、身五官感知到的可见物即明物质。这些有关生产或生活的安全的信息反映到你的大脑，引起人脑通过应激反应，对此情此景的过去的回忆、现在的判断、将来的评估，经过脑加工的结果，生成对当前安全形势及应采取措施的安全意识或安全理念等不可见暗物质，同时也生成引起生物化学或生物物理变化的暗能量，这些安全指令就会沿着人的神经系统成为可见的明物质，传达到人的身体四肢并同时支配人的行为趋向既定的安全目标。有时候，安全工作者从事安全工作是挺难的，因为人在当前所处的安全状态，这是可见的明物质性的客观存在，而未来可能发生伤亡事故又是不可见的暗物质性的将来的事实。

2. 人群双目标生命活动组织管理系统的环境条件结构及其基本构成

（1）人群双目标活动及其组织管理系统外在环境分支的安全条件组织构成。

安全条件结构由安全的经济条件、文化条件、社会条件，以及包括自然生态环境与人工生态环境在内的实现安全的生态条件等四个环境条件的安全因素组成。

我认为，在人群双目标生命活动系统外在环境分支的安全条件子系统之中，安全经济条件是原生态的物质性因素，安全文化条件是伴生态的精神性因素，安全社会条件是派生态的综合性因素，安全生态条件是凝聚态的必要性因素。

（2）人群双目标活动及其组织管理系统外在环境分支的安全条件功能发挥。

安全条件结构及其组织构成因素在职业人群实现劳动与安全双重目标的过程中发挥的是必要保障的功能与效用。

安全条件结构子系统及其组织构成因素，发挥的是必要保障功能，反映或揭示出宇宙之中客观存在着的物质是虚与实的矛盾统一体。

安全存在的必要条件在发挥它的必要保障功能时有虚实之分。一般地讲，在安全理论上说得再好，论证得再精彩，也是“虚”；只有入人心、入人脑、落实在人们的行动上，那才是“实”。在安全实践上讲的教训再不好听、再不完善有缺陷，那也是“实”。虽然感性认识还有待于上升到理性认识，但那毕竟是鲜血与生命铸就的事实。

安全存在的经济条件、文化条件、社会条件、生态条件从理论上提出，只是务虚；停留在口头宣传上或红头文件上或事故隐患整改通知书上，是在务虚；靠开罚单而不去处理违章事件，也是在务虚。只有落实到基层单位、落实到人心、落实到行动上，那才叫“实”。对于安全技能或是安全法规，只“知”不“行”是务虚不作为，只有“行”才是实。只有把安全条件都落到实处，它才有可能发挥必要保障的功能；否则，这些可以实现安全的条件也会走向自己的反面，成为保障不了安全的条件。特别是安全经济条件中必然存在着的金钱问题，尤其要慎重对待，因为金钱可以采购安全物资，救人于危难之中，也可以冲破做人的一切底线，陷人于危难之中。所以，从释放安全条件的正能量来看，只有知行合一、虚实兼备，才能使安全条件发挥出保障安全的功能与作用，从而达到实现安全的预期目标。

3. 人群双目标生命活动及其组织管理系统的外在环境动力机制

人群双目标活动及其组织管理系统外在环境分支，其安全资源结构与安全条件结构相互作用形成的安全双螺旋组织构成是人群双目标活动实现安全的外在动力的物质基础和基本前提。

人群双目标生命活动及其组织管理系统的安全环境分支，由安全资源结构与安全条件结构这两个子系统的基本构成因素，排列组合成两个螺旋式的因素体系链。其中第一个呈螺旋式排列组合的是安全资源结构，由原生态因素“物质流”、伴生态因素“能量流”、派生态因素“信息流”、凝聚态因素“人力资源”组成。第二个呈螺旋式排列组合的是安全条件结构，由原生态因素“安全经济条件”、伴生态因素“安全文化条件”、派生态因素“安全社会条件”、凝聚态因素“安全生态条件”组成。

人群双目标活动及其组织管理系统外在环境分支的安全双螺旋式外在动力，就是在人群双目标活动中，由安全资源结构与安全条件结构的双向互动以及彼此之间的系统交换而促成的。

（三）人群双目标生命活动及其组织管理系统动力机制的双重性特征

人群双目标生命活动及其组织管理系统动力机制的双重性特征有两种表现形式：一是劳动与安全的双重合一，二是结构与环境的双重合一。

1. 劳动与安全的双重合一及其客观依据

人群双目标生命活动及其组织管理系统劳动与安全双重合一的客观依据是地球人类的宇观分析。

地球人类的诞生是宇宙自然历史演化的必然结果，因此又可以认为，人是宇宙天地的有机组成部分，凡在宇宙天地中存在着的东西，在人的身体上或是生命过程中也都可能客观地存在着。例如宇宙中的可见物质形态及其产生出来的可见能量或是暗物质及其生成的暗能量，在人的身体上就表现为人的生理构造与人的心理现象。又如太阳及其发出的光，既表现为恒星的存在方式，又表现为恒星的存在状态，而人的生命存在，也表现为自己的生命存在方式与生命存在状态及其二者的矛盾统一。正是由于宇宙与人体之间种种相似现象的不断重复或再现，所以才相继反映和揭示出宇宙与人体二者之间的自然历史生态关系。

（1）宇观视野的地球人类身体构造。

从宇观视野来思考地球人类的身体构造，大致由两部分组成：其一是人体的生理因素，一般称为人体构成的物质性因素。其二是人体的心理因素，一般称为人体构成的精神性因素。

人的身体构造，从人体物质性的生理因素来说，包括大脑、躯体、四肢，以及内脏器官、消化系统、神经系统、血液循环系统等，都是看得见、摸得着，也可被人所感知的客观存在，是表现在人身体上的人类可见的“明物质”，由此产生出来的物理化学能量，也可相应地被称为“明能量”。

人的身体构造，从人体精神性的心理因素来说，包括感觉、知觉、思想、意识、观念，以及人的喜、怒、哀、乐、悲、恐、惊等情绪上的变化及产生过程，都是看不见、摸不着但可为人所感知的客观存在，是表现在人身体上的人类不可见的“暗物质”，由此产生出的能量，就被称为“暗能量”。

以上表明，人们在劳动过程中的行为安全正是自己生理因素与心理因素的和谐共存与动态协同，以及明物质与暗物质相互匹配与彼此支撑的反映或体现。由此推论可知，人在生理上和心理上的身体构造本身，是决定人的劳动与安全在自己生命活动中双重合一的客观存在。

（2）宇观视野的人类生命存在。

从宇观视野来思考人类的生命存在，大致也由两部分组成：其一是人的生命存在方式，这就是人们平日里说的劳动，它指的是创造了人本身及其生存或发展条件的人类生命存在方式。其二是人的生命存在状态，这就是人们平日里说的安全，它指的是通过人们生命活动的信息反馈可以判定人自己的劳动行为是否符合客观规律的人类生命存在状态。

人的生命存在，从自己的生命存在方式来看，是创造了人本身及其生存或发展条件的劳动行为；从人自己的生命存在状态来看，是可以通过人们的劳动状况及其行为过程的信息反馈来判定人的劳动行为是否符合客观规律的安全状态。由此推论可知，劳动这种人类的生命存在方式，在个体生命的存续期间，表现为看得见、摸得着又可以被人所感知的显性的客观存在。而安全这种人类的生命存在状态，则是依附在人们的劳动行为过程并且通过人自己的劳动行为才得以显现出来的隐性的客观存在。因此，可以简要地理解为劳动是人类生命存在方式，安全是人类生命存在状态，劳动与安全在人的生命存在全过程既相对独立又相互依存，既相互渗透又不可替代，这也是人群双目标生命活动及其组织管理系统之中劳动与安全双重合一的客观依据。

2. 结构与环境的双重合一及其客观依据

人群双目标生命活动及其组织管理系统的内在结构与外在环境双重合一的客观依据，是生物遗传学摩尔根学派与米丘林学派的理论观念及其综合。

（1）基于摩尔根学派生物遗传学理论的思考。

摩尔根学派的生物遗传学理论认为，生物物种遗传与变异的依据，主要在于内因，也就是生物体自己内在组织结构的变化。从孟德尔豌豆实验的分析，到细胞染色体的研究，再到遗传基因的发现，人类一步步深刻地揭示出生物遗传基因及其排列组合的密码信息。生物基因工程的实施，为人类展现了攻克疑难病症的美好前景。

唯物辩证法认为，世上一切存在着的客观事物都具有双重性。科学技术也不例外。多年来，人们高喊着“科学技术是第一生产力”的口号，却忽略了在一定条件下科学技术也是第一破坏力的现实。

依据生物遗传学摩尔根学派强调内因对生物遗传与变异起主要作用或影响的学术观点，设想出人群双目标生命活动系统的内在结构分支系统以及这个安全系统结构分支的框架结构与运行结构两个子系统。

我的思考是，既然生物体的内因对自己的遗传与变异会产生重大的作用或影响，那么，人们自己的身体素质如何也会对自己后代的体质以及由此带来的生存质量产生重大的作用和影响。如果是这样，运用形式逻辑学类比推理的方法可知，人群双目标生命活动系统内部结构的组织构成及其质量状况对于劳动与安全双重目标的实现也会产生重大的作用或影响。

（2）基于米丘林学派生物遗传学理论的思考。

米丘林学派的生物遗传学理论认为，生物物种遗传与变异的依据主要在于外因，也就是生物体自己生存期间外在生存环境的变化主导了该物种的生物遗传变化。在地球上存活着的生物物种正是在对生存环境的适应性变化中才改变了自己遗传过程的遗传变异方式或遗传变异方向。米丘林和他的科学工作团队据此理论，把苹果栽培的地域，从温带推移到寒带，向北推进达数百千米。

刘潜先生在20多年以前提出要正确认识和妥善处理社会关系、工作关系、学术关系时就曾严肃地指出，目前存在的问题是社会关系干扰工作关系，而工作关系又干涉学术关系。从长期的社会实践中也能体会到，若是在日常生活中正确处理好社会、工作与学术这三大关系，将会极大地推动社会经济的历史发展，促进科学技术向着充满正能量的方向发展。

依据生物遗传学米丘林学派重视外因对生物遗传与变异起主要作用或影响的学术观点，设想出人群双目标生命活动系统的外在环境分支系统，以及这个安全系统环境分支的安全资源与安全条件两个子系统。

我的思考是，既然自然界的生态环境对生物的遗传与变异会产生重大的作用或影响，那么，人们所处的生存环境，包括自然生态环境与社会生态环境，也会对自己的生存或发展还有自己子孙后代的延续产生重大的作用与影响。如果是这样，人们的社会生活及其在这些活动中的生命存在状态，还有人们的职业劳动和在职业劳动中保持安全的生命存在状态也有一个自身活动系统之外的环境因素问题需要研究和解决。

（四）人群双目标生命活动及其组织管理系统动力机制的层级性特点

人群双目标生命活动及其组织管理系统动力机制的层级性特点表现为四个层次的逐级展开，从宏观的抽象走向微观的具体，最终形成一个内因与外因双重的多层级的双螺旋式的动力结构。

1. 第一个层次：人群双目标非线性复杂功能系统

人群双目标生命活动及其组织管理系统实际上是个矛盾统一体。当人们把完成生产任务作为人群双目标系统的首要目标时，这个劳动目标就表现为人们要实现的显性目标，而安全目标则是表现为次要的隐性目标，因此在人群双目标活动及其组织管理过程中往往过多地关注劳动生产过程而忽略人的安全，但人们可能忘记正因为有了人的生命安全，才是完成生产任务的根本保障。而当人们把实现安全的目标作为首要任务时，往往又会忽略完成生产任务的劳动目标。实现安全目标的生存利益与实现劳动目标的经济利益如何在人们的生命活动及其具体行为过程中达到平衡的状态，这不仅是专业安全工作者面临的重大课题，更是安全决策者的职责所在。

2. 安全动力结构的第一层级：一分为二

人们的双目标生命活动及其组织管理系统本身就是安全动力结构的一个层级，同时它还在客观上存在两个分支系统，这就是实现劳动与安全双重目标的内在结构分支系统，以及实现劳动与安全双重目标的外在环境分支系统。

3. 安全动力结构的第二层级：二分为四

实现劳动与安全双重目标的内在结构与外在环境两个分支系统，客观上各自还有两个分支的子系统，依据从内在结构到外在环境的排序可表述为：人群生命活动系统安全内在结构分支的框架结构子系统和运行结构子系统，以及人群生命活动系统安全外在环境分支的资源结构子系统和条件结构子系统。

4. 安全动力结构的第三层级：四分为十六

实现劳动与安全双重目标的两个分支系统的四个结构性子系统，客观上各自都有四个自成体系的组成部分，依照四个分支子系统自然生成的排列顺序，可表述为：

其一，安全框架结构子系统，由人的因素、物的因素、事的因素，以及内在联系因素共四个因素组成。

其二，安全运行结构子系统，由运筹因素、信息因素、控制因素，以及人性化九维时空域因素共四个因素组成。

其三，安全资源结构子系统，由物质流因素、能量流因素、信息流因素，以及人力资源因素共四个因素组成。

其四，安全条件结构子系统，由经济条件因素、文化条件因素、社会条件因素，以及生态条件因素共四个因素组成。

5. 实现安全的双重动力结构

人群生命活动及其双重目标管理实现安全的动力机制，最终形成一个内在结构与外在环境的多层级的双螺旋式的内在动力与外在动力融合如一的双重动力结构。

人群双重目标生命活动及其组织管理系统，经过层级性分析，就可以看出它是一个由内在结构与外在环境两个分支系统组成的，内因与外因双重的四层级的双螺旋式的非线性自组织动力系统组织结构。

其中，实现人群生命活动系统双重目标的内在动力形成的第一重双螺旋结构表现为：实现双目标的内在结构分支，由框架结构子系统与运行结构子系统这二者之间的相互作用或者系统交换形成由两个四因素（指人、物、事及其内在联系，以及运筹、信息、控制及其人性化九维时空域）联结在一起的双螺旋式内在动力结构。

其中，实现人群生命活动系统双目标的外在动力形成的第二重双螺旋结构表现为：实现双目标的外在环境分支，由资源结构子系统与条件结构了系统这二者之间的相互作用或者系统交换形成由两个四因素（物质、能量、信息以及人力资源，经济、文化、社会以及生态的安全存在必要条件）联结在一起的双螺旋式外在动力结构。

八、如何理解实现安全的三大量纲?

这里要讨论的重点是安全量的理论与实践问题，涉及人群生命活动及其组织管理系统如何实现劳动与安全的双重目标，以及如何通过安全目标的实现来保障劳动目标的实现，并由此产生一系列量纲参考项目符号排列及其参数集群数字化的分析问题。

安全量纲，指的是人群双目标生命活动及其组织管理系统动力机制基本构成的质的量化参数及其组合集群。

在人群生命活动的组织管理系统之中，安全量纲包括参考项目选择与量化参数测定在内的两大部分。其中，项目选择指的是确定需要提供安全保障的具体内容，参数测定指的是需要提供安全保障具体内容的可操作性数据及其量化组合。

在人群生命活动的组织管理系统之中，实现安全的三大量纲是指人群双目标生命活动及其组织管理系统实现安全质的三个项目组合的具体内容及其相应的量化参数群，以及由此形成的安全参数体系，包括安全的基础量纲、安全的系统量纲、安全的环境量纲。

实现安全的这三大量纲构成的安全参数群及其族群式安全质量的符号化与数字化，在随着实际情况变化而及时调整的过程中形成一个动态的非线性自组织功能系统。

（一）安全基础量纲的参考项目及其参数组合群

安全基础量纲，包括安全主体量纲与安全客体量纲，是两组互为参照依据的安全质的量化参数群。

1. 安全主体量纲及其参考项目与参数组合

安全主体量纲，是关于安全的人的因素量纲，指的是安全个体即单个的人达到安全状态需要提供的量纲项目内容与量纲参数群组。

安全量纲的项目内容选择与参数群组测量从理论上说，以安全客体量纲为参照系；从实践上讲，以人的因素与物的因素之间相互作用对人身心健康的作用或影响为参考依据。

（1）安全主体量纲的理论认知。

安全主体量纲的参考项目选择，至少要考虑以下四个方面：

其一，人体生物节律。

其二，人体安全阈值。

其三，安全知识储备。

其四，安全技能保持。

安全主体量纲的参数群组测量至少有以下两套方案：

第一，安全主体量纲数据的通用测量方案。

这是对需要提供安全保障或是保持自己安全状态的人进行的体检式的普遍的安全主体量纲编制方案，依据人们的性别、年龄、身体健康状况，以及自己对安全程度的需要，分门别类地选择量纲项目及其具体细则，然后有针对性地进行安全主体量纲诸项目参数的测量。

第二，安全主体量纲数据的专用测量方案。

这是针对有特殊需要的安全个体即单个的人进行的单独式的安全主体量纲编制方案，为的是满足人们在社会生活中特殊的安全需要，因此必须对安全量纲项目及其具体细则的选择进行个案处理，然后才能根据当事人的生存环境状况实施安全量纲参数的测量。

（2）安全主体量纲的实践思考。

安全主体量纲在社会实践中的应用，至少要考虑到两个方面：

其一，安全主体量纲在个人社会生活中的应用。

人们在自己生命存续期间的安全实践中，不论是涉及家庭安全、校园安全，以及食品安全、药品安全，还是公共安全、社区安全，都应依据自己体检式测评的通用型安全主体量纲及其表达的参数群组，去安排自己的学习、工作与生活。凡不明白的地方，就要向专业的安全工作人员或安全存在领域的专业技术人员咨询，并在必要时参加适合自己需要的安全知识或安全技能培训。

其二，安全主体量纲在职业劳动单位中的应用。

职业劳动者使用单位在招聘之前，必须首先明确自己的行业或企业及其具体工作岗位上适用的专用型的安全主体量纲的参考项目细则与相应参数组合，符合招聘单位专用型安全主体量纲及其量化参数要求的人才可使用，否则就不能录用。职业劳动单位安全主体量纲尚不健全的，要依据自己单位的工作性质与工作环境以及可以提供的安全资源和安全条件，尽快完善自己行业或企业及其相应工作岗位的安全主体量纲，并依此进行人力资源管理。若应聘人员不太符合本单位安全主体量纲要求的，可在一定期限内进行安全培训，达到安全规范要求的可聘用入职，达不到安全规范要求的人，劝其退出并改行去干别的事，以避免达不到安全规范要求的人入职上岗后发生人员伤亡事故。

2. 安全客体量纲及其参考项目与参数组合

安全客体量纲，是关于安全的物的因素量纲，指的是与人相互作用的一切客观存在物及其具体内容与相关数据组合。

安全客体量纲的项目内容选择与参数群组测量，从理论上说，以安全主体量纲为参照系；从实践上讲，以人在心理上或生理上对体外因素危害的承受能力为参考依据。

（1）安全客体量纲的理论认知。

安全客体量纲的参考项目选择，至少包括质、量、时、空四个方面：

其一，质的方面：物本身的性质或种类。

其二，量的方面：物对人的作用强度，或剂量大小。

其三，时间方面：物对人作用的快慢，或时间长短。

其四，空间方面：物对人作用的途径，或方式。

安全客体量纲的参数群组测量，需要多学科的联盟与多单位的协作才有可能完成。这是因为物的类型或种类繁多，物与人的相互作用呈复杂而多样化的趋势，单独一个安全学科的研究，无法穷尽物对人作用安全量纲的选项与测量。因此，只有安全工作者牵头提出问题，医务工作者及安全存在领域相关专业工作人员的协作与配合，才有可能编制出符合人们需要的安全客体量纲。

提到物对人的作用，首先要明确它的安全量纲范围，即在人体安全阈值上限与下限之间的人的正安全状态区域。当物对人的作用处在人体安全阈值上限和下限的两处位置时，表示的是人的零安全与零伤害的状态，也是人的生命存在的 100%危险的绝对危险状态，这就超出了安全客体量纲的范围，成为物对人的危险量纲。而当物对人的作用超过了人体安全阈值的上限或下限之外，直至人的死亡状态时，那便是进入物对人作用的负安全状态区域，使得该事物本身走向自己的否定方面，从物对人的安全量纲转变为物对人的伤害量纲。

（2）安全客体量纲的实践思考。

安全客体量纲在社会实践中的应用，至少有四个方面的问题需要认真考察。

第一，物对人的作用，因人而异。

物对人的作用是有益还是有害，与人自己的健康状况以及个人专属的安全主体量纲密切相关。例如食用糖的作用，对身体健康的人来说，可以增加身体热量并增加食品口味，是有益之物；但对糖尿病患者来说，却是个升高血糖值甚至有可能引起并发症的有害之物。又如人参这味中药，对于年老多病或是身体衰弱的人来说，是滋补健身之物；对于身体强壮的人来说，便是会引发上火或流鼻血的有害之物。

第二，物对人的作用，因时而异。

物对人的作用是有益还是有害，与同一个人在不同时间或不同季节的个人感受密切相关。例如人穿衣服，夏天穿薄一些，凉快；冬天穿厚一些，暖和。如果是有谁反季节穿衣服，那么，夏天穿太厚会中暑，冬天穿太薄会冻伤。

第三，物对人的作用，因质而异。

物对人的作用是有益还是有害，也要看该物质的状况如何。这就是说，要看对人作用的物在质的方面是否能满足人的安全需要，针对具体需要物的人，要有一个质的限度、质的规范或质的标准。

记得有一年冬天，我所在企业生产现场的值班室里有两个夜班工人煤气中毒，白班工人接班时才发现，立即报告厂领导并通知中毒职工家属，急救车送人到医院输氧抢救。其中一位中毒工人家属托人找到有高压氧舱的地方转院走了，结果那人得救；而没转院的中毒工人，由于医疗急救设备的质达不到安全的需求，最终没救活。去世的那人，是和我同车间同班组的杨师傅，比我大 10 来岁，中等个，麻子脸，人很善良又老实，能吃苦也肯干，就是家里穷，生活有困难。那天下夜班他没回家，留在堆煤现场去拣拾矿上爆破煤层作业遗落的雷管，打算拣几个雷管白天上交给企业保卫科，领几个奖励的钱贴补家用，天快亮时困了，就睡在车间的值班室里，没想到因此而送命。

这件事过去 30 多年了，我还一直怀念着这位普通的工人杨师傅，时常想起他的音容笑貌，每当想起他时心里就很难受，总觉得那天下夜班，要是硬拉着他一起洗澡回家，悲剧就不会在他身上发生。

第四，物对人的作用，因量而异。

物对人的作用是有益还是有害，与物对人作用的强度或数量多少、剂量大小密切相关。例如高处抛物，重量轻且楼层低的坠物，对于人的身体损伤不大，但落差大且重的抛物，会砸伤或砸残楼下人的身体，严重的会夺人性命。又如人吃饭，不吃会饿，吃多会撑。特别是吃一些有营养的食品，适量享用会增进身体健康，过量摄入会使得营养长期累积而转化成对身体有害的“毒素”；如果身体长期营养过剩而又不能及时地消耗掉这些多余的热量，就有可能患上高血压、高血脂、高血糖之类的慢性疾病。

（二）安全系统量纲的参考项目及其参数组合群

安全系统量纲，包括安全状态调节量纲与安全过程控制量纲。

1. 安全状态调节量纲及其参考项目与参数组合

安全状态调节量纲，是关于安全关系的因素量纲，指的是人群双目标生命活动及其组织管理系统，通过人物关系因素对人的因素与物的因素之间的内在联系状况的相互匹配或相互配合的动态调节，从而促使安全系统的运行姿态向着既定的目标方向随时调整的参考项目选择与相应参数测量。

安全状态调节量纲的参考项目选择与参数集群测量，从理论上说，以安全过程控制量纲为参照系；从实践上讲，是以人物关系对人和物两个因素相互匹配与同步协调的实际状况和实际需要为参考的客观依据。

（1）安全状态调节量纲的理论认知。

安全状态调节量纲的编制，至少要涉及以下四个方面：

其一，安全状态调节方式。指人、物、人物关系三个安全因素及其表现形式的选择与确认。

其二，安全状态调节范围。指人、物、人物关系三个安全因素及其表现形式的时间与空间。

其三，安全状态调节程度。指人、物、人物关系三个安全因素及其表现形式的力度与规模。

其四，安全状态调节效果。指人、物、人物关系三个安全因素及其表现形式的功能与效应。

（2）安全状态调节量纲的实践思考。

在实践中操控安全状态调节量纲的要点，是利用人物关系因素，调节人的因素与物的因素各自的内部及二者之间动态的安全关系，通过安全资源的供给与安全条件的保障，同步地调整系统内部的框架结构，使人、物、人物关系诸因素始终保持着内在联系的态势，并且做到相互匹配与优势互补，从而在人群生命活动及其双目标管理系统之中形成一个可以实现安全的内在动力核心。

2. 安全过程控制量纲及其参考项目与参数组合

安全过程控制量纲是关于安全联系的因素量纲，指的是人群双目标生命活动及其组织管理系统的内在联系因素，通过对人、物、事等系统其他因素的运筹、信息与控制，促使整个系统运行节奏向着既定目的方向调控的参考项目选择与相应参数测量。

安全过程控制量纲的参考项目选择与参数集群测量，从理论上说，以安全状态调节量纲为参照系；从实践上讲，是将内在联系因素对系统的人、物、事诸安全因素进行系统运筹、系统信息、系统控制的实际情况与实际需要作为参考的客观依据。

（1）安全过程控制量纲的理论认知。

安全过程控制量纲的编制，至少要涉及以下四个方面：

其一，运筹参量。指人群生命活动及其双目标管理系统物质性构成因素的整体优化程度与排列组合方式。

其二，信息参量。指人群生命活动及其双目标管理系统非物质构成因素的信息采集、编码、破译或重组。

其三，时空参量。指人群生命活动及其双目标管理系统运行的时间、地点，以及启动条件的检验和初始状态的监测与监控。

其四，控制参量。指人群生命活动及其双目标管理系统运行的过程控制，以及信息反馈引发的系统组织结构的调整，或是系统整体的重组。

（2）安全过程控制量纲的实践思考。

在实践中操纵安全过程控制量纲的要点，是利用内在联系因素，通过系统运筹、系统信息与系统控制，把人、物、事（人物关系）这三个内在核心动力因素掌控起来，在一个特定的人性化九维时空区域范围内，促使人群生命活动及其双目标管理系统的运行姿态与运行节奏，稳步地向着既定的管理目标驱动。

（三）安全环境量纲的参考项目及其参数组合群

安全环境量纲，包括安全资源配置量纲与安全条件保障量纲，这是两组互为参照依据的安全质的量化参数群。

1. 安全资源配置量纲及其参考项目与参数组合

安全资源配置量纲是关于安全资源的因素量纲，指的是人群双目标生命活动及其组织管理系统之外的环境里，为系统本身配置各种安全资源以供给系统正常运行的参考项目及相关参数群。

安全资源配置量纲的参考项目选择与参数群组测量，从理论上说，以安全条件保障量纲为参照系；从实践上讲，是以人群生命活动及其双目标管理系统运行的实际情况与实际需要作为考虑的客观依据。

（1）安全资源配置量纲的理论认知。

安全资源配置量纲的编制，至少包括以下四个方面内容：

其一，安全物质资源的种类和类型及其在人群双目标生命活动系统中的优化配置。

其二，安全能量资源的生产或供给及其在人群双目标生命活动系统中的应用方式。

其三，安全信息资源的联络或通道及其在人群双目标生命活动系统中的顺畅程度。

其四，安全人力资源的培育或开发及其在人群双目标生命活动系统中的储备与使用。

（2）安全资源配置量纲的实践思考。

人群双目标生命活动及其组织管理系统外在环境的安全资源配置量纲，在实践应用中具有双重性的特点，一方面，它在实现安全资源供应的固有功能时，是促进劳动与安全双目标实施的外在动力因素；另一方面，它又有约束安全资源供给功能的限制性能力，可以阻止、干扰或破坏劳动与安全双目标的实现。当供给系统内部的安全资源的品种和质量都能满足人群生命活动需要的时候，它发挥的是促进系统双目标实现的正能量。当供给这个系统内部的安全资源不及时且品种或质量不匹配的时候，它释放的是约束系统双目标实现的负能量。

在实践中安全资源配置量纲产生的负能量短期内无法克服的情况下，利用系统内部现有的安全资源，使之在新的安全条件下重新组合起来，形成实现既定目标的新动能，就显得特别重要。

2. 安全条件保障量纲及其参考项目与参数组合

安全条件保障量纲，是关于安全条件的因素量纲，指的是人群双目标生命活动及其组织管理系统之外的环境里的各种安全条件，为系统运行提供必要保障的参考项目及相关参数群。

安全条件保障量纲的参考项目选择与参数群组测量，从理论上说，以安全资源配置量纲为参照系；从实践上讲，是将人群生命活动及其双目标管理系统在运行过程的实际情况与实际需要作为参考的客观依据。

（1）安全条件保障量纲的理论认知。

安全条件保障量纲的编制，至少包括以下四个方面内容：

其一，安全存在的经济条件及其反映或体现的人类物质文明状况。

其二，安全存在的文化条件及其反映或体现的人类精神文明状况。

其三，安全存在的社会条件及其反映或体现的人类政治文明状况。

其四，安全存在的生态条件及其反映或体现的人类生态文明状况，还有社会历史的进步程度，或是宇宙自然历史演化决定和影响的地球自然生态现状。

（2）安全条件保障量纲的实践思考。

人群双目标生命活动及其组织管理系统外在环境的安全条件保障量纲，在人们的社会实践中也具有双重性的特点：一方面，它是实现劳动与安全双目标的必要保障；另一方面，它又是限制人群双目标活动，成为保障不了劳动与安全双目标实现的限制性力量。当诸多安全条件都能相互配套并能够及时有效地满足人群生命活动需要的时候，它发挥的是实现人群双重目标必须保障的正能量。当安全条件的实施干扰或干涉人群生命活动及其双目标管理系统正常运行的时候，它释放的是保障不了人群活动实现劳动与安全双目标的负能量。

在安全条件保障量纲形成的负能量短期内无法排除的情况下，发掘系统内部的正能量，创造有利于系统内部实现安全的新机遇与新条件，就显得非常重要。

（四）安全量纲的项目选择及其数字化测量方法

安全量纲的项目选择与参数测量是由专业安全人员提出，再由安全存在领域里的相关管理人员或是专业技术人员协作，以及医务工作者的全程配合，通过社会各方共同努力才有可能完成的安全事业。由此，就集中地反映或体现出安全科学本身具有的综合集成的科学性质与科学大联盟的学科特点。

1. 安全量纲的项目选择方法：模型分析法

安全量纲项目的模型分析，以安全个体即需要提供安全保障的单个的人为研究基础，以人体生命存在的安全三态，即正安全态、零安全态、负安全态为参照依据，并且按照对当事人或当事群体的安全阈值参数组合的理论分析，或是对人群双目标生命活动及其组织管理系统的内在结构与外在环境之间相互作用的实践分析，以及当事人或当事群体所处的人性化九维时空区域的安全坐标来确定，最终将会获得一系列符号化组合式安全量纲项目的示意图谱。

2. 安全量纲的参数测量方法：仿真实验法

安全参数测量的人体仿真实验，也要以安全个体即需要提供安全保障的单个的人为研究的基础，但应将人体健康外在质量的三个层次作为参照依据，即人体健康外在质量处于有序状态的安全层次，人体健康外在质量处于混沌状态的危险层次，人体健康外在质量处于无序状态的伤害层次，并且还要按照当事人或当事群体安全阈值参数组合的人体仿真模拟状况，或是对安全基础量纲、安全系统量纲、安全环境量纲确定的具体项目反映的人体仿真模拟状况，以及当事人或当事群体所处的人性化九维时空区域的安全坐标来测量，最终会获得一系列数字化组合式安全量纲参数的示意图谱。

3. 安全基因密码的电脑软件设计

由安全量纲项目与安全参数测量衍生出来的安全量纲的符号化以及安全参数的数字化，使得人们的全面安全质量管理工作有可能从手工操作转变到电脑操作，再上升到自动化的人机结合，这就提出了把安全的量纲项目与参数组合，可以看作安全基因和安全密码的设想，由此又进一步提出设计安全基因密码软件的工作假设。

安全基因密码的电脑软件设计，还是要以安全个体即单个的人为研究基础或者说是软件设计的出发点，要以人体外在健康质量状况三个层次之间的安全系数关系为参照依据，也就是说，要将安全及其程度、危险及其程度、伤害及其程度三者之间的安全系数关系作为电脑软件设计的参照依据。

从安全质量学的视野来考察，安全度加上危险度的安全系数等于 1，安全度加上伤害度的安全系数等于 0，危险度加上伤害度的安全系数也等于 0。由此可见，安全态、危险态、伤害态三者质的程度及其与量的融合之间的安全系数关系，就是 1 与 0 的二进位制关系，而安全基因的量纲项目与安全密码的参数测量给出的安全基因符号化与安全密码的数字化，就是安全基因密码软件设计的实际内容。

这个安全基因密码软件如若能够设计成功，将会促使全面安全质量管理工作，从此步入电子操控的信息化的安全管理新时代。

九、如何理解安全基因密码假说？

这里要探讨的，是安全的质与安全的量在理论上或实践上的符号化与数字化问题。这个问题涉及人群生命活动及其组织管理系统在实现劳动与安全双重目标过程中，如何运用模型分析与仿真实验的方法达到符号化与数字化的自动化操作，如何使全面安全质量管理工作步入信息互联互通互融的网络化尝试与设想。

安全基因密码假说的原初目的，是为了排除外界干扰，保守工作秘密，促进全面安全质量管理的符号化、数字化、自动化，从而提升安全工作质量，并尽早使安全工作融入信息化的新时代。

安全基因密码假说的原初设想，是把人群双目标生命活动及其组织管理系统的内在的与外在的双重的双螺旋式动力结构，在规范化、标准化的基础上实现符号化与数字化，以使全面安全质量管理工作进入电子操控的信息化时代。

安全基因密码假说的科学依据，是生物遗传学的基因工程与安全质量学的全面安全质量管理说。弄懂了生物遗传基因图谱及其说明的科学原理与其所揭示的客观规律，弄懂了安全质量分析图谱及其反映的安全的质与安全的量之间的双边互动关系，就能理解安全基因密码的科学假说及其存在的全部价值和意义。

（一）如何理解安全基因？

安全基因，是指人群双目标生命活动及其组织管理系统，在规范化与标准化基础上的符号化。

依据人群双目标生命活动及其组织管理系统的基本构成状况，安全基因有四个层级的排列组合：安全基因的第一层级结构由一个系统组成，就是人群双目标生命活动组织管理系统本身。安全基因第二层级结构由两个系统分支组成，就是人群生命活动系统的安全内在结构与安全外在环境两个分支系统。安全基因的第三层级结构由四个分支子系统组成，就是安全框架结构子系统、安全运行结构子系统、安全资源结构子系统、安全条件结构子系统。安全基因第四个层级，由十六个安全因素形成的群组成（每个子系统都由四个因素，四个子系统共有十六个因素）。

在安全基因的四个层级之中，前三个层级是常项基因，表示基因内容固定不变，最后一个层级的基因属于变项基因，表示基因内容根据实践需要可以无限细分或细化，并且还可以在多数情况下与安全量纲及其参考项目内容重合，而安全量纲及其参考项目的具体化，在人们的社会生活的各个方面以及职业劳动的各个领域也是各不相同，因此可以说，安全变项基因的实际变化无常态。

1. 安全基因概念的由来

安全基因的概念，是从生物基因概念类比衍生而来。这是因为，安全作为人的生命存在状态，也是一种与普通生物物种相类似的生命体的一种表现形式，除了人的生命的基本构成具有智慧活力这种暗物质以外，人的其他生理构造的可见物质部分与普通生物一样，也属于生物遗传学的研究范畴。而安全这种人的生命存在状态的内在组织结构符号化以后，就具有与一般生物遗传基因相类似的构造与特点。

实际上，人群双目标生命活动系统及其形成的自组织动力机制，在符号化的基础上或过程中更能提高全面安全质量管理的工作效率，从而提升人们在社会生活中享有的安全质量，或提高人们在职业劳动中达到的安全水平。

2. 实现安全的常项基因与变项基因

（1）安全的常项基因。

安全的常项基因，指的是人群双目标生命活动及其组织管理系统与其分支系统和分支子系统名称的符号化，涉及人群安全系统的一级层次，即人群双目标生命活动系统本身；也涉及人群安全系统的二级层次，即安全内在结构分支系统与安全外在环境分支系统；还涉及人群活动安全功能系统的三级层次，即安全框架结构子系统、安全运行结构子系统、安全资源结构子系统、安全条件结构子系统。

（2）安全的变项基因。

安全的变项基因，指的是人群双目标生命活动及其组织管理系统内在结构与外在环境两个分支系统的子系统及其基本构成因素名称的符号化，涉及安全框架结构、安全运行结构，以及安全资源结构、安全条件结构四个人群生命活动分支系统的子系统及其基本构成因素：安全框架结构子系统的基本构成因素，即人的因素、物的因素、人物关系因素，以及内在联系因素。安全运行结构子系统的基本构成因素，即运筹因素、信息因素、控制因素，以及九维人性化时空因素。安全资源结构子系统的基本构成因素，即物质流因素、能量流因素、信息流因素，以及人力资源因素。安全条件结构子系统的基本构成因素，即经济条件因素、文化条件因素、社会条件因素、生态条件因素。

（二）如何理解安全密码?

安全密码，是指人群双目标生命活动及其组织管理系统之中基本构成因素的量化表达，以及人群生命活动系统之中安全量纲参考项目的量化参数组合及其群体的数字化表达。

安全密码从实质内容上讲，有两个理论来源，其一是人群生命活动及其双目标管理系统基本构成因素具体内容的量化表达，其二是人群生命活动及其双目标管理系统之中安全量纲项目具体内容的量化表达。

安全密码从表现形式上讲，有两个实践来源，其一是供社会公共使用的通用密码，其二是供单位独立使用的专用密码。

1. 安全密码概念的由来

安全密码的概念，是从我少年时代接受军事训练时学习的无线电报务之中的密码概念类推演化而来。这是因为，人间的任何事物，都可以在数字化的基础上或过程中，做到既保密又快捷地传递相关信息，特别是在当前全球信息化时代，更是如此。

由上面的表述推论可知，人们能够预见到的未来要达到的工作目标：是人群双目标生命活动系统及其形成的自组织动力机制，实现安全的质与量的符号化与数字化，将有效地提升全面安全质量管理工作的效率、质量和水平，更好地为人类的安全事业服务。

2. 实现安全的通用密码与专用密码

（1）安全的通用密码。

安全的通用密码，指的是供人们公共使用的人群双目标生命活动及其组织管理系统之中自身基本构成因素的量化表达，以及安全量纲的参考项目与参数组合在规范化、标准化基础上的数字化表达，涉及包括安全主体量纲与安全客体量纲在内的安全基础量纲，也涉及包括安全状态调节量纲与安全过程控制量纲在内的安全系统量纲，还涉及包括安全资源配置量纲与安全条件保障量纲在内的安全环境量纲。

（2）安全的专用密码。

安全的专用密码，指的是供独立单位或密语联系者之间使用的人群双目标生命活动及其组织管理系统基本构成因素的量化参数表达，以及相关安全量纲参考项目的量化参数组合在实用化、自由化基础上的数字化表达。因此，这个专用密码在实际应用中的表达内容，也涉及安全基础量纲之中的安全主体量纲与安全客体量纲，安全系统量纲之中的安全状态调节量纲与安全过程控制量纲，安全环境量纲之中的安全资源配置量纲与安全条件保障量纲。

（三）安全基因与安全密码的组合形态

安全基因量化密码的书写内容大致上有二：一个是工作要求的安全标准值，一个是现场实测的安全评估值。

安全基因量化密码的表达方式大致上也有二：一是正文方式表达现场实测数据的安全系数评估值，二是附件方式表达工作要求的安全标准值与现场实测的安全量化数据及二者之间的校正性对比。

本文重点探讨安全基因密码的正文表达问题。关于安全基因密码附件表达问题，由使用单位及密语谈话者之间自行确定。

1. 常项基因与变项基因的关系表达式

这是为便于理论上的推演，构思出来的理论认知上的安全动力系统基因图谱。

安全的常项基因与变项基因，共同组成了安全基因的四个层次分级结构，其中的前三个层级安全基因，是常态化的基因，最后一个层级的基因是变动化的基因。由于常项基因表达的是安全动力系统之中固定不变的常态化因素，而变项基因的具体项目与内容参数既复杂又多样化，所以这里重点讨论安全的变项基因问题。

（1）人群生命活动及其组织管理系统安全结构分支内在动力变项基因的标识。

安全结构分支变项基因的位置：安全结构分支框架结构与运行结构这两个子系统的基本构成，

有两组共八个因素群，都可以看作变项基因。

这就是：安全框架结构子系统基本构成的人的因素、物的因素、人物关系因素、内在联系因素，以及安全运行结构子系统基本构成的运筹因素、信息因素、控制因素、人性化九维时空因素。

由于框架结构与运行结构两个子系统的基本构成因素，依据生成顺序都是由原生态、伴生态、派生态以及凝聚态四个因素群组成的，因此可以按照大写英文字母的 A、B、C、D 来表示变项基因的替代符号。

也就是说，人的因素与运筹因素这两个变项基因由 A 来表示，物的因素与信息因素这两个变项基因由 B 表示，人物关系因素与控制因素这两个变项基因由 C 来表示，内在联系因素与人性化九维时空因素这两个变项基因由 D 来表示。

（2）人群生命活动及其组织管理系统安全环境分支外在动力变项基因的标识。

安全环境分支变项基因的位置：安全环境分支安全资源与安全条件这两个子系统的基本构成，也有两组共八个因素群，都可以看作变项基因。

这就是：安全资源结构子系统基本构成的物质资源因素、能量资源因素、信息资源因素、人力资源因素，以及安全条件结构子系统基本构成的经济条件因素、文化条件因素、社会条件因素、生态条件因素。

由于安全资源结构与安全条件结构两个子系统的基本构成，依据生成的顺序，也是由原生态、伴生态、派生态以及凝聚态四个因素群组成的，因此也可以按照英文大写字母 A、B、C、D 来表示变项基因的替代符号。

也就是说，物质资源因素与经济条件因素这两个变项基因可用 A 来表示，能量资源因素与文化条件因素这两个变项基因可用 B 来表示，信息资源因素与社会条件因素这两个变项基因可用 C 来表示，人力资源因素与生态条件因素这两个变项基因可用 D 来表示。

2. 常项基因与量纲项目的关系表达式

这是为便于操作，构思出来的实践认识上的安全动力系统基因图谱。

安全变项基因与安全量纲项目，在理论研究或社会实践中既相互区别又有时重叠，故变项基因与量纲项目的标识之间一般用英文字母的大写与小写来区别，二者相互重叠时，亦可同时使用大写的或小写的英文字母符号不加任何区别，因为此时在安全系数的评估方面表达的意义是一致的，反映的也是同一层级的安全状态。

（1）人群生命活动及其组织管理系统安全结构分支内在动力安全量纲的标识。

安全结构分支量纲项目的位置：安全结构分支的框架结构子系统组织构成的四个因素，可以看作是四个安全量纲，即安全主体人的因素量纲，安全客体物的因素量纲，以人物关系因素为轴心的安全状态调节量纲，以内在联系因素为轴心的安全过程控制量纲。而安全结构分支的运行结构子系统的基本构成，也即运筹、信息、控制、人性化九维时空域，则是以内在联系因素为轴心的安全过程控制量纲具体项目的组成内容。在此，需要特别指出的是，运筹、信息、控制、人性化九维时空这四个系统运行结构的因素，并不构成独立的安全量纲组合，而只是以内在联系为轴心的安全过程控制量纲因素组合的特定内容。

由于安全结构分支内的四个安全量纲，位置都在框架结构子系统，为了与变项基因符号相区别，所以采用小写英文字母 a、b、c、d 来表示安全量纲项目的符号与代码。

这就是说，安全主体量纲即人的因素量纲用 a 来表示，安全客体量纲即物的因素量纲以 b 来表示，安全状态调节量纲即以人物关系因素为轴心的安全量纲用 c 来表示，安全过程控制量纲即以内在联系因素为轴心的安全量纲用 d 来表示。而这四个安全量纲内各自存在的四组量纲项目内容，则也是分别以小写英文字母 a、b、c、d 来表示。例如，安全主体量纲 a 的人体生物节律表示为 aa，人体安全阈值表示为 ab，安全知识储备表示为 ac，安全技能保持表示为 ad。

（2）人群生命活动及其组织管理系统安全环境分支外在动力安全量纲的标识。

由于安全环境分支的变项基因与量纲项目，在基本构成上相重合，故此处的两组共八个变项基因群或两个安全量纲共八个量纲项目群的符号代码，既可用字母 A、B、C、D 来表示，也可用字母 a、b、c、d 来表示。

3. 常项基因与量纲参数的关系表达式

这是为便于变项基因参数或安全量纲参数的表达，在区别安全内在结构与安全外在环境这两个分支系统的基础上，构思出来的安全动力机制的安全量纲参数密码书写方法。

安全动力系统的安全层级状况评估，采用安全系数的二进位制原则。为了做到安全动力系统的内外有别，安全内在结构分支的安全层级状况评估，采取 1 与 0 的二进位制原则，安全外在环境分支的安全层级状况评估，采取 2 与 0 的二进位制原则，这两种二进位制原则在安全系数上处于等值的安全评估地位，因此并不存在 1 与 2 谁大谁小或谁优谁劣的问题，那两个数字只是表示同一安全系数的符号而已。

（1）安全内在动力的密码书写方法及其排列组合。

安全结构分支系统的框架结构与运行结构两个子系统的相互作用，产生实现安全的内在动力，这个实现安全的内在动力系统，涉及人的因素量纲（安全主体量纲）、物的因素量纲（安全客体量纲）、人物关系量纲（安全状态调节量纲）、内在联系量纲（安全过程控制量纲），这四个安全量纲项目参数表达的正安全态、零安全态或负安全态，用安全度、危险度、伤害度三者之间关系的安全系数值作为密码信息，用 1 与 0 之间的关系来表示人的生命存在状态安全与否。为此，把安全内在动力系统运行状态的表达原则，规范为“1 与 0”的二进制，其中“1”表示安全，“0”表示包括危险与伤害在内的不安全。

例如安全量纲中的正安全态，用安全系数书写为“111”，表达人体健康外在质量的有序状态。其中第一个“1”表示绝对安全或相对安全与零危险或相对危险相加，安全系数等于 1。第二个“1”表示绝对安全或相对安全与无伤害相加，安全系数也等于 1。第三个“1”表示零危险或相对危险与无伤害相加，安全系数还等于 1。出现这种情况，全面安全质量管理要采取的工作措施，是安全管理，或风险管理。

又如安全量纲中的零安全态，用安全系数书写为“110”，表达人体健康外在质量的极致混沌状态。其中第一个“1”表示 100%绝对危险与零安全相加，安全系数等于 1。第二个“1”表示 100%绝对危险与零伤害相加，安全系数也等于 1。第三个数“0”表示，零安全与零伤害相加，安全系数等于 0。出现这种情况，全面安全质量管理应采取的工作措施，是危机管理。

再如安全量纲中的负安全态，是人体健康外在质量处于无序状态的表现，用安全系数书写，可以有两种表示方法：

其一，书写为“100”，表达人的相对伤害状态。其中第一个数“1”表示相对负安全与超级危险相加，安全系数等于 1。第一个“0”表示，负安全与相对伤害相加，安全系数等于 0。第二个“0”表示，超级危险与相对伤害相加，安全系数也等于 0。出现这种情况，全面安全质量管理会采取的工作措施，只能是应急管理。

其二，书写为“000”，表达人的死亡状态。其中，第一个“0”表示，绝对负安全即无安全与绝对超级危险即无危险相加，安全系数等于 0。第二个“0”表示，绝对负安全与绝对伤害相加，安全系数也等于 0。第三个“0”表示，绝对伤害与绝对超级危险即再也无危险的现象相加，安全系数还是等于 0。出现这种情况，全面安全质量管理采取的工作措施是鉴别遇难者身份，通知其亲人到场，料理后事。同时，也要调查和记录事故原因及发生的全过程，供以后的安全工作参考，或作为安全工作的宣传教育资料。

（2）安全外在动力的密码书写方法及其排列组合。

安全环境分支系统的资源结构与条件结构两个子系统之间的相互作用，形成实现安全的外在动力，这个实现安全的外在动力系统涉及安全资源配置与安全条件保障两个安全量纲，这两个安全量纲项目及其参数表示的安全层级状态与质量融合程度表达出来的安全系数值，为了与安全内在动力评估的安全系数相区别，把安全内在动力系统运行状态之中的安全系数 1 改为 2，表达的是 2 与 0 之间的相互关系，表示或评估的是人的生命存在状态在这个外在动力系统中安全与否。为此，把安全外在动力系统运行状态的表达原则，规范为“2 与 0”的二进制，其中“2”表示人的安全，“0”表示包括危险与伤害在内的不安全。

例如正安全态的安全系数基因密码的表达为“222”。其中，第一个“2”表示人的绝对安全或相对安全，与零危险或相对危险相加，安全系数等于 2。第二个“2”表示人的绝对安全或相对安全，与人自己的无伤害现象相加，安全系数也等于 2。第三个“2”表示人的零危险或相对危险状态，与自己的无伤害状态相加，安全系数还是 2。出现这种正安全态情况，属于全面安全质量管理之中的安全管理或是风险管理的工作范畴。

又如零安全态的安全系数表达为“220”。其中，第一个“2”表示人处于 100%危险的绝对危险状态，与零安全状态相加，安全系数是 2。第二个“2”表示绝对危险与零伤害相加，安全系数也是 2。第三个数“0”表示人的零安全状态与零伤害状态相加，安全系数是 0。出现这种零安全状态的现象，属于全面安全质量管理措施之中的危机管理工作范畴。

再如负安全的安全系数表达为“200”与“000”，前者表示人的相对负安全态，后者表示人的绝对负安全态。若是出现这两种负安全状态，都属于全面安全质量管理措施的应急管理工作范畴。

4. 安全动力机制的基因密码表达方式及其书写程序

探讨人群双目标生命活动及其组织管理系统的内在结构与外在环境的这两个分支系统，以及这两个系统分支相互作用的四个相互渗透的子系统及其十六个基本构成单位因素组合的符号化与数字化问题，同时，还要探讨由此产生的书写要求与书写程序的问题。

（1）人群双目标生命活动及其组织管理系统实现安全的内在动力机制的标识要求与书写程序。

①安全内在动力基因的标识书写要求。

安全内在动力系统的基因，是指人群双目标生命活动组织管理系统的内在结构分支的框架结构与运行结构两个子系统及其八个基本构成因素组群的符号代码表达。

安全内在动力系统的基因内容，由安全基因结构的四个分层级别来表达。其中前三个层级的安全基因是常态基因，这些常态基因的内容及其在安全动力系统中的位置与作用是基本不变的；第四个层级的安全基因是变项基因，变项基因的内容及其在安全动力系统中的地位或作用，会依人们实践需要的改变而改变，或者依安全条件的变化而变化。

在人们现实的社会生活实践中，安全的常项基因或是变项基因的符号代码表达，由安全基因密码的使用单位及使用人，自行确定。

例如安全内在动力系统框架结构子系统及其基因层级结构的符号表达——

假设：安全基因结构的一级层次，即人群生命活动及其双目标管理系统本身的符号代码为 G，安全基因结构第二级层次的安全内在结构分支系统符号代码为 E，安全基因结构第三层级的框架结构子系统的基因符号为 A，该层级变项基因即安全基因结构的第四层级基本构成之中人的因素的基因符号代码为 A。那么，这里的安全基因组合符号代码就可以写作“GEAA”。

如果，这个变项基因 A 的具体项目细化内容指的是物的因素 B，那么基因符号组合就可以写作“GEAB”。

如果，这个变项基因 A 的基本构成是人物关系因素 C，那么，这个基因组合符号就可写成“GEAC”。

如果，这个变项基因 A 的基本构成因素是内在联系 D，那么，安全基因组合的符号代码就可写成“GEAD”。

②安全内在动力密码的标识书写程序。

安全内在动力系统安全量纲参数密码标识的书写要求，是四个符号代码为一组，书写的程序：首先，把安全基因结构四个层级状况的表达用四位一体的符号代码组合起来，由此确定变项基因量化参数密码标识的具体位置。然后，以变项基因具体代表的安全量纲内容的符号代码占据第二组基因密码组合群四位一体的头一个位置，并在其后三个代码的位置上书写这个安全量纲项目具体内容安全层级状态的安全系数评价结果。以此类推，并由此顺延，依据实际情况，继续书写变项基因涉及的安全量纲项目各群组参数安全层级状态评估的安全系数集群，直到满足需要为止。

安全内在动力系统安全量纲项目内容的位置表达以及安全量纲项目内容的密码标识与书写程序也可由安全基因密码的使用单位或者密语谈话者自行确定。

例如安全内在动力系统之中安全主体量纲即人的因素量纲基因密码符号标识表达的书写格式与书写程序——

假设：人群生命活动及其双目标管理系统本身的符号代码为 G，安全内在结构分支的符号代码为 E，安全框架结构子系统的符号代码为 A，变项基因框架结构内的基本构成的人的因素（指安全主体量纲即人的因素量纲）符号代码也为 A。

又设：人的因素量纲即安全主体量纲 A 之中，人体生物节律 a 处在正安全状态，人体安全阈值 b 处在零安全状态，安全知识储备 c 处在零安全状态，安全技能保持 d 处在相对负安全状态即人的相对伤害状态。

那么：此时安全内在动力系统安全主体量纲状况的安全系数现场实测或安全评估，用安全基因密码表达，可以写作“GEAA”“a111”“b110”“c110”“d100”。

结论：此时此处采取的措施：针对安全功能系统之中的人或人群，启动应急预案，采用应急管理的工作措施。

（2）人群双目标生命活动及其组织管理系统实现安全的外在动力机制的标识要求与书写程序。

①安全外在动力基因的标识书写要求。

安全外在动力系统的基因，是指人群双目标生命活动组织管理系统的外在环境分支的资源结构与条件结构两个子系统及其八个基本构成因素组群的符号代码表达。

这个安全外在动力系统的基因内容，也由安全基因结构的四个分层级别来表达，其中前三个层级的基因是常项基因，这些常项基因的内容及其在安全动力系统中的地位与作用基本不变，安全基因结构第四个层级的基因是变项基因，这个变项基因的内容及其在安全动力系统中的地位与作用，会依人们实践需要的改变而改变，或者依安全条件的变化而变化。

在人们现实的社会生活实践中，安全常项基因或是变项基因的符号代码表达由安全基因密码的使用单位及使用人自行确定。

例如安全外在动力系统条件结构子系统及其基因层级结构的符号表达——

假设：人群双目标生命活动及其组织管理系统本身的基因符号为 G，安全外在环境分支系统的基因符号为 F，安全条件结构子系统的基因符号为 B，安全条件结构之中经济条件因素的基因符号为 A。那么，这个安全基因四位一体的符号代码组，就可写作“GFBA”。

如果，这个变项基因 B 的基本构成因素是安全文化条件 B，那么这个基因组合就可写作“GFBB”。

如果，这个变项基因 B 的基本构成因素是安全社会条件 C，那么这个基因组合就可写作“GFBC”。

如果，这个变项基因 B 的基本构成因素是安全生态条件 D，那么这个基因组合就可写作

“GFBD”。

②安全外在动力密码的标识书写程序。

安全外在动力系统安全量纲密码参数标识的书写要求，是四个符号代码为一组，书写的程序：首先，把安全基因结构的四个层级状况用四位一体的符号代码组合来表达，并由此确定变项基因组合量化参数密码标识的具体位置。然后，以变项基因细化后具体代表的安全量纲项目内容符号占据第二组基因密码的头一个位置，并在其后三个代码的位置上书写该量纲项目内容安全层级状态的安全系数评估结果。以此类推，并由此顺延，依据实际情况，继续书写由安全变项基因涉及的量纲项目内容参数，及其表达的安全层级状态评价的安全系数组合，直到满足需要为止。

在人们的现实生活中，安全外在动力系统安全量纲项目内容的位置表达以及安全量纲项目内容的密码标识与书写程序也可由安全基因密码的使用单位或者密语谈话者自行确定。

例如安全外在动力系统之中安全条件保障量纲基因密码符号标识的书写格式与书写程序——

假设：人群生命活动及其双目标管理系统本身基因符号的代码为 G，安全外在环境分支的基因符号代码为 F，安全条件结构子系统的基因符号代码为 B，安全条件保障量纲的参照系安全资源子系统的基因符号代码为 A。

又设：安全条件保障量纲之中的基本构成因素，安全经济条件 A 处在正安全状态，安全文化条件 B 处在正安全状态，安全社会条件 C 处在正安全状态，安全生态条件 D 处在零安全状态。

那么：此时此刻的安全外在动力系统的安全条件保障量纲状况，在现场实测或安全评估的基因密码表达，就可书写为：“GFBA”“A222”“B222”“C222”“D220”。

结论：此时此刻安全功能系统内部人群生命活动的组织管理，应采用安全管理或是风险管理的工作模式。同时，针对安全生态条件处于零安全的状况，也要采用转危为安的危机管理措施。（参见图 9、图 10、图 11、图 12）

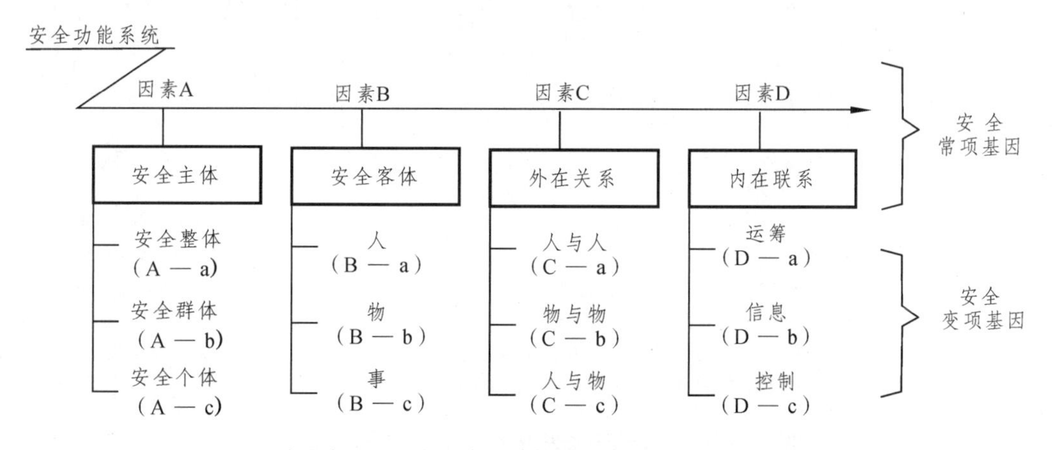

图 9　安全基因——安全内在结构功能系统的规范化与符号化

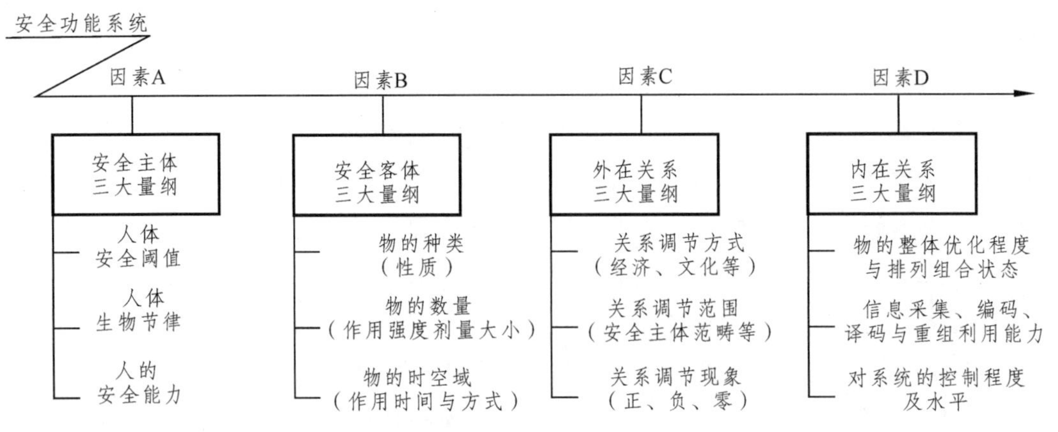

图10　安全密码——安全内在结构功能系统在规范化与符号化基础上的数字化

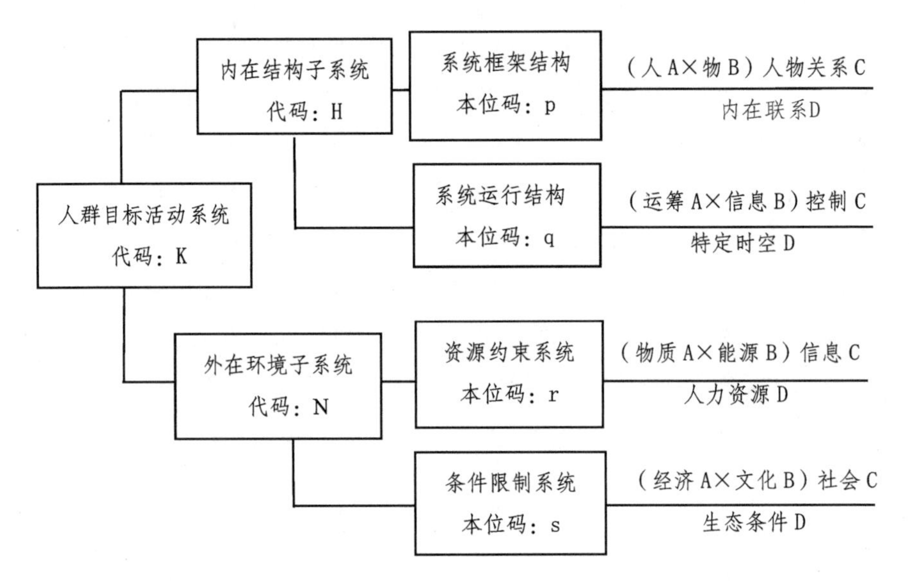

注：（1）人群目标活动系统的整体代码一位数：K。分支系统两位数：内在结构（KH）、外在环境（KN）。

（2）人群目标活动分支系统以下的子系统代码三位数：系统框架结构（KHp）、系统运行结构（KHq）、资源约束系统（KNr）、条件限制系统（KNs）。

（3）人群目标活动子系统构成因素的代码四位数：如内在结构的系统框架结构子系统，原生态因素人的本位码为A、系统整体代码为（KHPA）；伴生态因素物的本位码为B、系统整体代码为（KHPB）；派生态因素人物关系本位码C，代码（KHPC）；凝聚态因素内在联系本位码D、代码（KHPD）。其余子系统的构成因素本位码及代码，以此类推。

（4）安全基因图谱之中的密码，由安全基础量纲、安全系统量纲、安全环境量纲及其安全、危险、伤害三个质量等级参数序列组合的测定值来确定。

图11　数字化全面安全质量管理模式之安全基因图谱

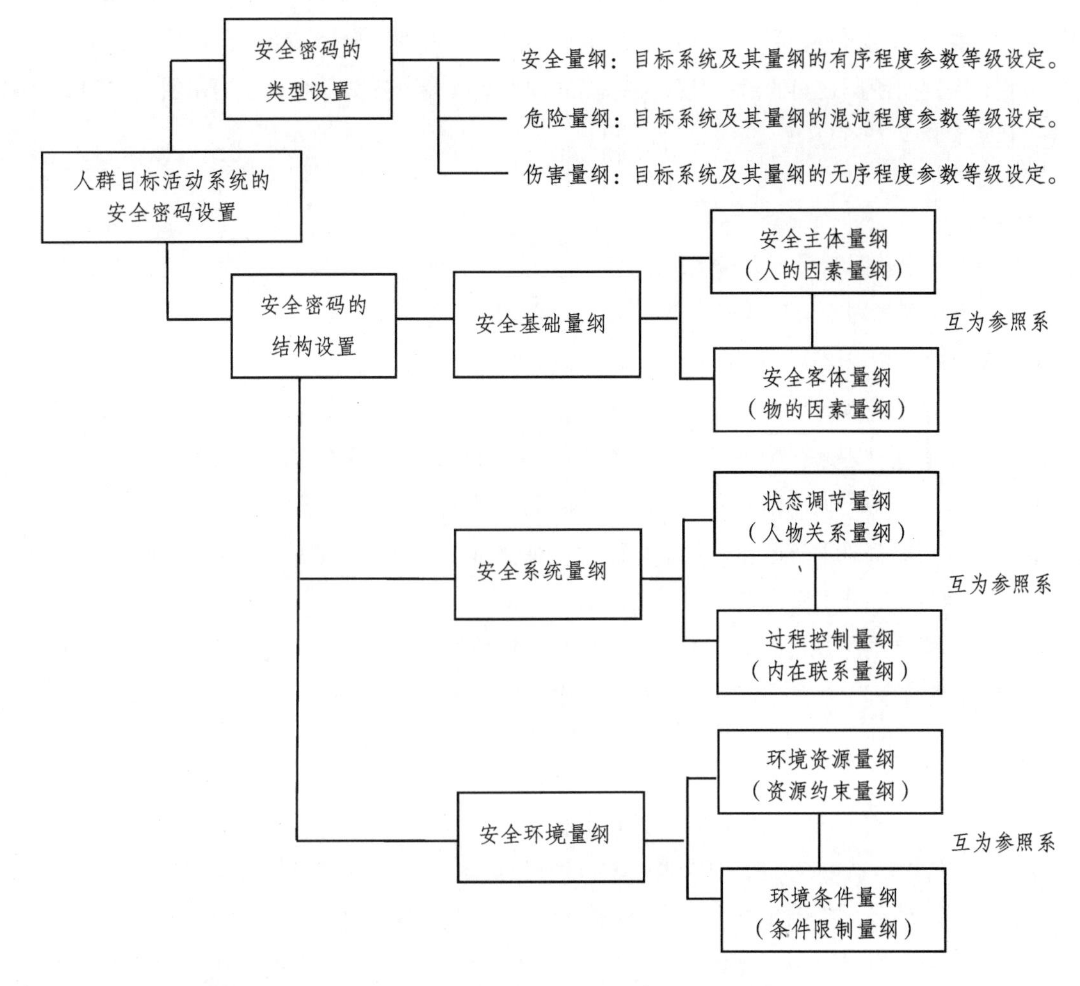

注：（1）安全密码的类型设计与结构设计，由人群目标活动系统自行设置。

（2）安全密码的类型设置，体现的是安全三大量纲的三个不同等级。

（3）安全密码的结构设置，反映的是人群目标活动子系统构成因素的安全量纲。

（4）安全密码设置（图 12）与安全基因图谱（图 11）联合应用，即为安全基因密码假说的核心理论内容。

图 12　数字化全面安全质量管理模式之安全密码设置

（四）安全基因与安全密码的双向互动

在这里探讨的是安全基因密码三个密级的设计方案，以及为此从源头上研究与思考的有关安全方案设计的基础理论问题：一是秘密级别（一级密钥）的安全基因与安全通用密码之间的相互关系，二是机密级别（二级密钥）的安全基因与安全专用密码之间的相互关系，三是绝密级别（三级密钥）的安全基因与安全密码之间的双向互动关系。同时，探索安全基因密码的工作假设，从科学假说到科学学说的可能性与现实性的问题。

密码：在约定的人中间使用的特别编定的秘密电码或号码（区别于“明码”）。

密语：秘密的通讯用语。为了保密，通常用数字、字母、某些特定语言代替真实的通讯内容。

密级：指国家事务秘密程度的等级，一般分为绝密、机密、秘密三级。

密钥：密码与明码之间的对应替代关系。（本文设三个等级密钥，是为了表示密码与明码之间对应替代关系的复杂程度）

1. 安全基因与通用密码的关系

——探讨安全基因密码一级密钥的设计理念。

——关于秘密级别安全基因密码图谱设计的理论思考。

——人类社会微观层次的标准示范型安全基因密码图的设计思路。

人群生命活动及其组织构成系统，与人体生物遗传基因及其组织构成信息之间，有着惊人的相似之处。基于这种理念，构思出与生物遗传基因相类似的初级安全基因密码图谱。

所谓安全的基因与通用密码的结合，指人群生命活动及其组织管理系统的基本构成因素，在标准化与规范化的基础上符号化与数字化以后，对全面安全质量管理工作以安全系数二进位制的方式进行典型的常态化的动态监测与现场评估。

这种在人类社会微观层面上实施的秘密级别的安全基因密码图谱，适用于基层安全工作人员对全面安全质量管理工作的方案实施与具体操作。

2. 安全基因与专项密码的关系

——探讨安全基因密码二级密钥的设计理念。

——关于机密级别安全基因密码图谱设计的理论思考。

——人类社会宏观层次的五行学说型安全基因密码图的设计思路。

人群生命活动及其组织构成系统，受天、地、日、月、星、空的支配或影响。基于这种理念，构思出以古代中国宇宙元素构成说为依托的中级安全基因密码图谱。

所谓安全的基因与专用密码的结合，是指人群生命活动及其组织管理系统的基本构成因素，在安全框架结构、安全运行结构、安全资源结构、安全条件结构四个子系统的基础上，再增加一个应急管理结构的子系统，从而形成人群生命活动安全功能系统的五个基因模块组合，对全面安全质量管理工作以中国古代哲学的万物由相生相克的金、木、水、火、土五种宇宙元素构成的五行学说为依据，在常态化现场监测的基础上进行的异态化安全评估。

这种在人类社会宏观层面上实施的机密级别的安全基因密码图谱，适用于安全决策人员对全面安全质量管理工作的长远规划与组织管理。

3. 基因密码的选择与匹配

——探讨安全基因密码三级密钥的设计理念。

——关于绝密级别安全基因密码图谱设计的理论思考。

——人类社会宇观层次实施的阴阳八卦型安全基因密码图的设计思路。

这个设计思路的理论要点，是安全基因与安全密码的自主选择与相互匹配，表现出安全基因密码使用者顶层设计的最高境界。

人群生命活动及其组织管理系统的基本构成因素，也是宇宙智慧生命物质的一个有机组成部分。基于这种理念，构思出以中国古典哲学阴阳两极学说为核心的高级安全基因密码图谱。

所谓安全基因密码的选择与匹配，指的是人群生命活动及其组织管理系统的基本构成因素，按照是发挥负能量还是释放正能量的现实可能性，分为阴极与阳极两套安全基因密码图谱，并且按照这个阴阳两极图谱显示的人群生命活动及其组织管理系统的运行节奏与运行状态，以周易八卦阵的排列推测方式，对当前全面安全质量管理工作进行常态化评估与异态化推演。

所谓人群生命活动安全功能系统基因密码的阴极图谱，表示全面安全质量管理工作发挥的负能量，可能会对人的身心健康产生危害，也可能对社会经济的发展产生直接的破坏力。

所谓人群生命活动安全功能系统基因密码的阳极图谱，表示全面安全质量管理工作释放的正能量，可能会对人的身心健康保持安全的存在状态有利，也可能对社会经济的发展产生直接的生产力。

上述安全基因密码三级密钥的设计理念，是对当前的或者未来的全面安全质量管理工作进行的动态的常态化工作评估，或是异态化的仿真模拟演示。

这个在人类社会宇观层面上实施的绝密级别的安全基因密码图谱，适用于安全顶层设计人员对全面安全质量管理工作的战略决策与深度思考。

4. 创建安全基因密码学与安全基因工程学

全面安全质量管理之中的安全基因密码问题研究，从构思到表述，再到公开议论，已经超过10年。由于本人的阅历、学识与能力的有限，始终没有能够把这个科学假说从理论上完善并论证到科学学说的理想地位。为此，我倡议创建安全基因密码学和安全基因工程学，希望与有志之士共同努力，把全面安全质量管理之中的安全基因密码研究从科学假说提升到科学学说，从而把安全事业提高到一个新的科学水平。

我认为，个人的智慧和力量总是有限的。安全基因密码的研究与探索有一个从科学假说到科学学说的艰难探索过程。在这个研究与探索安全基因密码问题的历史过程中，我深刻地感觉到，许多具体的技术性的或战略性的问题，不是仅仅一个安全行业或几个科研部门就能解决的问题，其中涉及人们社会生活的方方面面，以及人们的行为实践或是思维实践的各个领域，也涉及自然科学、社会科学以及综合科学等众多学科部门的科学知识，因此需要有一个科学上的大联盟去共同努力才行。所以，成功不必在我，众人拾柴火焰高，只有大家共同努力，才能集中人类的智慧和经验更好地去研究安全基因密码问题，才能充实和提高安全基因密码学说的质量或水平。安全科学事业是造福人类的事业，也是社会全体成员共同参与的事业。只有大家共同奋斗，才有可能促进安全事业的全面发展，才有可能创建安全利益全民共享的和谐社会。

（1）创建安全基因密码学。

安全基因密码学，是关于如何构建安全基因密码图谱的学问。

安全基因密码学的核心研究内容，是在研究与分析人群生命活动及其双目标管理系统安全基本构成的基础上，研究如何绘制人群生命活动及其双目标管理系统符号代码的安全基因图谱，以及排列在其上的安全量纲项目参数密码组合群。

从科学的意义上讲，构建人群生命活动及其双目标管理系统的安全基因密码图谱，至少有以下理论问题值得关注：

其一，人群生命活动及其双目标管理系统的适用类型选择。

其二，人群生命活动及其双目标管理系统的基因符号表达。

其三，人群生命活动及其双目标管理系统的密码数字规范。

其四，人群生命活动及其双目标管理系统的信息密级程度。

（2）创建安全基因工程学。

安全基因工程学，是关于如何编辑安全基因密码软件的学问。

安全基因工程学的核心研究内容，是在研究和分析人群生命活动及其双目标管理系统安全基因图谱与安全量纲参数组合的基础上，研究如何编辑微观通用普及型安全基因密码电脑软件，如何编辑宏观专用管理型安全基因密码电脑软件，以及如何编辑宇观顶层设计型安全基因密码电脑软件的一系列设计工程。

从科学意义上讲，编辑人群生命活动及其双目标管理系统的安全基因密码软件，至少有以下理论问题值得关注：

其一，人群生命活动及其双目标管理系统的基因密码组合方式。

其二，人群生命活动及其双目标管理系统的基因密码书写要求。

其三，人群生命活动及其双目标管理系统的基因密码排列程序。

其四，人群生命活动及其双目标管理系统的基因密码软件工程。

十、结束语

我跟随刘潜先生 20 多年，学习和研究他的安全思想，特别是对他的“刘氏三要素四因素安全学说”的长期思考与反复探讨，多次开启我的灵感思维，使几乎对安全科学概念和安全科学知识一无所知的我，从刘潜先生的安全学说中获得一系列的提示、启发或随想。

感恩今生与刘潜先生的相遇、相识、相知，感谢他那么多年来对我真诚的帮助和耐心的指导，促使我最终坚定地走上安全科学基础理论研究之路。

综述刘潜先生的“三要素四因素”安全学术思想，有以下几点学习的心得，与大家共享。

1. 理论思维的源头

我认为，刘潜先生的“刘氏三要素四因素安全学说”，其潜意识源头或理论原型，是他在受命创办安全研究生教育期间提出的“三角教学模式”。

在 20 世纪 80 年代，刘潜先生奉命创办我国首批安全研究生教育时，曾明确了一项研究生教育的基本原则，即用最少的知识培养人的最大能力。为此，他提出“刘氏三角教学模式”。

刘潜先生说，如果我们每学年教授学生 3000 学时的知识，并且以每 1000 学时传授的知识形成一个能力三角形的话，那么 3000 学时传授给学生的知识累积，就会形成三个面积相等的能力三角形。把其中的两个相等三角形的底边相连，然后再把剩下的那个同等面积的三角形，放到底边相连那两个三角形的顶角上，就形成一个更大的知识能力三角形，而在这三个由 3000 学时构成的三角形中间，还有第四个同等面积的知识能力三角形存在，这就是学生们在学习了那 3000 学时的知识以后，理论联系实际新增加的能力三角形。以此类推，研究生们在学完规定的那几年课程以后，学到的知识和联系实践中感悟到的知识加起来，就会使自己的实际能力，呈几何级数增长，从而也就达到“用最少的知识培养人的最大能力”的教学目的。这，就是“刘氏三角教学模式”的核心内容。

我认为，刘潜先生的三角教学模式，用基础教育的知识原点构成的三个能力三角形，养成学生自己思考问题的思维习惯，并由此创造性地促成第四个知识能力三角形，这就从潜意识层面上显现出“刘氏三要素四因素安全学说”在历史上的理论源头。

2. 综合科学的规律

我认为，刘潜先生的“刘氏三要素四因素安全学说”反映和揭示出综合科学门类学科核心研究内容的一般规律。

刘潜先生在参与“学科分类与代码”国家标准的制定时，研究了安全科学在现代科学整体结构中的科学地位。他认为，安全科学的科学性质，与环境科学、管理科学一样，都是以满足人类的某种需要而建立起来的科学，既不属于自然科学门类，又要运用自然科学知识；既不属于社会科学门类，又要运用社会科学知识。由此深入分析下去，他发现一个既不同于自然科学又不同于社会科学的大部门，他把这个新发现的科学技术大部门称为“综合科学”，并且认为在现代科学的整体结构之中，综合科学是继自然科学和社会科学之后的“世界第三大科学”。

刘潜先生认为，安全科学是综合科学的典型代表。他指出，安全科学的核心概念是安全，而安全的内在组织结构又是由人、物、人物关系以及三者之间的密切联系在整体上形成的一个非线性复杂功能系统。刘潜先生说，凡是为满足人类需要并以此为科学目标的学科都属于综合科学门类的学科，例如医学科学、环境科学、管理科学、教育科学、军事科学、城市科学、人体科学，等等。这些综合科学门类的具体学科，为了满足人类的某种特定需要，同时也为了达到满足人类这些需要的科学目标，首先要研究的科学要素的内容就是人，第二个科研要素的内容是与人相互作用的物，第三个科研要素的内容是人与物二者之间的相互作用关系，最后是把人、物、人物关系三个要素凝聚成一个整体的第四因素，这个由第四科研因素凝聚而成的客观存在的整体，就表现为由运筹、信息、控制“两要素一因素”构成的复杂的自组织的功能系统，但这并不是一般意义上的无生命物质的开放式复杂系统，而是一个由人也参与其中的宇宙智慧生命物质及其运动的非线性复杂功能系统。

我认为，刘潜先生把“三要素四因素”看作综合科学门类学科进行科学研究的核心内容，这种认识反映和揭示出综合科学门类的学科本身固有的客观规律。

3. 方法论上的意义

我认为，刘潜先生的“三要素四因素”安全学说在人们的行为实践方面具有重要的方法论意义。

我在明白刘潜先生的“刘氏三角教学模式”以后，又受到他“三要素四因素”安全学说的启发，再结合自己少年时代在晋西南黄土高原东段上山下乡时自学农业知识的感受，以及返回北京参加高等教育自学考试的经验，提出自己的“四点自学成才法”（参见图 13）。

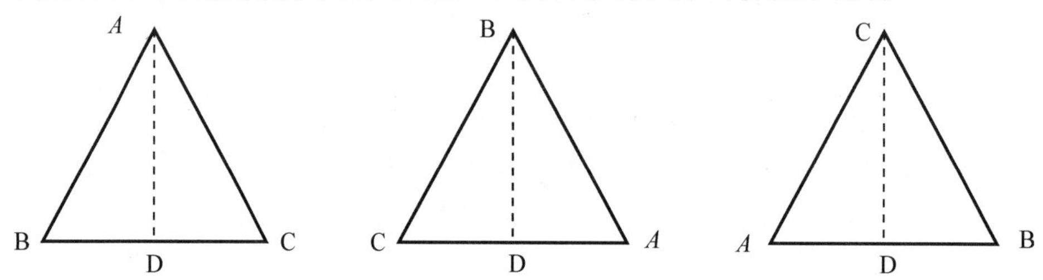

注：以△ABC 的任一顶点，作直线与底边垂直相交，都会形成一个新的知识点 D。

图 13 四点成才结构模型

我以为，经过自己努力学到一些知识后，会沿着这个知识点去寻找相关的知识再学习以提高自己，当掌握了这两个知识点时，通过对这两个知识点的相互渗透或相互作用，你又会掌握由自己感悟而形成的第三个知识点。如果把前两个知识点，连接成一条直线，在与这条线相对应的地方画出第三个知识点，然后再从这个知识点画出两条线与前两个知识点相连接，这就形成一个自学成才结构的知识能力三角形。如果在第三个知识点的顶点位置上，向下画一条直线与那个三角形的底边垂直，还会在那条垂线与三角形底边的相交处，得到第四个与以前三个知识点内容完全不同的新的知识点，这就是由前边三个知识点交汇融通产生的创新思维的知识点，由此就使得这四个知识点（前两个知识点是你自学得来的，第三个知识点是你感悟出来的，第四个知识点是你创新思维的产物），就构成自己独具特色的自学成才的知识能力系统。

我的“四点成才法”可以简要地表述为：学习知识点 A 和与之相关联的知识点 B 之后，A 与 B 的相互作用又经过思考与联想生成知识点 C，把这三个知识点串联起来就形成知识能力结构三角形 ABC，从这个三角形任一顶角，画一条线与底边相垂直，其夹角处又形成一个新的知识点 D。这个三角形 ABC 与角内底边上垂直夹角形成的知识点 D 相互作用，最终就构建出一个综合集成性质的 ABCD 知识能力结构系统。

4. 哲学科学的启示

我认为，刘潜先生的“三要素四因素”安全学说在人们的思维实践方面具有重要的哲学科学启示价值。

刘潜先生曾经多次讲过，他的安全学术思想有三个现代科学基础，即科学哲学的思想、系统科学的方法、科学学的内容与框架。他认为，哲学里对他的安全思想影响最深刻的，是唯物辩证法和中国古典哲学名著《道德经》。

老子在《道德经》四十章里说，“天下万物生于有，有生于无。”老子在《道德经》四十二章里又说，“道生一，一生二，二生三，三生万物。万物负阴而抱阳，冲气以为和。”我个人认为，这就是我国古代先人们探讨天地起源的“宇宙生成学”理论。

老子在《道德经》二十五章里还说，“人法地，地法天，天法道，道法自然。”我的理解：人、地、天、道在宇宙中的存在是四位一体，其中的人、地、天三个宇宙结构的核心组成部分，从各自单独的角度以及相互联系的方面，深入地揭示出客观世界的层级性特征。在宇宙自然历史演化进程之中，各具特色逐级深入反映客观世界的天、地、人，始终在道的自然轨迹导引下，遵循着宇宙物质运动的客观规律。因此我认为，老子讲的这些话以及这些话中涉及的有效信息，充分地表达了中国古典哲学“天人合一”的思想境界。同时我还认为，以满足人类生存需要和实现人类动态安全为目标而建立起来的安全科学，其课题研究核心内容的指导思想并不是“天人合一”，而是“人天合一”，即人的主观需要与天的客观存在融合如一，这才真实地反映人在自己生存或发展过程中与环境之间应有的生态关系，由此又揭示出人们的生命存在状态本身固有的“人与自然之间生态平衡”或是“人与人之间社会和谐”的具有客观实在内容的安全本质特征。例如新冠疫情肆虐，这种在全球范围内发生的安全现象，从安全本质的方面来分析，一方面，是人与自然之间的生态关系失去平衡，使得病毒得以滋生和暴发，以至于危害整个人类；另一方面，世界各国的防疫与抗疫工作千差万别，虽说各有优劣，但毕竟伤害到不少人。新冠肺炎这种大规模疫情的发生，从人的身体之外，入侵到人的身体之内，既伤害人们的身体外在健康，又伤害人们身体的内在健康。因此，从医学科学的视野来考察，可以把这次疫情，称为突发性的公共卫生事件；从安全科学的视野来考察，可以把这次疫情，称为偶发性的公共安全事件。

刘潜先生曾经说，老子的哲学及其道家学说，不仅对他提出安全“三要素四因素”系统原理的影响很大，而且还提供了他在安全科学研究上的方法论思想。

我经过多年自学和多次聆听刘潜老先生的讲解，明白宇宙之中的“道”作为一个真实的客观存在，是从无中生出来的有。“道”自从有了那个“一”，就生出了“二”；有了“二”，又生出了“三”。但在那时，我还弄不明白，“三”又怎么能生出“万物”来。

后来，经过深入地学习与思考刘潜先生的安全“三要素四因素”系统原理，也就是学习和研究“刘氏三要素四因素安全学说”，我才恍然大悟：原来还有个第四因素的存在。这个凝聚态的第四因素释放出来的做功的能量，把“道”先后衍生出来的原生态物质“一”、伴生态物质“二”、派生态物质“三”，凝聚起来，并且同步转变成为相互依存的因素性质的物质集群，从而使“道”衍生出来的物质因素“一、二、三”，从宇观层次上成为一个客观存在的整体，在这个真实的客观存在的或明或暗的物质性整体的组织构成上，由“三要素四因素”组成的聚集态物质群体在宇宙多样化时空区域之中，遵循着“道”的自我衍生的客观规律，构建出一个开放式的自组织的复杂功能系统。正是由于宇宙之“道”在自我运动中生成的这个自组织功能系统，才有了“道生一，一生二，二生三，三生万物”的宇宙深空和地球上的或人世间的千奇百怪与万事万物。我想，这就是刘潜先生“三要素四因素”思想在认识论和实践论上，给人们的理论思维带来的哲学科学的启示吧！

［2021 年 6 月 21 日（我的上山下乡 56 年纪念日）定稿于中国政法大学北京学院路校区教工宿舍］

也谈创建安全逻辑学

在这里，我将以学习笔记的形式，忠实地记录我的父亲虞謇先生从 20 世纪 80 年代初至 90 年代中期这 10 余年间，为我国司法界培养专业高级人才时亲手编写的形式逻辑讲课提纲，以及讲课录音的精彩部分，比较全面、完整、准确地反映父亲生前在逻辑学（指形式逻辑学，下同）方面的学术思想和学术水平。

一

进入 20 世纪 80 年代以来，父辈们为适应国家在改革开放后培养大批司法人才的新需要，成功地把逻辑学知识引入司法教学实践，开创了法学逻辑课程，创建了适合司法工作者专业特点的形式逻辑学。

现在，我又把父辈们的研究成果介绍给安全界的朋友们，希望也能够结合安全的理论研究或社会实践，把逻辑学知识成功地引入人类的安全事业，为培养更多更好的专业安全人才以及创建、完善和发展安全逻辑学奠定一个坚实的学术基础。

二

安全的价值，就像阳光、空气和水那样，也是人之所以能成为人而在自然界得以生存或发展的一个必要条件。

所谓“必要”的含义，在逻辑学上是指“没它不行并且有它不够”（引自父亲虞謇先生讲课用语）。

人们社会生活的历史表明：人之所以没有安全不行，是因为人在心理上或生理上没有免受体外因素危害的身心健康不行，人的身心健康没有身体之外的安全保障也不行。人若是失去了健康，便会在一定程度上改变个人的前途和命运；人若是失去了生命，便丧失了自己在社会生活中的全部意义。人之所以只有安全不够，是因为除了安全以及阳光、空气和水之外，人们还需要吃饭、穿衣、住房、出行等一系列的生活内容，而这一切全都是由劳动创造出来的。劳动，创造了人类生命存在的全部活动内容，因此自然而然地成为人在自然界的生存方式，而生产活动则是人类劳动的实际内容和具体表现。所以说，人类只有以安全为基础和在安全的前提下，才能通过生产活动发挥自己的智慧和力量，在宇宙之中完成自己创造自己、自己完善自己、自己发展自己的自然历史使命，并且最终飞出地球去，离开人类曾经赖以成长的摇篮，走向宇宙深空去探索更加美好的人类未来。

安全至少有两个典型的特征：其一，是它本身固有的非实体性，这个特征反映和揭示出安全是一个看不见、摸不着但可以为人所感知的客观存在。其二，是它与人之间的相互依存性，这个特征反映和揭示出安全是一个以人的生命活动为载体的客观存在。就人类的个体而言，安全始于人的生命开始，止于人的生命结束，贯穿并依附于个人生命的全过程。因此人的生命活动本身，就自然而然地具备了目标双重性的特点，其中一个目标，是人在自己生命活动中首先要达到的某种特定的具体的生活目的，例如要完成生产任务；另一个目标，则是人在实现自己那个特定的具体的生活目的，例如完成生产任务过程中所要满足的自我生存欲望，又如需要在一定时空范围内提供安全保障。前一个要完成生产任务的目标是具体的内容丰富而且是显而易见的实现个人生存或发展愿望的目标，因此它具有显性目标的一切特征。后一个目标是抽象的，看不见、摸不着，但又可以为人所感知的实现个人自我健康的安全目标，因此它具有隐性目标的一切特征。

在现实生活中，每一个人所要达到的生活目的，都在时间与空间上包含了显性目标和隐性目标。也就是说，显性与隐性这两种性质不同的目标，在同一个人的同一生命过程是同时存在的，并且还是始终无法分开的，表现为一方的存在是另一方存在的基础或前提。人的生命活动具有目标双重性的这个特点，或许还可以表述为：失去生活中的一个目标，另一个生活目标也将不复存在。例如，企业过程中安全与生产之间的关系。若是只抓安全不抓生产，人们就会因为无法按时按质按量地完成生产任务无法达到预定的生产目标，从而也就无法在包括人类社会在内的自然界得到生存或发展。若是只抓生产不抓安全，也是迟早会发生人身伤亡事故，不能按时按质按量地完成生产任务，仍然无法在包括人类社会在内的自然界生存或发展。因此，从这个意义上讲，不仅安全是人类生存或发展的必要条件，而且人的生命活动及其全过程也是安全之所以在自然界存在和避免自然消亡的一个必要条件。因为只有通过人的生命活动，安全的价值才会被人们发现，同时，也只有通过人的生命活动，安全的价值才会客观地表现出来。

在宇宙天体自然历史演化的过程中，正因为人类与安全之间互为存在的必要条件，所以作为安全科学基础学科的安全学就只研究安全自身的规律性，以及它与人类之间的相互依存关系。也就是说，安全学只研究人体与环境之间相互作用的存在界面，以及这个使人在心理或生理上免受体外因素危害的战略性支撑点及其对人类生存或发展的影响和对策性保障，除此之外，就再也不研究别的什么内容。例如，安全学不研究作为安全载体的人在生命活动中的实际行为，或活动的具体内容，它只研究人的这些行为或活动在表现形式上是否符合客观规律，或者说是研究怎样利用这些行为方式与活动方式的客观规律，去满足人们自我生存的欲望。在现实社会生活中，每个人都具备着双重生活目标，而这个具体的双重生活目标是否可以实现，以及在多大程度上可以实现，完全取决于人的行为或活动是否符合客观规律。人的行为或活动能否符合客观规律，又在很大程度上取决于人的思想或意识是否正确以及思维形式是真还是假、是否符合客观实际。在这里自然而然地要提到的形式逻辑学，作为人类思维科学学科群的一个组成部分，它并不研究人的思维内容而只研究人的思维形式及其结构的客观规律，即它只研究人的思想内容在表达形式上是否符合人类思维的客观规律。至于人在思想内容上是否正确，是否符合客观实际，那就是哲学世界观、认识论以及其他什么具体科学研究或解决的对象。例如，形式逻辑学上所陈述的某人或某物是某某某，某人或某物不是某某某，并不代表它在研究某人或某物的性质或内容，也并不代表陈述这些思想在内容上的对与错，而只是反映和揭示出 S 是 P 或者 S 不是 P 的思维结构，以及陈述性质的思维形式表达的客观规律而已。

如上所述，研究人的行为或活动的表现形式是否符合客观规律的安全科学，与研究人的思想或意识的表现形式是否真假的逻辑科学之间，在客观上也就自然而然地形成一种行为科学与思维科学相互交叉与融合的发展趋势。这，就是安全逻辑学应运而生的科学基础和它之所以能诞生的历史必然性。

三

安全学与逻辑学的科学性质，决定了这两门学科共同拥有全人类这样的社会人格属性，而这个科学上共同的人格属性，又从一个侧面上反映和揭示出这两门基础科学的共同学科特征，这就是具有无阶级的客观规律性和普遍适用的科学工具性，从而在学术上为创建和发展安全逻辑学提供了可以转化为现实的可能性和它的充分必要条件。

首先，安全学与逻辑学这两门学科所揭示出来的客观规律本身并没有阶级性质，这两门科学的服务对象都是全人类。例如，安全学是以无阶级差别的人类个体即单个的人作为科学研究的基础或起点，从满足个人自我生存欲望的各种需要出发，去发现和揭示安全本身及其与人之间相互依存的规律性。又如，逻辑学研究人的思维结构和思维形式及其规律性，也是以无阶级差别的单个的人即人类个体为科学研究的基础或起点，并从人类思维共性出发，去探索和揭示人类思维的一般规律。虽然在人类社会的历史进程中，总会有一部分人利用自己在政治上或经济上的强势地位，企图长期占有并享用或是剥夺另一部分人的安全利益，虽然在人类文明的历史发展中，也总是会有一部分人企图利用自己在文化上或教育上的优势地位，把逻辑学的研究成果用于违反人类文明的事情并尽量为自己谋利益，但是这两门基础学科从创立的时刻起，始终就是为整个人类服务的。例如，安全学发现和揭示出来的安全质量学规律以及安全动力学规律就是直接造福于人类社会全体成员的科学成果。又如，逻辑学方面的研究成果，包括命题、推理、假说、论证等，也都是人类社会全体成员人人共享的思维规律，绝不是哪些阶级、阶层、社会集团或者哪些个人及人群可以专属的东西。

其次，安全学与逻辑学这两门学科提供的理论知识具有科学工具性的学科特征。例如，安全学的科学目标是人们的健康与长寿，因此它与医学科学一样，也是为人类提供健康服务的工具性科学。但，安全学不研究人体的内在健康，也不研究人在生命活动中的具体行为内容，它只研究人在生命活动中的行为方式是否符合人体健康的客观规律，研究人在生命活动中如何才能避免受到体外因素的危害，以及在多大程度上可以免受体外因素危害的问题。因此，安全学是一门反映或揭示人们如何创造身体健康外在质量保障条件，以及如何正确处理人与自己体外环境及其构成因素之间关系的学问。而逻辑学则是人类正确思维的必要工具，它不研究人的思维内容，也不研究人的思维方法，它只研究人的思维形式，以及思维结构的逻辑性质及其客观规律性，研究命题、推理、假说、论证等各种思维形式之间的真假关系，以及正确陈述命题和有效推理或论证的逻辑方法。因此，这是一门反映和揭示人类思维形式及其陈述命题的真假，以及推理或论证是否有效的学问。

总而言之，正是因为安全学与逻辑学都有全人类这样的社会人格属性，所以人们在社会实践中运用一次性客观规律解决具体问题时，这两门工具性学科所揭示的那些客观规律，又会产生有利于整个人类的学科交叉与融合如一的科学现象，形成所谓的二次性及以上的客观规律，或是反映这些客观规律的新理论。我想，这也许便是安全逻辑学之所以能够最终成为一门独立学科的真正缘由吧。

四

我们在这里所说的安全逻辑学，并不是安全与逻辑这两个概念内涵之间的随意拼凑，也不是安全与逻辑这两个概念外延之间的简单交叉。因为安全学不是事故致因论，不是风险管理学，不是危机管理学，也不是应急科学与工程，因为逻辑学不是反映和揭示人类思维方法的世界观或辩证法，也不是反映或揭示人类思维内容的认识论，所以，正确地认识或了解安全学与逻辑学，便成为创建或发展安全逻辑学的两个必要的基础和前提。

安全逻辑学这一概念的基本含义，从科学意义上讲，至少有两个方面：

第一，安全逻辑学是安全学的一个分支学科，它是把逻辑学知识作为解决安全问题的方法、手段、措施的过程中形成的一门学问。因此，属于安全科学学科群的一个组成部分。

第二，安全逻辑学又是逻辑学的一个应用分支，它是把逻辑学知识放到安全学领域进行大众化实际运用过程中形成的一门学问，因此属于思维科学学科群的一个组成部分。

由此可见，安全逻辑学不是什么人可以凭空捏造出来的，也不是什么人可以主观想象出来的，而是安全学与逻辑学在共同解决人类面临的一系列问题时，自然而然地在学科交叉与彼此融合过程中生成的一门新学科。因此，这是人类在自觉运用已知客观规律或以往实践经验过程中发现的新规律，或者说是反映或揭示宇宙客观存在的新的理论体系和新的知识单元。虽然安全逻辑学的其他科学性质与学科特征还有待人们进一步地深入考察与探索，但天然智能即人脑与人工智能即电脑的相互支撑，也就是说人机结合共同开发与运用人类思维规律去解决诸多具体安全问题的新时代还是可以预见得到的。

综上所述，我认为：创建与发展安全逻辑学的第一个具体的实施步骤，便是在安全实践的基础上以及在解决安全问题的过程中对逻辑学知识的学习、研究与应用。因为现代科学在整体特征上都具有理论与实践融合如一的二元结构，所以只有在大众化科学普及的实践中才能实现科学理论的创新，也只有在大众化科学普及的基础上或过程中才能实现科学理论的丰富与发展。我深信，在群众安全实践活动中普及形式逻辑学知识，就一定能够建立起反映和揭示安全学与逻辑学相互作用规律的安全逻辑学。

（2020 年 11 月 3 日写于中国政法大学北京学院路校区教工宿舍，为《形式逻辑学随笔》自序）

安全学博士论文写作方案[①]

我曾经作为中国安全科学开创者刘潜先生在学术上的助手，为他通过武汉地质大学培养的在香港特别行政区政府工作的安全博士设计了 A、B 两个毕业论文写作方案，供学友们评判、参阅或指导。

A 方案：论文设计的北京方案（2014 年 2—3 月）

论文题目：工程的安全与安全的工程——香港职业安全工作评述

引言：天人合一的安全本质与知行统一的安全实践

安全的本质，可以简要地表述为：物质的客观存在（天）与人类的主观需要（人），在宇宙天地自然历史演化进程中的融合如一（合一）。

安全实践的基本矛盾，是人们在安全问题上知行之间的矛盾。安全工作要解决的基本问题，就是如何让人们在安全问题上实现知与行之间的具体的、历史的、辩证的统一。

----

① 原载《四川安全与健康》2017 年第 3 期（总第 121 期），第 36-43 页；2017 年第 4 期（总第 122 期），第 38-45 页。

第一部分：工程安全的理论与实践

一、工程安全的科学理论——工程系统安全说

1. 工程安全的人机管环系统模型

2. 事故致因理论与危险源的学说

二、工程安全的科学实践——香港建筑行业安全纪实

1. 香港建筑行业安全的历史与现状

2. 香港建筑行业安全典型案例分析

第二部分：安全工程的理论与实践

一、安全工程的科学理论——安全系统工程说

1. 安全模型的三要素四因素说

2. 人体健康的外在保障条件说

二、安全工程的科学实践——香港安全认证工作纪实

1. 香港安全体系认证的工作综述

2. 香港安全体系认证的案例分析

第三部分：从工程安全到安全工程

一、安全实践的认知过程及其科学成果

1. 安全概念理论认知的第一次否定之否定过程

（1）感性认知（形成应用科学）——对安全概念的辩证肯定

（2）理性认知（形成学科科学）——对安全概念的辩证否定

（3）验证认知（形成专业科学）——对安全概念的否定之否定

2. 对安全认知否定之否定过程的否定与再否定

（1）反思认知（形成基础科学）——对安全概念再次的辩证肯定

（2）辩证认知（形成哲学科学）——对安全概念再次的辩证否定

（3）过程认知（形成科学学）——对安全概念再次的否定之否定

3. 安全认知阶段性成果形成的族群式科学体系

（1）安全的潜科学知识及特定问题研究

（2）安全的应用科学及其科学技术分支

（3）安全的学科科学及其科学技术分支

（4）安全的专业科学及其科学技术分支

（5）安全的基础科学及其分支科学（如安全学、危险学、伤害学）

（6）安全的哲学科学及其分支科学（如安全世界观、安全认识论、安全方法论）

（7）安全的科学学及其分支科学（如安全科学体系学、安全科学能力学、安全科学政治学）

二、安全理论的认识基础及其思维定式

1. 应用科学的系统安全思想及其还原论思维定式

2. 学科科学的安全系统思想及其整体论思维定式

3. 专业科学的综合集成思想及其综合论思维定式

三、香港地区职业安全工作述评与展望

1. 用安全应用科学思想，指导职业安全工作总结

2. 用安全学科科学思想，改进职业安全工作现状

3. 用安全专业科学思想，规划职业安全工作未来

（2014 年 3 月 18 日于北京政法社区，2017 年 5 月 30 日再审于北京政法社区）

B 方案：论文设计的衡阳方案（2014 年 11—12 月）

论文设计的简要说明

提要：1. 论文暂定题目

2. 科研指导方向

3. 写作总体思路

4. 写作总体要求

5. 写作总体方法

6. 建议的阅读书

7. 规定的参考书

8. 论文写作指导

9. 理论内参要点

10. 图示与说明

方案正文

一、论文暂定题目

《香港职业安全的回顾与展望——兼议安全系统管理学问题》。

第一部分：系统安全思想及其理论指导下的建筑安全实践

——论常态化否定性质安全管理及其质量学基础

第二部分：安全系统思想及其理论指导下的安全体系认证

——论常态化肯定性质安全管理及其质量学基础

第三部分：综合集成思想及其理论指导下的职业安全展望

——论数字化全面安全质量管理及其动力学基础

二、科研指导方向

创建安全系统管理学。

三、写作总体思路

通过自己在港多年职业安全工作的经历与经验，以理论联系实际和理论联系创新的方式，勾画出安全系统管理学的基础性核心理论框架，在科学思想上、科学方法上、科学能力上，以及相关资料或原始数据的收集和整理上，为创建安全系统思想指导下的安全系统管理学，做好前期准备工作。

四、写作总体要求

（1）用自己的亲身经历，做到理论联系实际或理论联系创新。

（2）用已经掌握的科学知识，解决写作过程中遇到的现实问题。

（3）用通俗易懂的语言或文字，说明自己简洁扼要的创新理念。

（4）用已知的客观规律去发现或揭示新的、未知的客观规律。

五、写作总体方法

了解理论、掌握理论或是创新理论，最好的道路，就是向自己的亲身经历学习。

六、建议的参考阅读书目，涉及以下四个科学领域

（1）哲学科学的思想；

（2）系统科学的方法；

（3）医学科学的智慧；

（4）宇宙科学的视野。

七、规定参考书

刘潜著：《安全科学和学科的创立与实践》。

说明：

（1）参考书是为论文写作服务的工具性文献资料，不具有写作指导意义。

那些不能为论文写作服务的文献资料和不能对充实论文内容有启发作用的文献资料，即便写得再好也不能看作参考资料。从严格的意义上来讲，参考书不可以在论文写作之前看，因为那些书可能会扰乱自己的思路，干扰自己的写作。在写好论文以后才可以看参考书，目的是修改或完善自己的文章，或是检验自己的学术观点的科学价值有多少。一般来讲，真正有科学价值的理论，既可以被证实，又可以被证伪。因为可以被证实，说明你的学术观点还有一定的真理性；因为可以被证伪，说明你的学术观点还有进一步完善和进一步发展的可能性。

我给你规定参考书的目的，不是让你去学习书的内容，而是让你从书中找毛病，找到理论缺陷之处，找到作者解答不到位或是某些问题论证不充分的地方，并尝试着用自己的方式、自己的观点、自己的语言表达出来，这就叫在创新的过程中继承，在继承的基础上创新。

你跟随刘潜先生多年，其实在这本书没有出版之前 ，你就早已经“钻进去”了，而且“钻”

得很深，以至几乎失去了自我，所以一直无从下笔写论文。现在的问题是要“爬出来”。怎样从刘潜的书中“爬出来”呢？我以为最好的办法，就是站在此书的对立面，批判性地阅读。你只有站在巨人面前挑战，才能感受到他那种泰山压顶的气势，才能在有可能被压垮的危机态势之中激发自己的聪明才智，从而才有可能形成自己的独立的学术思想。学习最好的方式就是批判，继承最好的方式就是创新。如若不然，你尽管很努力，可是自己怎么想也还是人家的那一套东西，不会有什么新的东西因此而迸发出来。所以，我们要用创新的心态、创新的思想、创新的方法、创新的行动——去创新。

请你记住，始终保持自己学术思维的独立性，是写好此篇论文的原始起点。

（2）批判性地阅读此书的科学价值，就在于可以与这些学术界的领军人物面对面地较量，并且最终超越他们，使自己成为学术界的新星。

告诉你一个秘密吧，刘潜先生最近这几年之所以承认我在学术上已经超过了他，就是因为我给他当学术助手这十八年来，一直在不断地批评他的学术思想。我以为，最好的学习是批判性地学习、创新性地学习，最好的继承，是批判性地继承和创新性地继承。你只有从学习与批判别人的过程中也在不断地否定自己，才能从别人那里，学到别人学不到的东西，这在哲学辩证法上叫作扬弃，也就是辩证的否定。

在学术研究或学术思想的理论认知方面，经过了这样两次辩证否定，并且走完了理论认知否定之否定的全过程之后，你就会在学术上有一个新的质的飞跃，从一个科学界的无名小卒，跃升为安全科学某一专业学科方向（例如在安全系统管理学方面）的学科带头人。

所以说，我们学习刘潜先生的最好办法，不是去背诵他的思想、理论、立场、观念或概念定义，而是要有选择地、批判性地阅读他的著作，在批判性地学习他安全学术思想的过程中，找到可以使自己学术思想闪光的地方，做到补充完善式的继承、开拓创新式的发展。在某种意义上讲，只有超越老师的学生，才是老师期盼的好学生，只有超越老师的学术思想，才能更好地学习、继承和发展老师的学术思想。因为我爱我师，我更爱我师为之奋斗的安全事业！

（3）我的父亲在北京大学上学时同班同学住在上下铺的好朋友，书法家欧阳中石老先生曾经讲过的一个故事 ：说是从前有三个人进深山拜师学艺，那位高人有呼风唤雨、千变万化的本领。三个人在出师下山之前，师傅说要送给每人一件礼物。问大徒弟想要什么，大徒弟说是要万贯家财，师傅变出来给了他，那人就高高兴兴地下山去了。又问二徒弟想要什么，二徒弟说是要千亩良田，师傅变出来也送给他了，那人也高高兴兴地下山去了。最后问小徒弟要什么，小徒弟说：师傅，别的东西我什么也不想要，我就要你那根能点石成金的手指头。

由此得到的启发是：我们大家都在向刘潜先生学习他的安全思想，我以为，不能只记住他那些理论观点或学术思想，更重要的还是他那根“点石成金”的手指头，那就是可以从他的论著中悟出来的“点石成金”之术。

（4）我想，潜藏在刘潜先生安全系统思想里边的“点石成金”之术，也就是研究安全问题的方法论，应该是他的“刘氏三角教学模式”（参见以后为此发表的专题文章，待原文给你寄去后，你若认为有学术价值，可译成英文在港发表并加以评论）。

刘潜先生在20世纪80年代奉命创办我国首批安全学科专业研究生教育期间探索出来的这个教学模式，是他安全学术思想核心理论“刘氏三要素四因素说”的源头之水，也是其在此基础上发展起来的安全系统思想最原始的理论雏形。现在看来，在科学普及或人才培养方面，在综合科学及其科学体系的理论研究方面，“刘氏三角教学模式”反而成为其三要素四因素学说和安全系统思想的典型例证。刘氏安全理论及其学说，发展演化至今，发生了戏剧性的变化，仿佛又回到了它的历史原点。

刘潜先生的三要素四因素学说和他安全系统思想的核心要点，可以用一句简要的话来表述，这就是：凡有人也参与其中的客观事物，都是由三个要素和一个因素在整体上形成的非线性复杂结构系统。后来，随着对刘氏三角教学模式的研究的深入，我又认为，刘潜先生安全系统思想的理论精华，也可以表述为：A、B、C三点促成一个三角形原初结构，A、B、C、D四点生成一个复杂的动态结构系统。在解读、演示、应用“刘氏三角教学模式”的反复实践中，我又悟出了“四点成才法”。这个可能用于教学、科研或者个人自学成才的科学方法，有四个连续步骤：

第一步，在两个现有知识点（注：这两个知识点的关系，可以是相关的，也可以是不相关的，还可以是重合的）之间的相互作用过程中，引导或是寻找出一个新的以前未知或是不太关注的知识点，这三个知识点的连线（指相互联系），形成一个三角形知识能力结构的理论模型。

第二步，把已获得的这个三角形能力结构模型，作正向的和逆向的逻辑推导或是思维论证，又会得到五个同样的三角能力结构，连同最初的那个能力三角形，就有了六个三角形面积的知识运用能力。

第三步，在最初那个能力三角形的任一顶点（即任一知识点），作垂线与三角形的底线相交，在垂线与底线相交处又会产生出一个新的知识点，从而把原有三角形切割成两个同样大小的三角形能力结构，然后再分别作正向的和逆向的逻辑推导或思维论证，又会得到十二个面积同样大小的能力三角形，连同上次模型演示理论推导形成的那六个能力三角形，一共会得到十八个三角形面积的知识运用能力，从而形成人才知识运用或是专题科学研究的能力系统。

第四步，总结三角形结构知识运用能力理论模型及其演示的成果，找出其中存在的客观规律。即在运用现有科学知识或已知客观规律解决现实问题的过程中，发现新的科学知识，找到新的客观规律。

小结：“四点成才法”的科学方法论价值，在于它仅用A、B、C、D四个知识点，就把人对知识的运用能力从一个三角形的能力结构扩大到十八个甚至是更多的三角形能力结构，增强了人们理论联系实际，以及运用现有知识解决现实问题的能力。这正是“四点成才法”的真正意义所在，它反映或体现了刘潜先生在20世纪80年代提出的“用最少知识培养人的最大能力”的启发式教育原则。

（5）“四点成才法”是“刘氏三角教学模式”的实践应用，它在理论认知上的科学依据，是唯物主义的认识论、实践论，以及唯物辩证法和科学学知识。

“四点成才法”的总结性评价之一：唯物主义认识论和实践论的理论认知。

“四点成才法”的第一步，用三个知识点（知识原点A、B、C），建立起一个三角形人才能力结构的理论模型，以理论联系实际的方式，提出了如何培养人才利用自己已经掌握的有限知识，在解决现实问题过程中不断扩大自己能力的问题。这些问题，正是引起人们进行科学研究的先导，因此这一步的理论认知还属于潜科学知识形态。

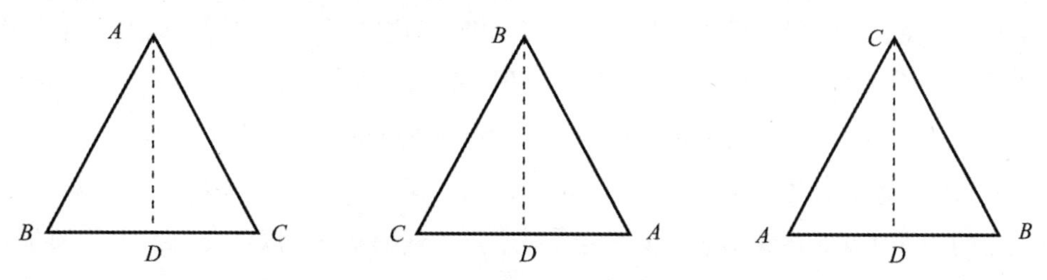

注：以△ABC的任一顶点，作直线与底边垂直相交，都会形成一个新的知识点D。

图1　四点成才结构模型

“四点成才法”的第二步，用建立起来的三角形人才能力结构模型（△ABC），进行正向和逆向的理论推演，扩大了人的知识利用能力，这种认识客观事物的方法，属于人的感性认知。把这种感性认知的成果用于解决实际问题，就形成了应用科学的学术思想和相关的科学理论。

“四点成才法”的第三步，在能力结构三角形ABC任一顶点上作垂线与底线相交，又会增加一个知识点（知识原点D），形成两个能力结构三角形（即△ABD与△ADC或△ADB与△ACD，以此类推，尚有四组三角形……），然后再进行正向的和逆向的理论推演，进一步扩大了人的知识运用能力，这种认识客观事物的方法，属于人的理论认知。把这种理性认知的成果，用于解决实际问题，就形成了学科科学的学术思想以及相关的科学理论。

“四点成才法”的第四步，在进行了两次三角形能力结构模型的理论联系实际推演之后，总结扩大知识利用能力的经验，找出人才成长规律，这种认识客观事物的方法，属于人的验证认知。这种把人的感性认知成果和理性认知成果进行实践检验的验证性认知，运用于解决问题的实际，就形成了专业科学的学术思想及其相关科学理论。

“四点成才法”的总结性评价之二：唯物辩证法的理论认知。

“四点成才法”的第一步，建立起基础性人才知识能力结构模型，只是个人成才方法问题的提出，也就是哲学上讲的辩证肯定。

第二步和第三步的理论演示，是对第一步基础性理论模型的思维验证，或者称之为在理论上的实践检验，就是哲学上讲的进行了两次辩证的否定，从而完成了对客观事物的理论认知的否定之否定全过程。

第四步，总结人才能力结构模型，及其理论推演的成果，在理论认知和仿真实验的否定之否定过程中，去寻找人才成长的客观规律，这在实践论上叫作解决了人才成长的知的问题。但是，这还不够，对于每一个具体的人才，或某一行业、某一领域的专家来讲，重要的不仅在于知而是在于行，知与行的、具体的、历史的、辩证的统一才是个人成长的科学途径和科学规律。

“四点成才法”的总结性评价之三：科学学的理论认知。

“四点成才法”有着科学研究方法论的意义：从结论性评价的认识论和实践论的理论认知，到唯物辩证法的理论认知，再到科学学的理论认知，顺理成章地就推演到了安全科学的历史发展及其科学体系建设的科学学问题。

安全科学历史发展的第一阶段，是人们对安全概念的感性认知，由此形成安全的应用科学及其理论体系，以及系统安全的科学哲学思想，其思维定式是科学上的还原论。安全科学历史发展的第二阶段，是人们对安全概念的理性认知，由此形成安全的学科科学及其理论体系，以及安全系统的科学哲学思想，其思维定式是科学上的整体论。安全科学历史发展的第三阶段，是人们对于安全概念的验证认知，由此形成安全的专业科学及其理论体系，以及安全综合集成的科学哲学思想，其思维定式是科学上的综合论。安全科学历史发展的第四阶段，是人们对安全概念的反思认知，由此形成安全的基础科学（指安全学）及其理论体系，以及宇宙智慧生命论的科学哲学思想，其思维定式是科学上的集成论，指的是我国科学家钱学森先生提出来的集大成得智慧的原意。

至此，安全科学的历史发展及其科学体系的建设，在认识论上经历了安全概念的感性认知、理性认知、验证认知以及反思认知四个理论认知阶段，人们在对安全概念理论认知经过否定之否定的全过程后，又会开始进入更高一级、更深层次的辩证否定过程中去。在这里需要特别关注的是，人们对安全概念的反思认知，既是对安全概念第一次否定之否定理论认知全过程的辩证否定，又是对安全概念第二次否定之否定理论认知全过程的辩证肯定，即对上一次辩证否定认知过程的否定和对第二次辩证否定认知过程的肯定。也就是说，安全概念的反思认知，意味着第一次辩证否定之否定理论认知过程的终结和第二次辩证否定之否定理论认知的开端。

在这里，还需要特别指出的是：在安全概念理论认知每一阶段形成的科学形态，例如应用科学形态、学科科学形态、专业科学形态，以及基础科学即安全学形态，由于人们认识的深浅程度不同，由此反映或揭示的客观规律层次也不同，会形成每一科学形态自己独特的科学体系。也就是说，以安全科学为典型代表的综合科学学科群里边的科学体系，不是人们想象的仅有一级学科、二级学科、三级学科那样单纯的理想型科学体系，而是由应用科学及其科学体系、学科科学及其科学体系、专业科学及其科学体系、基础科学及其科学体系这些安全科学不同科学形态及其相应科学分支共同构成的一个族群式的层级性科学体系结构。

由此可见，安全科学的历史发展在走完了安全体系建设的应用科学阶段、学科科学阶段、专业科学阶段的否定之否定科学历程之后，才会产生安全基础科学即安全学的历史必然性，才会形成创建安全基础科学即安全学的历史条件、理论认知和实践方法。到那个时候，人们才会在更高一级和更深一级的层次上真正开始创建安全学的工作，并且在这个基础上或过程中开展安全哲学和安全科学学的理论探索和科学创新。

综上所述，我认为安全科学的族群式层级性科学体系的结构，应依次排列为：

安全的潜科学及其问题导向；

安全应用科学及其分支；
安全学科科学及其分支，如安全人体学、安全物体学、安全关系学、安全系统学等；
安全专业科学及其分支，如安全动力学、安全质量学等；
安全基础科学及其分支，如安全学、危险学、伤害学等；
安全哲学科学及其分支，如安全世界观、安全认识论、安全方法论等；
安全科学学及其分支，如安全科学体系学、安全科学能力学、安全科学政治学等。

八、论文写作指导

论文写作共分三个组成部分，难度依次递增。
论文写作的每个部分，都与创建安全系统管理学密切相关。

（一）论文的总体部分——整体论证构思

论文的总议题：全面安全质量管理
论文的总论据：香港职业安全的回顾与展望

（二）写作的第一部分

论题：否定性质安全质量管理及其风险评估。
论据（1）理论方面，系统安全思想及其相关理论：
①应急管理学及其安全质量基础。
②轨迹交叉理论、事故致因理论等。
论据（2）实践方面，香港职业安全的回顾之一：
①建筑安全的实践经验及相关的文件、资料。
②建筑安全方面的典型案例分析。

（三）写作的第二部分

论题：肯定性质安全质量管理及其风险评估。
论据（1）理论方面，安全系统思想及其相关理论：
①危机管理学及其安全质量基础。
②危险源理论与三要素四因素学说。
论据（2）实践方面，香港职业安全的回顾之二：
①安全体系认证的实践经验及相关的文件、资料。
②安全体系认证方面的典型案例分析。

（四）写作的第三部分

论题：全面安全质量管理及其动力学基础。

论据：（1）理论方面，安全综合集成思想及其相关理论：

①安全状态与劳动行为之间的关系。

②安全健康与医学健康之间的关系。

③人群目标活动系统及其动力学问题。

④安全基因密码假说及其管理学问题。

（2）实践方面，香港职业安全的展望：

①未来香港实现全面安全质量管理的必要性；

②未来香港实现全面安全质量管理的可能性；

③未来香港实现全面安全质量管理的现实条件。

综上所述，论文写作的目的可用一句话概括：充分运用自己在港多年丰富的工作经验和社会经验，利用别人的理论来创立自己的学说，即在安全系统思想指导下的新的安全管理学。

重要补充：

安全科学及其科学技术学科群的体系结构，主要有以下五个层次（此处略去安全的基础科学和哲学科学两个层次）：

1. 安全的潜科学层次

从安全的角度和生存经验总结的着眼点，探索客观规律及其运动变化趋势的知识或学问，称为安全的潜科学。

2. 安全的应用科学层次

从安全的角度和解决实践问题的着眼点，探索客观规律及其运动变化趋势的知识或学问，称为安全应用科学。

3. 安全的学科科学层次

从安全的角度和揭示客观规律的着眼点，探索客观规律及其运动变化趋势的知识或学问，称为安全学科科学。

4. 安全的专业科学层次

从安全的角度和培养教育人才的着眼点，探索客观规律及其运动变化趋势的知识或学问，称为安全专业科学。

5. 安全的科学学层次

从安全的角度和反映科学规律的着眼点，探索客观规律及其运动变化趋势的知识或学问，称为安全科学学。

九、理论内参要点

1. 论文第一部分的标题：“系统安全思想及其理论指导下的建筑安全实践”

第一部分的理论内部参考要点：

（1）劳动→安全。从劳动角度考察安全，就形成了系统安全思想（也就是以前刘潜先生说的“某某安全思想”，后由周华中先生规范为“系统安全思想”），这是安全应用科学的哲学思想。

系统安全思想可以简要地表述为：在人们的生命活动系统之中，必然地存在着值得关注或需要解决的安全问题。

系统安全思想的思维特点：把劳动看作人群目标活动系统的整体，把安全只看作劳动整体的一个组成部分，因此把劳动目标的实现作为系统整体运行要达到的目的，而把安全仅仅看作实现劳动目标的方法、手段、措施。

（2）在系统安全思想的影响下，人们得出了否定性质的安全定义，在教科书上一般表述为：安全是指没有危险，不出人身伤亡事故。

评价：这是从安全性质的反面即安全性质的否定方面来揭示安全内涵的概念定义，企图以人为排除不安全因素的方法来达到安全的目的，但这并不能揭示出安全的客观存在是什么，而只能反映或体现人们不愿受到外界因素伤害的主观愿望，因此它不是一个反映客观存在的安全定义，而是反映人们主观愿望或需要的安全定义。

（3）在系统安全思想影响下，形成了用现有科学知识和已知工程技术作为方法、手段、措施来实现安全的应用科学，也可以称为安全应用科学，由此产生了诸如事故致因理论、轨迹交叉理论等一系列安全应用科学理论。

（4）在系统安全思想及其相关理论指导下，出现了否定性质的安全质量管理模式，这就是应急管理。

所谓否定性质的安全质量管理，是指用排除安全隐患或排除不安全因素的方法来实现降低安全事故率或降低人员伤亡率为科学目标的安全质量管理。

所谓应急的安全质量管理，是从人体健康外在质量的零伤害或零安全状态，也就是人体健康外在质量有序的零状态或无序的零状态，即人的 100%绝对危险状态或称为人体健康外在质量混沌的极致状态出发，并将安全管理的出发点作为自己最终奋斗目标的安全质量管理，也就是人们平常说的“安全生产无事故”的安全质量管理模式。

2. 论文第二部分的标题：“安全系统思想及其理论指导下的安全体系认证”

第二部分的理论内部参考要点：

（1）劳动←安全，从安全角度考察劳动，就形成了安全系统思想（也就是以前刘潜先生说的“安全某某思想”，后由周华中先生规范为“安全系统思想”），这是安全学科科学的哲学思想。

安全系统思想可以简要地表述为：安全，是一个由人、物、人物关系及其内在联系组成的非线性复杂结构系统，人们实现安全的原初动力，就孕育在这个人也参与其中的目标系统之中。

安全系统思想的思维特点：把安全看作人群目标活动系统的整体，把劳动只看作安全整体的一个组成部分，因此把安全目标的实现作为系统整体运行要达到的目的，而把劳动仅仅看作实现安全目标的方法、手段、措施。

（2）在安全系统思想的影响下，人们得出了肯定性质的安全定义，这就是刘潜先生提出来的那个著名的安全定义，可以表述为：安全，是指人的身心免受外界因素危害的存在状态（健康状况）及其保障条件。

评价：刘潜先生最近指出，这个刘氏安全定义包括两个方面，一是发现了人体健康的客观规律，指的就是“人的身心免受外界因素危害的存在状态”，这是人的一种体外健康状况；二是找到了实现人体安全的方法，指的是“保障条件”，这就是安全“三要素四因素”系统原理。至于括号中的“健康状况”，只是对人体健康规律的一个补充说明，以后修改定义时这个括号“是要拿掉的”。

据我的分析，刘氏安全定义至少存在三个理论缺陷。一是“人的身心免受外界因素危害的存在状态”之中的“免受”，是不受或避免承受的意思，带有人的主观愿望的色彩，从而不能完全表述安全作为一个客观事物的客观存在性，或者说是带有否定性质安全定义的痕迹。二是“保障条件”之中的“保障”，一般是指人为的、主观上提供的工程技术措施，它反映或体现的是人们的主观需要而不是安全存在的客观条件，在反映或揭示客观规律的定义之中还存在人为的、主观上提供的工程技术的痕迹。三是“健康状况”之中的“健康”，并没有指出到底是人体的内在健康还是外在健康，因此在这里，安全健康与医学健康学科边界的划分尚不明确，也直接违背了刘潜先生自己提出的“人的皮肤是安全科学与医学科学之间学科界限”的科学论断。故结论是：刘氏安全定义还有待于完善。

（3）在安全系统思想的影响下形成了安全学科科学思想及其理论体系，这就是以刘潜先生为代表的安全系统思想，其中的核心理论是刘潜先生的“刘氏安全结构理论模型”和“刘氏三要素四因素学说”。

（4）在安全系统思想及其相关理论指导下出现了肯定性质的安全质量管理模式，这就是危机管理。

所谓肯定性质的安全质量管理，是指用创造安全生成条件或是增加安全因素的方法来提高人们的安全健康水平，或是以提高人的安全素质提高人的安全能力为科学目标的安全质量管理。

所谓危机的安全质量管理，是从人体健康外在质量的零伤害或零安全状态，即从人的100%绝对危险状态，或称为人体健康外在质量的混沌极致状态出发，以人体健康外在质量从极致混沌的绝对危险态趋向相对有序的安全态为奋斗目标的安全质量管理，也就是人们平常说的“转危为安”的安全质量管理模式。

3. 论文第三部分的标题：“综合集成思想及其理论指导下的职业安全展望”

第三部分的理论内部参考要点：

（1）劳动⇌安全，从劳动与安全相互作用的角度考察人群目标活动系统，就形成了安全的综合集成思想，这是安全专业科学的哲学思想。

安全综合集成思想可以简要地表述为：在人们的生命活动系统之中，人的劳动行为是否符合客观规律要靠安全状态如何来判定，人的安全状态维持也要靠劳动行为来实现。由此可见，人们的生命活动系统实际上存在安全与劳动的双重目标。若是从劳动的角度来考察，人们的生命活动系统就是劳动的目标系统；若是从安全的角度来考察，人们的生命活动系统就是安全的目标系统。

安全综合集成思想的思维特点：“用安全系统思想解决系统安全问题”“用系统安全技术建设安全系统工程”(“用安全系统思想解决系统安全问题”是首钢安全工程师周华中先生 2003 年夏天在北京密云我的休闲山庄书屋进行学习讨论时首次提出，而后被刘潜先生首先确认的理论观点；“用系统安全技术建设安全系统工程”是我 2014 年 12 月在衡阳的湖南工学院与安工系学生进行学术交流时首次提出，而后又被刘潜先生首先认可的理论观点。这两种理论说法上的结合，使得系统安全思想与安全系统思想在实践的基础上统一起来，构成了安全综合集成思想的核心内容）具体地讲，就是把人类现有的科学知识和以往的实践经验综合汇总起来，作为实现人群目标活动的方法、手段、措施，并且在运用这些人类已知客观规律的过程中寻找、发现或揭示人类未知的客观规律。

（2）在安全综合集成思想的影响下，以及对刘氏安全定义的分析过程中，我用逻辑学属加种差的概念定义方法下了一个新的安全定义，可以简要而全面地表述为：安全，是指人体健康外在质量的整体水平，包括人体健康外在质量的存在状态与人体健康外在质量的存在条件两个相互关联的组成部分。

解读属加种差的安全定义及其外在延续：

①属加种差是形式逻辑学给概念下定义的基本方法。属是指被定义概念的上位概念；种是指属概念的下位概念；差是指种概念之间的本质区别。属加种差的定义方法就是被定义概念的属概念（上位概念）加上它的种概念（下位概念）之间的根本区别（种差）。

②属加种差的安全定义（即安全的内涵定义）可以表述为：安全是指人体健康外在质量的整体水平。其中“人体健康”是属概念（上位概念），指的是安全健康与医学健康共同的科学目标。“外在质量的整体水平”则是种概念（下位概念）之间的差别，即安全健康与医学健康在科学研究方面的根本区别。

③属加种差安全定义的外在延续（即安全的外延定义）由两个相互关联的部分组成:一是人体健康外在质量的存在状态，一是人体健康外在质量的存在条件。

人体健康外在质量的存在状态，包括三种情况：

其一，人体健康外在质量的有序状态，即人体自我健康的安全状态。

其二，人体健康外在质量的混沌状态，即人体自我健康的危险状态。

其三，人体健康外在质量的无序状态，即人体自我健康的伤害状态。

人体健康外在质量的存在条件，包括四个方面：

其一，由人类物质劳动生产与再生产创造的人类物质文明决定或影响的安全经济条件。

其二，由人类精神劳动生产与再生产创造的人类精神文明决定或影响的安全文化条件。

其三，由人类人口劳动生产与再生产创造的人类政治文明决定或影响的安全社会条件。

其四，由人类环境劳动生产与再生产创造的人类生态文明决定或影响的人工生态条件，以及由宇宙自然历史演化形成的自然生态条件，共同构成的安全生态条件。

（3）在安全综合集成思想的影响下形成了安全的专业科学及其理论体系，这就是刘潜学术传人们为培养专业安全人才和进行安全科普教育，正在创建的安全质量学、安全动力学、安全系统工程学或安全系统管理学等。

（4）在安全综合集成思想及其相关理论指导下出现了常态化全面安全质量管理模式和数字化全面安全质量管理模式。

所谓“常态化全面安全质量管理模式”，指的是：要把以往的传统的否定性质安全质量管理的应急管理模式，与以往的传统的肯定性质安全质量管理的危机管理模式，在现代化大生产和全球经济一体化的条件下有机地结合起来，既要在生产过程中及时解决安全问题，制定出应急救援预案，又要在安全法规、安全技术规范指导下进行生产活动，制定出危机解决方案，在人群目标活动的内在结构系统和外在环境系统，实现人体健康外在质量包括正安全态、零安全态、负安全态在内的全体成员、全部人群以及社会整体的全面安全健康管理，实现人群目标活动包括正态安全域和负态安全域在内的全方位、全区域、全流程的安全健康管理。

所谓“数字化全面安全质量管理模式”，就是在常态化全面安全质量管理的基础上，实现人群目标活动系统的规范化、标准化、符号化和数字化，把全面安全质量管理工作从模型激励的动力学方式推导到数据激励的动力学方式，从而使人们的安全健康管理进入到自动化或人机操控程序化的新时代。

十、图示与说明

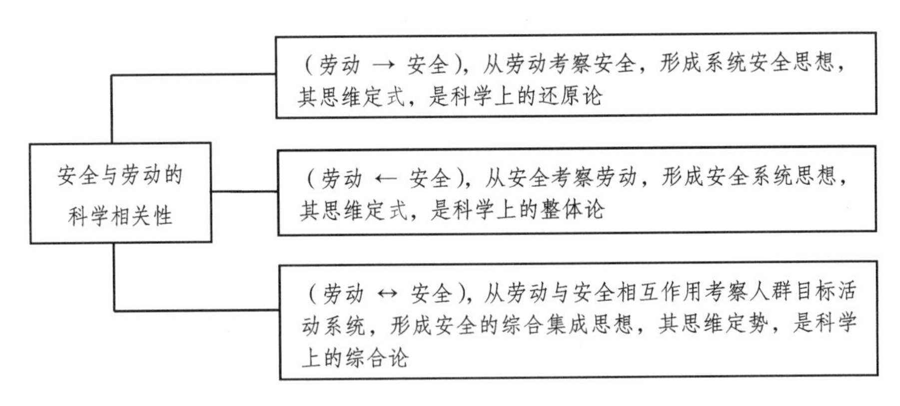

图2　安全与劳动在科学研究上的相关性

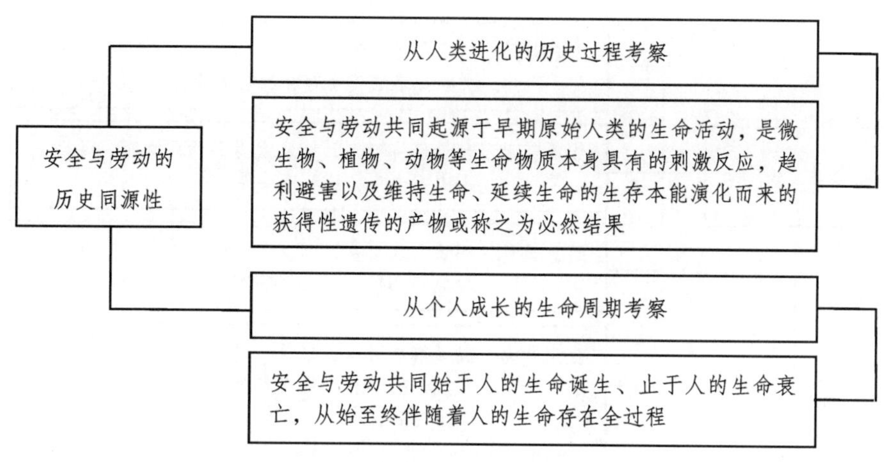

图 3　安全与劳动的自然历史同源性

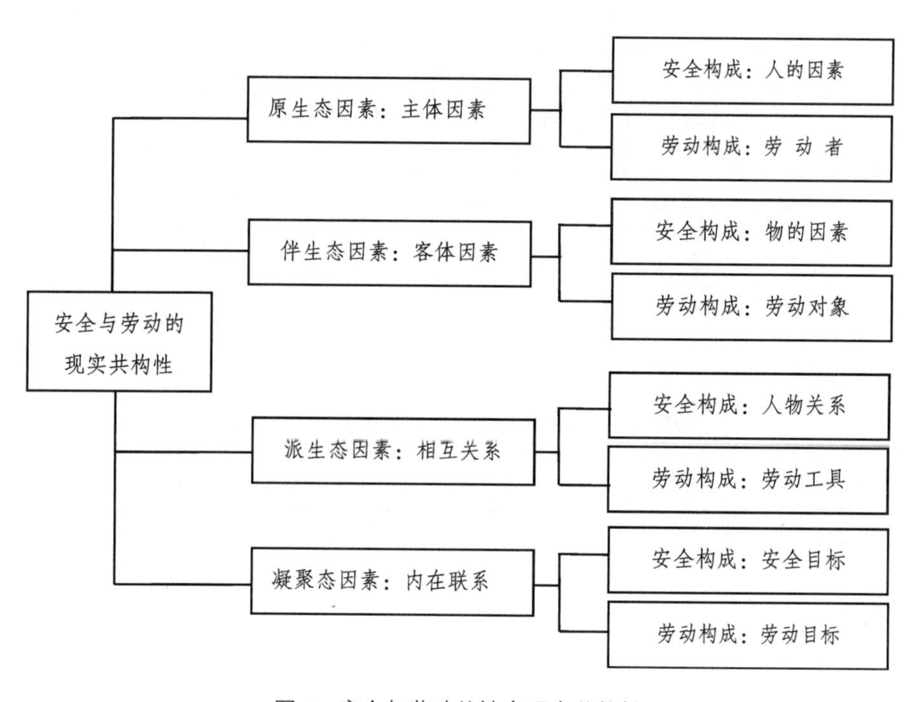

图 4　安全与劳动的社会现实共构性

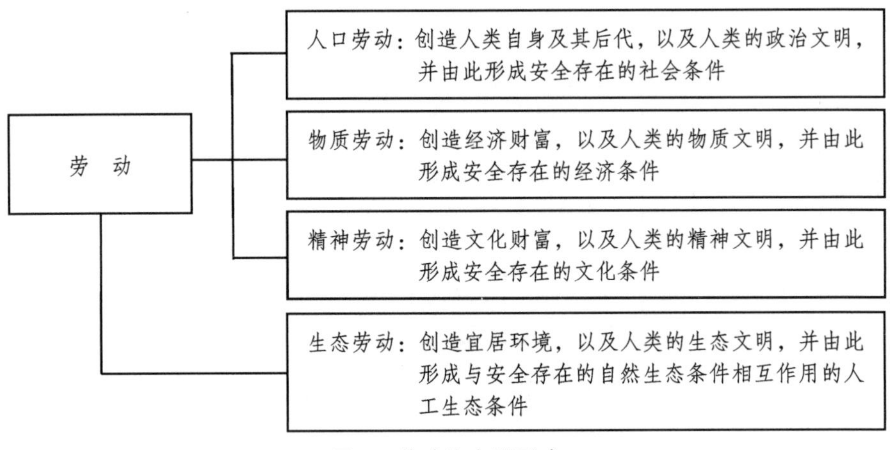

图 5　劳动的表现形式

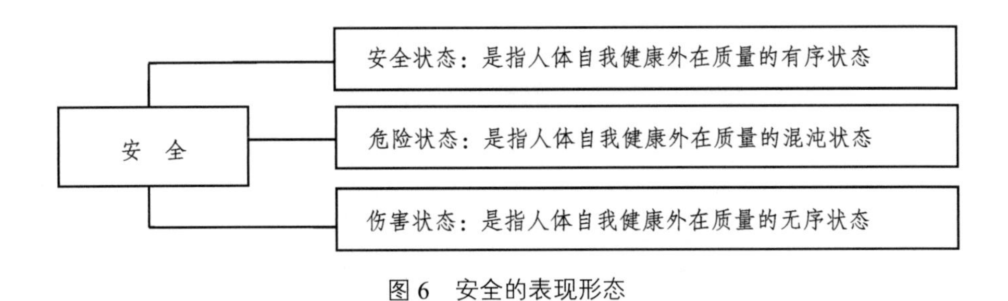

图 6　安全的表现形态

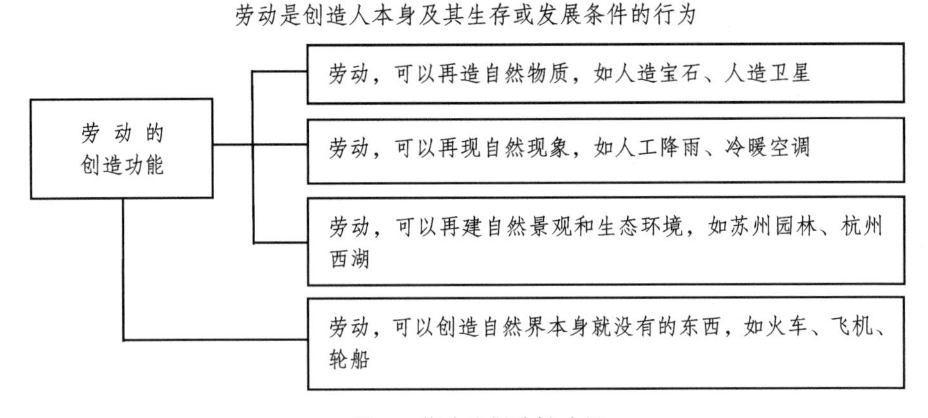

图 7　劳动的创造性功能

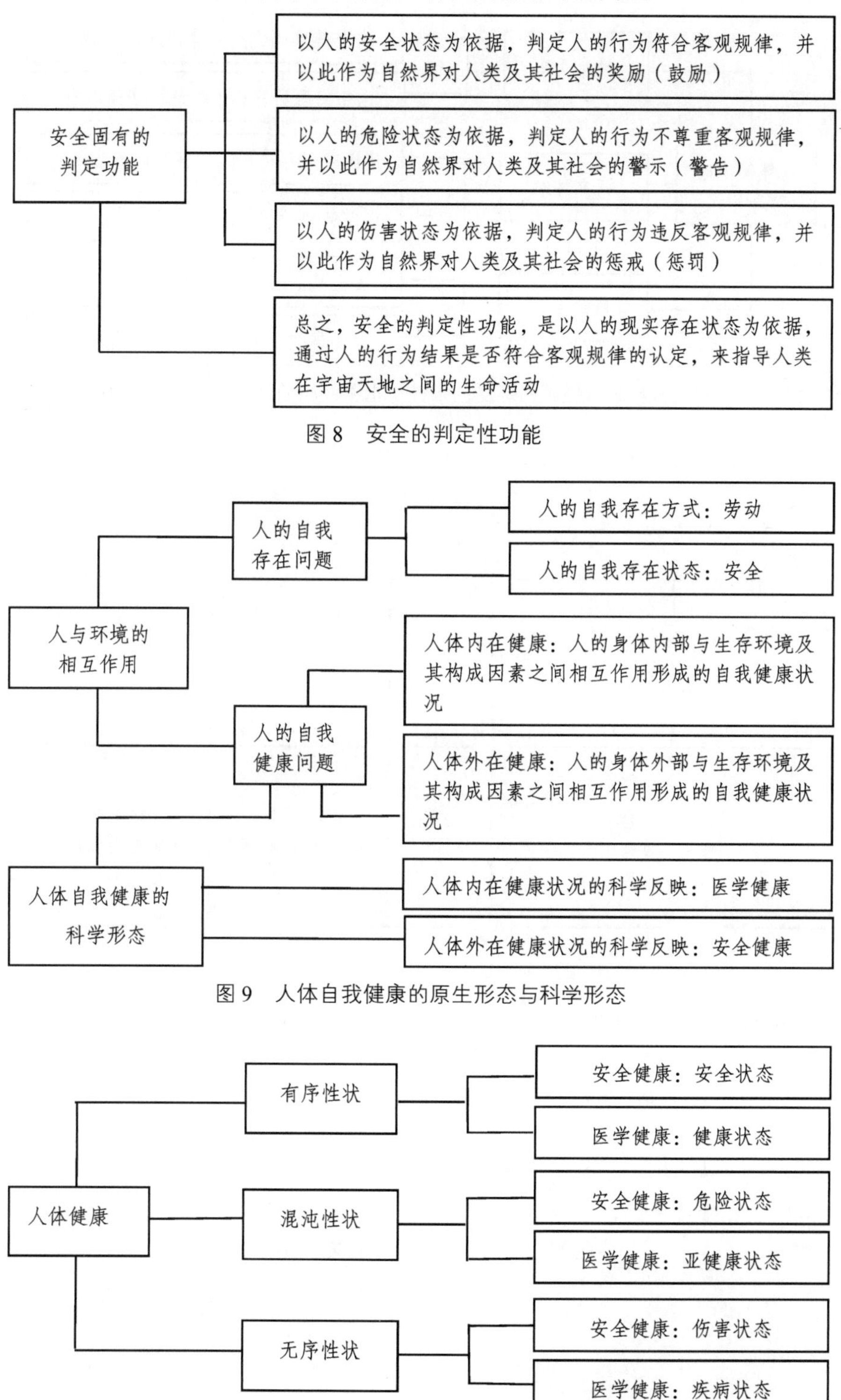

图 8　安全的判定性功能

图 9　人体自我健康的原生形态与科学形态

图 10 安全健康与医学健康的异曲同工性（指同一质量性状的不同学科称谓）

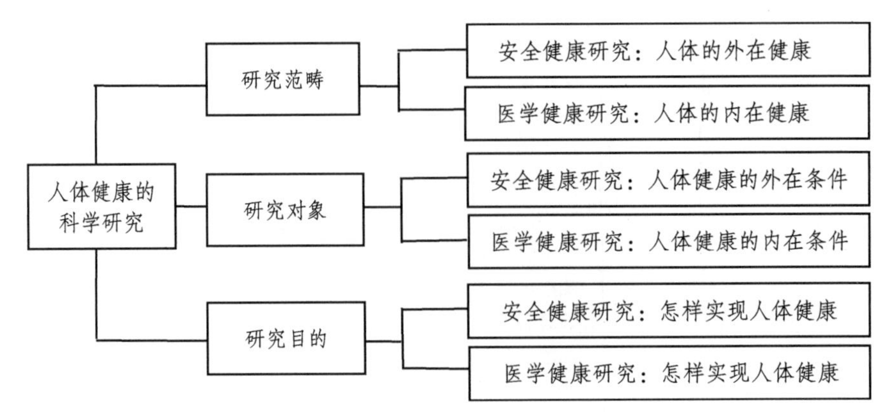

图 11　安全健康与医学健康的殊途同归性（指不同科研途径达到同一科学目标）

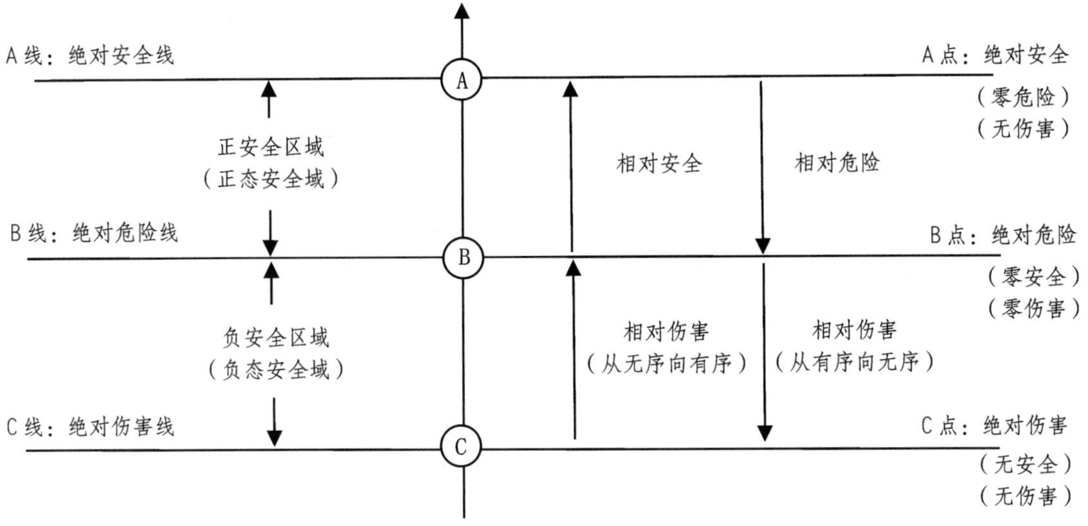

注：（1）人体健康外在质量的绝对状态，是质的极致状态。如绝对安全，是安全质的有序极致状态；绝对危险，是安全质的混沌极致状态；绝对伤害，是安全质的无序极致状态。

（2）人体健康外在质量的相对状态，是质的渐变状态。如相对安全，是安全质的有序渐变状态；相对危险，是安全质的混沌渐变状态；相对伤害，是安全质的无序渐变状态。

（3）人体健康质的渐变状态，呈双向性特征。如相对安全，是安全质的有序渐变状态，其渐变方向有可能向绝对危险方向演化，也可能向绝对安全方向发展，在现实生活中这两种趋势皆有可能。

图 12　人体安全健康的质量层级结构

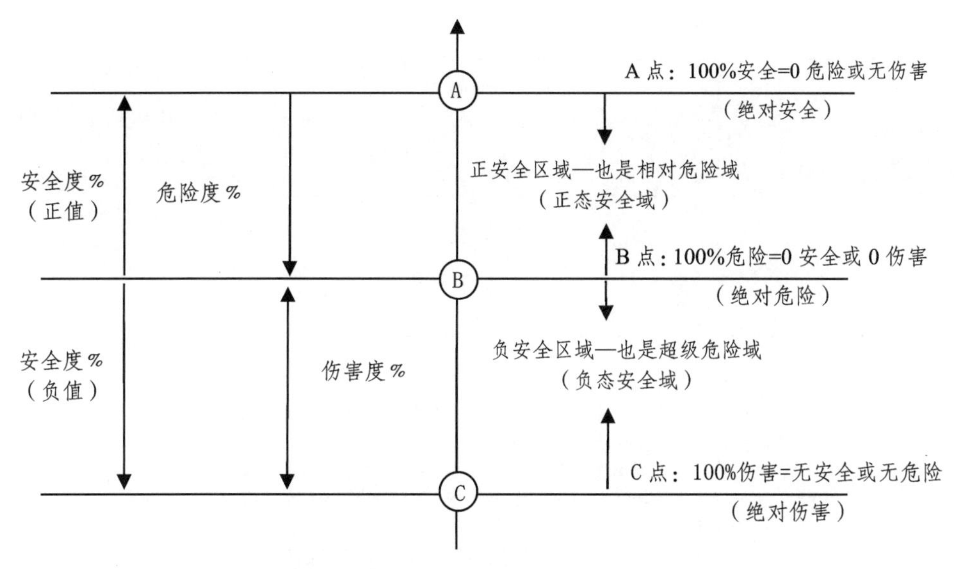

注：（1）安全度：人体健康外在质量的有序程度。

（2）危险度：人体健康外在质量的混沌程度。

（3）伤害度：人体健康外在质量的无序程度。

图 13　人体安全健康的质量融合程度

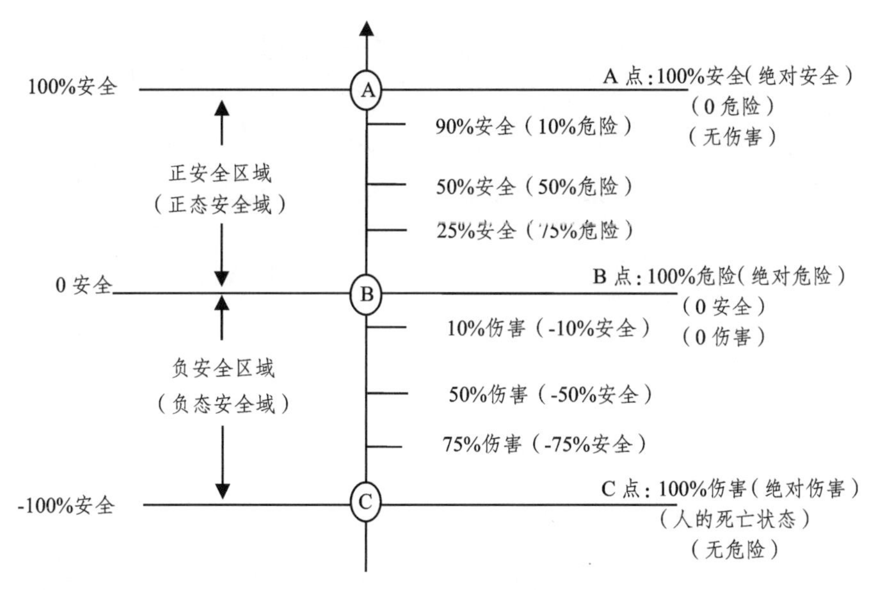

注：（1）安全度 + 危险度 =1（例：90%安全 +10%危险 = 安全系数 1；50%安全 +50%危险 = 安全系数 1；25%安全 +75%危险 = 安全系数 1）。

（2）安全度 + 伤害度 =0（例：−10%安全 +10%伤害 = 安全系数 0；−50%安全 +50%伤害 = 安全系数 0；−75%安全 +75%伤害 = 安全系数 0）。

（3）安全度，包括：正安全度、零安全度、负安全度。

（4）不安全度，包括：危险度及伤害度。

图 14　人体安全健康的质量融合规律

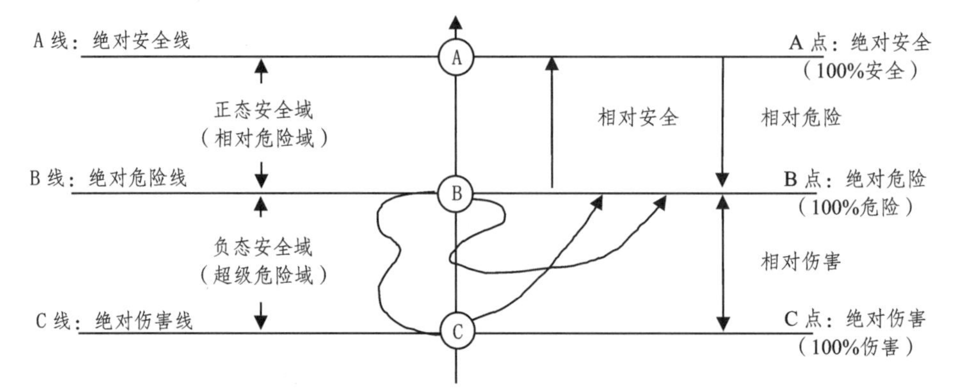

注：（1）否定性质安全质量管理的起点是B点，也就是人体健康外在质量的绝对危险点，即人的零安全或零伤害状态。

（2）否定性质安全质量管理的范围，是负态安全域即超级危险区域，涉及人的绝对危险状态、超级危险状态，以及零安全状态、负安全状态、零伤害状态、相对伤害状态和绝对伤害状态。

（3）A、B、C三点连线上的箭头所指方向，是人体健康外在质量从无序状态向有序状态的管理方向。

（4）否定性质安全质量管理的科学目标及管理方向是B点，即人体健康外在质量的绝对危险状态，也就是人的零安全或零伤害状态。

（5）否定性质安全质量管理的显著特点：起点是B点，终点（目标）也是B点，其目标管理区域是负态安全域也是超级危险区域。

图15　否定性质的安全质量管理：应急管理

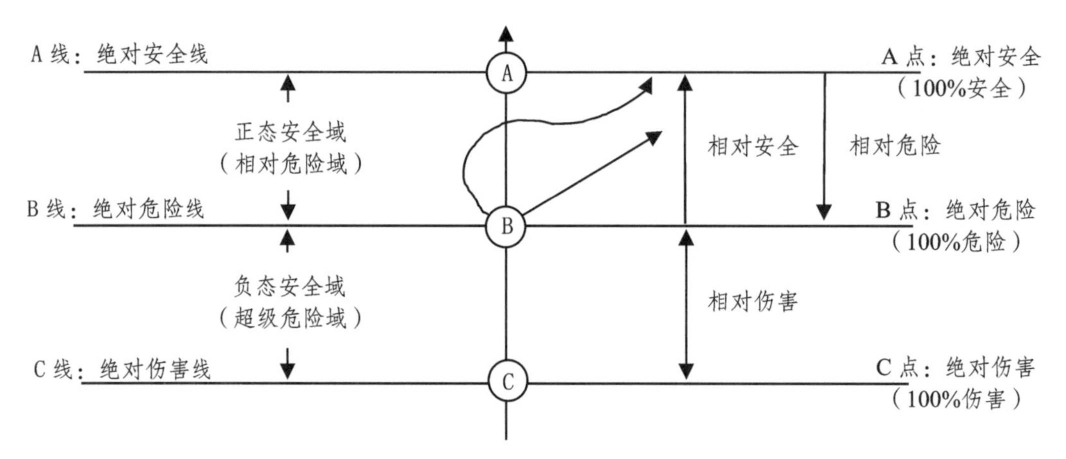

注：（1）肯定性质安全质量管理的起点是B点，也就是人体健康外在质量的绝对危险点，即人的零安全或零伤害状态。

（2）肯定性质安全质量管理的范围，是正态安全域即相对危险区域，涉及人的绝对安全状态，相对安全状态、无伤害状态和零危险状态，以及相对危险状态和绝对危险状态。

（3）A、B、C三点连线上的箭头所指方向，是人体自我健康从无序状态向有序状态的管理方向。

（4）肯定性质安全质量管理的科学目标及管理方向是A点，即人体健康外在质量的绝对安全状态，也就是人的零危险或无伤害状态。

（5）肯定性质安全质量管理的显著特点：起点是B点，终点（目标）是A点，其目标管理区域是正态安全域也是相对危险区域。

图16　肯定性质的安全质量管理：危机管理

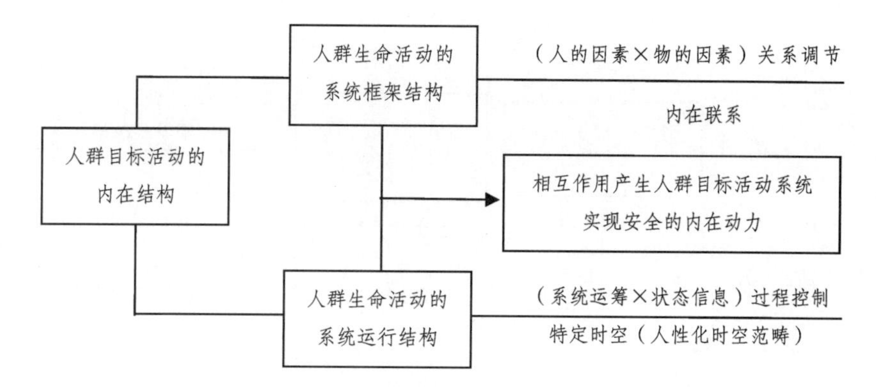

图 17　人群目标活动系统的内在结构及其动力学问题

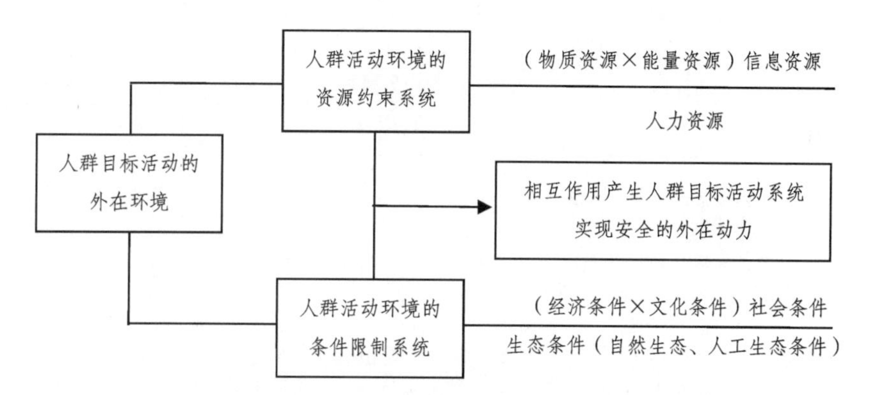

图 18　人群目标活动系统的外在环境及其动力学问题

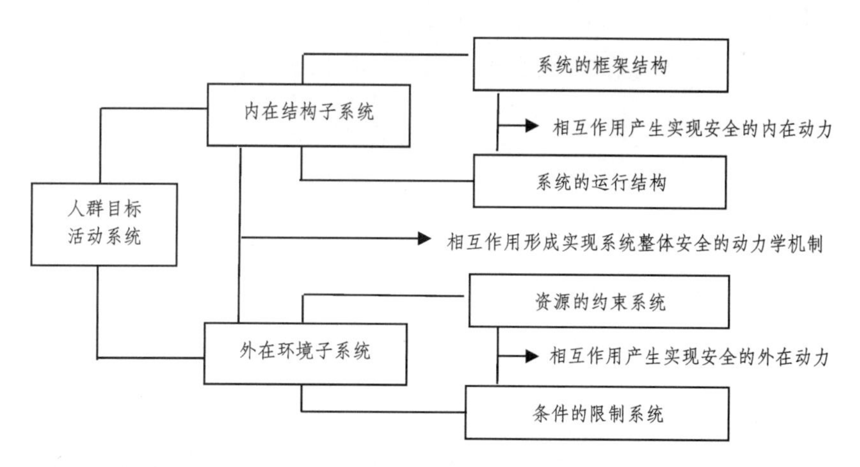

注:（1）常态化全面安全质量管理的动力学机制是模型激励方式。
（2）常态化全面安全质量管理的范围，包括人群目标活动系统的内在结构与外在环境两个相互关联的组成部分。
（3）常态化全面安全质量管理在微观方面，以企业自律为主、以行业监理为辅。
（4）常态化全面安全质量管理在宏观方面，实行十六字方针，即：国家立法、政府监察、行业管理、社会监督。

图 19　常态化人群目标活动系统的全面安全质量管理

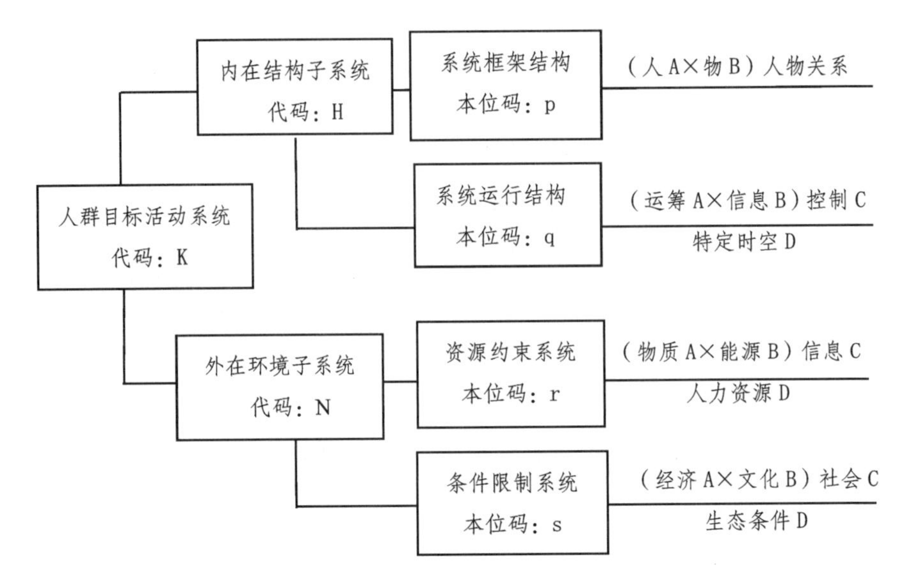

注：（1）人群目标活动系统的整体代码一位数：K。分支系统两位数：内在结构（KH）、外在环境（KN）。

（2）人群目标活动分支系统以下的子系统代码三位数：系统框架结构（KHp）、系统运行结构（KHq）、资源约束系统（KNr）、条件限制系统（KNs）。

（3）人群目标活动子系统构成因素的代码四位数：如内在结构的系统框架结构子系统，原生态因素人的本位码为A、系统整体代码为（KHPA）；伴生态因素物的本位码为B、系统整体代码为（KHPB）；派生态因素人物关系本位码C，代码（KHPC）；凝聚态因素内在联系本位码D、代码（KHPD）。其余子系统的构成因素本位码及代码，以此类推。

（4）安全基因图谱之中的密码，由安全基础量纲、安全系统量纲、安全环境量纲及其安全、危险、伤害三个质量等级参数序列组合的测定值来确定。

图20　数字化全面安全质量管理模式之安全基因图谱

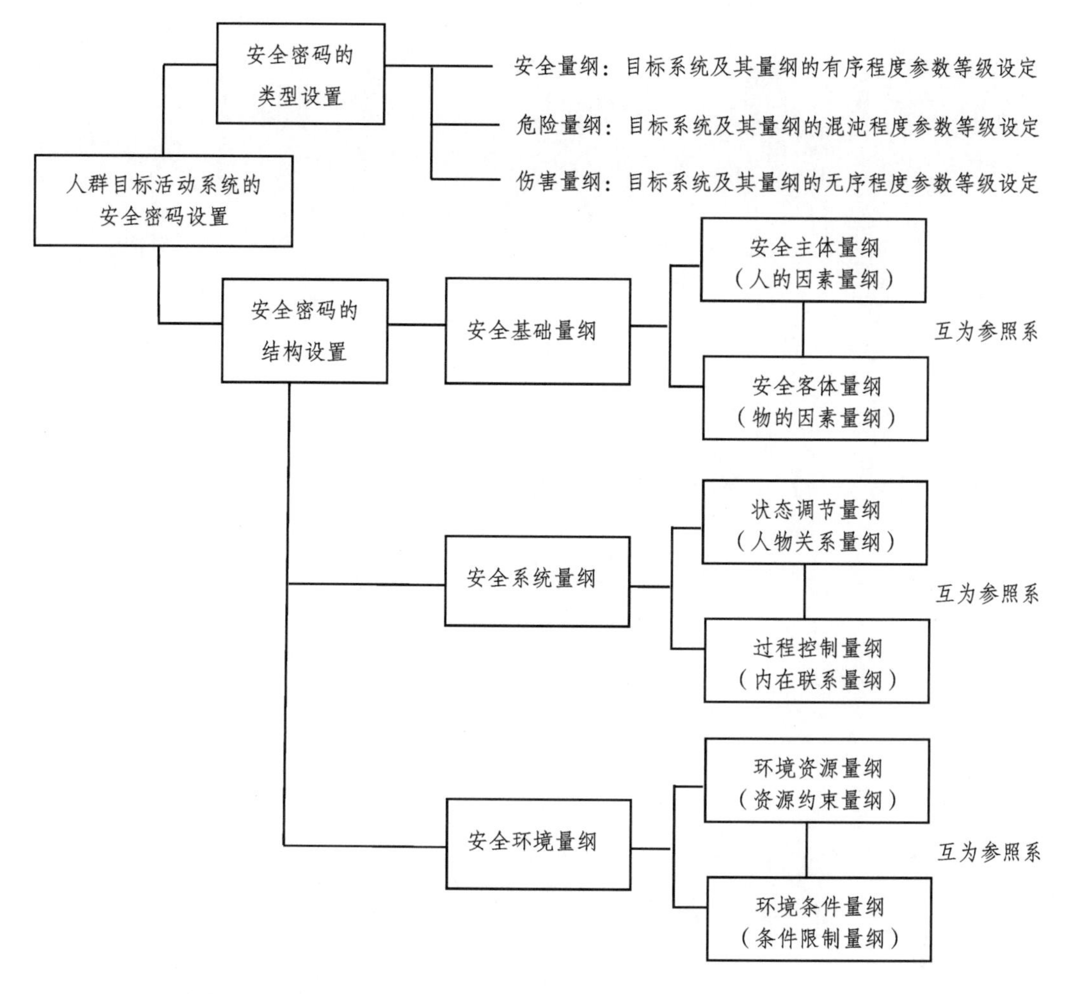

注：（1）安全密码的类型设计与结构设计，由人群目标活动系统自行设置。

（2）安全密码的类型设置，体现的是安全三大量纲的三个不同等级。

（3）安全密码的结构设置，反映的是人群目标活动子系统构成因素的安全量纲。

（4）安全密码设置（图 21）与安全基因图谱（图 20）联合应用，即为安全基因密码假说的核心理论内容。

图 21　数字化全面安全质量管理模式之安全密码设置

（2014 年 12 月 10 日完稿于衡阳湖南工学院教工宿舍，

2017 年 7 月 22 日重审稿于中国政法大学北京学院路校区宿舍）

安全
集思

04

第四篇　闲暇随思

我的墙子岭长城之旅

清晨，我站在北京墙子岭长城那高高的残垣之上，迎着夏日初升的太阳，向远处眺望。燕山山脉那层层叠叠的山峰，绵延起伏数百里，就像神话传说中腾飞的龙，在霞光下的浓云薄雾中，不知疲倦地盘旋着，翻滚着，突然纵身跃向令人向往的东方。

这里，也是万里长城的一个战略要地，在峡谷那边，高低错落的山坡上，沿着天际急驰而来的城墙顺着山势，早已排列整齐，形成弯月状的防御工事，悄悄地包围了这峡谷之中进入昔日皇城的唯一通道，并且数百年如一日，静静地潜伏在山的脊梁。这些驮着人类文明遗址的山坡与山梁，还会随着季节的更替而改变颜色，一年年从不间断地由深绿变成浅绿，乃至部分山体呈现出黄色、橙色或红色，又由浅黄、浅绿渐渐地趋向深绿色，给人带来无穷的遐想，有时也会令人感到无限的惆怅。

寒来暑往梨花俏，春去秋至万树霜，人生几多悲欢事，尽在茶余笑语中。提起漫漫人生路，又有几多感慨在眼前。曾经，面对着形形色色的职业伤害，以及遇难者淋漓的鲜血，人们还因为不知安全为何物而惊恐万状，更因为不知如何实现安全而一度迷惘彷徨。其实，所谓人类的安全，也只不过是古猿或猴子在变成人的时候，对自身所处生存环境适应性本能的逐步人性化而已。从原始起源上来看，安全的原生形态就是人类在自我创造的历史过程中，与自然界之间相互作用而形成的一种自然生态关系。德国古典哲学家黑格尔曾经讲过，凡是客观存在的，就是合乎理性的。这就是说，安全作为宇宙天体自然历史演化进程之中的一个真实的客观实在，也有它必然存在的“理由”，即有它在客观上必然存在的条件和不以人的主观意志为转移的规律性。人们只有正确地认识和理解了安全，并且时刻注意尊重和遵守那些与人类同生共灭的安全规律，才能使自己在各种生命活动中实现安全，并且同时达到那些活动本身所期望的理想目标，就像职业劳动者在完成各项生产任务或业务指标的过程中实现自身的生命安全与职业健康那样。

在这茫茫的宇宙之中，各种物质形态及其运动方式的生成、发展与消亡都在时间与空间的天体坐标上以一定的规则或秩序自然而然地演化着。时间上的推移往往引起空间上的变化，使一切皆成为可能，并把一切可能转化为现实。山，可以下降而终于形成海，海也可以上升，最终成为山。走在墙子岭高低不平的小路上，脚下踩着那松软的黄沙、贝壳或大小不均的圆石头，就会深刻地感受到，在这里曾经发生过沧海桑田般的巨变。也许还会由此而联想到，北京这个人类的文明古都，原来竟曾是一片汪洋大海。

一、在墙子岭

北京墙子岭长城一带的景色分外迷人。傍晚时分，从山上的松林里，或是草丛间，又会默默地浮起像纱一样薄而透明的东西，淡淡的蓝色，经过阳光照射，一下子就变成了淡淡的紫色，当地人都把它叫作“山烟”。那恰似炊烟四起的山体蒸发物，持续不断地在山和林的上方升腾，很快便顺着山坡扩散开来，山野之间，到处迷漫着这种天地交融的宇宙信息。

一抹夕阳余晖下，远处的和近处的村庄，以及住在这些村庄劳作归来的人们，都时隐时现地沉浸在这些淡蓝色或是淡紫色的山烟之中。湛蓝湛蓝的天上，飘着千变万化的白云。沿着陡峭的山崖，去看那深深的山谷，你或许还会偶尔在阵阵的松涛中听到飞鸟的鸣叫和叮咚的流水声。生活在这里的人们，仿佛也被融进这天地山水之间，就像那天上的雨落入了地上的河，把人引向梦一般的仙境：山浮紫烟心上飘，泉似铜铃手中摇；天上人间成一统，鸟语花香万物融。笼罩在山烟里的山林、山泉、山村和山民，还有那松涛和飞鸟，宛如一幅中国传统的彩墨山水画，收藏在每一位来访者的记忆之中，而且时间越是久远，就越是回味无穷。此时此刻，我才顿悟到书画大师们所说“笔墨等于零”的真正含义，原来只有“意境无穷远”才是中国书法与绘画的美学真谛。

漫步在墙子岭崎岖的山路上，身旁的野花和小草，散发出透人心肺的清香。在这诗画般的山景中，我又发现在峡谷对面起伏的山梁上，还有一面鲜红的旗。那万绿丛中的一点红，正在朝着山顶上长城烽火台的方向，缓慢而又努力地移动着。时间随着太阳走，也不知又过去了多久，一阵阵欢乐的歌声，终于从山的那一方隐隐约约地飘了过来。

一直凝神注视着那面旗的我，望着万里长城上的那一点红，顿时陷入了沉思。山风，如同一只无影无形的手，在轻轻地抚摸着我的头和脸，历史上、传说中无数的人和无数的事，都好像是走马灯似的从我的眼前掠过，让人浮想联翩地进入一种如醉如痴的生命状态。

令人难忘的长城古战场上，那些为了家庭幸福和民族振兴的英雄勇士们，就是在近代也还进行着殊死顽强的拼搏与厮杀。青山绿水间，到处留下了他们前赴后继的足迹，农田村舍中也到处传扬着他们催人泪下的悲壮故事。追忆中华民族生死存亡的那些年代，有诗为证：赤旗扬处响霹雳，狂飙为我扫残敌；悲歌一曲振寰宇，猛志常在惊天地。谁人能够料想得到，在这片看似宁静与平和的土地上，曾经也是杀声震天、血流成河，但中国人为实现理想而奋斗不息的那种民族精神，却在这里千古传承，一直延续到了今天。

火红火红的太阳，不紧不慢地赶到了西边的群山之巅，阳光透过丛林，照进环绕在山腰上重重叠叠漂浮的云，就像是谁在天上燃起了一把大火。沉思默想的我，独自站在墙子岭高高的长城之上，出神地凝视着群山起伏的正前方。只见几座山紧密地排列组合在一起，摆成了一个九曲连环的大兵阵。在山谷的那一方，满目的青山还是那样苍茫。山脚下急驰而过的列车，就像儿童玩具似的在小河边上爬行。公路上，来来往往的车辆，也如同蚂蚁般在绿色的原野上穿梭。倘若你此时此刻能在此处驻足观望，也会和我一样感悟到此情此景如诗如画：青青河边草，绿绿岭上花，夕阳西山下，学童在回家……

又过了些时候，西边的太阳真的是缓缓地落下了山，在天边留下一大片、一大片火红火红的云。山风，依然在不住地吹拂着我的脸，又像是一只无影无形的手在不停地梳理着我的乱发，让人感到一丝凉意。就在这个时候，从我的心底里猛地又窜出了一个经常思考的问题：安全究竟是个什么东西？这个突如其来的基础理论问题，今天似乎又有了新的答案。这又让我很快地意识到，对某一问题的长期关注与思索，以及为此而坚持不懈地努力学习，是灵感思维产生的一个基础条件。

在北京燕山山脉墙子岭一带的大山里，清新的空气、寂静的山林、甘甜的泉水、扑鼻的花香、多姿的田野和多彩的星空，以及梦幻般宁静与祥和的村庄，还有那些勤劳、质朴、善良的山里人和他们天真、活泼、可爱的山里娃……总而言之，这个自然生态环境和社会人文环境，是为实现理想目标而刻苦读书与勤奋思考的人间仙境。这里也是我灵感经常闪现的地方。我爱这里的山、这里的水、这里的林，也爱这里每日与我和谐相处的每一个人。我愿为这些普通劳动者及其亲友们的职业卫生与安全健康，认认真真地做一些切实可行的事。

二、下梁会村

我经常一个人，在墙子岭长城之下的朋友家借宿。后来，干脆就在那里租了一处带小院和林木的宅子，有四间坐北朝南的大瓦房和四十多株果树。这一住，就是四年。

这里，是地处北京平谷、密云以及河北兴隆三个区县交界的地方，属于北京市密云区大城子镇南沟行政村所管辖的一个自然形成的村落。这村的名字很奇怪，叫作“下梁会”。据这里的人们讲，明朝末年李自成率领农民起义军攻占墙子岭长城之后，就立刻召集他手下的将领们顺着城墙边的那道山梁下来，到这个村子里去开会，共同商讨攻打北京城、推翻明王朝统治的大计划，这村也就因此而得名，是“下山梁去开会”的意思。听村里的老人们说，这个村子已经有三百多年的历史了，祖先是从山东逃荒过来的灾民，当初只有一对夫妻，在这里开疆拓土、修屋造田，历尽艰辛住了下来。从此以后，祖祖辈辈的人们就在这块土地上劳作，世世代代以农耕和种果树为生，一直繁衍到今天。所以，这里又是一个典型的“一家村”，全村的男人，除了我，都姓王。人丁兴旺时，这个村子也有五六十户人家，二三百口人，如今只剩下二十多户了。据说是近年来外出打工或经商的人越来越多，有不少人家因此而移居到县城或是其他什么地方去了。

我的这个王姓朋友家里，也出过一位带领族人和乡亲们抗击日本侵略者的民族英雄。这位当年让敌人闻风丧胆的八路军团长叫王方。我有幸在村主任家里和他同桌吃过一顿饭，可惜没有深谈。现在他老人家已经辞世而去，在他住过的那几间用石头垒起来的小屋旁，还有几株紫红色的野生玫瑰花，依然年复一年地在山坡上，向过往的人们吐露着芬芳。

我租住的那所小宅院也有花，那是粉红、粉红的大丽花和橘红色略带浅褐斑点的百合花，还有一些不知名的红色、黄色、蓝色、白色、紫色、灰色的野花。小宅院的房前屋后栽了不少的果树，有桃、李、杏、樱桃、栗子、核桃、枣、山楂，也有蜜梨、糖梨、红肖梨、秋白梨。大门边的水井旁还种上了三棵香椿树。

北京墙子岭长城脚下的这个小山村，一年四季有景致：冬赏万山雪，夏观满天星，春看梨花白，秋望山楂红。

当春天到来的时候，山雨落入山林寂静无声，雪白的梨花似白雪，片片飘进梨园中。五月的槐花，开在长城内外的山坡上，香透了整座整座的大山，也香遍了这个小小的山村。槐树花的香刚散去几天，栗子树上的花又开了，那满山满山的香味掠过这个小山村又飘了起来。槐树上的花，一朵朵清香淡雅而又略带甜味。栗子树上的花，一丛丛浓香甘甜而又沁人心肺。夏天，满山的蝈蝈叫过之后，秋天遍地的蛐蛐又开始叫了起来。暑热过后溪水凉，五谷成熟秋果香。收获的喜悦，让山里人几乎忘掉了一年劳作的辛苦，每一张流淌着汗水的脸上，都挂满了笑容。人这么一笑，看到的山也笑了，水也笑了，天也笑了，林也笑了，因为秋天来了，红肖梨红了，秋白梨白了，小蜜梨也黄了。农历是指导农民进行农事活动的农业普及读物。这里的人们，在中秋佳节来临之际，就已经开始忙碌起来了。先是在白露节气之前割谷子、打核桃，然后是秋分时节下杂梨、捡栗子，再就是摘苹果、采山楂、收玉米、刨白薯、拾花生，往后的农活主要就是秋耕翻地、果树施肥和修剪了。村里的人一直要忙到大地封冻的腊月天，才又开始杀猪、宰羊、磨豆腐，欢欢喜喜地去准备过大年了。

寒露之后的节气是霜降。深山里，金黄色的野菊花怒放，艳丽又浓香，高悬于山崖峭壁之上，尽显出“我花独放百花杀”的英雄本色。我国唐代诗人“霜叶红于二月花”的传世名句，在墙子岭山区的这个小村庄，也体现得淋漓尽致。这时的天气更凉了，满山满山的梨树叶子也更红了，远远望去，就像是天上飘着一朵朵火烧云。在山下和山梁，天上和村庄，处处点缀着红、黄、青、紫，以及柠檬或是褐石的颜色，还有墨一般的绿和天一样的蓝。深秋的霜，洒在草木山石上，给整个墙子岭山区又涂上了一层淡淡的白。这个季节，有时也会大雾降临，雾气迷漫在一个个小山村，与清晨村子里家家户户升起的炊烟混为一色。浓雾中，一座座挺拔的山峰和一道道高耸的山梁，就像那大大小小星罗棋布的岛，漂浮在波涛汹涌的海面上。到了冬天，山风猛地这么一吹，整个山林便立刻怒吼起来，好像也要把这山、这林、这村，连同这里所有的人，一齐抛到九霄云外去。春节刚过不久，正月里就响起了惊雷。雨，还没来得及下，雪花倒是飘飘扬扬地洒向了人间。

爆竹声声人欢笑，又是一年春来到。前一晚酣睡中，梦见梨花俏，醒来作了一首仿唐诗，就叫《春梦梨花白》：“忽闻一夜春风来，千村万树梨花开；团团如云挂山腰，片片似雪飞进怀。”这个时候遥看墙子岭山区，更有赏不尽的山野风光：春回大地，万物复苏村变绿；和风细雨，千山遍野梨花白……

真的是光阴似箭，一转眼的工夫，又到了夏天。几阵狂风过后，摇摆着的大杨树刚刚伸直了腰，豆粒大的雨就从天上倾泻下来。雨点，有节奏地敲打着山林、敲打着房上的瓦，发出齐刷刷的声音，伴着山里人久旱逢甘露的喜悦心情，在歌唱。那玫瑰红的闪与天蓝色的电交织在一起，就像是缠绕在山腰上的彩带，在两座山峰之间一飘而过。闪电突现之后的刹那间，山野里便响起了巨大的雷声。那轰隆隆的雷声追逐着闪电，一阵紧似一阵地连成一片，在急风暴雨中以排山倒海之势回荡在这绿色的山谷之中。天，渐渐地黑下来了，雨却一直下到了天明。一觉醒来，又忆起了昨夜在这里听雨的情景：虾兵擂战鼓，龙王斗悟空；骤然惊涛起，须臾泣无声。

夏日里最初的那几场大雷雨过去之后，开泉了。山上清凉甘甜的水，终于从地下源源不断地涌出，顺着村子里的河道，哗啦啦地流下来，汇入村北两公里以外的清水河。那清凉的泉水融进了清澈的河，朝西行走了一程，又与几处山岔口的溪水汇合，形成一股更大的水流，然后转道西北方向，一路上观着山景、唱着山歌，哗啦啦地奔向京郊的密云水库，成为供给北京城的又一处饮水之源。

消息可传得真快，我在这所宅院刚住下几天，城里的亲友们就发现这里还是一个休闲度假的好地方。于是，每逢节假日，总会有人开着汽车或是坐上火车来玩。有一次，竟然是小汽车开道，后边十五辆跨斗摩托车一字排开，浩浩荡荡地进了村。那帮人一到，整个山村便顿时沸腾起来。快乐的人们聚在了一起，打着小旗、唱着歌。

这里，同样也是孩子们心目中的理想乐园，因为在这儿比城市里更能亲近大自然：爬大山呀、蹚小河呀、逮昆虫呀、捉蝴蝶呀、摘野花呀、采松蘑呀……还要举起五星红旗，跟着大人们上山去看万里长城，还要让大人们跟着，到村外山坡的草地上去放风筝。就在村东头那道高高的山梁上，一个小女孩涨红着脸朝我跑过来，她手里捧着几个小贝壳和圆圆的花石头，兴奋地向我报告了那个似乎可以获得诺贝尔奖的大发现："叔叔，这座山从前一定就是大海！你看这些东西，只有在海边才能捡得到。去年夏天，我和爸爸妈妈到北戴河的海边去玩，就捡回了不少这样的小贝壳和花石头呢。"瞧着这个聪明的小姑娘，我赞许地点了点头，开心地笑了。

我坐在草地上，远远地望着这欢乐的人群，禁不住又暗自在想：我们之所以努力奋斗去振兴中国的安全事业，不正是为了这些享受天伦之乐的人们，为了这些孩子和她们的子孙后代吗？

三、休闲山庄

我时常一个人，住在这个下梁会小村庄。我也是这个村子里最忙的"大闲人"，每天除了吃饭、睡觉之类的生活琐事之外，整日里就是爬山、散步、看书、静思，有时还要提笔写上一些不成文的东西。我的读书，并不是为了找个收入多的工作，或者评上个什么高级职称。我的写作，也并不是为了让别人去赞美自己，或是专供什么人去欣赏。读书与写作对于我这个人来说，完全是一种自我陶醉。这也是我离开学校以后，从农村下乡、工厂下岗、企业下海，直到在职不在岗的所谓内部退休，乃至正式结束四十年职业生涯以来的幸福生活。因为在我看来，读书和写作会令人产生持久的激情，这激动的心情让人感到快乐，并且由此升华而成为人生的一种享受。

每到农闲的时候，村里人便三五成群地来看我。大家围坐在一起，一边喝茶，一边说笑，乡亲们都把这种生活习惯叫作"聊票"。有时，还会在我这里摆起什么豆腐宴、青菜宴、鱼肉宴之类的酒席，一大家子人就这样边吃边喝，有说有笑，也就不分什么辈分的高低了，吵吵嚷嚷、打打闹闹地一直要到半夜才肯散去。农忙时节，大家都赶着到地里干活去了，我的这个小院子，几乎会有半个多月没有人来。孤独与寂寞的乡村生活，成全了我少年时代的读书梦，使我有很多的时间和精力去学习科学知识，或是思考安全问题。

我八岁的那一年，父亲虞謇被错划为右派分子（平反后曾在中国政法大学任逻辑学副教授），坐了二十二年的冤狱，母亲的身心健康也受到了严重的摧残，至今未愈。当年我们这个五口人的小康之家，也只好在顷刻之间就此解体，以至于不得不投亲靠友度日，骨肉离散三十多年之后，才又在京城重聚。那个时候，家境贫寒求学无望，初中没有毕业（实际上只念到初二），我就上山下乡去了山西。从那以后，高玉宝小说里“我要读书”的情节，便时常在脑海中浮现。也是从那以后，独自读书与独立思考就逐渐成为我的一个生活习惯。

俄国作家高尔基自传体小说《童年》《在人间》《我的大学》三部曲里描写的许多情景，都和我小时候的生活经历有着惊人的相似之处，特别是《我的大学》这本书，与奥斯特洛夫斯基的名著《钢铁是怎样炼成的》那本书一样，对我个人成长的影响非常大。高尔基在少年时代，就是把当时的俄罗斯社会作为自己的大课堂，从他个人的亲身经历和痛苦经验中学习知识，了解社会，最后成为一代大文豪。过去，我也曾经把黄土高原上的吕梁山区作为我的大学，在上山下乡期间学到很多知识和技能，结识了很多革命战争时期的工农干部和当地的农民朋友，也锻炼了自己的意志品质，收获很大。返回北京后，为了弄清个人生活经历中的诸多疑问，也为了能圆上小时候的大学梦，在父亲及朋友们的鼓励和支持下，我参加了北京市高等教育自学考试，并且在大多数功课无人辅导的情况下，用五年业余时间，完成了马克思主义哲学专业的十几门课程，获得了主考单位中国人民大学颁发的毕业证书。这种持之以恒的自学方式，使我在克服困难的毅力和能力方面，又一次得到了艰苦的磨炼。于是，现在我又开始把租住的这所小宅院看作自己在学习上的大书房，并且，还给它起了一个别号，叫作“休闲山庄”。后来，我又专门以此为题，写了一首小诗：“望长城千古残垣，踏人间万世桑田；享山野耕读之乐，度南沟绿色休闲。”

说实话，我以前读的书很杂，既不专也不博。如今，我的读书之所以有了明确的方向，首先应该感谢中国职业安全健康协会顾问刘潜先生，是他用十年的心血，引导并培养我走上了这条研究安全问题、探索安全规律的科学之路。因此，我始终把刘潜先生看作我在安全基础理论研究方面的启蒙老师，至今对他仍然怀着一颗感恩的心。

我和刘潜先生，曾经也是“一见如故”的学友（引自刘潜赠书的题词）。1996 年 6 月中旬的某一天，我们在中国劳动科学研究院国际劳工与信息研究所的情报文献中心相识。几次倾心交谈之后，我便应邀参加了当时由他担任组长的一个国家级的科研大课题，并且在他的指导下，起草了那个课题的研究报告，题目是《劳动科学学科科学技术体系研究》，可惜后来并没有公开发表。从那以后，我就不知不觉地成了刘潜先生的助手、弟子与学友（这里指的是与刘潜先生同时兼有工作关系、学术关系和社会关系），到现在为止，已有十八年之久。

了解他的人都知道，自从 20 纪 80 年代以来，刘潜先生提出创建安全学科科学之后，他就一直成为安全界有争议的人物。我与刘潜先生从相识至今，对他一直都是极为崇敬的，不像别人那样总是叫他“老刘”，而是始终尊称他为“刘老”。因为我知道，刘潜先生是我国安全学科理论研究的先驱，他为创建安全学科科学和发展我国安全事业，牺牲了自己的很多东西，包括他本人的身心健康和他家人的幸福生活。在我看来，刘潜先生虽然可能还有不少缺点、错误，或是许多不尽如人意的地方，但他的优点，包括他为追求真理去克服各种困难的那种顽强精神，以及强烈的社会责任感和高度的安全事业心，成就了他在安全科学学的理论与实践、安全学科科学的创建与发展，以及包括安全科学与工程三级学位教育在内的安全专业人才培养等诸多方面的历史贡献。这是无可争议的事实。

总括刘潜先生在学术上的历史贡献，大致有以下四个方面：

第一，明确了一个安全定义。刘潜先生从安全性质的肯定方面，概括了安全概念的内在含义，可以简要地表述为：“安全，是指人的身心免受外界因素危害的存在状态（即健康状况）及其保障条件。”这个刘氏安全定义，结束了人们以往单纯从安全性质否定方面来定义安全概念的历史，第一次明确提出了安全科学基础理论研究的中心任务，不是排除各种不安全的因素，而是要创造安全存在的必要条件，从而开辟了一条从安全性质肯定方面来认识安全和实现安全的新思路。

第二，创建了一个安全模型。刘潜先生根据人们的职业活动特点，创建了三要素四因素的安全结构理论模型，可以简要地陈述为“人、物、人物关系及其系统”。这个刘氏安全模型，第一次揭示了安全内部的组织结构在实质上，就是从安全的着眼点或角度，来考察的人类生命活动系统，这就在安全组织构成及其系统功能方面，为安全科学的基础理论研究和学科体系及其分支科学的创建提供了理论指导和客观依据。

第三，提出了一个安全思想。刘潜先生成功地把系统科学的研究成果引入对安全问题的研究，提出了从安全内在组织结构而不是从安全的存在领域认识安全的学术思想，认为人类的安全在组织结构上，是一个由人、物、人物关系及其三者之间的内在联系而构成的非线性复杂功能系统，人们实现安全的内在动力就孕育在这个安全的系统之中。刘潜先生提出的安全系统思想，深入地探索了实现安全的动力机制问题，为人们进一步在理论上认识安全规律或在实践中实现安全健康提供了新的科学方法，开辟了新的科学思路。

第四，发现了一个新的科学技术学科群。刘潜先生在研究安全科学的学科分类与代码问题时，找到了安全科学与管理科学、环境科学共同具有的综合学科的性质和特征，那就是这些学科都是为了满足人类的某种特殊需要，或者说都是为了实现人类的某种特定目标而建立起来的科学。这些综合学科的科学任务，并不是揭示自然界或人类社会的客观规律，而是首先要运用这些客观规律，去满足人类的某种特殊需要，或是实现人类的某一特定目标。如同地下埋藏的煤是人类利用的一次性能源，而煤发出来的电是二次能源那样，具有综合科学性质的那些学科所反映或揭示出来的客观规律，是在运用自然界或人类社会原有规律的基础上和过程中自然而然生成的，因此它就不再具有原生形态客观规律的那些性质，而是具有像二次能源、三次能源那样的二次规律或三次规律的典型特征，并且如果人们不是主动地坚持运用这些具有原生形态性质的客观规律去解决自己的实际问题，那些具有综合科学性质的二次客观规律或是三次客观规律便不会发生。也就是说，如果人们不遵守一次性的客观规律，那么二次性或三次性的客观规律便会自行消失而不再成为真实的客观存在。这一重要的科学发现，再一次打开了人们的科学眼界，充实和完善了人们对现代科学整体结构的认识，开辟了人类认识第三大科学即综合科学及其科学技术学科群的历史先河，为人们进一步认识自然科学与社会科学、纵向科学与横向科学之间相互交叉与融合的科学现象，以及进一步认识综合科学及其学科群的科学性质与学科特征，在认识论和方法论上提供了新的思路、新的尝试和有益的借鉴。

现在，刘潜先生已经是年过七十古来稀的老人了，身体状况也大不如前，因此不宜过多地参加社会上的学术活动了。若是时光能够倒流，我还是愿意经常与刘潜先生在一起，向他学习更多的知识与技能。

每逢夏秋时节，我都要请刘潜先生到我的休闲山庄来小住几日，或是避暑纳凉，或是观花赏月，或是采摘品尝，或是登高望远。那些追随刘老先生的安全界人士，有时也一同来访。我们大家聚在一起，经常是昼夜不分地探讨安全的理论问题，或是议论一些国内外重特大事故，以及这些伤亡事故所能给予人们的深刻教训。久而久之，我的这个休闲山庄，便也就成了年年聚会的安全理论沙龙。

2004 年的 10 月 2 日，刘潜先生和几位安全界的朋友，在我的休闲山庄书屋成立了安全系统学派。

安全学科科学的创建与安全基础理论的创新，是促进我国社会主义现代化事业，推动整个社会的进步与文明，以及保持国民经济持续稳定发展的迫切需要，因此，也是我们这个时代历史发展的一个必然趋势。安全系统学派的诞生，顺应了我国改革开放和社会经济全面发展的这个新形势的新需要，标志着在中国创建安全学科科学的工作，已经进入一个全新的历史阶段。

安全系统学派的宗旨，是以刘潜先生的安全学术思想为依托，以创建安全学科的基础科学即安全学为目标，通过多种渠道和多种形式开展学术活动，探索安全本身及其与人类生命活动相互关联的客观规律。这个新兴安全理论学派的现代科学基础，正如刘潜先生多次指出的那样，是科学哲学的思想、系统科学的方法、科学学的内容与框架。此外，人类所有的知识、经验与技能，以及包括中华民族传统文化在内的一切人类文明成果，也都将在方法、手段、措施上成为创建安全学的技术指导或学术支撑。

安全系统学派在学术思想方面，有两个核心观点：其一，是在科学理论方面的安全系统功能观，认为人类的各种生命活动及其系统，例如像企业那样具体的生产活动及其组织系统，如果从安全的角度和着眼点去考察，都可以看成是一个能够实现安全的组织结构，以及由这个内部结构形成的安全功能系统。人们有目的、有计划的生命活动所形成的这个可以实现安全的内在组织结构，是一个由人、物、事（指人与人、物与物、人与物之间相互关系的实现方式，即实现目标的科学方法或表现形式，如安全的政治、经济、军事、文化、科技、教育、思想、道德与法，还有安全的管理、质量、标准化等）三个安全要素，以及在人们特定的生命活动目标（例如生产任务或业务指标）的引导下，由这三个安全要素（即人、物、事）之间的内在联系（包括运筹、信息与控制）构成的非线性复杂功能系统。人类实现安全的内在动力，就孕育在由自己的生命活动及其组织形式所构成的这个非线性复杂系统之中。其二，是在科学实践方面的安全系统工程观，认为任何人类的生命活动，包括在生产或消费以及政治、经济、军事、思想、文化、科技、教育等方面的人类实践活动之中，都普遍存在着的关于人的身心健康如何免受体外因素危害，以及在多大程度上可以免受体外因素危害的安全问题，是一个需要由社会全体成员共同参与，并运用人类一切智慧和力量才能妥善解决的综合性社会系统工程。指导人们实现安全的方法论基础，是安全综合集成论。付诸安全系统工程实施的具体方法，是安全的综合集成技术，它涉及物理、化学等自然科学，法学、伦理学等社会科学，还涉及数学、系统科学等横向的科学技术学科群，以及这个横向科学技术学科群与自然科学、社会科学等纵向的科学技术学科群之间的相互交叉或融合，也涉及医学、环境、管理、军事、体育等综合的科学技术学科群。因此，这种所谓的安全综合集成技术，实际上就是为了实现具体安全目标而采取的一切可能运用的科学与技术的总和。

目前在社会上，包括教育界、企业界、军政界，乃至科技、文化、新闻、出版等领域，占主导地位（指占社会主流）的安全学术思想是系统安全的思想，也就是从安全性质否定方面进行伤亡事故研究的应用科学思想。由于持我们这种安全系统学派观点，或理解、赞同这些学术观点的人毕竟还是少数，所以有些人又把安全系统学派称为非主流安全学派，并把安全系统学派的核心理论观点，例如安全系统的思想，称为非主流学派安全观。其实，这个所谓的安全理论学派，还很不成气候，至今也没有什么可以影响大局的建树，因此在安全界的一些人看来，充其量也只不过是几个小人物在说大话而已。但我们这群不起眼的小人物，正是有志于创造历史的人。

四、闻鸡起舞

我常常一个人，在墙子岭长城下的休闲山庄静夜思。孤独的我，伴着天上寂寞的月和沉默的星。崇高的理想，催人奋进。每天晚上，我都要在这里读书或写作，有时直到天明。

在我们中国，讲有志之士及时地奋发向上还有一个成语故事，叫作“闻鸡起舞”。由于经常熬夜看书，我平时起得很晚，总是一觉睡到大天亮。可是，我却习惯在午夜之后醒来就想写点东西，那时窗外依然是满天星斗，而一心只想“笨鸟先飞早入林”的我，确实比鸡起得还早，简直就是在“起舞闻鸡鸣”了。有时却不然，我会被半夜梦中的一个闪念惊醒，于是便浮想联翩，兴奋得再也不能入睡，浑身的血液仿佛在沸腾，就这样在床上翻来覆去地一直熬到天明，当别人闻鸡起舞的时候，自己反而是闻鸡入睡了。一旦醒来，滔滔不绝的思绪便顺着笔尖，一直倾泻到了纸上。

2002 年的夏天，经刘潜先生的极力推荐，并在他的支持和鼓励下，我在休闲山庄书屋收了一名在读硕士研究生做弟子，此人后来成了大学教授和该校安全工程系的主任。

第一次在学术上为人师的我，一时还真不知向弟子说些什么才好，考虑了许久，最后还是认为，首先应该让他明白“做学问必先学做人”的道理，并向他说明了两个核心要点：仁者为人，无为而为；智者治学，不治而治。其中，“无为而为”是做学问的人要保持的一种治学态度，或者也可以说是要达到的一种思想境界，而“不治而治”则是获得创新思维能力必须掌握的一种治学方法。为了更好地概括或解读这些想法，我还专门作了一首提名《为人与治学》的小诗：仁者近山，虚怀若谷；智者似水，思绪如波。仁者为人，无为而为；智者治学，不治而治。

所谓“仁者为人，无为而为”，是指正直而又心地善良的人，无论为人还是做事，都不能带有“无为而无不为”的功利主义思想，而是要做到“无为而为之”，这就是顺其自然，人类的安全事业，是一项“以人为本”并且“与人为善”的公益事业，每一件具体的安全工作本身，就可以看成是一件积德行善的事情。“救人一命，胜造七级浮屠。”所以，从科学意义上来讲，只有心地善良，同时又富有社会责任感的人，才有资格去做安全工作，也才能做好安全工作。那些追逐名利，或是为追逐名利而甘愿被别人奴役的人，是永远无法获得真理的，他们不仅不能发现客观规律，更不能在理论上有所创新和突破。

所谓“智者治学，不治而治”，也不是说聪明的人就可以不学无术，而是说，聪明人做起学问来，不会只在具体问题上下功夫，不会去做什么表面文章，也不会轻易地跟在别人的后边乱跑，而是要有自己独特的科学视野，善于寻找和发现那些隐藏在每一个具体问题背后的东西，并从中揭示出客观的规律。做学问如同下棋，一个好的棋手，不会只看一步就走一步，而是至少要看明白三步棋，才肯走一步。日久天长，下的棋多了，自然也就掌握了其中的规律性。

物理科学对自然界里面各种物质运动研究的结果，证实了物质本身具有无限可分性，也印证了人类对包括自己在内的整个客观世界认识的无限层次性。例如，牛顿力学反映和揭示了宇宙天体之中宏观低速物质运动的规律性，爱因斯坦的相对论反映和揭示了宇宙天体之中微观高速物质运动的规律性，二者从不同的科学角度并通过不同的科学视野，共同反映和揭示了自然界在不同时空状态下的物质运动规律。牛顿的力学和爱因斯坦相对论，如实地再现了真理结构的无限层次性，这正是物质世界无限可分性在主观认识上的客观反映。

安全的科学知识体系及其所反映或揭示出来的客观规律，也像物理科学那样，具有层次性的真理结构特点。这是因为，在这个世界上任何客观事物的存在或发生，都有它必然要存在或一定要发生的原因，而在这些原因的背后，也总还会有这些原因一定要存在或必然要发生的原因。以此类推，直至无穷。这就从一个侧面上，反映或体现了人类对客观世界的真理性认识，只能是绝对真理的无限性与相对真理的有限性之间的辩证统一。任何真理性的认识，都是具体的，因而也都是相对的，只是由于人的主观认识从人类整体的意义上来讲可以不间断地接近于客观实在，所以人们反映或揭示的那些客观规律才具有了绝对真理的意义。由此可见，任何说出来或是写出来的知识，都有可能是即将被淘汰的知识，因为那些知识在说出来或写出来之前，就已经有若干理由作为学术上的支撑了。因此，我们做学问，不能简单地重复别人的东西，而是要在继承的基础上去创新，并且在创新的过程中去继承，这才是我们应该提倡的学习态度。

我要告诫弟子的是：当前理论研究的重点，应该放在安全性质的肯定方面，即客观事物整体的正面，或称为正安全形态方面，努力探索安全的客观规律，用以指导人们的社会实践。从安全性质的否定方面，即从客观事物整体的反面，或称为负安全形态的方面来研究不安全现象，也就是人们通常所说的事故研究，只能总结出安全实践失败的原因或教训，并找到不安全现象而不是安全现象的发生规律。这些大约在五十年前还是先进的东西，随着整个世界经济的增长和当代科学技术的进步，已经越来越不适应社会经济发展的需要了。进入到21世纪以来，我国重特大生产伤亡事故一直得不到很好的遏制，就是缺乏科学理论指导的明证。而美国“挑战者”号航天飞机升空77秒后爆炸，以及“哥伦比亚”号航天飞机在返回地球途中燃烧坠毁，在这两次事故中宇航员为了人类的航天事业全部遇难的事实，也都说明了事故研究不能有效地指导人们在当代高科技产业中的社会实践活动。

实事求是地讲，包括多米诺骨牌效应和轨迹交叉理论在内的事故致因论，对于诱导事故的发生是十分有效的，若是用来指导人们去解决生产实践中存在着的诸多安全问题，特别是还要在现代高科技生产力条件下取得成功，那就是很困难的事情了。任何一个智力健全的聪明人，都可以通过自己的实践活动感悟到：研究成功并努力进行成功实践的人，最容易获得成功，而研究失败且害怕在实践中失败的人，也最容易遭遇失败。

我们今天的科学目标，是走向成功而不是归于失败，是如何让人们在自己的实践活动中主动地去实现安全，而不是处处被动地防止伤亡事故的发生。从科学的意义上讲，安全与不安全是既相互联系又相对独立的两回事，或者说是同一客观事物的两个性质不同的侧面。安全有它自己必然存在的条件和规律性，不安全也有不安全必然存在的条件和规律性，二者虽然在某种特定的条件或情况下可以相互转化，但在客观上毕竟还是有着各自相对独立的存在条件和内在规律，因此是无法相互取代的，即便是排除了所有不安全存在的条件，例如在企业过程中克服了种种不安全的因素，那也不一定就会达到安全生产的理想目标。因为在人的非线性职业活动中，还随时可能出现新的不安全因素，或是出现新的不安全条件，这些新出现的不安全因素或不安全条件，还极有可能导致不安全现象的突然发生，或者再次发生。此外，在企业生产实际运营过程中，由于内外因素的相互作用和转换，也会引发新的不安全现象，例如腐败、不作为、管理不到位、制度虚设，以及不注意安全方面的投入、改造、更新，又如单纯追求产出，谋取高产值的掠夺性的生产等。所以，我们一定要全面、完整、准确地认识和理解安全，这是做好安全工作的基础和前提。如果一个人连安全究竟是个什么东西都搞不懂，又怎么谈得上做好安全工作呢？

如今，安全问题的研究，已经涉及人类知识的一切领域和人类生活的一切方面。只有立足实践，并且善于思考的人，才有可能从多学科角度去反复研究同一课题的过程中，做到在安全理论上有所发现、有所突破、有所创新、有所贡献。

我要弟子记住的是：人生最重要的是克服困难，一个人只有不断地克服自己在生存或发展过程中遇到的种种困难，才有可能更好地学习、工作或生活。而学习最重要的是方法，只有掌握了正确的学习方法，才有可能获得独立思考与理论创新的能力。同时也要记住：正直与善良、谦虚与勤奋、忍让与宽容，以及远见、奉献与坚持，也是成就事业必不可少的个人品质。我还要弟子记住的是：怎样克服人生遇到的困难，怎样掌握正确学习方法的有效途径，首先在于怎样认识或者理解什么叫作成功，以及怎样才能成功，因为只有以成功为奋斗目标的人才能获得成功。其实，人们平日里经常爱讲的所谓成功，并非高不可攀，也不是什么特别神秘的东西，而是每天坚持重复地去做一件看起来很简单的事情，只是因为持之以恒，所以才必见成效，这就是老师们在课堂上讲的质量互变的哲学原理，这就是人生道路上目标与行为之间相互关系的辩证法。但是，那些有了既定目标以后却总是想行而又尚未动的人们，将始终站立在自己原始的出发点上，永远也不会到达目的地，永远也不会获得成功，这也是质量互变的哲学原理，这也是人生道路上目标与行为之间相互关系的辩证法。

通过收弟子这件事，我深刻地认识到，在我国市场经济条件下，教育是不能走商业化道路的，否则将会误国、误民、误人子弟。正是因为此事，我才萌生了写本安全科学普及读物的念头。我在想：培养专业安全人才固然很重要，可是在我国目前情况下，安全基础理论知识的社会大普及更为重要。只有在全社会普遍提高人们的安全素质，包括普遍地提高人们自身的安全防护能力和安全文化水平，才能普遍地保障人们实际上应该享有的安全利益不被侵犯，并且在进一步提高社会全体成员安全消费水平的基础上或过程中，涌现出更多更好的安全人才。

我要写的第一本科普读物，涉及诸多安全基础理论问题，记录了我多年以来对人类安全的所见所闻和所思所想，写作素材主要来自两个方面：第一是在理论方面，我的全部安全基础理论思考都来源于刘潜先生的安全学术思想，以及这些学术思想对我个人在思维方式或理论创新上的启发和提示。第二是在实践方面，我的全部安全社会实践观点都来源于人们日常的真实生活，以及我个人和家庭的生活经历或生活体验。

记得那是在 2001 年 10 月上旬的一天傍晚，刘潜先生和我在墙子岭山下的小路上散步时说过，教育成功的标志，是用最少的知识培养人的最大能力。他还接着说，在我国像钱学森、茅以升、华罗庚那样举世公认的大科学家，他们在各自研究领域里学术水平高的表现，不仅在于他们当初成名时的那些论文或专著，而且在于他们成名之后，仍然能用最通俗易懂的语言或文字，去说明或讲述最抽象、最复杂、最高深的理论问题，使大多数外行人都能听得懂，也能看得明白。刘潜先生的这些话，我一直铭记在心，并且认为应该作为我个人科普读物写作的理论指导原则。而且，我现在也暗自下定了决心，今后不论遇到多少困难，都要坚持完成这本非主流学派的科学普及著作，因为我爱我师，我更爱我师为之奋斗的事业。

五、话说理想

提起人生理想，从小到大，几经坎坷，几多磨难，总以为自己是个“无志之人常立志”的人。小时候，我的理想是做个海员，几个好朋友一起乘风破浪，到世界各地去远航。自从苏联的第一颗人造地球卫星和第一个载人宇宙飞船相继上天之后，我又想做一名宇航员，为人类的未来生活去探索地外星空的奥秘。那个时候，我看过一场科学幻想电影，叫作《我是太阳的行星》，还看过一本科学普及读物，叫作《飞出地球去》，这就更加坚定了我要当宇航员的信心。从那以后，我每天早上五点多钟起床，做完体操还要沿着公路跑步五公里以上，就这样春夏秋冬地一直坚持了好多年。到初中二年级的时候，机会终于来了，1965年的春天，北京军区要从中学生里招收一批滑翔机的驾驶员，我高兴地报了名，可惜在例行体检时，因为身上做过手术留下了刀疤而没有被录取。那个时候在学校，每天下午放学前都要收听对中学生的时事广播节目，我们听了中印边界自卫反击战英雄事迹的报告，也听了知识青年回乡务农先进事迹的报道，因此我就动了心思，想着要退学报名上山下乡，到建设兵团或集体农场去劳动，在祖国最需要的地方重新树立起我的人生理想。那个时候我们国家的教育方针，是通过“教育与生产劳动相结合”的方法，来培养“德、智、体、美全面发展的人”。上小学的时候，我的母校北京朝阳区沙板庄中心小学（原华北农业机械厂的子弟学校）经常组织我们到附近的南磨房乡的农村去劳动，种蔬菜呀，拔麦子呀，刨花生呀，摘棉花呀，剥玉米呀，这些农活我们全干过。上到中学，我的母校北京市第26中学（原美国人在华教会创办的汇文中学），每个学年也都至少要组织我们到农村去劳动一个月。所以，我那个时候很向往到农村去过集体生活，以为可以一边劳动、一边读书，长大以后还可以做一个有益于社会、有益于人民的真正的人。况且，那个时候家里生活也很困难，我上中学一直是靠政府的助学金念书，如果我出去工作，至少可以为父母减轻一个人的经济负担，若是在外边干得好，还可以有条件供弟弟妹妹完成学业。父亲起初不同意，说是家里边生活再困难，也不想让我一个人到千里之外去谋生，他说我们一家人的生活再艰苦，也还是希望能够团团圆圆地生活在一起。可是在我临走的前几天，父亲还是把他珍藏多年的《共产党宣言》和《列宁哲学笔记》这两本书送给了我，并且嘱咐我说，一个人在外地工作要注意照顾好自己的身体，虽然离开了学校，咱们也要抓紧时间好好地学习。

第一个支持我去上山下乡的人，是我母亲的亲叔叔冯仲云将军，他当时担任水利电力部的副部长，我们从小都叫他“北京外公”。我的这个北京外公，是我心目中的英雄，他在学生时代就树立了为共产主义事业奋斗终身的理想，1927年五一国际劳动节前夕在北京加入了中国共产党，清华大学毕业以后，他受党的组织派遣，到东北三省开展抗日救亡工作。我的外公冯仲云，在冰天雪地的高山密林中，与战友杨靖宇、赵尚志、赵一曼等人，以及国际主义战士金日成、崔庸健、金一等人在一起，团结了除汉奸和卖国贼以外的一切中国军事力量，组建了一支又一支的抗日民主联军，用正义之师的热血和军魂，共同唱响了《义勇军进行曲》那首悲壮的歌。我的外公冯仲云，在1955年代表东北抗联战友和死难烈士们接受中将的军衔时，是唯一的一位没有穿军装的中国军人（因为他当时已担任东北松江省主席的职务）。他也是一位带领东北地区人民抗击外来侵略者、对侵华日军作战长达14年之久，并且坚持到最后胜利的中国将军。

听说我要上山下乡去，外公很高兴，特意把我叫到家里，给我讲了许多青少年成长的故事。外公对我说，在过去革命战争的年代，有很多英勇善战的红小鬼，屁股后边挂上一支盒子炮就是连长，他们不怕流血牺牲为之奋斗的革命理想，就是要让全中国的老百姓都能过上好日子。现在是和平建设时期，也需要大批大批革命战争年代那样的红小鬼，也还需要继续保持革命战争年代那种不怕困难和顽强拼搏的革命精神。他说，你是共和国的同龄人，现在还年轻，要做一个新中国和平建设时期的红小鬼，为新中国的建设事业而奋斗。外公接着问我，准备到什么地方去干什么工作，我回答说，已经和妈妈商量过了，要到山西省的一个集体农场，去搞专业的水土保持工作。外公听了高兴地笑着说，那好啊，以后咱们可就是同行了。我说，您是领导我是兵，咱们俩是同行不同岗，各有各的责任。外公沉思了好一阵子，才慢慢地对我说，过去许多和我在一起战斗的人，都为创建新中国英勇地牺牲了，我们这些活着的人，想起他们就心里难过，那些为理想而战的人们，当时谁也没有想着要去升官发财。我们这些在革命战争中幸存下来的人，要继承革命先烈未完成的事业，也决不能贪图安逸，决不能追求享受。我们共产党人执掌国家政权，不是要做官而是要革命，就是要更好地为人民服务。在我们新中国，一个人无论官做得有多大，都还是普通劳动者中的一员，都还要以一个普通劳动者的姿态去工作、去奋斗。外公接着说，山西省在太行山以西、黄河以东的黄土高原，历史上的黄土高原并不像今天这个样子，曾经也是一个森林密布、水草丰盛的好地方，只是由于千百年来人们对林木的乱砍滥伐，以及掠夺性地开荒种地和毫无节制地放牧牛羊，才使得这个自然资源丰富的高原上，覆盖了很厚很厚的黄土层，逐渐演变成千沟万壑、生态条件如此脆弱的地理面貌。外公说，黄土高原上的水土保持工作很重要，因为那里的水土流失现象十分严重，每年雨水从地表冲刷到黄河里的泥沙平均就有一厘米厚。我们建设的三门峡水电站，每年都要花费大量的人力、物力、财力去清淤，长此下去，这个水电站是迟早要报废的。他说，你们在黄土高原上搞水土保持工作的目的，就是要保住山上的水和土不下山。从战略意义上讲，水土保持工作的战略目标，是要恢复黄土高原自然生态环境的历史本来面貌。具体地讲，有三大战略任务：一是要让黄土高原变绿，二是要让黄河的水变清，三是要让黄河两岸的老百姓都富起来。他说，我们不仅要想方设法保住一个三门峡水电站，让它继续发挥造福人民的社会作用，我们还要在长江三峡上修水库、建电站，我们也要和平利用原子能，建设属于我们自己知识产权的核电站。他说，我们发展电力工业的一个重要任务，就是要让全中国的农村，也像城市一样在夜里都亮起来……现在可以告慰外公的是，当初他对我讲的那些设想，正在逐步地变为人们的现实生活。而我现在还要感激外公的，是他当年没有利用手中的权力为我在北京安排工作，并且鼓励我走上与工农相结合的路。现在想起来，虽然我当初的有些想法或做法还显得很幼稚，但正是从那以后，像北京外公那样做一个又红又专的普通劳动者，便成为主导我四十年职业生涯的人生目标和社会理想。

在中国，涉及个人、家庭或家族与国家、民族之间的相互关系，有许多不同的说法。有人说，“大河没水小河干”，因此主张先有国而后有家，或者说是有国才有家。也有人说，“小河有水大河满”，所以认为先有家而后有国，或者说是有家才有国。更有古代贤人们“家国天下”的传统思想，以及“修身、齐家、治国、平天下”的传世之言。总而言之，不论说什么或是怎样说，在我们中国，个人、家庭或家族的前途和命运，总是与国家的、民族的前途或命运紧紧地联系在一起的。我们家三代人为理想而奋斗的历史，便是一个很好的明证。

相传我们虞氏家族，是中国上古时期舜帝的后代。舜在年老以后，并没有把帝位传给自己的儿子，而是让位给治水有功的大禹，禹继位后，封舜的儿子居住在虞城，我们虞氏家族的这个氏，便由此而得名。后来，随着社会的发展和历史的变迁，我们的虞氏家族，又逐渐以黄河为界，分为东虞和西虞两支，东虞在黄河以东的汾河谷地，西虞在黄河以西的渭水平原。以后，又以黄河和长江为界，分为北虞和南虞两大血脉。北虞，生活在黄河以北的黄土高原及华北平原一带。南虞，就生活在长江以南的江浙平原。我的爷爷和我们这些虞氏子孙，属南虞浙江宁波支系的镇海扎马一族，是由浙江余姚迁居镇海繁衍而来，供奉的最高神主是唐朝的文人虞世南，次为始祖虞睿才（人称“六叔公”），排列辈分的字以祖先的遗训为序。

我的爷爷虞愚（1883—1948），字挺芳，晚年又字汀舫。爷爷从小热爱学习，十八岁那年，他考中清政府举办的最后一届八股科举的秀才。不久，便留学日本攻读科学，先后毕业于岩仓铁道学校、熊本高等工业学校（今改称熊本工业大学）的土木工程科。归国后，爷爷参加了清政府为选拔留学生人才举办的科举考试，又考中了首届洋科举的洋秀才。随后，爷爷奉命去考察东北各省的交通状况，那时他深感建设铁路为当务之急，于是具帖详陈并被政府当局嘉许，因此派在铁路方面主持路政，历任吉长铁路局总办、南浔铁路局总办、四郑铁路局局长、四兆铁路局局长。爷爷他把多年来修筑铁路、管理铁路得到的几百万银圆收入分成三份，其中一份分给了他的下属员工，一份分给了他的朋友们，还有一份银圆送回宁波老家，给族人们盖了大宅院，并且资助多人出国留学，余下的部分就捐给了当地学堂，支持地方兴办的教育事业。北伐战争爆发，爷爷弃文从武，在北伐军总部担任咨议一职，并受总司令的指派，到昔日东北军阀中的朋友那里策动兵变，以图响应北伐军的北上，并对平津之敌形成南北夹击之势。后因大帅有所察觉，及时更换了该将领的贴身卫队，此次举义没有成功。北伐军攻克江西，爷爷奉命出任南浔铁路局局长，北伐军占领上海，爷爷又奉命担任上海二五税局的局长（即中国内地税局前身）。民国政府建都南京后，爷爷积极参与实业救国活动，他创设了宏业窑业公司，从德国购置大批先进的机器设备，在中华门外的雨花台一带开设了中国早期的机制砖厂。抗日战争爆发，爷爷告病还乡隐居在宁波老家，他坚持不与日方合作，并对族人们说，决不干有损国家民族的事，绝不给子孙后代留骂名。日本飞机轰炸宁波后，爷爷受当地民众之托，找到担任日军宁波舰队司令的大学同学，当面怒斥了侵华日军屠杀中国平民的罪行。爷爷还利用与这名同学的关系，多次参与营救国共两党军政要员，以及当地的抗日民众。他还支持虞氏子弟多人参加新四军东江支队的抗日活动。抗战胜利之后，爷爷为改善当地民众的生活条件，亲自考察、设计并向政府申请在家乡修建水库，可惜他还没等到政府批准实施这个方案，便病逝于宁波老家了。我的爷爷是从封建王朝末期的战乱中走过来的中国近代知识分子，他在救国救民的过程中，选择了孙中山先生“民族、民权、民生”的三民主义，他为之奋斗的理想，是民族的独立和家国的富强，他留给子孙后代的遗训，是“振兴中华”和“辅国安邦”。

我的父亲虞謇（1930—2003），字慰庭，他是南虞宁波镇海支脉扎马一族自明朝续写家谱以来的第十八代传人。1954 年，父亲与他的同班同学欧阳中石、宋文坚等人一起，毕业于北京大学哲学系逻辑专门化研习班。由于学业优秀，他被班主任周礼全先生（曾任《哲学研究》月刊主编）分配到中共中央党校（那时又称马克思列宁主义学院），在哲学教研室跟着艾司奇、陈中平等人做实习研究员。1957 年，父亲因有“右派”言论被下放到山西太谷的农村劳动一年，1958 年因提出

《中央党校教学改革方案》，被当时的“理论权威”康生斥责为“右派分子”，因此受开除公职处分，并送公安机关劳动教养，失去人身自由 21 年。“文化大革命”浩劫结束以后，胡耀邦主持中央党校工作期间为父亲平反昭雪，在政治上恢复其名誉。后经周礼全老师和他的同学杜汝辑先生二人联合推荐，又经学业考察合格，父亲被北京政法学院（现中国政法大学）录用，在该校政治系哲学教研室任形式逻辑教员，就在那个学校，他参加了中国民主同盟。进入 20 世纪 80 年代以来，我的父亲和他的同事们，为满足国家在改革开放后培养大批法律人才的新需要，成功地把形式逻辑学引入司法工作的教育实践，开设了法学逻辑这门课程，创建了适合我国法律工作者专业特点的形式逻辑学。

自从父亲在政治上平反之后，就把自己的全部心血，都用在了培养专业的法律人才上。他认为：一个法律专业的大学生，如果期末考试不及格，那只是学习能力或学习方法问题，不及格还可以补考，没学会不要紧还可以再学，直到完全学会为止。但是，如果在考试中作弊，那就是个人的道德品质问题了，要是在校期间仅仅为了获得一张大学毕业文凭就这样不择手段，那么将来在司法工作中，就有可能为了个人或小集团的利益，有意识地去制造冤假错案。父亲的这个司法教育观点，随着时间的流逝，慢慢地在自己的工作实践中清晰起来。有一年春节，在司法部部长和该部高教司司长给父亲拜年的时候，他向这些国家主管司法教育的领导坦诚地表达了自己的上述观点，说是我们要为国家培养有理想、有道德、有正义感和社会责任心的法官，绝不能向社会输送有可能制造冤假错案的人。为了培养更多的法律人才，父亲不仅在本校历届本科生班、大专班和双学士班参加教学工作，还被评上“优秀教师”，并且也参加了校函授部的司法教学工作，如在本市开设的“北京班”“特警班”上课，又如为配合全国司法工作者达到大学水平的业余培训，在石家庄、邢台、张家口、承德、朝阳、秦皇岛、唐山、天津等地开设的教学点讲课，为此父亲还获得了“十年函授优秀教师”奖。此外，父亲还参加了北京多所正式高校外聘的教学工作，有北京大学专修、北京大学分校、人民大学分校、北京中国新闻学院、中国中医药大学，以及北京大学法学院的高检学员班、北大分校的解放军司法班等。另外，父亲也参加了北京部分城区的成人教育工作，如东城区、西城区和海淀区的职工大学，东城区主办的高等教育自学考试辅导班，海淀区主办的律师考试辅导班和高等教育自学考试辅导班。据父亲生前对自己从事逻辑课教学情况的统计，他从 1979 年平反到北京政法学院（后改为中国政法大学）参加期末辅导开始，1980 年正式上课，1993 年下半年退休到 1996 年因病彻底停止讲课，共计讲课 17 年整。他培养的学生从中央到地方，从厂矿企业到机关、部队、学校，每年仅听百人以上大课的学生就有千人以上，17 年听课学生人数总计超过万人次。

就在那一年期末考试之前进行总复习的时候，父亲的身体终于累垮了。他在年轻时因为受到政治迫害致残，左眼视物不清并且出现盲点，胃上蹿升至横膈膜以上引起食道溃疡，在左胸肋处开刀做过大手术。他的尘肺病严重发作，导致肺部有三分之二已经钙化失去吸氧功能，余下的部分受到感染也有炎症，他每天总是喘着粗气靠在写字台前备课，行动十分艰难。为了不影响孩子们的学业，他让自己的学生背着，从校园里教工宿舍的家到教室里去上课，讲完课，又由几个男同学轮流背着回到三层楼的家，就这样一直坚持到学生放假。又有一年的秋天，父亲在为北京大学分校的学生们上课时昏倒在讲台前，幸亏被听课的同学们及时送到了北医三院。那时有八个教学点因父亲病重住院而停了课，每到探视时间，在病房里、楼道里和院子里挤满了看望他的老师和学生。父亲在脱离生命危险以后就申请出院了，直到给这几个学校的学生们复习、考试、阅卷、讲评完毕，才又回到医院继续治疗。从那以后，父亲每年都要住上一两次医院，一住就是一两个月。因为自己还能讲课，父亲虽然身患重病，心情始终还是很舒畅的，他把学生看成自己一生中最大的财富，并且经常为学生们取得的成就感到高兴。父亲曾经骄傲地对我们说，著名歌手成方圆在 27 岁时跟他学过形式逻辑学，著名法官宋鱼水也是他们政法大学毕业的学生。有一次，父亲从东北讲课回来，得意地对我们说，临行时他的学生们身穿警服、肩挎手枪，全副武装地列队在火车站上欢送他，那场面可真是热闹极了。妹妹马上就跟父亲开了个玩笑，知道的人明白那是学生们在送老师，不知道的还以为是警察在押送什么重要的犯人呢，哈哈哈哈！

父亲生前的最后一名学生是我们厂里的青年女工。那人因为在学习上不得法，在上一年度的高等教育自学考试中逻辑学不及格，也不知听谁说我父亲在大学里讲授逻辑学，就跑来找我，想让父亲给她辅导。在征得了父亲的同意之后，我把那位女工带到了北医三院的呼吸科病房。那时我父亲在退休返聘三年以后，因为身有严重疾病无法继续讲课而住进了医院。他在年轻时受政治迫害患上的尘肺职业病已从Ⅰ期转入Ⅱ期，并且还患上了肺气肿，呼吸极度困难，每天要依靠经常吸氧才能维持正常生活。恰逢那天不是医院规定的探视时间，外人不得进入病房，父亲就只好站在病房前的楼梯旁，身子靠着墙，额头上渗着汗，还一边喘着粗气一边讲，当他把这门学科的全部知识要点串讲一遍之后，又为她解答了一些难点问题，从头到尾辅导了三个多小时。值得庆幸的是，这位青年女工后来不仅通过了形式逻辑课的考试，而且拿到了大学毕业文凭。不知什么原因，父亲给这位素不相识的年轻人串讲答疑的身影，成了挥之不去的记忆，深深地印在了我的脑海中。这使我想起小时候经常和奶奶生活在一起，从来也没有感受到什么叫父爱，以前总是以为我的父亲不是一个合格的好父亲，特别是他曾经遭受 21 年的冤狱，从小就给我们三个孩子带来了无尽的苦难、屈辱和伤痛，但父亲却是一个天下难得的好老师，他对自己的学生都很包容，也很用心，即便是在长期重病缠身的情况下，也会耐心细致地给学生们答疑解惑。后来，直到我也参加了北京市举办的高等教育自学考试，我也成了父亲的学生跟着他学习形式逻辑知识，才真正地感受到他慈父般的关爱和温暖。

我的父亲是新中国培养出来的第一代大学生，他在纪念北京大学 100 年校庆发表的文章中写道："对母校印象最深的是老师的教导和同学的友谊。"父亲这一辈子，经历了从脑力劳动到体力劳动，又从体力劳动转向脑力劳动的传奇式人生旅程，他为之奋斗的社会理想，是培养优秀的法律人才和建设现代民主国家，他的遗愿是兄弟姐妹之间要"相互团结、相互谅解、相互帮助"，他告诫子孙后代，每个人都要关爱生命、珍惜人生，"好好学习、好好生活"。

自从父亲去世之后，我又一次有了时间上的紧迫感。为了实现人生理想，并且充分利用现在还是行动自如的有限时间，我题了个座右铭来鞭策自己，这就是：今日永不再来！

我现在的理想，是争取在有生之年写上三本科学普及读物，记录自己这辈子学习、工作和生活方面的某些人生感悟，并且把这种在人生旅途上恍然之间的觉悟，以及由此而引发的所思所想称为“恍然大悟”三部曲。

我的“恍然大悟”（第一部）叫作“安全的生成与消亡”，研究和探讨的是安全学及其相关理论问题，全书分为三个写作单元，第一篇安全的生成，第二篇安全的存在，第三篇安全的消亡。“恍然大悟”（第二部）叫作“安全的语言与逻辑”，研究或探讨的是安全语言学和安全逻辑学问题。“恍然大悟”（第三部）叫作“安全的科学与工程”，研究或探讨的是安全科学学和安全工程学问题。

我的读书学习，受家庭状况经常变化的影响和社会历史条件变动的制约，在很长一段时期内，总是读书时间不长也不系统，或是想读书而又没有什么书可读，学习上是干什么学什么，以干的工作为主，学习内容上也大致是为当时的工作实践服务的，很少接触到基础理论方面。因此，文化程度（学历）不高又没有什么写作经验的我，直到六十岁才敢于提笔著书立说，开始有目标、有计划地去读书学习和研讨学问，这就需要集中自己的全部精力，一边系统地看书学习，一边研究或讨论问题，其中的艰难之处可想而知，我这也是“知其不可而为之”，只能“尽人事、听天命”，一切顺其自然吧。现在，支撑我身心健康的唯一信念，就是完成这三本科普读物式的学术著作。并且每当我拿起书本或是提起笔来的时候，就仿佛离开了喧闹的人世，进入另一个无比快乐的新世界。近几日我常想，这也许是我向人生终点冲刺过程中最悲壮的一搏了，假若是因为健康原因，或是写作时间拖得太长而出现了什么意外情况，我的“恍然大悟”的第一部或第二部，可能就成为向读者告别的辞世之作了。每当想到这里，外公冯仲云将军和他们东北抗日联军英勇作战的身影便又浮现在我的面前，他们用鲜血和生命做注的《义勇军进行曲》便又一次在我的心中唱响。于是，全身涌动的热血，仿佛也跟着那悲壮的乐曲一道沸腾起来。

六、夜与黎明

北京墙子岭长城一带的夜景，格外美丽。冬日里强劲的风，吹得天上的几颗寒星一闪一闪地眨着眼睛，与山坳里星星点点的几盏孤灯遥相辉映。在这又冷又静的晚上，偶尔还会有流星划过夜空，转瞬即逝，在天边留下了长长的一线光明。夏天的夜，碧空万里晴无云，一轮弯月如钩，高高地悬挂在墙子岭长城的烽火台上。无数星斗汇聚成天河，如豆般地洒在天地之间。站在院子中央一眼看去，满天的繁星，又像那国际大都市里的万家灯火，一片通明。午夜过后，若是仔细观察，你就会见到几颗人造地球卫星，静静地在闪闪的星海中快速穿行。若是抬头远望，你还会看到那闪烁着的北斗七星，正趴在大瓦房上遥指着北方，向你频频地发射出诱人的天蓝色星光。

在那夏秋之际天蓝色的星光下，还有一群一群尾部也会发出天蓝色光亮的萤火虫，在树林里或是草丛中飞来飞去，有时也飘过小溪和院墙，飘过山坡飞向山梁，像天上的星星纷纷落下来，到人间四处走访。在远处的山坡或山梁上，那些飘移不定的点状蓝光，让你也分不清究竟哪些是虫，哪些是星。

月到中秋，大如饼。那一片片鱼鳞般的白云彩，托起了一个柠檬般的黄月亮，漂浮在墙子岭群山与丛林之间的上空。如水的月光，照在这山、这河、这林，也照在这田野、这村庄，照在这巨龙般腾飞的万里长城上。微风阵阵吹来，彩云轻轻移动，不一会儿，就遮住了那个圆圆的大月亮。山川大地，顿时暗淡下来。但是，在一处处大山的背后，却依然亮着微弱的光。那浅蓝色半透明的微光，映衬在黑色山体的上方，清晰地勾画出群山起伏的轮廓，仿佛在天地之间又涂上了一层过渡的颜色，罩在山坡与山梁上，形成一个个光的环。

漫步在山间小路上的我，望着洒满月光如龙摆尾般曲曲弯弯的地，点缀在群山之巅一颗颗闪烁的星，不由自主地又想到了安全，以及它与人类的未来：我们人类，连同我们踩在脚下的那个地球，还有围绕着地球旋转的那个月亮，都是今夜这满天星斗的一部分。在这个繁星似海的天体世界里，人类的诞生使地球生命物质的运动达到了历史发展的最佳形态，它反映或体现了宇宙天体自然历史演化进程中的一种自我创新。如果说，具有智能的人类可以称得上是宇宙之精灵的话，那么，安全作为与人类同步起源的伴生物，就可以称为人类这个宇宙精灵的守护神了。

在宇宙天体极其有限的适合生命存在的时空环境中，安全就像阳光、空气和水一样，也是人之所以能够成为人而在自然界得以生存和发展的必要条件。人类只有在安全的基础上和在安全的条件下，才能通过劳动完成自己创造自己、自己完善自己、自己发展自己的自然历史使命。当太阳系的自然历史演化过程即将发生非常规性重大变化之时，人类将离开地球这个曾经赖以成长的摇篮，到宇宙深空去寻找新的生活环境。那时的人类文明将面临一个历史性的抉择：是在自然界继续存在，还是随着宇宙天体的演化自然消亡？而判定人类对这种生死抉择是否正确，即人类的行为是否符合客观规律的终极评判者，不是别的什么东西，正是不以人的意志为转移的安全。此时，忽然又想起了少年时代在梦中得到的那句诗，叫作“繁天星夜图，一江浪天游”，至今未解其中之意。我想，从某种意义上来说，这也许就是在预示着人类的未来吧！

想到这里，我的心禁不住在夜空中飞翔。于是，我又望着满天的繁星暗自狂妄地想：当太阳的光辉在宇宙天体上成为真正的历史之后，我们脚下踩着的这个地球，以及使地球成为行星而存在的那个太阳系，也许早已不复存在，或是已经演变成其他星系。人类在那浩瀚无际的宇宙天体中，必然又要去创造新的生存条件，探索并发现更加辉煌的新太阳，迎接新的黎明和新的曙光。若是社会真的发展到了那个历史时刻，人类也就如同无数神话传说中所讲的那样，真正地开始享受到天上人间的幸福生活了，而这一切，全靠安全这个人类的守护神来提供保障。

住在京郊山区下梁会村的那几年，我也经常邀请一些朋友，到休闲山庄来避暑、纳凉、爬山、赏月。

有一天，我在小学时同班同桌的那个同学也来了。我俩恍如隔世相见，回忆起童年的那些妙闻趣事，真是令人激动不已，感慨万千。望着窗外的青山，我挥笔含泪写下了诗句：“弹指阔别四十载，昔日好友又重逢。当年欢笑今犹在，回首已近夕阳红。”岁月虽然已经流逝一去不复返，但我们的友谊，却似这绵延的燕山山脉和那高高山峰上的青松，常在。

和同学在一起对陈年往事的追忆，让我更加深刻地感悟到了计划人生的重要意义。一个人的生命及其全过程，在宇宙天地之间是以时间为单位计量、以空间为单位来展现的。每一个人在自己生命的时空坐标上，都会产生出许多想要达到的心愿，其中可以实现或者说是能够实现的愿望叫作理想；无法实现或者说是不能实现的愿望就称为梦想。但是有的时候，人们的理想与梦想之间也是可以相互转化的，这个从量的变化到质的飞跃的过程，除了一定要具备某些必要的条件之外，全靠人的努力奋斗。那些看起来似乎不可能实现的梦想，经过个人或几代人坚持不懈的努力，也有可能转变成可以实现的理想，这就叫作“好梦成真”。而那些看起来完全可以实现的理想，若是不去努力争取，也终究不过是一个无法实现的梦想而已。由此可见，人不能放弃努力而永远生活在梦想之中，在这个世界上没有计划的人生是最可悲的，人只有确定了自己的生活目标，并为之制定了相应的可行性规划之后，才会生活得有意义，因为人生的价值就体现在实现理想的奋斗过程之中。如此看来，人生最重要的就在于克服困难，为实现自己的理想而奋斗。

一个人从出生到尽享天年，在个体发育的每个年龄段上，都有着自己独立的生理和心理特点，因而也就存在着各不相同的人生目的和与之相适应的阶段性奋斗目标。我的寻梦之旅，是从 16 岁上山下乡开始的，在黄土高原东段的吕梁山区，我从涉世之初不太懂事的毛孩子，成长为自食其力的劳动者，使少年时期对未来生活的种种梦想逐渐具有了理性的色彩，并最终转变为现实生活中人生的社会理想。在这个争取好梦成真的奋斗过程中，我逐步纠正了个人身上存在着的诸多缺点或错误，克服了人生在前进道路上的重重困难，经历了从边干边学到边学边干的心路历程。时至今日，我还是把学习与实践看作实现理想最有效的方法或途径，并以此为依据，选择了学至永远的人生终点。

我少年时代的几位知青战友，每逢夏天，也都要到这儿来健身、纳凉。晚上吃过饭后，大家散坐在院子里的梨树下，看星星、聊家常，偶尔也会谈几件上山下乡的往事。

回想起那个为理想主义而奋斗的历史年代，全身的热血还在沸腾，至今依然让人自豪、让人激动、让人鼓舞、让人振奋，同时也会让人叹息、使人惆怅。直到今天，我们知识青年当中的一些人，仍然生活在当年那段理想主义的洪流之中，保留着当年的那些艰苦朴素的生活习惯，保持着当年的那种无私无畏的冲天干劲和忘我奋斗的工作作风。触及灵魂的过去和风雷激荡的年代，促使我们更加满怀豪情地展望未来。

追忆过去，我们永远怀念在黄土高原上为建设贫困山区而献身的北京知识青年，永远怀念那些当年为实现崇高理想和创建伟大事业而在奋斗中不幸遇难的亲密小伙伴。他们，是中国青年为人民服务的好榜样；他们，是祖国现代化事业的开路先锋；他们，也是振兴中华的民族英雄。他们化作天上永恒的星，祝福着我们这些幸存下来的每一个人。他们也将融进我们满腔的热血，永远活在我们这一代人的心中。

我的那些安全界的朋友们常来此做客，几个小人物在茶余饭后，或者是酒足饭饱之后，就会信口开河起来。那些人只要一开口讲话，就会指手画脚地说个没完。

记得有一天晚上，我们几个人在一起，共同讨论安全的性质及其表现形态，以及如何同步地表示安全质量在人们职业活动中的动态变化问题。一开始，大家还能心平气和地各抒己见，后来就七嘴八舌地越说越热闹，越说越兴奋，直到彼此之间激烈地争吵起来，结果是谁也说服不了谁，最后只好以鼾声结束了这场学术论争……月光消失在小宅院里的井床上，启明星隐藏在群星之中开始闪出耀眼的光，而我们这群睡梦中的地球人，却还在黑暗中摸索着前行……

一阵又一阵的鸡鸣狗叫之后，天亮了。太阳，从我眼前这座大山的背后，一蹦一蹦地跳出来，突然一下子就光芒万丈。那辛苦奔波的红太阳，终于冲破了黎明前的黑暗，把它自己的光和热，又一次无私地洒向了蔚蓝色星球的这一面。你看那初升的太阳，红彤彤地站在墙子岭长城边的那棵大树的梢上，放射出耀眼光。那耀眼的太阳光，金灿灿地照进密密的丛林，照在青青的山坡，也照到悬崖之上的小村庄。刹那之间，天上和地下便是一片金黄。面对着如画的清晨山景，我又添了一首题为《山野小村》的诗："墙子岭上万里霞，烽火台下有人家。鸡鸣狗叫炊烟处，看似青坡望是崖。"

在阳光照射下，山林中的雾气也渐渐消散，远处的山和近处的林，越来越清晰地显现出来。各色各样的小鸟，也不知从什么地方陆陆续续地飞过来，在村边的灌木丛或草地上，在果树的枝头上或枝杈间，钻过来，跳过去，愉快地歌唱。那铜铃般清脆的泉水流淌，伴着小鸟们婉转动听的歌声，汇成了墙子岭山区的第一支黎明圆舞曲，有节奏地在绿色的山谷里、在绿色的原野上，回荡，回荡……

北京墙子岭长城下的这个小山村，有着令人向往的自然生态环境和社会人文环境，是一个读书、写作与休闲、健身的好地方。若是小住几日，清晨爬上村旁的山坡或山梁，在阳光下领略这里的山野风光，你会觉得这是与都市生活完全不同的另一种享受：那满目绿色的山林，养护着你的眼；那徐徐吹来的山风，轻摇着你的肩；那清澈甘甜的山泉，滋补着你的身；那勤劳质朴的山民，感动着你的心……这里的空气，真是好极了，简直就是我们这个国际大都市里的一个大氧吧。在阳光下，漫山遍野的绿色植物，经光合作用释放出来的那些新鲜空气，会透过肺叶一直涌进五脏六腑，让你顿时感到全身舒畅，而且还是精、气、神俱爽。

我们曾经在雨中听雨，我们也曾在风中沐浴，那山上随风摇摆着的小花和小草，那高山之巅漂浮滚动着的茫茫云海，那身边绿色的峡谷和山下一望无际的绿色原野，还有那漫天闪烁着的星斗，那高高云天之上广阔无垠的太空。大自然展示的这一切令人神往，而它的美妙无比之处，也就在于让人的身心自然而然地与它亲近、再亲近，直至最终融为一体，形成天人合一的宇宙奇观。朋友，如果能够身临其境，你也会情不自禁地去亲近大自然、拥抱大自然。朋友，如果能够身临其境，你也会融入大自然、感恩大自然。朋友，如果能够身临其境，你也会发出生命如歌的赞美与呼唤，并且从此更加珍惜生命，更加热爱生活，更加关注自己和身边所有人的生命安全与职业健康。

结束语

又是一个炎炎夏日的清晨，我站在北京墙子岭长城高高的残垣之上，迎着光芒万丈的太阳，眺望远方。只见那迷雾云海之处，绵延起伏的万里长城，以及燕山山脉那层层叠叠的山峰，正簇拥着一轮红日，不断地涌动、翻腾。天地万物，也都在这金色的阳光下，自然而然地生长、运行。那些昔日从海底上升而终于形成的座座高山，虽然历经千年万载的地质变迁，今日却依然气势非凡。随着古都北京现代文明的开拓与发展，这些驮着万里长城的崇山峻岭，逐渐演变成为一道道具有阻挡风沙、调节气候、涵养水源、净化空气等多种生态功能的绿色屏障。

北京的墙子岭长城，镇守着从承德避暑山庄方向进入元大都及明、清两代皇城的天险要道，是万里长城上又一处具有战略意义的重要关口和兵家必争之地。这段墙子岭长城，坐落在距北京密云以东约四十千米的燕山山脉上，据说是明朝将领戚继光当年驻守在这里时，亲自督促重新修建而成，至今在民间还流传着许多神话故事和传说。在今天的墙子路火车站旁，还有一处名叫“墙子路”的小村庄，当年也在那里修建了与万里长城主城墙相互联通的战略分岔，以及北边临崖，并在东、西、南三个方向上筑有城门的军事大城堡，整体建筑布局依山傍水守在路旁，构成了一个可以屯集重兵，并且攻守自如的坚固要塞。历史上的明长城墙子岭段修复之后，戚继光便在这里派驻了一个团的兵力镇守边防。那时明朝军队一个团的编制，称为“路”，所以在墙子岭长城驻守的这支军队，别称就叫 “墙子路”，久而久之也就渐渐地成为墙子岭驻军的地名了。如此而论，现在墙子路火车站及旁边这个村庄的命名，便是由昔日当地驻军的那个名称演变而来，是墙子岭长城战略分岔处驻扎着一个团兵力的意思。

万里长城在北京墙子岭天险要道上的这个战略分岔，就是历史上曾经与雁门关、山海关齐名的墙子雄关。当年杨六郎镇守三关时，在此把一杆金枪插在墙子岭吓退十万金兵的神话，如今还有人偶尔说起，当年“墙子雄风”的城门题记，至今也还铭刻在老一辈子人们的记忆中。可惜近百年来，中华民族经历了太多的战乱与浩劫，这些由著名军事城堡在山野巅峰之间构成的古代大型军事建筑群，如今早已是荡然无存，后人也只能在此凭吊它的历史遗迹，缅怀它的昔日辉煌了。

我站在高高的墙子岭长城之上，向着太阳升起的地方远望，那层层的山和层层的云，一直绵延到了天边。穿过万里长城这个中国古代文明的时空隧道，我看到了万山丛中升起的红太阳，又蓦然想起了古希腊哲学家赫拉克利特的那句名言：“太阳每天都是新的，永远不断地更新”。我愿人类的安全事业，也像这初升的太阳，日日创新、天天向上。我也要学那初升的太阳，燃烧自己，照亮人类在茫茫宇宙之中争取生存和永续发展的路。

［2005 年 6 月初稿于北京休闲山庄，2015 年 11 月定稿（第 28 稿）于北京政法社区］

一位罹患尘肺病的大学教授 ①

——怀念父亲虞謇先生

仅以此文献给我的父亲，也献给在种种职业危难中亡故的人们。愿天下的劳动者，都能获得职业安全与健康。愿天下的母亲和孩子，都拥有一个幸福欢乐的家。愿天下的父亲，一生平安。

——代题记

我的父亲虞謇先生，是中国政法大学副教授，中国民主同盟成员，2003 年 4 月 11 日下午因Ⅱ期尘肺导致呼吸循环衰竭在北京逝世，享年 72 岁。一位在大学讲坛上传授逻辑学的教师，远离粉尘作业环境，怎么能患上尘肺这种职业病呢？其中的原因，还得从父亲所经历的那个年代说起……

遭遇挫折

我的父亲虞謇先生，字慰庭，1931 年 1 月 8 日出生在浙江镇海的一个耕读之家，是虞氏家族在宁波这支血脉自明朝以来谱系排序的第十八代。

1950 年 9 月至 1951 年 7 月，父亲在北京辅仁大学哲学系一年级学习，1951 年 9 月随全系并入北京大学哲学系，至 1954 年 7 月本科毕业。当时在北大的同班同学中，读形式逻辑专门化或逻辑组的有欧阳中石、宋文坚等十人，读辩证唯物主义和历史唯物主义专门化的同学还有侯鸿勋、赵士孝、刘唯等十余人。负责逻辑组的是后来主编《逻辑百科词典》的周礼全先生。在纪念北京大学校庆出版的《北大人》第二卷上，父亲写道：“对母校印象最深的是老师的教导和同学的友谊。”

图 1　父亲虞謇先生(后排左二)1954 年在北京大学毕业时与同班同学的合影

1954 年 7 月至 1958 年 2 月，父亲在中共中央马列学院哲学教研室任资料员，后转中共中央高级党校社会科学研究室任研究实习员。在此期间，父亲与校长杨献珍先生在学术观点上有分歧，后因著文《怎样运用物质第一性和意识第二性的原理到实际工作中去》又冒犯了当时的“理论权

----

① 原载《现代职业安全》2006 年第 4 期（总第 56 期），第 78-80 页，由邱成策划、编辑，后又收入欧阳中石、李泽厚等所著《文化集思》，人民出版社 2013 年版，第 545-550 页。

威”康生，被斥“歪曲攻击马克思主义哲学的根本原理”“反对马克思主义的世界观”。不久，父亲就被中央党校下放到山西太谷的农村去劳动锻炼，一年后回校报到时被当场拘捕，并宣布为“极右分子”，开除公职送劳动教养（那年父亲27岁）。从此，父亲开始了他长达21年的冤狱生活。

疑似尘肺

父亲从最初接触粉尘作业环境到“1978年检查为可疑矽肺Ⅰ-0”（河北长征医院1985年5月20日给北京职业病防治所出具的证明），历时20年；从疑似尘肺（矽肺Ⅰ-0）到确诊为“Ⅰ期尘肺并感染”，历时8年。

图2　20世纪80年代初，父亲虞蓍先生被中共中央党校平反后，调中国政法大学任逻辑学教员

父亲在错划右派劳动教养的21年中，有16年是刷砂工（清刷铸铁暖气片上的浮砂及铸造砂芯）。1985年8月27日，中国政法大学在给北京市职业病防治所要求诊断父亲是否患尘肺病公函的一系列附件表明：“该工种系较严重的粉尘作业”（长征汽车制造厂出具的证明），“粉尘浓度较高”（邢台市职业病诊断小组出具的证明），“工作环境差，粉尘浓度超过国家规定”（北京拖拉机公司出具的证明）。

1979年12月，在胡耀邦主持中央党校工作期间，虽然为父亲平反昭雪并恢复政治名誉，但他的身心健康已经受到严重摧残。20多年的超强度劳动（一人干三个人的工作定额，即每天必须给3000个暖气片刷砂），使他的胃部窜至胸腹隔膜以上，由于食道长期受胃酸的侵蚀，形成食道裂孔疝，平反后不久就做了开胸的大手术。父亲在术后进食还是很困难，吃东西经常连续不断地打嗝。长期的重体力劳动，还造成父亲的腰肌劳损，痛得他晚上经常睡不好觉。他的左眼因进入异物而出现盲点，看一个物体只能见着边缘，看不见中心部位。例如他看电灯，只能见到灯光而看不见灯泡。特别是父亲的肺部长期受到粉尘污染，经常胸闷、气短、有时还咳出带血丝的黏痰来。

父亲的肺部由于受到严重的粉尘污染，肺叶的吸氧功能在不断下降，血液中经常处于缺氧的状态。有一年秋天，父亲突然晕倒在讲台上，幸亏学生们及时送往北医三院抢救，才保住了生命。为了不耽误同学们的功课，父亲在病情稍有缓解的情况下就强行出院。他每天上课，差不多都是由学生们从家里背到学校，再由两个人扶上讲台；下课后，又由学生们将其背回家。就这样坚持到讲完逻辑学的全部课程，并在串讲复习、考试阅卷之后，父亲才又继续住院治疗。

重症十年

父亲从1993年5月诊断为“Ⅰ期尘肺併感染”，到2003年1月被诊断为“Ⅱ期尘肺并肺内炎症，慢性阻塞性肺气肿，肺源性心脏病，心衰Ⅳ°、呼吸衰竭Ⅰ°”，10年间病情逐步趋向恶化。

令人费解的是，不知什么原因，父亲在47岁时（平反前夕）检查为疑似尘肺，直到他62岁

（退休前夕）才被确诊为“Ⅰ期尘肺并感染”，竟然相隔 15 年，不仅失去了清洗肺叶的最佳时机，并且也彻底地失去了康复的可能性。1993 年 1 月 6 日，北京市劳动卫生职业病防治研究所附属职业病院对父亲的身体状况做出诊断和建议：“Ⅰ期尘肺并感染，需吸氧气”。此后，父亲每天不得不依靠吸氧气维持生命。那时，父亲的肺部已有 2/3 以上钙化（纤维化），失去吸氧的功能，余下的部分尚有炎症。父亲几乎每年都住院治疗 1 至 2 个月，几乎用遍了所有消炎的西药。由于长期使用西药而产生了抗药性，最后也没有办法消除他肺部的炎症，只好改服中药。后来，北医三院的中医专家也说无能为力，便建议采用中西结合的治疗方法，或是做换肺手术。

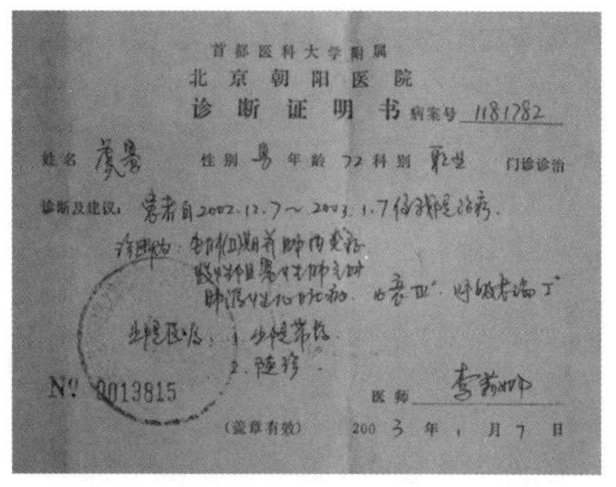
首都医科大学附属
北京朝阳医院
诊断证明书 病案号 1181282
姓名 虞謇 性别 男 年龄 72 科别 门诊诊治
诊断及建议：患者自2002.12.7～2003.1.7住我院治疗.
医师
(盖章有效) 200 3 年 1 月 7 日
№ 0013815

图 3　父亲虞謇先生病重期间，医院开具的尘肺病诊断证明

2002 年 12 月 7 日和 2003 年 2 月 11 日，父亲因心肺功能衰竭，连续两次住进朝阳医院。这次住院较危险，父亲的病情按法定医学鉴定程序，已由Ⅰ期尘肺诊断为Ⅱ期尘肺，同时并发肺内炎症、肺心病、肺气肿等多种疾病。由于肺功能的逐渐衰退，造成长期供氧不足，父亲的全身血液严重缺氧，这就加重了心脏的负担，他的脚也开始水肿，行走不便，呼吸很困难。父亲的喉咙里经常有很黏很稠的黄痰卡在那里，要费很大的劲，直到涨红了脸才能勉强把痰吐出来。医生用了大量的化痰药，才使症状有所缓解。

2003 年 3 月 5 日，父亲第二次出院时拿了些中药，吃了几副还算见效。4 月初，朝阳医院的中医大夫要求父亲门诊，以便诊断病情对症下药。这下子可惹出了大麻烦。父亲在医院等着取药时受了凉，回到家里就发起烧来，加重了病情。父亲 24 小时不间断地吸着氧气，还是感到呼吸极度困难，并且还出现了短时昏迷和幻觉现象。我们全家人的心情，也从此沉重起来。

离别时刻

父亲从 2003 年 1 月被诊断为Ⅱ期尘肺，到 2003 年 4 月病危送进朝阳医院，仅仅 3 个多月时间。我们最不愿意接受的现实，还是来临了。尘肺病在折磨了父亲大半生之后，终于在住院后 3 天夺走了他的生命。

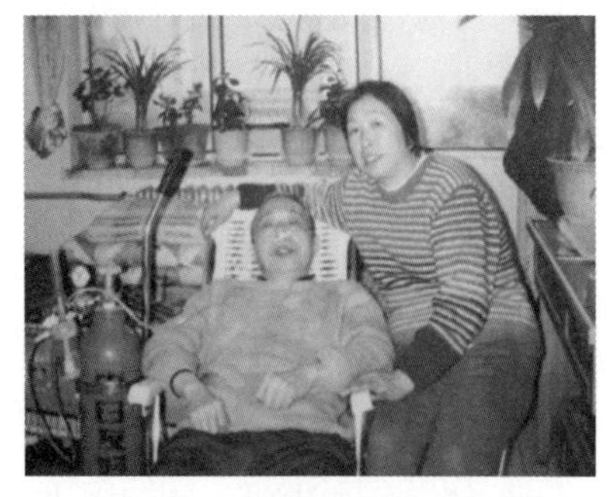
图 4　父亲退休在家养病期间与我的妹妹虞颖的合影

2003 年 4 月 9 日凌晨 1 点，电话响了起来，弟弟说父亲病危要赶快送朝阳医院，让我们在急诊处等候。我因为右脚骨折刚拆完石膏，行走困难，便让爱人先去看看情况。3 点多钟她打来电话，让我通知妹妹一块到医院，说是共同商议对父亲的救治方案。

我们赶到了医院，看到父亲正靠在病床上吸氧气，手指

上夹着测量血中含氧量的仪器。我爱人对父亲说："待会儿要给您上呼吸机，输氧管要插到喉咙里，不能再讲话了，即便是以后病情缓解撤去呼吸机，恐怕也有好长时间无法讲话，现在您有什么要说的就跟我们几个孩子说吧。"父亲沉思了一会儿，说："我明白了。"他很严肃地对我们兄妹三人说："你们要互相团结、互相谅解、互相帮助。教育你们的孩子要好好学习、好好生活。"然后，父亲又很伤感地说："我这一生最对不起的人就是你们的妈妈，她跟着我 50 多年受了不少委屈，吃了不少苦，你们兄妹三人以后要好好孝敬她、照顾她，以弥补我对她的亏欠。"说完这些话，父亲就示意医生上呼吸机了。

我望着躺在病床上的父亲，对他说："妹妹这几天和妈妈住在一起，弟弟累了晚上再来看您，我今天晚上回家明晚再来，我们轮流守着您和妈妈。请您放心，我是长子，以后会照顾好妈妈和弟弟妹妹的，我们小时候您不能经常回家，我不就是这样做的吗？"说着说着，我的泪禁不住涌了出来。父亲抬起扎着输液针管的手，一边为我擦泪，一边流着泪，我也一边为父亲擦着泪，一边流泪，就这样二人对哭了好长时间。我们父子心照不宣，都明白这是最后的诀别！

2003 年的 4 月 9 日上午 8 时许，医院里的气氛突然紧张起来，病房里开始不停地喷洒消毒药水，同时打开了消毒用的紫光灯，据说是清晨急诊内科病房死了一个非典病人。在护士长的指挥下，急诊内外科病房的病人，全部转移到通风良好的急诊大厅。医护人员从头到脚捂得严严实实，就像防化部队的战士。病人家属都涌到医院药房，去抢购口罩和其他防护用品。我和爱人守着父亲不愿离开，只好让消毒的医务人员把灭菌剂喷洒在自己的头上、身上和父亲的床上。

我们多次与住院部联系，都说重症监护病房没有床位，无奈之下只有向父亲的工作单位求助。中国政法大学很快就给朝阳医院发去了电子公函，请求将父亲尽快安置在重症监护病房，并表示：要不惜一切代价挽救父亲的生命，所需一切费用由学校全额承担。该校统战部部长刘秀华同志也给医院党委打去电话，在详细地介绍了父亲的情况后说："虞謇先生是我们学校的优秀教师，是中国共产党忠诚的朋友，请你们尽一切努力抢救他的生命。"到了下午，职业病研究所医疗部主任带着两个医生来说明情况：呼吸科重症监护病房住满了非典病人，连走廊里都增设了床位。职业病科没有重症监护设备，无法接纳病危的父亲。他说："看来只有利用急诊科室的抢救设备，由职业病科住院部的医生来巡诊，待父亲脱离危险期后，再转入职业病科继续治疗。"

2003 年 4 月 11 日下午，父亲不断地被黏痰卡住喘不上气来，由于呼吸机的输氧管插在喉咙里，无法采用化痰药剂治疗，医护人员只好取下呼吸器为他采取吸痰、排痰的紧急救助措施，收效甚微。

护士长叫来了职业病科的主治医生，还有呼吸科、内科等几个科室的医护人员，我的心一下子紧张了起来，耳边不停地听到有人在说："呼吸机正常""心脏监护仪正常""血压监护仪正常"……职业病科的医生很认真地对我说："你们家属还希望采取什么急救措施？"我也很认真地说："我们不懂医学才把病人交给你们，你是医生，采取什么医疗措施是你的责任，我个人尊重你的决定。"主治医生听了我的话，停了一下，又看了一遍医疗监护仪器，向周围的人们挥了挥手，撤走了他身边所有的医护人员。

这时，父亲看见我爱人正走进病房，一个劲地向她招手，由于呼吸机的氧气导管还插在他的喉咙里，父亲已经不能再开口说话了。我猛然想起以前听人说过，人在死的时候有坠入无底深渊的感觉，立刻叫爱人过来，我在左边，她在右边，一人拉住了父亲的一只手，以便克服父亲在临终前刹那间的恐惧感与孤独感。父亲“呼呼”地喘着粗气，越来越急促，越来越艰难。大约自主呼吸了 10 分钟，父亲的脸突然涨成紫色又慢慢变黄，一颗泪珠从他的左眼角滚了出来，血压、心脏等医疗监护仪的显示同时归向零位……　我慢慢地站起身来，俯到父亲的胸前，为他擦干了人生的最后一滴眼泪。

感受着渐渐失去体温的父亲，看着他渐渐失去血色的脸，我的泪默默地流了下来，脑海中浮现着童年曾经拥有过的幸福时光：在那个晴朗的夏夜，母亲抱着弟弟，父亲背着我，散步在北大校园的绿树花丛之间，天上飘着一钩弯月，闪着蓝色的星光，池塘里荡出朱自清笔下荷花荷叶的淡淡清香。我把头轻轻地靠在父亲的背上，听着远处的一片蛙声。我觉得，父亲的背是天底下最舒服的床。

（2006 年 2 月 17 日稿于北京）

遇见田水承

知道有个叫田水承的，还是在刘潜先生那里。那时，我利用业余，在中国劳动科学研究院的图书资料室里，跟着刘潜先生做“劳动科学学科科学技术体系”的国家级课题研究。

刘潜先生告诉我，北京理工大学的一位博导愿把他的博士研究生出借一年，条件是得给人家开点工资，还要管饭；刘潜先生说没钱。这事儿只好作罢。后来刘潜先生生病住院，我到北京宽街中医医院去看望。躺在病床上的刘潜先生递给我一份材料，让我提出修改意见。原来，这是篇博士毕业论文，见到上面的署名，才知道是刘潜先生之前欲用而没能用到的那位博士生，他的名字叫田水承。

一、首逢

第一次遇见田水承，是不期而逢，地点在湖南省衡阳市的湖南工学院。当时，我住在刘潜先生二徒弟廖可兵家里，对该校的安全工程系进行学术访问。

（一）初见田水承

2014 年 11 月 14—16 日，“第一届中华人因工效学协会学术研讨会暨第九届中国人类工效学学术年会”，在湖南工学院召开。

那时的我，受学友廖可兵（会议东道主代表）的邀请参会。

在签到处，见到等在那里的学友邱成。一见面，他就对我提到另一位学友周华中，说他很忙，来不了啦。我说，你来了就好。正说着呢，又见正在登记的化工出版社安全科学与工程出版中心负责人杜进祥，我俩赶紧过去打招呼，并畅快地聊了起来。正聊着呢，邱成发现田水承带着一群人在登记处报到。打过招呼后，邱成高兴地把我介绍给田水承。我对田水承说，“见到你很高兴，早就听刘潜先生说过你，我还看过你的博士毕业论文，提过修改意见呢。”田水承笑了笑说，“我也听邱成说起过你，很高兴在这里遇见你。我带了学术团队过来，得先把他们安顿好，咱们抽空好好聊聊。”说完就转过了身，忙他自己的事情去了。我所见到的田水承，其时是西安科技大学的教授，博士生导师。

一阵忙乱后，我住进了邱成订的标准间。晚上吃饭，我和邱成、杜进祥三人，在酒店的饭厅里，与田水承带来的团队有一个非正式座谈，随意地边吃边聊，直到很晚。田水承没来，说是到会务组谈事儿去了。

我对田水承的第一印象：人很热情，言语爽直，笑得亲切，一见如故。

（二）会场提问题

会址是湖南工学院图书馆学术会议厅。上午，首先是清华大学的师生先后发言，讲了脑科学的研究成果及其社会应用的展望。然后是企业界的专家发言。当台资企业的代表完成“如何利用人因工程技术，提高生产效率，实现安全生产”的演讲后，大会主持人看时间还有富余，便说可以允许一个人提问。主持人一连问三遍，都没人回应。正欲安排下一位演讲时，台下有人站了起来，高声说“我有问题”。我循声望去，那人就是田水承。

田水承说，“近年来媒体常有涉台企员工跳楼自杀的报道，请问与你们投资方推行人因工程提高生产效率、增加企业利润有何关联？”全场顿时震惊，鸦雀无声之后一阵议论纷纷。这一问，问得那位台企代表哑口无言。我当时就意识到，虽然台企推行人因工程技术，在生产过程中没有造成伤亡，但由于工作紧张度增加，使工人身心疲惫，特别是心理压力加大，不但失去上班时的劳动兴趣，也失去下班后活下去的信心和勇气。虽然台企在生产过程中，很少出现工人受到直接伤害的事故（狭义安全问题）；但工人因被异化为机器所受的间接伤害（广义安全问题）不断发生。这种现象，涉及安全人格属性的生物学特性问题，需要通过自然科学及社会科学的方法去解决，而且还需要上升到上层建筑领域……散会后，在人群中，我冲着田水承伸了个大拇指，说道：“你真行！”他笑了笑，随着他的团队走出了会场。

我以为，人与物之间的相互作用关系，是安全工作要关注和解决的核心问题。因此，制定与实施安全主体即人的因素安全量纲，以及制定与实施安全客体即物的因素安全量纲，就显得尤其重要。在人的安全量纲中，又以人体安全阈最为重要。在安全阈值范围内，人的生命存在处于正安全的状态，在安全阈值上限以外和下限以外直到人的死亡状态之间，处于人的伤害即负安全状态，而在安全阈值上限与下限的位置，即处在正安全状态与负安全状态的系统边界位置，是人的零安全状态。由此推论，我便自然而然地得出，安全也像水有固态、液态、气态那样，有着自己客观存在的三态，这就是正安全态、零安全态、负安全态。沿着这个思维定式，一直思考下去，就可以推导出：如果我们以人体安全阈值为客观依据，应该能够设计出一套安全质量图谱，为分析和研判企业人群安全状态，以及指导企业全面安全质量管理工作，提供理论上的依据和实践中的工具。为此，我写了一篇题为《安全质量图的设计理念》的文章。

（三）饭桌上讨论

大会闭幕那天晚上，主办方设宴招待与会代表。我和邱成、杜进祥与田水承及他的团队围坐在同一桌子旁。提起田水承在会上对台企代表的提问，田水承说，研究和利用人因工程技术，本来是为保障工人的职业安全与健康服务，可那些资本化的投资人及其追随者，却用来博取利润的最大化而不顾工人死活，这是不可以的。我们一致以为，不能任由投资者突破社会制度底线，有关方面应依据法律采取措施，抑制投资者的过度剥削行为，保护劳动者的政治利益、经济利益和安全利益。

我以为，企业是市场经济的产物，也是社会经济发展的基本单元，企业之中的投资者与雇佣劳动者，自始至终都是一对矛盾统一体，如果失去一方，另一方也就必然不存。在资本主义条件下，劳资双方的对立和斗争，从经济领域到政治领域，直到军事领域，相互之间表现为你死我活的阶级斗争关系。在社会主义条件下，企业内部劳资双方完全可以在市场经济规则内寻找到互利互惠与和谐相处的途径或办法。为此，我写了一篇题为《企业过程安全的理念与模式》的文章，用以探讨劳资双方如何各取所需与和谐共处，从而做到安全利益的劳资共享。

二、再遇

第二次遇见田水承，是有约在先，地点在西安市朱雀大街 393 号的东方大酒店。此次相聚，是应西安科技大学教授、博士生导师田水承之邀，前来参加关于行为安全与安全管理问题的国际学术研讨会。

（一）受邀去开会

2016 年 9 月 24—25 日，第四届行为安全与安全管理国际会议暨第二届安全管理理论与实践国际会议在陕西省西安市召开，承办方是西安科技大学。

报到那天，我见到刘潜先生的关门弟子李杰博士，他正和几位外国朋友聊天。看到我来了，就过来打招呼，还送了我一本他写的书。不一会儿，邱成也来了，我们便一起去报到。

负责接待我的博士生李广利说，田水承老师交代过了，我参加这次会议的会务费全免，而且还免交食宿费，报销往返车费。在会议期间，以及会后对该校的学术访问期间，一日三餐都有研究生陪同，有时还和田水承共进工作餐，还收到田送我的一箱红心猕猴桃。后来回到家，校方还给我寄来专家费。一个普通的退休工人，和田水承只是一面之交，得到如此尊重，让我倍感体面。

（二）请我去座谈

大会闭幕后，我被田水承留了下来，住进西安科技大学本部的招待所。

第一天，田水承让我给他的硕士研究生讲讲学习和研究安全基础理论的经历和经验，我答应了他。

一进教室，看到坐满了人。田水承做简单介绍后，我便对同学们开讲，从怎样与我国安全科学开创者刘潜相识，以及如何在刘潜先生的启发引导下走上安全理论研究之路，到作为其学术助手三次参与国家级研究课题的具体情况，以及在这过程中又遇到哪些困难，等等。最后介绍了我的个人经验，我把我为弟子写的赠言，告诉了这些学生：仁者为人，无为而为；智者治学，不治而治。其中的“无为而为”，不是无为而无不为的功利主义思想，而是无为而为之的顺应天道，一切顺其自然。其中的“不治而治”，也不是不学无术，而是从本学科之外去考虑本学科的问题，从而开辟出科学研究的新思路，保持自己在学术研究上的思维独立性，永远也不要跟着别人的思路乱跑，只有这样才能产生创造性的研究成果。接下来是回答学生们的提问。座谈会在大家的笑声中结束。

第二天，田水承让我给他的博士研究生讲讲我个人研究安全理论的成果，我又答应了他。

学术报告是在一个狭长的阶梯教室里进行的。我首先向同学们介绍我给出的属加种差安全定义：安全，是指人体健康外在质量的整体水平。这里有三种情况，可供研究时参考：安全，反映或表现的是人体健康外在质量的有序状态。危险，反映或表现的是人体健康外在质量的混沌状态。伤害，反映或表现的是人体健康外在质量的无序状态。在人们的现实生活中，安全、危险、伤害这三种人体健康外在质量的存在状态都不是单独存在，而是三质合一的。也就是说，在每个人同一时空的人体外在健康的量里都同时包含着安全、危险、伤害三种质态，只是各自的含量不同罢了，当其中一个质表现为显性状态时，另外两个质则表现为隐性状态。这两个隐性的安全质态并不是不存在，只是人眼暂时看不到而处于暗物质的状态，当其中一个质态的含量超过现有可见质态时，那个原先处于暗物质状态的质就同步转化为人眼可见的状态，而以前那个可以看见的质态就瞬间转化为暗物质状态。

在明确了安全、危险、伤害三种质态在人体健康外在质量所处的地位，以及理解了这三种质态的相互转化关系以后，我给大家画了安全质量图，并以此图为依据，讲述我的全面安全质量管理思想。后来，我把这次讲的内容要点写成一篇文章，题目是《全面安全质量管理》。

（三）随他去讲课

第三天吃过午饭，田水承说下午要到分校去给本科生上课，我高高兴兴地跟着他，坐上学校的班车就去了。

西安科技大学的那个分校是个新建校区，规模比本部大了很多，校门也很气派，还有大广场。

走了好长一段路，才看到有座教学科研楼，田水承带我来到他夫人在楼上的办公室，这间屋子有十几平方米，屋中央有办公桌和椅子，靠窗户的地方放了一张休息用的床，门口附近放了个长沙发和一个大茶几。我和田水承就并排坐在沙发上聊天。我给他讲安全质量学的一些研究成果，边讲解边在纸上画图示。我告诉他，我的这些研究成果，都没有公开发表，昨天已给博士生们讲了，今天也给你讲，咱们可以共同讨论，你和你的学生们可以随便用，凡我研究的东西都不保密，希望你们理解以后去发表。因为安全科学是与人为善的，对安全科学的研究是服务全人类的事业，大家的事情大家办，成功不必在我。

时间到了，田水承带着我走进教室。田水承站在讲台上，先是介绍我，然后开始讲课。他又是讲理论，又是说实践，一会儿用画图来说明，一会儿又讲述理论模型。我坐在教室里，听得入了迷。大约过了一个多小时，他讲完课，从讲台上走下来，坐到我身旁，笑着说："和泳，下节课由你来讲。"我愣住了。

在同学们的掌声中，我硬着头皮走上讲台，呆呆地站在那里，看着坐在下面的田水承，不知讲些什么好。田水承说："就讲刘潜先生的安全系统思想吧。"于是，我认真地给学生们讲起了安全系统思想与系统安全思想产生的历史背景以及二者之间在理论上的相互区别，又结合实践讲了安全系统工程与系统安全工程的相互联系。最后总结道：要用安全系统的思想解决系统安全的问题，用系统安全的技术建设安全系统的工程。后来，我把这次讲课的主要内容以《系统安全与安全系统》为题，写成一篇文章。

（四）告别的时刻

告别的时刻终于来临，田水承热情而真诚的笑容挥之不去，至今记忆犹新。我和他，两双手，紧紧地握在了一起。此时，无声，胜有声。此一去，茫茫人海，难料何时再遇。再见，学友；保重，兄弟。有幸千里得知音，从此万水难相隔。感恩有你!

（2020 年 11 月写于中国政法大学北京学院路校区教工宿舍）